中国科学院科学出版基金资助出版

国防科技大学研究生教材专项经费资助出版

量子计算机研究(上)

——原理和物理实现

李承祖　陈平形　梁林梅　戴宏毅　编著

科学出版社
北　京

内 容 简 介

量子信息学是20世纪80年代以量子物理学为基础，融入计算机科学、经典信息论形成的新兴交叉学科，主要包括量子通信和量子计算两个分支。本书是关于量子计算机研究，分上、下两册出版。上册是关于量子计算机原理和物理实现，下册是关于量子纠错和容错量子计算。

本书为上册，内容包括计算机从经典到量子、量子位和量子逻辑门、量子算法、量子计算机动力学模型、离子阱量子计算机、基于半导体量子点的量子计算机、固体超导量子计算机、绝热量子计算、簇态和簇态上的量子计算等。

本书兼有基础性和系统性特色，既包含学科主要基础理论，又系统介绍了当前该领域前沿主要研究方向和动态。全书体系清晰，逻辑严谨，分析深入，推导详尽。既可作为高等院校的研究生教材或教学参考书，又可供相关领域研究人员和科技工作者参考。

图书在版编目(CIP)数据

量子计算机研究(上)：原理和物理实现/李承祖等编著.—北京：科学出版社，2011

ISBN 978-7-03-031835-0

Ⅰ.①量… Ⅱ.①李… Ⅲ.①第五代计算机-研究 Ⅳ.①TP387

中国版本图书馆CIP数据核字(2011)第137929号

责任编辑：刘宝莉 孙伯元 / 责任校对：林青梅
责任印制：徐晓晨 / 封面设计：陈 敬

科学出版社 出版
北京东黄城根北街16号
邮政编码：100717
http://www.sciencep.com
北京凌奇印刷有限责任公司 印刷
科学出版社发行 各地新华书店经销
*
2011年7月第 一 版 开本：B5(720×1000)
2024年1月第六次印刷 印张：22 1/4
字数：422 000

定价：180.00元

(如有印装质量问题，我社负责调换)

前　　言

数字电子计算机是20世纪最重要的科技发明，目前它已深入到现代人类生产、生活以及科学研究活动的各个方面，对人类社会文明的形式和内容都产生了深远、重大影响。20世纪前半叶，Gödel、Turing和Church创造了计算机科学的理论，而计算机的物理实现、计算机硬件技术进步则和量子物理学研究有密切的关系。创建于20世纪初的量子力学，不仅深刻揭示了原子、分子以及固体微观结构，而且促成了现代微电子技术、激光技术和新材料技术的出现和进步。量子物理学发展为现代电子计算机硬件技术发展奠定了物质基础。

如果仅说到量子物理为计算机硬件技术进步提供了物质基础，还只是说到了问题的一半。最近30年来，人们越来越清楚地认识到"信息是物理的"。**信息源于物理态在时空中的变化，信息传输是编码有信息的物理态的传输，信息存储是把编码有信息的物理态固化在被称为存储器的物理系统中，信息处理则是在被称为计算机的物理系统中，编码有信息的物理态按算法要求控制的变换或演化，计算结果的提取就是对演化末态的物理测量。**今天，对信息本质的这一深刻洞悉，已经产生了巍峨壮观的量子信息科学，它融合了数学、信息、计算机科学和量子物理学，正雄心勃勃地向工程技术转化，希望在新的基础上推进或变革现在的信息科学和技术。

计算机科学和物理学的联系，不仅表现在其硬件实现需要借助于物理学，还表现在计算机科学概念、原理都要受到物理规律的制约。传统的计算机科学是计算机先驱们凭直觉建立在对计算机系统做经典描写的基础上。当物理学理论从经典发展到量子，把我们对物质世界的描写从经典物理学上升到量子物理学时，用量子力学系统实现计算机，对计算机系统作量子力学描写就是非常自然的事情。量子力学系统的态(在量子计算机中用来编码数据)具有不同于经典物理态(在经典计算机中编码数据)的性质，这一方面表明不能把经典计算机理论和技术照搬到量子计算机上，另一方面也表明对以经典物理为基础的计算机科学加以重新审视是不可避免的。

以量子态编码信息、量子力学原理为基础，研究信息存储、信息传输和信息处理的信息理论就是量子信息学。**量子计算机就是以量子力学系统为计算机用量子态编码信息，并根据具体问题算法要求、按照量子力学规律执行计算任务(变换、演化编码量子态)，根据量子测量理论提取计算结果的计算机。**由于量子态具有相干叠加性质，特别是具有经典物理中没有的量子纠缠特性，这就使量子计算机具有天然的"大规模并行计算"的能力。量子计算机的并行计算不是像经典计算机通过多机并行实现,而是在同一个量子运算器硬件芯片上以一种十分自然的方式进行。由于并行规模随芯片上集成量子位数目指数增加,因此量子计算的并行规模实际上是不受限制的。目前已经知道,量子计算机至少在解决某些类问题上,如分解大数质因子、随机数据库搜索等,相对经典计算机具有加速作用。特别是对量子物理系统的计算机模拟,在经典计算机上是个难题,而这种模拟对发现微尺度物质新现象、纳米材料研究以及微机电制造技术是非常基本的。用量子计算机去模拟量子物理系统就是十分自然的事情。

虽然早在 20 世纪 70～80 年代,Bennett、Benioff 等就讨论过利用量子态演化进行 Turing 似的计算,但一般认为量子计算的概念起源于著名美国物理学家 Feynman。1982 年,Feynman 注意到,用经典计算机模拟量子力学系统,将出现指数的变慢,需要的计算资源(空间、时间)随被模拟系统包含的粒子数目、自由度指数增大。Feynman 敏锐地认识到,或许用实际的量子力学系统来模拟量子现象更为实际、自然,从而提出建造用量子力学器件组装起来的、服从量子力学规律的计算机的设想。1985 年,英国牛津大学教授 Deutsch 研究了量子 Turing 机,引进了量子计算线路模型和量子通用逻辑门组,突破了经典计算 Boole 逻辑的限制,实现了到量子幺正演化跃进。1985～1993 年的这段时间里,量子计算和量子计算机研究仍局限在少数对量子力学原理、信息物理以及算法复杂性理论感兴趣的小圈子里,研究动力基本上来自于学术上的兴趣和好奇心。情况的突然变化发生在 1994 年,这一年美国 Bell 实验室 Shor 提出了分解大数质因子的量子算法。这个算法在拟议的量子计算机上,可以以输入位数的多项式时间分解大数质因子。分解大数质因子对于经典计算机是个难解问题,广泛使用的 RSA(以三个发明者名字首字母命名)密钥,就是以这个问题的难解为基础的。Shor 算法的提出,使量子计算机研究获得了实际的应用背景和新的研究动力,激发了一批物理学家、信息专家的研究热情。量子计算机的实现意味着目前广泛使用的 RSA 密钥的破译和失效,这就使量子计算机研究从最初仅是学术上感兴趣的对象,变成对密码技术、国家安全和商业应用都有潜在重大影响的研究领域,引起了世界范围内的研究热潮。

量子计算机虽然具有经典计算机不可比拟的信息处理能力,但在物理实现上却比经典计算机更困难。首先,由于量子计算机用量子态编码信息,信息处理(计算)过程就是这些编码有信息的量子态,按具体问题算法要求幺正变换(演化),因此需要研究能够开发和应用量子并行性的具体问题的量子算法。在量子算法研究方面,继 1994 年 Shor 提出分解大数质因子量子算法之后,1996 年,Grover 提出了平方根加速的随机数据库量子搜索算法,近十几年来虽然人们对这些量子算法的本质和数学结构有了更深入的理解,但至今也没有本质上新类型的量子算法出现,表明在量子算法研究上存在极大的难度。其次,量子态本身固有的脆弱性,给量子信息的物理实现造成巨大的困难。根据量子力学理论,量子力学系统和“环境”(泛指可以和编码态相互作用的一切)存在不可避免的相互作用,这种相互作用会迅速导致编码量子态“消相干”,使利用量子态编码信息可能带来的好处损失殆尽。这种编码量子态的消相干,一度曾被认为是量子信息物理实现不可逾越的障碍。

十多年来,量子计算机在战胜消相干研究方面不断取得新进展。1995～1996年,Shor、Steane 和 Calderbank 等提出了量子纠错码理论和方法,建立了量子计算的精确阈限定理。该定理指出,只要环境噪声造成的门出错率低于某个有限值——精确阈限(目前估计值在 10^{-5}～10^{-3} 量级),任意长的量子计算都能可靠地执行。理论上量子计算机物理实现已没有原则性的困难,但要达到这个精度对今天的技术仍是一个严峻的挑战。关于量子计算机模型,除了 Deutsch 提出的标准线路模型外,2001 年,Raussendorf 还提出了在多量子位簇态上以单量子位测量为基础的量子计算模型。目前,文献中广泛讨论的还有绝热量子计算模型以及拓扑量子计算模型等。

在实验上,近年来人们已经在磁共振、离子阱、光格中的中性原子、腔量子电动力学、线性光学、固态量子点以及超导线路等几个物理系统中实现了基本量子逻辑门操作,使用核磁共振、离子阱和线性光学等系统还演示了少数量子位的简单量子计算,提出了利用强磁场作用下的 2 维电子液实现拓扑量子计算方案。但要实现规模化的、真正意义上的量子计算,因为对物理系统性质的要求常常互相矛盾,所以建造真正的、有实际应用价值的量子计算机还存在巨大的技术困难。不管如何,量子计算机理论研究和实验研究正在探索克服这些困难的途径,一步一步逼近这一最终目标。回想一下经典电子计算机发展的历程,20 世纪 40 年代时人们所面临的困难,并不亚于今天发展量子计算机所遇到的困难。经典计算机的发展和进步给我们以启示,人类有着无穷无尽的创造力,凡是自然界允许的、物理规律允许的,或许终有一天能变为现实。十几年来,量子计算机研究激发了数学、物理学以及计算机科学等各个学科专家的创造热情,从物理学基本原理出发,应用严格的数学工具,集思广益,探讨着实现量子计算机的各种可能方案和途径,克服了一个又一个困难。近年来在包括量子计算在内的量子信息学研究中实际取得的进展,不仅给予我们发展量子信息技术的信心,而且正在深化人们对量子力学基本原理的理解,丰富着人类关于物质世界的知识。这本身就具有重要的科学价值和学术意义。

本书是作者在国防科技大学为研究生讲授量子信息专题选讲讲稿的基础上,经整理、补充、改写而成的。本书的目标就是追踪这一快速发展的领域,对众多的文献资料进行初步归纳、整理,构建一个初步的系统、体系,总结出一些规律性的、有普遍意义的结果,希望对从事该领域研究的研究生、教师以及对该领域感兴趣的其他方面的专家学者起到参考和导引作用,希望借本书的出版为推动我国量子计算机研究尽一点微薄之力。

本书内容共 15 章，分上、下两册出版。上册是关于量子计算机原理和物理实现的研究。第 1 章，计算机从经典到量子，首先说明实现计算机的物理系统必须具备的基本条件，然后通过实现这些条件的物理原理和技术进步，说明计算机从经典到量子的发展过程，最后根据量子物理学的基本原理，说明量子计算机可能具有的一些特点。第 2 章，量子位和量子逻辑门，介绍量子计算机的基本单元部件和量子计算机的通用逻辑门组。第 3 章，量子算法，介绍算法的概念和经典算法复杂性理论、目前已知的几种量子算法，说明量子计算机相对经典计算机的特殊信息处理能力，最后介绍量子系统量子计算机模拟算法。第 4 章，量子计算机动力学模型，从操控量子系统就是控制系统 Hamilton 量和系统与外界作用的 Hamilton 量出发，说明实现量子计算对充当量子计算机的物理系统 Hamilton 量形式的要求，以及系统 Hamilton 量不同形式，在实现量子计算中的作用；本章还从量子物理学原理出发阐明了量子计算机消相干的物理机制。第 5～7 章，分别介绍目前研究比较多的三个有希望实现量子计算的物理系统：离子阱量子计算机、基于半导体量子点的量子计算机和固体超导体量子计算，其中主要介绍了相关的物理原理、实现方法和研究进展情况。第 8 章，绝热量子计算，介绍量子绝热定理以及它在量子计算中的应用。第 9 章，簇态和簇态上的量子计算，介绍簇态的概念、簇态上以单量子位测量为基础的量子计算的原理以及它和量子计算的线路模型的差别和联系。

下册是关于量子纠错和容错量子计算，着重介绍解决量子消相干问题的理论和方法。内容包括：第 10 章，经典线性纠错码，介绍经典纠错码的基本概念和基本理论，为后面介绍量子纠错码打下基础。第 11 章，量子纠错和 CSS 量子纠错码，介绍量子纠错的特殊性和从经典纠错码发展起来的 CSS 量子纠错码。第 12 章，稳定子量子纠错码，介绍更系统的量子纠错码——稳定子量子纠错码理论和方法。第 13 章，无消相干子空间和无消相干子系统，详细介绍处理计算机和“环境”耦合消相干的理论和方法。如果说量子纠错码是针对独立出错、一种被动的纠错方法，那么无消相干子空间、无消相干子系统则是针对集体出错的，一种防止出错主动方法；最后介绍了统一这些概念的算子量子纠错的方法。第 14 章，容错量子计算，介绍容错纠错和容错量子计算的概念。针对稳定子码讨论容错量子计算的通用逻辑门组以及量子计算的精确阈限定理和重要的 S-K 定理和算法。第 15 章，拓扑量子计算。拓扑量子计算利用 2 维多体量子系统可能存在的一类特殊物质态——拓扑态——的准粒子激发“任意子”服从辫子群非 Abel 统计，用这些任意子非局域的拓扑自由度编码量子信息，从而使信息对局域扰动引起的消相干具有天然的免疫性。拓扑量子计算提供了迄今为止理想的量子计算物理实现方案。如果说量子纠错码、无消相干子空间、无消相干子系统等是从“软件”水平上克服消相干，拓扑量子计算则试图从“硬件”水平上对付出错。这一章介绍拓扑量子计算的数学原理、物理基础以及容错性质和可能的物理实现。

书后列出的附录内容包括:本书涉及的量子力学概要、量子信息理论涉及的群论基础、群表示理论、李群和李代数等。这些材料是作者从大量教学内容和参考文献中精选出来的,和本书内容有密切的关系。这些材料作为附录列出,对有着不同知识背景的读者使用本书会带来很大的方便。

参加本书撰写的有陈平形教授(第 8 章,绝热量子计算),梁林梅教授(第 5 章,离子阱量子计算机),戴宏毅副教授(第 7 章,超导体量子计算机部分),张婷博士(14.7 节,S-K 定理和迭代算法),吴伟博士(3.7 节,量子系统动力学模拟算法),李承祖撰写了全书其余部分,并对全书进行了统稿和审定。另外,张婷、刘伟涛、欧保全、孙琳等帮助搜集了许多文献资料,美国普渡大学(Purdue University)计算机系李宁辉教授审阅了本书第 3 章部分内容,并帮助整理了全书的参考文献。

国防科技大学研究生院、理学院对本书的撰写给予了大力支持,研究生院还资助了本书的出版,在此深表感谢。

量子计算机是涉及计算机科学、经典信息论和量子物理学的典型交叉学科,它的物理实现研究几乎涉及现代物理学的所有分支,近年来发展又十分迅速,要对如此庞大的领域作一个比较完整的、系统的总结和评述,确实是超出作者的学识和能力限制,本书只能看做是作者向这一方向的一种努力和尝试,书中难免存在不足,诚恳地欢迎读者批评指正。

李承祖
2011 年 4 月

目　录

上　册

下　册

第 1 章　计算机从经典到量子

如今,计算机已广泛应用于生产、生活和科学研究等各个方面,深刻地影响着科学技术进步和人类社会物质文明。本章首先给出计算机的概念,然后从**计算机是个物理系统**这一基本事实出发,说明一个物理系统能够称做计算机必须具备的基本条件,并根据这些基本条件的实现方式不同,说明什么是经典计算机,什么是量子计算机。其次从实现计算机基本条件的发展和演变历史过程,阐明计算机从经典到量子的发展过程。最后根据量子物理的基本理论,说明量子计算机的主要特点。

1.1　计算机的基本条件

1.1.1　计算

计算机可以分为数字计算机和模拟计算机两大类,由于目前量子计算机是一种数字化计算,本书所说的计算机都是指数字计算机。

计算就其本来的含义是进行数字运算,现在计算的概念已远远超出了狭义的数值计算的范畴。历史上 Boole 代数的发现,将推理原则的逻辑归结为代数演算。使人们能用基础的逻辑符号描述物体和概念,从一组逻辑公理出发,像代数运算一样进行逻辑推理,把复杂的分析、推理过程,变成像数字计算一样进行。今天,计算机已经广泛地应用于科学计算、工程规划设计、生产交通控制、银行公司管理、语言文字翻译、天气预报以及地震预测等人类生产活动、生活的各个方面。计算的概念也从单纯的数值计算,发展为更一般地处理各种各样的信息。所以,今天所说的计算机,就是指能进行包括数值计算在内的、多种信息处理任务的机器。

抽象地说,"计算,是根据给定的输入,按照某种要求的方式,产生输出的一个过程"[1]。或者"从已知符号串开始,按预先规定的符号串变换规则,经有限步骤得到最后符号串的过程"[2]。然而计算的本质是什么;计算的逻辑公理本质是什么;计算的速度和能力有没有限制,要受到什么样的限制。这些问题不仅对计算机科学本身十分重要,而且对计算技术进步也起着关键作用。而要回答这些问题,必须考察执行计算任务的计算机本质是什么。

1.1.2　计算机的物理本质

计算机是执行计算任务的机器。**计算机本质上是个物理系统,计算过程的本**

质上是个物理过程。

Deutsch 在 1989 年指出[1]:“计算的输入和输出的抽象符号,可以表示也可以不表示任何具体的东西……但是在任何实际执行的计算过程中,它们本身都必定是具体的物理对象的态,而计算本身是个物理过程。一个计算机是个物理对象,它的运动(指内部演化过程)可以认为是在执行计算。输入可以看做是机器在计算前以可能的方式制备的态,输出则是计算后执行的固定测量得到的可能结果”。

按照计算的抽象概念,计算被描述成符号串的变换过程。由于抽象的符号串在机器内部是不存在的,在机器内具体、真实地存在的只是按一定(编码)规则对应这些符号串的物理态,所以变换符号串实际变换的是计算机物理系统的态。由于机器实际发生的是物理状态的变换,所以“**计算过程本质是被称为计算机的物理系统内发生的物理过程**”[3]。最后计算机演化到达的末态,就是以编码方式表示计算得到的符号串。

Fredkin 和 Toffoli 关于计算的物理本质曾有十分精彩的描述[4]:“计算——不管是人计算还是机器计算,都是一种物理行为,最终被物理原理支配。”而关于什么是计算的数学理论以及计算的数学理论和计算的物理过程之间的关系,他们指出:“计算的数学理论的重要作用是把计算过程最终物理实现这一基本事实,以程式化的方法浓缩在数学公理中。从而,计算理论的使用者可以把注意力集中在复杂计算过程的抽象模型上,而不必去校验模型物理实现的每一步。”

根据上述关于计算机物理本质的认识,在更宽泛的意义上,把任何一个物理系统都称为计算机似乎也没什么不妥。因为对任何一个物理系统,我们总可以把它看做是从某个初始时刻 $t=0$ 开始演化(这个初始态就可看做是计算的输入态),演化当然是按照物理规律进行(因为它本身就是一个物理系统),到某个时刻 t 产生一个输出态,这个输出态就可看做是从 $0\to t$ 这段时间内的计算结果。它和通常所说的、能执行给定计算任务的计算机比较,差别仅只是它的初始态不是按照给定的计算任务需要制备的,态的演化过程也不是根据算法要求控制的,从而计算结果不是我们需要的,因此这样的计算机对我们可能是无用的(在某些情况下,这样的“计算”过程也是有意义的,例如,通过生物化石演化的结果读出它存在的年代,通过一棵大树留下的年轮读出树的年龄等)。但就物理本质讲,它和通常所说的计算机并无基本的差别。“的确,给出一套把物理态解释为符号的规则,任意物理过程都可以看做是某种计算过程[3]。”

既然计算机是个物理系统(如果读者觉得这种说法不够准确,我们还可以加上修饰词,说计算机是个“**复杂的**”物理系统或是个“**特殊的**”物理系统,总之,本质上仍然是个**物理系统**),计算过程就是这个物理系统内进行的一个物理过程。

关于计算机是个物理系统,计算过程就是被称为计算机的这个物理系统中进行的物理过程,这种表面上是明显的,但思想上又极为深刻的认识,在计算机科学和计算机技术进步中发挥着重要作用，结下了丰硕成果。虽然计算机先驱者 Turing、Church、Post 和 Gödel 等依靠思辨和逻辑，凭借灵感和直觉建立了计算机科学的基础理论，但经典计算机科学理论是不言而喻地、自觉不自觉地以对计算机这个物理系统的经典理解为基础的。从根本上说，计算的逻辑绝不是人头脑创造的，而是物质世界运动过程规律或所遵循逻辑在人头脑中的反映，是自然规律的正确的抽象。由于计算过程是个物理过程，计算过程就必定受物理规律的支配。一方面，计算机技术要受我们关于物理规律认识的影响，随着认识的深化而日趋进步和完善，另一方面，这些物理规律对计算机进步又提出不同的限制条件。在计算的 Turing 机理论中就已经捕捉到实际物理系统对具体计算过程的一些限制[4]，其中包含有信息通过物体接触相互作用，以有限速度传输，编码在有限物理系统态上的信息是有限的等。

1.1.3　在一个物理系统实现计算机的必要条件

计算机是个物理系统，但显然不是任意一个物理系统都能充当有实用价值的计算机。

数字计算机进行数据处理的基础是数据表示，即用计算机（主要是存储器、运算器）内的某一自由度的物理状态表示或编码数据。所谓“表示”或“编码”，就是在具体的数据与计算机内某一个或几个自由度取确定值的物理状态之间建立映射（对应）关系。这些用来表示具体数据（信息）的物理状态称为**数据态**（number state）或**编码态**（coding state）。进行计算的第一步就是在计算机内制备表示计算输入数据（在现代计算机中，还包括输入描述算法的程序）的初始态。数据处理或计算过程，就表现为按算法要求操作、变换这些表示数据的物理态。这一过程用专门的物理学语言来说，就是**“演化”**（development）这些初始编码态。一旦算法执行完毕，最后得到的计算机末态就表示（编码）计算结果。在计算过程中可能还需要对演化过程进行诊断，判断计算过程是否被正确执行，一旦发现错误，予以及时纠正。而进行出错诊断就需要通过适当的**测量操作**完成，特别是计算结果的读出，需要直接测量计算末态，提取出需要的经典信息。

由此可见，一个物理系统能够充当（实现）计算机，必须具有四个基本条件：①系统内存在足够多的、离散的、不同的物理状态，用于编码要处理的信息；②能按照不同计算任务需要的输入信息（包括数据和控制计算过程的指令），在系统内制备表示输入信息的初始态；③能对初始数据态按算法要求进行变换或演化，完成算法规定的计算过程；④算法执行过程中或计算结束时，可以通过适当的测量读出编码态的信息，输出计算末态的信息或计算结果。

显然计算机的不同物理实现，用来编码数据的物理态不同，相应的实现计算过程的操作、读出计算结果的测量过程和步骤（甚至物理原理）也不会相同。但**任何**

计算机,不管它的功能多么强大,能处理多么复杂的计算任务,一旦输入算法或程序(算法和程序输入也是通过物理手段进行的),在机器执行计算任务过程中,都不会有其他非自然的因素起作用,所以计算机作为物质世界的一部分,是一个物理系统。而作为计算机的物理系统,它内部状态(用作编码数据)描述、状态的操控、随时间演化的方式以及测量过程,都必须通过物理手段、遵循基本物理学规律进行。

今天,物理学已从20世纪初以前的经典物理学发展为具有更普遍性质的量子物理学。之所以说量子力学具有普遍性,是因为人们熟悉的经典物理学,只是作为它的特殊的、极端的情况出现的、在一定条件下(问题所涉及的各种相互作用与Planck常数 h 比要大得多)起作用的物理学。当研究微观领域的物理现象时,必须使用量子力学规律。而在宏观情况下,量子力学可以自动地回到经典力学。就像量子物理学是经典物理学发展的自然结果一样,建立在经典物理学基础上的经典计算机,发展到以量子物理学为基础的量子计算机,也就是非常自然的事情。

1.1.4 量子计算概念的起源

量子计算机相对经典计算机固然是革命性的变化,但从某种意义上说,量子计算机仍然和经典计算机是一脉相承的,量子计算概念的出现有其历史必然性。

现代电子计算机的发展依赖于大规模集成电路技术,早在1965年,Moore就注意到了现在计算机硬件的发展趋势,在为*Electronics*杂志35周年撰写的“在集成电路中制作更多的元器件”文章中,提出了大胆的预言:在未来十年内**集成到一块芯片上的晶体管数目每一年翻一番**(1975年Moore修改为每18个月翻一番),Moore的预言后来被称为**Moore定律**。迄今Moore定律已经成立了40年(见图1.1.1)[5]。这种电子器件小型化的物理极限是近20年来人们关注的问题之一。1988年,Keyes发表了一篇综述文章评述这种发展趋势[6],图1.1.2~图1.1.4就取自他的文章。图1.1.2是一个存储单元(物理位或比特)的物理介质所包含的原子数目随年代变化情况;图1.1.3是在晶体二极管基极上掺杂杂质原子数目随年代减少情况;图1.1.4描绘了执行一个逻辑操作耗费能量随年代减少情况。可以看出,如果这种趋势继续下去,一个存储单元涉及的原子数目将最终达到几个原子量级,打开、关闭一个晶体管可能只需要少数几个电子;一个逻辑操作耗能将达到不可逆逻辑操作极限 kT 量级(其中 k 是Boltzman常数,在室温下 $1kT\approx4\times10^{-21}\mathrm{J}$)。一旦一个微电子器件只涉及少数原子和电子,经典物理学规律不再有效,必须考虑支配原子、电子运动的量子力学规律。在热力学温度为 T 的热平衡状态下,分配到系统每个自由度的热运动能量为 kT。为了使逻辑操作不至于受热涨落影响发生误动作,存储的信息不致淹没在热涨落中,不可逆逻辑操作的热力学极限不能突破。所以,现在的电子计算机元器件小型化,存在有经典物理设置的物理极限,从这一意义上看,考虑计算机硬件的量子效应,也是计算机技术发展的必然结果。

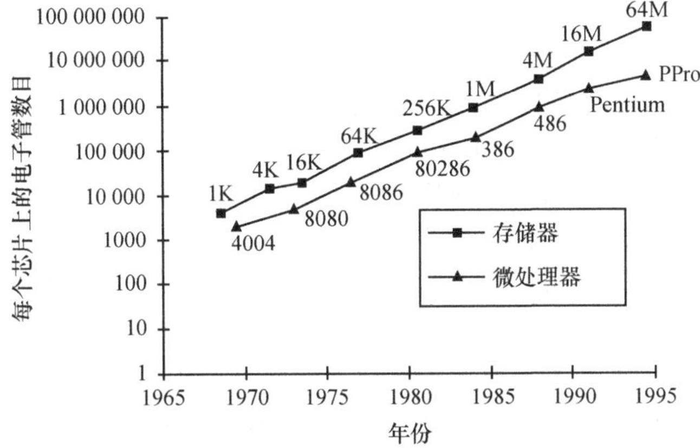

图 1.1.1

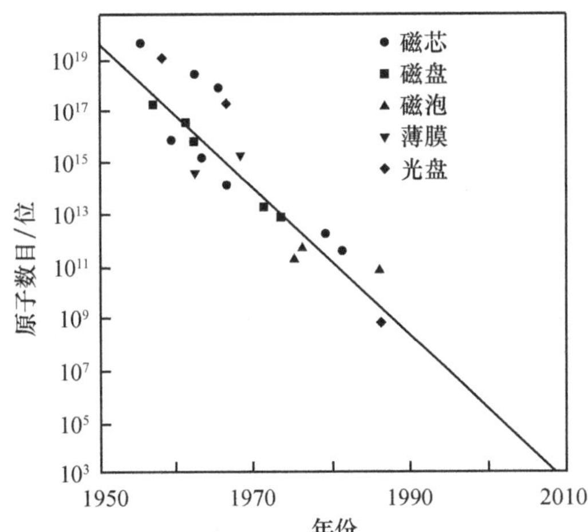

图 1.1.2

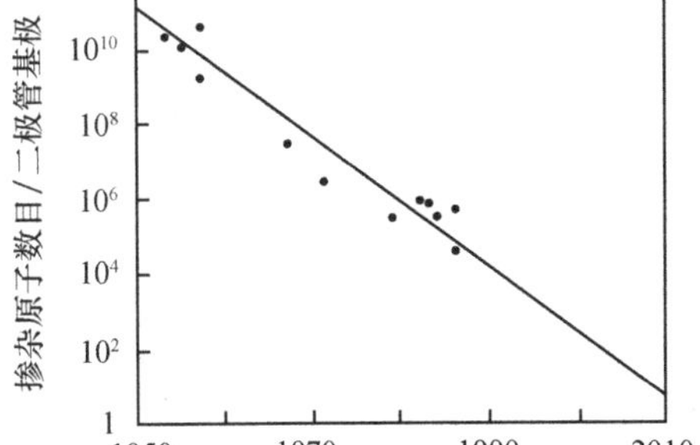

图 1.1.3

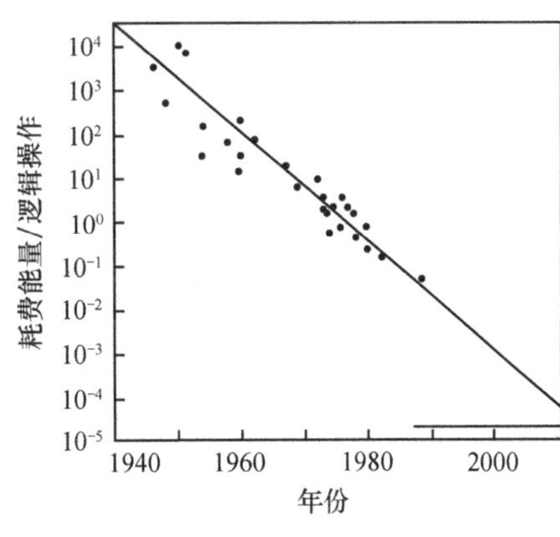

图 1.1.4

第一个发现计算和量子力学关系的是 Benioff,他证明了可逆幺正演化足以实现经典 Turing 机的计算能力,表明量子计算机在计算能力上至少不弱于经典计算机[7]。著名美国物理学家 Feynman 第一个认识到量子计算机可能比经典计算机更强有力。1982 年,Feynman 注意到[8],当使用经典计算机模拟一个量子力学系统动力学时,若模拟的系统包含的粒子数目和自由度很大时,仅描述它的一个量子态,就需要经典计算机所不能承受的巨大存储空间,而模拟它的时间演化动力学过程,需要做庞大的矩阵运算。当要模拟的量子系统态空间维数很大时(对自由度为 2 的 n 粒子系统,其 Hilbert 空间维数是 2^n,随系统粒子数指数增大),需要的计算资源(空间、时间)是任何经典计算机难以承受的。于是 Feynman 敏锐地指出,或许应当用实际的量子力学系统来模拟量子现象,提出建造用量子力学器件组装起来的、服从量子力学规律的计算机。英国牛津大学 Deutsch 发展了量子 Turing 机模型[9],建立了现在文献中广泛使用的量子计算的线路网络模型[1],这些内容在第 2 章还要仔细讨论。

量子计算机本质上是一个量子力学系统。量子计算机与经典计算机的不同就是利用了量子计算机这个物理系统的量子力学效应。具体地说就是用这个量子系统状态——量子态编码信息,按照量子动力学规律演化编码态执行计算任务,并按照量子力学测量原理提取计算结果。由于量子力学态不同于经典物理态,量子态具有相干叠加和没有经典对应的纠缠性质,这就使量子计算机具有超出经典计算机的信息处理能力。**量子计算机研究就是开发和应用量子力学系统态的相干叠加和纠缠所蕴含的信息处理能力,执行信息处理任务。**

下面将着重从实现计算机上面四个基本条件的变化和技术进步,考察一下计算机的发展历史,说明量子计算机概念是如何作为计算机发展和技术进步的必然产物出现的,并从量子物理的基本原理出发,说明量子计算机与经典计算机的差别。

1.2 早期的计算工具

自从地球上有了人类的活动,就产生了对计算的需求。如果追溯计算机发展的渊源,计算机有其久远的历史。

最初,计算的对象是数,数的概念起源于原始人的生产实践活动。在狩猎活动中,他们意识到区分每次猎获不同动物多少的必要性,如果两只羊可以吃一天,那么一只羊只能吃半天;在和狼群的对抗中,一只狼比较容易对付,对付两只狼就比较困难,对付多只狼就有被狼群吃掉的危险。原始人类从生存的周围环境描述、和周围事物的交往中抽象出"数量"的概念。从具体的物群中抽象出"数量"的概念,是人类智能发展的最初一步。

1.2.1　数、原始的计算工具

在数的概念出现以后，就有了记数(数的存储)和计算问题。最初的记数可以看成是把从实际物群、状态以及环境条件中抽象出的数，**用一个可以控制和保存的物体系统的状态表示。所谓表示，就是把需要记录的数和用作记数的物理系统状态之间建立起对应关系。**

用手指伸屈状态表示数，这可以解释为什么世界各民族最早都采用十进制记数，而不是九进制或十一进制。手指记数不仅是最方便的表示数的方法，而且掰指头计算也是最方便的计算方法，于是人的双手，就成为最原始的计算工具。十个指头的曲、直可以呈现出不同的状态，编码(表示)不同的数[2]；计算过程就是按算法(加减)控制十个手指的伸曲；计算结果就是最后观察哪些指头伸、哪些屈以及伸屈指头位置和数量。显然输出计算结果的测量非常简单，就是用眼睛去看一下不同指头的伸曲状态。

用十指记数不便于数据存储和复杂计算。使用"结绳"记数，就成为古代各民族十分普遍的记数方法[2]。所谓"结绳"记数，就是把绳子看做是记数系统，最简单的结绳记数法就是在绳子上打结，使绳子上的每个"结"和实际捕获的羊或遇到的狼数量建立对应关系。捕到一只羊，打一个结，捕到两只羊，就打两个结……吃掉一只羊，就解去一个结。用这种方式既可"存储"，又可用于计算。**这里"绳"就是用作"计算机"的物理系统，编码态就是绳上结，计算操作就是手动，测量就是去数一数绳上结的个数。**

结绳记数的方法在南美洲的印加帝国曾发展到十分完善的地步[2]。数值不仅用结的个数、形状，还通过结的位置表示。绳结被印加人称为奇普(Khipu)，用棉线、骆驼或羊毛线制成。图 1.2.1 就是古印加帝国结绳记事的实物图。一根主绳上串着上千根副绳，副绳上打着复杂的、代表不同数据的结："∞"字形结代表 1，长结按不同的扭转次数分别代表 2～9，一段无结的空绳代表 0，单结代表 10、100 和 1000 等。一根绳子结的位置、形状和个数表示不同的数。例如，从上到下，一段四个单结串，再一段五个单结串，再有一个扭了两圈的长结，就表示数字 452……。

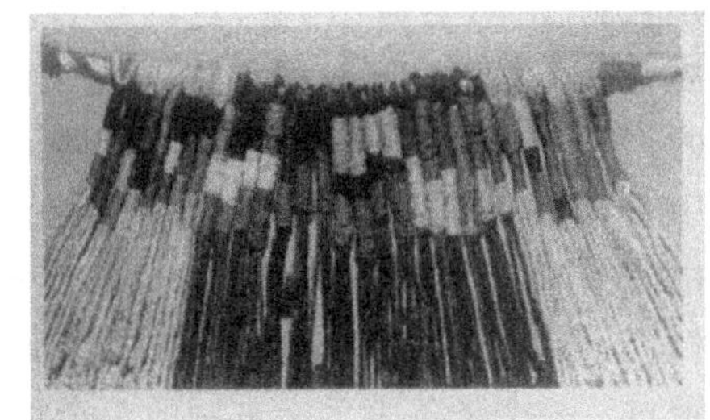

图 1.2.1

把结绳作为计算工具，编码态就是用绳子的主副、结的位置、结的形式以及结的个数等特性表征的绳状态；计算操作就是在不同位置打上或解开不同形式和数量的结；计算输出就是用眼睛确定绳子的结状态。

历史上还有用"刻度"、"小木条"、"小石子"记数，并用作计算工具的记载。数据态、计算操作以及计算结果输出方法和结绳基本上没有本质的差别。

1.2.2 筹算——用筹的位置、横竖、数量状态编码

随着生产技术进步、社会生产力提高,计算量越来越大,计算速度、计算精度要求越来越高,双手、结绳等作为计算工具已不能满足计算需要。我国在春秋战国时期就出现的"算筹",可以说是继人手之后最初的计算工具。算筹由许多筹码组成,筹码是用竹、木、骨或象牙制成长条[2,10]。据公元 4 世纪《孙子算经》记载,筹算用不同位置上(不同位置上的筹权重不同)、横竖放、筹的不同数目等方式表示数。即要表示一个多位数,各位值数字从左到右排列,每位值由筹的个数表示,没有筹的位表示该位为零。其中,个位、百位、万位等用竖筹表示,十位、千位等用横筹表示,横竖相间,界限分明,不容易混淆,如图 1.2.2 所示。这里,筹计算器的编码态就是用筹的摆放位置、横竖以及数量等分布特性描述的算筹系统摆放状态;计算过程就按一定规则(算法)移动、摆放、增加或减少不同位置上筹的数目。计算结果输出就由观察筹码的摆放位置和数量状态给出。

图 1.2.2

1.2.3 珠算——用算珠的不同位置和数量状态编码

珠算又称算盘,是继算筹之后我国发明的另一种更便捷的计算工具[2,10]。关于算盘的最早记录见于汉朝徐岳撰写的《数术记遗》中,流行于宋、元时期,在宋代名画"清明上河图"中,药铺柜台上就放着一个算盘。算盘的结构是大家熟悉的,如图 1.2.3 所示。在木制的矩形框中安装 13 根(或少或更多)竖条,矩形框中的一根横梁把每根竖条分成上下两档,上档串有两个算珠,每个算珠编码(表示数)5;下档串有五个算珠,每个编码(表示)1。一个竖条表示十进制的一个位。选准中间某个竖条为个位后,个位左侧从右到左,分别编码每个竖条是十位、百位、千位等,右侧则从左到右依次为十分位、百分位、千分位等。计算起始时,所有横梁以下的算珠都靠下边框排列,所有横梁以上算珠都靠上边框排列。算盘的这种初始状态表示输入是零。计算需要人按照一套描述算法的"口诀",用手拨动算珠,使算珠靠近横梁或离开横梁执行。计算结果就由各位上算珠的位置分布状态描述。

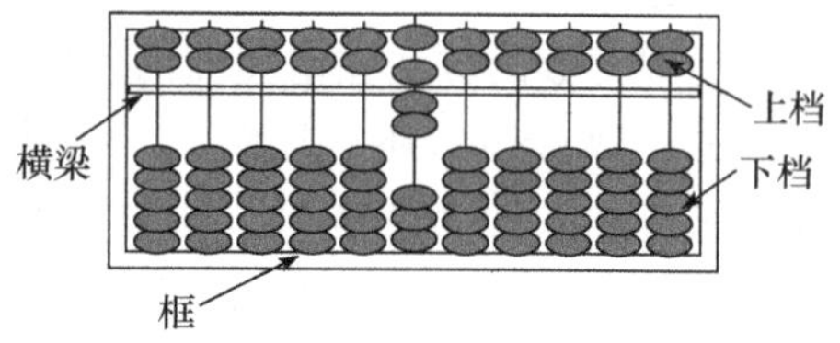

图 1.2.3

算筹计算和算盘计算显然还不能称为计算机,它们还不具有机器的自动性质,计算过程需要手动,为了和后面的包含有某些自动行为的计算机区分,我们称它们

为**“原始的计算工具”**。但是从这些原始的计算工具中已经能看到计算机的四个基本条件。**这里用作计算工具的是算筹或算盘，编码态是用系统各单元位置、数量和分布等要素描述的物理系统状态，计算过程则是按算法（算法口诀）要求，用手移动算筹或拨动算珠（变换系统形态）完成，计算结果的输出，则是通过目测系统形态（用筹、算珠位置和数量等特性描述）得出。**

原始和早期的计算工具具有简单、直观的形式，因此它们满足计算机必须具备的基本条件的方式也显得非常直观和简单。

1.3 机械计算机和电磁计算机

1.3.1 机械计算机

生产的发展和科学技术的进步，一方面对计算量、计算速度和精度等提出更高的要求，同时也为制造满足这些需求的计算机准备了条件。1642 年，法国数学家、物理学家 Pascal 基于齿轮传动技术制造出世界上第一台能够执行加减运算的机械计算机[2,10]。这台机器由一组黄铜小齿轮组成，每个小齿轮将圆周分成十等分，分别刻着从 0～9 的十个数字，从右边开始第一个小轮表示个位，第二个小轮表示十位，依此类推，如图 1.3.1 所示。机器表面装有可以拨动的圆盘，圆盘与盒内齿轮相连。利用齿轮传动原理，通过手工拨动圆盘操作实现加减运算。在两数相加时，先用轮子拨出一个数，再按第二个数拨动相应的轮子转过对应的数字，机器上不同位上小轮转动的末态（通过数字显示）就给出这两数之和。如果某一位两数字之和超过 10，机器会自动进位。因为某一位小轮转动十个数字后，下一个小轮才刚好转动一个数字。计算所得结果在加法器面板上读数窗口上显示出来，计算结束后需要转动各轮复原零位。Pascal 的机器是人类向自动计算迈出的第一步。

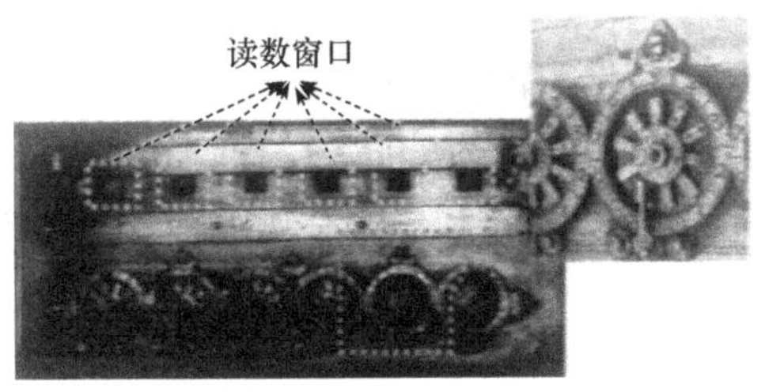

图 1.3.1

Leibniz 是德国著名的数学家、物理学家和哲学家。1674 年，他在 Pascal 计算机的基础上，制成一台可以进行乘法运算的机械计算机。与 Pascal 不同的是他为计算机添加了一个“步进轮”装置。步进轮是一个有九个齿轮的圆柱体，九个齿轮依次分布在圆柱体表面,旁边另有一个小齿轮可沿圆柱轴向移动,以便逐次与步进轮啮合。每当小齿轮转动一周,步进轮根据它与小齿轮啮合的齿数,可转动 1/10 周,2/10 周……,直到 9/10 周,可连续重复做加减法运算,在连续转动手柄的过程中,使这种重复加减运算执行乘除运算。这一思想是 Leibniz 计算机的先进之处。

机械计算机使用表征不同位置的齿轮转动到的不同位置的状态编码数据,计算过程由手动(部分机器自动)变换机器内部态[由其中不同位(置)小齿轮转动后的不同位置描述]执行算法,通过测量(目测)确定计算机末态(用不同位置齿轮转动位置描述)输出计算结果。机械计算机已经能部分地依靠内部机制实现一定程度的自动计算,这是较前面介绍的算筹、算盘进步的地方。特别是已包含有把部分算法程序物化在机器内部的现代计算机思想,这是它的进步点,但这毕竟还缺乏真正程序控制的功能,仍然不是现代意义上的计算机。

图 1.3.2

Pascal、Leibniz 设计的机械计算机都需要人手动操作。1822 年,英国剑桥大学教授、数学家 Babbage 制造了第一台以蒸汽为动力的计算装置[2,10]。它包含有许多机械寄存器,每个寄存器是一个固定在支架上的带有六个字轮的竖直轴(见图 1.3.2),每个字轮代表十进制数的一位,字轮上十个不同位置用以表示数字 0～9。寄存器同时又是运算器。受当时已有的提花编织机蕴含的程序控制自动化思想影响,Babbage 提出把程序编制在穿孔卡片上控制计算机工作的思想。给出几乎是完整程序控制自动计算设计方案。他的计算机与现代数字计算机有某些相似之处:分成三个部分,第一部分是被 Babbage 称为仓库(store)的存储数据的寄存器,其中有 100 列,每列由 50 个数字轮组成,即可保存 100 个 50 位数;第二部分是对数据进行运算的装置,相当于现代计算机的运算器;第三部分是控制操作顺序,对要处理的数据及输出结果加以选择的装置,相当于现代计算机的控制器。Babbage 还采用穿孔卡片输入数据、控制操作过程,并将计算结果输出到打印机上。Babbage 的计算机已具有输入器、输出器、存储器、运算器和控制器几个部分,从这个意义上来说已具有现代计算机的雏形。

1.3.2　电磁计算机

机械计算机使用机械装置,大量的机械零部件组装在一起,动作迟缓,限制了运算速度和计算精度。20 世纪初,随着电磁学科的发展和电器元器件的开发和应用,出现了由电磁器件组成的电磁计算机。

对电磁计算机发展起重大推进作用的是继电器的发明。继电器是由电路元件和电磁铁组成的一个电路,图 1.3.3(a)、(b)分别给出了由电路 A 控制电路 B 的常开和常闭电路。它的基本用途就是用一个回路中的电流控制另一个回路的开关状态。如果编码开为"0",闭为"1",那么排成阵列的不同继电器开关状态就可以编码复杂的数据。

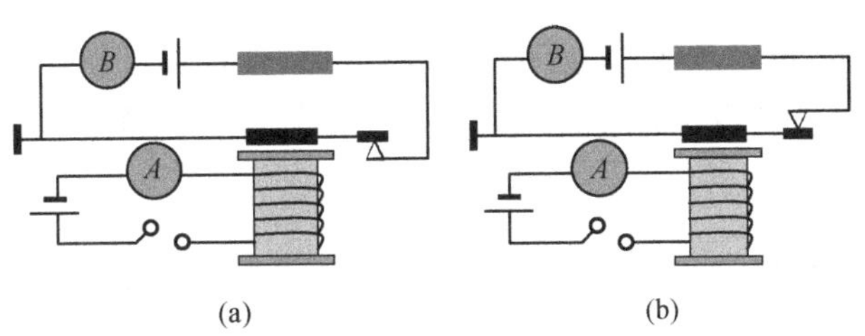

图 1.3.3

1937 年 11 月,美国 AT&T 贝尔实验室研究人员 Stibitz 设计制造了电磁式数字计算机"Model-K"[10]。1939 年,改进后制成"Model-1"型机,其中使用了 440 个继电器,另外还采用了十个多位继电器作为数字存储器,首次采用"余 3 码"。1943 年,Stibitz 把 U 型继电器引入计算机,制成最早的编程 Model-2 型机,1944～1945 年,他又制成存储器容量更大的 Model-3、Model-4 型机,此后又推出 Model-5 型机,其中包含有 9000 多个继电器。

第一个采用电器元件制造通用程序控制计算机的是德国工程师 Zuse[10]。1941 年,他用 2600 个继电器,存储 64 个 22 位数,用穿孔纸带输入,用浮点二进制数运算,采用带数字存储地址的指令,进行四则运算和开平方根。几乎与此同时,美国哈佛大学教授 Aiken 1944 年建成了"自动程序控制的计算机"哈佛 Mark-Ⅰ,它有 15 万个元件,用掉 800km 的导线,使用 3000 多个继电器,重量达 5t。其核心是 72 个循环寄存器,用于存放计算过程中间存储。数据和指令通过穿孔卡片输入,输出由电传打字机实现。Mark-Ⅰ计算速度慢,1946 年制成改进型 Mark-Ⅱ,1949 年使用 5000 只电子管、2000 个继电器,制成了部分电子化的 Mark-Ⅲ计算机。Mark-Ⅲ首次使用磁鼓作为数与指令的存储器,是第一台内存程序的大型计算机。

可以看到,电磁计算机实现计算机基本条件的方式不同于机械计算机。**电磁计算机编码态是组成寄存器或运算器的其中不同位置继电器的开关状态,当然不同开关状态制备以及计算操作都是根据经典电磁学规律,计算结果的输出已经不能用简单的目测完成,而是根据电磁学的规律去测量不同位置上继电器的电流、电压状态实现。**

这种继电器为主要存储元件的电磁计算机起到了从机械计算机到电子计算机桥梁的作用。

1.4　电子计算机

20 世纪 20 年代以后,迅速发展的电子科学和技术为制造电子计算机提供了可靠的物质基础和技术条件。电子计算机的发展,按计算机硬件的逻辑单元物理实现的进步,经历了从电子管、晶体管以及中小规模集成电路到大规模、超大规模集成电路几个阶段[10]。

1.4.1　电子管计算机

电子管计算机也称为第一代电子计算机,主要特征是使用电子管(真空管)作为逻辑元件。电子管区分为二极管、三极管等,二极管由封装在高真空管中的阴极和阳极构成[见图 1.4.1(b)]。阴极由灯丝和包围灯丝、涂有受热时容易发射电子的材料组成,阳极则由可收集到达电子的金属材料组成。取决于阳极相对阴极的电势差,阴极发射的电子可能到达阳极(导通状态),也可能无法到达阳极(截止状态)。为了更有效地控制二极管的导通或截止,人们在二极管的阴极和阳极之间加入网状的第三电极——栅极,构成三极管[见图 1.4.1(a)]。由于栅极靠近阴极,栅极上的电位对阴极飞出的电子有更显著的控制作用。利用三极管的导通和截止状态不仅可以编码二进制数 0 和 1,而且可以方便地构成执行逻辑运算的电路。

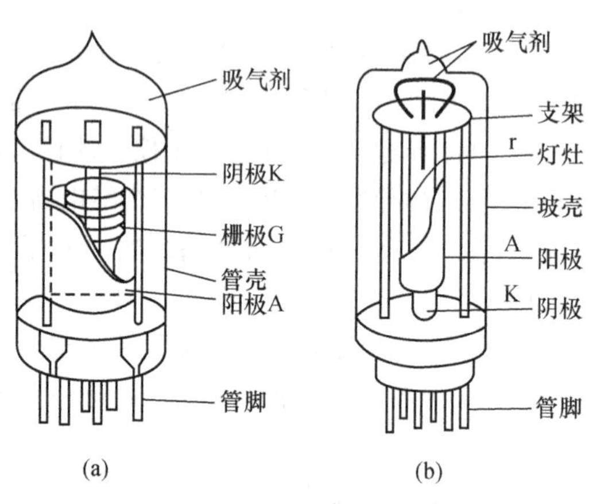

图 1.4.1

世界上第一台电子管计算机 ENIAC 诞生于 1946 年,由美国阿伯丁弹道研究室与宾夕法尼亚大学电器工程学院合作研制。使用了 18 600 只电子管,1500 多个继电器,几十万枚电阻和电容,体积 460m^3,自重 30t,耗电 174kW,运算速度达 5000 次/s。基本电路中包括有“门”(逻辑与)、缓冲器(逻辑或)和触发器,这些都成为后来电子计算机的标准元器件。

1.4.2　晶体管

晶体管是一种固体半导体器件，是现代电子计算机实现信息存储和运算的关键物理元器件。晶体管分为双极型晶体管和场效应晶体管两大类。其中双极型晶体管既采用多数载流子导电，又采用少数载流子导电，而场效应晶体管只应用多数载流子导电。

1. 双极型晶体管

双极型晶体管分为二极管和三极管两种。它们工作原理都可以用 PN 结特性解释。

靠空穴导电的半导体称为 P 型半导体，靠电子导电的半导体称为 N 型半导体。一块 P 型半导体和一块 N 型半导体结合在一起就形成一个 PN 结。P 区空穴向 N 区扩散，N 区电子向 P 区扩散，结果在两区交界面上形成阻挡层。一个 PN 结就是一个晶体二极管，它的工作原理和表示符号见图 1.4.2。正向偏置(P 区接电源正极，N 区接负极)的二极管，可削弱阻挡层，使二极管处在导通状态；反向偏置可以使二极管处在截止状态。

两个 PN 结结合可以组成具有放大作用的三极管。半导体三极管分为 NPN 和 PNP 两种类型。下面以 NPN 三极管为例说明工作原理。NPN 三极管的电路和代表符号见图 1.4.3。NPN 三极管有三个区组成，分别称为发射区(e)、基区(b)和集电区(c)。三极管根据加在基极上的直流偏置电压情况不同，可以工作在截止区、线形区以及饱和区三种不同的区域。在发射区和基区间加正偏压，使三极管工作在线性区，发射区大量的电子在正向偏压作用下大量涌入基区，由于基区很薄，只有少数电子在基区和空穴复合，形成弱的基极电流 I_b，大部分电子都可渡越基区到达集电区处，在集电区和基区间的反向偏压作用下，到达集电极形成集电极电流 I_c。集电极电流随基极电流信号线性变化，可以起放大作用。而当偏置电压升高使三极管进入饱和区，三极管可工作在开关状态。在电子计算机中，三极管主要工作在这种状态。

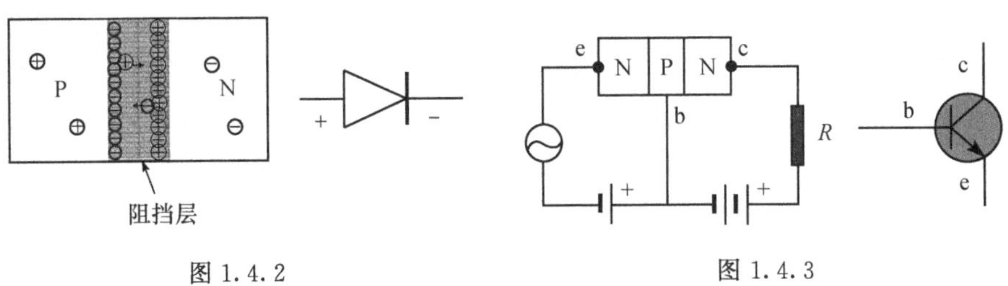

图 1.4.2　　　　图 1.4.3

2. 场效应管

场效应半导体管广泛地应用在大规模集成电路和超大规模集成电路中。**场效应管**(field effect transistor)结构示意图以及在电路中的代表符号见图 1.4.4。在 P 型(带负电荷)衬底上用 N 型(带正电荷)杂质“过量掺杂”形成两个 N 型岛,一个叫源极(S),一个叫漏极(D),各通过一个电极和外部相连。在源极和漏极中间是金属—绝缘体—半导体组成的电容结构,绝缘层上的金属电极称为栅极(G)。当栅极上不加电压时,源极和漏极之间绝缘不导电。当栅极加上电压时,栅下氧化层产生电场,电力线由栅极指向半导体表面,外电压在半导体表面产生电荷积累,形成一个感生的 n 型表面薄层,因与衬底导电类型相反,而称为反型层。反型层成为连接源极、漏极的沟道。改变栅压,可以改变沟道内电子浓度,从而改变沟道电阻,控制三极管导通与截止状态。

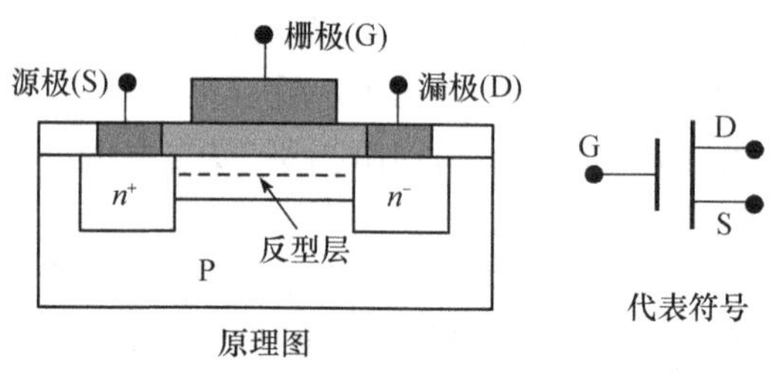

图 1.4.4

场效应晶体管和双极型晶体管比较具有输入阻抗高、噪声小、极限频率高、功耗小、制造工艺简单以及温度特性好等优点,而且许多场效应管可以方便地集成在一块硅片上,因此场效应管广泛应用于集成电路上。

1.4.3 现代电子计算机

第二代电子计算机时间跨度是 1957～1964 年。主要特点是用晶体管取代电子管用作逻辑单元,所以第二代电子计算机也称晶体管电子计算机。

1958 年,世界上第一块集成电路诞生以后,集成电路技术很快应用于计算机制造。1964 年 IBM 公司研制成大型集成电路通用计算机 IBM360 系统,标志集成电路计算机时代开始。这一时期集成度不高,内存达几百 kb,但计算速度已提高到每秒几十万次。在电子计算机发展历史上,称这一时期的计算机为第三代电子计算机。第三代电子计算机时间跨度是 1964～1972 年,主要标志是用集成电路代替了晶体管分立元件,所以又称集成电路计算机。第三代电子计算机的主要特点是使用半导体存储器为主存储器,采用集成电路技术,把许多晶体管、电阻和电容等元器件互联布线,一起制作在半导体或介质基片上,构成结构紧凑的功能电路。

IBM360 系列机就是第三代电子计算机的代表。

20 世纪 80 年代，计算机进入以大中型计算机为标志的第四代时期。第四代电子计算机除去采取大规模存储程序和指令，实现高速处理，机器性能大幅度提高外，它的另一个显著特征是采用大规模集成电路逻辑元件，利用超大规模集成电路随机存取存储器，实现存储器多层次化。

第五代电子计算机——也称巨型机，是具有人工智能的机器。巨型机除去采用更大规模集成电路制造逻辑元件和存储器外，在实现数据存储和逻辑运算原理上没有根本的变化。巨型机主要在计算机体系结构上进行了改进。采用分布式并行计算思想——即把处理功能分散到一台主机和多台副机，各台机器并行工作。采用策略有两种典型形式：①单指令流多数据流流水线控制巨型机，这类机器采用最新半导体工艺技术，追求最高单机性能，并联少量副机；②大规模并行处理机，将大量一般性能的机器以阵列形式连接，在同一个指令流控制下，多机同时并行计算。

1.4.4　电子计算机的体系结构

为了说明电子计算机作为一个物理系统是如何实现计算机基本条件的，首先考察电子计算机的体系结构。

现代电子计算机体系结构设计的基本思想是 Von Neumann 在 1945 年提出的。其要点是：①采用二进制记数，简化机器的逻辑线路；②把运算程序以二进制形式存储在机器存储器中，由机器自动执行。根据 Von Neumann 建议，计算机由以下五个部分组成[2,10]。

(1) 运算器：由许多逻辑电路组成，执行加、减、乘、除运算和逻辑运算。

(2) 存储器：用来存储计算需要的数据以及描述算法的程序；由按照一定方式排列的许多存储单元组成，每个单元都被按编号，赋予存储地址。

(3) 控制器：控制计算机各部分工作，自动地完成各种操作。

(4) 输入设备：执行信息输入，包括键盘、扫描仪、读带机和读盘机等。

(5) 输出设备：执行信息输出，包括写盘机、打印机和绘图机等。

其中，运算器和控制器常放在一个集成块上，合称为中央处理器(CPU)。

尽管电子计算机各部分有不同的功能，但是所有这些功能都通过简单的逻辑电路(数字电路)实现[11]。所以电子计算机整个硬件的基础，归根到底是**数字电路**(number circuit)。具有逻辑运算功能的物理元件称为**逻辑元件**(logic element)，具有存储功能的物理元件称为**存储元件**(memory element)。计算机数字电路最基本的单元是“**位**”(binary digit)，一个位有两个不同逻辑取值 0 和 1。0 和 1 在不同的应用中表示不同的意义，可以表示数字，也可以通过编码表示其他符号，有时表示图像，有时表示声音等。在物理上逻辑元件和存储元件都通过有两个物理状态的物理系统实现。虽然原则上任何一个有两个稳定状态的物理系统[描述系统的某一自由度(特性)的物理量有两个不同取值],都可以实现一个存储元件;任何一个有两个状态的物理系统,并在输入信号的控制下能够置于两不同的态,都可以充当一个逻辑元件。但要实现高速、稳定的计算,要求这些元器件对控制信号响应快,动作准确可靠。微电子技术的进步使制造出具有这种性能的元器件成为可能。

1.4.5　电子计算机的基本逻辑电路

逻辑电路中表示逻辑值的两个状态可以是电路的“断开”和“接通”。如图 1.4.5 所示的电路,其中,V_{cc}为高电压,V_1 是输入电压(以电压高低表示输入信息)控制 K 的开关。当 K 断开时,输出电压为高电位;当 K 接通时,输出电压为低电位。所以电路的开关,又可以用输出电压的高低表示。如果编码高电压为 1,低电压为 0,在计算机中称这种编码方式为正逻辑。图 1.4.5 电路中的开关 K 就可以用半导体二极管、半导体三极管或场效应管组成的开关路组成。

最基本的门电路有非门(NOT)、与门(AND)和或门(OR)。这些电路都可以用图 1.4.5 中的电路构成。

(1) 非门。

图 1.4.6 是由两个电阻器和一个三极管组成的非门电路。当输入为低电压时,三极管的基极—发射极结被反向偏置,三极管截止,相当于开关 K 打开,输出高电压;当输入高电压时,三极管导通,输出低电压,实现了逻辑非操作。

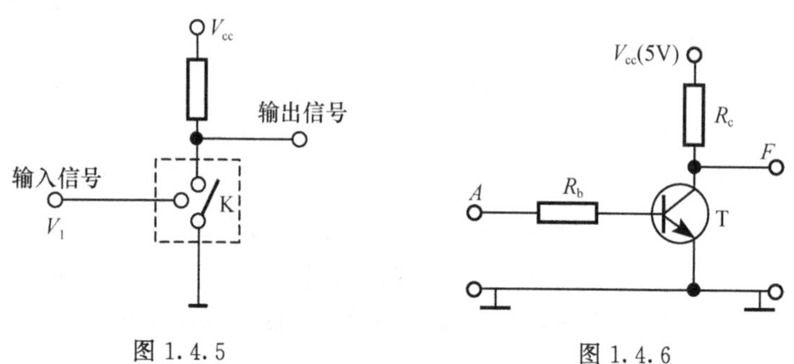

图 1.4.5　　图 1.4.6

(2) 与门。

与门是有两个或多个输入,但只有一个输出的电路。图 1.4.7 是由两个输入二极管和三个输入三极管组成的与门电路,当所有输入都是高电压时,才输出高电压。

(3) 或门。

图 1.4.8 是分别由两个二极管组成的二输入和三个三极管组成的三输入或门电路。当任一输入为高电压时,其输出便为高电压。其中二极管电路原理是明显的。对三极管电路,当所有输入都为低电压时,三极管的基极—发射极被反向偏

置，所有三极管都关断，Y 输出低电压；另一方面，PNP 型三极管基极的任一高电压输入，将正向偏置相应的三极管，使三极管集电极—发射极结相当于一个闭合的开关，从而导通集电极电压，输出高电压。

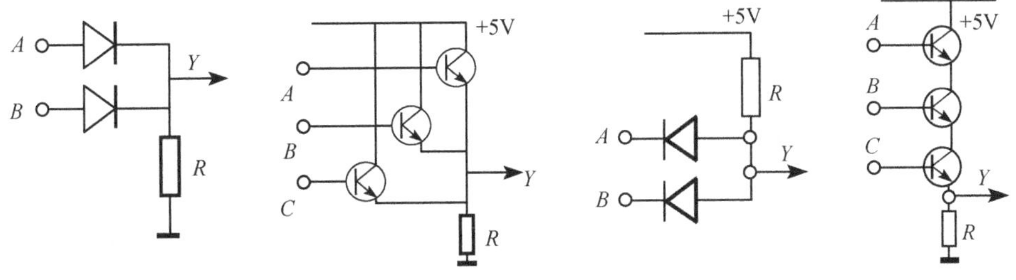

图 1.4.7　　　　图 1.4.8

利用基本逻辑门可以构造复杂的、具有特定功能的逻辑电路。

逻辑电路可以区分为**组合逻辑**(combinatorial logic)和**时序逻辑**(time-sequencing logic)两种。组合逻辑电路由最基本的逻辑门组成，其功能与时间无关，即不具备记忆或存储功能。组合逻辑电路的输出仅由当前的输入组合决定，不受过去的输入影响，如计算机中的加法器、比较器、编码器、译码器和数据选择器等都属于此类。而时序逻辑电路的输出，则由过去输入决定的电路当前内部状态和当前的输入信号共同决定。为了保存状态，时序逻辑电路都有存储功能。所以时序电路通常由存储电路——触发器和组合电路构成。触发器有两个自行保持的稳定状态，可以编码两个逻辑值 0 和 1，并根据不同的输入信号置成 1 或 0，是经典计算逻辑位的物理实现。电子计算机中的各种存储器和计数器以及其他各种电路，都是以这种时序电路为单元部件构建的。

1.4.6　电子计算机的各种存储设备

电子计算机使用各种存储设备用作内存储器和外存储器，下面介绍各种存储设备的物理原理，目的是说明经典计算机存储器是如何用经典物理态编码信息的。

1. 磁性存储器

从第一代电子计算机开始，**磁性存储器**(magnetic memory)就成为电子计算机的存储设备。各种磁性材料存储器都是利用具有矩形磁滞回线的磁性材料制成。这种磁性材料在外磁场作用下，其磁感应强度与外加磁场 H 的关系可用近似矩形的磁滞回线描述，如图 1.4.9 所示。当外加磁化电流(即磁场)足够大时，磁体被磁化达到饱和，磁感应强度达到最大值 $+B_m$。当磁化电流消失(磁化场消失)，磁体磁感应强度并不为零，而是处在接近最大值的 $+B_r$(正剩磁状态)。反之，当负向磁化电流消失后，磁体处在 $-B_r$ 的负剩磁状态。这就是说，这种矩磁材料磁化后,可以处在两个稳定的状态正剩磁态或负剩磁态之一中。利用这两个状态,就可以编码表示二进制数 0 和 1。使用这种磁性材料,做成一个一个的离散单元,附着在载磁体上,就可做成存储器件。图 1.4.10 是早期计算机上使用的 16×16 的磁芯存储器外观图。

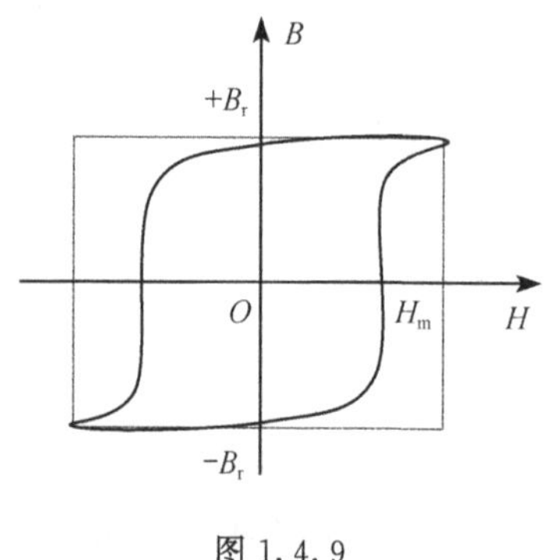

图 1.4.9

图 1.4.10

磁表面存储器通过磁头和记录介质的相对运动完成读写操作。写入时,记录介质在磁头下方匀速通过,根据要写入的代码,在写线圈中通以一定方向的脉冲电流,使写线圈铁心磁化,产生一定方向和强度的磁场。这个磁场直接穿透磁头下面介质上的磁层,使磁层上的磁化元磁化,记录下输入的信息。如果编码正方向脉冲电流引起的磁化元磁化状态为 0,那么,反方向磁化电流引起的磁化态就编码表示 1。执行读操作时,当磁头经过载磁体上的磁化元时,磁化元的磁力线通过磁头形成闭合回路,引起磁头铁芯中磁通变化,在磁头线圈中激起感生电动势。经放大后就读出了在磁化元的磁化状态,获得记录在磁化元中的信息。

根据载磁体形状不同,磁存储器件可以分成磁鼓、磁带、磁盘和磁芯等。其中磁盘存储器又分成软磁盘和硬磁盘两种,是目前应用最广泛的计算机外存储设备。

2. 半导体存储器

半导体存储器(semiconductor memory)是用集成在芯片上的半导体电路存储信息,能对信息进行随机存取的存储设备。20 世纪 70 年代以后,半导体存储器取代磁芯,成为电子计算机内存储的主要设备。半导体存储器种类很多,从存取方式分为**只读存储器**(read only memory,ROM)和**随机存储器**(random access memory,RAM),从制造工艺上可分为双极型晶体管存储器,单极型金属—氧化物—半导体场效应晶体管存储器等。

随机存储器可以随时对指定地址读写数据,可分为静态存储器和动态存储两大类。静态存储器依靠双稳态电路存储信息,每个双稳态电路用它的两个不同状态,可以编码表示二进制数 0 和 1。一块存储芯片上以阵列形式集成多个这样的双稳态电路。一般静态半导体存储器由存储矩阵、地址译码器和输出控制电路组成。存储矩阵又由许多存储单元组成，存储单元排列成组，一组成为一个**字**(word)，一个字中的位数称为**字长**(word length)，每个字有一个编号称为**地址**(address)。

图1.4.11是由六只N沟道型MOS管组成的一个静态存储单元。其工作原理是：T_1和T_3构成触发器，T_2和T_4分别作为T_1和T_3的负载电阻。T_3截止而T_1导通的状态编码为1，相反的状态编码为0。当选择线X_i置高电压，T_5和T_6管导通，可以读出原存信息；使读写线呈相应电压，可以写入需要存储的信息。

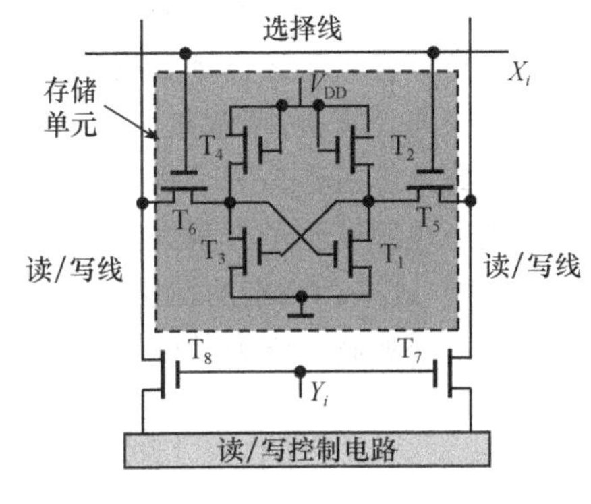

图1.4.11

在计算机中，数除去采用按二进制数值表示外，还可以通过编码用一定规则组合而成的若干位二进制数表示。例如，十进制“8”，可分别表示为“1011”(余3码)、“1100”(格雷码)和“00111000”(ASCII码)等。

3. 光存储器

光盘存储技术是利用有很高相干性和单色性的激光束，汇聚到光衍射极限的焦点上，光能量高度集中，使激光衍射斑照射区域介质发生某种物理或化学变化，从而使信息固化在存储介质中，实现信息存储。例如激光束以热作用在盘表面烧蚀，形成小凹坑，有坑的地方可以编码为0，没坑地方编码为1。

盘上凹坑分布状态就记录了信息。光盘存储器也可以利用激光光斑照射导致光盘微小区域中介质的光学性质(如折射率等)发生变化，与周围介质形成反差，用要写入的信息调制激光束，就可以把信息写入介质盘上。通过这种方式信息就被编码在介质盘光学性质的空间分布状态中，并被记录保存下来。光盘存储技术具有信息存储密度大、寿命长、信噪比高以及造价低等优点，因此得到广泛应用。

1.4.7 经典计算机

通过上面对计算机发展历史的考察可以看出，撇开计算机设计思想的进步，计算机的发展历史就是实现计算机硬件基本条件的物理原理和技术进步的历史。从最原始用手指伸屈状态编码数字，到用算筹、算珠的位置、数量分布状态，一直到齿轮的位置和转动，都可用简单的机械运动状态描述；至于继电器的开关状态、电子管以及半导体管的导通、截止，则可以用电磁学方法描述。比如晶体管的导通和截止状态，由电磁学的电流、电压方程决定。同样，确认一个晶体管导通或截止状态的测量,也是按经典方法通过测量电压、电流决定的。作为现代计算机用作辅佐存储的磁性材料存储器、光盘存储器等,其中的编码态都是介质的磁化状态。所有上述这些态都是用经典物理方法描述的经典物理态,因此这些态的制备、变换操作都遵循经典物理规律。由于上述计算工具,计算机编码态是经典物理态,执行计算任务的操作都是按传统的经典物理学规律进行,输出计算结果的测量就是经典测量,这样的计算机就是**经典计算机**(classical computer)。不过在本书后面量子计算中所说的经典计算机,通常狭义地指电子计算机。

经典计算机作为一个物理系统,虽然实际上也是由微观原子构成,这些原子运动原则上也服从量子力学规律,但经典计算机的编码态和系统的、宏观的、经典自由度有关,这些编码态的性质是经典物理的,态变换遵从经典物理规律,所以工作原理是以经典物理学为基础,并不是建立在系统的量子力学性质上。

1.5 量子态和量子计算机编码

量子计算机是用量子力学态编码、按量子动力学规律执行计算任务的计算机。由于量子力学态具有经典物理态没有的量子叠加、量子纠缠等性质,量子计算机实现计算机基本条件的方式不同于经典计算机,这使量子计算机可以实现经典计算机不能企求的计算能力。

1.5.1 量子态的描述——波函数和量子态叠加原理

20世纪初物理学研究深入到微观领域。物理学研究揭示微观粒子不同于经典粒子,具有粒子、波动双重性质——**波粒二象性**[12,13](wave-particle duality)。经典物理学用坐标和动量描述微观粒子运动的方法失效。根据量子力学理论的基本原理:量子力学系统的运动状态用波函数 $\psi(\vec{x},t)$ 描写(见附录A1)。量子计算机就是用描述量子系统状态的波函数编码信息的计算机。量子力学揭示,量子态不同于经典物理态,它满足和经典物理态本质上不同的量子态叠加原理。即如果一个量子力学系统态 $|\psi\rangle$ 可能是 $|\psi_1\rangle$,也可能是 $|\psi_2\rangle$,在保持态 $|\psi\rangle$ 不被破坏的情况下,没有任何物理方法能确定 $|\psi\rangle$ 态究竟是 $|\psi_1\rangle$ 还是 $|\psi_2\rangle$,这时系统所处的态 $|\psi\rangle$ 就是这两个态的叠加态:

$$|\psi\rangle=\alpha|\psi_1\rangle+\beta|\psi_2\rangle \tag{1.5.1}$$

其中,$|\ \rangle$ 称为**Dirac 符号**,以后用它表示量子态;α、β 是两个复常数。假设 $|\psi_1\rangle$、$|\psi_2\rangle$ 互相正交,并且都已归一化(见附录A1),波函数 $|\psi\rangle$ 满足归一化条件要求 $|\alpha|^2+|\beta|^2=1$。

量子态叠加原理和经典波叠加原理虽然数学形式相同,但二者有完全不同的物理意义。式(1.5.1)量子叠加态 $|\psi\rangle$ 中的两个态 $|\psi_1\rangle$ 和 $|\psi_2\rangle$ 都仅是量子系统的一

个可能状态，系统以一定的概率（幅）处在其中每个态上。当向态$|\psi_1\rangle$和$|\psi_2\rangle$作投影测量时，测量结果是排他的，只能得到其中一个态，即一个态的存在意味着另一个不存在；而对于经典波叠加态ψ，其中两个相叠加的成分，每个都是系统的一个实际存在的态，是ψ态的一个成分。如果通过测量对量子和经典两种叠加态进行分析，其差别就可以更明显地表现出来。对经典叠加态，同一个态可以多次重复测量得到叠加中的各种成分。而对于量子叠加态，确定其成分需要对一批与$|\psi\rangle$完全相同的态，分别进行多次独立的测量完成（见附录 A1），并且每次测量其中一个态，这个态就被破坏，“坍缩”到实际测量得到的那个成分态上，同时也失去了对这个态继续测量以确定其他成分的可能性。确定其他成分的检测需对完全相同的叠加态执行新的测量。相叠加的不同成分在叠加态中出现的概率由叠加系数的模方$|\alpha|^2$、$|\beta|^2$给出。需要指出的是，两个相同态的经典叠加是幅度增大一倍的新态，但两个相同量子态的叠加，在物理上表示同一个量子态。

量子态叠加原理是量子计算机可以进行大规模并行计算的物理基础。在量子信息学中把有两个线性独立状态的量子力学系统称为一个**量子位**（qubit）。记一个量子位的两个线性独立态分别为$|0\rangle$、$|1\rangle$，根据态叠加原理，量子位可以处在叠加态：

$$|\psi\rangle = \frac{1}{\sqrt{2}}(|0\rangle + |1\rangle) \tag{1.5.2}$$

在这个态中，$|0\rangle$、$|1\rangle$各以相等的几率出现，所以在态$|\psi\rangle$中既包含态$|0\rangle$的信息，也包含有态$|1\rangle$的信息。如果有两个这样的量子位构成一个量子系统，那么这个量子系统就可以处在

$$|0\rangle|0\rangle, |0\rangle|1\rangle, |1\rangle|0\rangle, |1\rangle|1\rangle$$

四个态的叠加态中，表示{00,01,10,11}四种不同的信息（或四个数据）在叠加态中可以同时各以一定概率存在。这和经典情况不同，在经典情况下，虽然利用两个位（两个二值系统）也可以制备出四个状态，但在每个时刻系统只能处在四个状态之一上，不可能制备出两个或两个以上态的叠加态。

同样，n 个量子位系统的态空间是 2^n 维 Hilbert 空间，可以取它的 2^n 个基为$\{|i\rangle\}$，其中，i 是一个 n 位二进制数串。在 n 个量子位的系统中可以制备出一般态：

$$|\psi\rangle = \sum_{i=0}^{2^n-1} c_i |i\rangle \tag{1.5.3}$$

其中，$|\psi\rangle$中可以同时包含有 2^n 个基态的信息（可同时编码 2^n 个二进制数）。以这种方式，量子存储器能以指数快速增加它的存储能力，这就为量子信息大规模并行处理奠定了基础。

1.5.2 量子态的时间演化和计算操作[12,13]

由于量子计算机用量子态编码信息，量子计算过程就是编码量子态的时间演

化过程。而量子态的时间演化规律,由量子力学基本原理决定。而关于量子态的时间演化,按照量子力学的**第三条基本假设**(见附录 A1):孤立量子系统态矢 ψ 随时间的演化遵从 Schrödinger 方程:

$$i\hbar \frac{\partial \psi}{\partial t} = \hat{H}\psi \tag{1.5.4}$$

其中,$\hat{H}$ 是系统的 **Hamilton 算子**(Hamilton operator),对孤立系统它仅由系统内部的相互作用决定。孤立量子系统的时间演化常用时间演化算子 $\hat{U}$ 描写,$\hat{U}$ 定义为

$$|\psi(t)\rangle = \hat{U}(t,t_0)\,|\psi(t_0)\rangle \tag{1.5.5}$$

$\hat{U}(t,t_0)$ 变换系统 t_0 时刻的态 $|\psi(t_0)\rangle$ 为 t 时刻的态 $|\psi(t)\rangle$。将此式代入式(1.5.4),可求出时间演化算子满足的方程:

$$i\hbar \frac{\partial \hat{U}}{\partial t} = \hat{H}\hat{U} \tag{1.5.6}$$

利用初始条件 $\hat{U}(t_0,t_0)=1$,在 Hamilton 算子不显含时间的情况下,式(1.5.6)的解可以写为

$$\hat{U}(t,t_0) = e^{-i\hat{H}(t-t_0)/\hbar} \tag{1.5.7}$$

根据量子力学理论,$\hat{H}$ 是线性 **Hermitian 算子**(Hermitian operator),$\hat{H}^\dagger=\hat{H}$,所以时间演化算子满足**幺正算子**(酉算子)(unitary operator)条件:

$$\hat{U}\hat{U}^\dagger = \hat{U}^\dagger\hat{U} = I \tag{1.5.8}$$

所以量子系统(Hamilton 算子与时间无关的孤立系)的时间演化是一个**幺正变换**(unitary transformation)。

当然,任何量子计算机作为一个物理系统都和环境存在不可避免地相互作用,不可能成为真正孤立系统。量子计算机作为包括环境在内的更大系统的一部分,它的时间演化不是幺正的。在这种情况下如何保证计算机内编码态时间演化的幺正性,是实现量子计算的最根本的、最富挑战的任务,将在第 10 章以后作更仔细的讨论。

在物理上,Hamilton 算子描述系统内部以及系统和外界的相互作用,而对于给定的量子系统,总可以把系统扩大,使与它有相互作用的外界都包含到系统中来,从而把扩大后的系统看成孤立的。孤立系统的幺正演化表明,给定系统的动力学行为,或它的时间演化完全由与系统有关的 Hamilton 量(包括系统内部的相互作用以及系统和外部的相互作用)决定。于是我们可以得出结论,**量子计算机系统的计算操作就是操控系统编码态的变换或演化,而要操控量子计算机系统编码态的演化,就是操控系统以及系统和外界相互作用 Hamilton 量。**

1.5.3 量子计算机的输出——量子测量

由于量子计算机用量子态编码信息,量子计算机计算结果的输出就是对计算

末态的量子测量。根据**量子力学的第四条基本假设**(见附录 A1),量子力学中的力学量用线性 Hermitian 算子表示。当系统处在力学量算子 $\hat{F}$ 的某本征态 ψ_n 时,对系统测量力学量 F,可得到唯一确定值 F_n,即算子 $\hat{F}$ 属于本征态 ψ_n 的本征值。当系统不是处在 $\hat{F}$ 的本征态,而是处在任意态 ψ,量子测量假设给出了测量结果的答案如下。

测量力学量 F,只能得到表示力学量 F 的线性 Hermitian 算子 $\hat{F}$ 的本征值之一。若系统处在任一波函数 Ψ(假设已归一化)描述的状态,测得本征值 F_n 的几率是 $|c_n|^2$。其中,c_n 是 Ψ 按 $\hat{F}$ 的正交归一完备本征函数系 $\{\psi_n\}$ 展开的展开系数:

$$|\Psi\rangle = \sum_n c_n |\psi_n\rangle \tag{1.5.9}$$

$$c_n = \langle\psi_n | \Psi\rangle \tag{1.5.10}$$

若测得的是本征值 F_n,则系统在测量刚进行完毕就处在由相应本征态 ψ_n 描述的状态。

根据这一假设,当系统处在一般态(不一定是 $\hat{F}$ 算子的本征态),测量力学量 F 一般不能得到确定值,而是有一系列可能取值。每个可能值出现的概率,由描述系统状态的波函数预言。这一假设和态叠加原理是一致的,由于 Ψ 可表示为各个本征态 $\{\psi_n, n=1,2,\cdots\}$ 的叠加,Ψ 所描述的系统可能处在 ψ_1 态,也可能处在 ψ_2 态……这就使对系统测量力学量 F 不能得到唯一结果。

根据这一假设,量子测量还具有另一不同寻常的性质:测量引起系统由测量前的态 Ψ 坍缩为测量后的态 ψ_n——测量得到的本征值 F_n 对应的本征态。因为在第一次测量完成后,如果紧接着进行第二次测量,由于系统还没有来得及演化,必定仍得到态 ψ_n。因此,必须认为在测量刚刚完成后,系统就处在 ψ_n 描述的新态上。测量将打断测量前系统(在测量仪器未作用上之前可看做是孤立系统)的幺正演化过程,测量仪器的作用改变了原来态制备限定条件,事实上制备了系统的一个新态。一般的测量过程事实上就是新态的制备过程。这和经典物理根本不同。量子测量的这一破坏量子相干演化过程的性质,不仅直接影响到量子计算机对编码态的诊断,而且影响计算结果信息的提取,通常被认为是消极的。但是在 2001 年,Raussendorf 等提出的簇态量子计算模型中[14],直接挑战这一传统的认识。这种非幺正的量子测量,在稳定子码量子纠错、容错计算中成为对逻辑态执行幺正变换的基本方法,下册第 14 章会涉及这些内容。

1.5.4　量子测量和量子计算机编程

在量子计算机中,经典上不同的信息以叠加形式存在,计算结果一般也是经典上不同态的叠加态。根据量子力学的测量理论,对于叠加态的测量,只能够概率地得到一个经典结果。例如对叠加态:

$$|\psi\rangle = a|+\rangle + b|-\rangle$$

其中,虽然包含有$|\pm\rangle$态的信息,但用投影到$|\pm\rangle$基上的测量只能以一定概率得到$|+\rangle$态或$|-\rangle$态。而且根据上述量子力学测量理论,更坏的情况是实施测量的结果将不可逆地破坏被测的原叠加态,使原来的叠加态坍缩到测量得到的那个经典态上。如果紧跟上一次继续测量,也只能得到第一次得到的那个经典态,而决不会再得到其他的信息。这么看起来,似乎量子大规模并行计算带来的好处,由于测量(计算结果的输出)而丧失殆尽,量子计算没什么好处可言。实际上,虽然在计算结果态中,各种经典信息可以以一定概率存在,但可以存在并不意味着一定存在,存在的概率可以大,也可以小,甚至是零。量子测量的上述性质仅只是启发了构造具体问题量子算法的一条基本原则:**在构造一个问题的量子算法时,应当利用量子态相干叠加性质。**利用编码量子态相干叠加性质,使表示计算结果的经典态,在计算中发生相长干涉,具有最大的概率幅;而不需要的经典信息发生相消干涉,结果具有较小的甚至是零的概率幅。这样就可使最后测量以最大的概率给出所需要的结果。至于如何做到这一点,这正是量子算法研究的内容。现在已知的 Shor 算法,Grover 搜索算法就是针对具体的问题,成功地运用这一策略量子算法的例子。在最坏的情况下,还可以通过多次重复计算,从测量结果的统计分布中得到问题的答案,这时只需把多次重复的计算看成一个计算即可。

1.6 量子计算机编码态的非经典性质

量子信息就是用量子态编码的信息,为了进一步了解量子信息不同于经典信息的一些非寻常的性质,需要进一步研究量子态的非经典性质。

1.6.1 量子纠缠现象

量子态叠加原理引起的一个新的、没有经典类比的现象是量子纠缠现象[15]。设有两个电子处在自旋单态:

$$|\psi\rangle = \frac{1}{\sqrt{2}}(|01\rangle - |10\rangle) \tag{1.6.1}$$

其中,$|0\rangle$表示自旋向上态,$|1\rangle$表示自旋向下态;同时省去区分电子的编号,用从左到右位置顺序依次表示电子 1 和电子 2。根据量子力学的基本原理和量子测量理论,式(1.6.1)描述的态具有下面的特点:①在这个态$|\psi\rangle$中,无论是电子 1 或电子 2,自旋都没有确定值;②如果对态$|\psi\rangle$测量电子 1 的自旋,将以概率 1/2 得到自旋向上(向下)态,同时态$|\psi\rangle$坍缩到态$|01\rangle$($|10\rangle$)上,从而在测量完成后,电子 2 立即获得了自旋取确定值的态,并处在和电子 1 相关的自旋向下(向上)态上;③如果对态$|\psi\rangle$测量电子 2 的自旋,会得的类似的结论;④上述结论和两个电子空间分离开

的距离无关。

上面描述的这种现象称为**量子纠缠现象**(entanglement phenomena),式(1.6.1)中的态就是一个**纠缠态**(entangled state)。

量子纠缠是没有经典类比的现象,它反映了通过直接或间接发生过相互作用的两个量子系统,可能处在一种特殊的量子态上,在这个特殊的态中,复合系统的性质是完全确定的,但其中每个子系都没有确定的性质。两个子系性质存在不可分割的联系,这种联系表现为对其中一个子系的测量会引起另一个子系态的瞬时改变。

量子纠缠是信息传输和信息处理的一种物理资源,从某种意义上说,量子信息学就是开发、应用量子力学纠缠态资源。实际上除去利用量子纠缠外,量子信息并没有太多与经典信息不同的地方。在量子通信中,利用量子纠缠可以实现**隐形传态**(teleportation),即利用两地共享的纠缠资源,把其中一地一个物理系统的未知量子态传送到远处的另一个物理系统上,而不需要传送这个物理系统本身[16];**超密编码**(dense coding)利用两地共享的纠缠态,从一地到另一地仅传送一个物理量子位,但可以传送两个比特的经典信息[17,18];**远程态制备**(remote state preparation)利用两个实验室共享的纠缠态,使一个实验室的操作者在另一个的实验室中制备出需要的物理态[19]。在量子计算中,利用纠缠这种资源可降低计算机不同部分之间的通信复杂度,实现不通过拷贝的冗余编码,执行不破坏编码态的出错诊断等。但纠缠又是量子信息物理实现的最大障碍,计算机系统和环境的相互作用导致系统中编码态和环境态的纠缠,破坏编码量子态,使其退化为经典物理态,从而使利用量子计算可能带来的好处损失殆尽。所以开发量子信息技术,就是利用纠缠,同时又和纠缠作斗争,克服纠缠带来的破坏作用的过程。

1.6.2　量子态非克隆定理

所谓克隆是指不改变原来系统的量子态,而在另一个物理系统中产生出一个完全相同的量子态。经典编码态可以克隆是众所周知的事实,在今天技术条件下,复制一个光盘或硒盘上的数据资料是件轻而易举的事情。克隆羊、克隆牛也已经不是什么新鲜事。但是自然界却不允许人们严格复制一个未知的量子态。表述这一事实的是量子非克隆定理:

一个未知量子态不可能被完全拷贝。

孤立量子系统的演化是幺正变换。而任意一个量子系统总可以通过把与它相互作用的环境(其他系统)都包括进来构成一个孤立系统。假设系统 1 的态 $|\psi\rangle$ 是未知的,希望在另一个初态为 $|R\rangle$ 的系统 2 中制备出态 $|\psi\rangle$,克隆机和环境作为一个物理系统初状态为 $|M\rangle$,包括系统 1、系统 2、克隆机和环境在内的大系统是个孤立系统,如果未知量子态能够克隆,那就意味着存在一个幺正变换满足:

$$U(|\psi\rangle|R\rangle|M\rangle)=|\psi\rangle|\psi\rangle|M'\rangle$$

于是对系统 1 的任意态$|\alpha\rangle$有

$$U(|\alpha\rangle|R\rangle|M\rangle)=|\alpha\rangle|\alpha\rangle|M'(\alpha,R)\rangle$$

对系统 1 另一个态$|\beta\rangle\neq|\alpha\rangle$应有

$$U(|\beta\rangle|R\rangle|M\rangle)=|\beta\rangle|\beta\rangle|M'(\beta,R)\rangle$$

由于操作的线性,对于$|\gamma\rangle=|\alpha\rangle+|\beta\rangle$,有

$$\begin{aligned}U(|\alpha\rangle+|\beta\rangle|R\rangle|M\rangle)&=U(|\alpha\rangle|R\rangle|M\rangle+|\beta\rangle|R\rangle|M\rangle)\\&=|\alpha\rangle|\alpha\rangle|M'(\alpha,R)\rangle+|\beta\rangle|\beta\rangle|M'(\beta,R)\rangle\end{aligned}$$

而这一般不等于$(|\alpha\rangle+|\beta\rangle)(|\alpha\rangle+|\beta\rangle)|M'(\alpha+\beta,R)\rangle$,所以这样的物理过程不可能存在。

量子态非克隆定理表明,不可能造出完全拷贝未知量子态的普适量子克隆机。

从另一角度考察这一问题。假设有一个量子位处在未知态$|\psi\rangle$,如果有一个量子克隆机,这就意味着能够得到这个态足够多的完全拷贝。由于拷贝是完全的,就可以对这些拷贝态进行足够的重复测量,测出像$\hat{\sigma}_x$、$\hat{\sigma}_y$、$\hat{\sigma}_z$这样一些不对易力学量取值到任意精度。而这与量子力学不确定性原理矛盾(见附录 A1)。

量子态非克隆定理否定了精确复制未知量子态的可能性,但是不保证复制必定成功的“概率量子克隆”仍然是可能的。郭光灿等证明[20],两个非正交态通过适当设计的幺正演化和测量过程结合,可以以不等于零的概率产生出输入态的精确复制。Pati 利用量子力学的线性证明[21],任何未知量子态拷贝的完全删除也是不可能的。这和量子非克隆定理相辅相成,共同揭示了量子信息非同寻常的性质。

量子非克隆定理在量子物理理论中有重要意义。它保证了不存在超光速传输的量子信息,从而使量子信息满足普遍的因果关系。未知量子态的非克隆性一方面奠定了量子密钥绝对安全性的理论基础,另一方面也为借助于冗余编码的量子纠错带来新的困难。

1.6.3 量子计算机和经典计算机

迄今,量子计算机仍然是拟议中的,在实验室中实现的少数几个逻辑门的操作最多也只能称作“量子信息处理器”,能处理的问题复杂程度、自动化程度都远不能称作真正的计算机,它的体系结构还很不明朗,本书取名“量子计算机研究”,就是基于量子计算机还是处在研究阶段的这一历史事实。

虽然真正的量子计算机还没出现,但仍然可以从某些一般认识出发,对未来的量子计算机某些方面做出大胆的预测。

量子计算需要伴随着经典信息处理,未来的计算机不可能是纯量子的。这是因为:

(1) 人类生活在经典世界里,总是和经典信息打交道,输入计算机的信息必定

是经典的,需要的计算结果也必定是经典信息。之所以使用量子计算机,是因为利用量子计算机的性质,可以加快计算机进行经典信息处理的速度,提高计算机信息处理能力。

使用量子计算机,输入量子态制备、计算过程的操控,测量量子计算机输出态,获得计算结果的经典信息,不管采用什么样的计算模型和物理实现,似乎这些都不大可能完全由量子系统实现,而必须以某种方式和经典电子计算机结合。

(2) 虽然目前对量子计算机的某些细节作出任何预言都还为时尚早,但仍可以大胆设想,很可能未来的量子计算机仅它的某些存储器、运算器是量子的。由于执行算法需要对编码量子态执行演化操作(操控系统的 Hamilton 量),对于执行复杂的计算任务,量子计算机的操作指令、程序描述和控制必须是经典的,这些可能都需要由经典计算机完成。在簇态模型的量子计算中,需要根据前面对单量子位测量获得的经典信息,控制后面的测量基,对最后的计算结果还需要根据前面获得的经典信息进行修正,显然这些任务必须由经典计算机协助完成。其次为了加快计算过程,实现计算过程自动化是必要的,而要实现计算操作自动化,除去用经典计算机控制外别无他法。

(3) 迄今人们发现的量子算法仍然为数不多,这很可能表明仅对少数特殊类型的问题(分解大数质因子、随机数据库搜索,量子系统模拟等),量子计算才具有超出经典计算的能力,才需要用量子计算,而对于大量的实际问题,量子计算可能并不具有加速计算的作用。因此可以设想,新的计算机应当是一个量子计算和经典计算互相结合的机器,它应有智能的控制部分,把一个计算任务分解成适合量子计算的部分交量子处理器执行,而把那些适合经典计算的交给经典电子计算机处理器执行,通过各部分协调工作,共同执行计算任务。

最后,关于本章的部分内容可参考文献[22]。

参 考 文 献

[1] Deutsch D. Quantum computational networks. Proceedings of the Royal Society A,1989,425:73—90.

[2] 郭平,朱亚州,王艳霞. 计算机科学与技术概论. 北京:清华大学出版社,2008.

[3] Ekert A,Jozsa R. Quantum computation and Shor's factoring algorithm. Reviews of Modern Physics,1996,68:733—753.

[4] Fredkin E,Toffoli T. Conservative logic. Internal Journal of Theoretical Physics,1982,21:219—253.

[5] 赵凯华. 20 世纪物理学对科学、技术的影响,物理学照亮世界. 北京:北京大学出版社,2005:1—27.

[6] Keyes R W. Miniaturization of electronics and its limits. IBM Journal of Research Develop-

ment,1988,32:24—28.

[7] Benioff P. The computer as a physical system:A microscopic quantum mechanical Hamiltonian model of computers as represented by Turing machines. Journal of Statistical Physics, 1980,22(5):563—591.

[8] Feynman R P. Simulating physics computers. International Journal of Theoretical Physics, 1982,21:476—487.

[9] Deutsch D. Quantum theory,the Church-Turing principle and the universal quantum computer. Proceedings of the Royal Society A,1985,400:97—117.

[10] 邹海林,刘法胜,汤晓兵,等. 计算机科学导论. 北京:科学出版社,2008.

[11] Cook N P. 实用数字电子技术. 施惠琼,李黎明译. 北京:清华大学出版社,2006.

[12] 周世勋. 量子力学. 北京:高等教育出版社,1979.

[13] 曾谨言. 量子力学(上册). 北京:科学出版社,1993.

[14] Raussendorf R,Briegel H J. A one-way quantum computer. Physical Review Letters, 2001,86:5188—5191.

[15] Einstein A,Podolsky B,Rosen N. Can quantum mechanics description of physical reality be considered complete. Physical Review,1935,47:777—780.

[16] Bennett C H,Brassard G,Crépeau C,et al. Teleporting an unknown quantum state via dual classical and Einstein-Podolsky-Rosen channels. Physical Review Letters, 1993, 70: 1895—1899.

[17] Bennett C H,Wiesner S J. Communication via one-and-two particle on Einstein-Podolsky-Rosen state. Physical Review Letters,1992,69:2881—2884.

[18] Barenco A,Ekert A K. Dense coding based on quantum entanglement. Journal of Modern Optics,1995,42:1253—1259.

[19] Bennett C H,DiVincenzo D P,Shor P W,et al. Remote state preparation. Physical Review Letters,2001,87(7):077902-1—077902-4.

[20] Duan L M,Guo G C. A probabilistic cloning machine for replicating two no-orthogonal states. Physical Review A,1998,243:261—264.

[21] Pati A K,Braunstein S L. Impossibility of deleting an unknown quantum state. Nature, 2000,404:164—165.

[22] Nielsen M A,Chuang I L. 量子计算和量子信息. 郑大中,赵千川译. 北京:清华大学出版社,2005.

第2章 量子位和量子逻辑门

由于使用量子态编码信息，利用量子态相干叠加和纠缠性质，量子计算机可以实现大规模并行计算，产生经典计算机不可能实现的信息处理功能。制造出量子计算机就成为人们追逐的目标。然而量子计算机的计算模型是什么，物理上实现量子计算机基本条件是什么，主要困难是什么，如何克服这些困难，这些就是本书主要内容。

迄今已经提出的量子计算模型有量子 Turing 机模型[1~3]、量子线路逻辑网络模型[4,5]以及量子细胞自动机模型[6,7]等。其中，量子线路网络模型是 Deuthch 在 1989 年建立，这个模型现在已广泛应用到量子计算机研究中，后来提出的量子计算的各种实现方案往往都参照这个模型描述，并通过和线路网络模型比较，说明它的合理性和通用性。量子线路网络模型被称为量子计算的标准模型。本章只讨论量子计算机标准模型——线路(逻辑)网络模型以及它的主要构成部件。

量子计算的线路网络模型是经典计算机逻辑线路的推广，它的主要组成单元是编码信息的量子位和对编码信息进行运算的量子逻辑门。本章介绍量子计算机的基本组成单元——**量子位**和基本逻辑门操作；介绍量子位的物理实现，量子位的表示和性质；介绍基本量子逻辑门，证明单个量子位态的任意转动门和两量子位纠缠门(控制非门，控制相位门等)构成量子计算的通用逻辑门组，并给出通用量子逻辑门组的几种具体形式。

2.1 量　子　位

2.1.1 量子位概念

在经典计算机中，一个存储单元称为一个位，它是有两个不同的物理状态的物理系统，因此可以编码(表示)二进制数 0 或 1。经典计算机指令和数据都以二进制数形式编码，并用位这样的物理系统集合的态表示。位是经典信息的最小单位(给定两个可能状态之一，表示一个比特的信息量)。与此类似，在量子计算机中，一个最小的存储单元称为一个**量子位**，量子位是经典位概念的量子推广。量子位是量子信息的最小单位，与经典位不同的是，能充当量子位的物理系统，不仅有两个线性独立的态，而且还可以制备在这两个态的线性**叠加态**(superposition state)中。在量子物理中称它的态矢空间是个 2 维 Hilbert 空间，所以一个量子位就是物理上的一个 2 维 Hilbert 空间[7]。

一个物理系统能够实现(充当)一个量子位,必须具备两个条件:①存在经典上互相排斥(互相正交)的两个态,分别编码为$|0\rangle$和$|1\rangle$;②能够制备系统处在这两个态的叠加态。按 Feynman 关于态叠加原理的解释,就是可以使系统处在这样的状态,在不破坏这个态的前提下,原则上没有任何物理手段可以确定或区分在这个态中系统究竟处在$|0\rangle$态或$|1\rangle$态。

在量子信息学中,常用来实现(编码)量子位的物理系统有:

(1) 自旋角动量等于$(1/2)\hbar$ 的粒子(如电子),在恒定磁场 $\vec{B}$(通常选 $\vec{B}$ 沿 z 方向)中,自旋沿 $\vec{B}$ 方向投影有向上、向下两个线性独立状态;这两个状态能量取值分别为

$$E=-\vec{\mu}_s\cdot\vec{B}=\pm\frac{e\hbar}{2m}B_z \tag{2.1.1}$$

其中,$\vec{\mu}_s$ 是电子自旋磁矩,m 是自旋粒子的质量。通常情况下,电子就处在这两个状态的叠加态。

(2) 用原子或离子内部的基态(能量记为 E_0)和第一个激发态(E_1)编码一个量子位。通常基态和激发态分别编码为 0 和 1。在稳定情况下原子一般处在基态。选择圆频率等于这两态能量差 E_1-E_0 除以 $\hbar$ 的辐射光照射适当的时间,可以制备原子或离子处在这两个态的线性叠加态:

$$\alpha\mid 0\rangle+\beta\mid 1\rangle,\quad \mid\alpha\mid^2+\mid\beta\mid^2=1$$

(3) 量子位的另一个重要实现是光子(photon)。在量子力学中光场或一般辐射场是由一个个光子组成的。光子能量 E 和动量 $\vec{P}$ 通过 Planck 常数 $\hbar$ 分别和光场圆频率 ω 和波矢 $\vec{k}$ 联系着:

$$E=\hbar\omega,\quad \vec{P}=\hbar\vec{k}$$

光子的静止质量等于零,以光速 c 运动。光子有整数自旋角动量 $\hbar$,沿波矢方向投影可以取两个值$\pm\hbar$,分别对应着左旋、右旋偏振光子,记这两个态分别为$|L\rangle$、$|R\rangle$,使用线性光学器件就可以制备光子处在$|L\rangle$和$|R\rangle$的叠加态:

$$\mid x\rangle=\frac{1}{\sqrt{2}}(\mid R\rangle-\mid L\rangle),\quad \mathrm{i}\mid y\rangle=\frac{1}{\sqrt{2}}(\mid R\rangle+\mid L\rangle) \tag{2.1.2}$$

分别表示光子沿 x 方向和 y 方向两种线偏振态。

由于光子以极限速度 c 运动,光子在量子信息中用作“飞行”量子位,在量子通信和某些量子计算实现中发挥重要作用。

2.1.2 量子位态的表示

一个量子位的一般态可以表示为

$$\mid\psi\rangle=a\mid 0\rangle+b\mid 1\rangle \tag{2.1.3}$$

其中，a、b 是两个复数。通常要求态满足归一化条件，这要求 $|a|^2+|b|^2=1$。由于这一限制条件，满足归一化条件的量子位态可以用三个实参数 γ、θ、φ 表示为

$$|\psi\rangle = e^{i\gamma}\left(\cos\frac{\theta}{2}\,|0\rangle + e^{i\varphi}\sin\frac{\theta}{2}\,|1\rangle\right)$$

由于态矢总相位没有可观测的物理效应，可以略去，所以选定基矢后，一个量子位态就可以只用两个实参数描述：

$$|\psi\rangle = \cos\frac{\theta}{2}\,|0\rangle + e^{i\varphi}\sin\frac{\theta}{2}\,|1\rangle \tag{2.1.4}$$

两个实参数 θ 和 φ 可以分别取为球坐标系中的极角和方位角，共同确定单位半径球面上一个点，于是一个量子位的一般**纯态**(pure state)(见附录 A1)可以形象地用单位球面上的点表示。表示量子位态的单位球称为 **Bloch 球**[8](见图 2.1.1)。

在量子位态的 Bloch 球表示中，量子位纯态在两个基矢 $\{|0\rangle,|1\rangle\}$ 上的投影 a、b 可以表示为

$$\begin{bmatrix} a \\ b \end{bmatrix} = \begin{bmatrix} \cos\dfrac{\theta}{2} \\ e^{i\varphi}\sin\dfrac{\theta}{2} \end{bmatrix} \tag{2.1.5}$$

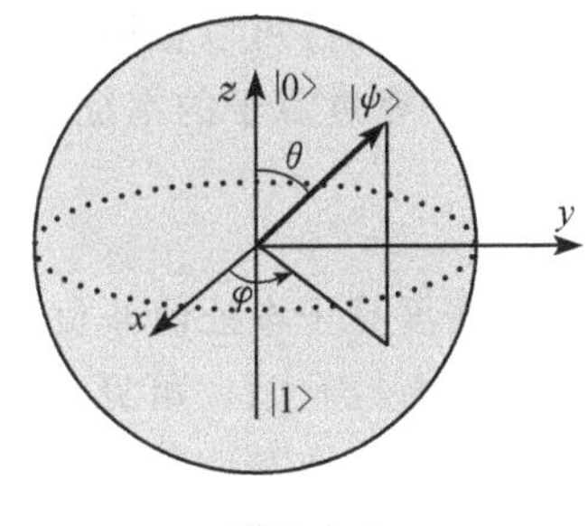

图 2.1.1

注意其中 a、b 不是在 Bloch 球上态矢 $|\psi\rangle$ 的几何投影，图 2.1.1 中矢量 $|\psi\rangle$ 在三个坐标轴上的几何投影是 $(\sin\theta\cos\varphi, \sin\theta\sin\varphi, \cos\theta)$，式(2.1.5)只是建立 Bloch 球面上的点和 2 维 Hilbert 空间中的矢量之间的一种映射关系。例如：

$$\theta = 0,\quad 0\leqslant\varphi\leqslant\pi \rightarrow \begin{bmatrix} 1 \\ 0 \end{bmatrix} = |0\rangle$$

$$\theta = \pi,\quad 0\leqslant\varphi\leqslant\pi \rightarrow \begin{bmatrix} 0 \\ e^{i\varphi} \end{bmatrix} = e^{i\varphi}\,|1\rangle$$

而

$$\theta = \frac{\pi}{2},\quad \varphi = 0 \rightarrow \frac{1}{\sqrt{2}}\begin{bmatrix} 1 \\ 1 \end{bmatrix} = \frac{1}{\sqrt{2}}(|0\rangle + |1\rangle)$$

$$\theta = \frac{\pi}{2},\quad \varphi = \pi \rightarrow \frac{1}{\sqrt{2}}\begin{bmatrix} 1 \\ -1 \end{bmatrix} = \frac{1}{\sqrt{2}}(|0\rangle - |1\rangle)$$

取 Bloch 球心为坐标系原点建立球坐标系，态 $\{|0\rangle,|1\rangle\}$ 分别用 z 坐标轴正方向、负方向和单位球面的交点表示，分别对应半自旋角动量 $\hat{\sigma}_z$ 分量算子的两个本征态。今后称 $\{|0\rangle,|1\rangle\}$ 为 $\hat{\sigma}_z$ **基**(basis)或**计算基**(computational basis)。当量子位处在基态 $|0\rangle$ 或 $|1\rangle$ 时，对这个量子位测量力学量 $\hat{\sigma}_z$，可以概率 1 地得到 $|0\rangle$ 或 $|1\rangle$，测量并不破坏量子位的态，从这个意义上说，这两个态和经典态并无差别，由于这个原因有时候称 $|0\rangle$ 或 $|1\rangle$ 为经典态。

Bloch 球还可以用于描述一个量子位的**混态**(mixed state)(见附录 A1)。一个量子位混态可以用密度矩阵(算子)描述，它是 2×2 Hermition 矩阵，可以用三个 Pauli 算子和单位算子组成的完全基展开：

$$\rho = \frac{1}{2}(1 + \vec{p} \cdot \hat{\vec{\sigma}}) \tag{2.1.6}$$

其中，$\vec{p}$ 是个实 3 维矢量，称为 **Bloch 矢量**(Bloch vector)，其分量表示展开系数。利用 Pauli 矩阵的表达式(见附录 A1)，式(2.1.6)可以写为

$$\rho = \frac{1}{2}\begin{bmatrix} 1 + p_3 & P_1 - \mathrm{i}p_2 \\ P_1 + \mathrm{i}p_2 & 1 - p_3 \end{bmatrix} \tag{2.1.7}$$

当 $|\vec{p}| = 1$ 时，可以证明 $\rho^2 = \rho$，ρ 是**投影算子**(projection operator)，描述纯态。式(2.1.7)密度算子的本征值是

$$\lambda = \frac{1}{2}(1 \pm |\vec{p}|)$$

由于密度算子本征值非负，且其和等于 1，这要求 $|\vec{p}| \leqslant 1$。而 $|\vec{p}| = 1$ 对应纯态，对于混态有 $|\vec{p}| < 1$。可见，单个量子位的混态对应 Bloch 球内的点，球面上的点则表示单量子位纯态。

一个经典位只有两个可能的态，分别对应 Bloch 球的南、北两个极点，而一个量子位所有可能的态却充满整个 Bloch 球，这清楚地显示出经典位和量子位的差别，量子位比经典位可以编码更多的信息。当然，这么说并不意味着所有这些编码都是可行的。

2.1.3 多量子位态

一个由多个量子位组成的系统可以构成一个量子储存器。包含 n 个量子位的储存器的状态空间是 n 个量子位空间的直积(假设量子位间不存在相互作用)，有 2^n 个线性独立、相互正交态。通常取 2^n 个基态为 $\{|i\rangle\}$，其中，i 是一个 n 位 2 进制数串。n 个量子位的一般态可以表示为这组基底态的线性叠加：

$$|\psi\rangle = \sum_{i=0}^{2^n-1} c_i |i\rangle \tag{2.1.8}$$

其中，c_i 是叠加系数。$|\psi\rangle$ 态的归一化条件要求所有系数模方之和等于 1。如果用这些彼此正交的基态编码信息，由于多量子位 Hilbert 维数随量子位数目 n 指数增大，在式(2.1.8)的态中就同时包含有分别编码在 2^n 个计算基态上的不同信息。而对于 n 个经典位的系统，虽然也可以在其中制备 2^n 个不同的态，但是在同一时刻系统只能处在这 2^n 个可能态之一上，只能存储一个 n 位二进制数。所以量子存储器存储能力大大超过同样位数的经典存储器的存储能力。例如，$n=500$，有人估计 2^n 已超过宇宙中原子的数目。由于使用量子位编码信息，多量子位系统的信息

容量大大超过相同位数的经典计算机，这就为量子计算机实现大规模经典信息的并行处理打下物质基础。

2.2　经典通用逻辑门组和经典可逆计算

量子计算机研究是经典计算机科学研究和技术发展的一个自然结果，其中量子逻辑门是经典逻辑门概念的推广。量子通用逻辑门组的研究和经典可逆计算研究密切相关。本节介绍经典计算通用逻辑门概念以及经典可逆计算研究。

2.2.1　经典通用逻辑门组

经典计算机是建立在这样认识的基础上：任何合理的计算，都可以用 Boole 表达式表示，而 Boole 表达式不论多么复杂，都可以通过被称为“**通用逻辑门**”(universal logic gate)的一些简单的逻辑门的组合实现。在经典计算中只用两个门，如 *AND* 门和 *NOT* 门，或 *OR* 门和 *NOT* 门就可以构成一个通用逻辑门组。也可以代替这些原始门，如由控制非门(*CNOT*)和 *AND* 门构成通用逻辑门组。

按照逻辑门作用位数不同，可以把基本逻辑门区分为一位门、两位门和多位门。例如 *NOT* 门作用到一个位上，取这个位值的逻辑非(0→1，1→0)，是一位门；*AND*、*OR* 以及 *CNOT* 都是两位门，根据两个输入位的取值，输出一个位值。

一个逻辑门可以用表示其输入变量值和输出函数值之间关系的表格表示，这样的函数关系表格称为“**真值表**”(truth table)。表 2.2.1 给出了几个基本逻辑门的真值表，表中 x、y 分别表示 1、2 两个位的输入值，在 *AND*、*OR* 下列出的是相应逻辑门的输出值，*CNOT* 下列出的是 x 位为控制位，y 为靶的输出值。*NOT* 是一位门，只需一个输入位值，表中在 *NOT* 下列出的是 y 位的逻辑非值。

表 2.2.1　几个经典计算逻辑门的真值表

x	y	*AND*	*OR*	*CNOT*	*NOT*(y)
0	0	0	0	0	1
0	1	0	1	1	0
1	0	0	1	1	1
1	1	1	1	0	0

虽然使用通用门组的任意组合，足以实现任何复杂的逻辑运算，但要构造一个可以实际运行的计算机，还需要两个非标准门操作：一个是拷贝操作，其作用是复制一个输入位态到另一个位上；另一个是清除操作。一个清除操作作用到输入位上，结果是清除输入位的信息，使它的态返回到初始选择的某个标准态上。任意一个通用逻辑门组加上这两个非标准门，它们的适当组合网络就可构成一个通用计算机的运算器。

2.2.2 Landauer 原理

在经典计算机发展过程中,追求计算速度更快的计算机一直是计算技术进步的原动力。计算机作为一个物理系统,计算过程是个物理过程,计算速度就必定被基本物理规律决定。经典计算机计算速度由电路元器件的开关时间和信号在线路中的传播速度两个因素决定。而这两个因素的改进都与计算机基本逻辑单元小型化有关。计算机发展的历史就是计算机元器件日趋小型化的历史。随着大规模集成电路技术进步,这种小型化物理极限早就成为人们关注的问题。人们发现物理规律对这种小型化限制表现在两个方面:一个是量子极限问题,作为导致量子计算概念的起源这一问题在第 1 章已经用 Moore 定律表示;另一个就是热耗散问题,后边将看到解决这个问题的研究导致了经典可逆计算,而经典可逆计算的研究也为量子计算机概念的产生铺平了道路。

经典计算机一个位是具有两个稳定取值,经典上可以看做是有两个自由度的物理系统。在绝对温度为 T 下,达到热平衡时,每个自由度热运动能按能量均分定理将达到 kT 量级($k=1.38\times10^{-23}$ J/K,是 Boltzmann 常数,T 是温度)。经典计算执行基本的逻辑操作改变一个物理位从一个状态变化到另一个状态,为了使需要执行的这些基本操作不至于淹没在热涨落中,每个基本逻辑操作所需要的能量至少应大于 kT 量级。如果这个能量耗散在机器中,随着集成电路芯片上元器件密度不断提高,聚积在机器中耗散的能量会越来越多,最终可能烧毁电路元件。这种小型化就必定受到热耗散限制。

在 20 世纪 60 年代初,Landauer 就对这种寻求计算更快、结构更紧凑计算线路物理限制做过深入研究。他尝试把物理中热力学理论应用到数字计算机物理系统中[9,10],把计算机系统的自由度区分为编码有信息的自由度和不携带信息的自由度。假设计算机作为一个整体(包括用来编码信息自由度和不携带信息自由度以及环境)是一个服从可逆动力学的封闭系统,注意到计算机执行的两个或更多个逻辑态演化为单一逻辑态的操作,通常是物理上不可逆演化过程,携带信息自由度熵的减少,必然伴随着不携带信息自由度或环境熵的增大。证明由于计算机不可避免地包含有执行非单值可逆逻辑函数的部件,这种逻辑不可逆和物理过程不可逆有关,并因此伴随着一定量的热产生。

考虑分隔成体积相等的左右两室的容器,其中一个粒子(这种情况下编码信息的自由度就取为粒子的位置,其状态由这个粒子处在左室或右室区分),可以以相等的概率出现在左右两室之一中。这个粒子处在左室或右室,代表一个比特的经典信息。为了清除粒子态的信息,必须使粒子不可逆的绝热膨胀充满整个容器,这个过程需要做 $kT\ln2$ 焦耳的功。Landauer 根据简单的模型和相空间压缩的热力学论证,证明在温度 T 下,擦除 1 比特的信息,需要耗散至少 $kT\ln2$ 焦耳的热量。

这一结果就称为 **Landauer 原理**(Landauer principle)。

2.2.3 经典可逆计算

根据 Landauer 原理,如果计算机执行可逆逻辑,计算机以可逆方式执行计算任务,这样的机器就可以不耗散热量。幸运的是,20 世纪 70 年代 Bennett 等证明[11]差不多所有的计算操作都可以以一种可逆方式进行。即不仅逻辑上可逆——每个门的输入和输出可以唯一地互相恢复,而且实际上可以逆方向运行(并不伴随着信息的擦除),从而做到物理上也是可逆的——而且不伴随能量消耗。

Bennett 证明[10],任意一个函数 $f(x)$,通过保持输入的拷贝:

$$f:(x) \to (x, f(x))$$

可以形成 1 对 1,在逻辑上是可逆的。从而有可能通过物理上的可逆操作实行计算。

考虑一个 n 位输入→n 位输出的函数 f:

$$f:\{0,1\}^n \to \{0,1\}^n \tag{2.2.1}$$

在本质上,计算这个函数执行的是 2^n 个 n 位串之间的一个置换,在原则上可以可逆地进行,由输出唯一地决定输入。而对于一个 n 位输入→m 位输出的函数 f,总可以构造一个新函数 $\bar{f}$:

$$\bar{f}:\{0,1\}^{n+m} \to \{0,1\}^{n+m} \tag{2.2.2}$$

使得

$$\bar{f}:(x, 0^m) \to (x, f(x)) \tag{2.2.3}$$

其中,x 是一个 n 位输入,而 0^m 表示其余 m 位输入为 0。式(2.2.3)表明,可以通过补充输入位,使输入位和输出位数相等,同时通过拷贝输入信息,在输出中保留输入信息,可以把一个逻辑上不可逆的函数改变成逻辑上可逆的函数。

2.2.4 经典可逆计算的通用门——Toffoli 门

为了使计算机执行可逆计算,还必须把经典通用逻辑门组改造成可逆逻辑门组。Toffloli 证明图 2.2.1 所示的三位逻辑门就是一个通用逻辑门[12~14],它可以根据不同的输入执行几种不同的基本逻辑门运算:

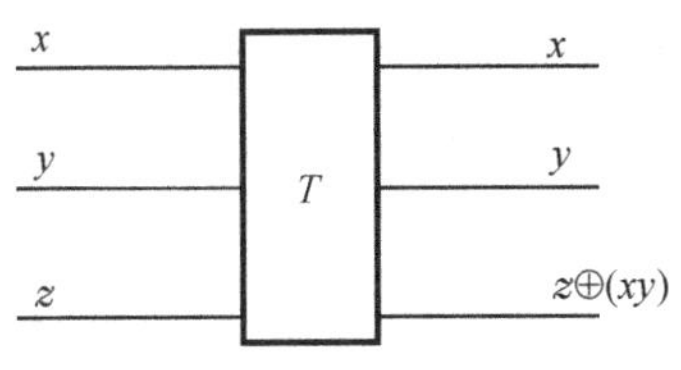

图 2.2.1

(1) 对输入 $z=0$,输出 xy,执行 x、y 的 AND 运算。

(2) 对输入 $z=0, y=1$,执行 FANOUT 门,输出 $copy(x)$。

(3) 对输入 $x=y=1$,执行 $NOT(z)$。

(4) 对输入 $y=1$,输出 $z \oplus x$,执行 x, y 的控制非门运算。

由于它可以执行经典通用逻辑门组,对经典计算是通用的。其次它是可逆的,其逆操作就是这个门自身。因为对任意的输入,连续施用这个门两次:

$$x \to x \to x$$

$$y \to y \to y$$

$$z \to [z \oplus (xy)] \to [z \oplus (xy)] \oplus (xy) = z$$

恢复了原来的输入,所以在逻辑上是可逆的。为了做到物理上可逆,还必须除去能产生热耗的清除计算中间无用信息"垃圾"的操作。Bennett 证明,中间垃圾可以用可逆操作除去。具体方法是首先拷贝可逆计算的输出,并保留下来,然后逆向运行原来的计算回到初始输入状态,这样整个计算过程唯一的效果就是保留下来的原计算的输入和输出。

Bennett 的方法可表示如下:设函数 f 的输入为 x,输出为 $f(x)$,计算中产生的垃圾记为 $j(x)$,则第一步运算可表示为

$$f: x \to (x, j(x), f(x))$$

第二步,拷贝计算结果得

$$(x, j(x), f(x)) \to (x, j(x), f(x), f(x))$$

第三步执行逆向运算得

$$f^{-1}: (x, j(x), f(x), f(x)) \to (x, f(x))$$

最后留下的就是原计算的输入和输出。

上述分析表明,经典计算在原则上可以改造成可逆的,三位 Toffoli 门就是经典可逆计算的通用逻辑门。

2.3 量子逻辑门

与经典计算机类似,量子计算机实现逻辑操作的幺正演化不管多么复杂,也可以通过"通用逻辑门组"操作组合实现。不过在量子计算情况下,携带量子信息的(编码)态是量子态,这里态演化要按量子力学规律。根据量子力学,要保持编码态的量子力学性质,编码在态中的信息不丢失,这里演化必须是幺正演化。所以量子计算的通用逻辑门组必须由幺正门组成。编码态的量子力学性质(相干叠加和纠缠)是量子计算机具有超出经典计算机能力的根本原因;计算过程要通过幺正变换实现,是量子计算机和经典计算机的一个根本区别。

量子计算的通用逻辑门按作用量子位数目不同,可区分为一位门、二位门和多位门。

2.3.1 量子一位门

一位门 U 作用到一个量子位态 $|\alpha\rangle$ 上,输出态 $U|\alpha\rangle$,这一过程在 Deutsch 的量

子线路网络模型中，用线路图表示为图 2.3.1。其中水平线表示一个量子位，方框(有时用圆圈)表示逻辑门操作，方框中的 U 表示对这个量子位执行**幺正变换**。注意，图中线从左到右并不代表量子位的空间移动，而是表示时间进行方向。和经典计算只有一个非平凡一位门——非门——不同，量子计算机可以有许多非平凡一位 U 门。由于一个物理量子位是一个 2 维 Hilbert 空间，取它的两个线性独立态矢量

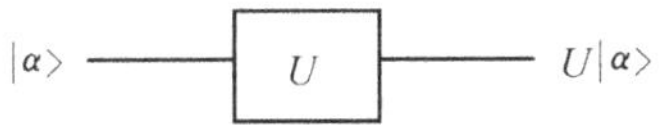

$|\alpha\rangle$ —— U —— $U|\alpha\rangle$

图 2.3.1

$$|0\rangle=\begin{bmatrix}1\\0\end{bmatrix},\quad |1\rangle=\begin{bmatrix}0\\1\end{bmatrix}$$

为基，作用到这个空间上的幺正变换 U，是 2×2 的幺正矩阵。2×2 单位矩阵和三个 Pauli 算子

$$\hat{\sigma}_0\equiv I=\begin{bmatrix}1&0\\0&1\end{bmatrix},\quad \hat{\sigma}_1=\begin{bmatrix}0&1\\1&0\end{bmatrix},\quad \hat{\sigma}_2=\begin{bmatrix}0&-\mathrm{i}\\\mathrm{i}&0\end{bmatrix},\quad \hat{\sigma}_3=\begin{bmatrix}1&0\\0&-1\end{bmatrix} \tag{2.3.1}$$

构成 2 维 Hilbert 空间幺正变换一组完备基(即 2 维复矢量空间幺正变换群的一组生成元)。其中，$\hat{\sigma}_1$、$\hat{\sigma}_3$ 对两个基矢的作用分别为

$$\hat{\sigma}_1|0\rangle=|1\rangle,\quad \hat{\sigma}_1|1\rangle=|0\rangle \tag{2.3.2}$$

$$\hat{\sigma}_3|0\rangle=|0\rangle,\quad \hat{\sigma}_3|1\rangle=-|1\rangle \tag{2.3.3}$$

有时记 $X\equiv\hat{\sigma}_1$，$Z\equiv\hat{\sigma}_3$ 分别为**非门**(NOT)和**相位门**(phase gate)。

设矩阵 A 满足条件 $A^2=I$，其中 I 为和 A 同阶的单位矩阵，对任意实参数 x，利用相应函数的幂级数展开，容易证明：

$$\mathrm{e}^{\mathrm{i}Ax}=\cos(x)I+\mathrm{i}\sin(x)A \tag{2.3.4}$$

称 $\mathrm{e}^{\mathrm{i}Ax}$ 为由矩阵(算子)A 生成的变换。利用这一关系，式(2.1.1)中三个 Pauli 算子生成三个幺正变换：

$$\mathrm{e}^{-\mathrm{i}\hat{\sigma}_1\frac{\theta}{2}}=\cos\frac{\theta}{2}\hat{\sigma}_0-\mathrm{i}\sin\frac{\theta}{2}\hat{\sigma}_x=\begin{bmatrix}\cos\theta/2&-\mathrm{i}\sin\theta/2\\-\mathrm{i}\sin\theta/2&\cos\theta/2\end{bmatrix}=R_x(\theta) \tag{2.3.5}$$

$$\mathrm{e}^{-\mathrm{i}\hat{\sigma}_y\frac{\theta}{2}}=\cos\frac{\theta}{2}\hat{\sigma}_0-\mathrm{i}\sin\frac{\theta}{2}\hat{\sigma}_y=\begin{bmatrix}\cos\theta/2&-\sin\theta/2\\\sin\theta/2&\cos\theta/2\end{bmatrix}=R_y(\theta) \tag{2.3.6}$$

$$\mathrm{e}^{-\mathrm{i}\hat{\sigma}_z\frac{\varphi}{2}}=\cos\frac{\varphi}{2}\hat{\sigma}_0-\mathrm{i}\sin\frac{\varphi}{2}\hat{\sigma}_z=\begin{bmatrix}\mathrm{e}^{-\mathrm{i}\varphi/2}&0\\0&\mathrm{e}^{\mathrm{i}\varphi/2}\end{bmatrix}=R_z(\varphi) \tag{2.3.7}$$

分别表示绕 x 轴、y 轴和 z 轴的转动。

由于 $|\alpha\rangle$ 态可以用 Bloch 球上的矢量表示，输出态 $U|\alpha\rangle$ 也是 Bloch 球上的一个矢量，所以一个量子位态的幺正变换 U，就是 Bloch 球上矢量的某个转动。或者说 Bloch 矢量的转动表示 2 维 Hilbert 空间中态的幺正变换。注意到对于沿任意方向的单位矢量 $\vec{n}$

$$(\vec{n}\cdot\hat{\vec{\sigma}})^2=\begin{bmatrix} n_z & n_x-\mathrm{i}n_y \\ n_x+\mathrm{i}n_y & -n_z \end{bmatrix}^2=\begin{bmatrix} 1 & 0 \\ 0 & 1 \end{bmatrix}\equiv I$$

绕任意方向 $\vec{n}$ 转动 θ 角的变换可以写作：

$$R_{\vec{n}}(\theta)\equiv \mathrm{e}^{-\mathrm{i}n\cdot\sigma\theta/2}=\mathrm{e}^{-\mathrm{i}(n_x\hat{\sigma}_x+n_y\hat{\sigma}_y+n_z\hat{\sigma}_z)\theta/2}$$
$$=\cos\frac{\theta}{2}-\mathrm{i}\sin\frac{\theta}{2}(n_x\hat{\sigma}_x+n_y\hat{\sigma}_y+n_z\hat{\sigma}_z) \tag{2.3.8}$$

这表示一个量子位态的任意幺正变换，都可以通过分别绕 x、y、z 轴适当的转动实现。

注意到分别绕 x、y、z 轴的转动并不是相互独立的，任意一个转动都可以通过其他两个转动的组合实现，例如

$$R_z(\alpha)=R_y\left(-\frac{\pi}{2}\right)R_x(\alpha)R_y\left(\frac{\pi}{2}\right) \tag{2.3.9}$$

$$R_y(\alpha)=R_z\left(\frac{\pi}{2}\right)R_x(\alpha)R_z\left(-\frac{\pi}{2}\right) \tag{2.3.10}$$

等。特别是绕 y 轴转动 $\pi/2$，然后对 x-y 平面反射得到重要的一位门—Hadamard 门，即

$$H=\frac{1}{\sqrt{2}}\begin{bmatrix} 1 & 1 \\ 1 & -1 \end{bmatrix} \tag{2.3.11}$$

这个门简称 H 门。H 门对两个计算基的作用分别为

$$H\mid 0\rangle=\frac{1}{\sqrt{2}}(\mid 0\rangle+\mid 1\rangle),\quad H\mid 1\rangle=\frac{1}{\sqrt{2}}(\mid 0\rangle-\mid 1\rangle) \tag{2.3.12}$$

H 门是量子信息中最有用的一位门之一。

另外一个常用门是**相位门**：

$$P=\begin{bmatrix} 1 & 0 \\ 0 & \mathrm{i} \end{bmatrix} \tag{2.3.13}$$

它对计算基 $|0\rangle=[1\quad 0]^{\mathrm{T}}$ 的作用是恒等变换，但对基 $|1\rangle=[0,1]^{\mathrm{T}}$ 的作用是 $\mathrm{i}|1\rangle$，即在基 $\{|0\rangle,|1\rangle\}$ 之间产生 $\mathrm{i}=\mathrm{e}^{\mathrm{i}\pi/2}$ 的相位差。由于 $P^2=\hat{\sigma}_3$，相位门是 $\hat{\sigma}_3$ 的平方根门。

2.3.2 量子二位门

两量子位态矢张起一个 4 维 Hilbert 空间，其基矢可由两量子位基矢的直积构造：

$$\mid 00\rangle=\begin{bmatrix} 1 \\ 0 \\ 0 \\ 0 \end{bmatrix},\quad \mid 01\rangle=\begin{bmatrix} 0 \\ 1 \\ 0 \\ 0 \end{bmatrix},\quad \mid 10\rangle=\begin{bmatrix} 0 \\ 0 \\ 1 \\ 0 \end{bmatrix},\quad \mid 11\rangle=\begin{bmatrix} 0 \\ 0 \\ 0 \\ 1 \end{bmatrix} \tag{2.3.14}$$

两量子位态矢空间的幺正变换可以用 4×4 的幺正矩阵表示。这些幺正变换一个重要的子集是控制 U 门操作：

$$CU=\mid 0\rangle\langle 0\mid\otimes\hat{I}+\mid 1\rangle\langle 1\mid\otimes\hat{U} \tag{2.3.15}$$

即当且仅当第一量子位处在态$|1\rangle$时，才对第二量子位执行 U 门操作。其中第一量子位称为**控制位**(control qubit)，第二量子位称为**靶位**(target qubit)。图 2.3.2 左图给出了控制 U 门操作的图形表示。其中带有黑圆点的线表示控制位，被方框隔开的线表示靶位。

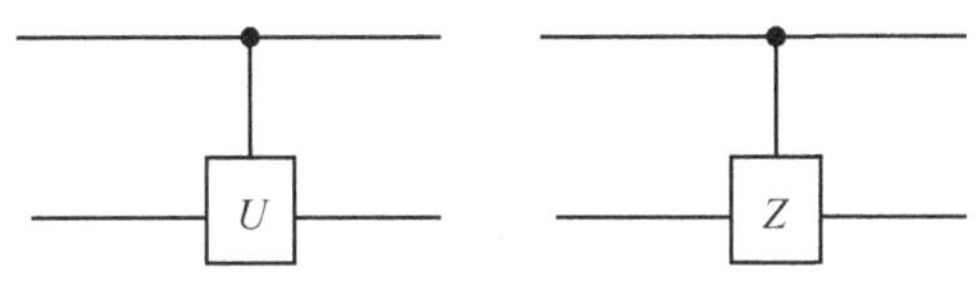

图 2.3.2

(1) 控制 Z 门(CZ)。

控制 Z 门又称**控制相位门**(conntrolled phase gate)(见图 2.3.2 中右图)。Z 门(相位门)对量子位基矢的作用如下：

$$Z|0\rangle=\begin{bmatrix}1&0\\0&-1\end{bmatrix}\begin{bmatrix}1\\0\end{bmatrix}=\begin{bmatrix}1\\0\end{bmatrix}=|0\rangle$$

$$Z|1\rangle=\begin{bmatrix}1&0\\0&-1\end{bmatrix}\begin{bmatrix}0\\1\end{bmatrix}=-\begin{bmatrix}0\\1\end{bmatrix}=-|1\rangle$$

控制 Z 门定义为当且仅当控制位处在态$|1\rangle$时，才对靶位作用以 Z 门操作。由此得

$$\begin{aligned}&CZ|00\rangle=|00\rangle,\quad CZ|01\rangle=|01\rangle\\&CZ|10\rangle=|10\rangle,\quad CZ|11\rangle=-|11\rangle\end{aligned}\tag{2.3.16}$$

所以控制 Z 门在两量子位计算基下的表示矩阵为

$$CZ=\begin{bmatrix}1&0&0&0\\0&1&0&0\\0&0&1&0\\0&0&0&-1\end{bmatrix}\tag{2.3.17}$$

控制 Z 门还可以用分别作用在第一、第二量子位上的 Pauli 算子表示，注意到对单量子位：

$$I+\hat{\sigma}_z=\begin{bmatrix}1&0\\0&1\end{bmatrix}+\begin{bmatrix}1&0\\0&-1\end{bmatrix}=\begin{bmatrix}2&0\\0&0\end{bmatrix},\quad I-\hat{\sigma}_z=\begin{bmatrix}0&0\\0&2\end{bmatrix}$$

两位算子$(I^{(1)}+\hat{\sigma}_z^{(1)})\otimes I^{(2)}+(I^{(1)}-\hat{\sigma}_z^{(1)})\otimes\hat{\sigma}_z^{(2)}$(其中各算子的上角标表示算子作用的量子位)用矩阵可表示为

$$\begin{bmatrix}2&0&0&0\\0&2&0&0\\0&0&0&0\\0&0&0&0\end{bmatrix}+\begin{bmatrix}0&0&0&0\\0&0&0&0\\0&0&2&0\\0&0&0&-2\end{bmatrix}=\begin{bmatrix}2&0&0&0\\0&2&0&0\\0&0&2&0\\0&0&0&-2\end{bmatrix}$$

所以，控制 Z 门可以用分别作用在控制位和靶位上的单量子位算子表示为

$$CZ = \frac{1}{2}[(I^{(1)} + \hat{\sigma}_z^{(1)}) \otimes I^{(2)} + (I - \hat{\sigma}_z^{(1)}) \otimes \hat{\sigma}_z^{(2)}] \tag{2.3.18}$$

这对研究控制 Z 门引起的 Pauli 算子的变换是个有用的表达式。

可以证明控制 Z 门还存在图 2.3.3(a)的恒等式。

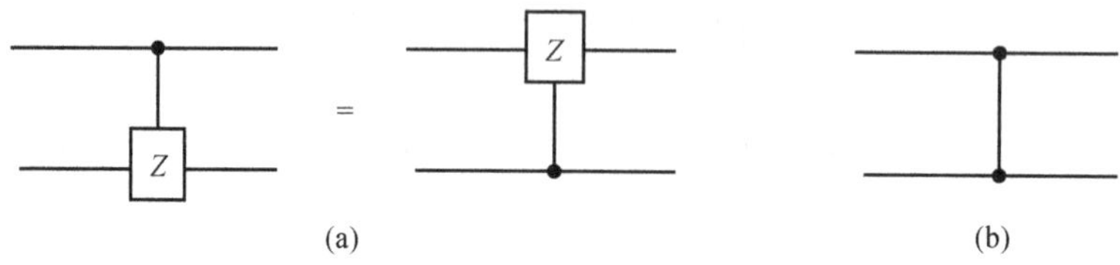

图 2.3.3

这表明控制 Z 门对交换控制位和靶位作用结果相同。事实上如果第二位作为控制位,第一位作为靶位,仍有式(2.3.16)成立。由于控制相位门具有这一性质,控制相位门可以用图 2.3.3 中(b)的图形表示。

(2) 控制非门($CNOT$)。

控制非门即控制 NOT 门,当且仅当控制位处在态$|1\rangle$时,才取靶位的逻辑非。即

$$CNOT\,|00\rangle = |00\rangle,\quad CNOT\,|01\rangle = |01\rangle$$

$$CNOT\,|10\rangle = |11\rangle,\quad CNOT\,|11\rangle = |10\rangle$$

控制非门可以用图 2.3.4 表示,其中 a、b 分别表示控制位和靶位态逻辑值,$\oplus$ 表示模 2 加。它变换两量子位态$|a,b\rangle \to |a,(a\oplus b)\rangle$在计算基下的表示矩阵为

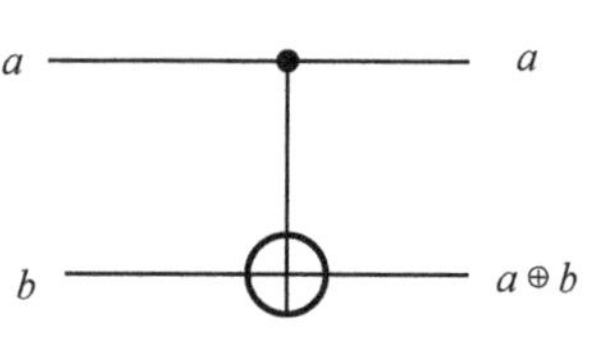

图 2.3.4

$$CNOT = \begin{bmatrix} 1 & 0 & 0 & 0 \\ 0 & 1 & 0 & 0 \\ 0 & 0 & 0 & 1 \\ 0 & 0 & 1 & 0 \end{bmatrix} \tag{2.3.19}$$

和控制相位门一样,利用矩阵乘可以证明,控制非门也可以用单量子位 Pauli 算子表示:

$$CNOT = \frac{1}{2}[(I^{(1)} + \hat{\sigma}_z^{(1)}) \otimes I^{(2)} + (I - \hat{\sigma}_z^{(1)}) \otimes \hat{\sigma}_x^{(2)}] \tag{2.3.20}$$

其中,每个算子的上角标指示它作用的量子位。可以证明对控制非门有图 2.3.5 所示恒等式成立。

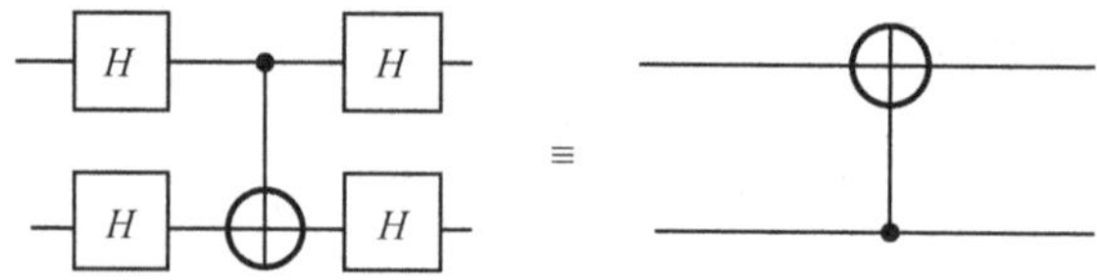

图 2.3.5

证明很简单,例如对两量子位输入态$|01\rangle$,图 2.3.5 等号右端各门依次作用结果为

$$|01\rangle \to \frac{1}{\sqrt{2}}(|0\rangle+|1\rangle)\frac{1}{\sqrt{2}}(|0\rangle-|1\rangle)=\frac{1}{2}(|00\rangle-|01\rangle+|10\rangle-|11\rangle)$$

$$\to \frac{1}{2}(|00\rangle-|01\rangle+|11\rangle-|10\rangle)=\frac{1}{2}[|0\rangle(|0\rangle-|1\rangle)-|1\rangle((|0\rangle-|1\rangle)]$$

$$=\frac{1}{\sqrt{2}}(|0\rangle-|1\rangle)\frac{1}{\sqrt{2}}(|0\rangle-|1\rangle)\to|11\rangle$$

类似地可以证明对输入态$|00\rangle$、$|10\rangle$、$|11\rangle$也成立。由于态$\{|00\rangle,|01\rangle,|10\rangle,|11\rangle\}$是两量子位态空间的一组完备基，这个空间中任意态均可表示为这组基的线性组合，图 2.3.5 中等号两端表示的作用都是线性的，所以图 2.3.5 表示的等式对两量子位任意态成立。

图 2.3.5 中恒等式亦可通过证明等号两边(作用在两量子位 Hilbert 空间)的表示矩阵恒等证明。

还可以证明三个控制非门的组合可以交换两量子位的态，即图 2.3.6 中等式成立。

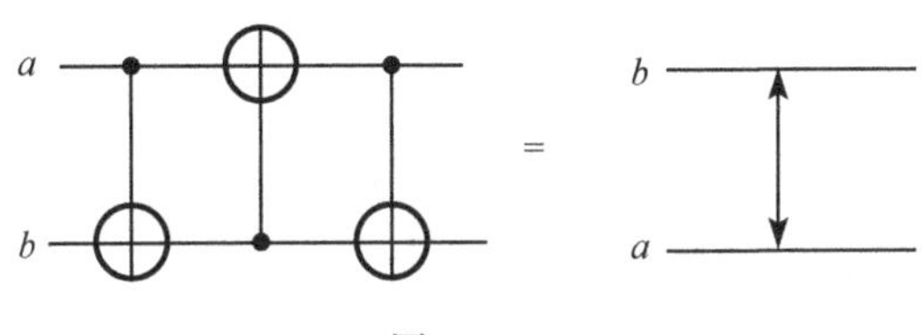

图 2.3.6

这一结果可以从下式中看出：

$$|a,b\rangle \to |a,a\oplus b\rangle \to |(a\oplus b)\oplus a,a\oplus b)\rangle$$
$$=|b,a\oplus b\rangle \to |(b,b\oplus(a\oplus b))\rangle=|b,a\rangle$$

(3) 0 控制非门($0CNOT$)。

作为量子位态，$|1\rangle$并不特别优越于$|0\rangle$，类似地也可以定义 0 控制非门为当且仅当控制位处在态$|0\rangle$时，才取靶位的逻辑非。$0CNOT$ 可用图 2.3.7 表示，其中控制位用空心圆圈表示。其作用为

$$0CNOT\,|00\rangle=|01\rangle,\quad 0CNOT\,|01\rangle=|00\rangle$$
$$0CNOT\,|10\rangle=|10\rangle,\quad 0CNOT\,|11\rangle=|11\rangle \tag{2.3.21}$$

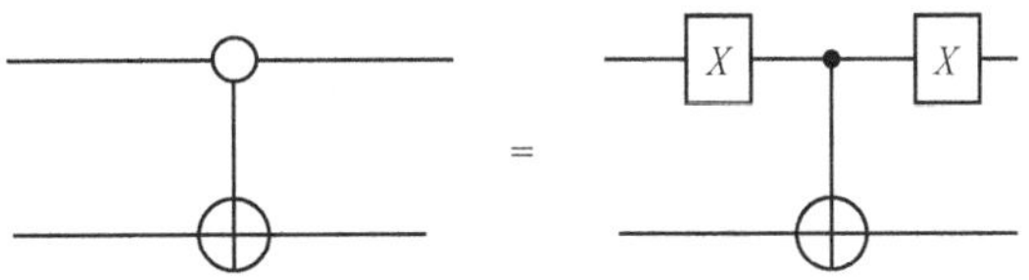

图 2.3.7

在计算基下的表示矩阵为

$$0CNOT = \begin{bmatrix} 0 & 1 & 0 & 0 \\ 1 & 0 & 0 & 0 \\ 0 & 0 & 1 & 0 \\ 0 & 0 & 0 & 1 \end{bmatrix} \tag{2.3.22}$$

$0CNOT$ 门和 $CNOT$ 可以通过对控制位的非门操作互换,即

$$0CNOT(1,2) = NOT_1 \cdot CNOT(1,2) \cdot NOT_1 \tag{2.3.23}$$

其中,1 表示控制位,2 表示靶位,NOT_1 表示第一量子位的非门操作和第二量子位恒等操作的直积。

(4) 交换门。

交换门执行两个量子位态交换,图形表示为图 2.3.8,在计算基下的表示矩阵是

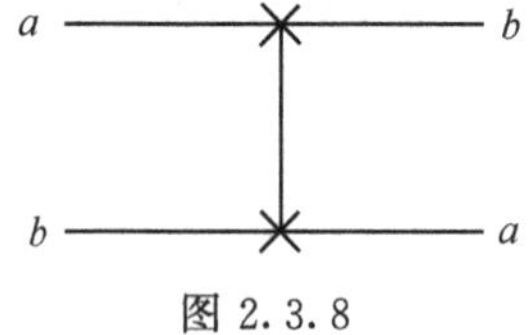

图 2.3.8

$$SWAP = \begin{bmatrix} 1 & 0 & 0 & 0 \\ 0 & 0 & 1 & 0 \\ 0 & 1 & 0 & 0 \\ 0 & 0 & 0 & 1 \end{bmatrix} \tag{2.3.24}$$

2.3.3 量子多位门

一个重要的三位门是三位**控制控制非门**($CCNOT$),又称 Toffoli 门。这个门当且仅当控制位 1、2 都处在态$|1\rangle$时,才对靶(第 3 位)执行逻辑非操作。图 2.3.9 是 $CCNOT$ 门的图形表示。它对三个量子位基态的作用为

$$CCNOT(a,b,c) = (a,b,c \oplus ab) \tag{2.3.25}$$

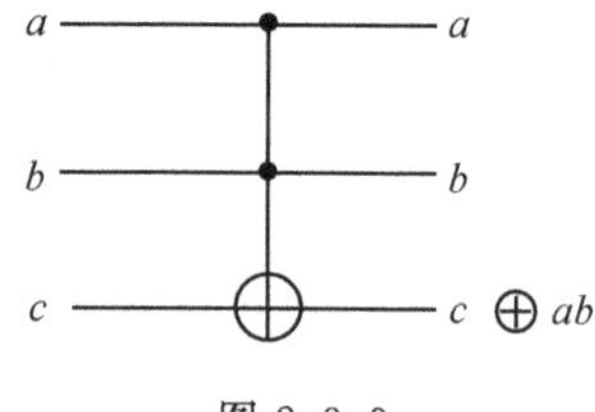

图 2.3.9

即

$$\begin{aligned} &|000\rangle \to |000\rangle, \quad |001\rangle \to |001\rangle \\ &|010\rangle \to |010\rangle, \quad |011\rangle \to |011\rangle \\ &|100\rangle \to |100\rangle, \quad |101\rangle \to |101\rangle \\ &|110\rangle \to |111\rangle, \quad |111\rangle \to |110\rangle \end{aligned} \tag{2.3.26}$$

在计算基下它的表示矩阵为

$$CCNOT = \begin{bmatrix} 1 & 0 & 0 & 0 & 0 & 0 & 0 & 0 \\ 0 & 1 & 0 & 0 & 0 & 0 & 0 & 0 \\ 0 & 0 & 1 & 0 & 0 & 0 & 0 & 0 \\ 0 & 0 & 0 & 1 & 0 & 0 & 0 & 0 \\ 0 & 0 & 0 & 0 & 1 & 0 & 0 & 0 \\ 0 & 0 & 0 & 0 & 0 & 1 & 0 & 0 \\ 0 & 0 & 0 & 0 & 0 & 0 & 0 & 1 \\ 0 & 0 & 0 & 0 & 0 & 0 & 1 & 0 \end{bmatrix} \tag{2.3.27}$$

利用矩阵运算可以证明，Toffoli 门也可用分别作用到三个量子位上的 Pauli 算子表示为

$$CCNOT = \frac{1}{4}(3I^{(1)} \otimes I^{(2)} \otimes I^{(3)} + \hat{\sigma}_z^{(1)} \otimes I^{(2)} \otimes I^{(3)} + I^{(1)} \otimes \hat{\sigma}_z^{(2)} \otimes I^{(3)} - \hat{\sigma}_z^{(1)} \otimes \hat{\sigma}_z^{(2)} \otimes I^{(3)} + (I^{(1)} - \hat{\sigma}_z^{(1)}) \otimes (I^{(2)} - \hat{\sigma}_z^{(2)}) \otimes \hat{\sigma}_x^{(3)}) \tag{2.3.28}$$

其中，每个算子的上角标指示该算子作用的量子位。在容错量子计算中，研究一般稳定子码的容错通用逻辑门组时，涉及 Toffoli 门引起的算子变换，这是一个有用的表达式。

2.4　量子计算的通用逻辑门组

2.4.1　量子通用逻辑门组

如果任意维 Hilbert 空间态的幺正变换，都可以通过取自一个逻辑门组的操作组合实现，这个逻辑门组就是一个**通用逻辑门组**(universal logic gate)。

历史上量子计算通用逻辑门组的研究和经典可逆计算研究有关。由于 Toffoli 门对经典计算的可逆计算是通用的，1989 年，Deutsch 将经典 Toffoli 门推广到量子情况，得到 Deutsch 门[4,14]，并证明任意 n 维 Hilbert 空间的幺正变换的计算网络都可以用这个门的重复使用构造出来，所以这个门对量子计算是通用的。但是 Deutsch 门是三位门，物理实现需要三个量子位的相互作用，实现比较困难。为构建量子计算机，需要进一步研究，寻求更便于物理实现的通用逻辑门组。

关于量子计算的通用逻辑门组，1995 年，Divincenzo 利用李群对易子代数，证明[15]Deutsch 门可以用两量子位门簇实现，同年 Deutsch 又进一步证明差不多任意两位门(指两位条件门——即根据一个位的状态对另一个位执行条件操作——对量子计算是通用的。由于这类门可造成两量子位纠缠，所以又称**两位纠缠门**(entanglement gate)或 $n(n\geqslant 2)$位门对量子计算都是通用逻辑门组。

之后，Barenco 等又证明[16,17]，量子通用逻辑门组可以仅由经典两位门和量子一位门构成。特别是经典两位控制非门和一位量子门就能构成量子计算的通用逻辑门组。例如，由这个集合可以构造出三位控制控制非门，其网络示于图 2.4.1 中。其中，V 是一位幺正门，$V^2=U$。

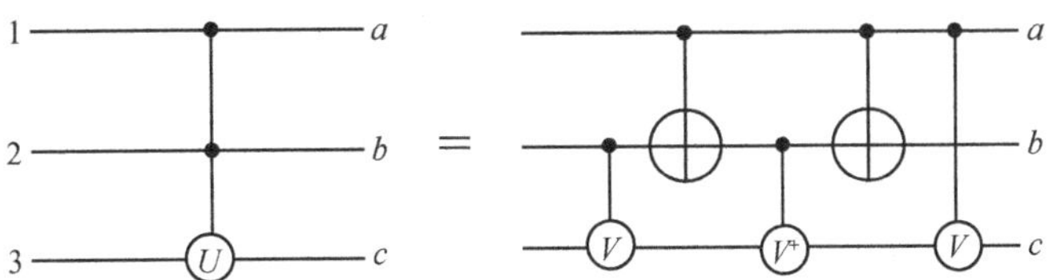

图 2.4.1

在图 2.4.1 中,左边是三位控制控制 U 门,即当且仅当第一、第二位都处在 $|1\rangle$ 态时,才对第三位执行 U 门操作。容易看出,图 2.4.1 右边的图形正确执行了这一操作。实际上右图中若第一、第二两个位都处在 $|0\rangle$ 态,所有的条件两位门都不起作用,于是有

$$|000\rangle \to |000\rangle, \quad |001\rangle \to |001\rangle$$

若第一位为 $|0\rangle$,第二位为 $|1\rangle$,两个控制非门和第三个控制 V 都不起作用,前两个 V 和 V^+ 连续作用到第三位上 $VV^+=I$ 是个恒等操作,于是有

$$|010\rangle \to |010\rangle, \quad |011\rangle \to |011\rangle$$

若第一位为 $|1\rangle$,第二位为 $|0\rangle$,第一个(左起)控制 V 不起作用,第一个控制非门改变第二位 $|0\rangle \to |1\rangle$,作用到第三位上的仍然是 $V^+V=I$,注意到第二个控制非门把第二位变回到态 $|0\rangle$,这种情况下有

$$|100\rangle \to |100\rangle, \quad |101\rangle \to |101\rangle$$

但当第一第二两位都处在 $|1\rangle$ 态时,中间控制 V^+ 门不起作用,此时两个 V 门连续施加在第三位上,由于 $V^2=U$,就对第三位执行了 U 操作。由于三位控制控制 U 门对量子计算是通用的,而三位控制控制 U 门可以通过二位控制非门和一位 U 门构造,这就证明了两位控制非门和一位 U 门可以构成量子计算的通用逻辑门组。于是关于量子计算的通用逻辑门组,可以总结为下面的定理[4,16,17]:

定理 2.4.1　两量子位控制非门操作和单量子位 U 门(一个量子位态空间的任意转动操作),构成量子计算的通用量子逻辑门组。

由于这个定理在量子计算机物理实现中的重要性,下面给出这个定理的构造性的证明。这个构造性证明不仅直接证明了定理的正确性,而且给出了实现任意 n 维 Hilbert 控制幺正变换的具体方法。这个构造性证明可以通过两步完成[7],第一步是证明下面的引理。

2.4.2　证明量子通用逻辑门组的引理

为了证明定理 2.4.1,首先证明下面的引理:

任意一个 d 维幺正变换 U,都可以分解为 $d(d-1)/2$ 个幺正变换的乘积,其中每一个仅作用在 2 维子空间上。

证明:设 U 是作用在 d 维 Hilbert 空间上的幺正变换矩阵:

$$U = \begin{bmatrix} a_{11} & a_{12} & \cdots & a_{1d} \\ a_{21} & a_{22} & \cdots & a_{2d} \\ \vdots & \vdots & \cdots & \vdots \\ a_{d1} & a_{d2} & \cdots & a_{dd} \end{bmatrix}$$

如果能找到一个矩阵序列 $U_n, U_{n-1}, \cdots, U_1$[$n$ 值为 $d(d-1)/2$],其中每个 U_i 仅作用到 2 维子空间上,且满足:

$$U_n U_{n-1} \cdots U_1 U = I$$

那么就有

$$U = U_1^{\dagger} U_2^{\dagger} \cdots U_n^{\dagger} \tag{2.4.1}$$

下面通过给出构造矩阵序列 $U_n, U_{n-1}, \cdots, U_1$ 的具体方法，完成该定理的证明。

(1) 如果 U 是作用到 2 维空间 $d=2$ 上的幺正矩阵，设

$$U = \begin{bmatrix} a_{11} & a_{12} \\ a_{21} & a_{22} \end{bmatrix}$$

此时 $d(d-1)/2=1$，只需找到一个 U_1，使 $U_1 U = I$。由 U 矩阵幺正条件：

$$\begin{bmatrix} a_{11} & a_{12} \\ a_{21} & a_{22} \end{bmatrix} \begin{bmatrix} a_{11}^* & a_{21}^* \\ a_{12}^* & a_{22}^* \end{bmatrix} = \begin{bmatrix} a_{11}^* & a_{21}^* \\ a_{12}^* & a_{22}^* \end{bmatrix} \begin{bmatrix} a_{11} & a_{12} \\ a_{21} & a_{22} \end{bmatrix} = \begin{bmatrix} 1 & 0 \\ 0 & 1 \end{bmatrix}$$

$$U_1 = U^{\dagger} = \begin{bmatrix} a_{11}^* & a_{21}^* \\ a_{12}^* & a_{22}^* \end{bmatrix}$$

U_1 就简单地是 U 转置共轭(即其逆矩阵)，这是平凡情况。

(2) 考虑 $d=3$ 的情况，设作用到 3 维空间幺正矩阵为

$$U = \begin{bmatrix} a_{11} & a_{12} & a_{13} \\ a_{21} & a_{22} & a_{23} \\ a_{31} & a_{32} & a_{33} \end{bmatrix} \tag{2.4.2}$$

此时 $d(d-1)/2=3$，需要求出 U_1, U_2, U_3，使 $U_3 U_2 U_1 U = I$。

步骤 1　首先把 U 的第二行第一列元素 a_{21} 化为零。

如果给定的 U 本身已经是 $a_{21}=0$，即

$$U = \begin{bmatrix} a_{11} & a_{12} & a_{13} \\ 0 & a_{22} & a_{23} \\ a_{31} & a_{32} & a_{33} \end{bmatrix}$$

取 U_1 为 3×3 单位矩阵，就有

$$U_1 U = \begin{bmatrix} a_{11} & a_{12} & a_{13} \\ 0 & a_{22} & a_{23} \\ a_{31} & a_{32} & a_{33} \end{bmatrix} \tag{2.4.3}$$

如果给定的 U 中 $a_{21} \neq 0$，取 $A = \sqrt{|a_{11}|^2 + |a_{21}|^2}$，构造仅作用到 1,2 两个基矢张起的子空间上的幺正变换

$$U_1 = \begin{bmatrix} a_{11}^*/A & a_{21}^*/A & 0 \\ a_{21}/A & -a_{11}/A & 0 \\ 0 & 0 & 1 \end{bmatrix}$$

就有

$$U_1 U = \begin{bmatrix} a_{11}^*/A & a_{21}^*/A & 0 \\ a_{21}/A & -a_{11}/A & 0 \\ 0 & 0 & 1 \end{bmatrix} \begin{bmatrix} a_{11} & a_{12} & a_{13} \\ a_{21} & a_{22} & a_{23} \\ a_{31} & a_{32} & a_{33} \end{bmatrix}$$

$$= \begin{bmatrix} (|a_{11}|^2+|a_{21}|^2)/A & (a_{11}^* a_{12}+a_{21}^* a_{22})/A & (a_{11}^* a_{13}+a_{21}^* a_{23})/A \\ 0 & (a_{21}a_{12}-a_{11}a_{22})/A & (a_{21}a_{13}-a_{11}a_{23})/A \\ a_{31} & a_{32} & a_{33} \end{bmatrix}$$

$$= \begin{bmatrix} A & (a_{11}^* a_{12}+a_{21}^* a_{22})/A & (a_{11}^* a_{13}+a_{21}^* a_{23})/A \\ 0 & (a_{21}a_{12}-a_{11}a_{22})/A & (a_{21}a_{13}-a_{11}a_{23})/A \\ a_{31} & a_{32} & a_{33} \end{bmatrix} \tag{2.4.4}$$

这就完成了步骤 1。

步骤 2　把 a_{31} 化成零。如果原来的 U 中 a_{31} 已经是零,就取 U_2 为 3×3 单位矩阵。在 $a_{31}=0$ 情况下,由 U 矩阵条件,每一列矢量满足归一化条件,有

$$A = \sqrt{|a_{11}|^2+|a_{21}|^2} = 1$$

同时任意两列矢量正交:

$$(a_{11}^* a_{12}+a_{21}^* a_{22}) = (a_{11}^* a_{13}+a_{21}^* a_{23}) = 0$$

从而式(2.4.4)化为

$$U_1U = \begin{bmatrix} 1 & 0 & 0 \\ 0 & (a_{21}a_{12}-a_{11}a_{22}) & (a_{21}a_{13}-a_{11}a_{23}) \\ 0 & a_{32} & a_{33} \end{bmatrix} \equiv \begin{bmatrix} 1 & 0 & 0 \\ 0 & a'_{22} & a'_{23} \\ 0 & a'_{32} & a'_{33} \end{bmatrix} \tag{2.4.5}$$

若 $a_{31}\neq0$,把式(2.4.4)改写为

$$U_1U = \begin{bmatrix} A & (a_{11}^* a_{12}+a_{21}^* a_{22})/A & (a_{11}^* a_{13}+a_{21}^* a_{23})/A \\ 0 & (a_{21}a_{12}-a_{11}a_{22})/A & (a_{21}a_{13}-a_{11}a_{23})/A \\ a_{31} & a_{32} & a_{33} \end{bmatrix} \tag{2.4.6}$$

其中,$a'_{11}\equiv A=\sqrt{|a_{11}|^2+|a_{21}|^2}$。

令

$$A' = \sqrt{|a'_{11}|^2+|a_{31}|^2} = \sqrt{A^2+|a_{31}|^2} = \sqrt{|a_{11}|^2+|a_{21}|^2+|a_{31}|^2} = 1$$

其中,最后一个等号利用了 U 的每一列矢都是归一化的条件。构造

$$U_2 = \begin{bmatrix} a'^*_{11}/A' & 0 & a_{31}^*/A' \\ 0 & 1 & 0 \\ a_{31}/A' & 0 & -a'^*_{11}/A' \end{bmatrix} = \begin{bmatrix} A & 0 & a_{31}^* \\ 0 & 1 & 0 \\ a_{31} & 0 & -A \end{bmatrix}$$

其中已注意到 $A'=1, a'^*_{11}=A$,从而利用式(2.4.4)有

$$U_2U_1U = \begin{bmatrix} A & 0 & a_{31}^* \\ 0 & 1 & 0 \\ a_{31} & 0 & -A \end{bmatrix} \begin{bmatrix} A & (a_{11}^* a_{12}+a_{21}^* a_{22})/A & (a_{11}^* a_{13}+a_{21}^* a_{23})/A \\ 0 & (a_{21}a_{12}-a_{11}a_{22})/A & (a_{21}a_{13}-a_{11}a_{23})/A \\ a_{31} & a_{32} & a_{33} \end{bmatrix}$$

$$= \begin{bmatrix} |a_{11}|^2+|a_{21}|^2+|a_{31}|^2 & a_{11}^* a_{12}+a_{21}^* a_{22}+a_{31}^* a_{32} & a_{11}^* a_{13}+a_{21}^* a_{23}+a_{31}^* a_{33} \\ 0 & (a_{21}a_{12}-a_{11}a_{22})/A & (a_{21}a_{13}-a'_{11}a_{23})/A \\ 0 & a'_{32} & a'_{33} \end{bmatrix}$$

其中，$a'_{32}=a_{31}(a^*_{11}a_{12}+a^*_{21}a_{22})/A-Aa_{32}$，$a'_{33}=a_{31}(a^*_{11}a_{13}+a^*_{21}a_{23})/A-Aa_{33}$。利用 U 矩阵条件，并记 $a'_{22}=(a_{21}a_{12}-a_{11}a_{22})/A$，$a'_{23}=(a_{21}a_{13}-a'_{11}a_{23})/A$，上式就化成和式(2.4.5)相同的形式：

$$U_2U_1U=\begin{bmatrix}1 & 0 & 0\\ 0 & a'_{22} & a'_{23}\\ 0 & a'_{32} & a'_{33}\end{bmatrix} \tag{2.4.7}$$

步骤 3　如果现在 $a'_{32}=0$，根据 U 矩阵性质，必有 $a'_{32}=a'_{23}=0$，$a'_{22}=a'_{33}=1$，此时只须取 U_3 为 3×3 单位矩阵，就有

$$U_3U_2U_1U=\begin{bmatrix}1 & 0 & 0\\ 0 & a'_{22} & a'_{23}\\ 0 & a'_{32} & a'_{33}\end{bmatrix}=\begin{bmatrix}1 & 0 & 0\\ 0 & 1 & 0\\ 0 & 0 & 1\end{bmatrix}=I \tag{2.4.8}$$

于是就完成了这种情况下的证明。但若式(2.4.7)中 $a'_{32}\neq 0$，令 $A''=\sqrt{|a'_{22}|^2+|a'_{32}|^2}$，根据式(2.4.7)是 U 矩阵，必有 $A''=1$，及

$$a'^*_{22}a'_{23}+a'^*_{32}a'_{33}=a'^*_{22}a'_{32}+a'^*_{23}a'_{33}=0$$

再构造一个 U_3 变换：

$$U_3=\begin{bmatrix}1 & 0 & 0\\ 0 & a'^*_{22}/A'' & a'^*_{32}/A''\\ 0 & a'^*_{32}/A'' & a'^*_{22}/A''\end{bmatrix}=\begin{bmatrix}1 & 0 & 0\\ 0 & a'^*_{22} & a'^*_{32}\\ 0 & a'^*_{32} & a'^*_{22}\end{bmatrix}$$

利用这一变换，式(2.4.6)就可化为

$$U_3U_2U_1U=\begin{bmatrix}1 & 0 & 0\\ 0 & a'^*_{22} & a'^*_{32}\\ 0 & a'^*_{32} & a'^*_{33}\end{bmatrix}\begin{bmatrix}1 & 0 & 0\\ 0 & a'_{22} & a'_{23}\\ 0 & a'_{32} & a'_{33}\end{bmatrix}=\begin{bmatrix}1 & 0 & 0\\ 0 & 1 & 0\\ 0 & 0 & 1\end{bmatrix}=I$$

或

$$U=U_1^\dagger U_2^\dagger U_3^\dagger$$

总结上面的论证，对于任意三阶 U 矩阵($d=3$)，都可找到三个酉矩阵：U_1、U_2、U_3，使 $U_3U_2U_1U=I$，从而可以分解 U 为 $d(d-1)/2=3$，三个 U_i 矩阵的乘积，每个仅作用到 2 维子空间上。显然，类似地构造方法可以推广到 d 为任意整数值的高阶 U 矩阵，证明任意高阶 U 矩阵都可做出这样的分解。

2.4.3　证明两位控制非门和一位 U 门构成量子通用逻辑门组

2.4.2 小节中的引理把任意 n 量子位 Hilbert 空间任意幺正变换 U，分解为每一个仅作用在 2 维子空间上幺正变换的乘积，下面进一步证明：

任意 n 量子位 Hilbert 空间的 2 维子空间上的幺正变换，都可以通过控制非门

操作和单量子位幺正变换(单量子位 Hilbert 空间中的任意转动)操作实现。

仍旧采用构造性的证明方法,即给出任意 n 量子位 Hilbert 空间的 2 维子空间中幺正变换通过两量子位控制非门操作和单量子位幺正变换实现的具体方案。首先研究两量子位 Hilbert 空间上的 U 变换这种简单情况下的几个例子,获得感性认识,同时总结出一般规则,然后再推广到多量子位一般情况。

例 1 考虑两量子位系统 Hilbert 空间的幺正变换:

$$U=\begin{bmatrix} a & c & 0 & 0 \\ b & d & 0 & 0 \\ 0 & 0 & 1 & 0 \\ 0 & 0 & 0 & 1 \end{bmatrix} \tag{2.4.9}$$

它是两量子位 Hilbert 空间中由基矢{|00〉,|01〉}张起的 2 维子空间上的 U 变换,(同时保持另两个基矢{|10〉,|11〉}张起的子空间不变),U 对这两个基的作用为

$$U\mid 00\rangle=\begin{bmatrix} a & c & 0 & 0 \\ b & d & 0 & 0 \\ 0 & 0 & 1 & 0 \\ 0 & 0 & 0 & 1 \end{bmatrix}\begin{bmatrix} 1 \\ 0 \\ 0 \\ 0 \end{bmatrix}=\begin{bmatrix} a \\ b \\ 0 \\ 0 \end{bmatrix}=a\mid 00\rangle+b\mid 01\rangle=\mid 0\rangle(a\mid 0\rangle+b\mid 1\rangle)$$

$$U\mid 01\rangle=\mid 0\rangle(c\mid 0\rangle+d\mid 1\rangle)$$

所以 U 是第一量子位用 0 控制的第二量子位的 U 变换,可以通过图 2.4.2 所示线路实现。

例 2 两量子位 Hilbert 空间的幺正变换

$$U=\begin{bmatrix} a & 0 & c & 0 \\ 0 & 1 & 0 & 0 \\ b & 0 & d & 0 \\ 0 & 0 & 0 & 1 \end{bmatrix} \tag{2.4.10}$$

是由计算基{|00〉,|10〉}张起的 2 维子空间上的 U 变换,它对这两个基矢的作用是

$$U\mid 00\rangle=a\mid 00\rangle+b\mid 10\rangle=(a\mid 0\rangle+b\mid 1\rangle)\mid 0\rangle$$

$$U\mid 10\rangle=c\mid 00\rangle+d\mid 10\rangle=(c\mid 0\rangle+d\mid 1\rangle)\mid 0\rangle$$

这是第二量子位以零控制的第一量子位的 U 变换,实现线路见图 2.4.3。

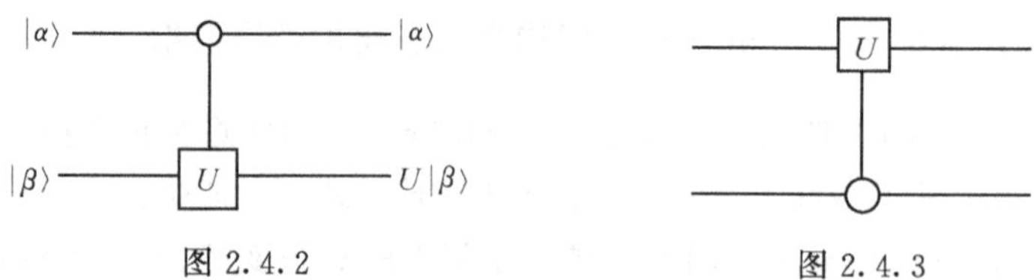

图 2.4.2　　图 2.4.3

从上面两个例子中可以总结出下面的规则。

规则 1　张起 U 作用的 2 维子空间两个基底态中，规定有相同位值的量子位为控制位，位值不同的量子位为靶位，给定的两量子位 2 维子空间变换 U，就可由控制位控制的靶位态的单量子位 U 变换实现。

例 3　两量子位 Hilbert 空间的幺正变换：

$$U=\begin{bmatrix} a & 0 & 0 & c \\ 0 & 1 & 0 & 0 \\ 0 & 0 & 1 & 0 \\ b & 0 & 0 & d \end{bmatrix} \tag{2.4.11}$$

这是作用到由基矢$\{|00\rangle,|11\rangle\}$张起的 2 维子空间上的 U 变换，它的作用为

$$U\mid 00\rangle = a\mid 00\rangle + b\mid 11\rangle$$
$$U\mid 11\rangle = c\mid 00\rangle + d\mid 11\rangle$$

对$\{|00\rangle,|11\rangle\}$张起的子空间执行恒等变换。

这与例 1、例 2 情况不同，张起 U 作用子空间的两个基底态中，两量子位值都不相同。但可以使用适当的控制非(0 控制或 1 控制)操作，改变第二量子位值(也可以改变第一量子位值，为了明确起见，下面约定一律都改变第二量子位值)，然后再按规则 1 实现要求的 U 变换。可以验证，图 2.4.4 的两个线路都可以实现这一变换。例如图 2.4.4(a)中执行变换：

$$\mid 00\rangle \rightarrow \mid 01\rangle \rightarrow (U\mid 0\rangle)\mid 1\rangle = (a\mid 0\rangle + b\mid 1\rangle)\mid 1\rangle \rightarrow a\mid 00\rangle + b\mid 11\rangle$$
$$\mid 11\rangle \rightarrow \mid 11\rangle \rightarrow (U\mid 1\rangle)\mid 1\rangle = (c\mid 0\rangle + d\mid 1\rangle)\mid 1\rangle \rightarrow c\mid 00\rangle + d\mid 11\rangle$$
$$\mid 01\rangle \rightarrow \mid 00\rangle \rightarrow \mid 0\rangle\mid 0\rangle \rightarrow \mid 0\rangle\mid 1\rangle$$
$$\mid 10\rangle \rightarrow \mid 10\rangle \rightarrow \mid 1\rangle\mid 0\rangle \rightarrow \mid 10\rangle$$

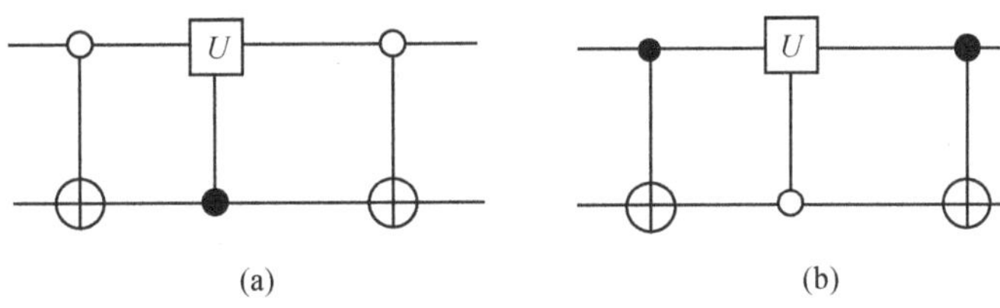

图 2.4.4

类似地可验证图 2.4.4(b)执行相同的变换，实际上这两个线路图等价。由此可以总结出规则 2。

规则 2　若张起 U 作用子空间的两个基底态中，两量子位值都不相同，可使用适当的控制非(0 控制或 1 控制)操作，改变第二量子位值然后再按规则 1 实现要求的 U 变换，最后用相同的控制非操作恢复原来的计算基。

作为规则 2 应用的一个例子，考虑两量子位 Hilbert 空间 U 变换：

$$U=\begin{bmatrix}1&0&0&0\\0&a&c&0\\0&b&d&0\\0&0&0&1\end{bmatrix} \tag{2.4.12}$$

这是由计算基$\{|01\rangle,|10\rangle\}$张起的子空间上的变换,它实现的变换是

$$\begin{aligned}&U\mid 01\rangle=a\mid 01\rangle+b\mid 10\rangle\\&U\mid 10\rangle=c\mid 01\rangle+d\mid 10\rangle\\&U\mid 00\rangle=\mid 00\rangle,\quad U\mid 11\rangle=\mid 11\rangle\end{aligned} \tag{2.4.13}$$

按照规则 2,这个变换可由图 2.4.5 中的线路实现(读者可以自己证明,图 2.4.5 的两个图形都可实现这一变换)。例如对于图 2.4.5(a),首先通过第一位为 0 控制的控制非操作,改变第二位(靶位)位值,使两基底态中第二位值相同(都为 0)。然后以位值相同的第二位为控制位、第一位为靶位,执行 0 控制 U 操作,最后执行第一位为 0 控制位的控制非操作,恢复原来的计算基。具体作用为

$|00\rangle\rightarrow|01\rangle\rightarrow|01\rangle\rightarrow|00\rangle$

$|01\rangle\rightarrow|00\rangle\rightarrow(a\mid 0\rangle+b\mid 1\rangle)\mid 0\rangle=a\mid 00\rangle+b\mid 10\rangle\rightarrow a\mid 01\rangle+b\mid 10\rangle$

$|10\rangle\rightarrow|10\rangle\rightarrow(c\mid 0\rangle+d\mid 1\rangle)\mid 0\rangle=c\mid 00\rangle+d\mid 10\rangle\rightarrow c\mid 01\rangle+d\mid 10\rangle$

$|11\rangle\rightarrow|11\rangle\rightarrow|11\rangle\rightarrow|11\rangle$

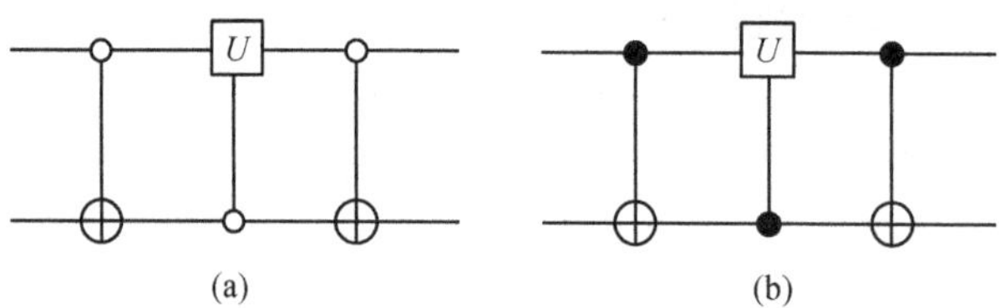

图 2.4.5

利用上面总结出的规则,考虑一个稍复杂的例子,三个量子位 Hilbert 空间中的一个 2 维子空间上的幺正变换:

$$U=\begin{bmatrix}a&0&0&0&0&0&0&c\\0&1&0&0&0&0&0&0\\0&0&1&0&0&0&0&0\\0&0&0&1&0&0&0&0\\0&0&0&0&1&0&0&0\\0&0&0&0&0&1&0&0\\0&0&0&0&0&0&1&0\\b&0&0&0&0&0&0&d\end{bmatrix} \tag{2.4.14}$$

这个子空间由计算基$\{|000\rangle,|111\rangle\}$张成。这个 U 变换保持与基$\{|000\rangle,|111\rangle\}$正交的子空间不变,而对这两个基态的作用分别为

$$
\begin{aligned}
U|000\rangle &= a|000\rangle + b|111\rangle \\
U|111\rangle &= c|000\rangle + d|111\rangle
\end{aligned}
\tag{2.4.15}
$$

为了执行式(2.4.14)的 U 变换，可以推广上述规则 2，构造如下的规则 3。

规则 3　**①首先通过适当的控制非操作，实现以下基矢变换，**$|000\rangle \to |001\rangle \to |011\rangle$**，变换子空间基底**$\{|000\rangle, |111\rangle\}$**为**$\{|011\rangle, |111\rangle\}$**；②以位值相同的第三、第二量子位为(联合)控制位，位值不同的第一量子位为靶位，执行 1 控制的 U 操作；③执行①的逆操作，换回原来的计算基。**

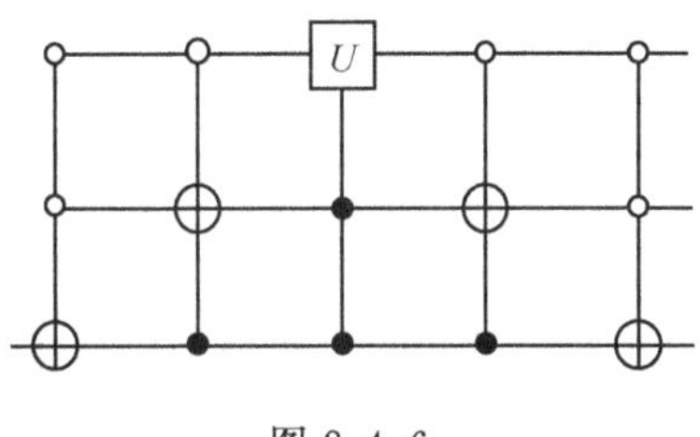

图 2.4.6

根据上述规则，可以画出执行式(2.4.15)中 U 变换的线路，如图 2.4.6。

容易验证图 2.4.6 中的线路的确执行了式(2.4.15)中的 U 变换：

$$
\begin{aligned}
&|000\rangle \to |001\rangle \to |011\rangle \to (a|0\rangle + b|1\rangle)|11\rangle \\
&\qquad = a|011\rangle + b|111\rangle \to a|001\rangle + b|111\rangle \to a|000\rangle + b|111\rangle \\
&|001\rangle \to |000\rangle \to |000\rangle \to |000\rangle \to |001\rangle \\
&|011\rangle \to |011\rangle \to |001\rangle \to |011\rangle \to |011\rangle \\
&\qquad \cdots \\
&|111\rangle \to |111\rangle \to |111\rangle \to (c|0\rangle + d|1\rangle)|11\rangle \\
&\qquad = c|011\rangle + d|111\rangle \to c|001\rangle + d|111\rangle \to c|000\rangle + d|111\rangle
\end{aligned}
$$

推广上述讨论，可以给出执行任意多量子位 Hilbert 空间中的任意 2 维子空间幺正变换的一般规则如下：

假设 U 是作用在 n 量子位 Hilbert 空间中由计算基

$$\{|s\rangle = |s_1 s_2 \cdots s_n\rangle, \quad |t\rangle = |t_1 t_2 \cdots t_n\rangle\}$$

张起的 2 维子空间上的幺正变换，令

$$|g_1\rangle = |s\rangle = |s_1 s_2 \cdots s_n\rangle, |g_2\rangle = |s_1 s_2' \cdots s_n'\rangle, \cdots, |g_m\rangle = |t\rangle = |t_1 t_2 \cdots t_n\rangle$$

其中，相邻的两态$|g_i\rangle$，$|g_{i+1}\rangle$仅可能有一位值不同。幺正变换 U 可以通过以下步骤实现：

(1) **用适当的(0 控制或 1 控制)控制非操作，实现计算基的变换：**

$$|g_1\rangle \to |g_2\rangle \to \cdots \to |g_{m-1}\rangle$$

从而变换基：

$$\{|g_1\rangle, |g_m\rangle\} \to \{|g_{m-1}\rangle, |g_m\rangle\}$$

(2) **基矢**$\{|g_{m-1}\rangle, |g_m\rangle\}$**中位值相同的量子位为(联合)控制位，位值不同的量子位就是靶位，执行多位联合控制的是 U 变换。**

(3) **用步骤(1)的逆操作，换回原计算基：**

$$|g_{m-1}\rangle \to |g_{m-2}\rangle \to \cdots \to |g_1\rangle$$

$$\{|g_{m-1}\rangle, |g_m\rangle\} \to \{|g_1\rangle, |g_m\rangle\}$$

到此,通过构造具体执行规则,证明了任意 n 量子位 Hilbert 空间的 2 维子空间中幺正变换,都可以通过控制非操作(可能是多量子位联合控制)和单量子位幺正变换(单量子位 Hilbert 空间中的任意转动)实现,完成了定理的证明。

在构造多量子位 2 维子空间幺正变换中,使用了 0 控制的非门操作。注意到 1 控制非门操作和 0 控制非门操作通过式(2.3.23)联系,把前面证明的引理 1 和 2.4.3 小节证明的定理结合,就完成了本节开头表述的量子通用逻辑门组定理的证明。

2.5　量子通用逻辑门组的其他形式

2.4 节证明了两量子位控制非门操作和单量子位态任意转动是量子计算的通用逻辑门组。正如经典计算机通用逻辑门组不是唯一的一样,量子计算机的通用逻辑门组也可以采用其他形式。前面已指出,两位纠缠门和一位任意转动门构成量子通用逻辑门组。(两位交换门只交换两量子位态,并不能建立两量子位纠缠,不能和一位门构成通用逻辑门组)下面给出常用量子计算的通用逻辑门组的其他形式。

2.5.1　包括两量子位控制相位门的通用逻辑门组

定义两量子位控制相位门(controlled-phase gate)为幺正变换:

$$\Phi = \begin{bmatrix} 1 & 0 & 0 & 0 \\ 0 & 1 & 0 & 0 \\ 0 & 0 & 1 & 0 \\ 0 & 0 & 0 & -1 \end{bmatrix} \tag{2.5.1}$$

容易看出它执行变换 $|00\rangle \to |00\rangle$、$|01\rangle \to |01\rangle$、$|10\rangle \to |10\rangle$、$|11\rangle \to -|11\rangle$,即当且仅当第一位(控制位)取 1 时,才取第二位(靶位)的相位(σ_z 的本征值),所以又称**控制 Z 门**。

定理 2.5.1　两量子位控制相位门和单量子位态矢空间的任意转动是量子计算的通用逻辑门组。

在上节关于通用量子逻辑门组定理 2.4.1 的基础上,证明此定理,只需证明两量子位控制非门操作可以通过控制相位门和单量子位转动实现即可。下面证明

$$CNOT = H_2 \Phi H_2 \tag{2.5.2}$$

其中,$H_2 \equiv I^{(1)} \otimes H^{(2)}$ 是第一量子位的恒等操作和第二量子位的 H 门操作的直积。用矩阵表示即

$$H_2 = \frac{1}{\sqrt{2}} \begin{bmatrix} 1 & 0 \\ 0 & 1 \end{bmatrix} \otimes \begin{bmatrix} 1 & 1 \\ 1 & -1 \end{bmatrix} = \frac{1}{\sqrt{2}} \begin{bmatrix} 1 & 1 & 0 & 0 \\ 1 & -1 & 0 & 0 \\ 0 & 0 & 1 & 1 \\ 0 & 0 & 1 & -1 \end{bmatrix} \tag{2.5.3}$$

利用式(2.5.3)和式(2.5.1),通过矩阵乘

$$H_2\Phi H_2=\frac{1}{2}\begin{bmatrix}1&1&0&0\\1&-1&0&0\\0&0&1&1\\0&0&1&-1\end{bmatrix}\begin{bmatrix}1&0&0&0\\0&1&0&0\\0&0&1&0\\0&0&0&-1\end{bmatrix}\begin{bmatrix}1&1&0&0\\1&-1&0&0\\0&0&1&1\\0&0&1&-1\end{bmatrix}$$

$$=\begin{bmatrix}1&0&0&0\\0&1&0&0\\0&0&0&1\\0&0&1&0\end{bmatrix}=CNOT$$

可直接证明式(2.5.2)成立。

应当指出,控制相位门式(2.5.1)中,-1 在对角元中的位置是不重要的,因为在相差一个单位门转动限度内,它们是彼此等价的。

两量子位控制非门还可以通过控制相位门按下述方式实现:

$$CNOT=R_{y_2}\left(\frac{\pi}{2}\right)\Phi R_{y_2}\left(-\frac{\pi}{2}\right)\tag{2.5.4}$$

其中,$R_{y_2}(\pi/2)$,$R_{y_2}(-\pi/2)$分别是第一量子位的恒等操作和第二量子位绕 y 轴 $\pi/2$ 和 $-\pi/2$ 的转动的直积。由式(2.3.6),第二量子位的转动可用矩阵分别表示为

$$R_y\left(\frac{\pi}{2}\right)=\frac{1}{\sqrt{2}}\begin{bmatrix}1&-1\\1&1\end{bmatrix},\quad R_{\bar{y}}\left(-\frac{\pi}{2}\right)=\frac{1}{\sqrt{2}}\begin{bmatrix}1&1\\-1&1\end{bmatrix}$$

所以有

$$R_{y_2}\left(\frac{\pi}{2}\right)=\frac{1}{\sqrt{2}}\begin{bmatrix}1&0\\0&1\end{bmatrix}\otimes\begin{bmatrix}1&-1\\1&1\end{bmatrix}=\frac{1}{\sqrt{2}}\begin{bmatrix}1&-1&0&0\\1&1&0&0\\0&0&1&-1\\0&0&1&1\end{bmatrix}\tag{2.5.5}$$

$$R_{y_2}\left(-\frac{\pi}{2}\right)=\frac{1}{\sqrt{2}}\begin{bmatrix}1&0\\0&1\end{bmatrix}\otimes\begin{bmatrix}1&1\\-1&1\end{bmatrix}=\frac{1}{\sqrt{2}}\begin{bmatrix}1&1&0&0\\-1&1&0&0\\0&0&1&1\\0&0&-1&1\end{bmatrix}\tag{2.5.6}$$

利用式(2.5.5)、式(2.5.6)和式(2.5.1),通过矩阵乘,可直接证明式(2.5.4)成立。

常通过执行两位 Φ^* 门执行相位门,Φ^* 门定义为

$$\Phi^*=\begin{bmatrix}1&0&0&0\\0&1&0&0\\0&0&-\mathrm{i}&0\\0&0&0&\mathrm{i}\end{bmatrix}\tag{2.5.7}$$

它和相位门 Φ 有如下关系：

$$\Phi = e^{i\pi/4} R_{z1}\left(\frac{\pi}{2}\right)\Phi^* \tag{2.5.8}$$

其中，R_{z_1} 是第一量子位绕 z 轴转动 $\pi/2$ 和第二量子位恒等操作的直积。由式(2.3.7)

$$R_z\left(\frac{\pi}{2}\right) = e^{-i\pi/4}\begin{bmatrix}1 & 0\\0 & i\end{bmatrix}$$

可得

$$R_{z_1}\left(\frac{\pi}{2}\right) = e^{-i\pi/4}\begin{bmatrix}1 & 0\\0 & i\end{bmatrix}\otimes\begin{bmatrix}1 & 0\\0 & 1\end{bmatrix} = e^{-i\pi/4}\begin{bmatrix}1 & 0 & 0 & 0\\0 & 1 & 0 & 0\\0 & 0 & i & 0\\0 & 0 & 0 & i\end{bmatrix} \tag{2.5.9}$$

将式(2.5.7)和式(2.5.9)代入式(2.5.8)得

$$e^{i\pi/4} R_{z_1}(\pi)\Phi^* = \begin{bmatrix}1 & 0 & 0 & 0\\0 & 1 & 0 & 0\\0 & 0 & i & 0\\0 & 0 & 0 & i\end{bmatrix}\begin{bmatrix}1 & 0 & 0 & 0\\0 & 1 & 0 & 0\\0 & 0 & -i & 0\\0 & 0 & 0 & i\end{bmatrix} = \begin{bmatrix}1 & 0 & 0 & 0\\0 & 1 & 0 & 0\\0 & 0 & 1 & 0\\0 & 0 & 0 & -1\end{bmatrix} = \Phi$$

即式(2.5.8)成立。

两量子位控制非门和两量子位控制相位门，都是根据一个量子位(控制位)的态控制另一个量子位(靶位)的态，使两量子位系统的乘积态变成纠缠态。除去两量子位控制非门和单量子位任意转动、两量子位控制相位门和单量子位任意转动，可构成量子计算的通用逻辑门组外，事实上任何一个能产生纠缠的两量子门和单量子位任意转动都能构成通用量子逻辑门组。

2.5.2 交换门的平方根和包含交换门平方根的通用量子逻辑门组

定义两量子位交换门 $SWAP$ 为

$$\begin{aligned}&SWAP\,|00\rangle = |00\rangle, \quad SWAP\,|01\rangle = |10\rangle\\&SWAP\,|10\rangle = |01\rangle, \quad SWAP\,|11\rangle = |11\rangle\end{aligned} \tag{2.5.10}$$

它交换两个物理量子位态，用矩阵可表示为

$$SWAP = \begin{bmatrix}1 & 0 & 0 & 0\\0 & 0 & 1 & 0\\0 & 1 & 0 & 0\\0 & 0 & 0 & 1\end{bmatrix} \tag{2.5.11}$$

交换门不能产生两量子位纠缠态，它肯定不是通用逻辑门组成员。但是它的平方根门 $\sqrt{SWAP}$ 是纠缠门，可以证明它是通用两量子位门。容易验证，交换门平

方根用矩阵可表示为

$$\sqrt{SWAP}=\begin{bmatrix}1 & 0 & 0 & 0\\ 0 & (\mathrm{i}-1)/2 & -(\mathrm{i}+1)/2 & 0\\ 0 & -(\mathrm{i}+1)/2 & (\mathrm{i}-1)/2 & 0\\ 0 & 0 & 0 & 1\end{bmatrix} \tag{2.5.12}$$

利用 $\sqrt{SWAP}$,可以构造出式(2.5.1)中的控制相位门:

$$\Phi=R_{z_1}\left(\frac{\pi}{2}\right)R_{z_2}\left(-\frac{\pi}{2}\right)\sqrt{SWAP}R_{z_1}(\pi)\sqrt{SWAP} \tag{2.5.13}$$

其中,R_{z_1} 是第一量子位绕 z 轴转动和第二量子位恒等操作的直积;R_{z_2} 是第一量子位的恒等操作与第二量子位绕 z 轴转动的直积。这一结果证明是直接的,由式(2.3.7)得

$$R_z\left(-\frac{\pi}{2}\right)=\mathrm{e}^{\mathrm{i}\pi/4}\begin{bmatrix}1 & 0\\ 0 & -\mathrm{i}\end{bmatrix},\quad R_z(\pi)=\begin{bmatrix}-\mathrm{i} & 0\\ 0 & \mathrm{i}\end{bmatrix}$$

可得

$$R_{z_2}\left(-\frac{\pi}{2}\right)=\mathrm{e}^{\mathrm{i}\pi/4}\begin{bmatrix}1 & 0\\ 0 & 1\end{bmatrix}\otimes\begin{bmatrix}1 & 0\\ 0 & -\mathrm{i}\end{bmatrix}=\mathrm{e}^{\mathrm{i}\pi/4}\begin{bmatrix}1 & 0 & 0 & 0\\ 0 & -\mathrm{i} & 0 & 0\\ 0 & 0 & 1 & 0\\ 0 & 0 & 0 & -\mathrm{i}\end{bmatrix} \tag{2.5.14}$$

$$R_{z_1}(\pi)=\begin{bmatrix}-\mathrm{i} & 0\\ 0 & \mathrm{i}\end{bmatrix}\otimes\begin{bmatrix}1 & 0\\ 0 & 1\end{bmatrix}=\begin{bmatrix}-\mathrm{i} & 0 & 0 & 0\\ 0 & -\mathrm{i} & 0 & 0\\ 0 & 0 & \mathrm{i} & 0\\ 0 & 0 & 0 & \mathrm{i}\end{bmatrix} \tag{2.5.15}$$

把上述结果代入式(2.5.13)中可直接验证式(2.5.13)成立。事实上有

$$R_{z_2}\left(-\frac{\pi}{2}\right)R_{z_1}\left(\frac{\pi}{2}\right)=\begin{bmatrix}1 & 0 & 0 & 0\\ 0 & -\mathrm{i} & 0 & 0\\ 0 & 0 & 1 & 0\\ 0 & 0 & 0 & -\mathrm{i}\end{bmatrix}\begin{bmatrix}1 & 0 & 0 & 0\\ 0 & 1 & 0 & 0\\ 0 & 0 & \mathrm{i} & 0\\ 0 & 0 & 0 & \mathrm{i}\end{bmatrix}=\begin{bmatrix}1 & 0 & 0 & 0\\ 0 & -\mathrm{i} & 0 & 0\\ 0 & 0 & \mathrm{i} & 0\\ 0 & 0 & 0 & 1\end{bmatrix}$$

$$\begin{aligned}\sqrt{SWAP}R_{z_1}(\pi)\sqrt{SWAP}=&\begin{bmatrix}1 & 0 & 0 & 0\\ 0 & (\mathrm{i}-1)/2 & -(\mathrm{i}+1)/2 & 0\\ 0 & -(\mathrm{i}+1)/2 & (\mathrm{i}-1)/2 & 0\\ 0 & 0 & 0 & 1\end{bmatrix}\begin{bmatrix}-\mathrm{i} & 0 & 0 & 0\\ 0 & -\mathrm{i} & 0 & 0\\ 0 & 0 & \mathrm{i} & 0\\ 0 & 0 & 0 & \mathrm{i}\end{bmatrix}\\ &\times\begin{bmatrix}1 & 0 & 0 & 0\\ 0 & (\mathrm{i}-1)/2 & -(\mathrm{i}+1)/2 & 0\\ 0 & -(\mathrm{i}+1)/2 & (\mathrm{i}-1)/2 & 0\\ 0 & 0 & 0 & 1\end{bmatrix}\end{aligned}$$

$$=\begin{bmatrix}-\mathrm{i} & 0 & 0 & 0\\ 0 & -1 & 0 & 0\\ 0 & 0 & 1 & 0\\ 0 & 0 & 0 & \mathrm{i}\end{bmatrix}$$

把上述结果代入式(2.5.13)右端得

$$R_{z_1}\left(\frac{\pi}{2}\right)R_{z_2}\left(-\frac{\pi}{2}\right)\sqrt{SWAP}R_{z_1}(\pi)\sqrt{SWAP}$$

$$=\begin{bmatrix}1 & 0 & 0 & 0\\ 0 & -\mathrm{i} & 0 & 0\\ 0 & 0 & \mathrm{i} & 0\\ 0 & 0 & 0 & 1\end{bmatrix}\begin{bmatrix}-\mathrm{i} & 0 & 0 & 0\\ 0 & -1 & 0 & 0\\ 0 & 0 & 1 & 0\\ 0 & 0 & 0 & \mathrm{i}\end{bmatrix}=\begin{bmatrix}-\mathrm{i} & 0 & 0 & 0\\ 0 & \mathrm{i} & 0 & 0\\ 0 & 0 & \mathrm{i} & 0\\ 0 & 0 & 0 & \mathrm{i}\end{bmatrix}$$

在相差一个一位门操作范围内等价于 Φ 门。既然 $\sqrt{SWAP}$ 门和一位门操作可以构成控制相位门,而控制相位门是通用的,所以平方根相位门 $\sqrt{SWAP}$ 也是通用的。

2.5.3 单量子位 *H* 门的分解

绕 Bloch 球任意方向 $\vec{n}$ 转过 θ 角的转动,可以写作[见式(2.3.8)]:

$$R_{\vec{n}}(\theta)=\cos\frac{\theta}{2}-\mathrm{i}\sin\frac{\theta}{2}(\vec{n}\cdot\hat{\vec{\sigma}}) \tag{2.5.16}$$

取位于 x-z 平面上转轴 $\vec{n}=(1,0,1)/\sqrt{2}$,转角 $\theta=\pi$,由于

$$\vec{n}\cdot\hat{\vec{\sigma}}=\begin{bmatrix}n_z & n_x-\mathrm{i}n_y\\ n_x+\mathrm{i}n_y & -n_z\end{bmatrix}=\frac{1}{\sqrt{2}}\begin{bmatrix}1 & 1\\ 1 & -1\end{bmatrix}$$

从而绕该轴转动 π 角的转动矩阵

$$R_{\vec{n}}(\pi)=-\frac{\mathrm{i}}{\sqrt{2}}\begin{bmatrix}1 & 1\\ 1 & -1\end{bmatrix} \tag{2.5.17}$$

把式(2.5.17)中转动矩阵和式(2.3.11)中 H 比较,可以看出,H 门操作对应着绕 x-z 平面上转轴 $\vec{n}=(1/\sqrt{2},0,1/\sqrt{2})$ 的转动。

H 门是在量子信息中广泛使用的一位门,但是它的直接物理实现却并不方便。在量子信息的许多物理实现中,与量子位两能级差对应的共振脉冲,激发量子位态绕位置在 x-y 平面上转轴的转动,通常通过控制这样的转动可以实现一位门操作。为了利用这样的共振激发执行 H 门操作,需要把 H 门用绕 x 轴和 y 轴的转动表示。

可以证明 H 门可分解为

$$H=\mathrm{i}R_x(\pi)R_y\left(\frac{\pi}{2}\right) \tag{2.5.18}$$

或

$$H=-\mathrm{i}R_y\left(-\frac{\pi}{2}\right)R_x(-\pi) \tag{2.5.19}$$

式(2.5.19)是式(2.5.18)的逆，只须证明式(2.5.18)。由式(2.3.5)、式(2.3.6)得

$$R_x(\pi)=\begin{bmatrix}0 & -\mathrm{i}\\ -\mathrm{i} & 0\end{bmatrix},\quad R_y\left(\frac{\pi}{2}\right)=\frac{1}{\sqrt{2}}\begin{bmatrix}1 & -1\\ 1 & 1\end{bmatrix}$$

利用矩阵乘容易验证：

$$\mathrm{i}R_x(\pi)R_y\left(\frac{\pi}{2}\right)=\frac{\mathrm{i}}{\sqrt{2}}\begin{bmatrix}0 & -\mathrm{i}\\ -\mathrm{i} & 0\end{bmatrix}\begin{bmatrix}1 & -1\\ 1 & 1\end{bmatrix}=\frac{1}{\sqrt{2}}\begin{bmatrix}1 & 1\\ 1 & -1\end{bmatrix}=H$$

2.5.4　两量子位 C 门

利用式(2.5.7)中的 Φ^* 门，还可定义另一个两位门——C 门为

$$C=R_{x_2}\left(\frac{\pi}{2}\right)\Phi^* R_{x_2}\left(-\frac{\pi}{2}\right) \tag{2.5.20}$$

其中，$R_{x_2}(\pi/2)=I^{(1)}\otimes R_x^{(2)}(\pi/2)$，即第一量子位的恒等操作和第二量子位绕 x 轴转动 $\pi/2$ 的直积，其表示矩阵为

$$R_{x_2}\left(\frac{\pi}{2}\right)=\frac{1}{\sqrt{2}}\begin{bmatrix}1 & -\mathrm{i} & 0 & 0\\ -\mathrm{i} & 1 & 0 & 0\\ 0 & 0 & 1 & -\mathrm{i}\\ 0 & 0 & -\mathrm{i} & 1\end{bmatrix} \tag{2.5.21}$$

将式(2.5.21)及式(2.5.7)代入式(2.5.20)右端，可求得 C 门的矩阵表示：

$$\begin{aligned}C&=R_{x_2}\left(\frac{\pi}{2}\right)\Phi^* R_{x_2}\left(-\frac{\pi}{2}\right)\\ &=\frac{1}{2}\begin{bmatrix}1 & -\mathrm{i} & 0 & 0\\ -\mathrm{i} & 1 & 0 & 0\\ 0 & 0 & 1 & -\mathrm{i}\\ 0 & 0 & -\mathrm{i} & 1\end{bmatrix}\begin{bmatrix}1 & 0 & 0 & 0\\ 0 & 1 & 0 & 0\\ 0 & 0 & -\mathrm{i} & 0\\ 0 & 0 & 0 & \mathrm{i}\end{bmatrix}\begin{bmatrix}1 & \mathrm{i} & 0 & 0\\ \mathrm{i} & 1 & 0 & 0\\ 0 & 0 & 1 & \mathrm{i}\\ 0 & 0 & \mathrm{i} & 1\end{bmatrix}\\ &=\begin{bmatrix}1 & 0 & 0 & 0\\ 0 & 1 & 0 & 0\\ 0 & 0 & 0 & 1\\ 0 & 0 & -1 & 0\end{bmatrix}\end{aligned} \tag{2.5.22}$$

这表示两位 C 门也可以和一位任意转动门构成量子计算的通用逻辑门组。实际上所有的两位门纠缠操作门都可以在一位门操作下互相转换，所以任一两位纠缠门和一位任意转动门都可构成量子计算的通用逻辑门组。

参考文献

[1] Benioff P. Quantum mechanical Hamiltonian models of Turing machines. Journal of Statistical Physics,1982,29(3):515—546.

[2] Benioff P. Quantum mechanical Hamiltonian models of Turing machines that dissipates no energy. Physical Review Letters,1982,48(23):1581—1585.

[3] Deutsch D. Quantum theory,the Church-Turing principle and universal quantum computation. Proceedings of the Royal Society A,1985,400:97—117.

[4] Deutsch D. Quantum computational networks. Proceedings of Royal Society A,1989,425:73—90.

[5] Deutsch D. Quantum theory,the Church-Turing principle and quantum computer. Proceedings of the Royal Society A,1985,400(1818):97—117.

[6] Loyd S. A potentially realizable quantum computation. Science,1993,261:1569—1571.

[7] Watrous J. On one-dimensional quantum cellular automata//Proceedings of the 36th Annual IEEE Symposium on Foundations of Computer Science,Milwaukee,1995:528—537.

[8] Michael A,Nielsen I L. Chuang Quantum Computation and Quantum Information. Cambridge:Cambridge University Press.

[9] Landauer R. Irreversibility and heat generation in the computing process. IBM Journal of Research and Development,1961,5(3):183—191.

[10] Bennett C H. Notes on Landauer's principle,reversible computation and Maxwell's demon. Studies in History and Philosophy of Modern Physics,2003,34(3):501—510.

[11] Bennett C H. Logical reversibility of computation. IBM Journal of Research and Development,1973,17(6):525—523.

[12] Fredkin E,Toffoli T. Conservative logic. International Journal of Theoretical Physics,1982,21(3,4):219—253.

[13] Toffoli T. Reversible computing in automata,languages and programming//Proceedings of the 7th Colloquium on Automata,Languages and Programming,London,1980:632—644.

[14] Deutsch D,Barenco A,Ekert A. Universality in quantum computation. Proceedings of the Royal Society A 1995,449:669—677.

[15] Divincenzo D P. Two-bit gates are universal for quantum computation. Physical Review A,1995,51(2):1015—1022.

[16] Barenco A,Bennett C H,Cleve R. Elementary gates for quantum computation. Physical Review A,1995,52(5):3457—3467.

[17] Sleator T,Weinfurter H. Reallizable universal quantum logic gates. Physical Review Letters,1995,74,4087—4090.

第3章 量子算法

前面已经阐明，从某种意义上说量子计算机和经典计算机是一脉相承的，是经典计算机发展和技术进步的必然产物。量子计算机从经典计算机科学中继承下来什么，它在什么地方超过了经典计算机，为了弄清楚这些问题，有必要简要回顾一下建立在经典物理概念基础上的经典计算机科学理论。这些理论包括计算机的基本能力和局限性，计算的概念和计算模型，计算复杂性理论等。

本章首先简单介绍经典计算机科学主要理论，阐明量子计算机可计算函数类和经典计算机可计算函数类相同，但算法有效性分类不同。某些属于经典计算机科学中的非有效算法，在量子计算机上可能存在有效算法。重点描述几个已知的量子算法，分析这些量子算法的数学结构，这可能有助于量子算法的研究，最后探讨量子系统的量子计算机模拟问题。用量子计算机模拟各种量子系统，可能是未来量子计算机应用的主要方向。

3.1 算法的概念和算法复杂性

3.1.1 可计算性理论、Turing 机

现在的电子计算机能力是如此强大，甚至许多人都相信计算机是无所不能的，可以解任何数学问题。远在20世纪初的1900年，当时著名数学家Hilbert在巴黎举行的世界数学家大会上提出了23个当时尚未解决的重大数学问题[1,2]，其中第10个问题是关于求若干个变元的整系数方程整数解的所谓Diophantus方程问题。Hilbert希望找到“通过有限次运算就可决定的过程”，检测一个Diophantus方程是否有解。显然Hilbert相信，这样的判定Diophantus方程有解或无解的“有限次运算过程”是存在的。

要解决Hilbert第10问题，就需要设计能检验任意一个整系数多项式是否有整数根的算法，或者证明这样的算法不存在。要证明这样的算法不存在，就需要给出算法的明确定义。这就激起了20世纪一批数理逻辑学家关于计算本质及计算模型的研究，正是这些研究为20世纪40年代电子计算机的出现奠定了理论基础。而解Hilbert第10问题的算法也于20世纪60～70年代被证明是不存在的。

为了回答什么是算法，什么问题是可以计算的，什么问题是不可计算的，英国著名数学家、计算机科学奠基人Turing，在1936年发表了“关于可计算数及其对判定问题的应用”一文[3]，提出了重要的、后来被称为**Turing 机**(Turing machine)

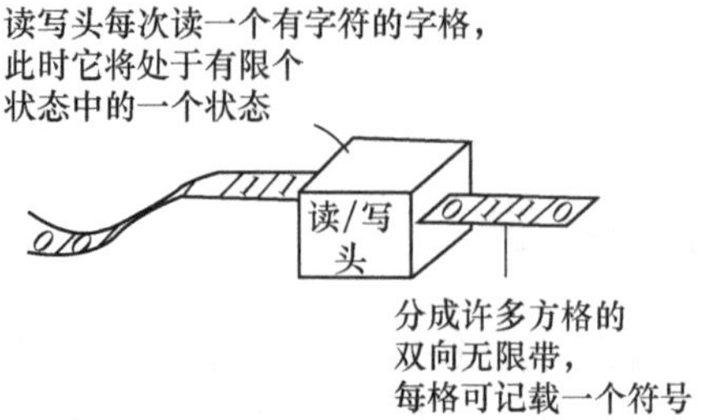

读写头每次读一个有字符的字格，
此时它将处于有限个
状态中的一个状态

读/写
头

分成许多方格的
双向无限带，
每格可记载一个符号

图 3.1.1

的计算模型。

Turing 机是一种抽象的计算机。它由一个读写头和一条无限长带子组成，带子上垂直于带长方向有许多横线，把带子划分为无穷多个格子(见图 3.1.1)。每个格子上可以标上一个取自有限符号集的字符，也可以空白。在计算开始前，带子上的这些符号就表示输入数据。在任一时刻读写头都处于有限状态集合$\{q_i\}$(q_i 中还包括开始状态、停机状态)描述的一个状态上。Turing 机计算过程通过读写头的移动和读写操作逐步完成。一个计算步读写头的移动和读写操作由形式为

(状态，符号)→(写符号，移动，状态)

的**控制函数**(control function)决定，即 Turing 机读写头根据当前所处的状态以及当前读到的符号，决定下一步操作：①把某个符号写到读写头当前正“注视”的那个格子上，以取代原来的符号；②读写头左移或右移一格或不动；③机器进入另一个状态(可能和前一个状态相同)。完成上面三个操作后计算机就完成了一个**计算步**。为了执行具体的计算任务，Turing 机按定义好的**指令集**(instruction set)或计算**程序**(program)动作，其中每条指令定义了一个控制函数——描写读写头当前状态和读到每个符号后应执行的三个动作。机器从读写头“开始状态”开始，一直到计算结束进入“停机状态”，计算结果就记录在带子上，可以从机器停止的那个方格开始读出。

为了使人们对 Turing 机运算有具体的概念，举两数相加，如 2+7=9 为例。为了简单，采用“*”表示数 1，“**”表示数 2，……。这样的“一元”记数法，好处是可以用一个符号表示所有数，而不必像十进制数那样需要十个不同的符号表示所有的数。

首先在 Turing 机带子上由空白符隔开的串“**”和“*******”表示输入的 2 和 7。计算机符号集合只有两个，即“0”和“*”。执行这样的加法，Turing 机只需三个状态，可编号为 0,1,2，即有限状态集合$\{q_i\}$有三个元素。执行这个计算任务的控制函数就可由表 3.1.1 给出。

表 3.1.1

控制函数（符号 / 状态）	*	空白
0	机器保持状态 0，读写头右移一格	在空白格打印 * 机器进入状态 1，读写头右移一格
1	机器保持状态 1，读写头右移一格	机器进入状态 2，读写头左移一格
2	机器保持状态 2，擦除当前字符，停机	

计算过程如下。置 Turing 机状态为"0",并按惯例从扫描最左边的符号开始(即串"**"中第1个*号),此时计算机磁头读到的符号为"*",按控制函数表,机器保持状态不变,留下这个"*"号不动,磁头向右移动读下一个格上的字符。当读第2个*号时,机器状态仍为"0",读到的字符仍为"*",按控制指令,机器仍保持在状态"0",留下这个*号,向右移动一个格。此时机器状态为"0",但读到的是空白符号,按指令机器将进入状态1,同时在这个空白格上打印符号"*",右移去读第2个串"*******"的第1个字符。这时机器状态为1,磁头正读符号"*",按控指令机器右移一格,保持状态1。重复这一过程直至磁头读到空白格,按指令,机器左移一格,同时进入状态2。当机器处在状态2,左移读到"*"号时,按指令,机器将擦除这个*号,并进入停机状态,计算结束。此时带上留下的一串共9个"*"号就代表计算结果。显然,执行这样的控制指令,可以计算任何两个整数之和。

Turing 机构造原理虽然简单,但它完全模拟了人们用纸、笔进行计算的过程。当进行一个计算时,计算每一步都必定只关注纸上某一位置,根据该位置上的符号以及计算者当前思维判断,在该位置上写上或擦除某个符号,并决定下一步动作。Turing 机应当具有很强的计算能力。**Turing 在理论和实践上都证明,Turing 机无法做到的,数学家和计算机都无法做到;一部超级计算机能做到的计算,动作迟缓的 Turing 机也能得到相同的答案。**由于 Turing 机计算过程中并不包含其他的超自然的因素,任何可由 Turing 机计算的函数都必定是可计算的,反过来,Turing 机可以执行任何可计算问题的算法。换句话说,**可计算函数与 Turing 机可计算函数等价。**

就在 Turing 论文发表同时,诸多数理逻辑学家从不同角度探讨了计算的概念。Gödel 提出原始递归函数的概念,把一切可计算函数都归结为三个原始递归函数的组合;美国数学家 Kleene 在 Gödel 原始递归函数基础上,提出一般递归函数;Church 引进 λ-可定义函数;Post 提出规范系统的计算模型。后来,Turing 证明 λ-可定义函数与 Turing 机可计算函数是一致的;Church 则断言[4],一切可计算函数都和一般递归函数等价。于是表面上不同的四类可计算函数,在本质上就是一类,这就产生了所谓"**Church-Turing 论题**"(Church-Turing thesis):**一切能行的可计算函数都等价于一般递归函数、λ-可定义函数和 Turing 机可计算函数。**

3.1.2 计算和算法的概念

计算的 Turing 机模型给出了关于计算概念一个直观的定义:**所谓计算,就是从计算机系统已知状态(输入信息的编码态)开始,按算法规定的指令要求,一步一步地改变机器内部状态。经过有限步后,计算机执行完指令,停留在计算末态上,这个末态就表示计算结果。所以计算过程就是按算法指令变换机器内部编码态的过程。**

算法(algorithm)是计算机科学中与可计算性有同等重要意义的另一个基本概念。**算法是指完成某一类特定计算任务的通用法则或方法。**算法是解某一类计算问题的方法(不是解某一具体问题的方法)。算法具有如下性质[5]:①**通用性**,适用于解某一类问题,而不是只能解决个别问题;②**能行性**,明确地给出引导计算进行的步骤,是切实可执行的;③**机械性**,执行算法过程中不需要人为干预,机器可自动进行(这就是前面所说的,计算过程中没有任何超自然因素起作用的含义);④**有限性**,至少对某些输入数据,算法能在有限步后结束,并给出计算结果;⑤**离散性**,算法要求的输入及输出都是离散的符号或数字。在计算机科学中,算法表现为"**特殊指定的有穷指令序列集合**",机器只要按照指定的步骤执行完这些指令,最终会给出问题的答案。例如加法、乘法以及求两个正整数的最大公约数等,都是具体的算法。

由以上"可计算性"的讨论和算法定义可以看出,一个问题是不是可计算的,与是否存在解该问题的算法是一致的。由于从不同计算模型得到的"可计算性"概念都相同,算法本身和计算模型无关。算法本身也不依赖于具体的计算机或具体的计算机语言,一种算法能够在一种机器上用一种语言进行,当且仅当它能在任何其他机器上用任何其他语言进行。但在不同的机器上,使用不同的语言,算法表述形式可以不同。由于 Turing 机模型具有能行性、简单性,功能不弱于任何其他计算模型,可计算一切能行的可计算问题类型。于是利用 Turing 机的概念,可以给"算法"一个精确的定义,即**一个算法就是 Turing 机的一段程序**。

如果 Turing 机从"初始状态"开始,通过一步一步地合法移动,完成对输入字符串的扫描,到达"停机状态",就称 Turing 机识别了该输入。Turing 机可识别的一个输入又称为是"一种可识别语言"的实例。Turing 机识别的语言类称为**正则语言**(regular language)。

在上面的 Turing 机计算模型中,假设当机器处在某一状态并读入下一个输入符号时,机器的下一个状态是唯一确定的,因此,上述 Turing 机计算是**确定性的计算**。如果在计算过程中机器处在一个状态,它的后续状态不是唯一确定的,而是有若干个选择,这样的计算称为**非确定性的**。一台非确定性的 Turing 机可以看做是一颗**可能性树**,树根对应计算开始,树上每个分枝点对应机器的一个状态,长出的多个枝条对应后续计算的多种选择。如果计算分枝中至少有一个结束在停机状态,就认为这个计算是机器可识别的。可见每一台非确定性 Turing 机都可以转换为一台确定性 Turing 机。

似乎非确定性 Turing 机比确定性 Turing 机有更多的可识别语言类,但经典计算机科学已证明[1,5]:确定性 Turing 机和非确定性 Turing 机识别相同的语言类,每一台非确定性 Turing 机都等价于一台确定性 Turing 机。当且仅当存在非确定性 Turing 机可识别一个语言时,这个语言才是 Turing 机可识别的。

3.1.3 算法复杂性理论、P 类和 NP 类算法

算法问题关注的是对一个特定的问题是否有算法存在,强调的是算法的有或

无。在解一个实际问题时，还关注算法的有效性问题。一个问题，虽然理论上存在算法，但即使在高速计算机上执行这个算法也需要数万年或更长时间，这样的算法实际上也没有什么意义。像天气预报，可能需要在几小时内得出结果；像飞船的实时控制、导弹拦截等，往往需要在几分钟或几秒内得到计算结果，所以还需要研究算法有效性问题。

一般认为有两种资源限制了计算机解题能力，时间(和计算步数有关)和空间(需要的存储量)。**计算复杂性问题就是研究解一个问题需要的时间和空间资源。**显然在不同机器上执行一个算法，需要的计算时间、占有的机器内存空间取决于多种因素。例如，计算机运算速度，使用的计算语言，编写的计算程序优劣，操作人员熟练程度等。研究算法有效性问题应当把这些特殊因素排除，考虑一般方法，使算法有效性不依赖于这些特殊因素，从而具有普遍意义。

一个问题的大小可以用一个整数 n 表示，n 是指定这个问题需要输入的信息量的度量，描述问题的输入长度或规模。当 Turing 机处在初始状态时，定义 n 就是组成输入串的字符数。如果问题大小为 n，解这个问题需要的计算步数(或计算时间)为 $T(n)$，函数 $T(n)$ 可作为问题复杂度的度量。一般说来，$T(n)$ 是 n 的某个函数，如果当 n 增大时，$T(n)$ 的增加不比 n 的多项式函数增加更快，就称这一类算法是**多项式时间类算法**(polynomial-time algorithm)；不是多项式时间类的算法，或者现在还没有找到多项式时间算法的问题类，就称为**指数时间算法**(exponential-time algorithm)类。

典型的指数时间算法是通过对解空间进行**穷举搜索**(brute-force search)求问题的解，例如用搜索遍所有可能的质因子的方法，分解一个大数的质因子，由于解空间是指数大的，搜索需要指数多的时间。但是验证两个质数是否是这个大数的因子却是多项式算法。像这样能用多项式时间验证的算法类称为 **NP 类**。术语 NP 指**非确定型多项式时间**，即在**非确定性 Turing 机上，能够通过“正确的”猜测，在多项式时间内求解的问题类。**

把算法分类为多项式时间算法和指数时间算法虽然看起来十分粗糙，在 n 很小时并没有太大的差别，但当 n 很大时这两类算法 $T(n)$ 随 n 变化关系有显著的不同，见表 3.1.2。

表 3.1.2

n	10	20	30	40	50	60
n	10^{-5}s	2×10^{-5}s	3×10^{-5}s	4×10^{-5}s	5×10^{-5}s	6×10^{-5}s
n^2	10^{-4}s	4×10^{-4}s	9×10^{-4}s	1.6×10^{-3}s	2.5×10^{-3}s	3.6×10^{-3}s
n^3	10^{-3}s	8×10^{-3}s	2.7×10^{-2}s	6.4×10^{-2}s	1.25×10^{-1}s	2.16×10^{-1}s
2^n	10^{-3}s	1s	17.9min	12.7 天	35.7 年	366 世纪
3^n	5.9×10^{-2}s	58min	6.5 年	3855 世纪	2×10^8 世纪	1.3×10^{13}世纪

对一台每秒执行 10^6 个计算步的机器,表中给出的是计算时间对问题大小 n 的关系。当 n 增大时,表 3.1.2 最后两行中两个指数函数出现爆炸性的增长。例如,对 $n=50$,若计算复杂性函数 $T(n)=3^n$,计算时间已经超过估计的地球年龄;对 $n=60$,计算时间大约是宇宙年龄的 10 万倍。由于多项式时间算法和指数时间算法的上述差别,多项式时间算法又称**有效算法**(effcient algorithm),指数时间算法称为**非有效时间算法**。

有人可能会想,现在计算机速度在飞速提高,只要能造出更高速度的计算机,仍然可解指数时间算法的问题类,但是这条路走不通。有人算过,对多项式类问题(如复杂度为 n^5),机器计算速度提高 100 倍,能解题规模可增加 2.5 倍,速度提高 1000 倍,能解题规模能增加 3.98 倍;但对于指数类问题(如复杂度为 2^n),即使机器速度增大 1000 倍,解题规模也不能成倍增加,仅能在相同时间内多解相同规模的 10 个问题。

3.1.4 量子计算和经典算法复杂性[6]

在计算复杂性理论中,强调多项式算法和指数算法分类的一个根本原因是 20 世纪 60～70 年代提出的被称为强 **Church-Turing** 定理的一个结论:**在某个非概率 Turing 机上用 k 步基本操作可以计算的一个函数,总可以在概率 Turing 机上用 k 的某个多项式函数步的基本操作计算这个函数。**这个定理表明,计算复杂性问题的多项式时间算法和指数时间算法的分类,具有不依赖具体计算模型和计算设备的绝对性。

在经典计算机理论中,还有所谓 **NP 完备**(NP-complete)的概念。NP 完备问题是 NP 类中最难的问题。对于任何一个 NP 完备问题,如果能找到在多项式时间内解决它的算法,即发现它属于 P 类问题,则其他的 NP 类问题也就都有多项式时间算法,也就是说 P＝NP。虽然未能证明,但绝大多数计算机科学家相信 P≠NP,也就是说大家都相信 NP 完备问题是没有多项式时间算法的。

量子计算机是用量子态编码信息,按照量子力学规律执行计算任务的机器,它可以支持某些新类型的算法。一个显然有重要意义的问题是,强 Church-Turing 定理是否适用于量子计算机。即在 Turing 机上的指数时间算法(NP 类问题),在量子计算机上可否化为多项式时间算法(P 类问题)。特别地,Shor 发现分解大数质因子的量子算法以后,把过去一直没有找到多项式时间算法的分解大数质因子问题,化成量子计算机上的多项式时间算法,更加强了这样的猜想:量子计算机可能不遵从强 Church-Turing 定理的限制,在可计算问题复杂度上超过经典计算机。

关于量子计算机在可计算问题复杂度上是否超出经典计算机的问题,现在还不能给出肯定的回答。因为关于可计算问题的 P 类和 NP 类的关系,至今仍然是数学上尚未解决的难题。虽然 P 类明显地是 NP 类的一个子集,但是否存在不属于 P 类的 NP 类问题(即 P 是否是 NP 的真子集)却是计算机科学未解决的著名的难题。尽管许多人都相信集合 P≠NP,但迄今仍没有人能证明它,仍存在 P＝NP 的可能性。显然在这个问题解决之前,不能说量子计算机在可解问题复杂性上超出经典计算机。

虽然对量子计算机计算能力是否超过经典计算机的问题,不能从算法复杂性基本理论上回答,但是已经发现的一些问题的量子算法肯定地证明,对于某些在经典计算机上没有找到多项式时间算法的问题,在量子计算机上已经找到多项式时间算法(分解大数质因子),或显著加速(不是指数加速)的量子算法(随机数据库的 Grove 搜索算法)。特别是经典计算机不能胜任的高维量子系统的计算机模拟问题,可望在量子计算机上得到解决。

本章其余部分就来讨论这些问题。

3.2 几个简单问题的量子算法

量子计算机使用量子态编码,利用量子干涉和纠缠性质执行计算任务。现在已经知道,在解某些具有特殊数学结构的问题上,量子计算机可以优于经典计算机,本节给出几个简单的例子。

3.2.1 Deutsch 问题的量子算法

考虑最简单的 Deutsch 问题[7]。设 f 是一个函数,对两个输入值 0 和 1,如果 $f(0)=f(1)$,则称 f 为**常数函数**(constant function),意思是对两个不同的输入,函数值等于同一个数。如果 $f(0)\neq f(1)$则称 f 为**平衡函数**(balanced function),意思是 f 对两个不同的输入,函数平衡的取值。Deutsch 问题是决定函数 f 是常数函数还是**平衡函数**。注意,这里不要求函数的具体取值,需要决定的是函数整体的性质。

假设有一个"**量子黑盒**"* U_f,它可以根据输入值 x 计算函数值 $f(x)$,要求它能执行两量子位的幺正变换:

$$U_f: |x\rangle|y\rangle \rightarrow |x\rangle|y\oplus f(x)\rangle \tag{3.2.1}$$

这个变换仅当 $f(x)=1$ 时才反转第二量子位,是用第一量子位的函数值控制的第二量子位的非门操作,当且仅当第一量子位输入变量的函数值等于 1 时,才翻转第二量子位。

如果仅限于经典输入,显然必须运行黑盒两次才能得到问题的答案。第一次制备第一量子位处在经典态$|0\rangle$,第二量子位处在经典态$|y\rangle$(y 可以取 0 或 1)作

---

* "黑盒"等价于"Oracle"(神谕),指处理问题的方式以及内部结构都不必过问,具有在一个计算步就可解决某个问题或给出某个问题"是"或"不是"的能力的装置,在计算机科学中把解答某个问题的算法需调用或问询"黑盒"次数,用作解这个问题算法复杂程度的度量。

为输入，经黑盒计算后，用向基$\{|0\rangle,|1\rangle\}$上的投影测量测黑盒输出的第二量子位，如果第二量子位仍为$|y\rangle$，表明$f(0)=0$；若第二量子位态已被反转，表明$f(0)=1$。第二次制备第一量子位态为$|x\rangle=|1\rangle$，仍置第二量子位态为$|y\rangle$（y仍可以取0或1）为输入，再次对黑盒输出的第二量子位做到基$\{|0\rangle,|1\rangle\}$上的投影测量，根据它是否被反转可以得到$f(1)=1$或$f(1)=0$。显然根据两次运行黑盒的结果，可以确定f是常数函数或平衡函数，并且在经典输入情况下，要得到问题的答案，运行次数不能少于两次。

但是如果输入的是两个经典态的相干叠加态，运行黑盒仅一次就可以得出这个问题的答案。利用H门操作制备第一量子位处在叠加态$(|0\rangle+|1\rangle)/\sqrt{2}$，第二量子位处在叠加态$(|0\rangle-|1\rangle)/\sqrt{2}$作为量子黑盒的输入。由于

$$U_f:\left[|x\rangle\frac{1}{\sqrt{2}}(|0\rangle-|1\rangle)\right]\to|x\rangle\frac{1}{\sqrt{2}}(|0\oplus f(x)\rangle-|1\oplus f(x)\rangle) \tag{3.2.2}$$

注意到若$f(x)=0$，第二量子位有

$$\frac{1}{\sqrt{2}}(|0\oplus f(x)\rangle-|1\oplus f(x)\rangle)=(-1)^0\frac{1}{\sqrt{2}}(|0\rangle-|1\rangle)$$

若$f(x)=1$，第二量子位有

$$\frac{1}{\sqrt{2}}(|0\oplus f(x)\rangle-|1\oplus f(x)\rangle)=\frac{1}{\sqrt{2}}(|1\rangle-|0\rangle)=(-1)^1\frac{1}{\sqrt{2}}(|0\rangle-|1\rangle)$$

所以式(3.2.2)可以写作

$$U_f:\left[|x\rangle\frac{1}{\sqrt{2}}(|0\rangle-|1\rangle)\right]\to(-1)^{f(x)}|x\rangle\frac{1}{\sqrt{2}}(|0\rangle-|1\rangle) \tag{3.2.3}$$

这表明U_f对输入态$\left[|x\rangle\frac{1}{\sqrt{2}}(|0\rangle-|1\rangle)\right]$的作用就是**乘上与第一量子位函数值$f(x)$有关的一个相位因子**。第二量子位态$(|0\rangle-|1\rangle)/\sqrt{2}$并没有改变，但它在这里发挥不可或缺的作用。式(3.2.3)是一个很有用的结果。

现在制备第一量子位处在叠加态$|x\rangle=(|0\rangle+|1\rangle)/\sqrt{2}$上，利用式(3.2.3)，有

$$\begin{aligned}&U_f:\left[\frac{1}{\sqrt{2}}(|0\rangle+|1\rangle)\frac{1}{\sqrt{2}}(|0\rangle-|1\rangle)\right]\\&\to\frac{1}{\sqrt{2}}\left[(-1)^{f(0)}|0\rangle+(-1)^{f(1)}|1\rangle\right]\frac{1}{\sqrt{2}}(|0\rangle-|1\rangle)\end{aligned} \tag{3.2.4}$$

最后对第一量子位执行到基$|\pm\rangle=(|0\rangle\pm|1\rangle)/\sqrt{2}$上的投影测量，如果得到结果$|+\rangle$，式(3.2.4)表明

$$f(0)=f(1)=0$$

或有

$$f(0) = f(1) = 1 \tag{3.2.5}$$

(注意总的相位因子是没有测量意义的)这表明 f 是常数函数;如果测得结果为 $|-\rangle$,表示

$$f(0) = 0, \quad f(1) = 1$$

或有

$$f(0) = 1, \quad f(1) = 0 \tag{3.2.6}$$

表示 f 是平衡函数。于是可以看到,由于量子黑盒可以接受量子叠加态为输入态,只需要运行量子黑盒一次就可以得到经典输入必须运行两次才能得到的结果。

对于后面发展量子算法有启发性的一步是对式(3.2.4)中第一量子位态不执行到$\{|\pm\rangle\}$基上的投影测量,而接着再施加 H 门操作,变换第一量子位态为

$$\frac{1}{\sqrt{2}}[-(1)^{f(0)}|0\rangle + (-1)^{f(1)}|1\rangle)]$$

$$\to \frac{1}{2}\{[(-1)^{f(0)} + (-1)^{f(1)}]|0\rangle + [(-1)^{f(0)} - (-1)^{f(1)}]|1\rangle\} \tag{3.2.7}$$

现在对第一量子位执行到计算基上的投影测量,若式(3.2.5)成立,此时 $[(-1)^{f(0)}-(-1)^{f(1)}]=0$,$[(-1)^{f(0)}+(-1)^{f(1)}]=\pm 1$,测量只能得到态$|0\rangle$,表示 f 是常数函数;同样,若式(3.2.6)成立,测量只能得到态$|1\rangle$,表示 f 是平衡函数。

3.2.2　Deutsch-Jozsa 问题的量子算法[8]

作为 Deutsch 问题的推广,Deutsch-Jozsa 问题是假设有一个"量子黑盒",它计算 n 位输入 x 的函数值:

$$f:(\{0,1\}^n) \to \{0,1\}$$

如果对所有的输入 x,$f(x)$都等于 0 或都等于 1,就称 $f(x)$是**常数函数**;如果对一半的输入 x,$f(x)=0$,对另一半的输入 x,$f(x)=1$,称 $f(x)$是**平衡函数**(这里平衡的意思是 $f(x)$取 0 和 1 的次数相等)。Deutsch-Jozsa 问题就是判定问题:$f(x)$是常数函数还是平衡函数。这里计算的目的仍然是判定函数的整体性质,而不是计算函数取某个具体取值。

若限制黑盒只能接受经典输入,如果随机地选择两个不同的输入运行黑盒两次,这两次得到的结果不同,就能肯定 $f(x)$不是常数函数。但是如果 $f(x)$的确是常数函数,显然仅运行黑盒两次,就不能从计算结果中得到肯定的结论。这时只能对每个不同的输入 x,分别运行黑盒一次,如果对 $2^{n-1}+1$(可能输入的一半多 1 个)个 x,$f(x)$都相同,才能肯定它是常数函数(不是平衡函数)。因此对经典输入,判定 Deutsch-Jozsa 问题,在最坏情况下需要运行黑盒 $2^{n-1}+1$ 次。

下面说明利用量子态叠加性质,运行黑盒只一次就可肯定的作出判决。注意

到算子 H 的作用：

$$H\mid 0\rangle=\frac{1}{\sqrt{2}}(\mid 0\rangle+\mid 1\rangle),\quad H\mid 1\rangle=\frac{1}{\sqrt{2}}(\mid 0\rangle-\mid 1\rangle)$$

可以合并写作

$$H\mid x\rangle=\frac{1}{\sqrt{2}}\sum_{y=0}^{1}(-1)^{xy}\mid y\rangle,\quad x=0,1 \tag{3.2.8}$$

设 $|x\rangle=|x_1x_2\cdots x_n\rangle$ 是一个 n 位二进制数，记分别作用到各个位的 n 个 H 门的直积为 $H^{\otimes n}$，则有

$$H^{\otimes n}\mid x\rangle=\prod_{i=1}^{n}\left[\frac{1}{\sqrt{2}}\sum_{y_i=0}^{1}(-1)^{x_iy_i}\mid y_i\rangle\right] \tag{3.2.9}$$

注意到 x 是由 0 和 1 构成的 n 位数串，$H^{\otimes n}|x\rangle$ 是所有 $0\sim 2^n-1$ 个二进制数表示基态的等权重叠加态，其中每个基态的相位由 $x_1y_1\oplus x_2y_2\oplus\cdots\oplus x_ny_n$ 决定，所以式(3.2.9)可以写为

$$H^{\otimes n}\mid x\rangle=\frac{1}{2^{n/2}}\sum_{y=0}^{2^n-1}(-1)^{x\cdot y}\mid y\rangle \tag{3.2.10}$$

其中，$|y\rangle=|y_1y_2\cdots y_n\rangle$ 也是 n 位二进制数串态，$x\cdot y$ 定义为

$$x\cdot y\equiv x_1y_1\oplus x_2y_2\oplus\cdots\oplus x_ny_n \tag{3.2.11}$$

式(3.2.10)是一个重要的、有用的表式，后面将多次使用它。利用上面的结果，将 $H^{\otimes(n+1)}$ 作用到态 $|0\rangle^{\otimes n}|1\rangle$ 上，可制备出态：

$$H^{\otimes(n+1)}(\mid 0\rangle^{\otimes n}\mid 1\rangle)=\left(\frac{1}{2^{n/2}}\sum_{x=0}^{2^n-1}\mid x\rangle\right)\frac{1}{\sqrt{2}}(\mid 0\rangle-\mid 1\rangle)$$

以这个态作为黑盒的输入态，利用式(3.2.3)，黑盒的作用为

$$U_f:H^{\otimes(n+1)}(\mid 0\rangle^{\otimes n}\mid 1\rangle)=\left(\frac{1}{2^{n/2}}\sum_{x=0}^{2^n-1}(-1)^{f(x)}\mid x\rangle\right)\frac{1}{\sqrt{2}}(\mid 0\rangle-\mid 1\rangle) \tag{3.2.12}$$

再用 $H^{\otimes n}$ 作用到黑盒这一输出的前 n 个量子位上，应用式(3.2.10)，得前 n 个量子位态：

$$\left[\frac{1}{2^n}\sum_{x=0}^{2^n-1}(-1)^{f(x)}\sum_{y=0}^{2^n-1}(-1)^{x\cdot y}\mid y\rangle\right]=\sum_{y=0}^{2^n-1}\left[\frac{1}{2^n}\sum_{x=0}^{2^n-1}(-1)^{f(x)}(-1)^{x\cdot y}\right]\mid y\rangle \tag{3.2.13}$$

现在考虑其中的求和：

$$\frac{1}{2^n}\sum_{x=0}^{2^n-1}(-1)^{f(x)}(-1)^{x\cdot y}$$

如果 $f(x)$ 为常数函数，因子 $(-1)^{f(x)}$ 可以从求和号中移出，这个和式化为

$$(-1)^{f(x)}\left[\frac{1}{2^n}\sum_{x=0}^{2^n-1}(-1)^{x\cdot y}\right]=(-1)^{f(x)}\delta_{y,0} \tag{3.2.14}$$

因为对 $y=0$，括号中的和等于1；如果 $y\neq0$，$y\equiv(y_1,y_2,\cdots,y_n)$ 中至少有一个 $y_i=1$，而对于每一个 $y_i=1$，求和中当 x 从0变到 2^n-1，$(-1)^{x_iy_i}$ 将有半数等于+1，半数等于-1，求和结果等于零。注意到式(3.2.11)可以改写为

$$x\cdot y=\sum_{i=1}^{n}x_iy_i=\sum_{i=1}^{n}\sum_{x=0}^{2^n-1}x\cdot(00\cdots y_i\cdots 0)$$

其中，$(00\cdots y_i\cdots 0)$ 表示除第 i 位为 $y_i=1$ 外，其余位均为0，所以有

$$\sum_{x=0}^{2^n-1}(-1)^{x\cdot y}=\sum_{x=0}^{2^n-1}(-1)^{xy_i}=0$$

把式(3.2.14)代入式(3.2.13)中，在 $f(x)$ 是常数函数情况下，$H^{\otimes n}$ 作用到黑盒输出态后的前 n 个量子位态：

$$\sum_{y=0}^{2^n-1}(-1)^{f(x)}\delta_{y,0}\mid y\rangle=(-1)^{f(x)}\mid y=0\rangle=(-1)^{f(x)}\mid 0\rangle^{\otimes n}$$

用计算基测量这 n 个量子位，将概率为1地得到 $|y=0\rangle$ 态。

如果 $f(x)$ 是平衡函数，对于 $y=0$ 的态，有

$$\frac{1}{2^n}\sum_{x=0}^{2^n-1}(-1)^{f(x)}(-1)^{x\cdot y}=\frac{1}{2^n}\sum_{x=0}^{2^n-1}(-1)^{f(x)}=0$$

因为对 $x=0$ 到 $x=2^n-1$ 求和，$(-1)^{f(x)}$ 将有半数项等于+1，半数项等于-1，求和等于零。此时测量前 n 个量子位态，得到 $|y=0\rangle$ 的概率等于零。于是可以得出结论，在输入量子叠加态情况下，只需运行量子黑盒一次，根据对前 n 个量子位测量结果就可区分出 $f(x)$ 是常数函数还是平衡函数。

3.2.3 Bernstein-Vazirani 问题的量子算法[9]

Bernstein-Vazirani 问题可以看做是 Deutsch-Jozsa 问题的变种。设 a 是一个 n 位二进制数，假设量子黑盒可以计算函数

$$f_a(x)=a\cdot x \tag{3.2.15}$$

x 是任意给定的 n 位二进制数，$a\cdot x$ 的定义见式(3.2.11)。Bernstein-Vazirani 问题就是决定计算函数 f_a 的量子黑盒中 a 等于什么。

要确定 a 就要确定 a 的每位的值，如果采用经典计算，显然必须运行黑盒 n 次。现在设计一个量子算法，只需运行量子黑盒一次就可决定 a 的值。

对于这个计算函数 f_a 的黑盒，式(3.2.3)变成

$$U_{f_a}:\left[\mid x\rangle\frac{1}{\sqrt{2}}(\mid 0\rangle-\mid 1\rangle)\right]=(-1)^{a\cdot x}\mid x\rangle\frac{1}{\sqrt{2}}(\mid 0\rangle-\mid 1\rangle) \tag{3.2.16}$$

和前面一样，现在制备黑盒输入态 $H^{\otimes(n+1)}|0\rangle^{\otimes n}\otimes|1\rangle$，黑盒输出将是

$$U_{f_a}:H^{\otimes(n+1)}(|0\rangle^{\otimes n}|1\rangle)=\left[\frac{1}{2^{n/2}}\sum_{x=0}^{2^n-1}(-1)^{a\cdot x}|x\rangle\right]\frac{1}{\sqrt{2}}(|0\rangle-|1\rangle) \tag{3.2.17}$$

将黑盒的这一输出的前 n 个量子位再作用以 $H^{\otimes n}$,代替式(3.2.13),得

$$\frac{1}{2^n}\sum_{x=0}^{2^n-1}(-1)^{a\cdot x}\sum_{y=0}^{2^n-1}(-1)^{x\cdot y}|y\rangle \tag{3.2.18}$$

注意到

$$\frac{1}{2^n}\sum_{x=0}^{2^n-1}(-1)^{a\cdot x}(-1)^{x\cdot y}=\frac{1}{2^n}\sum_{x=0}^{2^n-1}(-1)^{(a\oplus y)\cdot x}=\delta_{a,y}$$

代入式(3.2.18),现在前 n 个量子位的态就是$|a\rangle$,用计算基测量前 n 个量子位态,就可概率为 1 地得到 a 的值。

3.2.4 Simon 问题的量子算法[10]

假设有一个量子黑盒,它计算函数:

$$f:\{0,1\}^n\rightarrow\{0,1\}^n \tag{3.2.19}$$

即 f 对每一个 n 位二进制数输入,计算出一个函数值 $f(x)$,$f(x)$也是一个 n 位二进制数。假设函数是 2→1 的(即输入变量两个不同值对应同一个函数值),并且 f 对某一个 $a\in\{0,1\}^n$ 满足:

$$f(y)=f(x),\quad \text{当且仅当 } y=x\oplus a \tag{3.2.20}$$

这就是说,如果认为 x 在$\{0,1\}^n$ 上取值,a 就是函数 f 的周期。Simon 问题就是假设知道函数 f,求它的周期。

在经典上这是一个难解问题。因为对于 n 位二进制数 a,最坏情况下需要从 0 开始,每次取 2^n 个数中一个作为输入,直到碰巧对两次输入的 x,y 有 $f(y)=f(x)$,才能决定出 a 的值。在最坏情况下,需要计算函数 $2^{n-1}+1$ 次。但对于量子黑盒,可以只运行黑盒 n 次决定出 a。

假设有两个 n 位量子存储器,首先用 $H^{\otimes n}$作用到第一存储器的$|0\rangle^{\otimes n}$态上,制备它处在态:

$$H^{\otimes n}|0\rangle^{\otimes n}=\frac{1}{2^{n/2}}\sum_{x=0}^{2^n-1}|x\rangle$$

仍保持第二存储器为$|0\rangle^{\otimes n}$态。以这两个存储器现在的态作为输入,假设量子黑盒执行计算:

$$U_f:\left(\frac{1}{2^{n/2}}\sum_{x=0}^{2^n-1}|x\rangle|0\rangle\right)\rightarrow\frac{1}{2^{n/2}}\sum_{x=0}^{2^n-1}|x\rangle|f(x)\rangle \tag{3.2.21}$$

输出态是两个存储器的纠缠态。现在测量第二个存储器,测量将从 $f(x)$的 2^n 个

可能取值中选出一个,每一个都等概率的出现。假设测得结果是 $f(x_0)$,由于仅 x_0 和x_0+a 才被 f 映射为 $f(x_0)$,所以测量在第一存储器中制备了态:

$$\frac{1}{\sqrt{2}}(|x_0\rangle+|x_0+a\rangle) \tag{3.2.22}$$

为了得到 a,现在对第一存储器再施加变换 $H^{\otimes n}$,应用式(3.2.10)有

$$H^{\otimes n}\left[\frac{1}{\sqrt{2}}(|x_0\rangle+|x_0+a\rangle)\right]=\frac{1}{2^{(n+1)/2}}\sum_{y=0}^{2^n-1}[(-1)^{x_0\cdot y}+(-1)^{(x_0+a)\cdot y}]|y\rangle$$

注意到如果 $a\cdot y\neq 0$,那么 $a\cdot y=1$,从而$(-1)^{x_0\cdot y}+(-1)^{x_0\cdot y+1}\equiv 0$,上式中对 y 求和中$|y\rangle$的系数干涉相消,仅满足 $a\cdot y=0$ 的态$|y\rangle$才保留在求和中。所以有

$$H^{\otimes n}\left[\frac{1}{\sqrt{2}}(|x_0\rangle+|x_0+a\rangle)\right]=\frac{1}{2^{(n-1)/2}}\sum_{a\cdot y=0}(-1)^{x_0\cdot y}|y\rangle \tag{3.2.23}$$

现在用计算基测量第一存储器中的态,由式(3.2.23),将随机地得到一个$|y\rangle$,它满足:

$$a\cdot y=0 \tag{3.2.24}$$

重复上面的过程,每次都得到满足式(3.2.24)的一个 y 值。一旦得到 n 个线性独立的 y 值$\{y_1,y_2,\cdots,y_n\}$,就可得到方程组:

$$\begin{cases}y_1\cdot a=0\\ y_2\cdot a=0\\ \quad\vdots\\ y_n\cdot a=0\end{cases}$$

解这个方程组,就可求出 a。即使考虑到有可能两次计算最后测量结果得到相同的 y 值,要得到问题答案,需要重复运行量子黑盒运算次数仍是 n 的多项式量级。从这里可以看到相对量子黑盒,量子计算可以获得指数的加速。

3.3 随机数据库搜索的量子算法

随机数据库搜索的量子算法不是相对经典算法指数加速的,但它可以把搜索步数从经典 n 步减少到$\sqrt{n}$步,体现了量子算法在求解这类问题中的加速作用。

3.3.1 随机数据库搜索问题

一个数据库文件往往包含有许多**记录**(record),每个记录由索引的值标识。一般索引的不同取值对应着不同的记录。例如电话簿、英汉词典都可看做是一个数据库文件。在电话簿文件中,姓名和电话号码构成一个记录,姓名是索引;在英汉词典中,一个英文单词和它的汉语注释构成一个记录,英文单词是索引。一般数

据库文件为了便于查找使用,总是按索引进行了适当分类、编序。例如电话簿中的姓名和词典中的单词都是按字母顺序排列的,因此使用起来很方便。

对于一个总共有 2^n 个记录的数据库文件,如果已按索引编序,就可以肯定地在 n 次查询中找到一个特定的记录。例如在英汉词典中查找一个单词,假设每个单词对应着从 0 到 2^n-1 的一个整数,查找一个单词"w"。第一次查询序列为 $x=2^{n-1}-1$ 的那个词,如果它不是要找的单词"w",那就看"w"按字典顺序应排在这个词前面还是它后面。如果"w"应排在前面,第二次就查询 $x=2^{n-2}-1$ 的那个词,如果它还不是要找的"w",那就再次按字典顺序确定"w"应排在它前面还是后面,……。这样每次查询都把候选者的数目减少 1/2。经过最多 $\log_2(2^n)=n$ 次查询就可肯定地找到"w"这个词。

如果一个数据库文件是未加整理的,就是说它是随机排列的,或者是没有索引的,譬如一个把电话号码作为索引的电话簿,希望从这样的电话簿上找到某个用户的电话号码。这个问题就不那么简单了。设第 i 个记录被查询到的概率为 p_i,查到第 i 个记录需要 i 次查询,则查询到一个记录的平均查询次数为

$$\bar{N}=\sum_{i=1}^{N}p_i i$$

因为查询每个记录的概率都相等($p_i=1/N$),所以查找一个用户名平均查找次数是

$$\bar{N}=\sum_{i=1}^{N}\frac{1}{N}i=\frac{1}{N}\sum_{i=1}^{N}i=\frac{N+1}{2}\approx\frac{N}{2}$$

大约是全部记录的一半。当 N 很大时要从这样的数据库中找到一个特定的记录,的确就像从"干草堆中找到一根针"那么困难。但是 Grover 发现的量子搜索算法[11,12]可以达到通过查询这样的电话簿 $\sqrt{N}$ 次,就能以非常接近于 1 的概率把这个用户姓名找出来。

描述问题的 Grover 搜索算法存在的问题是,如何在量子数据库中建立每个记录的索引和记录内容间非经典的联系。如果这种联系是经典的,那么由给出的索引值就可按经典方法找到记录内容,不必进行搜索。所以 Grover 搜索算法真正的意义可能在于用它解决那些在经典计算中需要用"穷举搜索"才能解决的问题,而不是真正的随机数据库的搜索。在下面的讨论中,仍然针对随机数据库搜索问题,关于关键词与它表示记录内容之间的非经典联系,假设有一个"量子黑盒"或"Oracle"(目前最流行的经典计算机的数据库管理系统)来解决这个问题。

3.3.2　量子 Oracle

在数学上一个数据库文件也可以用一个函数 $f(x)$ 表示,其中 x 是一个记录的关键字值,$f(x)$ 表示的就是对应关键字取值 x 的那个记录内容。假设每个记录 a 在文件中出现并仅出现一次,即 $f(x)=a$ 仅对唯一的一个 x 成立。数据库搜索问

题就是知道 x 的值，找出与 x 对应的记录 $a=f(x)$。

未加整理的数据库搜索问题也可以重新表述为一个判定问题：给出一个量子黑盒和要找的记录 a，黑盒可以计算函数值 $f_a(x)$ 并和 a 比较给出结果：当 $f_a(x)$ 就是 a 时，置 $f_a(x)=1$，当 $f_a(x)$ 不是 a 时，置 $f_a(x)=0$。搜索问题就是寻找记录 a，输入一个关键字值 x，问量子 Oracle，x 对应的记录是否为 a。如果是，就输出 1，否则输出 0。

假设 Oracle 是量子的，它接受叠加形式的输入态，执行幺正变换：

$$U_a:(|x\rangle|y\rangle)\to|x\rangle|y\oplus f_a(x)\rangle \tag{3.3.1}$$

其中，$|x\rangle$ 是 n 量子位态；$|y\rangle$ 是个单量子位态。正像上节式(3.2.3)所述，若取 $|y\rangle=(|0\rangle-|1\rangle)/\sqrt{2}$，量子 Oracle 的作用是

$$U_a:\left[|x\rangle\frac{1}{\sqrt{2}}(|0\rangle-|1\rangle)\right]\to(-1)^{f_a(x)}|x\rangle\frac{1}{\sqrt{2}}(|0\rangle-|1\rangle) \tag{3.3.2}$$

观察上式中第一存储器的态，如果 x 标识的记录不是 a，$f_a(x)=0$，那么式(3.3.2)右端 $|x\rangle$ 态相位不变；如果 x 标识的记录就是 a，那么 $f_a(x)=1$，$|x\rangle$ 态相位改变符号。所以 U_a 的作用就是改变态 $|a\rangle$ 的相位 π，但对任何与 $|a\rangle$ 正交的态作用一恒等操作。这一变换可以用投影算子写作

$$U_a=I-2|a\rangle\langle a| \tag{3.3.3}$$

这一变换有简单的几何解释，U_a 作用到 2^n 维 Hilbert 空间中的任意矢量 $|x\rangle$ 上有

$$U_a|x\rangle=|x\rangle-2|a\rangle\langle a|x\rangle \tag{3.3.4}$$

就是相对与 $|a\rangle$ 垂直的超平面反射这一矢量，即态 $|x\rangle$ 在超平面内的分量（与 $|a\rangle$ 垂直的分量）保持不变，但沿 $|a\rangle$ 方向的分量改变符号。只知道黑盒对某一特殊的计算基 $|a\rangle$ 执行这一反射，但对 a 的值并不知道，我们的任务就是以最少的运行黑盒次数求出 a 的值。

3.3.3 Grover 迭代算法的构造[11,12]

构造 n 量子位 Hilbert 空间计算基态的等权重叠加态：

$$|s\rangle=\frac{1}{2^{n/2}}\sum_{x=0}^{2^n-1}|x\rangle \tag{3.3.5}$$

这可通过 $H^{\otimes n}$ 作用到 n 量子位态 $|0\rangle^{\otimes n}$ 上得到。这个态是以编码形式表示数据库中所有记录关键字的等权重叠加。虽然 a 记录的内容未知，但已知表示 a 记录关键字的态 $|a\rangle$ 是这个 2^n 维 Hilbert 空间中的一个计算基态，所以有

$$\langle a|s\rangle=\frac{1}{\sqrt{N}}=\frac{1}{2^{n/2}} \tag{3.3.6}$$

这表明如果现在就对态 $|s\rangle$ 做投影到计算基上的测量，得到 $|a\rangle$ 的概率仅为 $1/N$。Grover 搜索算法的实质就是构造一个迭代方法，通过反复执行这个迭代，放大要

寻找态$|a\rangle$的概率幅,同时抑制其他态($|x\neq a\rangle$)的概率幅,使最后执行的向计算基上的投影测量,能以最大概率得到 a 的值。

现在构造这样的迭代。利用式(3.3.5)中的$|s\rangle$,构造一个变换:

$$U_s = 2|s\rangle\langle s| - I \tag{3.3.7}$$

它保持$|s\rangle$态不变,但改变任何与$|s\rangle$正交态的符号。在几何上它保持任意矢量沿$|s\rangle$的分量不变,但改变与$|s\rangle$垂直的超平面上分量的符号。

还可以给出 U_s 的另一种解释。设 c_x 是任意矢量$|\varphi\rangle$在计算基$|x\rangle$上的几率幅:

$$|\varphi\rangle = \sum_{x=0}^{2^n-1} c_x |x\rangle \tag{3.3.8}$$

它和式(3.3.5)中态$|s\rangle$的内积为

$$\langle s|\varphi\rangle = \frac{1}{\sqrt{N}}\sum_{x=0}^{N} c_x = \sqrt{N}\langle c_x\rangle \tag{3.3.9}$$

其中,$N=2^n$;$\langle c_x\rangle = \left(\sum_{x=0}^{N} c_x\right)\Big/N$ 是态$|\varphi\rangle$在各计算基上几率幅的平均值。如果施用 U_s 到态$|\varphi\rangle$上,得

$$U_s|\varphi\rangle = 2|s\rangle\langle s|\varphi\rangle - |\varphi\rangle$$

应用式(3.3.9)、式(3.3.5)、式(3.3.8)有

$$U_s|\varphi\rangle = 2|s\rangle\sqrt{N}\langle c_x\rangle - |\varphi\rangle = \sum_{x=0}^{N}(2\langle c_x\rangle - c_x)|x\rangle \tag{3.3.10}$$

式(3.3.10)表明,任意矢量$|\varphi\rangle$用计算基展开,其中基$|x\rangle$的几率幅与平均几率幅之差:

$$c_x - \langle c_x\rangle$$

在$|\varphi\rangle$被 U_s 作用后将改变为

$$2\langle c_x\rangle - c_x - \langle c_x\rangle = \langle c_x\rangle - c_x = -(c_x - \langle c_x\rangle)$$

与作用前比恰好改变了符号。

结合式(3.3.3)中的 U_a 和式(3.3.7)中的 U_s,构造一个幺正变换:

$$U = U_s U_a \tag{3.3.11}$$

考虑这个变换对$|a\rangle$、$|s\rangle$张开的平面上任意矢量$|x\rangle$的作用。由式(3.3.6)得

$$|\langle a|s\rangle| = \frac{1}{\sqrt{N}} \equiv \sin\theta \tag{3.3.12}$$

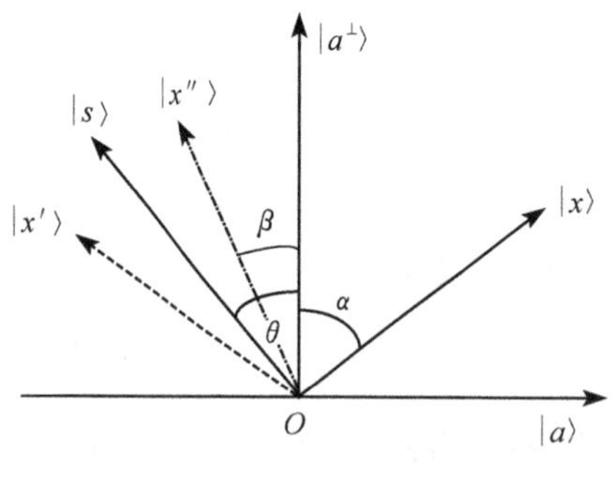

图 3.3.1

$|s\rangle$可以看做是由平面上与$|a\rangle$垂直的矢量$|a^{\perp}\rangle$再转过角度 θ 得到的矢量(见图 3.3.1)。所以 U 对任意基矢$|x\rangle$的作

用就是首先把$|x\rangle$相对$|a^{\perp}\rangle$反射至$|x'\rangle$的位置,然后再相对$|s\rangle$把$|x'\rangle$反射到$|x''\rangle$位置。设$|x\rangle$与$|a^{\perp}\rangle$夹角为α,$|x''\rangle$与$|a^{\perp}\rangle$夹角为β,由图 3.3.1 得

$$\frac{\alpha-\beta}{2}+\beta=\theta$$

被U作用后矢量$|x\rangle$转到$|x''\rangle$位置,转过角度$\alpha+\beta=2\theta$。所以上面定义的幺正变换对$|a\rangle$、$|s\rangle$确定的平面上任意矢量$|x\rangle$的作用,就是将它在这个平面上转过2θ的角度。

为了说明算法具体执行的过程,考虑一个最简单例子,从共有四个记录的数据库中找出一个特定的记录$|a\rangle$(见图 3.3.2)。由于这里$N=4$,有

$$\sin\theta=\frac{1}{\sqrt{N}}=\frac{1}{2},\quad \theta=30°,2\theta=60°$$

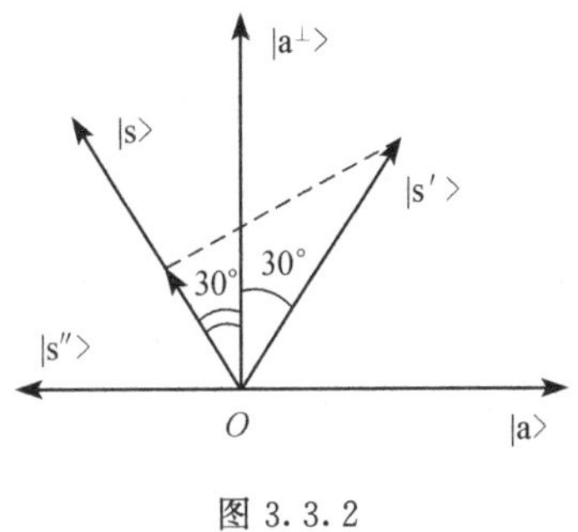

图 3.3.2

所以输入矢量$|s\rangle$与$|a^{\perp}\rangle$夹角$\theta=30°$,在第一次迭代中,输入矢量$|s\rangle$首先被U_a作用反射到图中$|s'\rangle$的位置,然后被U_s变换到$|s''\rangle$位置(也可解释为输入矢量$|s\rangle$被U转动($2\theta=60°$)到$|s''\rangle$位置)。由于$|s''\rangle$和$|a\rangle$在同一直线上,二者仅相位差 π,当做到计算基上的投影测量时,可以概率为 1 地得到a的值。这里只需运行量子黑盒一次就得到问题的答案,而在经典情况下,最坏情况下需要四次才能做到。

对上面结果还可以采取另外的看法。$N=4$对应着两个量子位情况,执行迭代$U=U_sU_a$时,首先U_a的作用改变其中$|a\rangle$态的几率幅$1/2\rightarrow-1/2$,这样$|s\rangle$中每个分量的平均几率幅就从 1/2 减小到 1/4。对态$|a\rangle$,$c_a-\langle c_s\rangle=-1/2-1/4=-3/4$,再经$U_s$作用后$c_a-1/4=3/4$,从而$c_a=1$;而对其他分量,$c_x-\langle c_x\rangle=1/2-1/4=1/4$,经$U_s$作用后$c_x-1/4=-1/4$,从而$c_x=0$。

3.3.4 Grover 算法性能估计

如果一个数据库有N个记录,其中只有一个记录符合要求的条件,需要多少次迭代才能以接近于 1 的概率得到这个记录,需要的迭代次数代表了 Grover 搜索算法的加速性能。

由于 Grover 迭代是$|s\rangle$、$|a\rangle$确定的平面上的转动,假设平面上的输入态$|s\rangle$经T次迭代后,被转动到与$|a^{\perp}\rangle$成$\theta+2\theta T$的角位置上,为了在最后测量中以较高的概率得到$|a\rangle$态,这个角度应接近 90°,即

$$(2T+1)\theta\approx\frac{\pi}{2}$$

从而迭代次数T满足:

$$2T+1\approx\frac{\pi}{2\theta}$$

对于足够大的 N,$\sin\theta=1/\sqrt{N}\approx\theta$,代入上式求得

$$T\cong\frac{\pi}{4}\sqrt{N} \tag{3.3.13}$$

经过 T 次迭代后,最后执行向计算基投影测量,得到所求态$|a\rangle$的概率是

$$prob(a)=\sin^2(2T+1)\theta=1-O\left(\frac{1}{N}\right) \tag{3.3.14}$$

由此得出结论,使用 Grover 搜索量子算法,从有 N 个记录的随机数据中,找到一个特定的记录 a,只需大约 $T=\pi\sqrt{N}/4$ 次迭代,就可以接近于 1 的概率得到 a,这就是前面所说的 Grover 搜索$\sqrt{N}$级加速。

上面的算法可以推广到在 N 个记录的数据库文件中,有 r 个记录$(a_1,a_2,\cdots,a_r)$满足条件的情况。首先用这 r 个满足条件的关键字编码基构造一个等权重归一化叠加态:

$$|\bar{a}\rangle=\frac{1}{\sqrt{r}}\sum_{i=1}^{r}|a_i\rangle \tag{3.3.15}$$

注意到现在有

$$\langle s|\bar{a}\rangle=\sqrt{\frac{r}{N}}\equiv\sin\theta \tag{3.3.16}$$

现在 Grover 迭代是在$|s\rangle$,$|\bar{a}\rangle$确定的平面上转动任意态矢$|x\rangle$到与$|\bar{a}^{\perp}\rangle$成 2θ 角。重复上面的分析可以得出,进行

$$T\approx\frac{\pi}{4\theta}\cong\frac{\pi}{4}\sqrt{\frac{N}{r}} \tag{3.3.17}$$

次迭代后,再进行到计算基上的投影测量,可以以接近于 1 的概率找到$\{|a_i\rangle,i=1,2,\cdots,r\}$中的一个记录。经过重复约 r 量级次数的计算就可找到符合条件的全部 r 个记录。

3.3.5　Grover 搜索算法是最优搜索算法

Grover 搜索算法可以对随机数据库相对经典搜索平方根加速。是否存在更为精致的量子算法,利用量子计算的优势实现进一步的加速呢?在量子计算早期,人们曾希望借助于量子搜索,以线性时间搜索指数大的非结构(即随机)空间,用多项式时间的量子算法解经典上 NP 问题。这一希望被 Bennett 等挫败,他们证明 Grover 搜索算法是最优的[13],没有其他量子算法用于随机数据库搜索,可以超过 Grover 搜索中的平方根加速。

说明这一结果一个直觉的方法是当数据库有指数多的记录时,每个记录在输

入态$|s\rangle$中的概率幅也指数地减小,当通过迭代增大它的概率幅接近于1时,所需要的迭代次数需要指数加大。所以不可能存在多项式时间搜索指数多记录数据库的一般方法。因此,和经典计算一样,如果希望用多项式时间解NP问题,根本上必须利用问题特殊的结构性质,寻找更精致的解决办法。Simon问题的算法和下节将介绍的Shor分解大数质因子的量子算法就是利用了问题隐含结构——可以归约为求阶问题,收到多项式时间加速的具体例子。

3.4 Shor分解大数质因子的量子算法

分解大数质因子对经典计算是个难题,以致现在广泛使用的RSA公开密钥系统就是以这个难解问题为基础的。1994年,美国AT&T公司研究者Shor发现了分解大数质因子的量子算法[14,15],给量子计算机的研究注入了新的活力,激发了近年来研究量子计算机的热潮。Shor分解大数质因子的量子算法是一个真正把经典计算机中的NP问题化成P类问题的算法,在计算机科学中也有重要意义。它表明建立在对编码态作经典理解基础上的计算机科学,当使用量子态编码时,由于量子态具有经典态不具有的相干叠加和纠缠等性质,必须对经典计算机科学本身加以重新审视。本节就来介绍这一量子算法。

3.4.1 求最大公约数的Euclid算法

求两个整数最大公约数的Euclid算法是公元前三世纪发现的。Euclid算法是以数论中如下两个定理为基础的。

定理3.4.1 如果被除数和除数都能被同一个整数整除,那么余数也能被这个整数整除。

在数论中,记m整除N为$m|N$,下面采用这种记法给出这个定理的证明。

证明:设整数N_1除以整数N_2余数为R,且$m|N_1,m|N_2$,则有

$$N_1 = kN_2 + R \tag{3.4.1}$$

其中,k为整数。由此得

$$R = N_1 - kN_2$$

由于$m|N_1,m|N_2$,所以有$m|R$。

定理3.4.2 如果第一个数除以第二个数的余数不等于零,则这两个数的最大公约数等于第二个数与余数的最大公约数。即若$N_1=kN_2+R$,k为整数,$0<R<N_2$,则有

$$\gcd(N_1,N_2) = \gcd(N_2,R) \tag{3.4.2}$$

其中,$\gcd(N_1,N_2)$表示N_1,N_2的最大公约数。

证明:设m是N_1,N_2的公约数,即$m|N_1,m|N_2$,由定理1有$m|R$。另一方

面,若 $m|N_2, m|R$,由于

$$N_1 = kN_2 + R$$

则 $m|N_1$。这表明 N_1, N_2 的公约数和 N_2, R 的公约数完全相同,即式(3.4.2)成立。

根据定理 3.4.2,可构造 Euclid 算法如下:

给出两个整数 N_1, N_2,求它们的最大公约数。假设 $N_1 \geqslant N_2$,首先用 N_2 去除 N_1 得到正整数 k_0 给出余数 R_1,有

$$N_1 = k_0 N_2 + R_1, \quad R_1 < N_2$$

如果 $R_1 = 0$,那么 N_2 就是它们的最大公约数;如果 $R_1 \neq 0$,下一步就用 R_1 去除 N_2,得到整数 k_1 和余数 R_2,有

$$N_2 = k_1 R_1 + R_2, \quad R_2 < R_1$$

如果 $R_2 \neq 0$,继续用 R_2 去除 R_1,得

$$R_1 = k_2 R_2 + R_3, \quad R_3 < R_2$$

用这种方法辗转相除,一直进行到最后余数是零:

$$R_l = k_{l+1} R_{l+1}$$

由于各 R_i 是严格减小的,这种情况必定会发生。最大公约数就由最后一个非零的余数给出:

$$\gcd(N_1, N_2) = R_{l+1} \tag{3.4.3}$$

由于在 Euclid 算法中,第 i 次辗转相除得到的余数满足:

$$R_i = k_{i+1} R_{i+1} + R_{i+2}$$

其中,k_{i+1}是大于等于 1 的整数,而 $R_{i+2} < R_{i+1}$,所以有

$$R_{i+2} < \frac{1}{2} R_i$$

表明上述算法中连续两次辗转相除,至少缩小余数到 1/2 倍,所以 Euclid 算法求最大公约数需要做除的次数不大于 $2\log_2 N_1$,Euclid 算法是有效算法。

3.4.2 把分解大数质因子归约为求阶问题

分解大数 N 求它的质因子问题可以化成求一个小于 N 且和 N 互质的随机数 a 的阶(如果 a 和 N 不互质,利用上面的 Euclid 算法可以求出它们的公约数,从而化成互质)。数 a 的阶定义为使

$$a^r = 1(\mathrm{mod} N) \tag{3.4.4}$$

成立的最小非零整数 r。其中,$a^r(\mathrm{mod}N)$表示 a^r 被 N 除的余数,式(3.4.4)表示相对模 N a^r 和 1 同余。设 N 是希望分解的整数,a 是随机选取的小于 N 且和 N 互质的另一个整数,构造函数

$$f_{a,N}(x) = a^x(\mathrm{mod}N) \tag{3.4.5}$$

可得到表 3.4.1 所示序列。a 的阶就是函数 $f_{a,N}(x)$的周期。假设求得函数 $f_{a,N}(x)$

的周期 r，并假设 r 是偶数且 $a\neq -1(\mathrm{mod}N)$（否则可另取一个 a 重新计算），那么就有

$$a^x = 1(\mathrm{mod}N)$$

于是 $(a^x-1)=0(\mathrm{mod}N)$，即

$$(a^{\frac{r}{2}}-1)(a^{\frac{r}{2}}+1) = 0(\mathrm{mod}N) \tag{3.4.6}$$

表 3.4.1

x	0	1	2	…	$r-1$	r	$r+1$	…
a^x	1	a	a^2	…	a^{r-1}	a^r	a^{r+1}	…
$f_{a,N(x)}$	1	a	a^2	…	a^{r-1}	1	a	…

这表明左边两因子乘积是 N 的整数倍，$a^{r/2}\pm 1$ 和 N 的最大公约数

$$\gcd(a^{r/2}\pm 1,N) \tag{3.4.7}$$

必是 N 的因子。

为了说明上面的算法，考虑一个最简单的例子。设 $N=15$（这是可以用上面算法分解因子的最小整数），取 $a=7$，可以得到表 3.4.2 所示序列。

表 3.4.2

x	0	1	2	3	4	5	6	…
7^x	1	7	49	343	2401	16807	117649	…
$f_{7,15(x)}$	1	7	4	13	1	7	4	…

显然这里 $r=4$，$a^{r/2}=7^2=49$，计算：

$$\gcd(49+1,15) = 5, \quad \gcd(49-1,15) = 3$$

这样就得到 $N=15$ 的两个质因子 5 和 3。

满足 $a<15$ 且和 15 互质的其他数还有 2、4、8、11、13、14，它们的阶分别是 4、2、4、2、4、2。除去取 $a=14$[此时 $14=-1(\mathrm{mod}15)$，给出平凡因子 1 和 15]失败外，其他的选择都可得到正确的结果。

3.4.3　求随机数阶的量子算法

求随机数 a 的阶对经典计算是个难解问题，Shor 的发现就在于他找到了求数 a 阶的有效量子算法。设要分解的数为 N，取 $N^2\leqslant q\leqslant 2N^2$，且 $q=2^L$。假设运算器由两个存储器组成，第一个由 L 个量子位组成存放初始输入 x 值，第二个用于存放函数值 $f_{a,N}(x)$，由于 $f_{a,N}(x)$ 不可能大于 N，第二存储器最多也只有 L 个量子位。和 Simon 算法相同，计算第一步首先在第一存储器用 $H^{\otimes L}$ 作用到 $|0\rangle^{\otimes L}$ 制备出 2^L 个数的等权重叠加态：

$$|\Phi_1\rangle = \frac{1}{2^{L/2}}\sum_{x=0}^{2^L-1}|x\rangle \tag{3.4.8}$$

保持第二存储器仍处在态$|0\rangle^{\otimes L}$上。下一步计算函数 $f_{a,N}(x)=a^x(\text{mod}N)$，并把计算结果写进第二存储器，得到两个存储器的纠缠态：

$$|\Phi_2\rangle = \frac{1}{2^{L/2}}\sum_{x=0}^{2^L-1}|x\rangle|a^x(\text{mod}N)\rangle \tag{3.4.9}$$

这一步可以有效执行。如果 $x<2^L$，将 x 展开为二进制数表示：

$$x = x_{L-1}2^{L-1} + x_{L-2}2^{L-2} + \cdots + x_0$$

从而有

$$a^x(\text{mod}N) = (a^{2^{L-1}})^{x_{L-1}}(a^{2^{L-2}})^{x_{L-2}}\cdots(a)^{x_0}(\text{mod}N) \tag{3.4.10}$$

注意到

$$a^{2^j} = (a^{2^{j-1}})^2$$

式(3.4.10)可以取 $j=0$ 到 $j=L-1$，每当 $x_j=1$ 时，就乘上 a^{2^j}，最多用 $L-1$ 个计算步做出来。

下一步是执行第二存储器态到计算基上的投影测量。假设测量结果是 z，$z\in\{a^x(\text{mod}N)\}$，设 $f_{a,N}(x)$的周期为 r，若对某个最小的 $l<r$，有 $z=a^l(\text{mod}N)$，那么对所有整数 j，都有 $a^l=a^{jr+l}(\text{mod}N)$。于是向计算基投影测量第二量子位，将在第一存储器投影出：

$$z = l, l+r, l+2r, \cdots, l+Ar \tag{3.4.11}$$

的态$|z\rangle$等权重叠加态。这里 A 是比$(2^L-1)/r$ 小的最大整数。l 值决定于 z，由前述对第二存储器测量结果随机地决定，l 称为**偏移量**(offset)。

测量第二存储器后，第一存储器的态为

$$|\Phi_l\rangle = \frac{1}{\sqrt{A+1}}\sum_{j=0}^{A}|jr+l\rangle \tag{3.4.12}$$

如前例，取 $N=15$，$a=7$，此时式(3.4.9)中的态为

$$\begin{aligned}|\Phi_2\rangle &= \frac{1}{2^{L/2}}\sum_{x=0}^{2^L-1}|x\rangle|a^x(\text{mod}N)\rangle \\ &= \frac{1}{2^{L/2}}(|0\rangle|1\rangle+|1\rangle|7\rangle+|2\rangle|4\rangle+|3\rangle|13\rangle \\ &\quad +|4\rangle|1\rangle+|5\rangle|7\rangle+\cdots)\end{aligned} \tag{3.4.13}$$

第二存储器仅有四个不同的态$|1\rangle$、$|7\rangle$、$|4\rangle$、$|13\rangle$，测量第二存储器制备第一存储器态必定是表 3.4.3 中四个态之一。第一存储器的四个态具有共同形式：

$$|\Phi_l\rangle = \xi\sum_{j=0}^{A}|jr+l\rangle \tag{3.4.14}$$

其中，ξ 是归一化因子，$\xi=1/(2^L/r+1)^{1/2}=1/\sqrt{A+1}$。

表 3.4.3

测量结果(z)	测量后第一存储器的态	偏移量
1	$(\|0\rangle+\|4\rangle+\|8\rangle+\cdots)$	0
4	$(\|2\rangle+\|6\rangle+\|10\rangle+\cdots)$	2
7	$(\|1\rangle+\|5\rangle+\|9\rangle+\cdots)$	1
13	$(\|3\rangle+\|7\rangle+\|11\rangle+\cdots)$	3

有关周期 r 的信息包含在第一存储器的态 $|\Phi_l\rangle$ 中，但是对 $|\Phi_l\rangle$ 态的直接测量只能概率地得到其中一个态 $|jr+l\rangle$，由于 l 又取决于概率的测量结果 z，l 值是不知道的，现在还不能从测得的 $|jr+l\rangle$ 中求出 r。

如果非常幸运，在重复计算中，有三次测量第二存储器都得到相同的值 z，从而有相同的偏移量 l，紧接着对第一存储器测量态 $|\Phi_l\rangle$ 又得到三个不同的态 $|C_i\rangle$：

$$C_i = j_i r + l,\quad i = 1,2,3$$

利用这些结果可得

$$C_1 - C_2 = (j_1 - j_2)r$$
$$C_2 - C_3 = (j_2 - j_3)r$$

特别若 $\gcd(j_1-j_2, j_2-j_3)=1$，r 就可作为 (C_1-C_2, C_2-C_3) 的最大公约数求出。一般情况下可能不会如此幸运，还需要讨论一般的方法。

3.4.4 量子离散 Fourier 变换算法[14]

上面对第二存储器测量投影出的第一存储器态中总有未知的偏移量 l 存在，使我们不能从接着对第一存储器的测量中得到关于周期 r 的信息。对第一存储器态采取量子 Fourier 变换，可以把这个偏移量变成一个相位因子，不出现在测量结果中。量子 Fourier 变换是量子态矢空间中的一个幺正变换。设 $|x\rangle$ 是 L 个量子位态矢空间中的一个矢量，定义态矢 $|x\rangle$ 的离散 Fourier 变换为

$$U_{QFT}\ |x\rangle = \frac{1}{2^{L/2}}\sum_{y=0}^{2^L-1} e^{2\pi ixy/2^L}\ |y\rangle \tag{3.4.15}$$

为了看出这一变换如何除去偏移量 l，首先考虑 r 严格整除 2^L 这一特殊情况。此时 $A=2^L/r-1$，式(3.4.12)中态 $|\Phi_l\rangle$ 可以写作

$$|\Phi_{in}\rangle = \sqrt{\frac{r}{2^L}}\sum_{j=0}^{A}\ |jr+l\rangle \tag{3.4.16}$$

对 $|\Phi_{in}\rangle$ 执行 U_{QFT} 变换，利用式(3.4.15)给出

$$|\Phi_{out}\rangle = \sum_{y=0}^{2^L-1} c_y\ |y\rangle \tag{3.4.17}$$

其中：

$$c_y = \frac{\sqrt{r}}{2^L}\sum_{j=0}^{A} e^{2\pi i(jr+l)y/2^L} = \frac{\sqrt{r}}{2^L} e^{2\pi i l y/2^L}\left[\sum_{j=0}^{A} e^{2\pi i j r y/2^L}\right] \tag{3.4.18}$$

现在区分两种情况讨论。

(1) $q=2^L$ 被 r 严格整除，且 y 是 $2^L/r$ 整数倍：$e^{2\pi i j r y/2^L}=e^{2\pi i j k}$（$k$ 取整数值）在此种情况下，式(3.4.18)右端方括号表示所有态$|y\rangle$有相同相位，发生相长干涉，求和结果是 $A+1=2^L/r$。如果 y 不是 $2^L/r$ 的整数倍，求和中各项干涉相消，结果趋于零。所以当 $y=k2^L/r$，k 取整数值时，有

$$c_y = \frac{1}{\sqrt{r}} e^{2\pi i l k/r} \tag{3.4.19}$$

当 y 取其他值时，$c_y=0$。因此对 r 严格整除 2^L 情况，Fourier 变换的输出态为

$$|\Phi_{out}\rangle = \frac{1}{\sqrt{r}}\sum_{k=0}^{r-1} e^{2\pi i l k/r}\left|k\frac{2^L}{r}\right\rangle \tag{3.4.20}$$

现在对态做投影到计算基上的测量，出现在相位因子中的偏移量 l 不再出现在测量结果中。测量将等概率地得到一个态：

$$|y\rangle = |k2^L/r\rangle,\quad k=0,1,\cdots,r-1 \tag{3.4.21}$$

测得 y 值后，由于 $y=k2^L/r$，有

$$\frac{y}{2^L} = \frac{k}{r} \tag{3.4.22}$$

如果再有 $\gcd(k,r)=1$，r 就可以从约简 $y/2^L$ 为不可约分数求出。重复上面的过程，直到得到的结果对应着 k 和 r 互质。可以证明[5]，$O(\log N)$次重复，将以确定的概率 $p<1$ 决定出 r 值。

(2) $q=2^L$ 不能被 r 严格整除情况，此时令

$$\theta = 2\pi\frac{ry(\mathrm{mod}q)}{q} \tag{3.4.23}$$

当 y 在$\{0,1,2,\cdots,q-1\}$中取某些值时，严格存在

$$|yr(\mathrm{mod}q)| \leqslant \frac{r}{2} \tag{3.4.24}$$

为了看出这一点，可以在同一数轴上标出 q 的倍数 $0,q,2q,\cdots,rq$ 和 r 的倍数 $0,r,2r,\cdots,qr$。对于任意 r，必定存在一个与 q 有关的倍数，r 的倍数位于这个 q 倍数的 $\pm r/2$ 范围内。对于满足上述条件的 r，估计测得 y 的概率大小，为此将式(3.4.23)代入概率幅表式(3.4.18)中的方括号中，求和可以写作

$$\sum_{j=0}^{A} e^{i\theta j} = \frac{e^{i(A+1)\theta}-1}{e^{i\theta}-1}$$

注意到

$$\left|\frac{e^{i(A+1)\theta}-1}{e^{i\theta}-1}\right|^2 = \frac{\sin^2[(A+1)\theta/2]}{\sin^2(\theta/2)} \tag{3.4.25}$$

利用式(3.4.24),由于式(3.4.23)中

$$|\theta| \leqslant \frac{\pi r}{q}$$

从而得

$$\frac{A+1}{2}|\theta| \leqslant \frac{2^L}{2r}\frac{\pi r}{2^L} = \frac{\pi}{2} \tag{3.4.26}$$

当角度 α 在 $0\sim\pi/2$ 之间取值时,$\sin\alpha$ 曲线必位于坐标原点与点$(\pi/2,1)$连线上方(见图 3.4.1),所以有

$$\sin\left(\frac{A+1}{2}\right)\theta \geqslant \frac{2}{\pi}\left(\frac{A+1}{2}\right)\theta \tag{3.4.27}$$

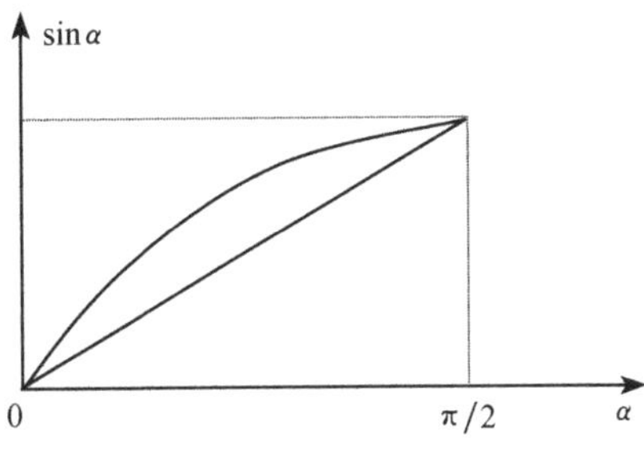

图 3.4.1

又因为:

$$\sin\frac{\theta}{2} < \frac{\theta}{2} \tag{3.4.28}$$

将式(3.4.27)、式(3.4.28)代入式(3.4.25)求得

$$\left|\frac{e^{i(A+1)\theta}-1}{e^{i\theta}-1}\right|^2 \geqslant \frac{16}{\pi^2}\left(\frac{A+1}{2}\right)^2 \tag{3.4.29}$$

利用这一结果,由式(3.4.18)得到测得$|y\rangle$的几率为

$$prob(y) \geqslant \frac{r}{2^{2L}}\frac{16}{\pi^2}\left(\frac{2^L}{2r}\right)^2 = \frac{4}{\pi^2}\frac{1}{r} \tag{3.4.30}$$

而测得的 y 值满足的条件可由式(3.4.24)得

$$|yr-kq| \leqslant \frac{r}{2}$$

其中,k 是个整数。上式可以写作

$$\left|\frac{y}{q}-\frac{k}{r}\right| \leqslant \frac{1}{2q} \tag{3.4.31}$$

其中,y 值已测得;q 已知,并且 $r\leqslant N, q\geqslant N^2$;根据数论的结果,严格存在一个分数 k/r,这个分数值可由 y/q 的连分式展开有效地求出。如果 $\gcd(k,r)=1$,就得到了 r 的值。由数论的结果,$\gcd(k,r)=1$ 的概率 $prob(k,r)>1/\log(r)$。这就是说能以 $4/[\pi^2\log(N)]$ 的概率得到 N 的一个因子。通过重复这一有效概率算法 $O(\log N)$次,就能以任意高成功概率分解 N 的因子。

3.5 量子 Fourier 变换及其应用

Shor 分解大数质因子量子算法相对经典算法有指数加速的效果,其中关键技术就是应用了量子 Fourier 变换。实际上,量子 Fourier 变换几乎是目前已知所有

量子算法的关键成分。本节进一步研究这一变换及其他的应用。

3.5.1 量子 Fourier 变换

式(3.4.15)定义的 Fourier 变换

$$U_{QFT} \mid x\rangle = \frac{1}{2^{L/2}}\sum_{y=0}^{2^L-1} e^{2\pi i xy/2^L} \mid y\rangle \tag{3.5.1}$$

是 2^L 维矢量空间中幺正变换,它把一组标准正交基$\{|x\rangle\}$用另一组标准正交基$\{|y\rangle\}$表示。在一个量子位最简单情况下,利用式(3.5.1)得

$$U_{QFT} \mid 0\rangle = \frac{1}{2^{1/2}}\sum_{y=0}^{1} e^{2\pi i 0\cdot y/2} \mid y\rangle = \frac{1}{\sqrt{2}}(\mid 0\rangle + \mid 1\rangle) \tag{3.5.2}$$

$$U_{QFT} \mid 1\rangle = \frac{1}{2^{1/2}}\sum_{y=0}^{1} e^{2\pi i 1\cdot y/2} \mid y\rangle = \frac{1}{\sqrt{2}}(\mid 0\rangle - \mid 1\rangle) \tag{3.5.3}$$

U_{QFT}变换就是 H 门操作。多量子位态空间上的 Fourier 变换,可以看做是单量子位上述 H 变换的推广。注意到式(3.5.1)等号右端的态是各量子位等权重叠加态(仅各基态相位不同),是非纠缠态,可以表示为各量子位态的直积。事实上式(3.5.1)中 x,y 都是 L 位二进制数串,它可以表示为

$$\begin{aligned} U_{QFT} \mid x\rangle &= \frac{1}{2^{L/2}}\sum_{y=0}^{2^L-1} e^{2\pi i xy/2^L} \mid y\rangle \\ &= \frac{1}{2^{L/2}}\sum_{y_1=0}^{1}\cdots\sum_{y_L=0}^{1} e^{2\pi i x\left(\sum_{l=1}^{L} y_l 2^{-l}\right)} \mid y_1 y_2 \cdots y_L\rangle \\ &= \frac{1}{2^{L/2}}\sum_{y_1=0}^{1}\cdots\sum_{y_L=0}^{1} \bigotimes_{l=1}^{L} e^{2\pi i x y_l 2^{-l}} \mid y_l\rangle \end{aligned} \tag{3.5.4}$$

由于求和、张量积对不同指标进行,其次序可以交换,所以上式又可写作

$$\begin{aligned} U_{QFT} \mid x\rangle &= \frac{1}{2^{L/2}}\bigotimes_{l=1}^{L}\left(\sum_{y_l=0}^{1} e^{2\pi i x y_l 2^{-l}} \mid y_l\rangle\right) \\ &= \frac{1}{2^{L/2}}\bigotimes_{l=1}^{L}(\mid 0\rangle + e^{2\pi i x 2^{-l}} \mid 1\rangle) \end{aligned} \tag{3.5.5}$$

注意二进制数$|x\rangle=|x_1x_2\cdots x_L\rangle$表示数值 $x=\sum_{i=1}^{L} x_i 2^{L-i}$,第 i 位的权重是 2^{L-i}。由于 2π 的整数倍对相位无贡献,只需要考虑 $x2^{-l}$的小数部分。用 $0.x_l x_{l+1}\cdots x_L$ 表示二进制分数 $x_l 2^{-1}+x_{l+1}2^{-2}+\cdots x_L 2^{-L}$,式(3.5.5)可以写作

$$U_{QFT}|x\rangle = \frac{1}{2^{L/2}}[(|0\rangle + e^{2\pi i 0.x_L}|1\rangle)(|0\rangle + e^{2\pi i 0.x_{L-1}x_L}|1\rangle)\cdots(|0\rangle + e^{2\pi i 0.x_1x_2\cdots x_L}|1\rangle)] \tag{3.5.6}$$

这个乘积表示可以用作量子 Fourier 变换的定义。

3.5.2 量子 Fourier 变换的有效实现

量子 Fourier 变换可以由两个基本门操作实现，其中一个是一位门操作：

$$H=\frac{1}{\sqrt{2}}\begin{bmatrix}1 & 1\\ 1 & -1\end{bmatrix} \tag{3.5.7}$$

另一个是两位控制 U 门操作 $CU_{j,k}$，其中 k 为控制位，j 为靶位，当且仅当第 k 量子位为 $|1\rangle$ 态时，才对第 j 位施加幺正变换 $U_{j,k}$，在 j、k 两量子位 Hilbert 空间的计算基下，有

$$U_{jk}=\begin{bmatrix}1 & 0 & 0 & 0\\ 0 & 1 & 0 & 0\\ 0 & 0 & 1 & 0\\ 0 & 0 & 0 & e^{i\theta_{j,k}}\end{bmatrix} \tag{3.5.8}$$

其中，相移 $\theta_{j,k}=2\pi x_k/2^{k-j+1}$。

为了说明如何实现式(3.5.6)中的 Fourier 变换，首先考虑较简单的三个量子位态的 Fourier 变换的实现。三个量子位的 Fourier 变换可以用图 3.5.1 中的线路网络实现。这个网络对输入态 $|x\rangle=|x_1x_2x_3\rangle$ 从左到右依次执行变换：

$$H_3U_{2,3}H_2(U_{1,3}U_{1,2})H_1 \tag{3.5.9}$$

(其中门 H 的下标指明它作用的量子位)线路对输入态的作用可分析如下。

首先 H_1 作用到第一量子位得到结果：

$$H_1\ |\ x_1x_2x_3\rangle=\frac{1}{2^{1/2}}(|\ 0\rangle+e^{2\pi i0.x_1}\ |\ 1\rangle)\ |\ x_2x_3\rangle$$

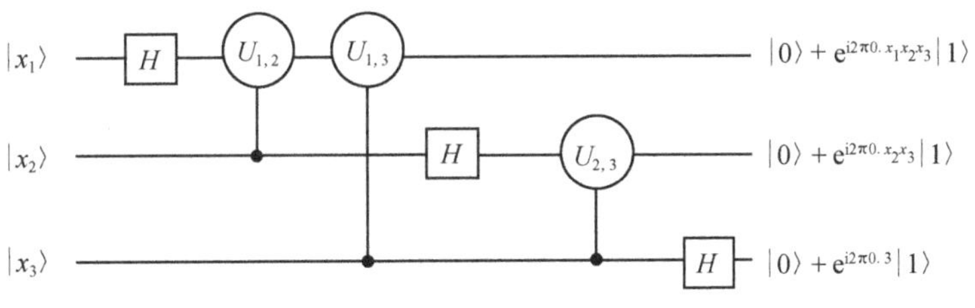

图 3.5.1

很容易验证，因为 $0.x_1=x_1 2^{-1}$，当 $x_1=0$ 时，$e^{2\pi i0.x_1}=1$，而当 $x_1=1$ 时，$e^{2\pi i0.x_1}=e^{2\pi i/2}=-1$[这实际上就是式(3.5.2)、式(3.5.3)]。接着当 $x_2=0$ 时，$U_{1,2}$ 不作用，当 $x_2=1$ 时，同时 $x_1=1$，执行 $U_{1,2}$ 操作将对第一量子位态 $|1\rangle$ 引进附加相位 $\theta_{1,2}=2\pi x_2/2^{2-1+1}=2\pi 0.0x_2$。当 $x_3=1$，$x_1=1$ 时，执行 $U_{1,3}$ 将再对第一量子位态 $|1\rangle$ 引进附加相位 $\theta_{13}=2\pi x_3/2^{3-1+1}=2\pi 0.00x_3$。所以执行了这两个控制 U 门操作后第

一量子位态是

$$\frac{1}{2^{1/2}}(|0\rangle + e^{2\pi i 0.x_1x_2x_3}|1\rangle) \tag{3.5.10}$$

现在考察线路对第二量子位的作用。对第二量子位的 H 门操作导得第二量子位态为

$$\frac{1}{2^{1/2}}(|0\rangle + e^{2\pi i 0.x_2}|1\rangle)$$

当 $x_3=1, x_2=1$ 时,再施加控制 U 门操作 $U_{2,3}$,对第二量子位态 $|1\rangle$ 附加相位 $\theta_{2,3}=2\pi x_3/2^{3-2+1}=2\pi x_3/2^2=2\pi 0.0x_3$,第二量子位态变为

$$\frac{1}{2^{1/2}}(|0\rangle + e^{2\pi i 0.x_2x_3}|1\rangle) \tag{3.5.11}$$

最后对第三量子位的 H 门操作制备第三量子位态为

$$\frac{1}{2^{1/2}}(|0\rangle + e^{2\pi i 0.x_3}|1\rangle) \tag{3.5.12}$$

所以图 3.5.1 的线路制备三个量子位直积态

$$\frac{1}{2^{3/2}}[(|0\rangle + e^{2\pi i 0.x_1x_2x_3}|1\rangle)(|0\rangle + e^{2\pi i 0.x_2x_3}|1\rangle)(|0\rangle + e^{2\pi i 0.x_3}|1\rangle)]$$

与式(3.5.4)比较,可以看出,这正是三量子位态 $|x\rangle=|x_1x_2x_3\rangle$ 的 Fourier 变换。

显然上面对三量子位 Fourier 变换线路构造以及分析可直接推广到更多量子位情况。图 3.5.2 给出执行 m 个量子位态的 Fourier 变换的线路网络。类似于前面对三量子位态的讨论,可以证明图 3.5.2 的线路网络实现式(3.5.6)推广到 L 个量子位态的 Fourier 变换。

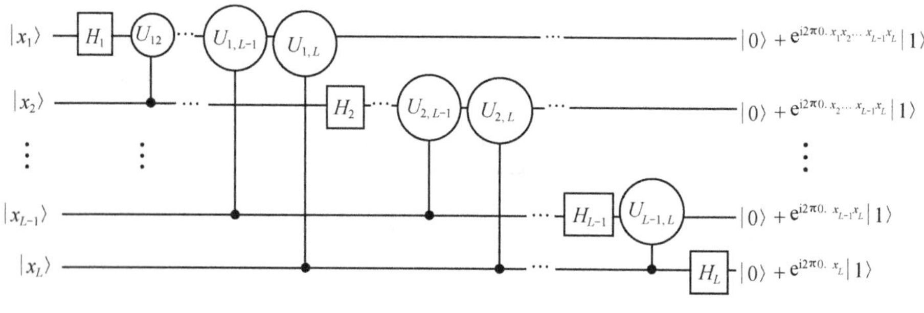

图 3.5.2

图中右边各态略去了归一化因子,设输入态 $|x\rangle=|x_1x_2\cdots x_L\rangle$,用二进制表示 $x/2^L=0.x_1x_2\cdots x_L$。H_1 门对态 $|x\rangle$ 中第一量子位作用结果为(这里略去了归一化因子)

$$(|0\rangle + e^{i2\pi(0.x_1)}|1\rangle)|x_2\cdots x_L\rangle \tag{3.5.13}$$

接着施加控制 $U_{1,2}$ 操作，当且仅当第二量子位为 $|1\rangle$ 态时才执行这一操作，对第一量子位态 $|1\rangle$ 产生相移 $e^{i2\pi x_2/2^{2-1+1}}=e^{i2\pi 0.0x_2}$，变换式(3.5.13)态为

$$(|0\rangle+e^{i2\pi(0.x_1x_2)}|1\rangle)|x_2\cdots x_L\rangle \tag{3.5.14}$$

继续下去，施加 $U_{1,3}$，$U_{1,4}$，…直到最后施加控制 $U_{1,L}$，给出第一量子位态：

$$(|0\rangle+e^{i2\pi(0.x_1x_2\cdots x_L)}|1\rangle)|x_2\cdots x_L\rangle \tag{3.5.15}$$

接着，H_2 对这个态作用得

$$(|0\rangle+e^{i2\pi(0.x_2)}|1\rangle)(|0\rangle+e^{i2\pi(0.x_1x_2\cdots x_L)}|1\rangle)|x_3\cdots x_L\rangle$$

执行控制 $U_{2,3}$，$U_{2,4}$，…，$U_{2,L}$ 得

$$(|0\rangle+e^{i2\pi(0.x_2x_3\cdots x_L)}|1\rangle)(|0\rangle+e^{i2\pi(0.x_1x_2\cdots x_L)}|1\rangle)|x_3\cdots x_L\rangle$$

接着执行 H_3，$U_{3,4}$，…，$U_{4,L}$，H_4，$U_{4,5}$，…，$U_{4,L}$，直至最后 H_L 给出 $|x\rangle$ 的 Fourier 变换：

$$(|0\rangle+e^{i2\pi(0.x_L)}|1\rangle)\cdots(|0\rangle+e^{i2\pi(0.x_2x_3\cdots x_L)}|1\rangle)(|0\rangle+e^{i2\pi(0.x_1x_2\cdots x_L)}|1\rangle)$$

此即为式(3.5.6)推广到 L 个量子位的情况。

图 3.5.2 中的网络对 $|x\rangle=|x_1x_2\cdots x_L\rangle$ 从左到右依次施用变换：

$$H_LU_{L-1,L}H_{L-1}U_{L-2,L}U_{L-2,L-1}H_{L-2}\cdots H_2U_{1,L}U_{1,L-1}\cdots U_{1,2}H_1 \tag{3.5.16}$$

即从 H_1 到 H_L 依次施用 H_j，而在两个 H_j 和 H_{j+1} 之间施用 $k>j$ 的所有两位门 $U_{j,k}$。由于 Fourier 变换的上述算法对输入 L 位的 $|x\rangle$ 需执行 L 个 H 门操作，$L(L-1)/2$ 个两位门操作，执行操作总数是 $L(L+1)/2$ 个，需要操作总数是输入位数的二次函数，因此这是一个有效算法。

3.5.3 量子 Fourier 变换和相位估计

前面已看到，量子干涉在 Shor 分解大数质因子的量子算法以及其他量子加速算法中都起着关键作用。实际上量子信息的许多超出经典信息的新功能都可归结为利用了量子干涉现象，而量子干涉决定于相干量子态的相位。量子 Fourier 变换的一个重要应用就是用于量子态相位估计。本节考虑如何利用 Fourier 变换，在一定精度范围内估算量子态相位值。

假设算子 U 是 n 量子位 Hilbert 空间上的幺正变换，U 算子对应特征向量 $|\psi\rangle$ 的特征值是 $e^{2\pi i\varphi}$，即

$$U|\psi\rangle=e^{2\pi i\varphi}|\psi\rangle \tag{3.5.17}$$

其中，$0\leqslant\varphi<1$ 值是未知的。假设能在计算机中制备态 $|\psi\rangle$，能够对这个态执行控制 U，控制 U^{2^1}，控制 U^{2^2} 操作，我们的问题就是得到 φ 值的大小精确到 L 位估计。

为了利用 Fourier 变换进行相位估计，需要两个量子存储器。第一存储器的量子位数目 L 取决于希望估计 φ 的精度和相位估计过程成功的概率，第二存储器量子位数目等于要估计态 $|\psi\rangle$ 的维度。初始制备第一存储器处在态 $|00\cdots0\rangle$，第二存储器处在态 $|\psi\rangle$。相位估计第一阶段是执行图 3.5.3 的线路，制备第一存储器态：

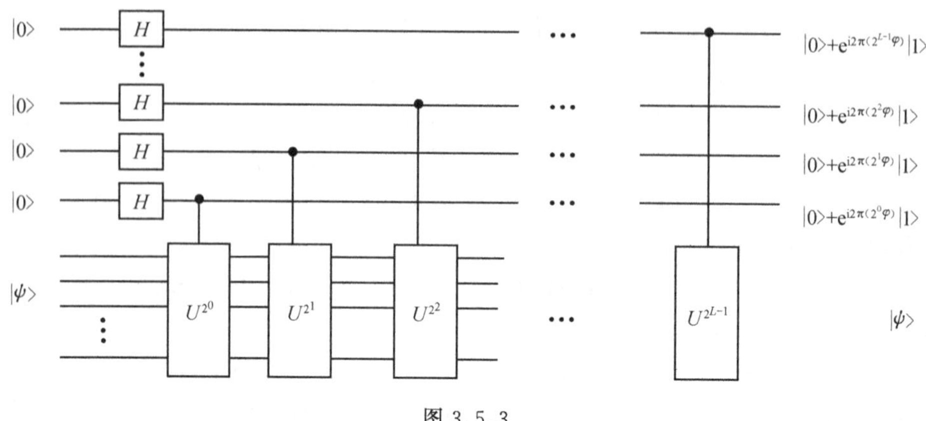

图 3.5.3

$$\frac{1}{2^{L/2}}(|0\rangle+e^{i2\pi2^{L-1}\varphi}|1\rangle)(|0\rangle+e^{i2\pi2^{L-2}\varphi}|1\rangle)\cdots(|0\rangle+e^{i2\pi2^{0}\varphi}|1\rangle)$$

$$=\frac{1}{2^{L/2}}\sum_{y=0}^{2^L-1}e^{i2\pi\varphi y}|y\rangle \tag{3.5.18}$$

假设 φ 可以严格用 L 个量子位表示为 $\varphi=0.\varphi_1\varphi_2\cdots\varphi_L$，式(3.5.18)态可重新写作

$$\frac{1}{2^{L/2}}(|0\rangle+e^{2\pi i0.\varphi_L}|1\rangle)(|0\rangle+e^{2\pi i0.\varphi_{L-1}\varphi_L}|1\rangle)\cdots(|0\rangle+e^{2\pi i0.\varphi_1\varphi_2\cdots\varphi_L}|1\rangle) \tag{3.5.19}$$

比较上式和式(3.5.6)，可以看出这正是相位态 $|\varphi_1\varphi_2\cdots\varphi_n\rangle$ 的 Fourier 变换。第二阶段对这个态执行逆 Fourier 变换(逆向执行图 3.5.2 的操作)，输出态就是 $|\varphi_1\varphi_2\cdots\varphi_L\rangle$，接着执行到计算基上的投影测量，就可精确地给出相位角 φ 值。

如果 φ 不能精确展成 L 位二进制数，令 φ 是满足 $0\leqslant\varphi<1$ 的实数，不能严格用 L 位二进制分数表示。设 $a/2^L=0.a_1a_2\cdots a_L$ 是 φ 近似到 L 位的最好估计，于是有 $\varphi=a/2^L+\delta$，其中，$0<|\delta|\leqslant 1/2^{L+1}$ 是用 a 代替 φ 时的误差。对式(3.5.18)中的态，施加逆 Fourier 变换，利用式(3.5.1)得

$$\frac{1}{2^L}\sum_{x=0}^{2^L-1}\sum_{y=0}^{2^L-1}e^{-i2\pi xy/2^L}e^{i2\pi\varphi y}|x\rangle=\frac{1}{2^L}\sum_{x=0}^{2^L-1}\sum_{y=0}^{2^L-1}e^{-i2\pi xy/2^L}e^{i2\pi(a/2^L+\delta)y}|x\rangle$$

$$=\frac{1}{2^L}\sum_{x=0}^{2^L-1}\sum_{y=0}^{2^L-1}e^{i2\pi(a-x)y/2^L}e^{i2\pi\delta y}|x\rangle \tag{3.5.20}$$

其中，态 $|x=a\rangle$ 的几率幅是

$$\alpha_a=\frac{1}{2^L}\sum_{y=0}^{2^L-1}e^{i2\pi\delta y}=\frac{1}{2^L}\frac{1-(e^{i2\pi\delta})^{2^L}}{1-e^{i2\pi\delta}} \tag{3.5.21}$$

注意到 $|\delta|\leqslant 1/2^{L+1}$，有 $2\pi\delta2^L\leqslant\pi$，由初等几何或微积分可知，对 $|\theta|\leqslant\pi$，有不等式：

$$|1-e^{i\theta}|\geqslant 2\frac{|\theta|}{\pi}$$

于是$|1-e^{i2\pi\delta 2^L}|\geqslant 4\pi\delta 2^L/\pi=4\delta 2^L$，还有$|1-e^{i2\pi\delta}|\leqslant 2\pi\delta$，代入式(3.5.20)，得到测量末态$|a\rangle=|a_1a_2\cdots a_L\rangle$的概率是

$$|\alpha_a|^2=\left|\frac{1}{2^L}\frac{1-(e^{i2\pi\delta})^{2^L}}{1-e^{i2\pi\delta}}\right|^2\geqslant\left(\frac{1}{2^L}\frac{4\delta 2^L}{2\pi\delta}\right)^2=\frac{4}{\pi^2}$$

对任意给定的小数 ε，如果希望以至少 $1-\varepsilon$ 成功的概率得到相位 φ 精度在 $1/2^{L+1}$ 内的计算值，可以通过扩大存储器一和二的量子位数到 $L'=L+\log_2(1/2\varepsilon+1/2)$(取整数)，用上述方法可以达到需求的精度。关于这一问题的进一步分析参见文献[16]。

3.6 量子算法和隐藏子群问题

量子计算机的计算潜力需要应用适当的量子算法开发，发展新的量子算法对量子计算机应用是非常重要的。自从 20 世纪 90 年代，Shor、Grover 发现分解大数质因子分解和随机数据库搜索量子算法以后，人们试图研究分析已知量子算法的数学结构，希望找出某些规律，为发展新量子算法提供指导作用。本节阐明前面给出的 Deutsch 问题、Simon 问题以及求周期、阶等量子算法都可以归结为隐藏子群问题的一般框架，可以用群语言统一地、系统地表述。

3.6.1 指数加速量子算法的群论描述

注意到由{0,1}构成的 n 长二元串 $x=(x_1x_2\cdots x_n)$，$x_i\in\{0,1\}$。在逐位模 2 加法运算下构成一个 2^n 阶 Abel 群，记为 G_n 群。以 n 长二元串 x 为变量的函数，可以当成是定义在这个 Abel 群上的函数。

令 $f:G_n\rightarrow X$ 是一个群上函数，G_n 是 f 的定义域，X 是函数 f 的值域。现在研究群元素集合：

$$K=\{k\in G_n:f(kg)=f(g),\quad \forall g\in G_n\}\tag{3.6.1}$$

可以证明 K 是群 G_n 的一个子群。显然集合 K 非空，对于群 G_n 中两个任意元素 $k_1,k_1\in G_n$，若

$$f(k_1g)=f(g),\quad f(k_2g)=f(g)\tag{3.6.2}$$

则有

$$f(k_1k_2g)=f[k_1(k_2g)]=f(k_2g)=f(g)\tag{3.6.3}$$

所以有 $k_1k_2\in K$，这表明群 G_n 的子集 K 在群乘法运算下是封闭的，由子群条件(见附录 A2.3.1)可知 K 是 G_n 的子群。称 K 为群上函数 f 的稳定子群或对称性子群。

由于 K 是群 G_n 的子群,可以把 G_n 中的元素相对子群 K 作陪集分解。由 K 的定义式(3.6.1)表明,f 在每一个陪集上取相同的值。假设 f 在不同的陪集上函数值不同(即相对于 K 在 G_n 中的陪集是非简并的),在这些条件下,f 是定义在群 G_n 上的周期函数,周期就等于子群 K 在群 G 中陪集的数目(或群 G_n 中子群 K 的指数)。我们的问题就归结为以 n 的多项式时间决定群上函数 f 的周期。

在经典计算中,给出一个装置,如果它能计算群上函数 f 的值,就可以通过逐个计算 $f(g)$,$g\in G_n$,并检查计算结果,决定群上函数 f 的周期,由于这里有 2^n 个群元素,这需要 2^n 个计算才能解决。

采用量子算法,需要两个存储器。第一存储器(量子位数目等于 n)中制备量子叠加态(即 n 量子位基态等权重叠加):

$$|G_n\rangle=\frac{1}{\sqrt{|G_n|}}\sum_{g\in G_n}|g\rangle \tag{3.6.4}$$

作为输入态,制备第二存储器(其中量子位数目取决于具体的计算问题)处在 $|0\rangle$ 的直积态。量子力学允许执行幺正变换操作:

$$U_f:|x\rangle|y\rangle\rightarrow|x\rangle|y\oplus f(x)\rangle \tag{3.6.5}$$

可以得到两存储器纠缠态:

$$|f(G_n)\rangle=\frac{1}{\sqrt{|G_n|}}\sum_{g\in G}|g\rangle|f(g)\rangle \tag{3.6.6}$$

由对函数 f 的假设,f 在每个周期内(相对 K 在 G_n 中不同的陪集)是一对一的,测量第二存储器,将随机地得到一个态 $f(g_0)$,同时坍缩第一存储器态到态

$$|\psi(g_0)\rangle=\frac{1}{\sqrt{|K|}}\sum_{k\in K}|g_0k\rangle \tag{3.6.7}$$

上。如果接着测量第一存储器,将等概率地随机得到一个态 $|g_0k\rangle$,g_0k 是群 G_n 的一个元素,其中并不包含任何关于子群 K 的信息。使用群上函数的 Fourier 变换,可以除去 g_0,直接得到关于子群 K 的信息。

3.6.2 Abel 群上函数的 Fourier 变换

令 G 是一个有限 $|G|$ 阶 Abel 群,其群元记为 g。根据群表示理论,$|G|$ 阶 Abel 群的不可约表示有 $|G|$ 个,每个都是 1 维的,群表示矩阵和表示特征标重合,可以用特征标记表示矩阵元。群特征标矢量为(见附录 A3.3)

$$|\chi^{(\nu)}\rangle=\frac{1}{\sqrt{|G|}}\sum_{g\in G}\chi^{(\nu)}(g)|g\rangle \tag{3.6.8}$$

和群表示矢量一样满足正交归一化关系:

$$\frac{1}{|G|}\sum_{g\in G}\chi^{(\nu)}(g)\chi^{(\mu)*}(g)=\delta_{\nu\mu} \tag{3.6.9}$$

容易看出它是群不可约表示矩阵元正交性关系式(见附录 A3.2.25)：

$$\frac{n_\nu}{|G|}\sum_{g\in G}D_{mk}^{(\nu)}(g)D_{m'k'}^{(\mu)*}(g)=\delta_{\nu\mu}\delta_{mm}\delta_{kk'}$$

对 Abel 群情况的简化。

定义群特征标矢量的共轭复数为 Fourier 基：

$$|\chi^{(\nu)}\rangle=\frac{1}{\sqrt{|G|}}\sum_{g\in G}\chi^{(\nu)*}(g)\,|g\rangle \tag{3.6.10}$$

由 Abel 群表示特征标矢量性质式(3.6.9)，Fourier 基是群上函数空间一组正交归一化完备基，任一群上函数都可以用它展开。

可以证明 Fourier 基具有如下意义上的移位不变性质：

$$h\,|\chi^{(\nu)}\rangle=\chi^{(\nu)}(h)\,|\chi^{(\nu)}\rangle,\quad \forall h\in G \tag{3.6.11}$$

事实上利用式(3.6.10)，得

$$h\,|\chi^{(\nu)}\rangle=\sum_{g\in G}\frac{1}{\sqrt{|G|}}\chi^{(\nu)*}(g)\,|hg\rangle$$

令 $hg=t, g=h^{-1}t$，得

$$h\,|\chi^{(\nu)}\rangle=\sum_{t\in G}\frac{1}{\sqrt{|G|}}\chi^{(\nu)*}(h^{-}t)\,|t\rangle=\chi^{(\nu)}(h)\sum_{t\in G}\frac{1}{\sqrt{|G|}}\chi^{(\nu)*}(t)\,|t\rangle$$

由 Fourier 基数定义式(3.6.10)，此式即式(3.6.11)。Fourier 基的移位不变性质表明，群不可约表示 ν 的特征标矢量 $x^{(\nu)}$ 是所有群元的共同本征函数，某一群元对应本征函数 $|x^{(\nu)}\rangle$ 的本征值，就是该群元在 ν 表示下的表示特征标(即表示矩阵)。

由于群表示特征标矢量可以根据群表示理论构造，而 Fourier 基就是群表示特征标矢量的复共轭，所以 Fourier 基可以由群表示理论构造。对于 N 阶 Abel 群，把群元都按元素顺序编号，下面用群元 $h, g=0,1,2,\cdots,n-1$ 代表编序的数，编序后的任意 N 阶 Abel 群，它的不可约表示(特征标)可以用 N 阶循环群不可约表示构造：

$$D^{(h)}(g)=\mathrm{e}^{2\pi igh/|G|},\quad g\in G \tag{3.6.12}$$

相应的不可约表示矢量为

$$D^{(h)}=\frac{1}{\sqrt{|G|}}\sum_{g\in G}\mathrm{e}^{2\pi igh/|G|}\,|g\rangle \tag{3.6.13}$$

所以 Fourier 基为

$$\chi^{(h)}=\frac{1}{\sqrt{|G|}}\sum_{g\in G}\mathrm{e}^{-2\pi igh/|G|}\,|g\rangle \tag{3.6.14}$$

定义群 G 上函数 f 的 Fourier 变换为这个函数的 Fourier 基展开。群上函数 $f(g)$ 的 Fourier 变换为

$$f(g)=\sum_{h\in G}c_h\chi^{(h)}$$

利用 Fourier 基的正交归一性,变换系数:

$$c_h = \langle \chi^{(h)} \mid f(g) \rangle = \frac{1}{\sqrt{|G|}} \sum_{g' \in G} e^{2\pi i g' h/|G|} \langle g' \mid f(g) \rangle$$

特别地,当 $f(g)=g$,此时 $c_h=\langle \chi^{(h)} \mid f(g)\rangle=\frac{1}{\sqrt{|G|}} e^{2\pi i g h/|G|}$,这种情况下有

$$\mid g \rangle = \frac{1}{\sqrt{|G|}} \sum_{g \in G} e^{2\pi i g h/|G|} \mid \chi^{(h)} \rangle \tag{3.6.15}$$

3.6.3 指数加速量子算法和隐藏子群问题

所谓**隐藏(未知)子群问题**(hidden subgroup problem,HSP)就是:令 G 是有限 Abel 群(假设群具有加运算),定义函数

$$f: G \to X$$

是映射群 G 到某个有限集合 X 上的函数。f 隐藏某个子群 $K \leqslant G$,如果 f 在 K 的一个陪集上取常数值,但对不同陪集取不同值。即对任意 $x,y \in G$,当且仅当 x,y 属于 K 在 G 中的同一个陪集,才有 $f(x)=f(y)$ 成立,对任意 x,y 属于不同的陪集都有 $f(x) \neq f(y)$。隐藏子群问题就是给出计算函数 f 的方法,确定子群 K 或子群 K 的生成元。

特别是当 K 是 G 的正规子群时,函数 f 可以分解为 $f=hg$,其中 g 是群 G 到某个有限群 H 上的同态映射;h 是群 H 上的 1-1 映射。在这种情况下,由于 K 被 g 映射为 H 的单位元,H 是 g 映射的同态核,群 H 同构于 G 相对 K 的商群 G/K(见图 3.6.1)。

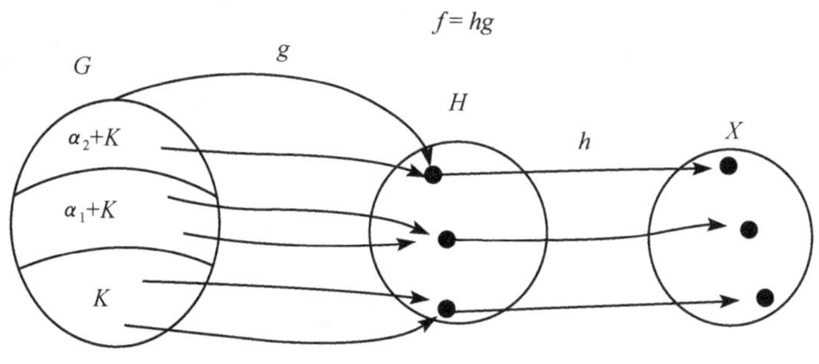

图 3.6.1

显然,原则上可以由 f 映射群 G 的真值表重构出 H,但这是指数复杂度算法。采用前面描述的量子 Fourier 变换算法,可以化为多项式复杂度算法。

现在已知的几个指数加速的量子算法都可以归结为隐藏子群问题。

1. Deutsch 问题

在 Deutsch 问题中,群 G 是由元素$\{0,1\}$在逐位模 2$\oplus$运算下构成的二阶阿贝

尔群，集合 $X=\{0,1\}$，函数 f 为

$$f:\{0,1\}\rightarrow\{0,1\}$$

若子群 $K=\{0\}\in G$，群 G 相对子群 K 可划分为两个陪集：$0\oplus0=0$；$0\oplus1=1$。在这两个陪集上函数 f 取不同值，$f(0)\neq f(1)$，表示 f 是平衡函数。

若子群 $K=\{0,1\}=G$，群 G 相对子群 K 只有一个陪集，即群 G 本身：f 在这个陪集上取相同值，所以 $f(0)=f(1)$，表示 f 是常数函数。

2. Simon 问题

在 Simon 问题中，G 是 n 长 2 元串在逐位模 2$\oplus$运算下的 2^n 阶$\oplus$群，集合 x 是所有 n 位二进制数的集合：

$$f:\{0,1\}^n\rightarrow\{0,1\}^n$$

对于 Simon 问题，子群 $K=\{0,a\}$，$a\in\{0,1\}^n$，是 G 的二阶子群。函数 $f(x)=f(y)$，当且仅当 $x\oplus y\in K$，求 f 的周期 a 归结为求 K 的生成元 a。

当 $x\oplus y=0$ 时，$x=y$，$f(x)=f(y)$，这可看做 $f(x)=f(0\oplus x)$；当 $x\oplus y=a$ 时，$y=a\oplus x$，$f(x)=f(y)=f(a\oplus x)$表示函数 f 在子群 K 在 G 中的陪集上取相同值。

3. 求周期问题

G 是整数加法群，X 是整数集，函数 $f(x+r)=f(x)$，隐含子群 $K=\{0,r,2r,\cdots\}$：

K	$\{0$	r	$2r$	$3r\cdots\}$	
0	0	r	$2r$	$3r\cdots$	$f(0)$
1	$0+1$,	$r+1$	$2r+1$	$3r+1\cdots$	$f(1)$
2	$0+2$,	$r+2$	$2r+2$	$3r+2\cdots$	$f(2)$
⋮		⋮			⋮

求周期 r。函数 f 是 K 在 G 中陪集的函数，在每个陪集上的函数值记为 $f(0)$，$f(1)$，$f(2)\cdots$求函数 f 的周期问题，就化成求隐藏子群 K 的阶。

4. 求阶

G 是整数加法群；X 是有限集合$\{a^x(\mathrm{mod}N)\}$，$0\leqslant x<r$，$a^r(\mathrm{mod}N)=1$；函数 $f_{a,N}(x)=a^x(\mathrm{mod}N)$；隐含子群 $K=\{0,r,2r,\cdots\}$。$f_{a,N}(x+r)=f_{a,N}(x)$，蕴含 $f_{a,N}$是 K 在 G 中陪集的函数并在同一陪集上取常数值。同样把求函数 f 的周期问题，化成求隐藏子群 K 的阶问题。

5. Abel 群的稳定子问题

令 G 是作用到有限集 X 上的任意群，G 的每个元素作为从 $X\rightarrow X$ 上的映射具

有性质:

对任意 $a,b\in G$,都满足结合律:

$$a(b(x)) = (ab)(x)$$

在这种映射下,保持 X 中某个特定元素 $x\in X$ 不变,有

$$a(x) = x,\quad a \in G$$

公式中所有 G 中元素的集合构成一个群,称为 x 在 G 中的**稳定子群**(见第 12 章)。

记 x 在 G 中的稳定子群为

$$S_G(x) = \{a \mid a(x) = x, a \in G\}$$

令 $f_x:G\rightarrow X$,对应 f_x 的隐藏子群就是 $S_G(x)$。

3.6.4 非 Abel 群隐藏子群问题

前述量子算法都可以用群论语言表述,归结为 Abel 群的隐藏子群问题,通过有限阶 Abel 群上的 Fourier 变换的数学结构分析,可以用唯一的方式解释这些算法有效性。有一些问题,如图形 G 的自同构和图的同构问题* 可以归结为对称性群(置换群)S_n 上的隐藏子群问题(已知解这个问题最好的经典算法需要时间 $e^{O(\sqrt{n\log n})}$,而 S_n 群不是 Abel 群。类似的 Abel 隐藏子群问题 Fourier 变换思想是否可以推广到非 Abel 群情况呢?

注意到 Abel 群上的 Fourier 变换利用群的不可约表示定义,在 Abel 群情况下,这些不可约表示都是 1 维的。但对非 Abel 群,如置换群,一般不可约表示的维数大于 1。利用群的不可约表示定义 Fourier 变换不是唯一的,在这种情况下仅能确定到彼此相差一个基的幺正变换。对 Abel 群情况 Fourier 变换的标准方法,现在应用到非 Abel 群只能给出特定的不可约表示以及这个不可约表示用 (i,j) 指定的矩阵元。于是推广到非 Abel 群情况,问题就归结为取自陪集态 Fourier 变换的样本统计是否能给出足够多的信息,可以重构隐藏子群。关于这一问题的研究,已经得到一些肯定的结果是:当隐藏子群是 G 的正规子群时,Fourier 取样可以给出决定隐藏子群的信息,但对一般的非 Abel 隐藏子群问题,相对基的随机选择,Fourier 取样统计揭示的关于隐藏子群的信息一般指数少的,不过仍有可能通过对每个不可约表示,巧妙地选择基可以解非 Abel 群的隐藏子群问题[17]。所以对于一般非 Abel 隐藏子群问题,推广 Abel 隐藏子群量子算法一般只能给出部分解答,更详细地讨论见文献[18]。

---

* 设 G 是分别标有 $1,2,\cdots,n$ 的 n 个顶点的图形,对任意置换群元 $\sigma\in S_n$,定义 $f_G:f_G(\sigma)=\sigma(G)$,其中,$\sigma(G)$ 是通过按 σ 置换 G 的定点得到的图形。对于函数 f_G,G 的隐藏子群就是 G 的自同构群。而决定两个图形是否同构,可以化为解图形自同构问题。

3.7 量子系统的动力学模拟算法

物理系统的数值模拟和实验观测一样，都是深入认识自然现象的基本途径，是科学研究和工程设计的基本方法。物理系统本质上都是量子力学系统，尤其涉及系统的微观性质时，通常系统状态是高维 Hilbert 空间中的矢量，状态参数以及模拟系统演化需要的操作数都随系统大小指数增大，这样的系统数值模拟是经典计算中著名的"难解问题"。1982 年，Feynman 就是从分析量子系统在经典计算机上模拟遇到的困难中获得灵感，提出"用一个可控的量子系统去模拟另一个量子系统"的思想，萌发了最初的量子计算的概念[19]。当今自然科学和技术存在大量重要的量子力学系统，既不能从数学上精确求解，也很难借助经典计算机进行高精度分析，如高温超导研究、纳米材料、生物大分子、重原子核、量子场论、粒子物理以及一些天体物理和宇宙学中的一些问题等。对这些系统进行量子模拟，可能导致新的物理发现，了解在更大范围内起作用的物理机制，推动科学技术进步。人们普遍认为，量子系统的量子模拟可能是未来量子计算机最主要的应用之一。本节介绍关于量子系统量子计算机模拟的原理和基本方法。

3.7.1 量子系统动力学模拟原理

量子系统的量子计算机模拟，本质上是用一个可控的量子系统（量子计算机），去模拟另一个量子系统（被模拟的对象），利用可控的量子计算机时间演化给出人们感兴趣的、被模拟量子系统时间演化的各种信息。实现这一目的可以有两种方法[20]。一种是控制量子计算机系统的 Hamilton 量，按被模拟系统 Hamilton 量相同方式演化，通过对计算机演化到不同阶段末态的分析，获得被模拟系统演化规律和演化态性质的信息。能够以这种方式模拟特定量子系统的机器，需要和被模拟系统的动力学有足够的相似性，所以一般不具有通用性，称为（特定量子系统的）**量子模拟机**（analog quantum simulator）。另一种方式就是用量子计算机的量子位编码表示被模拟系统的量子态，把被模拟系统的时间演化分解成一系列的幺正门序列，在量子计算机上以可控的方式执行这些门序列，模拟被模拟系统的动力学演化。能以可控方式执行幺正演化门序列的机器具有更大的普适性，可以模拟不同类型的量子系统，这样的机器称为**数字量子模拟机**（digital quantum simulator）即通用量子计算机。一般来说，特定系统量子模拟机要求要低些，实现要容易些。数字量子模拟机需要用一位门、二位门操作近似多体系统可能存在的多体相互作用，实现起来会遇到更多的困难，但它的应用可以更广泛，而且不限于模拟量子系统的幺正演化，可以通过有效的量子计算，得到系统本征态相位等其他有意义的信息。

对应特定系统的量子模拟机和通用量子计算机，量子模拟算法也可以分为模拟特定系统的量子算法和通用量子模拟算法两种。本节主要关注用量子计算机模拟一般量子系统的通用量子模拟算法。

通用量子计算机的动力学模型(见第 4 章)是多体自旋 Fermi 子模型,即把量子位看成是在恒定磁场中的自旋 1/2 Fermi 子,这些粒子可以像自旋 Fermi 子一样相互作用,量子计算通过对输入态按算法要求执行一系列一位门、二位门操作实现。由于这些幺正门操作都可以由作用到 2 维 Hilbert 空间上的 Pauli 算子生成,通用量子计算机动力学可以用 Pauli 算子代数描述。为了说明用通用量子计算机模拟一个量子力学系统的方法,需要建立被模拟系统动力学和量子计算机算子代数之间的映射关系。说明如何把被模拟系统的动力学映射到量子计算机门操作上,在量子计算机上构造由基本量子逻辑门组成的计算网络,通过在量子计算机上正确执行计算网络,实现对目标系统的动力学模拟。

一个多粒子量子系统,按照粒子交换遵从的统计规律分为 Fermi 子系统、Bose 子系统和任意子(见第 15 章)系统。服从不同统计的多粒子系统,系统动力学代数结构也不同,用量子计算机模拟它的动力学方法也会有所差异。这里区分 Fermi 子和 Bose 子两种典型情况,说明量子计算机模拟方法。

但是不管是 Fermi 子系统还是 Bose 系统,量子计算机模拟一个量子系统,目的都是求解系统与时间有关的 Schrödinger 方程,由 $t=0$ 时刻系统的初态,求出时刻 t 系统的状态。通过对演化过程或演化末态的测量和分析,得到系统性质和演化规律的信息。所以通用量子模拟机模拟由三个主要步骤构成[20]:①在通用量子计算机中,制备被模拟系统初始态的编码态,作为模拟计算的出发点;②根据被模拟系统的 Hamilton 量,构造量子计算机中的模拟算法,按算法要求在量子计算机上执行对输入态的时间演化操作;③模拟过程结束后,对计算机演化末态执行适当的测量,并通过对测量数据结果的分析获得被模拟系统信息。下面,首先介绍 Fermi 子系统进行初态制备和动力学演化的基本方法;然后讨论 Bose 子系统进行初态制备和动力学演化的步骤;最后对 Fermi 子系统和 Bose 子系统,根据所要提取信息的不同类型,讨论提取有用信息的测量方法。

3.7.2 Fermi 系统的量子模拟算法

1. Jordan-Wigner 变换

Fermi 系统满足 Pauli 不相容原理,即在同一时刻同一量子态最多由一个 Fermi 子占据,在此条件下,有限数目 Fermi 子系统的 Hilbert 空间应是有限维的。利用标准的自旋 1/2 Jordan-Wigner 变换[21],能够将 Fermi 系统的代数结构同构映射为标准的 Pauli 算子代数(量子计算机动力学标准模型)。这是进行 Fermi 系统量子模拟的基础,下面简要介绍如何将 Fermi 系统的产生湮灭算符映射到 Pauli 算子空间[22]。

考虑一个包含 n 个 Fermi 子固态系统，系统量子态或模的数目是 2^n 个。定义作用在第 j 个粒子上的 Pauli 算子：

$$\hat{\sigma}_\mu^{(j)} = I \otimes I \otimes \cdots \otimes \hat{\sigma}_\mu^{(j)} \otimes \cdots \otimes I \tag{3.7.1}$$

其中，$\mu = x, y, z$，它在 n 个 Fermi 子固态系统 Hilbert 空间中由 $2^n \times 2^n$ 矩阵表示。此算子对不同的 j 互相对易，对同一个 j 值满足普通 Pauli 算子的对易关系。同时 Fermi 子产生和湮灭算子 $\hat{a}_j^+$ 和 $\hat{a}_j$ 满足反对易关系：

$$[\hat{a}_i, \hat{a}_j]_+ = 0, \quad [\hat{a}_i, \hat{a}_j^+]_+ = \delta_{ij} \tag{3.7.2}$$

首先利用 Pauli 算子定义 $2n$ 个矩阵：

$$\begin{aligned} \gamma_1 &= \hat{\sigma}_x^{(1)}, & \gamma_2 &= \hat{\sigma}_y^{(1)} \\ \gamma_3 &= \hat{\sigma}_z^{(1)}\hat{\sigma}_x^{(2)}, & \gamma_4 &= \hat{\sigma}_z^{(1)}\hat{\sigma}_y^{(2)} \\ &\vdots & &\vdots \\ \gamma_{2n-1} &= \Big(\prod_{j=1}^{n-1}\hat{\sigma}_z^{(j)}\Big)\hat{\sigma}_x^{(n)}, & \gamma_{2n} &= \Big(\prod_{j=1}^{n-1}\hat{\sigma}_z^{(j)}\Big)\hat{\sigma}_y^{(n)} \end{aligned} \tag{3.7.3}$$

容易证明，这些算子满足反对易关系：

$$[\gamma_\mu, \gamma_\nu]_+ = 2\delta_{\mu\nu} \tag{3.7.4}$$

利用上述关系，可以建立 Fermi 子产生算子和湮灭算子到 $\{\gamma_\mu\}$ 算子的映射关系：

$$\begin{aligned} \hat{a}_j^+ &\to \Big(\prod_{i=1}^{j-1} -\hat{\sigma}_z^{(i)}\Big)\hat{\sigma}_+^{(j)} = (-1)^{j-1}\hat{\sigma}_z^{(1)}\hat{\sigma}_z^{(2)}\cdots\hat{\sigma}_z^{(j-1)}\hat{\sigma}_+^{(j)} = (-1)^{j-1}(\gamma_{2j-1} + \mathrm{i}\gamma_{2j})/2 \\ \hat{a}_j &\to \Big(\prod_{i=1}^{j-1} -\hat{\sigma}_z^{(i)}\Big)\hat{\sigma}_-^{(j)} = (-1)^{j-1}\hat{\sigma}_z^{(1)}\hat{\sigma}_z^{(2)}\cdots\hat{\sigma}_z^{(j-1)}\hat{\sigma}_-^{(j)} = (-1)^{j-1}(\gamma_{2j-1} - \mathrm{i}\gamma_{2j})/2 \end{aligned} \tag{3.7.5}$$

其中，$\hat{\sigma}_\pm^{(j)} = (\hat{\sigma}_x^{(j)} \pm \mathrm{i}\hat{\sigma}_y^{(j)})/2$。式(3.7.5)中两式称为 Jordan-Wigner 变换[21]，它定义了量子计算的标准动力学模型到被模拟 Fermi 子系统的一个代数同构。容易证明：

$$\hat{n}_j = \hat{a}_j^+\hat{a}_j = \hat{\sigma}_+^{(j)}\hat{\sigma}_-^{(j)} = \frac{(I + \hat{\sigma}_z^{(j)})}{2} \tag{3.7.6}$$

称为局域粒子数(密度)算子。需要说明的是，上述对 Fermi 子产生湮灭算符进行的映射实际上对应着 1 维自旋链，对于高维的情况基本思想也是类似的，具体可参见文献[23]。

2. Fermi 系统量子模拟的初态制备

对于 Fermi 系统，N_e 个 Fermi 子任意量子态 $|\Psi\rangle$ 满足反对称关系，可以表示为 Slater 行列式态 $|\Phi_\alpha\rangle$ 的线性组合：

$$|\Psi\rangle = \sum_{\alpha=1}^{N} a_\alpha |\Phi_\alpha\rangle \tag{3.7.7}$$

其中：

$$|\Phi_\alpha\rangle = \prod_{j=1}^{N_e} \hat{a}_j^+ \, |vac\rangle$$

$\hat{a}_j^+$ 为作用在第 j 个量子位上的产生算符；$|vac\rangle$是真空态，即没有 Fermi 子的态。注意到幺正算子：

$$U_m = e^{i\pi(\hat{a}_m + \hat{a}_m^+)/2} \tag{3.7.8}$$

作用到真空态上，就可产生态 $\hat{a}_m^+ |0\rangle$(略去相位因子 $e^{i\pi/2}$)。利用式(3.7.5)中的 Jordan-Wigner 变换可以将 U_m 表示为

$$U_m = e^{i\pi\hat{\sigma}_x^{(m)} \prod_{j=1}^{m-1} -\hat{\sigma}_z^{(j)}/2} \tag{3.7.9}$$

通过连续施加类似的幺正操作，就可在相差一个总的相位因子范围内产生态$|\Phi_\alpha\rangle$。有了态$|\Phi_\alpha\rangle$的制备方法，就可以制备式(3.7.7)中量子态。式(3.7.7)中态制备可以分为四个步骤，这里只做简单介绍，更加详细的说明和操作步骤请参见文献[22]。

为简便起见，假设 $\sum_{\alpha=1}^{N} |a_\alpha|^2 = 1$，且$\langle\Phi_\alpha|\Phi_\beta\rangle = \delta_{\alpha\beta}$：

(1) 引进 N 个初态为$|0\rangle$的辅助量子位，得到$\underbrace{|0\rangle\otimes|0\rangle\otimes\cdots|0\rangle}_{N}\otimes|vac\rangle \equiv |0\rangle_a\otimes|vac\rangle$。

(2) 利用$|0\rangle_a\otimes|vac\rangle$产生 $\sum_{\alpha=1}^{N} a_\alpha |\alpha\rangle\otimes|vac\rangle$，$|\alpha\rangle$ 为第 α 位为 $|1\rangle$ 的辅助量子态。

(3) 根据上式中不同的 α，将 $\sum_{\alpha=1}^{N} a_\alpha |\alpha\rangle\otimes|vac\rangle$ 中每一项中的 $|vac\rangle$，通过U_m 制备为 $|\Phi_\alpha\rangle$，即得到$\sum_{\alpha=1}^{N} a_\alpha |\alpha\rangle\otimes|\Phi_\alpha\rangle$。

(4) 通过再次添加辅助位并进行控制门操作，最终以 $1/N$ 的概率得到 $\sum_{\alpha=1}^{N} a_\alpha |0\rangle_a |\Phi_\alpha\rangle$。

从以上简述的步骤就可以得知，一般情况下需要 N 次尝试才能得到正确的初态。

3. 量子模拟 Fermi 系统的动力学演化

量子模拟的核心任务就是使量子系统在给定时间有关的 Hamilton 量 $\hat{H}$ 的作用下，发生时间演化：

$$|\Psi(t)\rangle = e^{-i\hat{H}t/\hbar} |\Psi(0)\rangle$$

由给定的初态 $|\Psi(0)\rangle$ 和 Hamilton 量 $\hat{H}$，最终得到 t 时刻的系统的量子态，其中时间演化过程可以通过由一位门和两位门组成的量子线路逻辑网络描述。

对于一个 Fermi 子系统，一般的 Hamilton 量可以表示为

$$\hat{H}_P = \sum_j (\alpha_j(t)\hat{a}_j + \tilde{\alpha}_j(t)\hat{a}_j^+) + \sum_{ij}\alpha_{ij}(t)(\hat{a}_i^+\hat{a}_j + \hat{a}_j^+\hat{a}_i) \quad (3.7.10)$$

Fermi 系统的其他相互作用 Hamilton 量均可由式(3.7.10)生成。考虑只有局域相互作用的量子系统，其中 $\hat{H}$ 能写成空间、时间局域相互作用 Hamilton 算子之和：$\hat{H} = \sum_{j=1}^{n}\hat{H}_j$，其中，$\hat{H}_j$ 具有 $\hat{H}_P$ 的形式(或能够由 $\hat{H}_P$ 生成)。于是模拟 Fermi 子系统的动力学演化过程，就是利用 Jordan-Wigner 变换，将系统的 Hamilton 量映射到 Pauli 算子空间中。然而在一般情况下，这种直接的映射会导致 Hamilton 量的形式过于复杂。为避免这种情况，使用 Trotter-Suzuki 分解[24,25]：

$$\mathrm{e}^{\mathrm{i}\hat{H}t} = (\mathrm{e}^{\mathrm{i}\hat{H}_1 t/\tau}\cdots\mathrm{e}^{\mathrm{i}\hat{H}_n t/\tau})^{\tau} + \sum_{j'>j}[\hat{H}_{j'},\hat{H}_j]t^2/2\tau + \text{高阶项} \quad (3.7.11)$$

进行近似。若只取式(3.7.11)展开中的第一项，即 Trotter-Suzuki 的一阶近似，以此为基础，将近似 Hamilton 量中的 $\hat{H}_n$ 分解为一位门和两位门组成的量子网络。下面以双线性项 $\hat{a}_1^+\hat{a}_j+\hat{a}_j^+\hat{a}_1$ 为例，说明如何实现这一过程。

由 Jordan-Wigner 变换可知：

$$\hat{a}_1^+\hat{a}_j + \hat{a}_j^+\hat{a}_1 = (-1)^j(\hat{\sigma}_x^{(1)}\hat{\sigma}_z^{(2)}\cdots\hat{\sigma}_z^{(j-1)}\hat{\sigma}_x^{(j)} + \hat{\sigma}_y^{(1)}\hat{\sigma}_z^{(2)}\cdots\hat{\sigma}_z^{(j-1)}\hat{\sigma}_y^{(j)}) \quad (3.7.12)$$

首先令 $U_1=\mathrm{e}^{\mathrm{i}\pi\hat{\sigma}_y^{(1)}/4}$，则 $U_1^{\dagger}\hat{\sigma}_z^{(1)}U_1=\hat{\sigma}_x^{(1)}$；继续可以得到 $U_2=\mathrm{e}^{\mathrm{i}\pi\hat{\sigma}_z^{(1)}\hat{\sigma}_z^{(2)}/4}$ 且 $U_2^{\dagger}\hat{\sigma}_x^{(1)}U_2=\hat{\sigma}_y^{(1)}\hat{\sigma}_z^{(2)}$；接下来令 $U_3=\mathrm{e}^{\mathrm{i}\pi\hat{\sigma}_z^{(1)}\hat{\sigma}_x^{(3)}/4}$，则 $U_3^{\dagger}\hat{\sigma}_y^{(1)}\hat{\sigma}_z^{(2)}U_3=-\hat{\sigma}_x^{(1)}\hat{\sigma}_z^{(2)}\hat{\sigma}_z^{(3)}$。至此，已经利用 U_1、U_2、U_3 得到了 $\hat{\sigma}_x^{(1)}\hat{\sigma}_z^{(2)}\hat{\sigma}_z^{(3)}$，时间无关的 Hamilton 量 $\hat{H}=\alpha\hat{\sigma}_x^{(1)}\hat{\sigma}_z^{(2)}\hat{\sigma}_x^{(3)}$ 生成的时间演化算子 $U(t)=\mathrm{e}^{\mathrm{i}\hat{H}t}$，即为

$$U(t) = \mathrm{e}^{-\mathrm{i}\pi\hat{\sigma}_y^{(3)}/4}\mathrm{e}^{\mathrm{i}\pi\hat{\sigma}_z^{(1)}\hat{\sigma}_z^{(3)}/4}\mathrm{e}^{\mathrm{i}\pi\hat{\sigma}_x^{(1)}/4}\mathrm{e}^{\mathrm{i}\alpha\hat{\sigma}_z^{(1)}\hat{\sigma}_z^{(2)}t}\mathrm{e}^{-\mathrm{i}\pi\hat{\sigma}_x^{(1)}/4}\mathrm{e}^{-\mathrm{i}\pi\hat{\sigma}_z^{(1)}\hat{\sigma}_z^{(3)}/4}\mathrm{e}^{\mathrm{i}\pi\hat{\sigma}_y^{(3)}/4} \quad (3.7.13)$$

此式可以用量子网络图 3.7.1 表示。

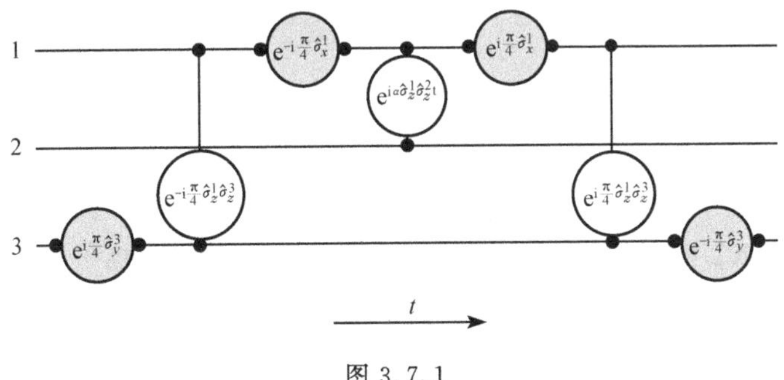

图 3.7.1

通过类似的步骤，最终可以得到 $\sigma_x^{(1)}\sigma_z^{(2)}\cdots\sigma_z^{(j-1)}\sigma_x^{(j)}$，即 $\hat{a}_1^+\hat{a}_j+\hat{a}_j^+\hat{a}_1$ 的 Pauli 算

子映射的第一项,再经过简单的幺正变换就可以得到$\hat{\sigma}_y^{(1)}\hat{\sigma}_z^{(2)}\cdots\hat{\sigma}_z^{(j-1)}\hat{\sigma}_y^{(j)}$。

通过上述方法,可以实现任意 Fermi 系统的 Hamilton 量到 Pauli 算子代数的映射,最终将其用量子线路逻辑网络表示,从而实现 Fermi 子系统的动力学演化过程的模拟。

3.7.3 Bose 系统的量子模拟算法

量子系统的量子计算机模拟,是通过对量子位系统有限维 Hilbert 空间态进行操控来实现的。而 Bose 系统由于不具备 Pauli 不相容原理的限制,即使包含有限数目的 Bose 系统,对应的 Hilbert 空间也可以是无穷维的。从这个角度看,使用量子计算机对 Bose 系统进行量子模拟似乎是不现实的。然而,对于实际感兴趣的物理系统,系统 Hilbert 空间常可以截断为有限维,仅需要对其中某个有限维子空间的模拟就可以达到要求。有限维 Bose 系统的 Hamilton 量可以表示为[26]

$$\hat{H} = \sum_{i,j=1}^{N} \alpha_{ij}\hat{b}_i^{+}\hat{b}_j + \beta_{ij}\hat{n}_i\hat{n}_j \tag{3.7.14}$$

其中,$\hat{b}_i^{+}(\hat{b}_j)$为 Bose 子的产生(湮灭)算符;$\hat{n}_i=\hat{b}_i^{+}\hat{b}$ 为粒子数算符。显然,系统中 Bose 子总数是守恒的,以下就在此限制条件下,讨论 Bose 系统的量子模拟问题。

1. Bose 系统相互作用代数到自旋 1/2 系统的映射

对于无限维的 Bose 系统,产生湮灭算符 $\hat{b}_i^{+}$ 和 $\hat{b}_j$ 的对易关系为$[\hat{b}_i,\hat{b}_j]=0$,$[\hat{b}_i,\hat{b}_j^{+}]=\delta_{ij}$。对于有限维的 Bose 系统,态矢表示为$|n_1,n_2,\cdots n_N\rangle$,$n_i=0,\cdots N_P$,$N_P$ 为每个位置包含 Bose 子的最大个数。定义作用在第 i 个位置的 Bose 子产生算符为

$$\hat{\bar{b}}_i^{+} = I\otimes I\otimes\cdots\otimes\hat{b}^{\dagger}\otimes\cdots\otimes I \tag{3.7.15}$$

其中:

$$\hat{b}^{+}=\begin{pmatrix} 0 & 0 & 0 & \cdots & 0 & 0 \\ 1 & 0 & 0 & \cdots & 0 & 0 \\ 0 & \sqrt{2} & 0 & \cdots & 0 & 0 \\ \vdots & \vdots & \vdots & & \vdots & \vdots \\ 0 & 0 & 0 & \cdots & \sqrt{N_P} & 0 \end{pmatrix}$$

为$(N_P+1)\times(N_P+1)$维矩阵。注意,此时新的产生湮灭算子$\hat{\bar{b}}_i^{+}$ 与$\hat{\bar{b}}_i$ 的对易关系与$\hat{b}_i^{+}$ 和$\hat{b}_j$ 的对易关系不同,为

$$[\hat{\bar{b}}_i,\hat{\bar{b}}_j]=0,\quad [\hat{\bar{b}}_i,\hat{\bar{b}}_j^{+}]=\delta_{ij}\left[1-\frac{N_P+1}{N_P!}(\hat{\bar{b}}_i^{+})^{N_P}(\hat{\bar{b}}_i)^{N_P}\right] \tag{3.7.16}$$

且易知$(\hat{\bar{b}}_i^{+})^{N_P+1}=0$。正如前面所分析过的,为了对被研究系统进行量子模拟,需

要把被模拟系统的动力学映射到量子计算机门操作上。然而从$\hat{\bar{b}}_i^+$与$\hat{\bar{b}}_i$的对易关系可以看出，$\hat{\bar{b}}_i^+$与$\hat{\bar{b}}_i$的线性生成空间并不封闭，所以采取前述的Jordan-Wigner变换进行同构映射是不可取的，只能采取一对一的方式进行直接映射。

考虑一个Bose子链，在Bose子链的第i个位置最多可以容纳N_P个Bose子，于是可以将相应粒子数态与一个由N_P+1个量子位组成的量子态一一对应：

$$
\begin{aligned}
|0\rangle_i &\leftrightarrow |\uparrow_0\downarrow_1\downarrow_2\cdots\downarrow_{N_p}\rangle_i \\
|1\rangle_i &\leftrightarrow |\downarrow_0\uparrow_1\downarrow_2\cdots\downarrow_{N_p}\rangle_i \\
|2\rangle_i &\leftrightarrow |\downarrow_0\downarrow_1\uparrow_2\cdots\downarrow_{N_p}\rangle_i \\
&\vdots \\
|N_P\rangle_i &\leftrightarrow |\downarrow_0\downarrow_1\downarrow_2\cdots\uparrow_{N_p}\rangle_i
\end{aligned}
\tag{3.7.17}
$$

其中，$|n\rangle_i$表示链中第i个位置处有n个Bose子。因此，模拟N长Bose链总共需要$N(N_P+1)$个量子位。由(3.7.15)式及$\hat{\bar{b}}_i^+$的定义，易知$\bar{b}_i^+|n_i\rangle=\sqrt{n+1}|n+1\rangle_i$，得

$$
\hat{\bar{b}}_i^+=\sum_{n=0}^{N_p-1}\sqrt{n+1}\hat{\sigma}_-^{n,i}\,\hat{\sigma}_+^{n+1,i}
\tag{3.7.18}
$$

其中，(n,i)表示算子作用在第i位上有n个Bose子的量子态上。类似地得到粒子数算符的表达式：

$$
\hat{\bar{n}}_i=\sum_{n=0}^{N_p}n\frac{\hat{\sigma}_z^{n,i}+1}{2}
\tag{3.7.19}
$$

粒子数算符的作用为

$$
\hat{\bar{n}}_i|\downarrow_0\cdots\downarrow_{n-1}\uparrow_n\downarrow_{n+1}\cdots\downarrow_{N_p}\rangle_i=n|\downarrow_0\cdots\downarrow_n\uparrow_{n+1}\downarrow_{n+2}\cdots\downarrow_{N_p}\rangle_i
$$

有了式(3.7.18)、式(3.7.19)就可以将Bose系统的一般Hamilton量(3.7.14)式映射为

$$
\hat{H}=\sum_{i,j=1}^{N}\alpha_{ij}\,\hat{\bar{b}}_i^+\hat{\bar{b}}_j+\beta_{ij}\,\hat{\bar{n}}_i\,\hat{\bar{n}}_j
\tag{3.7.20}
$$

有了上述Bose系统Hamilton量在Pauli算子空间中的表示，接下来就可以进行Bose系统的初态制备和动力学演化模拟。

2. Bose系统量子模拟的初态制备

一个N位包含N_P个Bose子的系统的一般量子态$|\psi\rangle$可写成$|\phi_\alpha\rangle$的线性叠加：

$$
|\psi\rangle=\sum_{\alpha=1}^{L}g_\alpha|\phi_\alpha\rangle
$$

其中：

$$
|\phi_\alpha\rangle=K(\hat{b}_1^+)^{n_1}(\hat{b}_2^+)^{n_2}\cdots(\hat{b}_N^+)^{n_N}|vac\rangle
\tag{3.7.21}
$$

其中,K 为归一化因子;n_i 为占据第 i 个位置的 Bose 子的数目 $\left(\sum_{i=1}^{N} n_i = N_P\right)$;$|vac\rangle$ 为 Bose 子真空态。利用式(3.7.17),可得

$$\begin{aligned}|vac\rangle &= |\uparrow_0\downarrow_1\cdots\downarrow_{N_P}\rangle_1 \otimes\cdots\otimes |\uparrow_0\downarrow_1\cdots\downarrow_{N_P}\rangle_N \\ |\phi_\alpha\rangle &= |\downarrow_0\cdots\uparrow_{n_1}\cdots\downarrow_{N_P}\rangle_1 \otimes\cdots\otimes |\downarrow_0\cdots\uparrow_{n_N}\cdots\downarrow_{N_P}\rangle_N\end{aligned} \tag{3.7.22}$$

从上式即可看出,制备 N 长 Bose 系统的任意初态,只需要对真空态中的 $2N$ 个量子位的自旋态施行翻转操作即可。

对于 Bose 系统的一般量子态 $|\psi\rangle = \sum_{\alpha=1}^{L} g_\alpha |\phi_\alpha\rangle$,制备方法与 Fermi 系统中的情况类似,同样需要 L 个辅助量子位对量子态进行控制操作,在此不再详述。

3. Bose 系统量子模拟的动力学演化

Bose 系统量子模拟的动力学演化过程与 Fermi 系统相似,首先使用 Trotter-Suzuki 分解并取其一阶近似,然后将近似 Hamilton 量中的 $\hat{H}_n$ 分解为一位门和两位门组成的量子网络,最后在量子计算机上执行这些量子网络。这里仍然以典型的双线性项 $\hat{b}_i^+\hat{b}_j+\hat{b}_j^+\hat{b}_i$ 为例,说明如何进行分解。根据式(3.7.18),得

$$\begin{aligned}&\exp[\mathrm{i}(\hat{b}_i^+\hat{b}_j+\hat{b}_j^+\hat{b}_i)t] \\ &=\exp\Big\{\frac{\mathrm{i}t}{8}\sum_{n,n'=0}^{N_P-1}\sqrt{(n+1)(n'+1)}\big[(\hat{\sigma}_x^{n,i}\hat{\sigma}_x^{n+1,i}+\hat{\sigma}_y^{n,i}\hat{\sigma}_y^{n+1,i})(\hat{\sigma}_x^{n',j}\hat{\sigma}_x^{n'+1,j}+\hat{\sigma}_y^{n',j}\hat{\sigma}_y^{n'+1,j}) \\ &\quad+(\hat{\sigma}_x^{n,i}\hat{\sigma}_y^{n+1,i}-\hat{\sigma}_x^{n,i}\hat{\sigma}_y^{n+1,i})(\hat{\sigma}_x^{n',j}\hat{\sigma}_y^{n'+1,j}+\hat{\sigma}_x^{n',j}\hat{\sigma}_y^{n'+1,j})\big]\Big\}\end{aligned}$$

上式中指数部分各项是相互对易的,所以上式很容易分解为基本的量子逻辑门。以二位单 Bose 子系统来考虑问题,此时$\hat{\bar{b}}_1^+=\hat{\sigma}_-^{0,1}\hat{\sigma}_+^{1,1}$与$\hat{\bar{b}}_2^\dagger=\hat{\sigma}_-^{0,2}\hat{\sigma}_+^{1,2}$,这样上式就表示为

$$\begin{aligned}&\exp\left(\frac{\mathrm{i}t}{8}\hat{\sigma}_x^{0,1}\hat{\sigma}_x^{1,1}\hat{\sigma}_x^{0,2}\hat{\sigma}_x^{1,2}\right)\times\exp\left(\frac{\mathrm{i}t}{8}\hat{\sigma}_x^{0,1}\hat{\sigma}_x^{1,1}\hat{\sigma}_y^{0,2}\hat{\sigma}_y^{1,2}\right)\times\exp\left(\frac{\mathrm{i}t}{8}\hat{\sigma}_y^{0,1}\hat{\sigma}_y^{1,1}\hat{\sigma}_x^{0,2}\hat{\sigma}_x^{1,2}\right) \\ &\quad\times\exp\left(\frac{\mathrm{i}t}{8}\hat{\sigma}_y^{0,1}\hat{\sigma}_y^{1,1}\hat{\sigma}_y^{0,2}\hat{\sigma}_y^{1,2}\right)\times\exp\left(\frac{\mathrm{i}t}{8}\hat{\sigma}_y^{0,1}\hat{\sigma}_x^{1,1}\hat{\sigma}_y^{0,2}\hat{\sigma}_x^{1,2}\right)\times\exp\left(\frac{\mathrm{i}t}{8}\hat{\sigma}_y^{0,1}\hat{\sigma}_x^{1,1}\hat{\sigma}_x^{0,2}\hat{\sigma}_y^{1,2}\right) \\ &\quad\times\exp\left(\frac{\mathrm{i}t}{8}\hat{\sigma}_x^{0,1}\hat{\sigma}_y^{1,1}\hat{\sigma}_y^{0,2}\hat{\sigma}_x^{1,2}\right)\times\exp\left(\frac{\mathrm{i}t}{8}\hat{\sigma}_x^{0,1}\hat{\sigma}_y^{1,1}\hat{\sigma}_x^{0,2}\hat{\sigma}_y^{1,2}\right)\end{aligned}$$

然后用与 Fermi 系统中类似的方法,就能将上述 8 个指数项分别转化为基本量子门的组合。图 3.7.2 中所示就是 $\exp\left(\frac{\mathrm{i}t}{8}\hat{\sigma}_x^{0,1}\hat{\sigma}_y^{1,1}\hat{\sigma}_y^{0,2}\hat{\sigma}_x^{1,2}\right)$分解后的量子线路逻辑网络。

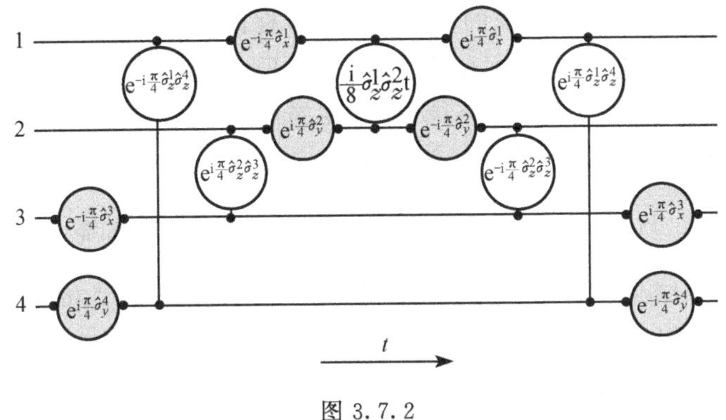

图 3.7.2

3.7.4　从模拟结果中获得信息的测量

量子模拟的目的就是从模拟过程的末态中提取出感兴趣的信息，如系统能级间隙[27]、能量本征值及相应的本征矢[28]、系统各部分关联函数以及某些物理量的期望值等[29]。根据提取信息的不同，所采取的测量方式也不尽相同。下面就根据希望获得不同的信息类型，简单介绍量子模拟过程中的测量步骤。

1. 基态与第一激发态之间的能级间隙

相互作用量子系统最重要的参数之一就是基态与第一激发态之间的能级间隙。为了得到能级间隙，需要将量子模拟过程的初态制备为基态和第一激发态的叠加态。经过动力学演化过程之后，量子系统中系统量子态两分量之间的相位差就直接与所求能隙成正比。此时就可以利用标准的相位估计算法提取两分量之间的相位差，并由此得到相应能隙。

但是如果演化过程中涉及量子相变，情况会变得相对复杂，因为在量子相变点附近，所求能隙会变得指数地减小。在这种情况下就可以通过能隙的变化来判断相变点的位置，只要发现能隙小于量子模拟所能测量的精度范围，就认为相变已经发生。

2. 本征值及相应本征矢

Abrams 和 Lloyd[28] 提出能够确定任意 Hamilton 量 $\hat{H}$ 的全部或部分本征值及相应本征矢的测量方法，条件是能够实现 $\hat{U}=\exp(\mathrm{i}\hat{H}t/\hbar)$ 的有效量子模拟。由于 $\hat{H}$ 和 $\hat{U}$ 具有共同的本征值和本征矢量，就可以利用 $\hat{U}$ 去确定。这里人们感兴趣的信息往往是最低激发能态。

Abrams-Lloyd 方案首先需要一个近似本征矢 $|V_a\rangle$，且 $|\langle V|V_a\rangle|^2$ 不随系统的增大指数量级地变小，$|V\rangle$ 是真实的本征矢量。另外还需要将 m 个量子位的索引

寄存器,初始制备为 0 到 2^n-1 的量子叠加态。根据索引寄存器中数字的不同,对 $|V_a\rangle$ 作用不同次数的幺正算符 $\hat{U}$。然后通过逆 Fourier 变换将相位变换到索引寄存器中进行测量,就会得到一个本征值,其他寄存器中就存储着相应的本征矢量 $|V\rangle$。进一步的分析可以参照参考文献[30]。

3. 关联函数、Hermition 算子期望值和 Hermition 算子能谱

从量子模拟结果中提取关联函数、Hermition 算子期望值和 Hermition 算子能谱的方法是类似的,以关联函数的提取为例进行简要说明[29]。所用线路图如图 3.7.3 所示,此线路测量的关联函数形式为

$$C_{AB}(t)=\langle\hat{U}^{\dagger}(t)\hat{A}\hat{U}(t)\hat{B}\rangle$$

其中,$\hat{U}(t)$ 为量子系统的时间演化算符;$\hat{A}$ 和 $\hat{B}$ 可表示为幺正算符的和形式。$|a\rangle$ 为单个辅助量子位,初态为$(|0\rangle+|1\rangle)/2$,用于实现对算子 $\hat{B}$ 和 $\hat{A}^{\dagger}$ 的控制操作。$|\psi\rangle$ 为所关心的量子系统的量子态,X 为 Pauli 算子 $\hat{\sigma}_x$。执行图 3.7.3 中线路之后,以 $2\hat{\sigma}_+=\hat{\sigma}_x+\mathrm{i}\hat{\sigma}_y$ 为测量基对辅助量子位进行测量,得到 $\langle 2\hat{\sigma}_+\rangle=\langle\hat{\sigma}_x+\mathrm{i}\hat{\sigma}_y\rangle=C_{AB}(t)$。进行多次测量将测量结果联合处理可以提高关联函数的测量精度。如果将线路图中的 $\hat{U}(t)$ 替换为空间平移算符,上述方法就可以用来计算空间关联函数。

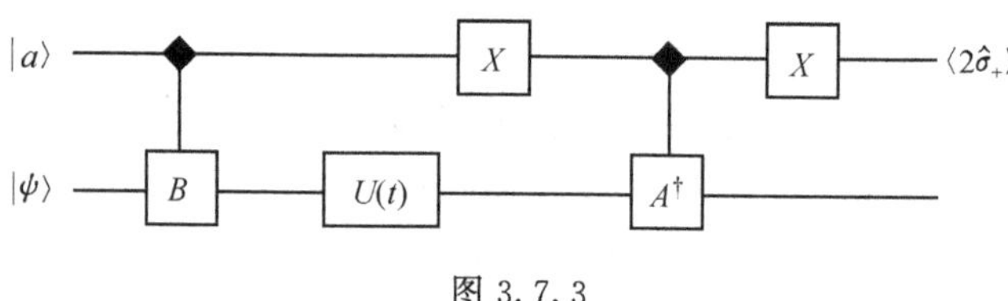

图 3.7.3

除了上述几种方法外,还有其他的方法可以从演化后的量子系统中提取有用的系统信息。许多针对量子信息实验发展起来的测量方法,同样也适用于量子模拟过程,如量子态层析,量子过程的直接刻划方法等。这些方法已经在量子信息和量子计算的其他方面得到广泛的应用,相关的讨论研究也很深入,在此就不赘述。

参 考 文 献

[1] Sipser M. Introduction to the Theory of Computation. Boston:PWS Publishing Company, 1997:142—147.

[2] Keith D. 数学:新的黄金时代. 李文林等译. 上海:上海教育出版社,1997:120.

[3] Turing A M. On computable numbers, with an application to the entscheidungsproblem. Proceedings of the London Mathematical Society,1936,42:230—265.

[4] Church A. An unsolvable problem of elementary number theory. American Journal of Mathematics,1936,58:345—363.

[5] 陆汝钤. 数学. 计算. 逻辑. 长沙:湖南教育出版社,1993.

[6] Watrous J. Quantum computational complexity//Encyclopedia of Complexity and Systems Science,NewYork:Springer,2009.

[7] Deutsch D. Quantum theory,the Church-Turing principle and universal computer. Proceedings of the Royal Society A,1985,400(1818):97—117.

[8] Deutsch D,Jozsa R. Rapid solution of problems by quantum computation. Proceedings of the Royal Society A,1992,439:553—558.

[9] Bernstein E,Vazirani U. Quantum complexity theory//Proceedings of the 25th Annual ACM Symposium on Theory of Computing,New York,1993:11—20.

[10] Simon D. On the power of quantum computation//Proceedings of the 35th Annual IEEE Symposium on Foundations of Computer Science,Santa Fe,1994:116—123.

[11] Grover L. A fast quantum mechanical algorithm for database search//Proceedings of the 28th Annual ACM Symposium on the Theory of Computing,New York,1996:212—219.

[12] Grover L. Quantum mechanics helps in searching for a needle in a haystack. Physical Review Letters,1997,79(2):325—328.

[13] Bennett C H,Bernstein E,Brassard G,et al. Strengths and weaknesses of quantum computing. SIAM Journal on Computing,1997,26:1510—1523.

[14] Shor P W. Algorithms for quantum computation:Discrete logarithms and factoring//Proceedings of the 35th Annual Symposium on Foundations of Computer Science,IEEE Computer Society,Washington DC,1994:124—134.

[15] Shor P W. Polynomial-time algorithms for prime factorization and discrete logarithms on a quantum computer. SIAM Journal on Computing,1997,26(5):1484—1509.

[16] Nielsen M A,Chuang I L. Quantum Computation and Quantum Information. Cambridge: Cambridge University Press,2000.

[17] Grigni M. Quantum mechanical algorithms for the non-abelian hidden subgroup problem. Combinatorica,2004,24(1):137—154.

[18] Childs A M. Quantum algorithms for algebraic problems. Review of Modern Physics, 2010,82:1—52.

[19] Feynman R P. Simulating physics computers. International Journal of Theoretical Physics, 1982,21:476—487.

[20] Buluta I,Nori F. Quantum simulators. Science,2009,326:108—111.

[21] Fradkin E. Jordan-Wigner transformation for quantum-spin systems in two dimensions and fractional statistics. Physical Review Letters,1989,63:322—325.

[22] Ortiz G,Gubernatis J E,Knill E,et al. Quantum algorithms for fermionic simulations. Physical Review A,2001,64.

[23] Batista C D,Ortiz G. Generalized Jordan-Wigner transformations. Physical Review Let-

ters,2001,86:1082－1085.

[24] Suzuki M. Improved Trotter-like formula. Physical Review A,1993,180:232－234.

[25] Trotter H F. On the product of semi-groups of operators. Proceedings of American Mathematical Society,1959,10:545－551.

[26] Somma R D,Ortiz G,Knill E H,et al. Quantum simulations of physics problems. ArXiv: quant-ph/0304063,2003.

[27] Wu L A,Byrd M S,Lidar D A. Polynomial-time simulation of pairing models on a quantum computer,Physical Review Letters,2002,89(5).

[28] Abrams D S,Lloyd S. Quantum algorithm providing exponential speed increase for finding eigenvalues and eigenvectors. Physical Review Letters,1999,83,5162－5165.

[29] Somma R,Ortiz G,Gubernatis J E,et al. Simulating physical phenomena by quantum networks. Physical Review A,2002,65:042323-1－042323-14.

[30] Wang H,Kais S,Aspuru-Guzik A,et al. Quantum algorithms for obtaining the energy spectrum of molecular systems. Physical Chemistry Chemical Physics,2008,10(35):5388－5393.

第4章　量子计算机动力学模型

量子计算机是一个量子力学系统。按照量子力学的基本原理，描写量子计算机内部相互作用的 Hamilton 量决定了一个 Hilbert 空间，量子计算中通常使用这个空间(或它的一个子空间)用来编码要处理的量子信息。量子计算就是按照算法要求对编码有信息的量子态进行一系列逻辑运算。为了利用量子叠加带来的好处，这些运算操作必须保证编码态的相干性，因此这些操作应当是编码态的幺正变换。最后需要通过对计算末态的测量提取出计算结果。量子计算机编码态幺正演化和测量操作，都需要通过控制系统内、系统和外界以及系统和测量仪器的相互作用实现。本章讨论量子计算机动力学模型，就是研究量子计算机系统 Hamilton 量普遍形式，Hamilton 量中各种成分在量子计算中所起的作用，如何操控 Hamilton 不同成分实现量子计算以及量子计算机和环境的相互作用如何导致量子计算机编码态的消相干等。量子计算机动力学研究将给出在一个量子系统中，为实现量子计算，系统动力学必须满足的必要条件，揭示量子计算机态消相干的动力学机制，这为寻找量子计算机的物理实现，最终构建量子计算机提供理论指导。

4.1　量子计算机系统 Hamilton 量的一般形式

按照量子力学的基本原理，量子计算机系统动力学决定于描述系统内部相互作用以及计算机系统和外部环境(注意，这里环境不仅指通常意义上计算机外部环境，还包括计算机内部没有用于编码信息的其他自由度)相互作用的 Hamilton 量。当然量子计算不同计算模型的物理实现可能需要不同的量子硬件，不同的物理系统实现这些硬件的方式可能不同。本节仍然以量子计算线路网络模型为基础，从一般物理、数学原理出发，研究执行这个模型的量子计算 Hamilton 量的一般形式。

4.1.1　量子位动力学的半自旋 Fermi 子模型

量子计算机的基本单元是个量子位，量子位是一个双态量子系统。不失一般性，假设一个量子位两个线性独立态分别编码逻辑态$|0\rangle$和$|1\rangle$，为了简单，就用$|0\rangle$和$|1\rangle$表示量子位的这两个线性独立态。物理上常用一个两能级系统编码一个量子位。

设两能级系统 Hamilton 量 $\hat{H}_a$ 本征值分别为 $E_1 \equiv \hbar\omega_1$ 和 $E_2 \equiv \hbar\omega_2$，对应的两

个本征态是$|0\rangle$和$|1\rangle$。利用$\hat{H}_a$本征函数完备性关系$\sum_i |i\rangle\langle i|=1$，这个量子位的 Hamilton 量可以写作

$$\hat{H}_a = \sum_i |i\rangle\langle i| \hat{H}_a \sum_j |j\rangle\langle j| = \sum_{i,j} |i\rangle \hbar\omega_j \delta_{ij} \langle j| = \sum_i \hbar\omega_i |i\rangle\langle i| \tag{4.1.1}$$

注意到$|i\rangle\langle j|l\rangle=|i\rangle\delta_{jl}$，这表明算子$|i\rangle\langle j|$的作用是湮灭量子位的$j$态，产生一个$i$态。定义量子位态产生和湮灭算子分别为$\hat{b}^+$和$\hat{b}$，则$\hat{b}_i^+\hat{b}_j\equiv|i\rangle\langle j|$，可将量子位 Hamilton 量写作

$$\hat{H}_a = \sum_i \hbar\omega_i \hat{b}_i^+\hat{b}_i = \hbar\omega_1\hat{b}_1^+\hat{b}_1 + \hbar\omega_2\hat{b}_2^+\hat{b}_2 \tag{4.1.2}$$

选择能量零点$\hbar(\omega_1+\omega_2)/2=0$，并令$\omega_0=\omega_2-\omega_1$(见图 4.1.1)，式(4.1.2)可表示为

$$\hat{H}_a = \frac{1}{2}\hbar\omega_0(\hat{b}_2^+\hat{b}_2 - \hat{b}_1^+\hat{b}_1) \tag{4.1.3}$$

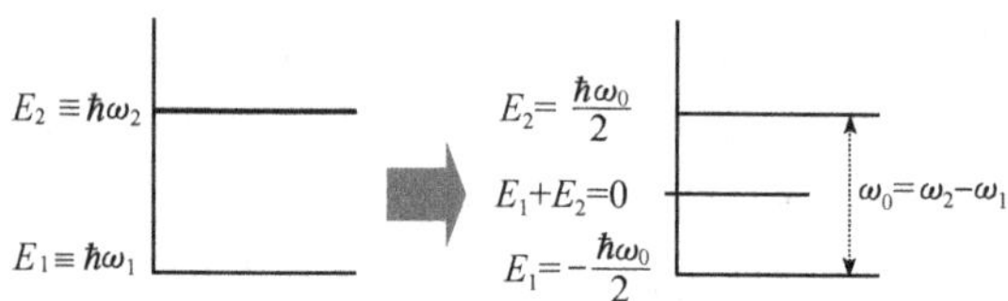

图 4.1.1

利用量子位态产生算子、湮灭算子，定义：

$$\hat{I} \equiv \hat{b}_1^+\hat{b}_1 + \hat{b}_2^+\hat{b}_2 \equiv |1\rangle\langle 1| + |2\rangle\langle 2| \tag{4.1.4}$$

$$\hat{\sigma}^+ \equiv \hat{b}_2^+\hat{b}_1 \equiv |2\rangle\langle 1| \tag{4.1.5}$$

$$\hat{\sigma}^- \equiv \hat{b}_1^+\hat{b}_2 \equiv |1\rangle\langle 2| \tag{4.1.6}$$

$$\hat{\sigma}_z \equiv \hat{b}_1^+\hat{b}_1 - \hat{b}_2^+\hat{b}_2 \equiv |1\rangle\langle 1| - |2\rangle\langle 2| \tag{4.1.7}$$

容易看出，I是量子位 Hilbert 空间上的单位算子，它执行态的恒等变换；$\hat{\sigma}^+$是从能级 1 跃迁到能级 2 的上升算子，$\hat{\sigma}^-$是从能级 2 降为能级 1 的下降算子。利用式(4.1.7)中的$\hat{\sigma}_z$，一个量子位 Hamilton 量式(4.1.2)可写为

$$\hat{H}_a = -\frac{\hbar}{2}\omega_0\hat{\sigma}_z \tag{4.1.8}$$

相差一个常数因子，$\hat{\sigma}_z$就可表示一个量子位的 Hamilton 算子。

一个自旋$\hbar/2$的粒子，处在磁感应强度为$\vec{B}$的外磁场中，这个粒子的 Hamilton 量是

$$\hat{H}_a = -\vec{\mu}\cdot\vec{B} = -\gamma\vec{S}\cdot\vec{B} \tag{4.1.9}$$

其中，$\vec{\mu}$是电子自旋磁矩；$\vec{S}$是它的自旋角动量。$\gamma=\mu/J$是运动电荷的磁矩和它

的机械角动量之比，称为**旋磁比**(gyromagnetic)。对于电荷为 e、质量为 m 的带电粒子，$\gamma=e/2m$。[对于结构复杂的带电粒子组成的系统，旋磁比可以表示为 $\gamma=eg/(2m)$。其中，e、m 仍分别是电子的电荷绝对值和质量；g 称为 **Lande 因子**(Lande factor)或 g 因子]引入矢量 Pauli 算子 $\hat{\vec{\sigma}}$ 表示电子自旋：$\vec{S}=\hbar\hat{\vec{\sigma}}/2$。式(4.1.9)可写为

$$\hat{H}_a=-\frac{e}{2m}\vec{S}\cdot\vec{B}=-\frac{e\hbar}{4m}\hat{\vec{\sigma}}\cdot\vec{B}=-\frac{1}{2}\mu_B\hat{\vec{\sigma}}\cdot\vec{B} \tag{4.1.10}$$

其中，$\mu_B=e\hbar/(2m)$，称为 **Bohr 磁子**。若取外磁场为沿 z 方向的恒定场 B_0，上式化为

$$\hat{H}_a=-\frac{1}{2}\mu_B B_0\hat{\sigma}_z \tag{4.1.11}$$

将此结果和式(4.1.8)比较，可以看出，令 $\hbar\omega_0=\mu_B B_0$，一个量子位的 Hamilton 量和自旋 $\hbar/2$ 粒子在沿 z 方向恒定外磁场中的 Hamilton 量形式相同。

量子位升算子 $\hat{\sigma}^+$ 和量子位降算子 $\hat{\sigma}^-$，在计算基$\{|0\rangle,|1\rangle\}$下这两个算子可以分别用下面两个矩阵表示：

$$\hat{\sigma}^+=\begin{bmatrix}0 & 1\\ 0 & 0\end{bmatrix},\quad \hat{\sigma}^-=\begin{bmatrix}0 & 0\\ 1 & 0\end{bmatrix}$$

利用 Pauli 矩阵，这两个算子分别表示为

$$\hat{\sigma}^+=\frac{1}{2}(\hat{\sigma}_x+\mathrm{i}\hat{\sigma}_y),\quad \hat{\sigma}^-=\frac{1}{2}(\hat{\sigma}_x-\mathrm{i}\hat{\sigma}_y) \tag{4.1.12}$$

或

$$\hat{\sigma}_x=\hat{\sigma}^++\hat{\sigma}^-,\quad \hat{\sigma}_y=-\mathrm{i}(\hat{\sigma}^+-\hat{\sigma}^-) \tag{4.1.13}$$

容易验证，这些算子和自旋算子满足相同的对易关系：

$$[\hat{\sigma}^+,\hat{\sigma}_z]=\mp 2\hat{\sigma}^+,\quad [\hat{\sigma}^+,\hat{\sigma}^-]=\hat{\sigma}_z \tag{4.1.14}$$

这表示量子位态的幺正变换可以通过 Pauli 算子的作用实现。实际上，量子位态张起一个 2 维复矢量空间，量子位态空间的所有幺正变换构成二阶幺正群，在量子信息中仅需要行列式为+1 的特殊幺正群(总相位因子没有测量意义)，而二阶特殊幺正群可以由包括单位元在内的 Pauli 算子生成，所以单量子位的任意幺正变换都可以通过单位算子和 3 个 Pauli 算子的作用实现。

从另外一个角度看，一个量子位是一个双态量子系统，系统量子力学状态可以用 2 维 Hilbert 空间描述。由于 2×2 单位算子 I 和 3 个零迹(Pauli)算子 $\hat{\sigma}_x$、$\hat{\sigma}_y$、$\hat{\sigma}_z$ 构成 2 维 Hilbert 空间线性 Hermition 算子集合的一组完备集[1]，一个量子位系统的任意 Hamilton 都是作用在这个 2 维 Hilbert 空间上的线性 Hermition 算子，都可以用这组完备基表示为

$$\hat{H}_a=\sum_{i=0}^{3}c_i\hat{\sigma}_i=c_0 I+\vec{c}\cdot\hat{\vec{\sigma}} \tag{4.1.15}$$

其中,$\vec{c}$ 的 3 个分量是展开系数,在物理上分别描述三个自由度的作用强度,一般情况下是和时间有关的。对一般外磁场 $\vec{B}$,$\vec{B}$ 除有沿 z 的纵向分量外,还可能有沿 (x,y) 方向的横向分量,在这样磁场中,自旋 $\hbar/2$ 的粒子的 Hamilton 量是

$$\hat{H}_a = -\frac{e\hbar}{2m}\vec{\sigma}\cdot\vec{B} = -\mu_B\vec{B}\cdot\hat{\vec{\sigma}} \tag{4.1.16}$$

这与一般形式的单量子位 Hamilton 量式(4.1.15)在相差一个常数范围的完全相同。上述讨论表明一个量子位的动力学行为,可以用置于外磁场中的一个自旋 $\hbar/2$ 的粒子模拟。从这个意义上,一个量子计算机可以看做是自旋 $\hbar/2$ 的多粒子系统,其动力学行为就可用多粒子 Fermi 子模拟,称为量子计算机动力学的 Fermi 子模型。Steane 曾用多粒子系统模拟量子计算机,用粒子干涉的物理图像解释量子计算机工作原理,并由此建立了量子纠错码理论[2]。

式(4.1.11)中,恒定的纵向磁场的作用是使这个自旋粒子成为一个二能级系统,定义了有两个不同能量值的逻辑态,成为量子位不可分开的一部分。以后谈到用自旋 $\hbar/2$ 粒子模拟一个量子位时,就意味着包含这个恒定外磁场在内。当量子位用其他物理系统(如用原子、离子两个内部态)编码时,这个恒定外磁场并不存在,其作用由原子或离子内部其他相互作用代替,这也是为什么把量子位自旋 $\hbar/2$ 粒子模型中恒定纵向外磁场作为模型一部分的原因。在恒定纵向外磁场中,自旋 $\hbar/2$ 粒子两个本征态有确定的能量值,表示这两个态是稳定的,孤立量子位的时间演化,仅对相应态引进一个与态能量值有关的动力学相位因子。

由于外磁场恒定的纵向分量在量子位半自旋粒子模型中起着特殊作用,可以把它从外磁场中分离出来,作为量子位半自旋粒子模型的一部分。把单量子位 Hamilton 写作

$$\hat{H} = -\frac{1}{2}\hbar\omega_0\hat{\sigma}_z - \mu_B\vec{B}(t)\cdot\hat{\vec{\sigma}} \tag{4.1.17}$$

其中,把第二项外磁场 $\vec{B}$ 写成时间的函数,意思是可以根据需要随时接通或断开它的作用,实现对量子位态演化的控制。

一个量子计算机由多个量子位构成。由 N 个量子位构成的量子计算机,不考虑量子位之间的相互作用以及各量子位和环境(除去上述磁场外的其他相互作用)的相互作用,量子计算机总 Hamilton 量记为 $\hat{H}_0$,有

$$\hat{H}_0 = \sum_{i=1}^{N}\hat{H}_a^{(i)} = -\frac{1}{2}\hbar\sum_{i=1}^{N}\omega_i\hat{\sigma}_z(i) - \sum_{i=1}^{N}\mu_B\vec{B}_i(t)\cdot\hat{\vec{\sigma}}^{(i)} \tag{4.1.18}$$

其中,$\hat{H}_a^{(i)}$ 是式(4.1.16)给出的单一量子位 Hamilton 量;$\vec{B}_i$、$\hat{\vec{\sigma}}^{(i)}$ 分别表示作用在第 i 个量子位上的局域磁场和 Pauli 算子。

4.1.2　两体相互作用 Hamilton 量

在量子计算中,通常把信息编码在 Hamilton 量 $\hat{H}_0$ 的本征空间或本征空间的

一个子空间上。为了对量子信息进行操作或运算,需要能够对编码态执行通用量子逻辑门操作,其中包括执行任意两量子位之间纠缠两位门操作。考虑到这一要求,量子计算机动力学中必须包括两体相互作用,并能够控制任意两量子位间的相互作用——根据需要接通或断开,还能控制相互作用强度。所以量子计算机 Hamilton 量还必须包括可控的两量子位间的相互作用。下面讨论两体相互作用 Hamilton 可能的形式。

两个量子位 Pauli 算子(含单位算子)的直积$[\hat{\sigma}_i^{(1)}\otimes\hat{\sigma}_j^{(2)},\quad i,j=0,1,2,3]$,是作用在这两量子位系统 4 维 Hilbert 空间上的线性 Hermition 算子完全集,这 16 个算子中除去一个 4×4 单位算子($i=j=0$)外,其余都是 4×4 零迹算子。这 15 个零迹算子中有 6 个是分别作用两量子位子空间上的(非耦合)算子,其余 9 个算子的作用将导致两量子位之间的耦合,表示两量子位间的相互作用。所以两量子位间的任意相互作用都可以用这 9 个算子展开为

$$\hat{H}_I=\sum_{i\neq j}^{N}\sum_{a,b=1}^{3}J_{a,b}^{(i,j)}(t)\hat{\sigma}_a^{(i)}\hat{\sigma}_b^{(j)} \tag{4.1.19}$$

其中,$J^{(i,j)}(t)$是描述 i、j 两个量子位耦合强度的参数,在实际物理系统中它可能是两个粒子(量子位)之间距离等参量的函数。在量子计算中为了强调它应当是可控的,把它写作时间的函数,意思是不仅它的大小,而且以及接通(存在)或断开(不存在)时间都可以根据计算需要控制。在固体物理中,当研究的系统中存在电子—电子之间的强关联,单电子模型不适用时,常取电子间相互作用 Hamilton 量

$$\hat{H}_I=\sum_{i\neq j}^{N}\sum_{a=1}^{3}J_{a}^{(i,j)}(t)\hat{\sigma}_a^{(i)}\hat{\sigma}_a^{(j)} \tag{4.1.20}$$

描写电子之间的关联。当 $\hat{H}_I$ 中不包括自旋交叉项时,称为对称各向异性相互作用 **Heisenberg 模型**[3~5],其中,$\hat{\vec{\sigma}}^{(i)}$、$\hat{\vec{\sigma}}^{(j)}$ 分别是电子 i 和 j 的自旋算子;$J^{(i,j)}$ 称为**交换参量**。通常自旋—自旋相互作用在自旋空间是接近各向同性的,式(4.1.20)中相互作用强度不依赖方向。此外,文献中常用自旋角动量 $\vec{S}=\hbar\hat{\vec{\sigma}}/2$,代替式(4.1.20)中的 Pauli 算子,把(4.1.20)写作

$$\hat{H}_I=\sum_{i\neq j}^{N}J(t)\vec{S}^{(i)}\cdot\vec{S}^{(j)} \tag{4.1.21}$$

在量子计算中,Heisenberg 类型的相互作用对实现两位门操作是充分的,但不是必要的,后面将证明,可以用更简单的两体相互作用实现两量子门操作。

量子位用自旋 $\hbar/2$ 的粒子模拟,量子计算机就是多个自旋 $\hbar/2$ 粒子组成的量子系统。原则上可能还包含两个以上多粒子之间的相互作用,如

$$\hat{H}_I^{(3)}=\sum_{i\neq j}^{N}J_{a,b,c}^{(i,j,k)}(t)\hat{\sigma}_a^{(i)}\hat{\sigma}_b^{(j)}\hat{\sigma}_c^{(k)} \tag{4.1.22}$$

三体作用等。由于前面已经证明,使用一位门、两量子位门操作足以实现量子计

算,量子计算机可以不需要这种三体作用力。其次利用这种三体力的门操作需要把三个量子位带到一起发生相互作用,执行起来会有许多困难,所以在研究量子计算机动力学模型中可以不包括这种三体或三体以上的多体作用。但是在实际的量子系统中可能存在弱的多体作用力,它对量子计算会起破坏作用,需要把它放在“环境”中处理。

4.1.3 量子信息读出——测量

量子计算执行需要测量。对编码态的测量不仅在计算结束时提取计算结果需要,在计算过程中为了实行纠错,也需要执行以诊断出错误为目的的测量。在使用稳定子码的通用量子计算中,测量还作为执行通用门操作的手段发挥作用,特别是在簇态上的量子计算,所有执行算法逻辑态的幺正变换都是通过单量子位测量完成。测量作为量子态操控的两个基本手段之一,在量子计算中发挥着不可替代的作用。关于量子力学中测量的基本理论可参考书后附录 A1,这里仅限于测量过程的动力学描述。

按照 von Neumann 正交投影测量理论[6,7],为了对一个量子系统测量某个可观测量 M,需要一个具有某一指针变量 X 的测量仪器,测量目的是通过仪器上的指针变量的值,给出被测系统可观测量 M 的信息。测量过程分三步完成。第一步,接通测量仪器和被测系统,即使仪器指针自由度和被测系统与 M 有关的自由度发生相互作用;这种相互作用就要用仪器系统和被测系统相互作用的 Hamilton 量描述:

$$\hat{H}_m = \lambda XM \tag{4.1.23}$$

其中,λ 是耦合常数;$\hat{H}_m$ 对 X、M 关系的具体形式取决于量子计算机的具体实现以及测量仪器。(在不需要测量期间,测量 Hamilton 量应处在关断状态,否则它作为不需要的相互作用对计算起干扰和破坏作用)。通过 $\hat{H}_m$ 耦合起来的测量仪器和被测系统构成一个封闭系统。测量过程的第二步是幺正演化这个复合系统。根据量子力学理论(见本章 4.5 节),演化结果将建立两个子系统之间的纠缠态 $\sum_i \lambda_i \mid x_i\rangle \mid m_i\rangle$。测量第三步是观测测量仪器指针态,得到某个态 $|x_i\rangle$,这时整个复合系统将由纠缠态坍缩到 $|x_i\rangle|m_i\rangle$ 上,给出测量结果,即被测系统的态 $|m_i\rangle$。

4.1.4 环境作用、量子计算机 Hamilton 量普遍形式

除去上面提到的相互作用外,量子计算机还不可避免地存在和环境的相互作用(所谓“环境”既包括计算机系统的外部环境,也包括计算机内部用于编码外的其他自由度),用 $\hat{H}_e$ 表示。$\hat{H}_e$ 取决于量子计算机的具体物理实现和编码空间的选取等因素,通常是不能控制的,$\hat{H}_e$ 的作用将导致编码态的消相干和计算出错,是量子计算中起破坏作用的因素。$\hat{H}_e$ 的作用被认为是量子计算机乃至量子信息物理

实现的最大障碍，是需要尽可能避免或减小的。

综合上面的考虑，最一般形式的量子计算机 Hamilton 量可以写作

$$\hat{H} = \hat{H}_0 + \hat{H}_I + \hat{H}_m + \hat{H}_e \tag{4.1.24}$$

其中，$\hat{H}_0$、$\hat{H}_I$ 和 $\hat{H}_m$ 分别由式(4.1.18)、式(4.1.19)和式(4.1.23)给出。以下几节分别研究一般形式 Hamilton 量除去 $\hat{H}_m$ 外各项的作用，$\hat{H}_m$ 项的影响过于特殊，将在其他适当场合讨论。

4.2　单量子位门操作(Ⅰ)

本节讨论如何通过操控单量子位 Hamilton 量，实现量子计算的一位门操作。

4.2.1　单量子位动力学方程

孤立的单量子位系统的动力学过程由 Schrödinger 方程描述：

$$\mathrm{i}\hbar \frac{\partial \mid \psi(t)\rangle}{\partial t} = \hat{H} \mid \psi(t)\rangle \tag{4.2.1}$$

其中，$\hat{H}$ 是单量子位系统 Hamilton 量，一般情况下由式(4.1.17)给出。$|\psi(t)\rangle$是描述单量子位系统在 t 时刻状态的态矢量。当已知 $t=0$ 时刻系统状态$|\psi(0)\rangle$，任意时刻系统状态$|\psi(t)\rangle$就由解这个方程决定。

取量子位系统的一组正交归一化基为$|j\rangle$，$j=1,2$，分别编码为 0 和 1，称它们为**计算基**[计算基即单量子位 Hamilton 量式(4.1.9)中 $-\hbar\omega_0\hat{\sigma}_z/2$ 部分的本征解]。将$|\psi(t)\rangle$用这组计算基展开：

$$\mid \psi(t)\rangle = \sum_{j=1}^{2} \mid j\rangle\langle j \mid \psi(t)\rangle = \sum_{j=1}^{2} c_j(t) \mid j\rangle$$

其中，$c_j(t)=\langle j|\psi(t)\rangle$是展开系数。代入式(4.2.1)，并用左矢$\langle i|$右乘两端得

$$\mathrm{i}\hbar \frac{\partial c_j(t)}{\partial t} = \sum_{j=1}^{2} H_{ij} c_j(t)$$

其中，$H_{ij}=\langle i|\hat{H}|j\rangle$是 Hamilton 算子 $\hat{H}$ 在$|i\rangle$、$|j\rangle$两量间矩阵元。这一方程写成矩阵形式，即

$$\mathrm{i}\hbar \frac{\partial}{\partial t}\begin{bmatrix} c_1(t) \\ c_2(t) \end{bmatrix} = \begin{bmatrix} H_{11} & H_{12} \\ H_{21} & H_{22} \end{bmatrix}\begin{bmatrix} c_1(t) \\ c_2(t) \end{bmatrix} \tag{4.2.2}$$

由已知初始条件$\{c_1(0),c_2(0)\}$，在给定 Hamilton 量作用下，描写任意 t 时刻量子位状态的波函数就由这个方程组解给出。

4.2.2 单量子位态绕 z 轴的任意转动

单量子位计算基{|j⟩}是 Hamilton 算子的一组本征矢，它满足本征值方程：

$$\hat{H} \mid j\rangle = E_j \mid j\rangle \tag{4.2.3}$$

利用方程式(4.2.2)，它随时间的演化由方程

$$\mathrm{i}\hbar \frac{\partial}{\partial t}\begin{bmatrix} c_1(t) \\ c_2(t) \end{bmatrix} = \begin{bmatrix} E_1 & 0 \\ 0 & E_2 \end{bmatrix}\begin{bmatrix} c_1(t) \\ c_2(t) \end{bmatrix}$$

给出。这个方程即

$$\mathrm{i}\hbar \frac{\partial c_j(t)}{\partial t} = E_j c_j(t), \quad j = 1,2$$

其解为

$$c_j(t) = c_j(0)\mathrm{e}^{-\mathrm{i}E_j t/\hbar}, \quad j = 1,2 \tag{4.2.4}$$

所以，单量子位态的时间演化算子可以写作

$$\hat{U}(t) = \begin{bmatrix} \mathrm{e}^{-\mathrm{i}E_1 t/\hbar} & 0 \\ 0 & \mathrm{e}^{-\mathrm{i}E_2 t/\hbar} \end{bmatrix} \tag{4.2.5}$$

这表明当用量子位系统 Hamilton 算子本征态编码信息时，在量子位系统不和外界发生相互作用条件下，编码态的时间演化仅引进相位因子，编码态矢长度(系统处在这个态的概率)不变，称量子态的这种演化为**自由演化**(free development)。这就是量子系统用作信息存储(量子存储器)发生的物理过程。

仍取 $E_2=-\omega_2\hbar/2, E_1=\omega_1\hbar/2$，能量零点 $\omega_1+\omega_2=0, \hbar\omega_0=\omega_2-\omega_1$，式(4.2.5)可改写为

$$\hat{U}(t) = \begin{bmatrix} \mathrm{e}^{\mathrm{i}\omega_0 t/2} & 0 \\ 0 & \mathrm{e}^{-\mathrm{i}\omega_0 t/2} \end{bmatrix} \tag{4.2.6}$$

把此式和绕 z 轴的转动矩阵式(2.3.7)比较，可以看出，这正是绕 z 轴转动角度 $\varphi=-\omega t$ 的转动矩阵。这种转动变换会改变两计算基的相对相位，但不会引起各态占据几率的变化。从量子位操作角度看，当编码量子位 Hamilton 算子本征态为逻辑态时，编码态随时间的自由演化就是逻辑态绕 z 轴的转动。所以只要控制演化时间，就能实现逻辑态绕 z 轴任意转动变换。这启发了量子计算机和经典计算机的又一个重要差别：在经典计算机中，在计算开始之前，可以认为计算机态不发生变化，计算过程是从启动计算过程开始的；但对量子计算机，即使没有外界干预，计算机内的态也在内部 Hamilton 量的支配下，随时间演化。特别如果编码态是计算机系统 Hamilton 算子本征态，编码态矢就绕 z 轴做转动变换。从这个意义上看，计算从量子位制备出来就开始了。了解这一点，对理解量子计算的操控是重要的。

4.2.3 单量子位态的任意转动变换

仍用自旋 $\hbar/2$ 粒子模型一个量子位。假设在 $t=0$ 以前，量子位是个稳定的两能级系统，不存在和外界相互作用。在 $t\geqslant 0$ 时，施加幅度为 $\vec{B}$，宽度为 T' 的矩形脉冲外磁场，突然改变量子位 Hamilton 量，从而改变时间演化算子。在 $0\leqslant t\leqslant T'$ 这段时间内，可以认为 $\vec{B}$ 和时间无关，取常数值。突然的脉冲，意味着与时间有关的 Hamilton 量改变是如此之快，以致在 Hamilton 量变化这段时间内量子态可以作为冻结处理。在脉冲接通期间，量子位 Hamilton 量是两部分之和：

$$\hat{H}(t)=-\frac{1}{2}\hbar\omega_0\hat{\sigma}_z+\hat{H}' \tag{4.2.7}$$

其中：

$$\hat{H}'=-\mu_B\vec{B}\cdot\hat{\vec{\sigma}} \tag{4.2.8}$$

可以进一步区分 $\vec{B}$ 沿 z 方向的纵向成分和沿 x、y 方向的横向成分，后面将看到这两部分在量子位态演化中起不同作用。设 $\hat{H}'$ 在两计算基中的矩阵元为

$$\begin{aligned}
&H'_{11}=\langle 1\mid\hat{H}'\mid 1\rangle=\alpha\\
&H'_{12}=\langle 1\mid\hat{H}'\mid 2\rangle=\gamma e^{-i\varphi},\quad H'_{21}=\langle 2\mid\hat{H}'\mid 1\rangle=\gamma e^{i\varphi}\\
&H'_{22}=\langle 1\mid\hat{H}'\mid 1\rangle=\beta
\end{aligned} \tag{4.2.9}$$

其中，α、β、γ 均为实数，非对角元上的相位因子与脉冲相位有关。在 $0\leqslant t\leqslant T'$ 时间段，系统的 Hamilton 算子在计算基下的矩阵表示为

$$\hat{H}=\hat{H}_0+\hat{H}'=\begin{bmatrix}E_1+\alpha & \gamma e^{-i\varphi}\\ \gamma e^{i\varphi} & E_2+\beta\end{bmatrix} \tag{4.2.10}$$

其中：

$$E_1=-\frac{1}{2}\hbar\omega_0,\quad E_2=\frac{1}{2}\hbar\omega_0,\quad \hbar\omega_0=E_2-E_1 \tag{4.2.11}$$

为了研究施加外场后量子位态的演化，求式(4.2.10)中 Hamilton 算子的本征值。将式(4.2.10)中 Hamilton 算子的本征态，用基$\{|1\rangle,|2\rangle\}$展开，$|\psi_E\rangle=c_0|1\rangle+c_1|2\rangle$，代入本征值方程 $\hat{H}|\psi_E\rangle=E|\psi_E\rangle$，得

$$\begin{aligned}
&(E_1+\alpha-E)c_1+\gamma e^{-i\varphi}c_2=0\\
&\gamma e^{i\varphi}c_1+(E_2+\beta-E)c_2=0
\end{aligned} \tag{4.2.12}$$

上式存在非零解条件是

$$\begin{vmatrix}E_1+\alpha-E & \gamma e^{-i\varphi}\\ \gamma e^{i\varphi} & E_2+\beta-E\end{vmatrix}=(E_1+\alpha-E)(E_2+\beta-E)-\gamma^2=0$$

由此解出

$$E=\frac{1}{2}(E_1+\alpha+E_2+\beta)\pm\sqrt{(E_2+\beta-E_1-\alpha)^2+4\gamma^2}\equiv E_\pm$$

引进

$$\tilde{\omega}_1 = \frac{E_1 + \alpha}{\hbar}, \quad \tilde{\omega}_2 = \frac{E_2 + \beta}{\hbar}, \quad \tilde{\omega} = \tilde{\omega}_2 - \tilde{\omega}_1 \tag{4.2.13}$$

可以将 $E_\pm$ 写作

$$E_\pm = \frac{\hbar}{2}\left(\tilde{\omega}_1 + \tilde{\omega}_2 \pm \sqrt{\tilde{\omega}^2 + \frac{4\gamma^2}{\hbar^2}}\right) = \frac{\hbar}{2}(\tilde{\omega}_1 + \tilde{\omega}_2 \pm \Omega) \tag{4.2.14}$$

其中:

$$\Omega = \sqrt{\tilde{\omega}^2 + \frac{4\gamma^2}{\hbar^2}} \tag{4.2.15}$$

把 E_+ 代入式(4.2.12),可以求得两个展开系数满足关系:

$$c_2 = \frac{\hbar}{2\gamma}(\tilde{\omega} + \Omega) c_1 e^{i\varphi}$$

取 $c_1 = 1$,可得对应能量本征值 E_+ 的波函数(未归一化):

$$|\psi_{E_+}\rangle = |1\rangle + \frac{\hbar}{2\gamma}(\tilde{\omega} + \Omega)|2\rangle e^{i\varphi} \tag{4.2.16}$$

类似地,将 E_- 代入式(4.2.12),可以求得未归一化波函数:

$$|\psi_{E_-}\rangle = |1\rangle + \frac{\hbar}{2\gamma}(\tilde{\omega} - \Omega)|1\rangle e^{i\varphi} \tag{4.2.17}$$

设 $t=0$ 时,系统初态 $|\psi(0)\rangle = |0\rangle$,利用式(4.2.16)、式(4.2.17),得

$$|\psi(0)\rangle = |0\rangle = \frac{\Omega - \tilde{\omega}}{2\Omega}|\psi_{E_+}\rangle + \frac{\Omega + \tilde{\omega}}{2\Omega}|\psi_{E_-}\rangle$$

在 $t>0$ 时,这个态的时间演化态为

$$|\psi_0(t)\rangle = \frac{\Omega - \tilde{\omega}}{2\Omega}|\psi_{E_+}\rangle e^{-iE_+ t/\hbar} + \frac{\Omega + \tilde{\omega}}{2\Omega}|\psi_{E_-}\rangle e^{-iE_- t/\hbar}$$

将式(4.2.16)、式(4.2.17)和式(4.2.15)代入得

$$\begin{aligned}|\psi_0(t)\rangle =& \frac{\Omega - \tilde{\omega}}{2\Omega}\left[|0\rangle + \frac{\hbar}{2\gamma}(\tilde{\omega} + \Omega)e^{-i\varphi}|1\rangle\right]e^{-iE_+ t/\hbar} \\ &+ \frac{\Omega + \tilde{\omega}}{2\Omega}\left[|0\rangle + \frac{\hbar}{2\gamma}(\tilde{\omega} - \Omega)e^{-i\varphi}|1\rangle\right]e^{-iE_- t/\hbar}\end{aligned}$$

注意到式(4.2.14)有

$$e^{-iE_+ t/\hbar} = e^{-i(\tilde{\omega}_1 + \tilde{\omega}_2)t/2} e^{-i\Omega t/2} \qquad e^{-iE_- t/\hbar} = e^{-i(\tilde{\omega}_1 + \tilde{\omega}_2)t/2} e^{i\Omega t/2}$$

可以求得

$$|\psi_0(t)\rangle = \left[\left(\cos\frac{\Omega}{2}t + i\frac{\tilde{\omega}}{\Omega}\sin\frac{\Omega}{2}t\right)|0\rangle - i\frac{2\gamma}{\hbar\Omega}e^{i\varphi}\sin\frac{\Omega}{2}t\,|1\rangle\right]e^{-i(\tilde{\omega}_1 + \tilde{\omega}_2)t/2} \tag{4.2.18}$$

完全类似可以求得,当系统初态

$$|\psi(t=0)\rangle = |1\rangle = \frac{\gamma}{\hbar\Omega}(|\psi_{E_+}\rangle - |\psi_{E_-}\rangle)$$

的时间演化态为

$$|\psi_1(t)\rangle = \left[-\mathrm{i}\frac{2\gamma}{\hbar\Omega}\mathrm{e}^{-\mathrm{i}\varphi}\sin\frac{\Omega t}{2}|0\rangle + \left(\cos\frac{\Omega t}{2} - \mathrm{i}\frac{\tilde{\omega}}{\Omega}\sin\frac{\Omega t}{2}\right)|1\rangle\right]\mathrm{e}^{-\mathrm{i}(\tilde{\omega}_1+\tilde{\omega}_2)t/2} \tag{4.2.19}$$

综合式(4.2.18)和式(4.2.19),可以求得当量子位 $t=0$ 时处在一般态

$$|\psi(t=0)\rangle = c_0|0\rangle + c_1|1\rangle,\quad |c_0|^2+|c_1|^2=1$$

时,它的时间演化态 $|\psi(t)\rangle = c_0(t)|0\rangle + c_1(t)|1\rangle$ 就由演化矩阵

$$U(t) = \mathrm{e}^{-\mathrm{i}(\tilde{\omega}_1+\tilde{\omega}_2)t/2}\begin{bmatrix}\cos\frac{\Omega t}{2}+\mathrm{i}\frac{\tilde{\omega}}{\Omega}\sin\frac{\Omega t}{2} & -\mathrm{i}\frac{2\gamma}{\hbar\Omega}\mathrm{e}^{\mathrm{i}\varphi}\sin\frac{\Omega t}{2} \\ -\mathrm{i}\frac{2\gamma}{\hbar\Omega}\mathrm{e}^{-\mathrm{i}\varphi}\sin\frac{\Omega t}{2} & \cos\frac{\Omega t}{2}-\mathrm{i}\frac{\tilde{\omega}}{\Omega}\sin\frac{\Omega t}{2}\end{bmatrix} \tag{4.2.20}$$

给出。写成矩阵形式即

$$\begin{bmatrix}c_0(t)\\ c_1(t)\end{bmatrix} = \mathrm{e}^{-\mathrm{i}(\tilde{\omega}_1+\tilde{\omega}_2)t/2}\begin{bmatrix}\cos\frac{\Omega t}{2}+\mathrm{i}\frac{\tilde{\omega}}{\Omega}\sin\frac{\Omega t}{2} & -\mathrm{i}\frac{2\gamma}{\hbar\Omega}\mathrm{e}^{\mathrm{i}\varphi}\sin\frac{\Omega t}{2} \\ -\mathrm{i}\frac{2\gamma}{\hbar\Omega}\mathrm{e}^{-\mathrm{i}\varphi}\sin\frac{\Omega t}{2} & \cos\frac{\Omega t}{2}-\mathrm{i}\frac{\tilde{\omega}}{\Omega}\sin\frac{\Omega t}{2}\end{bmatrix}\begin{bmatrix}c_0\\ c_1\end{bmatrix} \tag{4.2.21}$$

由此可以看出,通过施加横向磁场,即接通式(4.2.8)中的 Hamilton 量 $\hat{H}'$ 一段适当长的时间,就可实现一个量子位系统态矢的任意变换。

4.2.4　单量子位态转动的几个特例

1. 如果外加磁场仅有纵向分量

此时式(4.2.8)中 $\hat{H}' = -\mu_B B_z\hat{\sigma}_z$,式(2.4.9)中的矩阵元 $\gamma=0$,式(4.2.10)$\hat{H}'$ 取对角形式:

$$\hat{H}' = \begin{bmatrix}\alpha & 0\\ 0 & \beta\end{bmatrix} \tag{4.2.22}$$

$\hat{H}'$ 的作用会引起计算基态能级移动,改变系统的共振频率 ω。由于此时由式(4.2.15)可以得出 $\Omega=\tilde{\omega}$,时间演化矩阵式(4.2.20)化为

$$U(t) = \mathrm{e}^{-\mathrm{i}(\tilde{\omega}_1+\tilde{\omega}_2)t/2}\begin{bmatrix}\mathrm{e}^{\mathrm{i}\tilde{\omega}t/2} & 0\\ 0 & \mathrm{e}^{-\mathrm{i}\tilde{\omega}t/2}\end{bmatrix} = \begin{bmatrix}\mathrm{e}^{-\mathrm{i}\tilde{\omega}_1 t} & 0\\ 0 & \mathrm{e}^{-\mathrm{i}\tilde{\omega}_2 t}\end{bmatrix} \tag{4.2.23}$$

其中,第二步已利用式(4.2.13)中 $\tilde{\omega}=\tilde{\omega}_2-\tilde{\omega}_1$。取新能量零点使 $E_0+\alpha+E_1+\beta=0$,此时 $\tilde{\omega}_1+\tilde{\omega}_2=0,\tilde{\omega}_1=-\tilde{\omega}/2,\tilde{\omega}_2=\tilde{\omega}/2$,式(4.2.23)可写为

$$U(t) = \begin{bmatrix}\mathrm{e}^{\mathrm{i}\tilde{\omega}t/2} & 0\\ 0 & \mathrm{e}^{-\mathrm{i}\tilde{\omega}t/2}\end{bmatrix} \tag{4.2.24}$$

这正是绕 z 轴转动 $\varphi=\tilde{\omega}t$ 角度的转动矩阵,这里与式(4.2.6)描述的量子位态自由

演化情况不同,比较式(4.2.13)和式(4.2.11),现在转动圆频率

$$\tilde{\omega} = \omega_0 + \frac{\beta - \alpha}{\hbar}$$

与 $\hat{H}'$有关,因此这里量子位态绕 z 轴的转动,可以施加纵向磁场控制,磁场强度的大小和原量子位能级差共同决定转动圆频率,在一定的转动圆频率下,转动角度由外加磁场接通时间长短操控。

2. 外磁场是完全横向

当外加磁场 $\vec{B}$ 仅有 x、y 分量时,$\hat{H}' = -\mu_B \vec{B} \cdot \hat{\vec{\sigma}}$ 可以仅由 $\hat{\sigma}_x$、$\hat{\sigma}_y$ 表示。此时式(4.2.10)中对角矩阵元 $\alpha = \beta = 0$,Hamilton 量 $\hat{H}'$化为

$$\hat{H}' = \begin{bmatrix} 0 & \gamma e^{-i\varphi} \\ \gamma e^{i\varphi} & 0 \end{bmatrix} \tag{4.2.25}$$

在这种情况下,仍取能量零点 $E_1 + E_2 = 0$,有 $\omega_1 + \omega_2 = 0$,时间演化算子式(4.2.20)(前面的相位因子为 1)化为

$$U(t) = \begin{bmatrix} \cos\frac{\Omega t}{2} + i\frac{\omega}{\Omega}\sin\frac{\Omega t}{2} & -i\frac{2\gamma}{\hbar\Omega}e^{i\varphi}\sin\frac{\Omega t}{2} \\ -i\frac{2\gamma}{\hbar\Omega}e^{-i\varphi}\sin\frac{\Omega t}{2} & \cos\frac{\Omega t}{2} - i\frac{\omega}{\Omega}\sin\frac{\Omega t}{2} \end{bmatrix} \tag{4.2.26}$$

其中,$\omega = (E_2 - E_1)/\hbar$ 仅由量子位内部 Hamilton 量决定,和外加横向磁场无关。但由式(4.2.15)、式(4.2.26)中 Ω 通过 γ 依赖外加横向磁场,Ω 可通过外磁场控制,所以量子位态的时间演化仍是可控制的。

3. Rabi 震荡

如果在脉冲场作用下量子位两基态能量简并,即式(4.2.13)中 $\tilde{\omega}_1 = \tilde{\omega}_2, \tilde{\omega} = 0$,此时由式(4.2.15),$\Omega = \pm 2\gamma/\hbar$,式(4.2.20)化为

$$U(t) = \begin{bmatrix} \cos\frac{\Omega t}{2} & -ie^{i\varphi}\sin\frac{\Omega t}{2} \\ -ie^{-i\varphi}\sin\frac{\Omega t}{2} & \cos\frac{\Omega t}{2} \end{bmatrix} \tag{4.2.27}$$

当初始系统处在两简并态之一时,例如 $c_0 = 1, c_1 = 0$,在 t 时刻粒子处在态$|1\rangle$上的概率幅为

$$c_1(t) = -ie^{i\varphi}\sin\frac{\Omega}{2}t \tag{4.2.28}$$

粒子处在态$|1\rangle$的概率$|c_1(t)|^2$ 将随时间周期振荡,称为 **Rabi 振荡**[8,9],振荡周期

$$T = 2\pi\frac{\hbar}{\gamma} \tag{4.2.29}$$

Rabi 振荡是量子体系独有的现象，是系统存在量子相干的信号，是量子位两态间存在量子相干最基本的动力学表现。在一个体系中能通过适当的方式激发 Rabi 振荡，表明这个体系存在两能级结构，并且能够通过控制震荡时间，在其中制备出这两个能态的任意叠加态，因此这个系统可以实现一个物理量子位。由式(4.2.29)和式(4.2.9)可以看出，Rabi 频率

$$\omega_{\text{Rabi}} = \frac{\gamma}{\hbar} = \frac{\mu_B B}{\hbar} \tag{4.2.30}$$

线性依赖所施加脉冲幅度。**振动频率线性地依赖激励它的振动幅度，是 Rabi 震荡的关键特征。**由于 Rabi 震荡具有这种性质，在寻找量子位的各种物理实现中，能否在其中激发 Rabi 震荡，就成为这个系统能否实现量子位的首要判据。

比较式(4.2.30)和式(2.3.5)可以看出，式(4.2.27)中 $U(t)$ 是绕 x 轴转动矩阵，转角 $\vartheta=\pm\Omega t$(其中 φ 取决于脉冲相位)。通过施加横向脉冲磁场的大小可控制参数 γ，控制磁场大小和时间 t，就可实现这种情况下绕 x 轴的任意角度的转动操作。

4.3　单量子位门操作(Ⅱ)

上面通过外加磁场脉冲(突然接通和断开)控制量子位的演化，实现了单位门操作。对两能级量子系统，施加一定频率交变电磁信号，也可以在系统中产生 Rabi 振荡，通过控制交变外场的频率、振幅和作用时间，也可以实现单量子位操作。本节仍采用自旋 $\hbar/2$ 的量子位模型，研究以这种方式实现的单量子位门操作。

4.3.1　射频电磁场作用下单量子位 Hamilton 量

用自旋 $\hbar/2$ 粒子模拟一个量子位，自旋 $\hbar/2$ 粒子在横向(假设磁场沿 x 方向)交变电磁场 $B_x(t)$ 中运动，由式(4.1.6)得粒子 Hamilton 量：

$$\hat{H} = -\frac{\hbar}{2}\omega_0\hat{\sigma}_z - \mu_B B_x(t)\hat{\sigma}_x \tag{4.3.1}$$

其中，$\hbar\omega_0 = E_2 - E_1 = \mu_B B_0$，$B_0$ 是对应量子位两能级差等效恒定纵向磁场，横向变化磁场为

$$B_x = B_{x0}\cos(\omega t+\varphi) = \frac{B_{x0}}{2}\left[\mathrm{e}^{\mathrm{i}(\omega t+\varphi)} + \mathrm{e}^{-\mathrm{i}(\omega t+\varphi)}\right] \tag{4.3.2}$$

其中，ω 是磁场振动圆频率；φ 是磁场初相位；B_{x0} 是振幅。式(4.3.1)中的 Hamilton 量写成矩阵形式，有

$$\hat{H} = \begin{bmatrix} -\dfrac{\hbar\omega_0}{2} & -\mu_B\dfrac{B_{x0}}{2}\left(\mathrm{e}^{\mathrm{i}(\omega t+\varphi)} + \mathrm{e}^{-\mathrm{i}(\omega t+\varphi)}\right) \\ -\mu_B\dfrac{B_{x0}}{2}\left(\mathrm{e}^{\mathrm{i}(\omega t+\varphi)} + \mathrm{e}^{-\mathrm{i}(\omega t+\varphi)}\right) & \dfrac{\hbar\omega_0}{2} \end{bmatrix} \tag{4.3.3}$$

4.3.2 射频电磁场作用下单量子位态的时间演化

在射频电磁场作用下单量子位状态演化由 Schrödinger 方程给出：

$$i\hbar\frac{\partial\psi(t)}{\partial t}=\hat{H}\psi(t) \tag{4.3.4}$$

将系统一般态展开为 $|\psi(t)\rangle=c_1(t)|0\rangle+c_2(t)|1\rangle$，利用式(4.3.3)，可将 Schrödinger 方程式(4.3.4)写成分量形式：

$$i\hbar\frac{\partial c_1}{\partial t}=-\frac{\hbar}{2}\omega_0 c_1-\mu_B\frac{B_{x0}}{2}(e^{i(\omega t+\varphi)}+e^{-i(\omega t+\varphi)})c_2 \tag{4.3.5}$$

$$i\hbar\frac{\partial c_2}{\partial t}=\frac{\hbar}{2}\omega_0 c_2-\mu_B\frac{B_{x0}}{2}(e^{i(\omega t+\varphi)}+e^{-i(\omega t+\varphi)})c_1 \tag{4.3.6}$$

考虑到在未加 x 方向交变磁场时，系统两个本征态的时间演化[见式(4.2.6)]是 $c_1(t)=c_1(0)e^{i\omega_0 t/2}$，$c_2(t)=c_2(0)e^{-i\omega_0 t/2}$，现在有外场存在，态几率幅应当是时间的函数，设

$$c_1(t)=\gamma_1(t)e^{i\omega_0 t/2},\quad c_2(t)=\gamma_2(t)e^{-i\omega_0 t/2} \tag{4.3.7}$$

则有

$$i\hbar\frac{\partial c_1}{\partial t}=i\hbar\frac{\partial\gamma_1}{\partial t}e^{i\omega_0 t/2}-\frac{1}{2}\omega_0\hbar\gamma_1 e^{i\omega_0 t/2}$$

$$i\hbar\frac{\partial c_2}{\partial t}=i\hbar\frac{\partial\gamma_2}{\partial t}e^{-i\omega_0 t/2}+\frac{1}{2}\gamma_2\hbar\omega_0 e^{-i\omega_0 t/2}$$

将这两个结果分别代入方程式(4.3.5)、式(4.3.6)中，经化简得

$$i\hbar\frac{\partial\gamma_1}{\partial t}=-\mu_B\frac{B_{x0}}{2}(e^{i[(\omega-\omega_0)t+\varphi]}+e^{-i[(\omega+\omega_0)t+\varphi]})\gamma_2$$

$$i\hbar\frac{\partial\gamma_2}{\partial t}=-\mu_B\frac{B_{x0}}{2}(e^{i[(\omega+\omega_0)t+\varphi]}+e^{-i[(\omega-\omega_0)t+\varphi]})\gamma_1$$

考虑到 $\omega+\omega_0$ 是高频项，在一段时间内的平均效果趋于零，可以略去。上两式可分别化简为

$$i\hbar\frac{\partial\gamma_1}{\partial t}=-\mu_B\frac{B_{x0}}{2}e^{i[(\omega-\omega_0)t+\varphi]}\gamma_2 \tag{4.3.8}$$

$$i\hbar\frac{\partial\gamma_2}{\partial t}=-\mu_B\frac{B_{x0}}{2}e^{-i[(\omega-\omega_0)t+\varphi]}\gamma_1 \tag{4.3.9}$$

这是一个联立一阶微分方程组，为了求解，将式(4.3.8)两边对时间求导，并利用式(4.3.9)、式(4.3.7)可得

$$\frac{\partial^2\gamma_1}{\partial t^2}-i(\omega-\omega_L)\frac{\partial\gamma_1}{\partial t}+\left(\frac{\mu_B B_{x0}}{2\hbar}\right)^2\gamma_1=0 \tag{4.3.10}$$

类似地将式(4.3.9)两边对时间求导，并利用式(4.3.8)和式(4.3.7)可得

$$\frac{\partial^2\gamma_2}{\partial t^2}+i(\omega-\omega_0)\frac{\partial\gamma_2}{\partial t}+\left(\frac{\mu_B B_{x0}}{2\hbar}\right)^2\gamma_2=0 \tag{4.3.11}$$

设方程式(4.3.9)、式(4.3.11)都具有形如 $\gamma_i = \mathrm{e}^{\lambda_i t}$，$i=0,1$ 形式的解，分别代入，得相应的特征值方程分别为

$$\lambda_1^2 - \mathrm{i}(\omega - \omega_0)\lambda_1 + \left(\frac{\mu_B B_{x0}}{2\hbar}\right)^2 = 0$$

和

$$\lambda_2^2 + \mathrm{i}(\omega - \omega_0)\lambda_2 + \left(\frac{\mu_B B_{x0}}{2\hbar}\right)^2 = 0$$

上面两式的解分别为

$$\lambda_1^{(\pm)} = \frac{\mathrm{i}}{2}\left[(\omega - \omega_0) \pm \sqrt{(\omega - \omega_0)^2 + \left(\frac{\mu_B B_{x0}}{\hbar}\right)^2}\right] \equiv \frac{\mathrm{i}}{2}(\Delta\omega \pm \omega_R)$$

$$\lambda_2^{(\pm)} = \frac{\mathrm{i}}{2}\left[-(\omega - \omega_0) \pm \sqrt{(\omega - \omega_0)^2 + \left(\frac{\mu_B B_{x0}}{\hbar}\right)^2}\right] \equiv \frac{\mathrm{i}}{2}(-\Delta\omega \pm \omega_R)$$

其中：

$$\Delta\omega = \omega - \omega_0 \tag{4.3.12}$$

表示施加外场和系统共振频率的偏移，称为**失谐量**(detuning)。

$$\omega_R \equiv \sqrt{(\omega - \omega_0)^2 + \left(\frac{\mu_B B_{x0}}{\hbar}\right)^2} \tag{4.3.13}$$

称为 **Rabi 频率**(Rabi frequency)。

齐次线性微分方程的通解可以表示为两特解的线性组合：

$$\gamma_i = A_i^{(+)} e^{\lambda_i^{(+)} t} + A_i^{(-)} e^{\lambda_i^{(-)} t}, \quad i = 0,1$$

$\{A_i^{(\pm)}, i=1,2\}$是由初始条件确定的组合系数。所以有

$$\gamma_1(t) = \mathrm{e}^{\mathrm{i}\Delta\omega t/2}(A_1^{(+)}\mathrm{e}^{\mathrm{i}\Omega t/2} + A_1^{(-)}\mathrm{e}^{-\mathrm{i}\Omega t/2}) \tag{4.3.14}$$

$$\gamma_2(t) = \mathrm{e}^{-\mathrm{i}\Delta\omega t/2}(A_2^{(+)}\mathrm{e}^{\mathrm{i}\Omega t/2} + A_2^{(-)}\mathrm{e}^{-\mathrm{i}\Omega t/2}) \tag{4.3.15}$$

设 $t=0$，系统初态为 $\gamma_1(0)=\alpha$，$\gamma_2(0)=\beta$。由式(4.3.8)、式(4.3.9)可进一步得

$$\left.\frac{\partial \gamma_1}{\partial t}\right|_{t=0} = \frac{\mathrm{i}\mu_B B_{x0}}{2\hbar}\mathrm{e}^{\mathrm{i}\varphi}\beta, \quad \left.\frac{\partial \gamma_2}{\partial t}\right|_{t=0} = \frac{\mathrm{i}\mu_B B_{x0}}{2\hbar}\mathrm{e}^{-\mathrm{i}\varphi}\alpha$$

利用这些初始条件，由式(4.3.14)有

$$\gamma_1(0) = A_1^{(+)} + A_1^{(-)} = \alpha \tag{4.3.16}$$

$$\left.\frac{\partial \gamma_1}{\partial t}\right|_{t=0} = \frac{\mathrm{i}}{2}A^{(+)}(\omega_R + \Delta\omega) - \frac{\mathrm{i}}{2}A^{(-)}(\omega_R - \Delta\omega) = \frac{\mathrm{i}\mu_B B_{x0}}{2\hbar}\mathrm{e}^{\mathrm{i}\varphi}\beta$$

即

$$A^{(+)}(\omega_R + \Delta\omega) - A^{(-)}(\omega_R - \Delta\omega) = \mu_B B_{x0}\mathrm{e}^{\mathrm{i}\varphi}\frac{\beta}{\hbar} \tag{4.3.17}$$

由式(4.3.16)、式(4.3.17)可得

$$A^{(+)} = \frac{1}{2}\left(1-\frac{\Delta\omega}{\omega_R}\right)\alpha + \frac{\mu_B B_{x0}}{2\hbar\omega_R}e^{i\varphi}\beta, \quad A^{(-)} = \frac{1}{2}\left(1+\frac{\Delta\omega}{\omega_R}\right)\alpha - \frac{\mu_B B_{x0}}{2\hbar\omega_R}e^{i\varphi}\beta$$

代入式(4.3.14),得

$$\gamma_1(t) = e^{i\Delta\omega t/2}\left[\left(\cos\frac{\omega_R t}{2} - \frac{i\Delta\omega}{\omega_R}\sin\frac{\omega_R t}{2}\right)\alpha + \frac{i\mu_B B_{x0}}{\hbar\omega_R}e^{i\varphi}\sin\left(\frac{\omega_R t}{2}\right)\beta\right] \tag{4.3.18}$$

类似地,利用初始条件和式(4.3.15)可得

$$\gamma_2(t) = e^{-i\Delta\omega t/2}\left[\frac{i\mu_b B_{x0}}{\hbar\omega_R}e^{-i\varphi}\sin\left(\frac{\omega_R t}{2}\right)\alpha + \left(\cos\frac{\omega_R t}{2} + \frac{i\Delta\omega}{\omega_R}\sin\frac{\omega_R t}{2}\right)\beta\right] \tag{4.3.19}$$

注意到式(4.3.12)有 $\Delta\omega=\omega-\omega_0$,应用(4.3.7)式得

$$c_1(t) = \gamma_1(t)e^{i\omega_0 t/2}, \quad c_2(t) = \gamma_2(t)e^{-i\omega_0 t/2}$$

可将(4.3.18)、式(4.3.19)成矩阵形式,得

$$\begin{bmatrix} c_1(t) \\ c_2(t) \end{bmatrix} = \begin{bmatrix} \cos\frac{\omega_R t}{2} - \frac{i\Delta\omega}{\omega_R}\sin\frac{\omega_R t}{2} & \frac{i\mu_B B_{x0}}{\hbar\omega_R}e^{i\varphi}\sin\frac{\omega_R t}{2} \\ \frac{i\mu_B B_{x0}}{\hbar\omega_R}e^{-i\varphi}\sin\frac{\omega_R t}{2} & \cos\frac{\omega_R t}{2} + \frac{i\Delta\omega}{\omega_R}\sin\frac{\omega_R t}{2} \end{bmatrix}\begin{bmatrix} \alpha e^{-i\omega t/2} \\ \beta e^{i\omega t/2} \end{bmatrix}$$

量子位系统初态 $|\psi(0)\rangle=\alpha|0\rangle+\beta|1\rangle$ 的时间演化态 $|\psi(t)\rangle=c_1(t)|0\rangle+c_2(t)|1\rangle$ 就由矩阵

$$U(t) = \begin{bmatrix} \cos\frac{\omega_R t}{2} - \frac{i\Delta\omega}{\omega_R}\sin\frac{\omega_R t}{2} & \frac{i\mu_B B_{x0}}{\hbar\omega_R}e^{i\varphi}\sin\frac{\omega_R t}{2} \\ \frac{i\mu_B B_{x0}}{\hbar\omega_R}e^{-i\varphi}\sin\frac{\omega_R t}{2} & \cos\frac{\omega_R t}{2} + \frac{i\Delta\omega}{\omega_R}\sin\frac{\omega_R t}{2} \end{bmatrix} \tag{4.3.20}$$

给出。

4.3.3 射频电磁场作用下单量子位态的共振激发

一个重要特例是外场频率和量子位共振,即 $\omega=\omega_0$,此时由式(4.3.12),式(4.3.13)得

$$\Delta\omega = 0, \quad \omega_R = \frac{\mu_B B_{x0}}{\hbar}$$

此时式(4.3.20)化为

$$U(t) = \begin{bmatrix} \cos\frac{\omega_R t}{2} & ie^{i\varphi}\sin\frac{\omega_R t}{2} \\ ie^{-i\varphi}\sin\frac{\omega_R t}{2} & \cos\frac{\omega_R t}{2} \end{bmatrix} \tag{4.3.21}$$

和式(4.2.27)形式相同。这就是说使用和量子位两能级跃迁共振的交变场,也可

以激发 Rabi 振荡。注意到式(4.3.21)是绕 x 轴转动 $\theta=\omega_R t$ 角度的转动矩阵。其中,转动角速度 ω_R 直接和磁场幅度有关,表明可以通过控制外加磁场振幅 B_{x0} 以及作用时间 t,实现单量子位态矢绕 x 轴的任意角度转动。由于单量子位的任意幺正操作都可以通过绕 z 轴和绕 x 轴的转动实现,综合上面的讨论,可以通过控制作用到量子位上的外磁场(纵向分量和横向分量)实现这样的转动。

4.4　两量子位门操作

仅仅单量子位门操作还不能实现量子计算,量子计算的通用量子逻辑门还必须包括两量子位纠缠门操作,这就要求控制两量子位间的耦合。式(4.1.11)给出的量子计算机 Hamilton 量一般形式中,断开测量 Hamilton 量(在非测量情况下,这总是可能的),不考虑环境的影响,其余部分为

$$\hat{H}=\hat{H}_0+\hat{H}_I$$

它已明显地写成两个部分,其中:

$$\hat{H}_0=\sum_{i=1}^{N}\hat{H}_a^{(i)}=-\sum_{i=1}^{N}\frac{1}{2}\hbar\omega_0\hat{\sigma}_z^{(i)}-\sum_{i=1}^{N}\mu_B\vec{B}(t)\cdot\hat{\vec{\sigma}}^{(i)}$$

是单量子位 Hamilton 量,包括两个部分:第一项 $\hat{H}_0$ 和时间无关,它的本征值方程可严格求解,本征态就是计算基态;第二项与外加磁场有关,用于执行单量子位门操作,在执行两位量子门操作时,这一项被关断。第二部分

$$\hat{H}_I=\sum_{i\neq j}^{N}\sum_{a,b=1}^{3}J_{a,b}^{(i,j)}(t)\hat{\sigma}_a^{(i)}\hat{\sigma}_b^{(j)}\tag{4.4.1}$$

是描述计算机系统两量子位之间的相互作用的 Hamilton 量,两量子位门操作只和这一项有关。

4.4.1　相互作用表象中的时间演化算子

由于在考虑两位门操作时,N 个量子位系统 Hamilton 算子明确分成 $\hat{H}_0$ 和 $\hat{H}_I$ 两个部分。其中,$\hat{H}_0$ 中各项的作用上两节已讨论过,$\hat{H}_I$ 描述两量子位间的相互作用。求态矢量随时间的演化,根据量子力学,这样问题采用相互作用表象处理更方便。

在相互作用表象中,不同时间量子态由一个幺正变换算子 $U^{(I)}$ 联系:

$$|\Psi^{(I)}(t)\rangle=U^{(I)}(t,t_0)\,|\Psi^{(I)}(t_0)\rangle\tag{4.4.2}$$

$U^{(I)}$ 具有以下性质:

$$U^{(I)}(t_0,t_0)=1\tag{4.4.3}$$

且满足方程:

$$\mathrm{i}\hbar\frac{\partial U^{(I)}(t,t_0)}{\partial t}=\hat{H}_IU^{(I)}(t,t_0)\tag{4.4.4}$$

积分这个方程,并利用初始条件式(4.4.3),可得到时间演化算子的积分方程:

$$U^{(I)}(t,t_0) = 1 + \frac{1}{\mathrm{i}\hbar}\int_{t'=0}^{t'=t} \mathrm{d}t'\hat{H}_I(t')U^{(I)}(t',t_0) \tag{4.4.5}$$

使用迭代方法,可将 $U^{(I)}(t,t_0)$ 表示为

$$U^{(I)}(t,t_0) = 1 + \frac{1}{\mathrm{i}\hbar}\int_{t_0}^{t} \mathrm{d}t'\hat{H}_I(t') + \frac{1}{(\mathrm{i}\hbar)^2}\int_{t_0}^{t}\mathrm{d}t'\int_{t_0}^{t'}\mathrm{d}t''\hat{H}_I(t')\hat{H}_I(t'') + \cdots$$

引用编时积算子 $\mathscr{T}$(它对几个算子乘积的作用是使这些算子按时间顺序重新排列,时间较早的算子出现在右边,较迟的排在左边),可将上式写成紧凑的形式:

$$U^{(I)}(t,t_0) = \mathscr{T}\exp\left[\frac{1}{\mathrm{i}\hbar}\int_{t_0}^{t}\mathrm{d}t'\hat{H}_I(t')\right] \tag{4.4.6}$$

如果在不同时间段 Hamilton 算子可以对易,上式中时间编序算子可以去掉。对于后面的情况,在相互作用接通的一段时间内,可以认为相互作用是常数(如施用直流方波脉冲),在这种情况下,方程式(4.4.6)有简单形式解:

$$U(t,t_0) = \mathrm{e}^{-\mathrm{i}\hat{H}_I(t-t_0)/\hbar} \tag{4.4.7}$$

对于由 N 个量子位构成的量子计算机,波函数是 N 个量子位多粒子波函数。任意时刻 t 多粒子系统状态仍由 $|\Psi(t)\rangle$ 描写。$|\Psi(t)\rangle$ 可以通过系统相互作用 Hamilton 量决定的时间演化算子,按式(4.4.2),由系统初态 $|\Psi(t_0)\rangle$ 给出。

量子计算机系统各量子位相互作用 Heisenberg 形式的 Hamilton 量式(4.4.1),对执行两位量子门是足够一般的,实际上执行两量子位门需要的相互作用还可以进一步简化。本节来讨论如何用一些简单形式的两量子位相互作用实现两位门操作。为此首先证明下面的公式。

4.4.2 Baker-Campbell-Hausdorf 公式[9]

给定两算子 $\hat{A}$ 和 $\hat{G}$,λ 为任意复数,定义 $\hat{C}_0=\hat{A}$,$\hat{C}_1=[\hat{G},\hat{C}_0]$,$\hat{C}_2=[\hat{G},\hat{C}_1]$,…,则有

$$\mathrm{e}^{\lambda\hat{G}}\hat{A}\,\mathrm{e}^{-\lambda\hat{G}} = \sum_{n=0}^{\infty}\frac{\lambda^n}{n!}\hat{C}_n \tag{4.4.8}$$

这一结果称为 **Baker-Campbell-Hausdorf 公式**。

证明:定义算子函数:

$$f(\lambda) = \mathrm{e}^{\lambda\hat{G}}\hat{A}\,\mathrm{e}^{-\lambda\hat{G}}$$

将 $f(\lambda)$在 0 点作泰勒展开:

$$f(\lambda) = \mathrm{e}^{\lambda\hat{G}}\hat{A}\,\mathrm{e}^{-\lambda\hat{G}} = f(0) + \sum_{n=1}^{\infty}\frac{\lambda^n}{n!}\left[\frac{\mathrm{d}^n}{\mathrm{d}\lambda^n}f(\lambda)\right]_{\lambda=0} \tag{4.4.9}$$

注意到 $f(0)=\hat{A}=\hat{C}_0$,有

$$\frac{\mathrm{d}}{\mathrm{d}\lambda}f(\lambda) = \mathrm{e}^{\lambda\hat{G}}(\hat{G}\hat{A}-\hat{A}\hat{G})\mathrm{e}^{-\lambda\hat{G}} = \mathrm{e}^{\lambda\hat{G}}\hat{C}_1\mathrm{e}^{-\lambda\hat{G}},\quad \left[\frac{\mathrm{d}}{\mathrm{d}\lambda}f(\lambda)\right]_{\lambda=0} = \hat{C}_1$$

$$\frac{\mathrm{d}^2}{\mathrm{d}\lambda^2}f(\lambda) = \mathrm{e}^{\lambda\hat{G}}(\hat{G}\hat{C}_1 - \hat{C}_1\hat{G})\mathrm{e}^{-\lambda\hat{G}} = \mathrm{e}^{\lambda\hat{G}}\hat{C}_2\mathrm{e}^{-\lambda\hat{G}}, \quad \left[\frac{\mathrm{d}^2}{\mathrm{d}\lambda^2}f(\lambda)\right]_{\lambda=0} = \hat{C}_2$$

$$\cdots$$

$$\frac{\mathrm{d}^n}{\mathrm{d}\lambda^n}f(\lambda) = \mathrm{e}^{\lambda\hat{G}}\hat{C}_n\mathrm{e}^{-\lambda\hat{G}}, \quad \left[\frac{\mathrm{d}^n}{\mathrm{d}\lambda^n}f(\lambda)\right]_{\lambda=0} = \hat{C}_n$$

将上述结果代入式(4.4.9)中,就得到要证明的式(4.4.8)。

4.4.3 利用特殊形式的两体相互作用执行两量子位门操作

取两量子位相互作用 Hamilton 量式(4.4.1)的特殊形式:

$$\hat{H}_I = \sum_{i\neq j}J^{(i,j)}(\hat{\sigma}_x^{(i)}\hat{\sigma}_x^{(j)} + \hat{\sigma}_y^{(i)}\hat{\sigma}_y^{(j)}) \tag{4.4.10}$$

其中,i、j 两个量子位时间演化算子由式(4.4.7)为

$$\hat{U}(t) = \mathrm{e}^{-\mathrm{i}J^{(i,j)}(\hat{\sigma}_x^{(i)}\hat{\sigma}_x^{(j)} + \hat{\sigma}_y^{(i)}\hat{\sigma}_y^{(j)})t/\hbar} \tag{4.4.11}$$

首先证明这样的相互作用保持两量子位自旋平行态($|00\rangle$,$|11\rangle$)不变。事实上由于

$$\hat{\sigma}_x\mid 0\rangle = \mid 1\rangle, \quad \hat{\sigma}_x\mid 1\rangle = \mid 0\rangle, \quad \hat{\sigma}_y\mid 0\rangle = \mathrm{i}\mid 1\rangle, \quad \hat{\sigma}_y\mid 1\rangle = -\mathrm{i}\mid 0\rangle \tag{4.4.12}$$

有

$$(\hat{\sigma}_x^{(i)}\hat{\sigma}_x^{(j)} + \hat{\sigma}_y^{(i)}\hat{\sigma}_y^{(j)})\mid 0^{(i)}0^{(j)}\rangle = \mid 1^{(i)}1^{(j)}\rangle - \mid 1^{(i)}1^{(j)}\rangle = 0$$

所以有

$$\hat{U}(t)\mid 0^{(i)}0^{(j)}\rangle = \mid 0^{(i)}0^{(j)}\rangle \tag{4.4.13}$$

类似地可以证明:

$$\hat{U}(t)\mid 1^{(i)}1^{(j)}\rangle = \mid 1^{(i)}1^{(j)}\rangle \tag{4.4.14}$$

但$|0^{(i)}1^{(j)}\rangle$、$|1^{(i)}0^{(j)}\rangle$都不是算子 $\hat{\sigma}_x^{(i)}\hat{\sigma}_x^{(j)} + \hat{\sigma}_y^{(i)}\hat{\sigma}_y^{(j)}$ 的本征态,$\hat{U}(t)$对这两个态的演化需要用另外方法计算。定义算子:

$$\hat{U}(t)\hat{\sigma}_x^{(i)}\hat{U}(t) = \mathrm{e}^{-\mathrm{i}J^{(i,j)}(\hat{\sigma}_x^{(i)}\hat{\sigma}_x^{(j)} + \hat{\sigma}_y^{(i)}\hat{\sigma}_y^{(j)})t/\hbar}\hat{\sigma}_x^{(i)}\mathrm{e}^{\mathrm{i}J^{(i,j)}(\hat{\sigma}_x^{(i)}\hat{\sigma}_x^{(j)} + \hat{\sigma}_y^{(i)}\hat{\sigma}_y^{(j)})t/\hbar} \tag{4.4.15}$$

和 Baker-Campbell-Hausdorf 公式比较,其中:

$$\hat{G} = \hat{\sigma}_x^{(i)}\hat{\sigma}_x^{(j)} + \hat{\sigma}_y^{(i)}\hat{\sigma}_y^{(j)}, \quad \lambda = -\mathrm{i}\frac{J^{(i,j)}t}{\hbar}$$

注意到

$$\hat{C}_0 = \hat{\sigma}_x^{(i)}\hat{I}^{(j)}$$

$$\hat{C}_1 = [\hat{G},\hat{C}_0] = [(\hat{\sigma}_x^{(i)}\hat{\sigma}_x^{(j)} + \hat{\sigma}_y^{(i)}\hat{\sigma}_y^{(j)}),\hat{\sigma}_x^{(i)}] = -2\mathrm{i}\hat{\sigma}_z^{(i)}\hat{\sigma}_y^{(j)}$$

$$\hat{C}_2 = [\hat{G},\hat{C}_1] = [(\hat{\sigma}_x^{(i)}\hat{\sigma}_x^{(j)} + \hat{\sigma}_y^{(i)}\hat{\sigma}_y^{(j)}), -2\mathrm{i}\hat{\sigma}_z^{(i)}\hat{\sigma}_y^{(j)}] = 4\hat{\sigma}_x^{(i)}I^{(j)}$$

$$\cdots$$

可以证明 $\hat{C}_{n=偶} = 2^n\hat{\sigma}_x^{(i)}I^{(j)}$,$\hat{C}_{n=奇} = -2^n\mathrm{i}\hat{\sigma}_z^{(i)}\hat{\sigma}_y^{(j)}$,利用 Baker-Campbell-Hausdorf 公式,有

$$\hat{U}(t)\hat{\sigma}_x^{(i)}\hat{U}^{\dagger}(t) = \sum_{n=\text{偶}} \frac{(\mathrm{i}2J^{(i,j)}t/\hbar)^n}{n!}\hat{\sigma}_x^{(i)}I^{(j)} + \sum_{n=\text{奇}} \frac{(\mathrm{i}2J^{(i,j)}t/\hbar)^n}{n!}\mathrm{i}\hat{\sigma}_z^{(i)}\hat{\sigma}_y^{(j)}$$

即

$$\hat{U}(t)\hat{\sigma}_x^{(i)}\hat{U}^{\dagger}(t) = \cos\theta\hat{\sigma}_x^{(i)}I^{(j)} + \sin\theta\hat{\sigma}_z^{(i)}\hat{\sigma}_y^{(j)} \tag{4.4.16}$$

其中,$\theta=2J^{(i,j)}t/\hbar$,由 i、j 两量子位耦合强度 $J^{(i,j)}$ 和相互作用接通时间 t 决定。

类似地步骤可以证明:

$$\hat{U}(t)\hat{\sigma}_x^{(j)}\hat{U}^{\dagger}(t) = \cos\theta I^{(i)}\hat{\sigma}_x^{(j)} + \sin\theta\hat{\sigma}_y^{(i)}\hat{\sigma}_z^{(j)} \tag{4.4.17}$$

利用式(4.4.16),并注意到 $\hat{\sigma}_x|1\rangle=|0\rangle$ 和式(4.4.13),有

$$\begin{aligned}\hat{U}(t)\mid 0^{(i)}1^{(j)}\rangle &= \hat{U}(t)\hat{\sigma}_x^{(j)}\mid 0^{(i)}0^{(j)}\rangle = \hat{U}(t)\hat{\sigma}_x^{(j)}\hat{U}^{\dagger}(t)\hat{U}(t)\mid 0^{(i)}0^{(j)}\rangle \\ &= (\cos\theta I^{(i)}\hat{\sigma}_x^{(j)} + \sin\theta\hat{\sigma}_y^{(i)}\hat{\sigma}_z^{(j)})\mid 0^{(i)}0^{(j)}\rangle\end{aligned}$$

即

$$\hat{U}(t)\mid 0^{(i)}1^{(j)}\rangle = \cos\theta\mid 0^{(i)}1^{(j)}\rangle + \mathrm{i}\sin\theta\mid 1^{(i)}0^{(j)}\rangle \tag{4.4.18}$$

类似地,利用(4.4.17)可得

$$\begin{aligned}\hat{U}(t)\mid 1^{(i)}0^{(j)}\rangle &= \hat{U}(t)\hat{\sigma}_x^{(i)}\mid 0^{(i)}0^{(j)}\rangle = \hat{U}(t)\hat{\sigma}_x^{(i)}\hat{U}^{\dagger}(t)\hat{U}(t)\mid 0^{(i)}0^{(j)}\rangle \\ &= (\cos\theta\hat{\sigma}_x^{(i)}I^{(j)} + \sin\theta\hat{\sigma}_z^{(i)}\hat{\sigma}_y^{(j)})\mid 0^{(i)}0^{(j)}\rangle\end{aligned}$$

即

$$\hat{U}(t)\mid 1^{(i)}0^{(j)}\rangle = \cos\theta\mid 1^{(i)}0^{(j)}\rangle + \mathrm{i}\sin\theta\mid 0^{(i)}1^{(j)}\rangle \tag{4.4.19}$$

综合式(4.4.13)、式(4.4.14)、式(4.4.18)、式(4.4.19)在两量子位态空间计算基

$$\{\mid 0^{(i)}0^{(j)}\rangle, \mid 0^{(i)}1^{(j)}\rangle, \mid 1^{(i)}0^{(j)}\rangle, \mid 1^{(i)}1^{(j)}\rangle\}$$

下,$\hat{U}(t)$ 可写成矩阵形式:

$$\hat{U}(t) = \begin{bmatrix} 1 & 0 & 0 & 0 \\ 0 & \cos\theta & \mathrm{i}\sin\theta & 0 \\ 0 & \mathrm{i}\sin\theta & \cos\theta & 0 \\ 0 & 0 & 0 & 1 \end{bmatrix} \tag{4.4.20}$$

其中,$\theta=2J^{(i,j)}t/\hbar$,由 i、j 两量子位耦合强度 $J^{(i,j)}$ 和相互作用接通时间 t 决定。容易看出,当 $\theta=\pi/2$ 时,$\hat{U}(t)$ 交换 $|0^{(i)}1^{(j)}\rangle \leftrightarrows |1^{(i)}0^{(j)}\rangle$,而当 $\theta=\pi/4$ 时,它执行两量子位 $\sqrt{SWAP}$ 操作,制备出两量子位纠缠态:

$$\hat{U}(t)\mid 0^{(i)}1^{(j)}\rangle = \frac{1}{\sqrt{2}}(\mid 0^{(i)}1^{(j)}\rangle + \mid 1^{(i)}0^{(j)}\rangle)$$

在 2.5 节中已证明,$\sqrt{SWAP}$ 门也可以作为通用两量子位逻辑门,因此式(4.4.10)特殊形式的两体相互作用,对执行两量子位通用逻辑门是足够的。

两量子位相互作用 Hamilton 量另一种常见形式为

$$\hat{H}_I = \sum_{i\neq j} J^{(i,j)}(\hat{\sigma}_+^{(i)}\hat{\sigma}_-^{(j)} + \hat{\sigma}_-^{(i)}\hat{\sigma}_+^{(j)}) \tag{4.4.21}$$

其中:

$$\hat{\sigma}_{\pm} = \frac{1}{2}(\hat{\sigma}_x \pm \mathrm{i}\hat{\sigma}_y) \tag{4.4.22}$$

容易验证：

$$\hat{\sigma}_+^{(i)}\hat{\sigma}_-^{(j)} + (\hat{\sigma}_-^{(i)}\hat{\sigma}_+^{(i)}) = \frac{1}{2}(\hat{\sigma}_x^{(i)}\hat{\sigma}_x^{(j)} + \hat{\sigma}_y^{(i)}\hat{\sigma}_y^{(j)}) \tag{4.4.23}$$

所以，除去相差因子 1/2 外，与式(4.4.10)中相互作用 Hamilton 量有相同的形式。它也可以执行式(4.4.20)的幺正演化，不过其中在相同时间内 $\theta = J^{(i,j)}t/\hbar$，是前者的二分之一。

4.4.4　相互作用势取 Ising 势时的两量子位门操作

在量子位相互作用的 Heisenberg 模型[3,4]中，如果只考虑自旋算子 $\hat{\sigma}_z$ 分量，便得到 **Ising 模型**[5]。可以证明 Ising 相互作用对执行两量子位通用逻辑门也是足够的。

Ising 相互作用常写作

$$\hat{H}_I = \frac{1}{4}\sum_{i\neq j} J^{(i,j)}(1-\hat{\sigma}_z^{(i)})(1-\hat{\sigma}_z^{(j)}) \tag{4.4.24}$$

其中，两体相互作用部分为 $J^{(i,j)}\hat{\sigma}_z^{(i)}\hat{\sigma}_z^{(j)}/4$。与这种相互作用相应的时间演化算子为

$$\hat{U}(t) = \mathrm{e}^{-\mathrm{i}J^{(i,j)}(1-\hat{\sigma}_z^{(i)})(1-\hat{\sigma}_z^{(j)})t/4\hbar} \tag{4.4.25}$$

由于

$$\hat{H}_I \mid 0^{(i)}0^{(j)}\rangle = \frac{1}{4}J^{(i,j)}(1-\hat{\sigma}_z^{(i)})(1-\hat{\sigma}_z^{(j)}) \mid 0^{(i)}0^{(j)}\rangle = 0$$

$$\hat{H}_I \mid 0^{(i)}1^{(j)}\rangle = \frac{1}{4}J^{(i,j)}(1-\hat{\sigma}_z^{(i)})(1-\hat{\sigma}_z^{(j)}) \mid 0^{(i)}1^{(j)}\rangle = 0$$

$$\hat{H}_I \mid 1^{(i)}0^{(j)}\rangle = \frac{1}{4}J^{(i,j)}(1-\hat{\sigma}_z^{(i)})(1-\hat{\sigma}_z^{(j)}) \mid 1^{(i)}0^{(j)}\rangle = 0$$

$$\hat{H}_I \mid 1^{(i)}1^{(j)}\rangle = \frac{1}{4}J^{(i,j)}(1-\hat{\sigma}_z^{(i)})(1-\hat{\sigma}_z^{(j)}) \mid 1^{(i)}1^{(j)}\rangle = J^{(i,j)} \mid 1^{(i)}1^{(j)}\rangle$$

所以有

$$\hat{U}(t) \mid 0^{(i)}0^{(j)}\rangle = \mid 0^{(i)}0^{(j)}\rangle$$
$$\hat{U}(t) \mid 0^{(i)}1^{(j)}\rangle = \mid 0^{(i)}1^{(j)}\rangle$$
$$\hat{U}(t) \mid 1^{(i)}0^{(j)}\rangle = \mid 1^{(i)}0^{(j)}\rangle$$
$$\hat{U}(t) \mid 1^{(i)}1^{(j)}\rangle = \mathrm{e}^{-\mathrm{i}J^{(i,j)}t/\hbar} \mid 1^{(i)}1^{(j)}\rangle$$

在两量子位 Hilbert 空间基 $\{|0^{(i)}0^{(j)}\rangle, |0^{(i)}1^{(j)}\rangle, |1^{(i)}0^{(j)}\rangle, |1^{(i)}1^{(j)}\rangle\}$ 下的时间演化矩阵为

$$\hat{U}(t)=\begin{bmatrix}1&0&0&0\\0&1&0&0\\0&0&1&0\\0&0&0&e^{-iJ^{(i,j)}t/\hbar}\end{bmatrix} \tag{4.4.26}$$

特别当耦合强度 $J^{(i,j)}$ 和作用时间 t 满足 $J^{(i,j)}t/\hbar=\pi$ 时,$\hat{U}(t)$ 就执行了控制相位门操作。在 1.5 节证明过,它和控制非门的关系由式(2.5.2)给出:

$$CNOT=H_1\Phi H_1$$

两者只差靶位的一个单量子位 H 门转动。两量子位控制相位门和单量子位态矢空间的任意转动是量子计算的通用逻辑门组。

4.5 辐射场和物质量子位的相互作用

在量子信息的各种物理实现中,很多都涉及电磁辐射场和量子位的相互作用。在量子力学中,辐射场就是光子场,光子作为“飞行”量子位,在量子通信和量子信息传输中发挥重要作用。辐射场和物质量子位(原子、离子等)的相互作用,是对量子位态操控的基本手段。由于辐射场几乎是无处不在,在量子信息的各种物理实现中,辐射场作为很难控制的“环境”存在,是编码量子态消相干的重要物理机制。本节把辐射场作为量子计算机环境,以原子和离子量子位为例,讨论辐射场和量子位相互作用的一般理论和处理方法。

4.5.1 辐射场的 Hamilton 量、电磁场的量子化

在经典物理中,辐射电磁场可以用矢势 $\vec{A}$ 和标势 φ 描述。在源区外,可取 $\varphi=0$,采用**库仑规范**(Coulomb guage)[10],矢势 $\vec{A}$ 满足方程波动方程:

$$\nabla^2\vec{A}-\frac{\partial^2\vec{A}}{c^2\partial t^2}=0,\quad \nabla\cdot\vec{A}=0 \tag{4.5.1}$$

在研究辐射场问题时,为了场量子化、归一化方便,通常假设辐射场被限制在边长为 L 的立方箱内(最后令 $L\to\infty$,就逼近实际情况),并满足周期性边界条件。现在将矢势 $\vec{A}$ 展开为以波矢 $\vec{k}$ 和极化矢量 $\vec{e}_{\vec{k},\lambda}$ 为标志的平面波函数

$$\psi_{\vec{k},\lambda}(\vec{\chi},t)=\frac{1}{\sqrt{V}}\vec{e}_{\vec{k},\lambda}A_{\vec{k},\lambda}e^{i(\vec{k}\cdot\vec{\chi}-\omega_{\vec{k}}t)} \tag{4.5.2}$$

的叠加,其中,$V=L^3$ 是箱体积;$\vec{e}_{\vec{k},\lambda}$ 表示电磁波极化方向的单位矢量;$\omega_{\vec{k}}=|\vec{k}|/c$ 是波圆频率;$A_{\vec{k},\lambda}$ 为波振幅(实数),有

$$\vec{A}(\vec{\chi},t)=\frac{1}{\sqrt{V}}\sum_{\vec{k}}\sum_{\lambda=1,2}\vec{e}_{\vec{k},\lambda}(A_{\vec{k},\lambda}e^{i(\vec{k}\cdot\vec{\chi}-\omega_{\vec{k}}t)}+A^*_{\vec{k},\lambda}e^{-i(\vec{k}\cdot\vec{\chi}-\omega_{\vec{k}}t)}) \tag{4.5.3}$$

由于电磁波为横波,垂直于波矢方向只有两个互相垂直的极化方向,λ 只能取两个

值，且有 $\vec{e}_{\vec{k},\lambda}\cdot\vec{e}_{\vec{k},\lambda'}=\delta_{\lambda\lambda'}$。被局限在边长为 L 的立方箱内、满足周期边界条件的辐射场，波矢 $\vec{k}$ 由下式给出：

$$\vec{k}=(k_x,k_y,k_z)=\left(\frac{2\pi}{L}n_x,\frac{2\pi}{L}n_y,\frac{2\pi}{L}n_z\right)$$

利用矢量势式(4.5.3)，可求出电场和磁场：

$$\vec{E}=-\frac{\partial\vec{A}}{\partial t}=\mathrm{i}\frac{1}{\sqrt{V}}\sum_{\vec{k}}\sum_{\lambda=1,2}\omega_{\vec{k}}\vec{e}_{\vec{k},\lambda}(A_{\vec{k},\lambda}\mathrm{e}^{\mathrm{i}(\vec{k}\cdot\vec{\chi}-\omega_{\vec{k}}t)}-A_{\vec{k},\lambda}^{*}\mathrm{e}^{-\mathrm{i}(\vec{k}\cdot\vec{\chi}-\omega_{\vec{k}}t)})\tag{4.5.4}$$

$$\vec{B}=\nabla\times\vec{A}=\mathrm{i}\frac{1}{\sqrt{V}}\sum_{\vec{k}}\sum_{\lambda=1,2}\vec{k}\times\vec{e}_{\vec{k},\lambda}(A_{\vec{k},\lambda}\mathrm{e}^{\mathrm{i}(\vec{k}\cdot\vec{\chi}-\omega_{\vec{k}}t)}-A_{\vec{k},\lambda}^{*}\mathrm{e}^{-\mathrm{i}(\vec{k}\cdot\vec{\chi}-\omega_{\vec{k}}t)})\tag{4.5.5}$$

为了得到电磁场的 Hamilton 量，需要用正则变量表示出场能量，为此首先计算电磁场能量。根据电动力学的结果：

$$W=\frac{1}{2}\int_V\left(\varepsilon_0E^2+\frac{1}{\mu_0}B^2\right)\mathrm{d}V$$

将式(4.5.4)、式(4.5.5)代入，并利用正交归一化关系

$$\int_V\mathrm{e}^{\pm\mathrm{i}(\vec{k}-\vec{k}')\cdot\vec{\chi}}\mathrm{d}V=\delta_{\vec{k},\vec{k}'}V,\quad\int_V\mathrm{e}^{\pm\mathrm{i}(\vec{k}+\vec{k}')\cdot\vec{\chi}}\mathrm{d}V=\delta_{\vec{k},-\vec{k}'}V$$

得

$$W=2\varepsilon_0\sum_{\vec{k}}\sum_{\lambda=1,2}\omega_{\vec{k}}^2A_{\vec{k},\lambda}\cdot A_{\vec{k},\lambda}^{*}\tag{4.5.6}$$

场能量由变量 $A_{\vec{k},\lambda}\cdot A_{\vec{k},\lambda}^{*}$ 决定，但它们不是正则变量，不满足 Hamilton 正则方程。现在通过变换

$$\begin{aligned}A_{\vec{k},\lambda}&=\frac{1}{2\omega_{\vec{k}}\sqrt{\varepsilon_0}}(\omega_{\vec{k}}Q_{\vec{k},\lambda}+\mathrm{i}P_{\vec{k},\lambda})\\A_{\vec{k},\lambda}^{*}&=\frac{1}{2\omega_{\vec{k}}\sqrt{\varepsilon_0}}(\omega_{\vec{k}}Q_{\vec{k},\lambda}-\mathrm{i}P_{\vec{k},\lambda})\end{aligned}\tag{4.5.7}$$

就可将辐射场总能量式(4.5.6)用 Q、P 表示为

$$W=\frac{1}{2}\sum_{\vec{k}}\sum_{\lambda=1,2}(P_{\vec{k},\lambda}^2+\omega_{\vec{k}}^2Q_{\vec{k},\lambda}^2)\tag{4.5.8}$$

这正是经典谐振子能量和，表示辐射场可等价地看成是无穷多经典振子集合，因此辐射场的每个场模形式上与一个谐振子相当。所以在研究量子计算机的消相干物理机制时，环境对计算机的影响，通常就通过大量谐振子组成的“热库”和计算机中各量子位作用描述。原子、离子量子位和腔场的作用，就可以看成是原子、离子和相应腔模的谐振子的作用。

由于经典辐射场可以看做是无穷多个独立的谐振子，振子的正则坐标和正则动量分别记为 $Q_{\vec{k},\lambda}$ 和 $P_{\vec{k},\lambda}$，按照和简谐振子相同的量子化方法，将 $Q_{\vec{k},\lambda}$ 和 $P_{\vec{k},\lambda}$ 看成算子，并要求他们满足对易关系：

$$[Q_{\vec{k},\lambda}, P_{\vec{k}',\lambda'}] = \mathrm{i}\hbar\delta_{\vec{k},\vec{k}'}\delta_{\lambda,\lambda'}$$
$$[Q_{\vec{k},\lambda}, Q_{\vec{k}',\lambda'}] = [P_{\vec{k},\lambda}, P_{\vec{k}',\lambda'}] = 0 \tag{4.5.9}$$

与振子情况类似,定义一组新算子:

$$a_{\vec{k},\lambda} = \frac{1}{\sqrt{2\hbar\omega_{\vec{k}}}}(\omega_{\vec{k}}Q_{\vec{k},\lambda} + \mathrm{i}P_{\vec{k},\lambda})$$
$$a^{+}_{\vec{k},\lambda} = \frac{1}{\sqrt{2\hbar\omega_{\vec{k}}}}(\omega_{\vec{k}}Q_{\vec{k},\lambda} - \mathrm{i}P_{\vec{k},\lambda}) \tag{4.5.10}$$

它们遵从对易关系:

$$[a_{\vec{k},\lambda}, a^{+}_{\vec{k}',\lambda'}] = \delta_{\vec{k},\vec{k}'}\delta_{\lambda,\lambda'}$$
$$[a_{\vec{k},\lambda}, a_{\vec{k}',\lambda'}] = [a^{+}_{\vec{k},\lambda}, a^{+}_{\vec{k}',\lambda'}] = 0 \tag{4.5.11}$$

用 $a_{\vec{k},\lambda}$、$a^{+}_{\vec{k}',\lambda'}$ 代替式(4.5.8)中的 $Q_{\vec{k},\lambda}$ 和 $P_{\vec{k},\lambda}$,并利用对易关系式(4.5.11),得到用振子产生和湮灭算子表示的辐射场 Hamilton 量:

$$\hat{H}_f = \sum_{\vec{k}}\sum_{\lambda=1,2}\hbar\omega_k\left(a^{+}_{\vec{k},\lambda}a_{\vec{k},\lambda} + \frac{1}{2}\right) \tag{4.5.12}$$

由于已经把 $Q_{\vec{k},\lambda}$、$P_{\vec{k},\lambda}$ 看成是算子,式(4.5.7)蕴含的 $A_{\vec{k},\lambda}$、$A^{*}_{\vec{k},\lambda}$ 也都是算子。由式(4.5.10)、式(4.5.7)有

$$A^{*}_{\vec{k},\lambda} \to \sqrt{\frac{\hbar}{2\varepsilon_0\omega_{\vec{k}}}}\hat{a}^{+}_{\vec{k},\lambda}, \quad A_{\vec{k},\lambda} \to \sqrt{\frac{\hbar}{2\varepsilon_0\omega_{\vec{k}}}}\hat{a}_{\vec{k},\lambda} \tag{4.5.13}$$

从而电磁场矢势 $\hat{A}$ 的算子表示可由式(4.5.3)得

$$\vec{A}(\vec{\chi},t) = \sum_{\vec{k}}\sum_{\lambda=1,2}\vec{e}_{\vec{k},\lambda}\sqrt{\frac{\hbar}{2\varepsilon_0\omega_{\vec{k}}V}}(\hat{a}_{\vec{k},\lambda}\mathrm{e}^{\mathrm{i}(\vec{k}\cdot\vec{\chi}-\omega_{\vec{k}}t)} + \hat{a}^{+}_{\vec{k},\lambda}\mathrm{e}^{-\mathrm{i}(\vec{k}\cdot\vec{\chi}-\omega_{\vec{k}}t)}) \tag{4.5.14}$$

电磁场量 $\vec{E}$,$\vec{B}$ 的算子表示可由(4.5.4)、式(4.5.5)求得

$$\vec{E} = \mathrm{i}\sum_{\vec{k}}\sum_{\lambda=1,2}\sqrt{\frac{\omega_k\hbar}{2\varepsilon_0V}}\vec{e}_{\vec{k},\lambda}(\hat{a}_{\vec{k},\lambda}\mathrm{e}^{\mathrm{i}(\vec{k}\cdot\vec{\chi}-\omega_{\vec{k}}t)} - \hat{a}^{+}_{\vec{k},\lambda}\mathrm{e}^{-\mathrm{i}(\vec{k}\cdot\vec{\chi}-\omega_{\vec{k}}t)}) \tag{4.5.15}$$

$$\vec{B} = \mathrm{i}\sum_{\vec{k}}\sum_{\lambda=1,2}\vec{k}\cdot\vec{e}_{\vec{k},\lambda}\sqrt{\frac{\hbar}{2\varepsilon_0\omega_{\vec{k}}V}}(\hat{a}_{\vec{k},\lambda}\mathrm{e}^{\mathrm{i}(\vec{k}\cdot\vec{\chi}-\omega_{\vec{k}}t)} - \hat{a}^{+}_{\vec{k},\lambda}\mathrm{e}^{-\mathrm{i}(\vec{k}\cdot\vec{\chi}-\omega_{\vec{k}}t)}) \tag{4.5.16}$$

4.5.2 原子、离子系统的 Hamilton 量

辐射场和原子、离子相互作用复合系统的 Hamilton 量可以写为

$$\hat{H} = \hat{H}_a + \hat{H}_f + \hat{H}_I \tag{4.5.17}$$

其中,$\hat{H}_a$ 是原子离子系统的 Hamilton 量;$\hat{H}_I$ 描写原子离子和辐射场的相互作用。离子是原子失去一个或几个电子后形成的带正电荷的系统,在量子力学中,离子和原子的状态都用波函数描写。描述原子、离子状态的波函数,可以由解定态 Schrödinger 方程得

$$\hat{H}_a\Psi = E\Psi \tag{4.5.18}$$

其中，$\hat{H}_a$ 是离子系统的 Hamilton 量，它可以写作

$$\hat{H}_a = \sum_{i=1}^{N}\left(-\frac{\hbar^2}{2m_e}\nabla_i^2 - \frac{Ze^2}{4\pi\varepsilon_0 r_i}\right) + \sum_{i\neq j}\frac{e^2}{4\pi\varepsilon_0 r_{ij}} + \hat{H}' \tag{4.5.19}$$

其中，括号中两项分别表示第 i 个电子的动能和电子在核库仑场中的势能，第一项是对离子中 N 个电子求和；第二项表示电子间的相互作用。最后一项 $\hat{H}'$ 表示原子内电子轨道磁矩与核磁矩、电子轨道磁矩间以及轨道自旋磁矩等残余相互作用。原子物理已有一套系统方法求解式(4.5.18)，得到描述原子内电子态的波函数和相应的能量本征值到任意精度。讨论这些系统方法是原子物理学的任务，这里假设这些能量本征值方程已经解出：

$$\hat{H}_a \mid i\rangle = E_i \mid i\rangle \equiv \hbar\omega_i \mid i\rangle \tag{4.5.20}$$

其中，E_i 是本征态 $|i\rangle$ 对应的能量本征值，和前面对量子位处理相同，习惯引进 $\omega_i = E_i/\hbar$ 表示。

虽然一个原子或离子都有多个能级，但是在量子信息中，总是利用它的两个稳定态编码的一个量子位，而把它作为一个两能级系统处理。在两能级近似下，和 4.1 节量子位情况相同，定义原子态产生和湮灭算子为 $\hat{b}_i^+\hat{b}_j \equiv |i\rangle\langle j|$，并建立原子产生算子、湮灭算子和 Pauli 算子之间和式(4.1.3)～式(4.1.6)相同的联系，称相应的 Pauli 算子为原子**赝自旋算子**(pseudospin operator)[11,12]，其中 $\hat{\sigma}^+$ 称为原子升算子，而 $\hat{\sigma}^-$ 称为原子下降算子。选择适当的能量零点后，将原子或离子(量子位)的 Hamilton 量写作

$$\hat{H}_a = \frac{1}{2}\hbar\omega_0(\hat{b}_2^+\hat{b}_2 - \hat{b}_1^+\hat{b}_1) = -\frac{1}{2}\hbar\omega_0\hat{\sigma}_z \tag{4.5.21}$$

其中，$\omega_0 = \omega_2 - \omega_1$，是原子(离子)两能级跃迁频率。

4.5.3　辐射场和两能级原子的相互作用、旋转波近似

辐射场和原子的相互作用就是辐射场和原子最外壳层电子的相互作用。把原子近似为一个两能级系统，设最外壳层电子质量为 m，电荷为 e 处在中心势场 $V(r)$(r 是电子到中心的距离)中，电子的动量为 $\vec{p}$。如果这个原子与矢势 $\vec{A}$ 描述的辐射场相互作用，总系统的 Hamilton 量可以写为[11,12]

$$\hat{H} = \frac{1}{2m}(\hat{\vec{P}} - e\vec{A})^2 + eV(r) + \hat{H}_f = \hat{H}_a + \hat{H}_f + \hat{H}_I \tag{4.5.22}$$

其中，$\hat{H}_a = \hat{\vec{P}}^2/2m + V(r)$ 是原子中电子的 Hamilton 量，在两能级近似下由式(4.5.21)给出，辐射场的 Hamilton 量 $\hat{H}_f$ 即式(4.5.12)。原子与辐射场的相互作用 $\hat{H}_I$，根据式(4.5.22)可以写作

$$\hat{H}_I = \frac{e}{2m}(\hat{\vec{P}}\cdot\vec{A} + \vec{A}\cdot\hat{\vec{P}}) + \frac{1}{2m}(e\vec{A})^2 \tag{4.5.23}$$

其中,第二项表示不同振子之间通过电子和场的耦合发生的相互作用,物理上代表双光子过程,发生概率很小,和前项比可以略去。式(4.5.23)中辐射场矢势 $\vec{A}$ 由式(4.5.14)给出。引进简单记法:

$$\vec{G}_{\vec{k},\lambda} = \vec{e}_{\vec{k},\lambda}\sqrt{\frac{\hbar}{2\varepsilon_0 \omega_{\vec{k}} V}} \tag{4.5.24}$$

式(4.5.14)可以写作

$$\vec{A}(\vec{\chi},t) = \sum_{\vec{k}}\sum_{\lambda=1,2}\vec{G}_{\vec{k},\lambda}(\hat{a}_{\vec{k},\lambda}e^{i(\vec{k}\cdot\vec{\chi}-\omega_{\vec{k}}t)} + \hat{a}^{+}_{\vec{k},\lambda}e^{-i(\vec{k}\cdot\vec{\chi}-\omega_{\vec{k}}t)}) \tag{4.5.25}$$

在原子范围内,通常 $\vec{k}\cdot\vec{\chi}\approx(2\pi/\lambda)|\vec{\chi}|\ll 1$,可取 $e^{i\vec{k}\cdot\vec{\chi}}\approx 1$,称为**偶极近似**(dipole approximate)[11~13]。在偶极近似下,$\vec{A}(\vec{\chi},t)=\vec{A}(0,t)$ 与空间坐标无关,从而$[\hat{\vec{A}},\hat{\vec{P}}]=0$。在上述条件下式(4.5.23)可以写作

$$\hat{H}_I = \frac{e}{m}\sum_{\vec{k}}\sum_{\lambda=1,2}\vec{G}_{\vec{k},\lambda}(\hat{a}_{\vec{k},\lambda}e^{-i\omega_{\vec{k}}t} + \hat{a}^{+}_{\vec{k},\lambda}e^{i\omega_{\vec{k}}t})\cdot\vec{P} \tag{4.5.26}$$

现在求原子的动量算子,并把它用原子赝自旋算子表示出来。对两能级原子,注意到动量算子对角元为零,动量算子为

$$\hat{P} = \sum_{m,n=1}^{2}|n\rangle\langle n|\hat{P}|m\rangle\langle m| = \langle 2|\hat{P}|1\rangle\hat{\sigma}^{+} + \langle 1|\hat{P}|2\rangle\hat{\sigma}^{-} \tag{4.5.27}$$

其中,$\hat{\sigma}^{+}$ 是原子赝自旋算子。现在将 $\hat{\vec{P}}$ 用坐标$\vec{\chi}$表示,利用

$$\frac{d\vec{\chi}}{dt} = -i\frac{1}{\hbar}[\hat{\vec{\chi}},\hat{H}_a] = -i\frac{1}{\hbar}(\hat{\vec{\chi}}\hat{H}_a - \hat{H}_a\hat{\vec{\chi}}) = \frac{\hat{\vec{P}}}{m}$$

有

$$\begin{aligned}\langle 2|\hat{P}|1\rangle &= -i\frac{m}{\hbar}\langle 2|(\hat{\vec{\chi}}\hat{H}_a - \hat{H}_a\hat{\vec{\chi}})|1\rangle \\ &= i\frac{m}{\hbar}(E_2-E_1)\langle 2|\hat{\vec{\chi}}|1\rangle = i\frac{m\omega_0\vec{d}}{e}\end{aligned} \tag{4.5.28}$$

其中,$\vec{d}=e\langle 2|\hat{\vec{\chi}}|1\rangle$是原子的电偶极算子。同样推导可以求出:

$$\langle 1|\hat{P}|2\rangle = -i\frac{m\omega_0\vec{d}^{*}}{e}$$

把这些结果代入式(4.5.27),并记 $i\vec{d}$ 的实部为 $\vec{D}$,式(4.5.27)可以写为

$$\hat{P} = -\frac{m\omega_0}{e}\vec{D}(\hat{\sigma}^{\dagger} + \hat{\sigma}^{-}) \tag{4.5.29}$$

将这一结果代入式(4.5.26),求得

$$\hat{H}_I = -\omega_0\sum_{\vec{k}}\sum_{\lambda=1,2}\vec{G}_{\vec{k},\lambda}\cdot\vec{D}(\hat{a}_{\vec{k},\lambda}e^{-i\omega_{\vec{k}}t} + \hat{a}^{+}_{\vec{k},\lambda}e^{i\omega_{\vec{k}}t})(\hat{\sigma}^{+} + \hat{\sigma}^{-})$$

$$= \sum_{\vec{k}} \sum_{\lambda=1,2} g_{\vec{k},\lambda} (\hat{a}_{\vec{k},\lambda} \hat{\sigma}^{+} \mathrm{e}^{-\mathrm{i}\omega_{\vec{k}} t} + \hat{a}^{+}_{\vec{k},\lambda} \hat{\sigma}^{-} \mathrm{e}^{\mathrm{i}\omega_{\vec{k}} t} + \hat{a}^{+}_{\vec{k},\lambda} \hat{\sigma}^{+} \mathrm{e}^{\mathrm{i}\omega_{\vec{k}} t} + \hat{a}_{\vec{k},\lambda} \hat{\sigma}^{-} \mathrm{e}^{-\mathrm{i}\omega_{\vec{k}} t}) \tag{4.5.30}$$

其中，利用了式(4.5.24)，并引入

$$g_{\vec{k},\lambda} = \omega_0 \vec{G}_{\vec{k},\lambda} \cdot \vec{D} = \sqrt{\frac{\hbar}{2\varepsilon_0 \omega_k V}} \omega_0 \vec{e}_{k,\lambda} \cdot \vec{D} \tag{4.5.31}$$

为耦合常数。式(4.5.30)左边第一项描述原子从辐射场中吸收一个光子，同时从下能级跃迁到上能级的过程；第二项则表示原子从上能级跃迁到下能级，放出一个光子的过程；第三项对应着原子跃迁到上能级，同时放出一个光子的过程；第四项对应着原子跃迁到下能级吸收一个光子的过程。前两项在共振情况下，$\omega_{\vec{k}} \approx \omega_0$，能量保持守恒，系统总能量变化 $\Delta E \approx 0$，由时间—能量不确定关系，跃迁过程可以产生寿命很长的实光子。后两项导致系统总能量改变 $\Delta E \approx \hbar(\omega_{\vec{k}} + \omega_0)$，产生光子寿命极短，常称为虚过程。在实用中常略去最后两项描述的虚过程，并称这种近似为**旋转波近似**(rotating-wave approximation)[11,12]。所以在偶极近似和旋转波近似下，两能级原子与辐射场相互作用的 Hamilton 量可以写为

$$\hat{H}_I = g(\hat{a}\hat{\sigma}^{+} \mathrm{e}^{-\mathrm{i}\omega t} + \hat{a}^{+} \hat{\sigma}^{-} \mathrm{e}^{\mathrm{i}\omega t}) \tag{4.5.32}$$

4.6　量子计算机系统消相干理论、超算子方法

前面关于量子计算机系统动力学研究，忽略了量子计算机系统和环境的相互作用(即取普遍形式 Hamilton 量中 $\hat{H}_e \equiv 0$)，把量子计算机看做完全封闭系统。实际上由于量子计算机系统都和“环境”间存在不可避免的相互作用，这种相互作用使系统不再是封闭的，编码在系统量子态上的信息，随着时间演化将散布到环境中，同时使系统量子态丢失内禀的相干叠加性质，蜕化为经典态，这一过程称为“**消相干**”(decoherence)。消相干最初仅只是指量子态相位出错或密度矩阵非对角元衰变。现在“消相干”一般地指包括耗散、能量丢失以及由不完善操作、测量在内的所有引起编码态改变的非幺正过程。消相干过程使编码量子态蜕化为经典态，使利用量子态编码信息可能带来的好处损失殆尽，所以量子态的消相干被认为是开发和利用量子信息的最大障碍。如何战胜量子态的消相干，就成为开发量子信息技术必须解决的关键问题。下面几节从量子力学基本原理出发，研究系统—环境相互作用项存在可能对量子计算产生的影响，以及处理量子计算机消相干的两种基本方法——超算子方法和主方程方法。

4.6.1　子系统态的约化密度算子描述及其演化

在量子信息技术中，任何用来编码信息的量子系统(量子信息存储器或量子运

算器等)总是和环境相互作用着,共同构成一个复合系统。“环境”狭义地指编码有信息的量子系统外部环境,广义地指和编码量子系统相互作用着的其他所有不希望的自由度,其中也包括系统本身、编码未使用的其他自由度。因此,总可以把和编码系统相互作用的一切都归结在环境中,从而把系统—环境构成的复合系统看成是和外界无相互作用的闭合系统。不失一般性,假设考虑的计算机为子系统 S,环境为子系统 B,并假设 S 和 B 构成的复合系统是孤立系统。研究当复合系统随时间做幺正演化时,其中的子系统 S 如何演化。弄清楚复合系统的幺正演化如何影响子系统 S,将为一般的计算机系统消相干过程提供一个清晰的物理图像。

设子系统 S 和 B 在 $t=t_0$ 时刻以前不存在相互作用,其 Hamilton 量分别为 $\hat{H}_S$ 和 $\hat{H}_B$。由于 $\hat{H}_S$ 和 $\hat{H}_B$ 分别作用在不同的子系统的 Hilbert 空间上,它们是互相对易的:

$$[\hat{H}_S,\hat{H}_B]=0 \tag{4.6.1}$$

它们的能量本征值方程分别为

$$\begin{aligned}\hat{H}_S \mid a^m\rangle &= \varepsilon_S^m \mid a^m\rangle \\ \hat{H}_B \mid b^n\rangle &= \varepsilon_B^n \mid b^n\rangle\end{aligned} \tag{4.6.2}$$

其中,ε_S^m、ε_B^n 和 $|a^m\rangle$、$|b^n\rangle$ 分别是系统 S 和系统 B 各自 Hamilton 算子的本征值和相应的本征函数。假设这两个方程都是严格可解。从 $t=0$ 开始,两子系统通过算子 $\hat{H}_I$ 互相耦合,复合系统的 Hamilton 量可以写作

$$\hat{H}=\hat{H}_S+\hat{H}_B+\hat{H}_I=\hat{H}_0+\hat{H}_I \tag{4.6.3}$$

其中,$\hat{H}_0=\hat{H}_S+\hat{H}_B$ 是不存在相互作用时复合系统的 Hamilton 量。在 Schrödinger 表象中,描述总系统的密度算子随时间的演化满足方程:

$$\mathrm{i}\hbar\frac{\partial\hat{\rho}(t)}{\partial t}=[\hat{H},\hat{\rho}(t)] \tag{4.6.4}$$

当 $\hat{H}$ 不显含时间时,上式的解为

$$\hat{\rho}(t)=\hat{U}(t,t_0)\hat{\rho}(t_0)\hat{U}^{\dagger}(t,t_0) \tag{4.6.5}$$

其中:

$$\hat{U}(t,t_0)=\mathrm{e}^{-\mathrm{i}\hat{H}(t-t_0)/\hbar} \tag{4.6.6}$$

是时间演化算子,$\hat{\rho}(t_0)$是 t_0 时刻复合系统的密度算子。由于在 $t=t_0$ 时刻,两子系统尚不存在相互作用,$\hat{\rho}(t_0)$可以表示为两子系统密度算子的直积:

$$\hat{\rho}(t_0)=\hat{\rho}_S(t_0)\otimes\hat{\rho}_B(t_0) \tag{4.6.7}$$

不失一般性,假设两子系统初始都处在纯态(如果初始环境处在混合态,总可引进一个辅助系统纯化它),设$|\varphi_S\rangle$、$|o_B\rangle$分别是子系统 S 和 B 的初态,$\hat{\rho}_S(t_0)=|\varphi_S\rangle\langle\varphi_S|$,$\hat{\rho}_B(t_0)=|o_B\rangle\langle o_B|$分别是两子系统 S 和 B 的 Hilbert 空间上的投影算子。

当两子系统相互作用并经历一段时间 $t-t_0$,复合系统的密度算子演化为

$$\hat{\rho}(t) = \hat{U}(t,t_0)(\hat{\rho}_S(t_0) \otimes | o_B\rangle\langle o_B |)\hat{U}^\dagger(t,t_0) \tag{4.6.8}$$

此时子系统 S 的态由复合系统态 $\hat{\rho}(t)$ 对子系统 B 求迹得到的约化密度算子 $\hat{\rho}_S(t)$ 描述：

$$\begin{aligned}\hat{\rho}_S(t) &= Tr^{(B)}(\hat{\rho}(t)) \\ &= \sum_n \langle b^n \mid \hat{U}(t,t_0)(\hat{\rho}_S(t_0) \otimes | o_B\rangle\langle o_B |)\hat{U}^\dagger(t,t_0) \mid b^n\rangle\end{aligned}$$

$\{|b^n\rangle\}$ 是子系统 B 的一组正交归一化完备基。上式即

$$\hat{\rho}_S(t) = \sum_n \langle b^n \mid \hat{U}(t,t_0) \mid o_B\rangle\hat{\rho}_S(t_0)\langle o_B \mid \hat{U}^\dagger(t,t_0) \mid b^n\rangle \tag{4.6.9}$$

定义：

$$\hat{M}_n(t) = \langle b^n \mid \hat{U}(t,t_0) \mid o_B\rangle \tag{4.6.10}$$

它是作用在子系统 S 的 Hilbert 空间上的、时间有关的线性算子，称为 **Kraus 算子**[1,6,9]。Kraus 算子由环境初始态、系统—环境复合系统时间演化算子 $\hat{U}$(与系统和环境的耦合 Hamilton 量有关)以及环境正交基集 $\{b^n\}$ 的选择决定。若环境自由度为 N_B，不同的 Kraus 算子 $\hat{M}_n(t)$ 最大数目为 $K=N_B^2$，这些算子完全刻画了系统和环境的相互作用方式。

利用 Kraus 算子，式(4.6.9)可表示为

$$\hat{\rho}_S(t) = \sum_{n=0}^{K}\hat{M}_n(t)\hat{\rho}_S(t_0)\hat{M}_n^\dagger(t) \tag{4.6.11}$$

可以证明 Kraus 算子 $\hat{M}_n$ 满足归一化条件：

$$\sum_n \hat{M}_n^\dagger(t)\hat{M}_n(t) = 1 \tag{4.6.12}$$

事实上，注意到 $\hat{U}$ 是幺正的，由式(4.6.10)，得

$$\begin{aligned}\sum_n \hat{M}_n^\dagger(t)\hat{M}_n(t) &= \sum_n \langle o_B \mid \hat{U}^\dagger(t,t_0) \mid b^n\rangle\langle b^n \mid \hat{U}(t,t_0) \mid o_B\rangle \\ &= \langle o_B \mid \hat{U}^\dagger(t,t_0)\hat{U}(t,t_0) \mid o_B\rangle = 1\end{aligned}$$

利用 Kraus 算子的这一性质，可以验证式(4.6.11)中的 $\hat{\rho}_S(t)$ 是描述 t 时刻子系统 S 状态的密度算子。事实上它满足密度算子的全部条件。

(1) $\hat{\rho}_S(t)$ 是 Hermitian 的：

$$\hat{\rho}_S^\dagger(t) = \sum_n [\hat{M}_n\hat{\rho}_S(t_0)\hat{M}_n^\dagger]^\dagger = \sum_n \hat{M}_n\hat{\rho}_S(t_0)\hat{M}_n^\dagger = \hat{\rho}_S(t)$$

(2) $\hat{\rho}_S(t)$ 是幺迹的：

$$Tr^{(S)}[\hat{\rho}_S(t)] = Tr^{(S)}[\sum_n \hat{M}_n\hat{\rho}_S(t_0)\hat{M}_n^\dagger] = Tr^{(S)}[\hat{\rho}_S(t_0)] = 1$$

其中利用了在求迹号下各因子顺序可交换以及条件式(4.6.12)。

(3) $\hat{\rho}_S(t)$ 是正定的，即对子系统 S 的 Hilbert 空间任意矢量 $|\psi_S\rangle$，都有

$$\langle\psi_S(t) \mid \hat{\rho}_S(t) \mid \psi_S(t)\rangle = \sum_n \langle\psi_S(t) \mid \hat{M}_n\hat{\rho}_S(t_0)\hat{M}_n^\dagger \mid \psi_S(t)\rangle$$

$$= \sum_n |\langle \psi_S(t) | \hat{M}_n | \psi_S(t)\rangle|^2 \geqslant 0$$

根据密度算子的定义，$\hat{\rho}_S(t) = \sum_n \hat{M}_n \hat{\rho}_S(t_0) \hat{M}_n^\dagger$ 就是描述子系统 S 在 t 时刻状态的密度算子。

4.6.2 超算子和超算子的算子和表示

当复合系统经历一个幺正演化过程时，子系统 S 的密度算子经受一个变换：

$$\hat{\rho}_S(t_0) \to \hat{\rho}_S(t) = \sum_n \hat{M}_n(t) \hat{\rho}_S(t_0) \hat{M}_n^\dagger(t) \tag{4.6.13}$$

其中，$\hat{M}_n$ 满足条件式(4.6.12)。记上式的变换为

$$\$[\hat{\rho}_S(t_0)] = \sum_n \hat{M}_n(t) \hat{\rho}_S(t_0) \hat{M}_n^\dagger(t) \tag{4.6.14}$$

其中，$\$$ 表示从一个算子到另一个算子的变换，称为**超算子**(superoperator)[1,6]。超算子 $\$$ 描述复合系统幺正变换下子系统 S 密度算子的变换。式(4.6.14)称为**超算子 $\$$ 的算子和表示**[1,6,14~16]。

显然给定超算子 $\$$，其算子和表示不是唯一的。在对子系统 B 求迹时，如果取 B 的另外一组基：

$$|u^k\rangle = \sum_j U_{kj} |b^j\rangle \tag{4.6.15}$$

就可得到 $\$$ 的另外一组算子和表示：

$$\$[\hat{\rho}_S(t_0)] = \sum_k \hat{N}_k \hat{\rho}_S(t_0) \hat{N}_k^\dagger \tag{4.6.16}$$

其中：

$$\hat{N}_k = \sum_n U_{kn} \hat{M}_n \tag{4.6.17}$$

所以，**同一个超算子的不同算子和表示，通过一个幺正变换互相联系。**

例如，形式上非常不同的两个算子和表示：$\$_1(\hat{\rho}) = \sum_k \hat{M}_k \hat{\rho} \hat{M}_k^\dagger$，$\$_2(\hat{\rho}) = \sum_k \hat{N}_k \hat{\rho} \hat{N}_k^\dagger$ 其中：

$$\hat{M}_0 = \frac{1}{\sqrt{2}}\begin{bmatrix} 1 & 0 \\ 0 & 1 \end{bmatrix}, \quad \hat{M}_1 = \frac{1}{\sqrt{2}}\begin{bmatrix} 1 & 0 \\ 0 & -1 \end{bmatrix}$$

$$\hat{N}_0 = \begin{bmatrix} 1 & 0 \\ 0 & 0 \end{bmatrix}, \quad \hat{N}_1 = \begin{bmatrix} 0 & 0 \\ 0 & 1 \end{bmatrix}$$

就通过幺正变换联系：

$$\hat{N}_0 = \frac{1}{\sqrt{2}}(\hat{M}_0 + \hat{M}_1), \quad \hat{N}_1 = \frac{1}{\sqrt{2}}(\hat{M}_0 - \hat{M}_1)$$

实际上表示同一个超算子。第一个算子和表示可以解释为量子位以概率 1/2 出现

相位错的物理过程，而第二个表示可以描述对量子位作的到基$\{|0\rangle,|1\rangle\}$上的投影测量。这两个明显不同的物理过程，对应着量子位系统相同的动力学描述。

4.6.3　量子态消相干理论[1,6,17]

可以证明，当复合系统经受一个幺正演化，最初处在纯态的子系统，由于子系统间的相互作用，将经受一个从纯态到混合态的消相干过程。

设初始子系统 S 和 B 分别处在纯态$|\varphi_S\rangle$、$|o_B\rangle$中，复合系统幺正演化 t 时刻的态为

$$|\psi_{SB}(t)\rangle=\hat{U}(t,t_0)(|o_B\rangle\otimes|\varphi_S\rangle)$$

利用$\{|b^n\rangle\}$作为子系统 B 的基矢的完备性质，有

$$\begin{aligned}|\psi_{SB}(t)\rangle&=\sum_n|b^n\rangle\langle b^n|\hat{U}(t,t_0)(|o_B\rangle\otimes|\varphi_S\rangle)\\|\psi_{SB}(t)\rangle&=\sum_n\hat{M}_n(t)|\varphi_S\rangle|b^n\rangle\end{aligned}\tag{4.6.18}$$

其中利用了定义算子 $\hat{M}_n$ 的式(4.6.10)。注意 $\hat{M}_n$ 是作用在子系统 S 态矢空间上的算子，记$|\varphi_S^{(n)}\rangle=\hat{M}_n|\varphi_S\rangle$，它是子系 S 的一个态矢，是复合系统态$|\psi_{SB}(t)\rangle$中和子系 B 态矢$|b^n\rangle$的对偶态。上式可以写为

$$|\psi_{SB}(t)\rangle=\sum_n|\varphi_S^{(n)}\rangle|b^n\rangle\tag{4.6.19}$$

下面证明$|\psi_{SB}(t)\rangle$是复合系统的纠缠态。

设子系统 S 密度算子 $\hat{\rho}_S$ 的本征态为$|\varphi_S^m\rangle$，相应的本征值记为 ρ_S^m，即

$$\hat{\rho}_S|\varphi_S^m\rangle=\rho_S^m|\varphi_S^m\rangle\tag{4.6.20}$$

将态 $|\varphi_S^{(n)}\rangle$ 用这组正交归一基展开：

$$|\varphi_S^{(n)}\rangle=\sum_m c_{mn}|\varphi_S^m\rangle\tag{4.6.21}$$

代入式(4.6.19)得

$$|\psi_{SB}(t)\rangle=\sum_n\sum_m c_{mn}|\varphi_S^m\rangle|b^n\rangle\tag{4.6.22}$$

令

$$c_m|\varphi_B^m\rangle=\sum_n c_{mn}|b^n\rangle\tag{4.6.23}$$

式(4.6.22)可写作

$$|\psi_{SB}(t)\rangle=\sum_m c_m|\varphi_S^m\rangle|\varphi_B^m\rangle\tag{4.6.24}$$

现在目标是证明这是 t 时刻复合系统态的 Schmidi 分解，为此需要证明$\{|\varphi_S^m\rangle\}$，$\{|\varphi_B^m\rangle\}$分别构成 S 和 B 各自 Hilbert 空间中的正交归一化基。

由式(4.6.20)，$\{|\varphi_S^m\rangle\}$是密度算子 $\hat{\rho}_S$ 的本征解，它满足正交归一化关系。注意到 $c_m|\varphi_B^m\rangle$是子系统 B 空间中的矢量，总可以适当选择 c_m 使$|\varphi_B^m\rangle$归一化，这

要求：

$$|c_m|^2 = \sum_n |c_{mn}|^2 \tag{4.6.25}$$

下面进一步证明，对应不同 m 值，矢量组$\{|\varphi_B^m\rangle\}$是两两正交的。由展开式(4.6.22)，注意到$|\varphi_S^m\rangle$、$|b^n\rangle$都是正交归一化基，求得展开系数：

$$c_{mn} = \langle\varphi_S^m|\langle b^n|\psi_{SB}\rangle$$

利用这一结果，有

$$\begin{aligned}\sum_n c_{m'n}^* c_{mn} &= \sum_n \langle\varphi_S^m| \sum_n \langle b^n|\psi_{SB}\rangle\langle\psi_{SB}|b^n\rangle|\varphi_S^{m'}\rangle \\ &= \sum_n \langle\varphi_S^m|\langle b^n|\hat{\rho}_{SB}|b^n\rangle|\varphi_S^{m'}\rangle \\ &= \langle\varphi_S^m|\hat{\rho}_S|\varphi_S^{m'}\rangle = \rho_S^m\delta_{mm'}\end{aligned} \tag{4.6.26}$$

其中已利用了 S 子系统密度算子本征方程式(4.6.20)。由式(4.6.23)得

$$|\varphi_B^m\rangle = \frac{1}{c_m}\sum_n c_{mn}|b^n\rangle$$

利用这一结果，有

$$\begin{aligned}\langle\varphi_B^{m'}|\varphi_B^m\rangle &= \frac{1}{c_{m'}^* c_m}\sum_{m'} c_{m'n'}^* c_{mn}\delta_{nn'} \\ &= \frac{1}{c_{m'}^* c_m}\sum_n c_{m'n}^* c_{mn} = \frac{1}{c_{m'}^* c_m}\rho_S^m\delta_{mm'}\end{aligned} \tag{4.6.27}$$

其中最后一步利用了式(4.6.26)。上式即

$$\langle\varphi_B^{m'}|\varphi_B^m\rangle = \delta_{mm'}$$

这就证明了$\{|\varphi_B^m\rangle\}$是子系统 B 的 Hilbert 空间中的一组正交归一化基。

注意到当 $m=m'$时，由式(4.6.25)有$|c_m|^2 = \sum_n |c_{mn}|^2 = \rho_S^m$。令 $c_m = \sqrt{\rho_S^m}\mathrm{e}^{\mathrm{i}\alpha_m}$，$\alpha_m$ 是某个实数，代入式(4.6.24)中，得

$$|\psi_{SB}(t)\rangle = \sum_m \sqrt{\rho_b^m}\mathrm{e}^{\mathrm{i}\alpha_m}|\varphi_S^m\rangle|\varphi_B^m\rangle \tag{4.6.28}$$

这正是复合系统态$|\psi_{SB}(t)\rangle$的 Schmidt 分解，由于这里求和项数大于 1，它是一个纠缠态。

从上述讨论中可以看到：

(1) 由于两子系统间存在相互作用，复合系统的幺正演化，将导致初始子系的直积态演化为两子系统的纠缠态。

在式(4.6.28)式的纠缠态中，描述子系统 S 的密度算子为

$$\begin{aligned}\hat{\rho}_S(t) &= \sum_{m'}\langle\varphi_B^{m'}|\psi_{SB}(t)\rangle\langle\psi_{SB}(t)|\varphi_B^{m'}\rangle \\ &= \sum_m |\varphi_S^m\rangle\rho_S^m\langle\varphi_S^m|\end{aligned} \tag{4.6.29}$$

式(4.6.29)表示子系统 S 现在由一个混合态的密度算子描写。

(2) 如果仅仅着眼于其中一个子系统 S,复合系统幺正演化将导致子系统 S 由初始纯态演化为混合态。并且容易看出,子系统幺正演化只是这种一般演化的特殊情况(其算子和表示只有一项的情况)。

(3) 注意到复合系统的初始态为 $|\varphi_S\rangle|o_B\rangle$,而 t 时刻的态为

$$|\psi_{SB}(t)\rangle = \sum_m \sqrt{\rho_b^m}\,e^{i\alpha_m}\,|\varphi_S^m\rangle\,|\varphi_B^m\rangle \tag{4.6.30}$$

这表示复合系统的幺正演化,若定义 $|\varphi_S^m\rangle = \hat{M}_m|\varphi_S\rangle$, $|\varphi_B^m\rangle = \sqrt{\rho_b^m}\,e^{i\alpha_m}\hat{B}_m|o_B\rangle$,式(4.6.30)就可写作

$$|\psi_{SB}(t)\rangle = \sum_m (\hat{M}_m \otimes \hat{B}_m)(|\varphi_S\rangle \otimes |o_B\rangle) \tag{4.6.31}$$

这启发我们,在复杂系统幺正演化过程中两子系统的相互作用算子 $\hat{H}_I$ 可以分解为分别作用到两子系统上的算子对 $\hat{M}_m$ 和 $\hat{B}_m$ 直积 $\hat{M}_m \otimes \hat{B}_m$ 的和

$$\hat{H}_I = \sum_m \hat{M}_m \otimes \hat{B}_m \tag{4.6.32}$$

相互作用这一表示,在后面研究无消相干子空间存在条件时还要用到。

(4) 超算子给出了分析系统从纯态到混合态演化的一般方法。显然两个超算子结合 $\$_1 \cdot \$_2$ 仍然是一个超算子,作用到一个系统上的所有超算子可以构成一个半群。但是一般超算子的逆不再是个超算子,所以超算子演化一般不同于幺正演化,后者总构成一个群。

超算子描述了环境噪声对编码量子系统的作用,对量子系统和它的环境任何指定的 Hamilton 量描述的相互作用,都可找出相应的 Kraus 算子,给出系统非幺正演化的算子和描述。并且很容易把超算子形式和一般测量联系起来,在两者之间建立一种有用的联系。

4.7　量子位态消相干的例子

取决于量子位的物理实现以及量子位和环境相互作用的物理模型不同,量子位的消相干可以有多种不同方式。下面,利用上节的子系统非幺正演化理论,求出描述一个量子位和环境相互作用算子的一组基,然后再研究几种典型的量子位消相干过程。

4.7.1　单量子位和环境相互作用算子基[1,2]

设单一量子位和环境构成的复合系统经受一个联合的幺正演化 $U(t)$,使初始两子系统的直积态变成纠缠态:

$$U(|e\rangle\,|0\rangle) \to |e_0^{(0)}\rangle\,|0\rangle + |e_1^{(0)}\rangle\,|1\rangle$$

$$U(|e\rangle|1\rangle)\rightarrow|e_0^{(1)}\rangle|0\rangle+|e_1^{(1)}\rangle|1\rangle$$

其中,$|e\rangle$表示初始环境态;$|e_0^{(0)}\rangle$、$|e_0^{(1)}\rangle$和$|e_1^{(0)}\rangle$、$|e_1^{(1)}\rangle$分别表示演化后量子位态$|0\rangle$、$|1\rangle$的对偶态。从而使一个量子位的一般态$|\varphi\rangle=\alpha|0\rangle+\beta|1\rangle$和环境联合幺正演化为

$$\begin{aligned}&U(t)[|e\rangle(\alpha|0\rangle+\beta|1\rangle)]\\&\rightarrow\alpha[|e_0^{(0)}\rangle|0\rangle+|e_1^{(0)}\rangle|1\rangle]+\beta[|e_0^{(1)}\rangle|0\rangle+|e_1^{(1)}\rangle|1\rangle]\end{aligned}\qquad(4.7.1)$$

重新组合演化后的环境态:

$$|e_{\pm(t)}\rangle=|e_0^{(0)}\rangle\pm|e_1^{(1)}\rangle,\quad|e'_{\pm}\rangle=|e_1^{(0)}\rangle\pm|e_0^{(1)}\rangle\qquad(4.7.2)$$

利用 Pauli 矩阵 $I,\hat{\sigma}_i,i=1,2,3$,容易验证,式(4.7.1)可以写作

$$\begin{aligned}&U[|e\rangle(\alpha|0\rangle+\beta|1\rangle)]\\&\rightarrow\frac{1}{2}[|e_+(t)\rangle I+|e_-(t)\rangle\hat{\sigma}_3+|e'_+(t)\rangle\hat{\sigma}_1+\mathrm{i}|e'_-(t)\rangle\hat{\sigma}_2](\alpha|0\rangle+\beta|1\rangle)\end{aligned}\qquad(4.7.3)$$

这表明一个量子位和环境相互作用,可以用四个 Kraus 算子构成的超算子描述,这四个 Kraus 算子可以利用式(4.6.10)求出:

$$\hat{M}_0=\frac{1}{2}\hat{I},\quad\hat{M}_1=\frac{1}{2}\hat{\sigma}_x,\quad\hat{M}_2=\frac{\mathrm{i}}{2}\hat{\sigma}_y,\quad\hat{M}_3=\frac{1}{2}\hat{\sigma}_z\qquad(4.7.4)$$

其中:

$$\begin{aligned}I(\alpha|0\rangle+\beta|1\rangle)&=\alpha|0\rangle+\beta|1\rangle\\\hat{\sigma}_1(\alpha|0\rangle+\beta|1\rangle)&=\alpha|1\rangle+\beta|0\rangle\\\mathrm{i}\hat{\sigma}_2(\alpha|0\rangle+\beta|1\rangle)&=\alpha|1\rangle-\beta|0\rangle\\\hat{\sigma}_3(\alpha|0\rangle+\beta|1\rangle)&=\alpha|0\rangle-\beta|1\rangle\end{aligned}$$

所以,一个量子位和环境构成的复合系统幺正演化,结果量子位的一般态可以有上述四种可能情况:其中第一种量子位保持在原来的态上,表示没有错误发生;其余三种情况分别是

(1) 位反转错:

$$|\varphi\rangle\rightarrow\hat{\sigma}_1|\varphi\rangle\equiv X|\varphi\rangle$$

(2) 相位错:

$$|\varphi\rangle\rightarrow\hat{\sigma}_3|\varphi\rangle\equiv Z|\varphi\rangle$$

(3) 位反转+相位错:

$$|\varphi\rangle\rightarrow\mathrm{i}\hat{\sigma}_2|\varphi\rangle\equiv Y|\varphi\rangle$$

每一种结果都关联(对偶)一个特殊的环境态。这表明 2×2 的单位矩阵和三个算子

$$\hat{X}=\hat{\sigma}_x,\quad\hat{Y}=\mathrm{i}\hat{\sigma}_y,\quad\hat{Z}=\hat{\sigma}_z$$

构成了描写引起一个量子位消相干过程的算子的一组线性独立基。

4.7.2　量子位去极化引起的消相干[1,5]

描述一个量子位态的密度算子，可以通过它的自旋极化矢量 $\vec{P}$ 表示为

$$\hat{\rho}=\frac{1}{2}(1+\vec{P}\cdot\hat{\vec{\sigma}})=\frac{1}{2}\begin{bmatrix}1+P_3 & P_1-\mathrm{i}P_2\\ P_1+\mathrm{i}P_2 & 1-P_3\end{bmatrix}\tag{4.7.5}$$

其中，$\vec{P}$ 的分量组合 $P_1-\mathrm{i}P_2$，$P_1+\mathrm{i}P_2$ 是密度矩阵的非对角项，描写态的相干性。

假设一个量子位从 t_0 时刻开始和环境相互作用到时刻 t，量子位出错概率为 p，不出错概率为 $1-p$，并且上述三种错误等概率出现，由式(4.7.3)，量子位和环境构成的复合系统幺正演化为

$$\begin{aligned}U(|\varphi\rangle|e_0\rangle)\rightarrow&\sqrt{1-p}(|\varphi\rangle|e_0\rangle)\\&+\sqrt{\frac{p}{3}}[(\hat{\sigma}_1|\varphi\rangle)|e_1\rangle+(\hat{\sigma}_2|\varphi\rangle)|e_2\rangle+(\hat{\sigma}_3|\varphi\rangle)|e_3\rangle]\end{aligned}\tag{4.7.6}$$

其中，$\{|e_i\rangle,i=0,1,2,3\}$是由初态$|e_0\rangle$演化来的环境的一组正交态。对环境的这组正交基求部分迹，并利用式(4.6.10)，求得这种情况下的 Kraus 算子：

$$\begin{aligned}&\hat{M}_0=\sqrt{1-p}I\\&\hat{M}_1=\sqrt{\frac{p}{3}}\hat{\sigma}_1,\quad\hat{M}_2=\sqrt{\frac{p}{3}}\hat{\sigma}_2,\quad\hat{M}_3=\sqrt{\frac{p}{3}}\hat{\sigma}_3\end{aligned}\tag{4.7.7}$$

注意到 $\hat{\sigma}_i^2=I,i=1,2,3$，容易验证这四个 Kraus 算子满足完备性条件：

$$\sum_n\hat{M}_n^\dagger\hat{M}_n=1-p+3\times\frac{p}{3}=1$$

设量子位初始密度矩阵为

$$\hat{\rho}_S(t_0)=\frac{1}{2}(1+\vec{P}(t_0)\cdot\hat{\vec{\sigma}})\tag{4.7.8}$$

为了简化符号，下面记自旋极化矢量 $\vec{P}(t_0)\equiv\vec{P}$。由式(4.5.11)，$t$ 时刻这个量子位的密度矩阵是

$$\begin{aligned}\hat{\rho}_S(t)=&\sum_n\hat{M}_n\hat{\rho}_S(t_0)\hat{M}_n^\dagger\\=&(1-p)\hat{\rho}_S(t_0)+\frac{p}{3}(\hat{\sigma}_1\hat{\rho}_S(t_0)\hat{\sigma}_1+\hat{\sigma}_2\hat{\rho}_S(t_0)\hat{\sigma}_2+\hat{\sigma}_3\hat{\rho}_S(t_0)\hat{\sigma}_3)\end{aligned}\tag{4.7.9}$$

将式(4.7.8)代入，并注意到 $\hat{\sigma}_i\hat{\sigma}_i=I,\hat{\sigma}_i\hat{\sigma}_j=\mathrm{i}\hat{\sigma}_k$，可以求出其中：

$$\begin{aligned}\frac{p}{3}(\hat{\sigma}_1\hat{\rho}_S(t_0)\hat{\sigma}_1)=&\frac{p}{3}\left\{\hat{\sigma}_1\left[\frac{1}{2}(1+P_1\hat{\sigma}_1+P_2\hat{\sigma}_2+P_3\hat{\sigma}_3)\hat{\sigma}_1\right]\right\}\\=&\frac{p}{3}\frac{1}{2}[(1+P_1\hat{\sigma}_1-P_2\hat{\sigma}_2-P_3\hat{\sigma}_3)]\end{aligned}\tag{4.7.10}$$

类似地可得

$$\frac{p}{3}\hat{\sigma}_2\hat{\rho}_S(t_0)\hat{\sigma}_2 = \frac{p}{3}\frac{1}{2}(1 - P_1\hat{\sigma}_1 + P_2\hat{\sigma}_2 - P_3\hat{\sigma}_3) \tag{4.7.11}$$

$$\frac{p}{3}\hat{\sigma}_3\hat{\rho}_S(t_0)\hat{\sigma}_3 = \frac{p}{3}\frac{1}{2}(1 - P_1\hat{\sigma}_1 - P_2\hat{\sigma}_2 + P_3\hat{\sigma}_3) \tag{4.7.12}$$

将式(4.7.10)～(4.7.12)代入式(4.7.9),求得

$$\hat{\rho}_S(t) = (1-p)\frac{1}{2}(1 + p_1\hat{\sigma}_1 + p_2\hat{\sigma}_2 + p_3\hat{\sigma}_3) + \frac{p}{3}\left[\frac{3}{2} + \frac{1}{2}(-p_1\hat{\sigma}_1 - p_2\hat{\sigma}_2 - p_3\hat{\sigma}_3)\right]$$

$$= \frac{1}{2}\left[1 + \left(1 - \frac{4p}{3}\right)\vec{P}\cdot\hat{\vec{\sigma}}\right] = \frac{1}{2}(1 + \vec{P}(t)\cdot\hat{\vec{\sigma}}) \tag{4.7.13}$$

其中:

$$\vec{P}(t) = \left(1 - \frac{4p}{3}\right)\vec{P}(t_0) \tag{4.7.14}$$

表示自旋极化矢量大小减少了因子 $1-\frac{4p}{3}$。如果每种情况等概率地出现,四种情况中只有一种是正确的,整个量子位出错概率 $p=3/4$,从而自旋极化矢量 $\vec{P}(t_0)$ 演化为 $\vec{P}(t)=0$,式(4.7.13)中 $\hat{\rho}_S(t)$ 变成单位矩阵的 1/2 倍,表示演化为完全随机的混合态。

4.7.3 量子位相对相位阻尼引起的消相干[1,5]

消相干过程还可以在量子位密度矩阵对角元没有变化(也即量子位的两个态概率幅都没有变化)但相对相位发生变化的情况下产生。它描述了没有能量丢失,但量子信息丢失的消相干过程。设 t_0 时刻量子位的初态为

$$|\varphi_S\rangle = \alpha|0\rangle + \beta|1\rangle \tag{4.7.15}$$

其中,$|\alpha|^2+|\beta|^2=1$,这是一个纯态,相应的密度矩阵为

$$\rho_S(t_0) = \begin{bmatrix} \rho_{00} & \rho_{01} \\ \rho_{10} & \rho_{11} \end{bmatrix} \tag{4.7.16}$$

其中,$\rho_{00}=|\alpha|^2$;$\rho_{11}=|\beta|^2$;$\rho_{01}=\alpha\beta^*$;$\rho_{10}=\alpha^*\beta$。非对角元描述了两个基底态之间的干涉。当量子位和环境相互作用时,复合系统的幺正演化是

$$\begin{aligned} |0\rangle|e_0\rangle &\to \sqrt{1-p}\,|0\rangle|e_0\rangle + \sqrt{p}\,|0\rangle|e_1\rangle \\ |1\rangle|e_0\rangle &\to \sqrt{1-p}\,|1\rangle|e_0\rangle + \sqrt{p}\,|1\rangle|e_2\rangle \end{aligned} \tag{4.7.17}$$

即量子位没有跃迁,而量子位以概率 p 散射环境态。当量子位处在 $|0\rangle$ 态时,散射环境态为 $|e_1\rangle$,而当量子位处在 $|1\rangle$ 态时,散射环境态为 $|e_2\rangle$。由式(4.7.17)可得

$$U(|\varphi_S\rangle|e_0\rangle) \to \sqrt{1-p}(\alpha|0\rangle + \beta|1\rangle)|e_0\rangle + \sqrt{p}(\alpha|0\rangle|e_1\rangle + \beta|1\rangle|e_2\rangle) \tag{4.7.18}$$

利用式(4.6.10),求得这种情况下的 Kraus 算子为

$$\hat{M}_0 = \sqrt{1-p}I, \quad \hat{M}_1 = \sqrt{p}\begin{bmatrix}1 & 0\\0 & 0\end{bmatrix}, \quad \hat{M}_2 = \sqrt{p}\begin{bmatrix}0 & 0\\0 & 1\end{bmatrix} \tag{4.7.19}$$

容易验证：

$$\sum_n \hat{M}_n^\dagger \hat{M}_n = (1-p)\begin{bmatrix}1 & 0\\0 & 1\end{bmatrix} + p\begin{bmatrix}1 & 0\\0 & 1\end{bmatrix} = I$$

密度矩阵的演化为

$$\begin{aligned}\$[\hat{\rho}_S(t_0)] = \hat{\rho}_S(t) &= \sum_n \hat{M}_n \hat{\rho}_S(t_0)\hat{M}_n^\dagger \\ &= (1-p)\begin{bmatrix}\rho_{00} & \rho_{01}\\ \rho_{10} & \rho_{11}\end{bmatrix} + p\begin{bmatrix}1 & 0\\0 & 0\end{bmatrix}\begin{bmatrix}\rho_{00} & \rho_{01}\\ \rho_{10} & \rho_{11}\end{bmatrix}\begin{bmatrix}1 & 0\\0 & 0\end{bmatrix} \\ &\quad + p\begin{bmatrix}0 & 0\\0 & 1\end{bmatrix}\begin{bmatrix}\rho_{00} & \rho_{01}\\ \rho_{10} & \rho_{11}\end{bmatrix}\begin{bmatrix}0 & 0\\0 & 1\end{bmatrix} \\ &= \begin{bmatrix}\rho_{00} & (1-p)\rho_{01}\\ (1-p)\rho_{10} & \rho_{11}\end{bmatrix}\end{aligned} \tag{4.7.20}$$

演化末态密度矩阵的对角元保持不变，而非对角元发生衰变。假设单位时间内量子位和环境作用出错概率为 Γ，当短时间 Δt 过去后，出错概率 $p=\Delta t\Gamma\ll 1$，在有限时间 $t=n\Delta t$ 中的演化由 $\$^n$ 支配，因而非对角元衰减：

$$(1-p)^n = (1-\Gamma\Delta t)^{t/\Delta t} \xrightarrow[\Delta t\to 0]{} \mathrm{e}^{-\Gamma t} \tag{4.7.21}$$

Γ 是这种衰变的特征时间，当 $t\gg 1/\Gamma$ 时，原来的相干叠加态将由于密度矩阵非对角元衰变为零，而变成完全的混合态。

量子位和环境相互作用引起的相位阻尼消相干过程，可以比拟于量子位和光子的弹性散射过程。这种弹性散射虽然没有引起量子位态跃迁，但改变了量子位叠加中的相对相位，使相对相位趋于无规，从而导致消相干过程。对于一个真实的物理系统和环境相互作用，发生完全弹性散射的情况较为少见，但是当系统从一个能态衰变为另一个能态的时间尺度(能量或动量发生显著改变的时间)比相位丢失时间尺度(单光子被散射的时间)大的多时，这种情况下的消相干就可用上面的模型描写。

4.7.4　量子位自发衰变引起的消相干[1,5,8,14]

假设 t_0 时刻量子位处在相干叠加态：

$$|\varphi_S\rangle = \alpha|0\rangle + \beta|1\rangle$$

其中，$|\alpha|^2+|\beta|^2=1$，和量子位相互作用的环境(作为辐射场描述)处在真空态 $|e_0\rangle$。由于辐射场真空涨落，经一段时间 t 后，量子位以概率 p 从激发态 $|1\rangle$ 跃迁到基态 $|0\rangle$，相应的环境也从真空态跃迁到有一个光子的态 $|e_1\rangle$。这一过程也可以

用量子位、环境复合系统的幺正演化表示：

$$
\begin{aligned}
&|0\rangle|e_0\rangle \rightarrow |0\rangle|e_0\rangle \\
&|1\rangle|e_0\rangle \rightarrow \sqrt{1-p}\,|1\rangle|e_0\rangle + \sqrt{p}\,|0\rangle|e_1\rangle
\end{aligned}
\tag{4.7.22}
$$

其中已注意到，若最初量子位处在基态$|0\rangle$，环境处在真空态$|e_0\rangle$，这个态不会发生自发衰变。利用式(4.7.22)，有

$$
U(|\varphi_S\rangle|e_0\rangle) \rightarrow (\alpha|0\rangle + \sqrt{1-p}\beta|1\rangle)|e_0\rangle + \sqrt{p}\beta|0\rangle|e_1\rangle
\tag{4.7.23}
$$

通过对环境求部分迹，得出这种情况下的 Kraus 算子：

$$
\hat{M}_0 = \begin{bmatrix} 1 & 0 \\ 0 & \sqrt{1-p} \end{bmatrix},\quad \hat{M}_1 = \sqrt{p}\begin{bmatrix} 0 & 1 \\ 0 & 0 \end{bmatrix}
\tag{4.7.24}
$$

可以验证：

$$
\sum_n \hat{M}_n^\dagger \hat{M}_n = \begin{bmatrix} 1 & 0 \\ 0 & 1-p \end{bmatrix} + \begin{bmatrix} 1 & 0 \\ 0 & p \end{bmatrix} = 1
$$

设量子位初始密度矩阵为

$$
\rho_S(t_0) = \begin{bmatrix} \rho_{00} & \rho_{01} \\ \rho_{10} & \rho_{11} \end{bmatrix}
$$

则演化后的密度矩阵为

$$
\begin{aligned}
\$[\hat{\rho}_S(t_0)] = \hat{\rho}_S(t) &= \sum_b \hat{M}_b \hat{\rho}_S(t_0) \hat{M}_b^\dagger \\
&= \begin{bmatrix} 1 & 0 \\ 0 & \sqrt{1-p} \end{bmatrix}\begin{bmatrix} \rho_{00} & \rho_{01} \\ \rho_{10} & \rho_{11} \end{bmatrix}\begin{bmatrix} 1 & 0 \\ 0 & \sqrt{1-p} \end{bmatrix} + \begin{bmatrix} 0 & \sqrt{p} \\ 0 & 0 \end{bmatrix}\begin{bmatrix} \rho_{00} & \rho_{01} \\ \rho_{10} & \rho_{11} \end{bmatrix}\begin{bmatrix} 0 & \sqrt{p} \\ 0 & 0 \end{bmatrix} \\
&= \begin{bmatrix} \rho_{00} & \sqrt{1-p}\rho_{01} \\ \sqrt{1-p}\rho_{10} & (1-p)\rho_{11} \end{bmatrix} + \begin{bmatrix} p\rho_{11} & 0 \\ 0 & 0 \end{bmatrix} = \begin{bmatrix} \rho_{00} + p\rho_{11} & \sqrt{1-p}\rho_{01} \\ \sqrt{1-p}\rho_{10} & (1-p)\rho_{11} \end{bmatrix}
\end{aligned}
\tag{4.7.25}
$$

仍记量子位从态$|1\rangle$跃迁到态$|0\rangle$的衰变速率为Γ，经过时间t后量子位保持在态$|1\rangle$的概率就是$(1-p)^n = (1-\Gamma\Delta t)^{t/\Delta t} \xrightarrow[\Delta t \to 0]{} \mathrm{e}^{-\Gamma t}$，就是说量子位态以指数率衰减。当$t \to \infty$时，$p \to 1$，由式(4.7.25)得

$$
\rho_S(t \to \infty) = \begin{bmatrix} \rho_{00} + \rho_{11} & 0 \\ 0 & 0 \end{bmatrix}
\tag{4.7.26}
$$

这是描述量子位处在纯态$|0\rangle$的密度矩阵。这个例子表明,一个超算子还可能演化最初的混合态为纯态。例如密度矩阵

$$\rho_S(t_0)=\begin{bmatrix}\rho_{00} & 0\\ 0 & \rho_{11}\end{bmatrix}$$

描述的混合态,在上面描述的和环境相互作用下,最终可能演化成纯态。

4.8 量子计算机系统消相干理论、主方程方法

上一节把量子计算机看成是和环境共同构成的闭合系统中的一个子系统,量子计算机作为一个子系统是开放的,其密度矩阵的时间演化可以用一个超算子的算子和表示。注意到,闭合系统的时间演化是幺正演化,闭合系统密度矩阵的时间演化完全由 Schrödinger 方程支配:

$$\mathrm{i}\hbar\frac{\partial\hat{\rho}}{\partial t}=[\hat{H},\hat{\rho}] \tag{4.8.1}$$

当$\hat{H}$和时间无关时,上式形式解为

$$\hat{\rho}(t)=\mathrm{e}^{-\mathrm{i}\hat{H}t/\hbar}\rho(0)\mathrm{e}^{\mathrm{i}\hat{H}t/\hbar} \tag{4.8.2}$$

系统的 Hamilton 量唯一地表征了系统的动力学行为。于是自然会提出这样的问题,量子计算机作为一个开放的子系统,它的密度矩阵的演化是否也可以用一个微分方程描述或近似呢?回答是在一定条件下是可能的。

4.8.1 Markoff 近似

微分方程描述的过程在时间中是局域的,即系统在$t+\mathrm{d}t$时刻的状态完全由系统在t时刻的状态决定,与t时刻以前的状态无关。换句话说,系统在将来的状态只决定于现在的状态,与过去的历史无关。对于孤立系统的演化显然满足这一条件。但当量子计算机作为一个开放的子系统演化时,是否满足这一条件就不是显而易见的。由于态的信息可以在计算机和环境之间流动,有可能在t时刻以前由系统流入环境的信息在$t+\mathrm{d}t$时刻又流回到系统中,影响系统在$t+\mathrm{d}t$时刻的状态,这样,计算机在$t+\mathrm{d}t$时刻的状态就不是仅由计算机在t时刻的状态完全决定。在这种情况下,建立描述子系统非幺正演化的微分方程是不可能的。

但是对于一类重要的特殊情况,如果量子计算机作为一个子系统的演化在时间中仍然是局域的,描述子系统的密度矩阵$\rho(t+\mathrm{d}t)$完全决定于$\rho(t)$,这种情况称为 **Markoff 演化**。Markoff 演化只是开放子系统演化在一定条件下的近似,称为 **Markoff 近似**[1,19]。所谓 Markoff 近似,实际上是要求系统流入环境的信息不会再流回来影响系统,也就是说系统对过去的历史是无记忆的。实际情况是计算机

作为和环境耦合(这个环境可以作为热库描写)的庞大系统的一小部分,环境热库容量极大,当计算机和热库耦合状态随时间变化时,热库状态变化很小,以至可以忽略热库本身的变化,流入热库中的信息不大可能以后再返回到计算机这个子系中来。在这种情况下,可以认为计算机系统是个 Markoff 系统,找到描述这样系统演化的近似微分方程仍然是可能的。这个方程就称为**主方程**(master equation)[5,20]。

4.8.2 量子计算机非幺正演化的主方程

下面,在 Markoff 近似下,推导计算机非幺正演化的主方程[6,20]。

假设开放子系统的非幺正演化可以写作

$$\mathrm{i}\hbar\frac{\partial\hat{\rho}_S(t)}{\partial t}=L(\hat{\rho}_S(t))\tag{4.8.3}$$

其中,L 是一个线性算子,它可以像 Hamilton 算子产生幺正演化一样,产生一个有限超算子。如果 L 和时间无关,上式的形式解是

$$\hat{\rho}_S(t)=\mathrm{e}^{-\mathrm{i}Lt/\hbar}(\hat{\rho}_S(0))\tag{4.8.4}$$

为了决定 L,从系统和环境耦合的复合系统的 Schrödinger 方程出发,注意到描述计算机系统状态的密度矩阵,是计算机—环境复合系统密度矩阵对环境求迹后得到的约化密度矩阵,在相互作用表象中可以写作

$$\mathrm{i}\hbar\frac{\partial\hat{\rho}_S(t)}{\partial t}=Tr^{(B)}\frac{\partial\hat{\rho}(t)}{\partial t}=Tr^{(B)}\left\{-\frac{\mathrm{i}}{\hbar}[\hat{H},\hat{\rho}(t)]\right\}\tag{4.8.5}$$

其中,$\hat{\rho}(t)$是复合系统的密度矩阵;$\hat{H}$ 是复合系统的 Hamilton 量,这里已利用了闭合系统幺正演化方程式(4.8.1)。前面已经指出,一般情况下不可能从这一表示出发仅用 $\hat{\rho}_S(t)$表示出 $\partial\hat{\rho}_S(t)/\partial t$,需要引入 Markoff 近似。约化密度矩阵的演化可以用超算子 \$ 的算子和表示:

$$\$[\hat{\rho}_S(t_0)]=\hat{\rho}_S(t)=\sum_n\hat{M}_n(t)\hat{\rho}_S(t_0)\hat{M}_n^{\dagger}(t)\tag{4.8.6}$$

并且 $\$|_{t=t_0}=I$。如果从 t_0 开始经过无限小时间 $\mathrm{d}t$,应用 Kraus 算子的定义式(4.6.10),注意到对小的 $\mathrm{d}t$,有 $\hat{U}(t,t_0)\approx\hat{I}-\mathrm{i}\hat{H}\mathrm{d}t/\hbar$,其中,$\hat{H}=\hat{H}_S+\hat{H}_B+\hat{H}_I$,从而 Kraus 算子之一将是

$$\hat{M}_0(\mathrm{d}t)=\hat{I}_S+\left(-\frac{\mathrm{i}}{\hbar}\hat{H}_S+\hat{K}_S\right)\mathrm{d}t\tag{4.8.7}$$

其中:

$$\hat{K}_S=\langle b^0|-\frac{\mathrm{i}}{\hbar}(\hat{H}_B+\hat{H}_I)|o_B\rangle$$

表示 Hamilton 量部分 $\hat{H}_B+\hat{H}_I$ 对环境基态平均后对子系统 S 的影响。其他的 Kraus 算子 $\hat{M}_n(n>0)$应当描述在环境影响下系统 S 发生的某些量子跃迁过程。

如果系统经受量子跃迁的话，这些跃迁也只能以与 dt 成比例的概率出现，从而有

$$\hat{M}_n(\mathrm{d}t) = \sqrt{\mathrm{d}t}\hat{L}_n, \quad n = 1,2,\cdots \tag{4.8.8}$$

其中，集合$\{\hat{L}_n\}$中的每个算子都称为 **Lindblad 算子**[1,6,9]，它作用在系统上，表示系统的一种可能的跃迁。式(4.8.7)中的 $\hat{K}_S$ 是作用到子系 S 上的另外一个 Hermitian 算子，它可由 Kraus 算子归一化条件决定。利用式(4.8.7)、式(4.8.8)略去 dt 的高阶小项，有

$$I_S = \sum_{n\geqslant 0}\hat{M}_n^\dagger\hat{M}_n = I_S + \mathrm{d}t(2\hat{K}_S + \sum_{n>0}\hat{L}_n^\dagger\hat{L}_n)$$

由此求得

$$\hat{K}_S = -\frac{1}{2}\sum_{n>0}\hat{L}_n^\dagger\hat{L}_n \tag{4.8.9}$$

将式(4.8.9)中的 Kraus 算子代入式(4.8.6)中，得

$$\begin{aligned}\hat{\rho}_S(\mathrm{d}t) &= \sum_n\hat{M}_n(\mathrm{d}t)\hat{\rho}_S(0)\hat{M}_n^\dagger(\mathrm{d}t)\\ &= \left[1+\left(-\frac{\mathrm{i}}{\hbar}\hat{H}_A+\hat{K}_S\right)\mathrm{d}t\right]\hat{\rho}_S(0)\left[1+\left(\frac{\mathrm{i}}{\hbar}\hat{H}_S+\hat{K}_S\right)\mathrm{d}t\right]+\mathrm{d}t\sum_{n>0}\hat{L}_n^\dagger\hat{\rho}_S(0)\hat{L}_n\end{aligned}$$

略去 dt 的二次项，得

$$\hat{\rho}_S(\mathrm{d}t) = \hat{\rho}_S(0) + \mathrm{d}t\left\{-\frac{\mathrm{i}}{\hbar}[\hat{H}_S,\hat{\rho}_S(0)] + \hat{K}_S\hat{\rho}_S(0) + \hat{\rho}_S(0)\hat{K}_S + \sum_{n>0}\hat{L}_n^\dagger\hat{\rho}_S(0)\hat{L}_n\right\}$$

注意到$(\hat{\rho}_S(\mathrm{d}t)-\hat{\rho}_S(0))/\mathrm{d}t=\mathrm{d}\hat{\rho}_S(t)/\mathrm{d}t$，利用式(4.8.9)，并将时间原点 $t=0$ 改为 t，上式可以写作

$$\frac{\mathrm{d}\hat{\rho}_S(t)}{\mathrm{d}t} = -\frac{\mathrm{i}}{\hbar}[\hat{H}_S,\hat{\rho}_S(t)] + L_D(\hat{\rho}_S(t)) \tag{4.8.10}$$

其中：

$$L_D(\hat{\rho}_S(t)) = \sum_{n>0}\hat{L}_n^\dagger\hat{\rho}_S(t)\hat{L}_n - \frac{1}{2}\sum_{n>0}\hat{L}_n^\dagger\hat{L}_n\hat{\rho}_S(t) - \frac{1}{2}\hat{\rho}_S(t)\sum_{n>0}\hat{L}_n^\dagger\hat{L}_n \tag{4.8.11}$$

即为在 Markoff 近似下开放子系统 S 密度矩阵非幺正演化的主方程，称为 **Lindblad 方程**。其中，等号右面第一项是和封闭系统的幺正演化有关的项；第二项 L_D 描述系统和环境相互作用可能发生的非幺正的、消相干过程，其中算子 $\hat{L}_n$ 称为 **Lindblad 算子或量子跃变算子**(quantum jump operator)，每个 $\hat{L}_n^\dagger\hat{\rho}_S(t)\hat{L}_n$ 表示一种可能的量子跃变。L_D 中最后两项是在没有量子跃迁发生情况下正确归一化需要的。

作为主方程应用的具体例子，下面研究简谐振子在辐射场(描述环境)作用下发生能量衰变过程。

4.8.3 阻尼振子

假设振子系统的 Hamilton 量：

$$\hat{H}_S = \hbar\omega\left(\hat{a}^+ \hat{a} + \frac{1}{2}\right) \tag{4.8.12}$$

其中,$\hat{a}^+$、$\hat{a}$ 分别是量子振子的上升和下降算子。假设初始辐射场处在真空态(取环境 $\hat{H}_B=0$)。处在激发能级的振子通过连续的光子发射而逐渐下降,但不发生光子吸收(Markoff 近似)。振子和辐射场的相互作用是

$$\hat{H}_I = \hbar\sum_i g_i(\hat{a}\hat{b}_i^+ + \hat{a}^+ \hat{b}_i) \tag{4.8.13}$$

其中,$\hat{b}_i^+$、$\hat{b}_i$ 是辐射场模产生和湮灭算子。由于 $\hat{H}_S$ 的具体形式,处在激发 n 能级的振子可以看做是 n 个处在激发态的、非相互作用的两能级原子。每个原子都可通过自发辐射过程独立的衰变。假设两能级原子衰变速率为 Γ,振子从 n 能级衰变到 $n-1$ 能级的速率将是 $n\Gamma$。振子的这种阻尼过程可以仅用一个跃迁算子描述：

$$\hat{L}_1 = \sqrt{\Gamma}\hat{a} \tag{4.8.14}$$

在这种情况下描述振子衰变的 Lindblad 形式的主方程为

$$\begin{aligned}\frac{\mathrm{d}\hat{\rho}_S(t)}{\mathrm{d}t} =& -\frac{\mathrm{i}}{\hbar}[\hat{H}_S, \hat{\rho}_S(t)] \\ & + \Gamma\left(\hat{a}\hat{\rho}_S(t)\hat{a}^+ - \frac{1}{2}\hat{a}^+ \hat{a}\hat{\rho}_S(t) - \frac{1}{2}\hat{\rho}_S(t)\hat{a}^+ \hat{a}\right)\end{aligned} \tag{4.8.15}$$

方程式右边第二项中的算子描述振子由于光子发射而受到的阻尼。

为了方便上式的求解,把它转化到相互作用表象中。注意到式(4.8.12)中 $\hat{H}_S=\hat{H}_0=\hbar\omega\hat{a}^+\hat{a}$,在相互作用表象中：

$$\hat{\rho}_S^{(I)}(t) = \mathrm{e}^{\mathrm{i}\hat{H}_0 t/\hbar}\hat{\rho}_S(t)\mathrm{e}^{-\mathrm{i}\hat{H}_0 t/\hbar} = \mathrm{e}^{\mathrm{i}\omega\hat{a}^+\hat{a}t}\hat{\rho}_S(t)\mathrm{e}^{-\mathrm{i}\omega\hat{a}^+\hat{a}t} \tag{4.8.16}$$

$$\hat{a}^{(I)}(t) = \mathrm{e}^{\mathrm{i}\hat{H}_0 t/\hbar}\hat{a}\,\mathrm{e}^{-\mathrm{i}\hat{H}_0 t/\hbar} = \mathrm{e}^{\mathrm{i}\omega\hat{a}^+\hat{a}t}\hat{a}\,\mathrm{e}^{-\mathrm{i}\omega\hat{a}^+\hat{a}t} \tag{4.8.17}$$

利用式(4.4.8)中 Baker-Campbell-Hausdorf 公式,有

$$\mathrm{e}^{\lambda\hat{G}}\hat{A}\,\mathrm{e}^{-\lambda\hat{G}} = \sum_{n=0}^{\infty}\frac{\lambda^n}{n!}\hat{C}_n$$

取其中 $\lambda=\mathrm{i}\omega t$;$\hat{G}=\hat{a}^+\hat{a}$;$\hat{A}=\hat{a}$。注意到 $\lambda[\hat{a}^+\hat{a},\hat{a}]=-\lambda\hat{a}$,由式(4.8.17)得

$$\hat{a}^{(I)}(t) = \hat{a}\left(1-\lambda+\frac{\lambda^2}{2!}+\cdots\right) = \hat{a}\mathrm{e}^{-\lambda} = \hat{a}\,\mathrm{e}^{-\mathrm{i}\omega t} \tag{4.8.18}$$

注意到这里 $\hat{H}_0=\hat{H}_S$,利用式(4.8.16)可以导出：

$$\frac{\mathrm{d}\hat{\rho}_S(t)}{\mathrm{d}t} = -\frac{\mathrm{i}}{\hbar}[\hat{H}_S, \hat{\rho}_S(t)] + \mathrm{e}^{-\mathrm{i}\hat{H}_0 t/\hbar}\frac{\mathrm{d}\hat{\rho}_S^{(I)}}{\mathrm{d}t}(t)\mathrm{e}^{\mathrm{i}\hat{H}_0 t/\hbar},$$

将此结果代入式(4.8.15)中,求出在相互作用表象中密度算子运动方程:

$$\frac{\mathrm{d}\hat{\rho}_s^{(I)}(t)}{\mathrm{d}t}=\Gamma\Big(\hat{a}^{(I)}(t)\hat{\rho}_s^{(I)}(t)\hat{a}^{(I)+}(t)-\frac{1}{2}\hat{a}^{(I)+}(t)\hat{a}^{(I)}(t)\hat{\rho}_s^{(I)}(t)-\frac{1}{2}\hat{\rho}_s^{(I)}(t)\hat{a}^{(I)+}(t)\hat{a}^{(I)}(t)\Big) \tag{4.8.19}$$

由这一方程,可以求出算子 $\hat{a}^{(I)}(t)$ 的平均值运动方程:

$$\frac{\mathrm{d}}{\mathrm{d}t}\langle\hat{a}(t)\rangle=\frac{\mathrm{d}}{\mathrm{d}t}Tr(\hat{a}(t)\hat{\rho}_s(t))=\frac{\mathrm{d}}{\mathrm{d}t}Tr(\hat{a}\hat{\rho}_s^{(I)}(t))=Tr\left(\hat{a}\ \frac{\mathrm{d}\hat{\rho}_s^{(I)}(t)}{\mathrm{d}t}\right)$$

利用式(4.8.16),得

$$\begin{aligned}\frac{\mathrm{d}}{\mathrm{d}t}\langle\hat{a}(t)\rangle&=\Gamma Tr\left(\hat{a}^2\hat{\rho}_s^{(I)}(t)\hat{a}^{+}-\frac{1}{2}\hat{a}\hat{a}^{+}\hat{a}\hat{\rho}_s^{(I)}(t)-\frac{1}{2}\hat{a}\hat{\rho}_s^{(I)}(t)\hat{a}^{+}\hat{a}\right)\\&=\Gamma Tr\left\{\frac{1}{2}[\hat{a}^{+},\hat{a}]\hat{a}\hat{\rho}_s^{(I)}(t)\right\}\\&=-\Gamma Tr\left(\frac{1}{2}\hat{a}\hat{\rho}_s^{(I)}(t)\right)\\&=-\frac{\Gamma}{2}\langle\hat{a}(t)\rangle\end{aligned} \tag{4.8.20}$$

积分这一方程,得

$$\langle\hat{a}(t)\rangle=\mathrm{e}^{-\Gamma t/2}\langle\hat{a}(0)\rangle$$

这表明振子通过发射光子能级下降的过程的平均速率,随时间按指数率衰减,衰变时间常数为 $\Gamma/2$。

类似地可以求得振子激发态占据数 $\hat{n}=\hat{a}^{+}\hat{a}=\tilde{a}^{+}\tilde{a}$ 的衰变规律:

$$\begin{aligned}\frac{\mathrm{d}}{\mathrm{d}t}\langle n\rangle&=\Gamma Tr\left(\hat{a}^{+}\hat{a}\hat{a}\hat{\rho}_s^{(I)}(t)\hat{a}^{+}-\frac{1}{2}\hat{a}^{+}\hat{a}\hat{a}^{+}\hat{a}\hat{\rho}_s^{(I)}(t)-\frac{1}{2}\hat{a}^{+}\hat{a}\hat{\rho}_s^{(I)}(t)\hat{a}^{+}\hat{a}\right)\\&=\Gamma Tr\left\{\frac{1}{2}\hat{a}^{+}[\hat{a}^{+},\hat{a}]\hat{a}\hat{\rho}_s^{(I)}(t)\right\}\\&=-\Gamma Tr(\hat{a}^{+}\hat{a}\hat{\rho}_s^{(I)}(t))=-\Gamma\langle n\rangle\end{aligned}$$

积分得

$$\langle n(t)\rangle=\mathrm{e}^{-\Gamma t}\langle n(0)\rangle \tag{4.8.21}$$

Γ 是振子衰减速率。由于处在第 n 个激发态的谐振子,可以看做 n 个独立的粒子态,单位时间内每个粒子衰变率是 Γ,所以振子占据数亦按指数率衰变,衰变时间常数为 Γ。

4.9　实现量子计算机的物理条件

本章具体讨论了量子计算机的动力学模型,现在有条件更具体地研究实现量子计算机的物理要求。诚然,如同任意一个物理系统,都可以在宽泛的意义上称它为计算机一样,把任意一个量子系统称作量子计算机似乎并无原则性错误。但我们所说的量子计算机,是编码有计算信息、按算法要求有控制地演化(计算),计算结果有实际应用价值的计算机。那么什么样的量子力学系统能够实现这样的量子计算机,就是需要研究的问题。

4.9.1 实现量子计算机的基本条件

量子计算机作为计算机,也必须满足第 1 章阐述的一般计算机必须具有四个基本条件:①系统内存在足够多的、离散的、不同的物理状态,用于编码要处理的信息;②能按照不同计算任务需要的输入信息(包括数据和控制计算过程的指令),在系统内制备表示输入信息的初始态;③能对初始数据态按算法要求进行变换或演化,完成算法规定的计算过程;④最后在算法执行过程中或计算结束,可以通过适当的测量读出编码态的信息,输出计算末态的信息或计算结果。但是量子计算机是使用量子态编码,按量子力学规律操作的计算机,它实现上述四个条件有不同于经典计算机的新特点。

Divincenzo 在讨论量子计算机物理实现时,以量子计算的线路网络模型为背景,总结出一个量子力学系统作为量子计算机的候选者,必须满足的条件,文献中称为 **Divincenzo 判据**[21]。这些条件是:

(1) 首先,它必须是一个很好定义的量子位系统。

一个量子位是一个双态量子系统,它不仅有两个经典上线性独立的态,而且还可以制备出这两个态的任意线性叠加态。足够多这样的量子位量子系统,就可以给出足够多、离散的、不同的物理状态,编码要处理的信息。

(2) 能以高的精度制备量子位到某个标准态(例如系统基态),作为计算的初始态。

(3) 为了使用量子计算机执行有意义的量子计算,需要根据具体问题的算法要求,对初始态进行足够多步骤的逻辑门操作。为了保证在执行逻辑运算期间,量子信息不丢失,要求量子计算机系统编码态量子相干保持时间应足够长,同时实行基本逻辑门操作需要的时间尽可能短。

量子位的相干保持时间可以用两个特征时间表征,一个是**松弛时间**(relaxation time)T_1,它定义为量子位通过能量弛豫过程从高能态松弛到基态需要的时间;另一个是两基态相对**相位丢失时间**(dephasing time),简称为失相时间,记为 T_2,在失相时间内量子位两基底态相干性丢失,变成混合态。如果基本量子门(一位门和二位门逻辑门)操作时间为 T,在系统消相干之前进行足够多步骤的逻辑门操作,这个条件意味着 T_1,T_2 中的最小者应当比 T 大得多。

(4) 为了对编码态执行算法规定的幺正操作,需要对编码态执行一位门操作和任意两位纠缠门操作。为了能对量子计算机执行这些操作,就需要能分别控制每个量子位和其他量子位的耦合,即以理想的方式接通或关断两量子位间的相互作用。

(5) 为了提取出计算结果的信息,或在计算中间阶段为执行纠错进行出错诊断,都需要对计算机量子态进行测量。实现量子计算机的物理系统应允许方便地进行这种测量。

Divincenzo 条件中(1)、(2)、(5)三个条件分别就是经典计算机条件①、②、④;而(3)、(4)两个条件就是考虑到量子计算机用量子态编码,量子态不同于经典物理态的特点,为保证经典计算机中条件 3 的执行,对量子计算机提出的具体要求。

首先,量子态极为脆弱,很容易和环境耦合而消相干。为了执行一个计算任务,必须要求系统在编码态消相干之前,计算已经完成。要实现这一点,自然需要量子计算机系统编码态有足够长的相干保持时间,同时实行每个逻辑门操作需要的时间尽可能短。在量子计算机研究中发展起来的纠错技术,就是在一定的硬件条件下,延长编码态相干保持时间的软件方法。

其次,量子计算机的运算操作是对编码态的幺正演化。任何一个计算任务的算法,都必须通过一系列的幺正演化操作实现,而任何复杂的幺正演化操作都可以分解为通用逻辑门组的组合。由于一位、两位纠缠门构成量子计算通用逻辑门组,所以经典计算机条件“能对初始数据态按算法要求进行变换或演化,完成算法规定的计算过程”,对量子计算机就必须要求能执行量子计算的通用门组的操作。所以 Divincenzo 实现量子计算机的条件,可以看成是一般计算机条件③在量子计算条件下的具体化。

4.9.2　量子计算机中的通信问题

无论是经典计算机还是量子计算机,在计算过程中都需要在不同部分间进行数据传输或通信联系。在早期使用简单计算工具的计算中,这是通过操作者把某部分的计算结果记在脑中或纸上,应用到其他部分完成的。在机械计算机中,这种数据传输一定程度上通过机械作用并辅以人工完成。在经典电子计算机中,这种数据通信基本上已由计算机通过操作系统由电路完成。在量子计算机中,也把运算操作过程用线路表示出来,但是必须注意,这种量子线路和经典电子线路存在根本的不同。电子线路代表着一种物理上的联系,被电路连接起来的两个部分可以通过电流直接联系,但量子线路仅表示同一量子位时间上不同阶段操作或不同量子位之间一种算法上联系,描述的是一种算法,是软件而不是硬件的联系。

在量子计算中,两量子位纠缠门操作是基本操作,物理上两量子位纠缠门需要通过两物理量子位间的相互作用实现。当两物理量子位空间上邻接时,量子位间存在这样的相互作用,但是当需要执行两位门的两量子位空间分离时,通常就不存在这样的相互作用。量子纠缠虽然是量子位间一种非经典的联系,可以一定程度的降低量子计算过程中的通信复杂度,但是在任意两量子位间建立量子纠缠,也不是那么容易,而且纠缠态作为量子叠加态,还存在消相干问题。利用量子纠缠的确可以实现量子态的隐形传送,但如何把隐形传态用于量子计算的门操作或数据传输,仍没有可行的明确的方案。总之要实现量子计算机,必须把通信问题提出来专门研究。

考虑到计算过程中数据传输的需要,Divincenzo 在实现量子计算机的基本条件中又增加了两条件[21]:

(1) 能在固定量子位和“飞行”量子位间进行信息交换。

(2) 能够在指定的不同位置间忠实地传输飞行量子位。

虽然为满足这两个要求已经针对量子计算机的不同实现,提出不同的实现方案。例如在使用离子阱的量子计算中,提出了离子“Bus”方案[22],光子耦合方案[23,24],但是这些方案的实现都在技术上存在严重的挑战。虽然飞行量子位的物理实现,光子是明显的候选者,可以选择光子态——用光子极化态编码或光子相位编码,光纤传输技术已经十分成熟,但是要在任何需要的时候、在任意两个量子位间即时建立通信联系仍没有被实验证明可行的方案。

4.9.3 关于量子计算机的物理实现

由于量子计算机在求解某些经典计算机难解问题上超出经典计算机,量子计算机的物理实现成为近年来发展最迅速的领域之一。不同学科的研究人员都从自己的专业出发,去尝试满足量子计算机需要的条件,使量子计算机研究成为几乎涵盖整个物理学、量子物理学最主要的研究前沿。目前已提出的实现方案,包括核磁共振量子计算[25~27]、离子阱量子计算[28~30]、中性原子量子计算[31,32]、腔量子电动力学[33,34]、光量子计算[35,36]、量子点量子计算[37~39]、超导量子计算[40~42]以及拓扑量子计算[43,44]等。诚然,从物理学角度看,这些不同的物理实现存在许多共同的东西,但各自又有不同的特点。本书不可能做到面面俱到,后面的内容选择,一方面反映了作者个人对量子计算机研究情况的了解和发展前景的认识和判断。另一方面也和个人兴趣有关。除去离子阱量子计算机一章外,着重介绍了量子计算机的固体实现方案,其中包括量子点和超导实现。本书选择的内容可以基本涵盖到目前为止量子计算及研究的主要物理方法。

关于量子计算物理本质的了解也在不断深化。最早,Benioff 从计算可以做到逻辑上可逆的研究结果,提出使用量子系统实现可逆逻辑[45]。Deutsch 构造出**量子 Turing 机模型**[46],并提出量子计算机标准模型——量子计算的**线路逻辑网络模型**[47]。此后,人们又提出**绝热量子计算模型**[48,49],2002 年,Raussendorf 等提出以单量子位测量为基础的**簇态量子计算**或**单向量子计算模型**[50~52],这个模型深刻揭示了量子计算许多令人吃惊的新特点。所以本书还系统地介绍了绝热量子计算和量子计算的簇态模型。

下面几章将研究可能实现量子计算机的几个具体的量子力学系统。

参考文献

[1] 李承祖，黄明球，陈平形，等. 量子通信和量子计算. 长沙：国防科技大学出版社，2000.

[2] Steane A. Multiple-particle interference and quantum error correction. Proceedings of the Royal Society A，1996，452：2551－2557.

[3] Joyce G S. Classical Heisenberg model. Physical Review，1967，155：478－491.

[4] Herring C. Exchange Interactions Among Itinerant Electrons. New York：Academic Press，1966.

[5] Callway. 固体量子理论(上). 王以铭译. 北京：科学出版社，1984.

[6] Clerk A A，Devoret M H，Girvin S M. Introduction to quantum noise，measurement and amplification. Reviews of Modern Physics，2010，82：1156－1208.

[7] 张永德. 量子信息物理原理. 北京：科学出版社，2006.

[8] Koppens F H L，Buizert C，Tielrooij K J，et al. Driven coherent oscillations of a single electron spin in a quantum dot. Nature，2006，442：766－771.

[9] Nielsen M A，Chuang I L. 量子计算和量子信息. 郑大中，赵千川译. 北京：清华大学出版社，2005.

[10] 郭硕鸿. 电动力学. 北京：高等教育出版社，1990：163.

[11] 彭金生，李高翔. 近代量子光学导论. 北京：科学出版社，1996.

[12] Walls D F，Milburn G J. Quantum Optics. 北京：世界图书出版公司北京公司，1999：199.

[13] 郑乐民，徐庚武. 原子结构与原子光谱. 北京：北京大学出版社，1988：246－247.

[14] Lidar D A，Bacon D，Whaley K B. Concatenating decoherence-free subspace with quantum error correcting codes. Physical Review Letters，1999，82(22)：4556－4559.

[15] Lidar D A，Chuang I L，Whaley K B. Decoherence-free subspaces for quantum computation. Physical Review Letters，1998，81：2594－2597.

[16] Knill E，Laflamme R，Viola L. Theory of error correction for general noise. Physical Review Letters，2000，84：2525－2528.

[17] Zanardi P. Stabilizing quantum information. Physical Review A，2000，63：012301-1－012301-4.

[18] Bacon D，Lidar D A，Whaley K B. Robustness of decoherence-free subspaces for quantum computation. Physical Review A，1999，60：1944－1955.

[19] Louisell W H. 辐射的量子统计理论. 陈水等译. 北京：科学出版社，1982，395.

[20] Lindblad G. On the generators of quantum dynamical semigroups. Communication in Mathematical Physics，1976，48(2)：119－130.

[21] DiVincenzo D P. The physical implementation of quantum computation. Fortschritte der

Physik,2000,48:771.

[22] Cirac J I,Zoller P. A scalable quantum computer with ions in an array of microtraps. Nature,2000,404:579—581.

[23] Pellizzari T. Quantum networking with optical fibers. Physical Review Letters,1997,79:5242—5245.

[24] Duan L M,Blinov B B,Moehring D L,et al. Scalable trapped ion quantum computation with a probabilistic ion-photon mapping. Quantum Information and Computation,2004,4(3):165—173.

[25] Warren W S. The usefulness of NMR quantum computing. Science,1997,277:1688—1690.

[26] Laflamme R,Cory D G,Negrevergne C,et al. NMR quantum information processing and entanglement. Quantum Information and Computation. 2002,2:166—176.

[27] Weinstein Y S,Pravia M A,Fortunato E M. Implementation of the quantum Fourier transform. Physical Review Letters,2001,86:1889—1891.

[28] Cirac J I,Zoller P. Quantum computations with cold trapped ions. Physical Review Letters,1995,74(20):4091—4094.

[29] Leibfried D,Blatt R,Monroe C,et al. Quantum dynamics of single trapped ions. Review of Modern Physics,2003,75:281—324.

[30] Gulde S. Experimental realization of quantum gates and the Deutsch-Josza algorithm with trapped $^{40}C_a^+$-ions (PhD Dissertation). Innsbruck:Universitität Innsbruck,2003.

[31] Briegel H J,Calarco T,Jaksch D,et al. Quantum computing with neutral atoms. Journal of Modern Optics 2000,47:415—451.

[32] Monroe C. Quantum information processing with atoms and photons. Nature,2002,416:238—246.

[33] Mabuchi H,Doherty A C. Cavity quantum electrodynamics:Coherence in context. Science,2002,298:1372—1377.

[34] Raimond J M,Brune M,Haroche S. Colloquium:Manipulating quantum entanglement with atom and photons in a cavity. Review of Modern Physics,2001,73:565—582.

[35] Knill E,Laflamme R,Milburn J. A scheme for efficient quantum computation with linear optics. Nature,2001,409:46—52.

[36] Kok P,Munro W J,Nemoto K,et al. Linear optical quantum computing with photonic qubits. Review of Modern Physics,2007,79:135—174.

[37] Loss D,Divincenzo D P. Quantum computation with quantum dots. Physical Review A,1998,57:120—126.

[38] Hanson R,Hanson R. Electron spins in semiconductor quantum dots (PhD Dissertation). Delft:Delft University of Technology,2005.

[39] Hanson R,Kouwenhoven L P,Petta J R,et al. Spins in few-electron quantum dots. Review of Modern Physics,2007,79:1217—1265.

[40] Makhlin Yu, Schön G, Shnirman A. Quantum state engineering with Josephson-junction devices. Review of Modern Physics, 2001, 73: 357—400.

[41] Wendin G, Shumeiko V S. Quantum bite with Josephson junction. Low Temperature Physics, 2007, 33(9): 724—744.

[42] Clarke J, Wilhelm F K. Superconducting quantum bits. Nature, 2008, 453: 1031—1042.

[43] Kitaev A Y. Fault-tolerant quantum computation by anyones. Annals of Physics, 2003, 323: 2—30.

[44] Nayak C, Simon S H, Stern A, et al. Non-Abelian anyons and topological quantum computation. Review of Modern Physics, 2008, 80: 1083—1159.

[45] Benioff P. Quantum mechanical models of Turing machines that dissipate no energy. Physical Review Letters, 1982, 48: 1581—1585.

[46] Deutsch D. Quantum theory, the Church-Turing principle and the universal quantum computer. Proceedings of the Royal Society A, 1985, 400(1818): 97—117.

[47] Deutsch D. Quantum computational networks. Proceedings of the Royal Society A, 1989, 425: 73—90.

[48] Farhi E, Goldstone J, Gutmann S, et al. A quantum adiabatic evolution algorithm applied to random instances of an NP-complete problem. Science, 2001, 292: 472—475.

[49] Aharonov D. Adiabatic quantum computation is equivalent to standard quantum computation. arXiv: quant-ph/0405098, 2005.

[50] Raussendorf R, Briegel H J. A one-way quantum computer. Physical Review Letters, 2001, 86: 5188—5191.

[51] Raussendorf R, Browne D E, Briegel H J. Measurement-based quantum computation using cluster states. Physical Review A, 2003, 68: 022312-1—022312-32.

[52] Raussendorf R, Briegel H J. Computation model underlying the one-way quantum computer. Quantum Information and Computation, 2002, 2: 443—486.

第 5 章　离子阱量子计算机

量子计算机的离子阱实现方案，是 Cirac 和 Zoller 在 1995 年提出的[1]。基本思想是用精巧设计的电磁阱，囚禁经激光冷却的离子，离子与离子间通过库仑斥力相互作用，使晶体化成离子串，并沿阱轴线排列。选择每个离子的两个低位能级(如离子基态和由于超精细结构或 Zeeman 作用从基态中分裂出来的能级)编码一个逻辑量子位。单量子位门操作，由被分束器和声光调制器分成细束的激光束对，寻址照射单个离子完成；由于离子串置于高真空中，并被冷却到轴向振动频率“量子极限”以下，在极低温度下，阱中离子串的集体运动被量子化。选择集体振动模的零声子态和一个声子态编码离子阱系统的振动(运动)量子位。通过激光场耦合离子量子位和集体振动量子位，实现不同量子位间的两位门操作。

在构建量子计算机的理论和实验研究中，离子阱量子计算机在原理上满足所有的 Divincenzo 判据，并且大部分判据已被实验证明[2]，被认为是量子计算机物理实现最有希望的方案之一。

本章将详细介绍量子计算机的离子阱实现。

5.1　线性 Paul 阱和离子晶体

离子阱量子计算的第一步是用某种方法囚禁离子作为量子位。离子带有电荷，囚禁离子首选的是电阱。静电势满足 Laplace 方程：

$$\nabla^2\varphi=\frac{\partial^2\varphi}{\partial x^2}+\frac{\partial^2\varphi}{\partial y^2}+\frac{\partial^2\varphi}{\partial z^2}=0 \tag{5.1.1}$$

如果带电粒子在静电场中某点处在平衡态，这意味着该点电势取极小值。而电势取极值要求

$$\frac{\partial^2\varphi}{\partial x^2}>0,\quad \frac{\partial^2\varphi}{\partial y^2}>0,\quad \frac{\partial^2\varphi}{\partial z^2}>0$$

从而式(5.1.1)不会被满足。这一结果就是 **Earnshaw 定理**：仅在静电力作用下，带电粒子不可能处在平衡状态。

5.1.1　Paul 势阱和单离子运动

线性 Paul 阱是使用与时间有关的非均匀电场囚禁离子，它起源于 20 世纪 50 年代 Paul 设计的**四极滤质器**(quadrupole mass filter)[3~5]，其几何结构可由图

5.1.1 示意给出[6~8]。整个电阱由四根平行放置(假设沿 z 方向)的圆柱形电极构成。四根电极中,处在对角线上的一对电极加上高频交变电压 $V_0\cos\Omega t$,另一对电极接地,两个沿相反方向放置的电偶极子形成震荡电四极子。近轴的时变电势可近似为

$$\varphi(x,y,t)=\frac{x^2-y^2}{2r_0^2}V_0\cos\Omega t \tag{5.1.2}$$

其中,r_0 是从阱轴到电极表面的距离。电荷为 e 的带电粒子,在势场 φ 中受电场作用力为

$$\vec{F}=e\vec{E}=-e\nabla\varphi=-\frac{e}{r_0^2}(x\vec{e}_x-y\vec{e}_y)V_0\cos\Omega t \tag{5.1.3}$$

设带电粒子质量为 m,它的运动方程为

$$\ddot{x}=-\frac{e}{mr_0^2}xV_0\cos\Omega t,\quad \ddot{y}=\frac{e}{mr_0^2}yV_0\cos\Omega t,\quad \ddot{z}=0 \tag{5.1.4}$$

引进参量 $q=2eV_0/mr_0^2\Omega^2$,上述方程可以化为具有周期系数的微分方程(Mathieu 方程)形式:

$$\begin{cases}\ddot{x}+2q\dfrac{\Omega^2}{4}\cos(\Omega t)x=0\\ \ddot{y}-2q\dfrac{\Omega^2}{4}\cos(\Omega t)y=0\\ \ddot{z}=0\end{cases} \tag{5.1.5}$$

在参数 $0<q<0.908$ 范围内,这些方程有稳定解[8~11],其中带电粒子沿径向(x、y 方向)作简谐振动,振动频率为

$$\omega_x=\omega_y=\frac{\Omega q}{2\sqrt{2}}\equiv\omega_r \tag{5.1.6}$$

沿 z 方向是自由运动。必须强调,这些结果仅在近轴区才是正确的,离开近轴区,必须考虑高阶电多极矩的贡献,这些电多极矩会产生非线性效应,影响离子运动的稳定性。

图 5.1.1

为了造成囚禁离子的势阱，需要改造上述 Paul 滤质器，使阱轴方向两端封闭。为此在阱轴两端放置电极(称为"端帽")，并在端帽上施加直流电压 V_{cap} 产生轴向电势，这样原来的四极滤质器就转变为**线性 Paul 势阱**(见图 5.1.1)。

考虑轴向势作用后，离子在靠近阱中心的运动方程为[8~11]

$$\begin{cases} \ddot{x}+\dfrac{\Omega^2}{4}[b+2q\cos(\Omega t)x]=0 \\ \ddot{y}+\dfrac{\Omega^2}{4}[b-2q\cos(\Omega t)y]=0 \\ \ddot{z}+\dfrac{\Omega^2 b}{2}z=0 \end{cases} \tag{5.1.7}$$

其中，$b=e\alpha V_{cap}/mL^2\Omega^2$ (L 是两端电极之间的距离，α 是取决于阱几何的数值因子)，通常对具体的阱设计由实验决定。其中轴向方程的解是频率

$$\omega_z=\Omega\sqrt{\frac{b}{2}} \tag{5.1.8}$$

的简谐振动。两个径向方程在 $b,q\ll 1$ 条件下的解可以分解为频率分别为

$$\omega_x=\omega_y\equiv\omega_r=\frac{\Omega}{2}\sqrt{\frac{q^2}{2}-b} \tag{5.1.9}$$

的绕着阱中心的简谐运动(称为久期运动)，和振幅被久期运动调制的、频率等于驱动场频率的快运动(称为微运动)的叠加：

$$r_i(t)=A_i\cos(\omega_r t+\varphi_i)\left[1+\frac{q}{2}\cos(\Omega t)\right],\quad i=x,y \tag{5.1.10}$$

其中，振幅 A 和相位 φ 由初始条件决定，略去高频微运动，取"久期近似"，离子沿径向的运动就是频率 ω_r 的简谐振动。

有轴向限制情况下径向简谐振动频率式(5.1.9)和没有轴向限制情况下式(5.1.6)比较，根号下多出 $-b$。根号中 b 体现了轴向限制对离子径向运动的影响，在端电压 $V_{cap}\to 0$，$b\to 0$ 的情况下，离子的运动再次变成纯径向运动。随端电压增加，离子轴向振动频率 ω_z 增加，径向振动频率 ω_r 趋于减小。记式(5.1.6)离子纯径向频率为 ω_{r_0}，由式(5.1.8)、式(5.1.9)得

$$\omega_r=\sqrt{\omega_{r_0}^2-\frac{\omega_z^2}{2}} \tag{5.1.11}$$

这表明对 $\omega_z\ll\omega_{r_0}$ 情况下，轴向限制对径向振动的影响可以略去。

离子阱设计的目标是使离子径向振动频率远大于轴向振动频率：$\omega_r\gg\omega_z$，即 $k_r\gg k_z$，从而离子受到的弹性回复力 $F=-kx$ 沿径向远大于沿 z 方向，离子基本上只沿 z 方向运动。

5.1.2 离子在阱中的平衡位置

限制径向振动圆频率为 $\omega_x=\omega_y\equiv\omega_r$，轴向频率为 ω_z 的 3 维简谐势阱中的 N

个离子，在 $\omega_r \gg \omega_z$ 情况下，离子动能和库仑能比较很小，离子基本上沿 z 轴排列形成有序结构，被称为**离子晶体**(ion crystal)。离子晶体的势能函数可以写作

$$U=\frac{m}{2}\sum_{i=1}^{N}\left[\omega_r^2(x_i^2+y_i^2)+\omega_z^2 z_i^2\right]+\frac{e^2}{8\pi\varepsilon_0}\sum_{i=1}^{N}\sum_{j\neq i}^{N}\frac{1}{|z_i-z_j|} \tag{5.1.12}$$

其中，第一项是阱势；第二项描述离子间的库仑作用；m 和 e 分别是每个离子质量和电荷。第 i 个离子轴向平衡位置 $z_i^{(0)}$ 由势能取极值条件

$$\left.\frac{\partial U}{\partial z_i}\right|_{z_i=z_i^{(0)}}=0,\quad i=1,2,\cdots,N \tag{5.1.13}$$

决定。计算结果是[8,10]：对 $N=2$ 情况，两个离子平衡位置分别在 $z=0$ 两侧 $z=\pm(1/2)^{2/3}l$ 的点；而对 $N=3$ 情况，除一个离子坐标 $z=0$ 外，另外两个离子坐标分别为 $z=\pm(5/4)^{1/3}l$，其中：

$$l=\left(\frac{e^2}{4\pi\varepsilon_0 m\omega_z^2}\right)^{1/3} \tag{5.1.14}$$

为长度单位(典型尺寸 10～100μm)。

总的结果是：对总数 N 一定的离子，由于靠近阱中心的离子受到离中心更远的离子库仑斥力挤压，阱中心离子轴向间距最小，向阱两端离子间距增大；离子间距随离子总数增大而减小。由于离子阱中量子计算需要激光束寻址操控各个离子，同时对一个离子的操作不能对其他离子产生显著影响，这些要求就给一个离子阱中可能存储离子总数提出了严格限制。

线性 Paul 阱轴向电势的存在破坏了原四极滤质器沿 z 方向的平移对称性，使处在 Paul 势阱中央的离子只能有一个。当多个离子沿轴向排列时，由于彼此通过库仑排斥相互作用，受到射频场扰动，各离子的运动会发生耦合。下面研究离子串在线性 Paul 阱中的运动。

5.1.3　Paul 阱中离子振动模

现在可以把阱中 N 个离子描述为径向(x,y 方向)在各自平衡位置($x_i=y_i=0,z_i$)附近的运动。在 Paul 阱中运动的 N 个离子 Hamilton 量为

$$\hat{H}=\sum_{i=1}^{N}\frac{m}{2}\left[\omega_r^2(x_i^2+y_i^2)+\omega_z^2 z_i^2+\frac{|\vec{p}_i|^2}{m^2}\right]+\sum_{i=1}^{N}\sum_{j\neq i}^{N}\frac{e^2}{4\pi\varepsilon_0|\vec{r}_i-\vec{r}_j|} \tag{5.1.15}$$

其中，m 是每个离子的质量；$\vec{p}_i$ 是第 i 个离子的平动动量，最后一项仍是离子间库仑作用势能。系统这种形式的 Hamilton 量蕴含着离子沿径向 x 和 y 两方向运动是简并的，径向运动和轴向运动通过库仑作用项互相耦合。解这个 Hamilton 量的本征值方程，可以得到两组独立的正规模式[7,10,11]，一组是对应 x 和 y 的径向运动二重简并**径向模**(radial mode)，另一组是沿 z 向运动的**轴向模**(axial mode)。

最低阶轴向模称为**质心模**(centre-of-mass mode),其中所有的离子都以同一振幅、同一频率 ω_z 振动(即整个离子串像刚体一样振动)。高阶轴向模总是有更高的振动频率。其中二阶轴向模称为**呼吸模**(breathing mode),频率是$\sqrt{3}\omega_z$,与串中离子数目无关,振幅正比于各离子到阱中心的距离。更高阶模的性质更为复杂,模频率微弱地依赖离子总数,通常需要用数值方法决定。离子波包的空间尺度可由轴向质心模高斯基态概率分布的标准偏差给出:

$$\Delta z_{com} = \sqrt{\frac{h}{2Nm\omega_z}}$$

如果离子冷却到基态,这一估计是合理的。由于在离子阱量子计算中,需要激光束寻址执行门操作,要求 Δz_{com} 比离子间距小得多。

由于质心模与其他模式频率不同,在实验中有可能单独激发质心模,而不会引起其他模式的激发。这一性质在离子阱量子计算中特别有用。

当离子串以最低阶径向模——质心模运动时,所有离子都以相同的相位、相同的频率(ω_r)和相同的振幅绕在轴上的平衡位置附近振动。二阶径向模称为**摆动模**(rocking mode),频率为

$$\omega_{rock} = \sqrt{\omega_r^2 - \omega_z^2}$$

这个模也不依赖于串中离子总数。与轴向高阶模不同,径向高阶模的振动频率要低一些,大小通常也需要用数值计算决定。图 5.1.2、图 5.1.3 分别给出两离子晶体和三离子晶体的正规模和频率[8,10]。

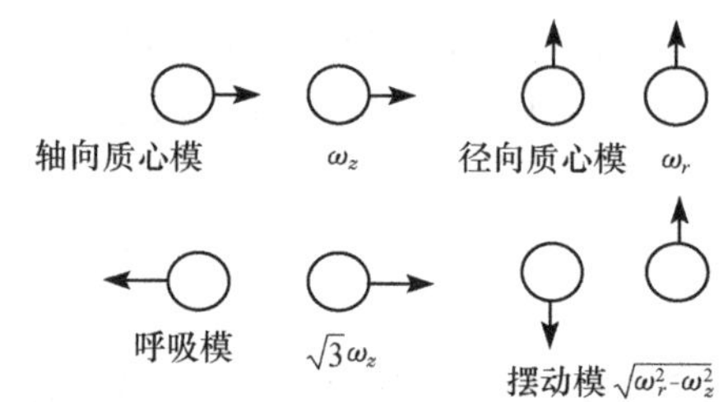

图 5.1.2

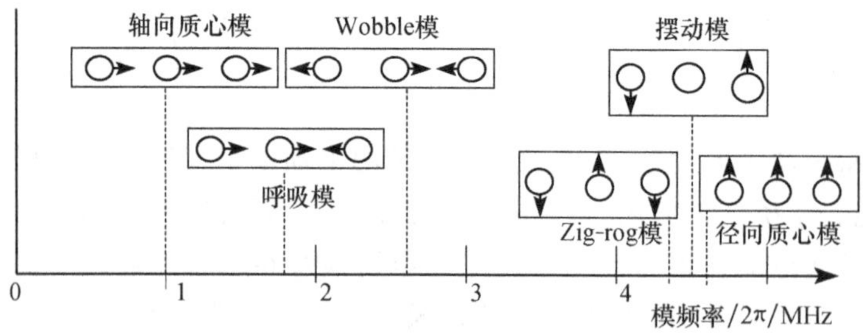

图 5.1.3

5.2　囚禁在阱中的离子和激光场的相互作用

在离子阱量子计算中,用激光制备场和离子串的相互作用离子运动基态;通过激光场耦合离子的内部能级和离子的外部运动自由度,执行量子逻辑门操作;利用激光激发离子荧光读出量子位态等,激光场和离子的相互作用在离子阱量子计算中起关键作用。本节研究囚禁离子和激光场的相互作用。

描述囚禁在阱中的离子和激光场的相互作用,一个最简单的模型是假设激光场和在谐振势阱场中运动的一个两能级离子相互作用。对被囚禁在阱中的离子,离子沿阱轴作简谐振动,它和激光场的相互作用与在 4.5 节讨论的激光场与单个裸原子、离子相互作用情况有所不同,原子、离子的内部运动可以通过激光场与外部运动耦合,出现一些复杂的情况。

5.2.1　囚禁离子运动的 Hamilton 量

囚禁在简谐势阱中离子运动的 Hamilton 量可以写为[7,10~14]

$$\hat{H}_0 = \frac{\hat{p}^2}{2m} + \frac{1}{2}m\omega^2 x^2 + \frac{1}{2}\hbar\omega_0\hat{\sigma}_z \tag{5.2.1}$$

其中,前两项分别是描述离子外部运动的动能、在谐振子势场中势能;第三项描述被简化为两能级系统的离子内部运动能量。

对在谐振势阱中运动的离子,可以引进声子产生和湮灭算子描述粒子振动。和简谐振子情况类似,定义声子产生和湮灭算子分别为

$$\begin{aligned}\hat{a}_v^+ &= \frac{1}{2}\left(\sqrt{\frac{2m\omega_v}{\hbar}}\hat{x} - \mathrm{i}\sqrt{\frac{2}{\hbar m\omega_v}}\hat{p}\right)\\ \hat{a}_v &= \frac{1}{2}\left(\sqrt{\frac{2m\omega_v}{\hbar}}\hat{x} + \mathrm{i}\sqrt{\frac{2}{\hbar m\omega_v}}\hat{p}\right)\end{aligned} \tag{5.2.2}$$

其中,m、ω_v 分别是离子质量和离子在阱中振动频率。利用坐标和动量对易关系:

$$[\hat{x}, \hat{p}_x] = \mathrm{i}\hbar$$

以及定义式(5.2.2),容易证明声子产生和湮灭算子满足对易关系:

$$[\hat{a}_v, \hat{a}_v^+] = 1 \tag{5.2.3}$$

以及

$$\hat{a}_v^+ \mid n_c\rangle = \sqrt{n_c + 1} \mid n_c + 1\rangle \tag{5.2.4}$$

$$\hat{a}_v \mid n_c\rangle = \sqrt{n_c} \mid n_c - 1\rangle \tag{5.2.5}$$

其中,n_c 是声子数。反解式(5.2.2),可用声子产生和湮灭算子表示出离子坐标和动量:

$$\hat{x} = \sqrt{\frac{\hbar}{2m\omega_v}}(\hat{a}_v + \hat{a}_v^+), \quad \hat{p} = -\mathrm{i}\sqrt{\frac{m\omega_v\hbar}{2}}(\hat{a}_v - \hat{a}_v^+) \tag{5.2.6}$$

利用这些结果以及声子产生和湮灭算子满足的对易关系式(5.2.3),可以将阱中离子运动 Hamilton 量式(5.2.2)中描述离子的外部运动部分用声子产生和湮灭算子表示为

$$\frac{\hat{p}^2}{2m} + \frac{1}{2}m\omega^2 x^2 = \hbar\omega_v\left(\hat{a}_v^+\hat{a}_v + \frac{1}{2}\right) \tag{5.2.7}$$

从而可将式(5.2.2)中 $\hat{H}_0$ 写作

$$\hat{H}_0 = \hbar\omega_v\left(\hat{a}_v^+\hat{a}_v + \frac{1}{2}\right) + \frac{1}{2}\hbar\omega_0\hat{\sigma}_z \tag{5.2.8}$$

这就是在简谐势阱中运动的两能级原子(离子)的 Hamilton 量。

5.2.2 囚禁离子和激光场相互作用

考虑电荷系统和电磁场的相互作用是一个复杂的问题,关于离子阱中离子和电磁场相互作用的 Hamilton 量详细推导可参见文献[9]、[10]、[13]。

假设激光束很强,和离子的相互作用不影响光子数统计,对电磁场可以采用经典单色平面波描述:

$$\vec{E}(\vec{\chi},t) = \vec{E}_0\cos(\vec{k}\cdot\vec{\chi} - \omega t + \varphi) = \frac{1}{2}\vec{E}_0(\mathrm{e}^{\mathrm{i}(\vec{k}\cdot\vec{\chi}-\omega t+\varphi)} + \mathrm{e}^{-\mathrm{i}(\vec{k}\cdot\vec{\chi}-\omega t+\varphi)})$$

其中,$\vec{E}_0$ 是电场振幅;ω 是电磁波频率;φ 是电磁波初相位。假设 $\hbar\omega \approx E_2 - E_1 = \hbar\omega_0$,和离子量子位跃迁频率共振。为了简单假设入射场沿阱轴 z 方向传播,从而波矢 $\vec{k}$ 只有沿 z 方向的分量,$\vec{E}_0$ 只有垂直于 z 的分量,入射场可以进一步简单表示为

$$\vec{E}(\vec{\chi},t) = \vec{e}_x\frac{E_0}{2}(\mathrm{e}^{\mathrm{i}(kz-\omega t+\varphi)} + \mathrm{e}^{-\mathrm{i}(kz-\omega t+\varphi)}) \tag{5.2.9}$$

所有交流 Stark 能移 $\langle i|\hat{H}_I|i\rangle(i=0,1)$,都可以下述方式归并到各能级能量 E_i 中,即定义:

$$E_i = E_i^{(0)} + \langle i \mid \hat{H}_I \mid i\rangle \tag{5.2.10}$$

在离子阱量子计算中,光场和离子相互作用涉及三种类型的跃迁——电偶极跃迁、电四极跃迁和受激 Raman 跃迁。这三种跃迁可以用统一形式的相互作用

$$\hat{H}_I = \frac{1}{2}\hbar\Omega_0(\hat{\sigma}^+ + \hat{\sigma}^-)(\mathrm{e}^{\mathrm{i}(kz-\omega t+\varphi)} + \mathrm{e}^{-\mathrm{i}(kz-\omega t+\varphi)}) \tag{5.2.11}$$

描述[7,9,10,13]。其中,$\hat{\sigma}^+$,$\hat{\sigma}^-$ 是式(4.1.5)、式(4.1.6)定义的原子升、降算子;Ω_0 是光场和离子耦合强度。可以证明(见 5.4 节)Ω_0 就是共振 **Rabi 频率**。对三种不同类型跃迁耦合强度的计算在后面给出。

在研究被限制在阱中的离子运动时,常引进称为 **Lamb-Dicke 参数**的量,它定

义为

$$\eta = k_z z_0 = k\sqrt{\frac{\hbar}{2m\omega_v}} \tag{5.2.12}$$

其中，k_z 是激光场波矢沿阱轴 z 方向投影；m 是离子质量；$z_0=\sqrt{\hbar/2m\omega_v}$ 是在谐振子势阱中离子振动基态波函数在空间延伸范围。利用 Lamb-Dicke 参数以及式(5.2.6)，并利用旋转波近似，式(5.2.11)可以写作

$$\hat{H}_I = \frac{1}{2}\hbar\Omega_0\left(e^{i\eta(a_v+a_v^+)}\hat{\sigma}^+ e^{-i(\omega_L t+\varphi)} + e^{-i\eta(a_v+a_v^+)}\hat{\sigma}^- e^{i(\omega_L t+\varphi)}\right) \tag{5.2.13}$$

为了对激光和离子相互作用有清晰的图像，可以把上式变换到相互作用表象中。利用式(5.2.8)，得

$$\hat{U}_0 = e^{-i\hat{H}_0 t/\hbar} = e^{-i\omega_v a_v^+ a_v t}e^{-i\omega_0\hat{\sigma}_z t/2} \tag{5.2.14}$$

变化到相互作用表象中(其中略去了 $\hat{H}_0$ 中的常数项)，应用 Bakeer-Campbell-Hausdof 公式(4.4.8)

$$e^{\lambda\hat{G}}\hat{A}e^{-\lambda\hat{G}} = \sum_{n=0}^{\infty}\frac{\lambda^n}{n!}\hat{C}_n \tag{5.2.15}$$

以及对易关系式(4.1.13)

$$[\hat{\sigma}^+,\hat{\sigma}_z] = \mp 2\hat{\sigma}^\pm,\quad [\hat{\sigma}^+,\hat{\sigma}^-] = \hat{\sigma}_z$$

和式(5.2.3)，注意到

$$\hat{\sigma}^+(t) = e^{i\omega_0\hat{\sigma}_z t/2}\hat{\sigma}^+ e^{-i\omega_0\hat{\sigma}_z t/2} = \hat{\sigma}^+ e^{i\omega_0 t},\quad \hat{\sigma}^-(t) = e^{i\omega_0\hat{\sigma}_z t/2}\hat{\sigma}^- e^{-i\omega_0\hat{\sigma}_z t/2} = \hat{\sigma}^- e^{-i\omega_0 t}$$

可得

$$\hat{H}_I = \frac{1}{2}\hbar\Omega_0\left(e^{i\eta(\tilde{a}_v+\tilde{a}_v^+)}\hat{\sigma}^+ e^{-i(\Delta t-\varphi)} + e^{-i\eta(\tilde{a}_v+\tilde{a}_v^+)}\hat{\sigma}^- e^{i(\Delta t-\varphi)}\right) \tag{5.2.16}$$

其中：

$$\tilde{a}^+(t) = e^{i\omega_v a_v^+ a_v t}\hat{a}^+ e^{-i\omega_v a_v^+ a_v t} = \hat{a}^+ e^{i\omega_v t} \tag{5.2.17}$$

$$\tilde{a}^-(t) = e^{i\omega_v a_v^+ a_v t}\hat{a}^- e^{-i\omega_v a_v^+ a_v t} = \hat{a}^- e^{-i\omega_v t} \tag{5.2.18}$$

$\Delta=\omega_L-\omega_0$ 是激光频率与离子跃迁频率差，称为**失谐量**。在离子阱量子计算条件下，Lamb-Dicke 近似条件

$$\eta\sqrt{\langle(\tilde{a}_v+\tilde{a}_v^+)^2\rangle} \ll 1 \tag{5.2.19}$$

总能成立。在 Lamb-Dicke 近似下，相互作用式(5.2.16)中算子指数展开保留到一次项，化为[10,13]

$$\begin{aligned}\hat{H}_I =& \frac{1}{2}\hbar\Omega_0\left[(\hat{\sigma}^\dagger e^{-i(\Delta t-\varphi)} + \hat{\sigma}^- e^{i(\Delta t-\varphi)})\right.\\ &\left.+ i\eta(\hat{\sigma}^+ e^{-i(\Delta t-\varphi)} - \hat{\sigma}^- e^{i(\Delta t-\varphi)})(\hat{a}e^{-i\omega_v t} + \hat{a}^+ e^{i\omega_v t})\right]\end{aligned} \tag{5.2.20}$$

由于离子(或离子串)在简谐势阱中的振动运动，通过激光场的耦合作用，可以引起离子内部运动和外部振动耦合，激光和离子跃迁能量差 $\hbar\Delta=\hbar(\omega_L-\omega_0)$ 可以转变

为离子振动动能，可能引起振动声子数的增加或减少。用符号$|i,n\rangle\equiv|i\rangle|n\rangle$表示离子内态和外部振动声子态直积态，称为“对态”(i 为离子内态量子数；n 为振动声子数)，$\hat{H}_I$ 可以产生形式为$|s,n\rangle\leftrightarrow|d,n+m\rangle$的不同对态之间的耦合。有三种典型情况是后面要用到的[15]。

(1) 失谐量 $\Delta=\omega_L-\omega_0=0$，即共振跃迁：

$$\hat{H}_I=\frac{1}{2}\hbar\Omega_0(\hat{\sigma}^+\mathrm{e}^{\mathrm{i}\varphi}+\hat{\sigma}^-\mathrm{e}^{-\mathrm{i}\varphi}) \tag{5.2.21}$$

在这种情况下，仅离子内部运动状态改变，振动声子态无变化。耦合常数 Ω_0 取决于激光强度、离子跃迁类型以及相关离子能级结构。

(2) $\Delta=\omega_L-\omega_0=\omega_v>0$，相互作用 Hamilton 量：

$$\hat{H}_I^+=\frac{1}{2}\mathrm{i}\hbar\Omega_0\eta(\hat{\sigma}^+\hat{a}^+\mathrm{e}^{\mathrm{i}\varphi}-\hat{\sigma}^-\hat{a}\mathrm{e}^{-\mathrm{i}\varphi}) \tag{5.2.22}$$

它描述激发离子内态的同时，产生出一个振动声子态的过程，例如：

$$|g,0\rangle\leftrightarrow|e,1\rangle$$

描写从离子基态、零声子态到离子激发态、一个声子态的过程。称为**蓝边带跃迁**(blue sideband transition)。如果蓝边带跃迁耦合两态$|g,n\rangle\leftrightarrow|e,n+1\rangle$，这个两能级系统的 Rabi 频率为

$$\Omega_{n,n+1}=\eta\sqrt{n+1}\Omega_0 \tag{5.2.23}$$

(3) $\Delta=\omega_L-\omega_0<0$，相互作用 Hamilton 量：

$$\hat{H}_I^-=\frac{1}{2}\mathrm{i}\hbar\Omega_0\eta(\hat{\sigma}^+\hat{a}\mathrm{e}^{\mathrm{i}\varphi}+\hat{\sigma}^-\hat{a}^+\mathrm{e}^{-\mathrm{i}\varphi}) \tag{5.2.24}$$

它描述激发离子内态的同时，湮灭一个振动声子态的过程，例如

$$|g,1\rangle\rightarrow|e,0\rangle$$

从离子基态、一个声子态到离子激发态、零声子态的过程。称为**红边带跃迁**(red sideband transition)。如果红边带跃迁耦合两态$|g,n\rangle\leftrightarrow|e,n-1\rangle$，这个两能级系统的 Rabi 频率为

$$\Omega_{n,n-1}=\eta\sqrt{n}\Omega_0 \tag{5.2.25}$$

蓝边带跃迁和红边带跃迁的耦合常数(Rabi 频率)和共振跃迁比较，二者相差

$$\frac{1}{\eta}=\frac{\lambda}{2\pi z_0}$$

特别对小的 Lamb-Dicke 参数，这表示利用边带跃迁执行门操作速度要慢得多。

5.2.3 光场和离子内部态耦合常数的计算

前面通过光场和离子耦合强度(Rabi 频率)Ω_0、有效光频 ω 和阱频 ω_v，用统一的方式表示了以激光场为媒介的，离子内态和外态相互作用 Hamilton 量 $\hat{H}_I$。

在 $^{40}C_a^+$ 离子阱量子计算中，涉及三种跃迁类型：电偶极跃迁、电四极跃迁和受激 Raman 跃迁，下面针对这三种情况，分别用离子的电学特性参数表示相应的耦合常数 Ω_0。

1. 电偶极跃迁

离子系统电偶极矩定义为 $\vec{p}=\mathrm{e}\sum_i \vec{r}_i$。其中，$\vec{r}_i$ 是第 i 个电子到坐标原点（取在离子核上）位矢；e 是电子电荷。电偶极矩和光场的电场相互作用能是

$$H_p=\vec{p}\cdot\vec{E}=\vec{p}\cdot\vec{E}_0\mathrm{e}^{\mathrm{i}(\vec{k}\cdot\vec{\chi}-\omega t+\varphi)}$$

对于满壳层外仅有一个电子情况，原子偶极矩可近似为这个最外层电子的贡献。$^{40}C_a^+$ 离子就是这种情况。由于偶极算子是坐标的奇函数，在离子态中仅宇称相反态间跃迁矩阵元非零：

$$\langle g\mid H_p\mid e\rangle=e\langle g\mid\vec{r}\cdot\vec{E}_0\mid e\rangle\mathrm{e}^{\mathrm{i}(\vec{k}\cdot\vec{\chi}-\omega t+\varphi)}\tag{5.2.26}$$

矩阵元仅依赖 $|g\rangle$，$|\mathrm{e}\rangle$ 态的角动量量子数和光振幅以及极化态。和式(5.2.11)比较，得出

$$\frac{1}{2}\hbar\Omega_0=e\langle g\mid\vec{r}\cdot\vec{E}_0\mid e\rangle\tag{5.2.27}$$

2. 电四极跃迁

离子系统电四极矩定义为 $\overleftrightarrow{\mathscr{D}}=e\sum_i 3\vec{r}_i\vec{r}_i$[16]，它是个对称张量，真正独立的分量只有五个，为了计算方便，常写成球谐张量形式：

$$\overleftrightarrow{\mathscr{D}}=e\sum_i(3\vec{r}_i\vec{r}_i-r^2\overleftrightarrow{I})\tag{5.2.28}$$

其中，$\vec{r}_i$ 是第 i 个电子到坐标原点（离子核）位矢。电四极矩和光场的电场相互作用能是

$$H_d=\frac{1}{6}\overleftrightarrow{\mathscr{D}}:\nabla\vec{E}=\frac{e}{2}\sum_i\vec{r}_i\vec{r}_i:\nabla\vec{E}_0\mathrm{e}^{\mathrm{i}(\vec{k}\cdot\vec{\chi}-\omega t+\varphi)}=\frac{e}{2}\sum_i(\vec{r}_i\cdot\vec{k})(\vec{r}_i\cdot\vec{E}_0)\mathrm{e}^{\mathrm{i}(\vec{k}\cdot\vec{\chi}-\omega t+\varphi)}\tag{5.2.29}$$

其中“:”表示二次点乘。电四极算子是坐标的偶函数，仅在宇称相同离子态中间矩阵元非零。由式(5.2.29)得到原子电四极跃迁矩阵元：

$$\langle g\mid\hat{H}_d\mid e\rangle=\frac{e}{2}\left\langle g\left|\sum_i(\vec{r}_i\cdot\vec{k})(\vec{r}_i\cdot\vec{E}_0)\right|e\right\rangle\mathrm{e}^{\mathrm{i}\left(\vec{k}\cdot\vec{\chi}-\omega t+\varphi+\frac{\pi}{2}\right)}\tag{5.2.30}$$

电四极跃迁矩阵元依赖态 $|g\rangle$，$|e\rangle$ 和激光强度和极化状态。与式(5.2.11)比较，得

$$\frac{1}{2}\hbar\Omega_0=\frac{e}{2}\left\langle g\left|\sum_i(\vec{r}_i\cdot\vec{k})(\vec{r}_i\cdot\vec{E}_0)\right|e\right\rangle\tag{5.2.31}$$

电四极跃迁 Rabi 频率比电偶极跃迁要小$|\vec{r}\cdot\vec{k}|\approx a(2\pi/\lambda)$倍，取 a 为 Bohr 半径，λ 为可见光波长，二者相差约 10^{-4}倍。

3. 受激 Raman 跃迁

产生有效耦合两能级系统的另外一种方法是通过双光子受激 Raman 跃迁，耦合两个基态能级。设要耦合的两个能级分别是$|g\rangle$和$|e\rangle$，假设系统还存在另一个短寿命的更高能量态$|3\rangle$，两束激光频率分别和$|e\rangle\leftrightarrow|3\rangle$，$|g\rangle\leftrightarrow|3\rangle$跃迁接近共振，但和两个能级$|g\rangle$、$|e\rangle$到其他态的跃迁都大失谐。因此到其他态的跃迁可以略去。这样的两束激光频率差和$|g\rangle\leftrightarrow|e\rangle$近共振，可以耦合这两个基态。这两束光作用于系统，产生的两基底态间的有效耦合，形式上等价于一束频率 $\omega=\omega_2-\omega_1$，波矢为 $\vec{k}=\vec{k}_2-\vec{k}_1$ 的光引起的跃迁。其中，ω_1、$\vec{k}_1$ 和 ω_2、$\vec{k}_2$ 分别是$|e\rangle$、$|g\rangle$到$|3\rangle$态偶极跃迁的频率和波矢。如果两个光场都失谐于两能级共振频率 Δ_R，则耦合强度由式

$$\frac{1}{2}\hbar\Omega_0=-\hbar\frac{|\Omega_{g3}\Omega_{e3}|}{\Delta_R}\mathrm{e}^{-\mathrm{i}\Delta\varphi} \tag{5.2.32}$$

给出[15]。其中，Ω_{g3}，Ω_{e3}分别是$|g\rangle$、$|e\rangle$到$|3\rangle$偶极跃迁矩阵元；$\Delta\varphi$ 是两光场相位差。Raman 跃迁耦合强度比到亚稳态上的电四极跃迁大得多。至于这种耦合导致的交流 Stark 能移，可以通过极化方向、束强度以及失谐量的适当选择加以控制或补偿。有效波矢 $\vec{k}$ 可以通过改变两光束相对传播方向调整，Lamb-Dicke 因子可以在同方向传播时 $\eta=(|\vec{k}_1|-|\vec{k}_2|)z_0$ 到反方向束 $\eta=(|\vec{k}_1|+|\vec{k}_2|)z_0$ 大范围内可调，这在实验上可以带来一些方便。

5.3 离子阱量子位、量子位态的初始化和读出

在量子计算机的离子阱实现方案中，信息编码在离子内部态和离子(串)振动态上。量子计算的离子阱实现，首先要求离子内编码态应有足够长的寿命和相干时间，以便在态消相干之前，能执行足够多的基本门操作，这可以使用离子基态和一个基态超精细分裂的亚稳激发态，或利用离子基态在磁场中的两个 Zeeman 分裂子能级编码一个量子位做到。此外，还要考虑用激光制冷初始化离子(或离子串)到振动基态，以及离子量子位态可以方便操控和有效读出的需要，这就要求选择有适当能级结构的离子。典型地，选择有一个电子在最外壳层上，其他电子构成闭壳层的离子。目前用于离子阱实验选用的离子有$^9B_e^+$，$^{25}M_g^+$，$^{43}C_a^+$ 等，下面以用$^{40}C_a^+$ 离子的离子阱量子计算为例，说明离子阱量子计算量子位态的初始化和读出问题。

5.3.1 $^{40}C_a^+$ 离子的能级结构

$^{40}C_a$ 原子基态的电子组态是$(1s)^2(2s)^2(2p)^6(3s)^2(3p)^6(4s)^2$，其中，$4s$ 壳层

能量低于 $3d$，基态$^{40}C_a$ 中电子按能量最低原理优先填充在 $4s$ 壳层上。$^{40}C_a$ 原子丢失一个外壳层电子后成为$^{40}C_a^+$ 离子。$^{40}C_a^+$ 离子有 19 个电子，其中 18 个电子和原子核构成一个原子实，最后一个电子在原子实的库仑场中运动。这个价电子可以占据 $4s$ 支壳层，也可能填充 $3d$ 支壳层，也可能被激发占据 $4p$ 支壳层，产生出能态按原子物理记法[17,18]，用 $n^{2S+1}L_J$ 表示(是主量子数；L 表示电子轨道角动量；J 是电子总角动量)，分别是 $4s$ 组态，$4^2S_{1/2}$；$3d$ 组态，$3^2D_{3/2}$ 和 $3^2D_{5/2}$；$4p$ 组态，$4^2P_{1/2}$ 和 $4^2P_{3/2}$。这五个能态的能级示意图绘在图 5.3.1 中，图中双箭头虚线旁的数字是以纳米为单位给出的相应辐射波长。

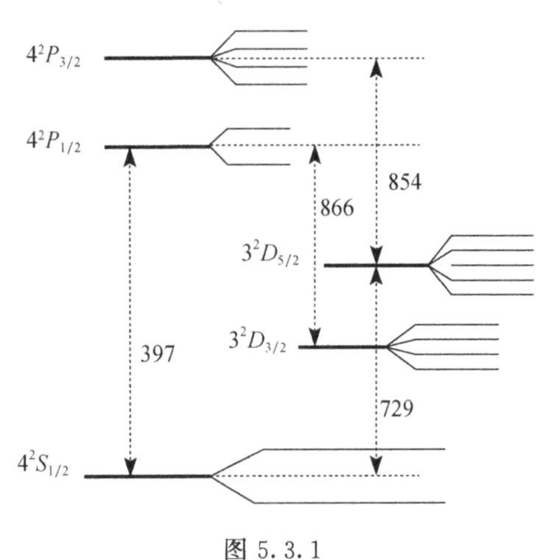

图 5.3.1

$^{40}C_a^+$ 离子能级结构的一个重要特点是，存在两个亚稳态的 D 能级 $3^2D_{3/2}$ 和 $3^2D_{5/2}$，(寿命长达 1s)，用$^{40}C_a^+$ 离子的量子计算，通常选择基态 $S_{1/2}$ 和亚稳态 $D_{5/2}$(或其中某个子态)编码一个量子位，量子位相干保持时间有相同量级。这两个态的跃迁频率为 729nm，可用与之共振的窄带激光脉冲执行量子位态的相干操控。

$3^2D_{5/2} \leftrightarrow 4^2S_{1/2}$ 通过电四极跃迁相联系，光场和离子耦合强度由式(5.2.31)给出。考虑到这里只有一个价电子，Rabi 频率：

$$\Omega_0 = \left| \frac{eE_0}{\hbar} \langle g, m \mid (\vec{e} \cdot \vec{r})(\vec{k} \cdot \vec{r}) \mid e, m' \rangle \right| \tag{5.3.1}$$

其中，$\vec{e}$ 是沿电场极化方向的单位矢量。电四极矩算子是一个二阶不可约张量，利用 Wigner-Eckart 定理[18,19]，可将上述矩阵元转化成由 $3-j$ 符号表示的角动量耦合有关部分，和一个与磁量子数无关的约化矩阵元乘积[8,12,20]

$$\Omega_0 = \left| \frac{eE_0}{\hbar} \langle S_{1/2} \parallel r^2 C^{(2)} \parallel D_{5/2} \rangle \sum_{q=-2}^{2} \begin{bmatrix} \frac{1}{2} & 2 & \frac{5}{2} \\ -m & q & m' \end{bmatrix} c_{ij}^{q} \varepsilon_i n_j \right| \tag{5.3.2}$$

由 $3-j$ 符号非零条件

$$-m + q + m' = 0$$

得跃迁选择定则为

$$\Delta m = m' - m = 0, \pm 1, \pm 2 \tag{5.3.3}$$

于是存在 10 个允许的跃迁[见图 5.3.2(a)]。虽然这 10 个跃迁原则上每一个都可用作单量子位门操作，但是对于(m, m')的不同组合，$3j$ 符号有不同的取值，[图

5. 3. 2(b)给出的是各 $3j$ 符号值的平方]，这些因素使这 10 个跃迁有不同的耦合强度。四极形式的几何因子 $g^{(q)}=c_{ij}^{q}\varepsilon_{i}n_{j}$ 决定如下，令 ϕ 是激光传播方向和磁场夹角，γ 是激光极化方向和磁场在入射面投影的夹角。取 $\vec{B}=B_0(0,0,1)$，则 $\vec{k}=k(\sin\phi,0,\cos\phi)$，极化矢量 $\vec{e}=(\cos\gamma\cos\phi,\sin\gamma,-\cos\gamma\sin\phi)$。函数 $g^{(q)}$ 的值仅和 $|q|$ 大小有关，文献[7]、[10]、[15]给出：

$$
\begin{aligned}
g^{(0)} &= \frac{1}{2}\mid\cos\gamma\sin2\phi\mid \\
g^{(\pm1)} &= \frac{1}{\sqrt{6}}\mid\cos\gamma\cos2\phi+\mathrm{i}\sin\gamma\cos\phi\mid \\
g^{(\pm2)} &= \frac{1}{\sqrt{6}}\left|\frac{1}{2}\cos\gamma\sin2\phi+\mathrm{i}\sin\gamma\sin\phi\right|
\end{aligned}
\tag{5.3.4}
$$

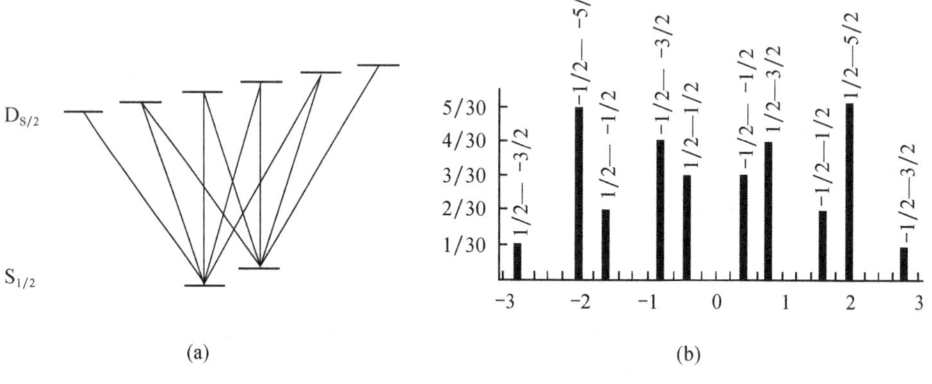

(a)　　　　(b)

图 5. 3. 2[15]

有两种感兴趣的典型情况[12]，一种是激光极化方向、传播方向都和磁场方向正交，即 $\phi=\gamma=\pi/2$，这时仅 $\Delta m=\pm2$ 的分量被激发，非常接近两能级情况，主要缺点是跃迁强烈地依赖磁场，小的磁场波动引起共振能级随机移动，引起编码态消相干。另一种情况是，$\phi=\pi/4,\gamma=0$，此时 $\Delta m=0$ 的跃迁被强烈地激发，而 $\Delta m=\pm1$ 的跃迁则和激光完全不耦合，但 $\Delta m=\pm2$ 仍有较小的耦合，为得到和第一种情况相同的耦合强度，需要更强的激光。这两种情况在 $^{40}C_a^+$ 离子量子计算中都可用作边带冷却以及量子位态操控。

5.3.2　离子振动量子态的初始化

离子阱量子计算初始化，需要首先把离子从热运动中冷却下来，并囚禁在阱中，使离子在阱势和离子间库仑斥力作用下，形成沿阱轴排列的离子串。在 Cirac 和 Zoller 方案中，还利用离子质心振动模在串中各离子间传递信息，所以还需要使囚禁离子处在需要的振动基态上，必须把离子(串)整体运动冷却到由轴频定义的量子极限之下：$k_B T \ll h\omega_z$。做到这一点就是靠近年来为了研究"静止"原子的性质，开发高精度的原子钟，发展起来的激光制冷技术。离子串的激光制冷通常通过下面两个步骤完成。

1. Doppler 制冷

激光的高能量密度，可以对原子和离子施加强大的作用力，使原子产生很大(高达～$10^5 g$)的加速度。激光 Doppler 制冷的物理原理，就是利用 Doppler 效应，当原子迎着激光传播方向运动时，原子"看到"的激光频率大于激光固有频率，而当原子沿激光传播方向运动时，原子"看到"的激光频率低于激光固有频率(见图 5.3.3)。于是可以调节入射激光频率，负失谐于原子跃迁频率。迎着激光传播方向运动的原子共振吸收光子后，从低能级跃迁到短寿命的高能级上，然后通过随机地自发辐射把能量释放出去。通过这种机制，原子的速度就会因为它被运动方向相反的光子撞击而使运动速度慢下来。

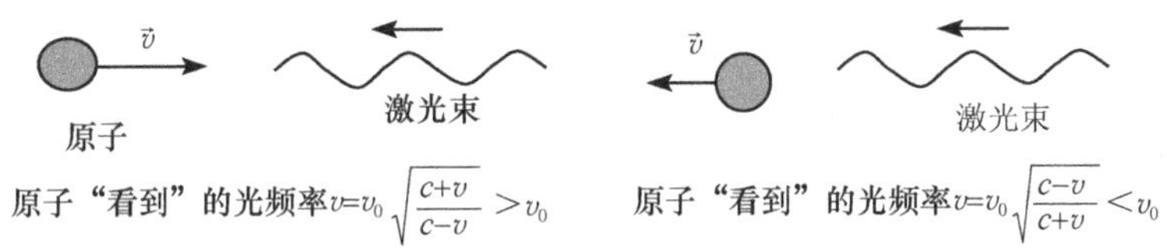

图 5.3.3

使用 Doppler 冷却，在实际执行时还需要解决两个问题：①在减速过程中，原子速度不断下降，和原子共振的激光频率必须同步改变；②上面假设原子只有两个能级，实际原子基态由于超精细分裂而具有多能级结构。这样当原子吸收一个减速光子而跃迁到高能级后，通过自发辐射可能落在其他能级上，对这个能级，频带很窄的减速激光可能对它不起作用。这样原子就会停留在这个能级上，与照射减速激光不再发生作用(即光抽运原子到暗态上)，减速过程就会停止。解决上述第一个问题有两种方案：一是激光频率扫频法，即随着原子减速过程进行，逐渐降低照射激光频率，使激光频率始终保持和原子跃迁共振；另一个方法保持激光频率不变，在减速原子束路径上设置随空间变化的电磁场，利用 Zeeman 或 Stark 效应改变原子共振频率，使之保持与激光频率匹配。

离子阱量子计算可以使用$^{40}C_a^+$ 离子作为物理实现载体。$^{40}C_a^+$ 离子存在短寿命的 $P_{1/2}$ 激发能级(寿命估计约 7ns)，并且有约 6%的概率衰变到亚稳态能级 $D_{3/2}$ 上[11,12]，Doppler 冷却使用红失谐于 $S_{1/2} \leftrightarrow P_{1/2}$ 跃迁(波长 397nm)，失谐量大约 $P_{1/2}$ 能级半宽度的一半(约 10MHz)的激光。为了消除亚稳态 $D_{3/2}$ 能级的占据数，同时使用与 $D_{3/2} \leftrightarrow P_{1/2}$ 共振的激光泵浦离子。

使用 Doppler 冷却方法，虽然采用某些技术可以保证原子共振吸收条件连续被满足,但冷却原子的温度存在一个极限。在原子减速过程中,原子吸收与其速度方向相反的光子,而通过自发辐射把这个光子放出。由于自发辐射光子方向的随机性,原子发射光子受到的反冲方向也是随机的,自发辐射的反冲意味着对原子的加热。原子温度取决于减速作用与这种加速作用的平衡。当原子速度很低时,共振吸收条件满足意味着入射激光频率非常接近原子跃迁频率,由于原子跃迁频率的最窄宽度是由原子寿命决定的自然宽度,所以 Doppler 冷却的极限温度满足 $k_BT_D=\hbar\Gamma/2$,Γ 是用来冷却原子的能级宽度,由此可以求得

$$T_D=\frac{\hbar\Gamma}{2k_B} \tag{5.3.5}$$

就是 Doppler 冷却离子的极限温度。

2. 边带冷却

为了使冷却离子温度低于 Doppler 极限,可以在 Doppler 冷却后采用"边带冷却"方法继续冷却离子。例如使用 $^{40}C_a^+$ 离子 $S_{1/2}\leftrightarrow P_{1/2}$ 红边带跃迁,即 $|S_{1/2},n\rangle\leftrightarrow|P_{1/2},n-1\rangle$,调谐激光频率,使激光一个光子的能量比离子从 $|0\rangle$ 到激发态 $|1\rangle$ 跃迁小一个声子的能量,当离子吸收这个光子后,离子态可以发生从 $|0,n\rangle\rightarrow|1,n-1\rangle$ 所有可能的跃迁(见图 5.3.4)。图 5.3.4 中从 $|0,3\rangle\rightarrow|1,2\rangle$ 的跃迁。由于激发态 $P_{1/2}$ 短寿命,处在态 $P_{1/2}$ 的离子可以通过三种方式,以接近相等的概率发生自发衰变:

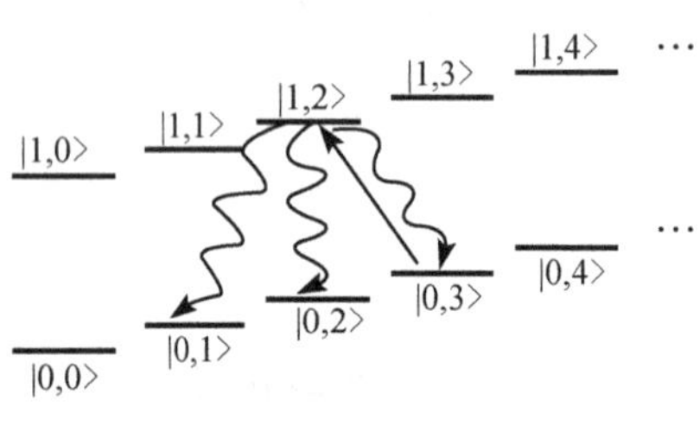

图 5.3.4

$$|1,2\rangle\rightarrow\begin{cases}|0,1\rangle\\|0,2\rangle\\|0,3\rangle\end{cases} \tag{5.3.6}$$

离子每经过一次激发→衰变过程,离子运动能量就减少一个声子的能量。注意到在这个过程中态 $|0,0\rangle$ 并不受影响,所以这种作用的结果将使所有的离子最终都停留在这个态上。

在 Innsbruk 使用 $^{40}C_a^+$ 的量子计算实验中,执行边带冷却使用:

$$\left|S_{1/2}\left(m_j=-\frac{1}{2}\right)\right\rangle\leftrightarrow\left|D_{5/2}\left(m_j=-\frac{5}{2}\right)\right\rangle$$

跃迁(见图 5.3.5)[21]。首先使用调谐到 $|S_{1/2}\rangle\leftrightarrow|D_{5/2}\rangle$ 红边带的激光,激发离子,然后使用 854nm 激光耦合亚稳能级 $D_{5/2}$ 到迅速衰变能级 $P_{3/2}$ 上。当离子从 $P_{3/2}$ 能级衰变到基态 $S_{1/2}$,完成第一个循环。由于 $P_{3/2}$ 能级还有一定概率衰变到亚稳能级 $D_{3/2}$ 上,施加 866nm 激光泵浦 $P_{3/2}$ 能级到 $P_{1/2}$ 能级,$P_{1/2}$ 能级衰变到 $S_{1/2}$ 基态完

成第二个循环。最后用 397nm 激光驱动 $|S_{1/2}\rangle \leftrightarrow |P_{1/2}\rangle$ 跃迁，避免离子完全停留在基态 $S_{1/2}$ 上，使冷却过程不能进行下去。

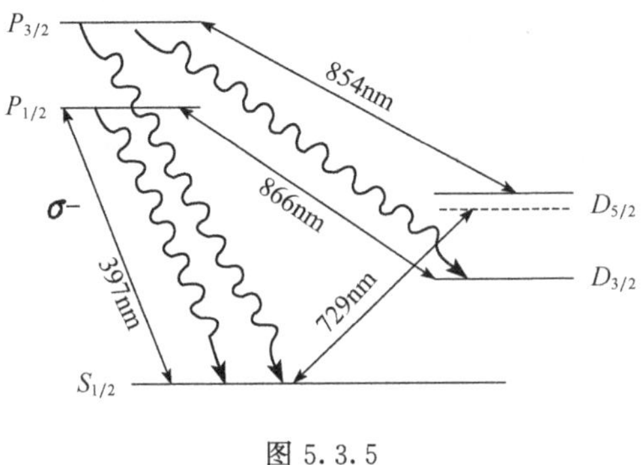

图 5.3.5

通过 Doppler 致冷和边带冷却两个步骤，就可以把离子外部运动制备在基态上。

5.3.3 离子内态的初始化和读出

在离子阱量子计算中，还需要把离子内部量子位制备到基态上。初始化离子量子位的标准方法是光泵浦。光泵浦的基本思想是用适当频率的激光驱动离子跃迁，使离子所有高能级都从相对稳定的态跃迁到存活寿命极短的不稳定态上，这些不稳定态通过自发辐射衰变到基态上。这个过程一直持续下去，直到所有高能级都被耗尽，激光泵浦不再对离子态布居有作用为止，最后得到离子基态。

在 $^{40}C_a^+$ 离子量子计算中，为了把离子量子位制备在基态 $S_{1/2}$ 态上，可以使用频率和 $S_{1/2}(m_j=+1/2) \leftrightarrow D_{5/2}(m_j=-3/2)$ 共振的窄带激光照射离子，同时使用频率为 854nm 的宽带激光耦合 D 能级和 $P_{3/2}$ 能级，保留基态 $S_{1/2}$ 能级不被触动。当部分离子从 $P_{1/2}$ 能级散射到 $D_{3/2}$ 能级时（约有 7% 的概率），还需要用波长为 866nm 的激光耗尽离子在亚稳态能级 $D_{3/2}$ 上的布居。典型地，用这种方法可在 $1\mu s$ 内使靶态 $[S_{1/2}(m_j=+1/2)]$ 的布居达 99% 以上。

为读出离子量子位态，使用所谓**电子搁置技术**（electron shelving technique）[21~23]。假设原子有三个能级，基态能级 $|g\rangle$、亚稳激发能级 $|e\rangle$ 和另一个短寿命激发能级 $|3\rangle$。原子通过与 $|g\rangle \rightarrow |e\rangle$ 共振的弱激光耦合形成叠加态 $\alpha|g\rangle + \beta|e\rangle$，现在对这个态进行测量。为此用强激光驱动 $|g\rangle \rightarrow |3\rangle$ 跃迁。如果测量过程中原子坍缩到态 $|g\rangle$ 上，原子就会在强探测激光驱动下，从 $|g\rangle$ 态跃迁到 $|3\rangle$ 态，并通过自发辐射迅速衰变回到 $|g\rangle$ 态发射荧光光子。如果原子坍缩到 $|e\rangle$ 态上，探测光对它没有作用，就没有荧光光子发射出来。于是通过搜集荧光光子就可以在 $|g\rangle$ 态和 $|e\rangle$ 态间做出区分。使用这种方法，尽管从 $|3\rangle$ 态一次跃迁发射一个荧光光

子被探测到的几率很小,但是由于$|3\rangle$态短寿命快衰变,在极短的探测时间内可以多次激发,发射大量荧光光子,这种方法探测效率很高,可以接近100%[12,21]。

对于$^{40}C_a^+$离子,量子位编码在$S_{1/2}$和$D_{5/2}$两态上,其中$S_{1/2}$是基态,$D_{5/2}$是亚稳激发态,$|3\rangle$态自然取为短寿命的$P_{1/2}$态。如果处在叠加态:

$$|\psi\rangle = \alpha|S_{1/2}\rangle + \beta|D_{5/2}\rangle, \quad |\alpha|^2 + |\beta|^2 = 1$$

的离子坍缩到$D_{5/2}$态上,使用波长397nm的强探测光激发$S_{1/2}\leftrightarrow P_{3/2}$跃迁,就不会有荧光发射;如果离子坍缩到$S_{1/2}$能级上,粒子将会散射荧光。所以在照射波长397nm激光的同时探测荧光,就可以对态$|\psi\rangle$做投影测量。

对于$^{40}C_a^+$离子,离子散射荧光大约每秒$10^7\sim10^8$个光子,典型情况探测系统收集到约$10^{-3}\sim10^{-2}$荧光光子数,光电倍增管效率约30%,这样大约每毫秒可探测到30个光子。由于光电倍增管误记数率约每纳秒1个,假设$D_{5/2}$态存活寿命超过1ms,探测忠实度仅受$D_{5/2}$态寿命限制,探测结果忠实度可达0.999,而且忠实度还可以用其他技术进一步提高[12,13]。

5.4 用$^{40}C_a^+$离子量子计算的通用逻辑门

在用$^{40}C_a^+$离子的量子计算中,选择离子的两个内态

$$S_{1/2}\left(m=-\frac{1}{2}\right)\rightarrow|g\rangle$$

$$D_{5/2}\left(m'=-\frac{1}{2}\right)\rightarrow|e\rangle$$

编码一个量子位,取质心模的基态和一个声子的激发态编码振动量子位。

5.4.1 单量子位门操作

为实现单量子位门操作,首先需要对离子阱中的离子进行寻址。通常离子阱中离子之间距离为微米量级,因此需要激光的光斑小于这个量级,为了降低对光斑的要求,可用不同偏振光寻址相邻两个离子,从而使得对一个离子的操作,不会导致相邻两个离子通过激光场发生耦合相互作用。

离子内部态编码量子位的一位门操作,可以用与量子位两基态跃迁共振的激光脉冲有效执行。在共振情况下,激光—离子相互作用 Hamilton 量由式(5.2.21)给出:

$$\hat{H}_I = \frac{1}{2}\hbar\Omega_0(\hat{\sigma}^+ e^{i\varphi} + \hat{\sigma}^- e^{-i\varphi}) \tag{5.4.1}$$

这种相互作用不改变对态的声子数,对态$\{|g,n\rangle,|e,n\rangle\}$的作用分别是

$$\hat{H}_I|g,n\rangle = \frac{1}{2}\hbar\Omega_0(\hat{\sigma}^+ e^{i\varphi} + \hat{\sigma}^- e^{-i\varphi})|g,n\rangle = \frac{1}{2}\hbar\Omega_0 e^{i\varphi}|e,n\rangle$$

$$\hat{H}_I \mid e,n\rangle = \frac{1}{2}\hbar\Omega_0 \mathrm{e}^{-\mathrm{i}\varphi} \mid g,n\rangle \tag{5.4.2}$$

在编码子空间中 $\hat{H}_I$ 有矩阵形式：

$$\hat{H}_I = \frac{1}{2}\begin{bmatrix} 0 & \hbar\Omega_0 \mathrm{e}^{\mathrm{i}\varphi} \\ \hbar\Omega_0 \mathrm{e}^{-\mathrm{i}\varphi} & 0 \end{bmatrix} \tag{5.4.3}$$

将这一矩阵和式(4.2.25)矩阵比较，得 $\gamma=\hbar\Omega_0/2$，在共振情况下，Rabi 频率 $\Omega=2\gamma/\hbar=\Omega_0$，这也就是前面把 Ω_0 称为 Rabi 频率的原因。如在 4.2 节的分析，控制这种 Rabi 振荡就可实现离子量子位的任意单量子门操作。

5.4.2　振动量子位的单量子位转动——复合脉冲技术

由于振动有许多等间距的能级，振动量子位的转动不可能被共振辐射场直接驱动，因为这样的共振激发不仅驱动 0 声子态到 1 声子态的跃迁，同时还驱动 1 声子态到 2 声子态的跃迁，以及所有相差一个声子的两振动态之间的跃迁，于是这样的共振激发可能激发原来的振动量子位态到量子位编码空间计算空间外边。

解决这个问题的方法就是利用离子量子位和振动量子位的耦合，首先把振动量子位的信息交换到离子内部量子位上，然后对内部量子位执行需要的操作，最后再交换回来。

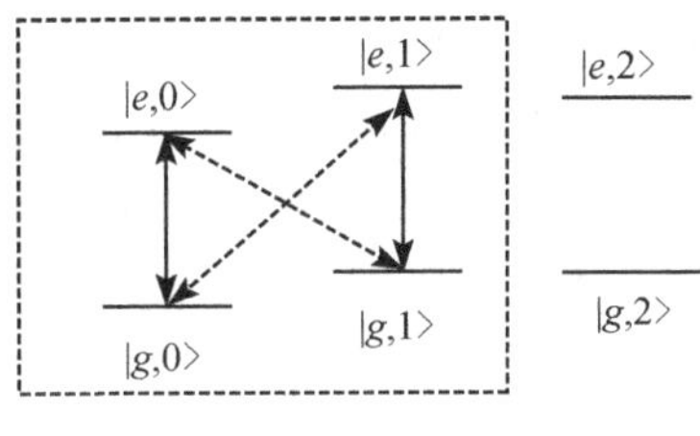

图 5.4.1

现在涉及的是由基$\{|g,0\rangle,|e,0\rangle,|g,1\rangle,|e,1\rangle\}$张起的离子量子位和振动量子位 4 维 Hilbert 空间，需要的交换操作是交换$|g,1\rangle\leftrightarrow|e,0\rangle$，同时保持态$|g,0\rangle$、$|e,1\rangle$不变（见图 5.4.1）。即在上述基下，执行交换矩阵：

$$SWAP = \begin{bmatrix} 1 & 0 & 0 & 0 \\ 0 & 0 & 1 & 0 \\ 0 & 1 & 0 & 0 \\ 0 & 0 & 0 & 1 \end{bmatrix} \tag{5.4.4}$$

注意到式(5.2.24)中红边带跃迁可以写作

$$\hat{H}_I^- = \frac{1}{2}\mathrm{i}\hbar\Omega(\hat{\sigma}^+ \hat{a}\mathrm{e}^{\mathrm{i}\varphi} + \hat{\sigma}^- \hat{a}^+ \mathrm{e}^{-\mathrm{i}\varphi}) \tag{5.4.5}$$

其中，$\Omega=\eta\Omega_0$，它对态$|g,0\rangle$、$|e,0\rangle$、$|g,1\rangle$、$|e,1\rangle$的作用为

$$\begin{aligned} &\hat{H}_I^- \mid g,0\rangle = 0 \\ &\hat{H}_I^- \mid e,0\rangle = \frac{1}{2}\mathrm{i}\hbar\Omega \mid g,1\rangle \mathrm{e}^{-\mathrm{i}\varphi} \\ &\hat{H}_I^- \mid g,1\rangle = \frac{1}{2}\mathrm{i}\hbar\Omega \mid e,0\rangle \mathrm{e}^{\mathrm{i}\varphi} \\ &\hat{H}_I^- \mid e,1\rangle = \frac{1}{2}\mathrm{i}\hbar\Omega \mid g,2\rangle \mathrm{e}^{-\mathrm{i}\varphi} \end{aligned} \tag{5.4.6}$$

和式(5.4.2)比较,$\hat{H}_I^-$ 在子空间$\{|e,0\rangle,|g,1\rangle\}$激发频率为 Ω 的 Rabi 振荡,引起与时间有关的变换:

$$R(\Omega,\varphi)=\begin{bmatrix}\cos\frac{\Omega t}{2} & \mathrm{i}e^{\mathrm{i}\varphi}\sin\frac{\Omega t}{2}\\ \mathrm{i}e^{-\mathrm{i}\varphi}\cos\frac{\Omega t}{2} & \cos\frac{\Omega t}{2}\end{bmatrix} \tag{5.4.7}$$

如果仅仅着眼于式(5.4.4)中的交换操作,容易看出一个和红边带共振的 π 脉冲执行变换:

$$R(\pi,\varphi)=\begin{bmatrix}0 & \mathrm{i}e^{\mathrm{i}\varphi}\\ \mathrm{i}e^{-\mathrm{i}\varphi} & 0\end{bmatrix} \tag{5.4.8}$$

就可完成这一交换。但是式(5.4.6)中第 4 式表明,这个 π 脉冲也交换了$|e,1\rangle\leftrightarrow|g,2\rangle$,而$|g,2\rangle$已经在计算空间外边。解决这一问题的方法是利用在核磁共振研究中发展起来的**复合脉冲技术**(technique of composite pulses)[12,15,20]。

所谓复合脉冲技术,就是把某些可以用单一脉冲实现的操作,分解成一组短脉冲序列执行。在**核磁共振**(nuclear magnetic resonnance,NMR)技术和核磁共振量子计算中已经证明,采用这种复合脉冲技术,不仅可以执行基本门操作,而且还能一定程度补偿脉冲强度和频率匹配不当引起的错误[15],通过复合脉冲序列优化特定的目标,如计算时间等。

由于边带跃迁的 Rabi 频率依赖声子数,对红边带跃迁,由式(5.2.25)得

$$\Omega_{n,n-1}=\eta\sqrt{n}\Omega_0 \tag{5.4.9}$$

$|e,1\rangle\leftrightarrow|g,2\rangle$跃迁 Rabi 频率比$|e,0\rangle\leftrightarrow|g,1\rangle$跃迁大$\sqrt{2}$倍。利用这一点,可以构造出一个脉冲序列,连续执行的结果满足上面的要求。文献[12]中给出的复合脉冲序列是

$$R_{swap}(\phi_0)=R^-\left(\frac{\pi}{\sqrt{2}},\phi_0\right)R^-\left(2\frac{\pi}{\sqrt{2}},\phi_0+\phi_{swap}\right)R^-\left(\frac{\pi}{\sqrt{2}},\phi_0\right) \tag{5.4.10}$$

其中,$\phi_0=\pi/\sqrt{2}$;$\phi_{swap}=\arccos[\cot^2(\pi/\sqrt{2})]\approx0.303\pi$。

5.4.3 两量子位门操作

在量子计算中,执行纠缠两量子位门是实现量子计算的关键要素。两个离子量子位之间仅有很弱的库仑相互作用,为产生两离子量子位纠缠需要的相互作用就要由某种中间媒介实现。按最初 Cirac-Zoller 方案,可以用质心振动量子位充当数据“Bus”,实现两离子量子位纠缠门。以后又有人提出利用光场耦合两离子量子位间相互作用,实现两位纠缠门操作。下面介绍实现两离子之间纠缠门的几种不同方法。

1. Cirac-Zoller 门

1995 年 Cirac 和 Zoller[1]第一个提出通过质心振动量子位作为"Bus"量子位，实现两量子位纠缠门方案。所涉及的离子能级见图 5.4.2。

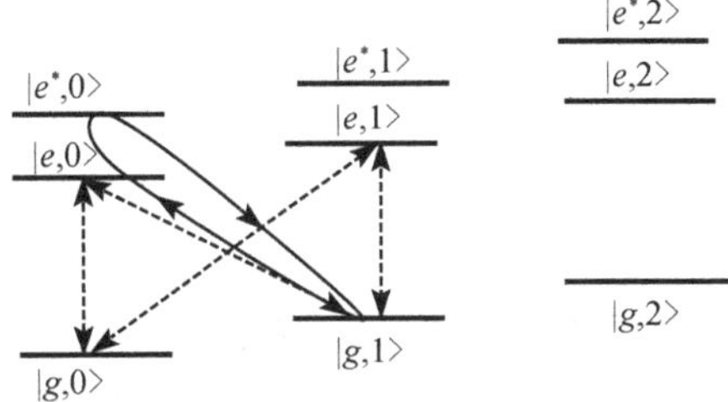

图 5.4.2

为实现阱中第 m 个离子和第 n 个离子之间两量子位控制相位门，第一步用一个红边带 π 脉冲激光照射第 m 个离子，把第 m 个离子的信息交换到到质心振动量子位上。这一变换完全不涉及第 n 个离子量子位，利用式(5.4.7)即

$$
\begin{aligned}
&|g\rangle_m|g\rangle_n|0\rangle \longrightarrow |g\rangle_m|g\rangle_n|0\rangle \\
&|e\rangle_m|e\rangle_n|0\rangle \longrightarrow \mathrm{i}e^{-\mathrm{i}\varphi}|g\rangle_m|e\rangle_n|1\rangle \\
&|g\rangle_m|g\rangle_n|1\rangle \longrightarrow \mathrm{i}e^{\mathrm{i}\varphi}|e\rangle_m|g\rangle_n|0\rangle \\
&|e\rangle_m|e\rangle_n|1\rangle \longrightarrow |e\rangle_m|e\rangle_n|1\rangle
\end{aligned}
\tag{5.4.11}
$$

在基$\{|g\rangle_m|g\rangle_n|0\rangle, |e\rangle_m|e\rangle_n|0\rangle, |g\rangle_m|g\rangle_n|1\rangle, |e\rangle_m|e\rangle_n|1\rangle\}$张起的空间中的矩阵表示即

$$
\begin{bmatrix}
1 & 0 & 0 & 0 \\
0 & 0 & \mathrm{i}e^{-\mathrm{i}\varphi} & 0 \\
0 & \mathrm{i}e^{\mathrm{i}\varphi} & 0 & 0 \\
0 & 0 & 0 & 1
\end{bmatrix}
\tag{5.4.12}
$$

第二步对第 n 个离子照射一个与$|e'\rangle_m|0\rangle \leftrightarrow |g\rangle_m|1\rangle$共振的 2π 脉冲激光，由于对 2π 脉冲(由式 5.4.7)有

$$
R(2\pi,\varphi) = -\begin{bmatrix} 1 & 0 \\ 0 & 1 \end{bmatrix}
\tag{5.4.13}
$$

所以在略去非共振激发情况下，仅态$|g\rangle_n|1\rangle$改变符号，其他态不变，有

$$
\begin{aligned}
&|g\rangle_n|0\rangle \longrightarrow |g\rangle_n|0\rangle \\
&|e\rangle_n|0\rangle \longrightarrow |e\rangle_n|0\rangle \\
&|g\rangle_n|1\rangle \longrightarrow -|g\rangle_n|1\rangle \\
&|e\rangle_n|1\rangle \longrightarrow |e\rangle_n|1\rangle
\end{aligned}
$$

这一变换是对第 m 个离子量子位的恒等操作，所以在基$\{|g\rangle_m|g\rangle_n|0\rangle, |e\rangle_m|e\rangle_n|0\rangle, |g\rangle_m|g\rangle_n|1\rangle, |e\rangle_m|e\rangle_n|1\rangle\}$下，可用矩阵表示为

$$
\begin{bmatrix}
1 & 0 & 0 & 0 \\
0 & 1 & 0 & 0 \\
0 & 0 & -1 & 0 \\
0 & 0 & 0 & 1
\end{bmatrix}
\tag{5.4.14}
$$

第三步对第 m 个离子上施加另一个红边带 π 脉冲,把声子态量子信息转换回到第 m 个离子态上,该操作可再次由矩阵式(5.4.12)表示。把上述三个步骤变换结合起来,得到 m 和 n 离子量子位复合空间中总的变换矩阵,它是矩阵式(5.4.12)、(5.4.14)和(5.4.12)的乘积:

$$\begin{bmatrix}1&0&0&0\\0&0&\mathrm{i}e^{-\mathrm{i}\varphi}&0\\0&\mathrm{i}e^{\mathrm{i}\varphi}&0&0\\0&0&0&1\end{bmatrix}\begin{bmatrix}1&0&0&0\\0&1&0&0\\0&0&-1&0\\0&0&0&1\end{bmatrix}\begin{bmatrix}1&0&0&0\\0&0&\mathrm{i}e^{-\mathrm{i}\varphi}&0\\0&\mathrm{i}e^{\mathrm{i}\varphi}&0&0\\0&0&0&1\end{bmatrix}=\begin{bmatrix}1&0&0&0\\0&-1&0&0\\0&0&1&0\\0&0&0&1\end{bmatrix}$$

这就实现了 m 和 n 两量子位间的控制相位门操作。

显然这种方法需要辅佐能级,这个辅佐能级可由 $^{40}C_a^+$ 离子的 $D_{5/2}$ 的一个 Zeeman 子能级提供。这样的子能级由于由磁场 Zeeman 分裂形成,容易受磁场波动的影响。另外,这种方法把离子串制备在振动基态,来自环境的任何加热过程都会导致门执行精确性降低,消除加热过程是苛刻的要求。此外 Cirac-Zoller 门需要激光对特定离子量子位寻址,激光调节到或接近于边带跃迁,这自动隐含着激光和离子量子位共振跃迁的失谐量为阱频率,因此门的速度受阱频率的限制,门速度难以提高。

2. Mølmer-Sørensen 两位门

实现两量子位门的另一种可能方法是 Mølmer 和 Sørensen 在 1999 年提出的一个方案[24~26]。Mølmer-Sørensen 两位门基本原理如下:假设离子已冷却到 Lamb-Dicke 限以下,m 和 n 两离子共振频率都是 ω_0,为执行离子的纠缠两位门,两个离子同时用分别接近蓝边带和红边带的频率 $\omega_1=\omega_0+\omega_z+\delta$ 和 $\omega_2=\omega_0-\omega_z-\delta$ 的激光照射,其中 ω_z 是阱频率。两光场频率之和为两倍量子位共振频率 ω_0,但每个激光场本身并不和任何能级共振,两个离子只能集体改变它们共同的态。由于激光场频率靠近边带,可以只考虑改变一个振动声子态的跃迁。由上面对激光频率的选择,保持能量守恒的跃迁是 $|ggn\rangle\leftrightarrow|een\rangle$($|g\rangle$、$|e\rangle$、$|n\rangle$分别是离子基态、激发态和集体振动声子态)。当只限于改变一个声子态的跃迁(即 $|egn+1\rangle$ 和 $|gen-1\rangle$)时,由于用相反失谐和相同 Rabi 频率激励,图 5.4.3 给出的不同路径干涉相消的结果是只存在 $|gg\rangle\leftrightarrow|ee\rangle$ 之间的相干震荡和 $|eg\rangle\leftrightarrow|ge\rangle$ 的共振跃迁,后一跃迁的 Rabi 频率是前者频率的负值。合

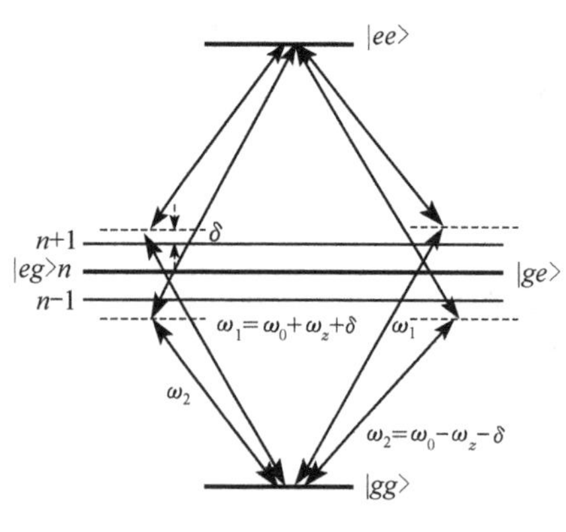

图 5.4.3

适地选择相互作用时间，相应的动力学为

$$
\begin{aligned}
&|e\rangle|e\rangle \longrightarrow |e\rangle|e\rangle + \frac{\mathrm{i}}{\sqrt{2}}|g\rangle|g\rangle \\
&|e\rangle|g\rangle \longrightarrow |e\rangle|g\rangle + \frac{\mathrm{i}}{\sqrt{2}}|g\rangle|e\rangle \\
&|g\rangle|e\rangle \longrightarrow |g\rangle|e\rangle + \frac{\mathrm{i}}{\sqrt{2}}|e\rangle|g\rangle \\
&|g\rangle|g\rangle \longrightarrow |g\rangle|g\rangle + \frac{\mathrm{i}}{\sqrt{2}}|e\rangle|e\rangle
\end{aligned}
\tag{5.4.15}
$$

为看出上述门是一个通用两位门，引入新基：

$$
|\pm\rangle_i = |g\rangle_i \pm \frac{\mathrm{i}}{\sqrt{2}}|e\rangle_i \tag{5.4.16}
$$

式(5.4.15)对新基执行的变换为

$$
|+\rangle|+\rangle \rightarrow \mathrm{e}^{-\mathrm{i}\pi/4}|+\rangle|+\rangle, \quad |+\rangle|-\rangle \rightarrow \mathrm{e}^{\mathrm{i}\pi/4}|-\rangle|+\rangle
$$

$$
|-\rangle|+\rangle \rightarrow \mathrm{e}^{\mathrm{i}\pi/4}|+\rangle|-\rangle, \quad |-\rangle|-\rangle \rightarrow \mathrm{e}^{-\mathrm{i}\pi/4}|-\rangle|-\rangle
$$

用矩阵形式表示即

$$
\begin{bmatrix} 1 & 0 & 0 & 0 \\ 0 & 0 & \mathrm{i} & 0 \\ 0 & \mathrm{i} & 0 & 0 \\ 0 & 0 & 0 & 1 \end{bmatrix} \tag{5.4.17}
$$

其中，略去了一个总的相位因子 $\mathrm{e}^{-\mathrm{i}\pi/4}$，式(5.4.17)在一个局域幺正变换下等价于 m 和 n 两量子位交换门。两量子位交换门的平方根门和单量子位任意转动可以构成通用的两量子位门。

Mølmer-Sørensen 门的优点是对振动量子数不敏感，即使离子串没有冷却到运动基态，甚至在振动自由度和环境热库交换能量情况下，这一方案仍可有效执行。其次利用这一方案，不需要对离子进行特殊的寻址，特别是这个门用激光束直接操控，不受离子阱频率的限制，可以有更高的运算速度。

3. 几何相位门

用激光场驱动离子在相空间中做闭合曲线运动，在离子的电子态不受到干扰情况下，使处在不同电子态的离子获得不同相位，以这种方式执行两量子位纠缠相位门就是**几何相位门**(geometric phase gate)。为执行几何相位门，使用沿轴向以相反方向传播的两束激光照射离子，调节两激光频率差接近轴频之一，两激光相干叠加在阱中形成沿阱轴向缓慢移动的驻波波包(拍)(见图 5.4.4)。阱中每个离子经受一个周期交流 Stark 能移和取决于交流 Stark 能移空间变化梯度的作用力，

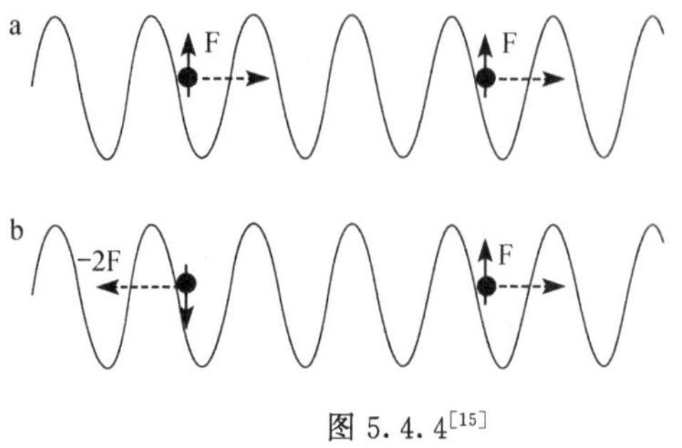

图 5.4.4[15]

力的大小和方向都依赖于离子的电子态[12,27]。选择离子之间的距离,使得每个离子在给定时间里获得相同的波相位,有相同内部态的离子被推向相同方向,而不同内部态的离子受到不同方向的作用力。对于处在不同电子态的离子,施加在离子上的力不相同,可以激发离子运动的呼吸模式。选择驱动场对运动模式的失谐量,经过逻辑门作用的一半时间后,运动模式和驱动场之间的相位改变符号。在这种情况下,经过一个完整门操作时间,离子串被驱动返回到初始运动态,并和离子态完全解耦。对比离子串运动态完全没有激发的情况,中间能量的增加会导致期望的相位因子,从而离子获得依赖于离子内部态的非线性相位因子。

为理解离子可以获得依赖于内部态的非线性相位因子,可以用一个简单模型来说明。若与谐振子同频率的经典力 $F=F_0\cos(\omega t-\phi)$ 作用在质量为 m、频率为 ω 的谐振子上,该谐振子的量子态 $|\Psi\rangle$ 可以在位置—动量 (z,p) 相空间中相干平移。相空间中的平移 Δz 和 Δp 由作用在态 $|\Psi\rangle$ 上相应的平移算子描述[28,29],如果力作用时间为 τ,则

$$D(\alpha)=\mathrm{e}^{\alpha a^+-\alpha^* a}=-\frac{F_0 z_0 \tau}{2\hbar}\mathrm{e}^{\mathrm{i}\phi}$$

其中,$\alpha=\frac{1}{2z_0}[\Delta z+\mathrm{i}\Delta p/(m\omega)]$;$z_0=\sqrt{\hbar/2m\omega}$ 为谐振子基态波函数的空间展开尺度。两个序列平移算子 $D(\alpha)$ 和 $D(\beta)$ 总的效果等价于平移之和,并且多出一个相位因子,即

$$D(\alpha)D(\beta)=D(\alpha+\beta)\mathrm{e}^{\mathrm{i}\,\mathrm{Im}(\alpha\beta^*)}$$

对于一个合适的平移序列,态 $|\Psi\rangle$ 可以在 (z,p) 相空间形成一个闭合环。所有步骤相因子累积起来,使得态 $|\Psi\rangle$ 获得一个等于 $A/\hbar$ 的总的相位因子,其中 A 为环包围的面积。获得的相位与运动态 $|\Psi\rangle$ 无关。如果离子两个逻辑态对应的相干驱动力不同,就可利用这个几何相位来实现两离子量子位的逻辑门。

2003 年,Leibfried 等对 B_e^+ 离子执行了这个门[29],门操作时间 10μs,比量子位消相干时间快 2～3 个数量级,门忠实度达 0.97。Wineland 小组用两个囚禁的离子实现了高忠实度的、鲁棒的两离子量子位相位门[30]。图 5.4.5 是两囚禁离子呼吸模振幅的相空间表示,平移驱动力沿着环形轨迹移动两离子内部态 $|\uparrow\downarrow\rangle$ 和 $|\downarrow\uparrow\rangle$ 相对应的运动态 $|\Psi\rangle$ 分量。由于旋转和闭合区域相等,两个分量获得相同相位[29]。最终实现了下面两离子波函数的演化:

$$|\downarrow\rangle|\downarrow\rangle|\Psi\rangle \to |\downarrow\rangle|\downarrow\rangle|\Psi\rangle$$
$$|\downarrow\rangle|\uparrow\rangle|\Psi\rangle \to e^{i\pi/2}|\downarrow\rangle|\uparrow\rangle|\Psi\rangle$$
$$|\uparrow\rangle|\downarrow\rangle|\Psi\rangle \to e^{i\pi/2}|\uparrow\rangle|\downarrow\rangle|\Psi\rangle$$
$$|\uparrow\rangle|\uparrow\rangle|\Psi\rangle \to |\uparrow\rangle|\uparrow\rangle|\Psi\rangle$$

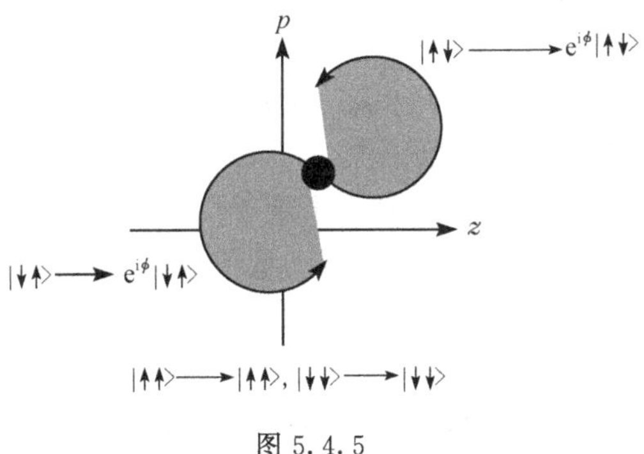

图 5.4.5

几何相位门和 Mølmer-Sørensen 门有相同的优点，即不需要对单离子寻址，可直接用激光操控，并且有更快的门执行速度。但也有共同的缺点，不便于对离子串中特定的量子位直接执行门操作，还需要另外的技术保证其他离子不受这个门操作的影响。

5.5　Deutsch-Josza 算法的离子阱验证

Deutsch-Josza 算法在第 3 章量子算法中已介绍过，它是利用量子态相干叠加性质，说明量子计算机可以超出经典计算机的最简单的例子。2003 年，文献[9]、[31]报道他们使用离子阱量子计算验证了这一算法。本节就来介绍在离子阱条件下的验证方法。

5.5.1　Deutsch-Josza 算法的主要步骤

Deutsch-Josza 算法是给定一个能根据输入 x 值计算函数值 $f_i(x)$的“黑盒”，已经知道 f 可以是常数函数[$f(0)=f(1)$]，也可以是平衡函数[$f(0)\neq f(1)$]，问题就是用最小的运算次数，决定 f 是常数函数还是平衡函数。如果限于经典计算，显然必须运行黑盒两次才能得到问题的答案。第一次输入变量 $x=0$，黑盒给出两个可能的结果：

$$f_1(0)=0 \quad 或 \quad f_2(0)=1$$

第 2 次输入 $x=1$，黑盒给出两个可能的结果：

$$f_3(1)=0 \quad 或 \quad f_4(1)=1$$

如果无论输入 $x=0$ 或 $x=1$,黑盒都输出相同的结果,就可说 f 是常数函数,否则就说 f 是平衡函数。所以问题也可等价为决定黑盒本身的性质,即若对任何给定的输入,都输出相同的函数值,就说黑盒是常数函数;或给不同的输入,黑盒给出不同的函数值,就说黑盒是平衡函数。

在 3.2 节曾分析过,在经典计算中,必须至少运行黑盒两次,才能解答这一问题,但利用量子力学性质,输入两经典态的相干叠加,运行黑盒仅一次就可得到问题的答案。利用量子算法,Deutsch-Josza 算法可以用一个离子的内部自由度量子位(简称离子量子位)和质心运动量子位,通过以下五个步骤实现:

(1) 初始化离子量子位、质心振动声子量子位分别在电子基态和振动基态上。

(2) 制备离子量子位输入态和质心振动量子位态分别为

$$\frac{1}{\sqrt{2}}(|0\rangle+|1\rangle) \quad \text{和} \quad \frac{1}{\sqrt{2}}(|0\rangle-|1\rangle)$$

(3) 调用黑盒,用这些叠加态作为输入,计算函数值 f_i。

(4) 使用 H 门逆操作(因为 H 自逆,实际就是 H 自身)变换回到计算基态上。

(5) 对量子位执行到计算基上的投影测量。

具体实现可以用图 5.5.1 表示。图中上面第一量子位为离子量子位,第二量子位是质心振动量子位。

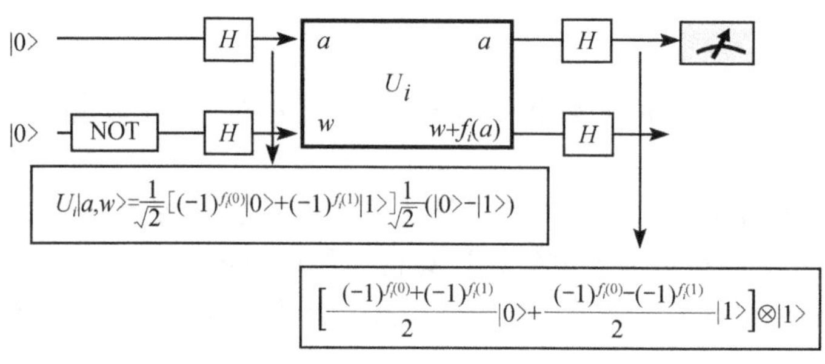

图 5.5.1

5.5.2 算法在离子阱量子计算机上的实现

Deutsch-Josza 算法在离子阱量子计算机上的实现,按上述步骤,首先通过激光制冷技术,制备质心运动零声子态,对声子量子位编码 $|n=0\rangle\to|1\rangle$、$|n=1\rangle\to|0\rangle$;利用激光泵浦技术制备离子基态,编码离子基态为逻辑 $|0\rangle$,激发态为逻辑 $|1\rangle$;下面分以下几个问题说明算法具体实现。

1. H 门操作

单个量子位的 H 门操作可以分解为[利用式(2.5.18)]

$$H = \mathrm{i}R_x(\pi)R_y\left(\frac{\pi}{2}\right) \tag{5.5.1}$$

利用式(2.3.5)、式(2.3.6),有

$$R_x(\pi) = \begin{bmatrix} 0 & -\mathrm{i} \\ -\mathrm{i} & 0 \end{bmatrix},\quad R_y\left(\frac{\pi}{2}\right) = \frac{1}{\sqrt{2}}\begin{bmatrix} 1 & -1 \\ 1 & 1 \end{bmatrix} \tag{5.5.2}$$

由于与量子位两能级差共振激发,可以实现量子位态矢绕位于 Bloch 球 x-y 平面上位置在角位置 φ 的转轴,转动 θ 角的转动,转动矩阵为[见式(4.3.21)]

$$R(\theta,\phi) = \begin{bmatrix} \cos\dfrac{\theta}{2} & \mathrm{i}e^{\mathrm{i}\phi}\sin\dfrac{\theta}{2} \\ \mathrm{i}e^{-\mathrm{i}\phi}\sin\dfrac{\theta}{2} & \cos\dfrac{\theta}{2} \end{bmatrix} \tag{5.5.3}$$

转角 θ 由脉冲强度和持续时间控制,而相位角 φ 由激光相位决定。由式(5.5.3)得

$$R(\pi,\pi) = \begin{bmatrix} 0 & -\mathrm{i} \\ -\mathrm{i} & 0 \end{bmatrix},\quad R\left(\frac{\pi}{2},\frac{\pi}{2}\right) = \frac{1}{\sqrt{2}}\begin{bmatrix} 1 & -1 \\ 1 & 1 \end{bmatrix}$$

和式(5.5.2)中的两个转动比较,有

$$R(\pi,\pi) = R_x(\pi),\quad R\left(\frac{\pi}{2},\frac{\pi}{2}\right) = R_y\left(\frac{\pi}{2}\right) \tag{5.5.4}$$

这表示式(5.5.2)中的两个转动都可通过适当的光脉冲实现。

2. 图 5.5.1 中的 U_i 操作

如何执行 U_i 操作取决于黑盒执行的是哪一个 $f_i(x)$ 以及计算出的函数值。

(1) 若执行的计算函数为 f_1,计算结果为 $f_1(0)=0$、$f_1(1)=0$,则黑盒实际执行了变换:

$$U_i\left[|x\rangle\frac{1}{\sqrt{2}}(|0\rangle-|1\rangle)\right] \to |x\rangle\frac{1}{\sqrt{2}}[|f_i(x)\rangle-|1\oplus f_i(x)\rangle]$$

$$=|x\rangle\frac{1}{\sqrt{2}}(|0\rangle-|1\rangle)$$

这相当于黑盒执行了恒等变换。注意有

$$R\left(\frac{\pi}{2},\frac{\pi}{2}\right)R\left(\frac{\pi}{2},-\frac{\pi}{2}\right) = \frac{1}{2}\begin{bmatrix} 1 & -1 \\ 1 & 1 \end{bmatrix}\begin{bmatrix} 1 & 1 \\ -1 & 1 \end{bmatrix} = I$$

所以 $R(\pi/2,\pi/2)$,$R(\pi/2,-\pi/2)$互逆,以及

$$R\left(\frac{\pi}{2},\frac{\pi}{2}\right)|0\rangle = H|0\rangle,\quad R\left(\frac{\pi}{2},\frac{\pi}{2}\right)|1\rangle = -H|1\rangle$$

在这种情况下图 5.5.1 可以画成图 5.5.2。

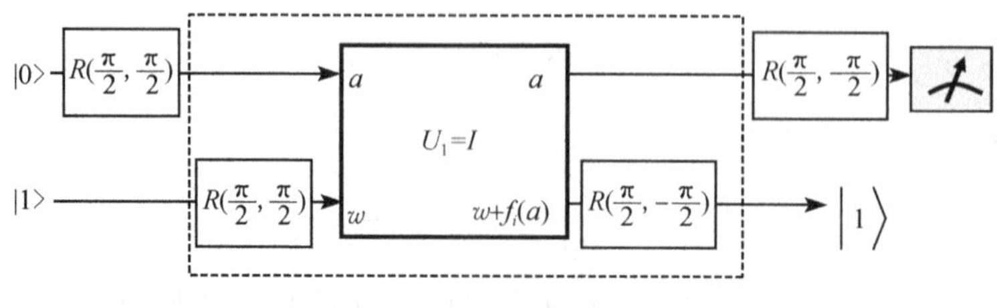

图 5.5.2

(2) 若执行计算函数 f_2,计算结果为 $f_2(0)=1$、$f_2(1)=1$,则黑盒实际执行了变换:

$$U_i\left[|x\rangle\frac{1}{\sqrt{2}}(|0\rangle-|1\rangle)\right]\rightarrow|x\rangle\frac{1}{\sqrt{2}}[|f_i(x)\rangle-|1\oplus f_i(x)\rangle]$$

$$=|x\rangle\frac{1}{\sqrt{2}}(|1\rangle-|0\rangle)$$

这相当于对第一量子位恒等操作,第二量子位的非门操作。即对振动量子位绕 x 轴的 π 转动。振动量子位态矢空间转动,前面已介绍过,可以通过把振动量子位信息交换到离子内部量子位,换成对内部量子位转动实现。对第一量子位有

$$R_x(\pi)|0\rangle=-\mathrm{i}|1\rangle,\quad R_x(\pi)|1\rangle=-\mathrm{i}|0\rangle$$

所以:

$$R_{x1}(\pi)|00\rangle=-\mathrm{i}|10\rangle,\quad R_{x1}(\pi)|01\rangle=-\mathrm{i}|11\rangle,$$
$$R_{x1}(\pi)|10\rangle=-\mathrm{i}|00\rangle,\quad R_{x1}(\pi)|11\rangle=-\mathrm{i}|01\rangle$$

用矩阵表示即

$$R_{x1}(\pi)=-\mathrm{i}\begin{bmatrix}0&0&1&0\\0&0&0&1\\1&0&0&0\\0&1&0&0\end{bmatrix}\quad 或\quad U_2=\mathrm{i}R_{x1}(\pi)=\begin{bmatrix}0&0&1&0\\0&0&0&1\\1&0&0&0\\0&1&0&0\end{bmatrix}$$

需要执行的交换操作是

$$U_2=\mathrm{i}R_{x2}(\pi)\rightarrow SWAP(\pi)\mathrm{i}R_{x1}(\pi)SWAP(0)$$

其中的交换操作由式(5.4.10)通过复合脉冲实现:

$$R_{swap}(\phi_0)=R^-\left(\frac{\pi}{\sqrt{2}},\phi_0\right)R^-\left(\frac{2\pi}{\sqrt{2}},\phi_0+\phi_{swap}\right)R^-\left(\frac{\pi}{\sqrt{2}},\phi_0\right)$$

但是由于对离子量子位采取了编码 $|n=0\rangle\rightarrow|1\rangle$,$|n=1\rangle\rightarrow|0\rangle$,需要把其中的红边带 R^- 换成蓝边带 R^+:

$$R_{swap}(\phi_0)=R^+\left(\frac{\pi}{\sqrt{2}},\phi_0\right)R^+\left(\frac{2\pi}{\sqrt{2}},\phi_0+\phi_{swap}\right)R^+\left(\frac{\pi}{\sqrt{2}},\phi_0\right)$$

在这种情况下,图 5.5.1 具体转化为图 5.5.3。

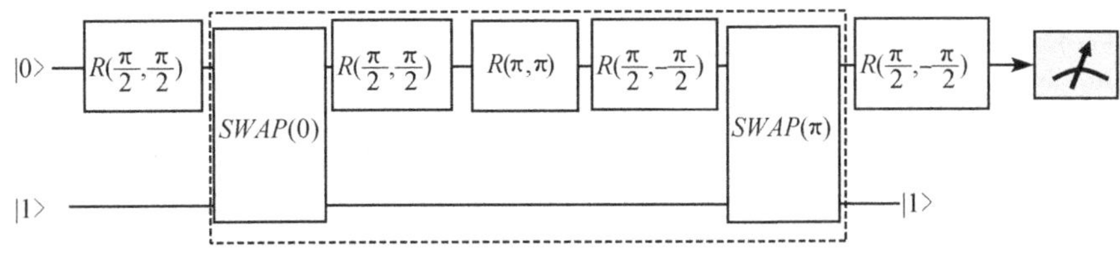

图 5.5.3

(3) 若执行计算函数 f_3，计算结果为 $f_3(0)=0$、$f_3(1)=1$，则黑盒实际执行了变换：

$$U_i\left[|x\rangle\frac{1}{\sqrt{2}}(|0\rangle-|1\rangle)\right]\to|x\rangle\frac{1}{\sqrt{2}}[|f_i(x)\rangle-|1\oplus f_i(x)\rangle]$$

现在 $|x\rangle=(|0\rangle+|1\rangle)/\sqrt{2}$，所以有

$$U_3\left[|x\rangle\frac{1}{\sqrt{2}}(|0\rangle-|1\rangle)\right]=\frac{1}{\sqrt{2}}\left[|0\rangle\frac{1}{\sqrt{2}}(|0\rangle-|1\rangle)+|1\rangle\frac{1}{\sqrt{2}}(|0\rangle-|1\rangle)\right]$$

$$=\frac{1}{\sqrt{2}}\left[|0\rangle\frac{1}{\sqrt{2}}(|0\rangle-|1\rangle)+|1\rangle\frac{1}{\sqrt{2}}(|1\rangle-|0\rangle)\right]$$

现在黑盒执行的是第一量子位为控制位的 $CNOT$ 门操作。由式(2.5.4)得

$$CNOT=R_{y2}\left(\frac{\pi}{2}\right)\Phi R_{y2}\left(-\frac{\pi}{2}\right)=U_3$$

其中，Φ 是式(2.5.1)定义的两量子位控制相位门；$R_{y2}(\pi/2)$、$R_{y2}(-\pi/2)$ 分别是第一量子位的恒等操作和第一量子位绕 y 轴 $\pi/2$ 和 $-\pi/2$ 的转动的直积。注意到对第二量子位由于

$$R_2\left(\frac{\pi}{2},\frac{\pi}{2}\right)U_3R_2\left(\frac{\pi}{2},-\frac{\pi}{2}\right)=\Phi$$

所以在第三种情况下，图 5.5.2 化成图 5.5.4。

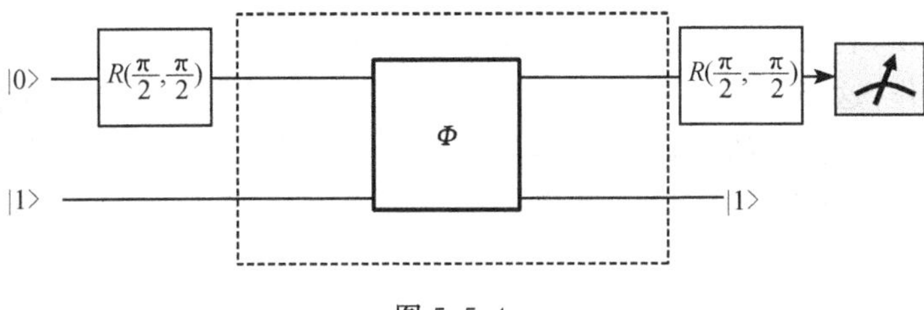

图 5.5.4

(4) 若执行计算函数 f_4，计算结果为 $f_4(0)=1$、$f_4(1)=0$，则黑盒实际执行了变换：

$$U_4\left[|x\rangle\frac{1}{\sqrt{2}}(|0\rangle-|1\rangle)\right]=\frac{1}{\sqrt{2}}\left[|0\rangle\frac{1}{\sqrt{2}}(|0\rangle-|1\rangle)+|1\rangle\frac{1}{\sqrt{2}}(|0\rangle-|1\rangle)\right]$$
$$=\frac{1}{\sqrt{2}}\left[|0\rangle\frac{1}{\sqrt{2}}(|1\rangle-|0\rangle)+|1\rangle\frac{1}{\sqrt{2}}(|0\rangle-|1\rangle)\right]$$

现在黑盒执行的是第一量子位为控制位的 $0CNOT$ 门操作。由式(2.3.23)：

$$0CNOT = NOT_1 \cdot CNOT \cdot NOT_1$$

以及式(2.5.2)得

$$CNOT = H_2\Phi H_2$$

其中,NOT_1 是第一量子位的非门操作和第二量子位恒等操作的直积,H_2 是第二量子位的 H 门操作和第一位恒等操作的直积：

$$U_4 = R_1(\pi,\pi)R_2\left(\frac{\pi}{2},\frac{\pi}{2}\right)\Phi R_2\left(\frac{\pi}{2},-\frac{\pi}{2}\right)R_1(\pi,\pi)$$

注意到对第二量子位,由于

$$\begin{aligned}&R_2\left(\frac{\pi}{2},\frac{\pi}{2}\right)U_4R_2\left(\frac{\pi}{2},-\frac{\pi}{2}\right)\\&=R_2\left(\frac{\pi}{2},\frac{\pi}{2}\right)R_1(\pi,\pi)R_2\left(\frac{\pi}{2},-\frac{\pi}{2}\right)\Phi R_2\left(\frac{\pi}{2},\frac{\pi}{2}\right)R_1(\pi,\pi)R_2\left(\frac{\pi}{2},-\frac{\pi}{2}\right)\\&=R_1(\pi,\pi)\Phi R_1(\pi,\pi)\end{aligned}$$

所以在第四种情况下,图 5.5.2 化成图 5.5.5。

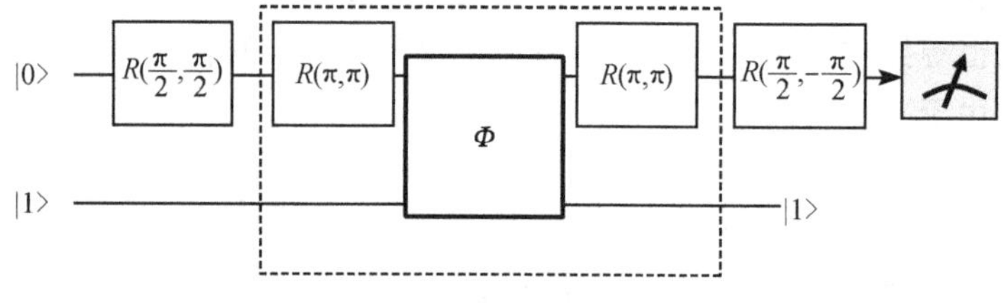

图 5.5.5

前已指出,利用离子阱技术,对不同的函数类型和计算结果,分别执行黑盒应当执行的操作,这实际上只是验算了 Deutsch-Josza 算法。这种验算的意义不仅证明 Deutsch-Josza 算法的正确性,而且说明离子阱技术确实可以实现量子计算,证明了在离子阱条件下编码态和门操作的相干保持性。

5.6 离子阱量子计算的简要评述

离子阱量子计算机使用囚禁离子内部长寿命的电子态编码信息,利用冷却到接近零点的离子串集体振动态充当 Bus 量子位,可以制备出量子计算苛求的纯态。离子阱量子计算借助于激光操控进行基本逻辑门运算操作，离子量子位态可以使用成熟的电子搁置技术，以接近 100%的效率读出，所有这些使离子阱成为演示量子计算的基本门操作和实行少量子位量子信息操控的理想系统。

5.6.1 实验研究进展

单个囚禁离子和原子以及离子态的观测和高忠实度区分在 20 世纪 80 年代就已经做到[32~35]。自从 1995 年，Cirac 和 Zolle 提出用囚禁陷离子实现量子计算方案[1]以后，在实现这一方案上已经取得重要进展。

单个离子量子位振动量子态在 1996 年就已经被观察到[36,37]，在离子链上选择出的单离子量子位门操作已经做到[38,39]，对离子超精细量子位和运动量子位间的相干 Rabi 震荡也被实验证明。1995 年，Monroe 等[40]利用$^9B_e^+$ 离子证明了 Cirac 和 Zoller 门的主要部分，1997 年，他们又做了简化量子逻辑门实验[41]，实现了运动量子位和离子内部量子位间的 *CNOT* 门操作。2003 年，Schmidt-Kaler 对单个$^{40}C_a^+$ 离子实现了完全的 Cirac-Zoller 门[42]，鲁棒的、高忠实度的几何两离子位相位门也在 2003 年被实验证明[43]。Leibfried 等还完成了多个囚禁离子的纠缠态制备实验[44~47]。几个重要的量子算法也在离子阱系统中实现：2003 年，利用离子阱方法实现了 Deutsch-Josza 算法[10]，半经典量子 Fourier 变换在 2005 年实现[48]。该系统中量子纠错方法[49]，以及量子位态高忠实度读出[50]实验已经完成。最近作用在囚禁离子无消相干子空间上通用逻辑门组也已经被实验证明[51]，所有这些在实验上的进展，都标志离子阱量子计算在小规模演示量子计算上是成功的。

目前，量子位相干保持时间还不够长，仅比门操作时间一般仅高出 1～2 个数量级[13]。根据量子计算阈限定理(见 14.7 节)，如果每个门操作的忠实度达到 0.9999 的精度(即出错率小于 10^{-5})，就可以执行任意长的量子计算。现在单量子位门操作的忠实度可以达到 0.995，两量子位门操作的忠实度更低，仅 0.9～0.99，门操作的忠实度还不能满足量子阈限定理条件。单量子位态的读出精度虽然可达 0.999[13]，按照目前的技术水平，量子纠错方法的使用受到限制。

离子阱量子计算机要实现规模化的量子计算，还需要单囚禁离子量子位有更长的相干保持时间，有更强健的量子存储；在门操作上需要更高的忠实度和更容易执行的探测。除去这些一般目标外，特别需要克服的是限制离子阱量子计算发展存在两个突出问题：一个是两量子位门操作，其中包括门的忠实度和门的速度两个因素；另一个是离子阱规模化的问题。下面具体介绍这两个主要问题及相应的研究情况，最后简要介绍离子阱量子计算的新进展。

5.6.2 离子阱量子计算中的消相干问题

要延长量子位相干保持时间(即消相干时间)，必须分析造成量子位态消相干的物理机制以及引起门操作忠实度不高的主要因素。

1. 在离子阱量子计算中,离子和离子串被加在电极上的电压和射频场的电磁力囚禁在自由空间中,并在这些场的作用下运动。这些场可以做经典处理,它们和离子的直接耦合基本上可以忽略。但是电场的随机波动、电极布置和电极表面制作工艺不能完全符合设计要求仍然是引起消相干和门操作不能精确实现的重要原因。虽然离子阱已经被布置在高真空中,但残存分子、原子和杂散离子与离子串的碰撞以及离子本身的自发辐射、激光强度和相位波动,也是影响计算精度的原因。

2. 离子阱量子计算使用激光实现不同量子位间耦合,执行基本量子门操作。门操作的不精确性是引起消相干和计算出错的另一个重要根源。造成这种门操作非理想实现的物理原因是激光场波动或激光控制设计参数没有精确实现。出现这种情况有以下几个原因。

(1) 激光脉冲长度出错。这种错误来自脉冲束强度波动,脉冲束指向不稳定性是实验实现中的共同问题。目前实验中脉冲束相对几率幅波动范围在 10^{-2} 以下。

(2) 激光频率失谐量出错。

(3) 激光束寻址出错。

(4) 对非目标离子的非共振激发。

(5) 不希望的交流 Stark 能移和非共振激发有相同的物理起源,但影响的不是离子态布居数,而是量子态相位。

除去针对上述消相干机制加以改进,延长量子态相干保持时间外,另一个基本方法就是采用量子纠错码编码和无消相干子空间方法(见第 10～14 章)。

限制离子阱量子计算的第二个因素是门操作的速度。对于通用量子计算机,在分解大数质因子时需要执行几十亿的门操作。因此即使操作可以大规模并行进行,对于现在技术可以实现的典型的门操作时间尺度,一个基本门操作时间大约需要几百个微秒,这样的操作时间看起来是非常慢的。现在的确还存在一些快于囚禁频率的门操作方案[52～54],然而还存在一些其他的问题需要克服。

5.6.3 离子阱量子计算机规模化问题

量子计算的离子阱实现,最大的障碍可能还是规模化问题。前面已指出,在一个阱中存储离子数目受到非常严格的限制,很难超过 10 个离子。为规模化离子阱量子计算,一个自然的考虑是采用多阱技术,即用多个小的离子阱置于不同节点上,构成小阱阵列,通过互相连接的离子阱阵列实现规模化。这又提出一个新的问题,即如何在不同节点的阱之间建立有效的连接实现可靠地阱间通信。目前针对这一问题已经提出三种方案:

(1) 光通信,用光子和离子阱耦合,在阱之间传输量子信息,实现不同阱中离子间相互作用[55～58]。这需要解决单光子源问题以及单个离子和光子有效耦合方法，虽然目前单光子操控和双光子干涉技术已比较成熟，已有实验证明离子态和光子态可以可靠地交换。但真正实现阱间光通信看来仍不容乐观。

(2) 建立阱间的离子 Bus 离子，在空间分开的阱间传递信息[59]；在平面上布置微离子阱阵列，每个阱仅囚禁一个离子。一个移动可控的离子充当 Bus 位，当需要两位门操作时，Bus 离子移动到相应的离子量子位上方，和该离子发生局域相互作用，或借助于激光耦合两离子，执行两位门操作。还可以同时使用几个 Bus 离子，实行算法允许的并行计算。

(3) 在阵列阱间移动离子量子位。Kielpinski 等提出一个"量子电荷耦合装置"[60]，系统由内部大量连接的微离子阱组成。利用射频电场和静电场组合实现离子的囚禁和传输。存储有量子信息的囚禁离子保存在存储区，为了执行两量子位逻辑门操作，通过操控电极电压在阱与阱之间移动离子。通过在相关电极施加适当电压，把离子运动到相互作用区。在相互作用区，把离子封装在一起，依靠库仑作用力或激光驱动发生两量子位相互作用。然后再把离子移开放回原位置。

目前主要存在的挑战在于制造如此复杂的小离子阱，把离子阱系统和控制电子学器件和光学器件集成为复杂的、方便操控的系统。离子运动的高度机动性、离子运动的加速、减速引起的热产生和高的门操作速度，这些表面上互相矛盾的要求得到好的解决，目前还没有比较理想的解决办法。这些问题的解决还需要创新的思路。

5.6.4 离子阱量子计算机研究的新思路

离子芯片——把离子囚禁并制作在芯片的阱中，显然是个实现规模化问题的理想方法，如果能做出这样一个阱，用现有的半导体制造技术，制作数百个、数千个这样的阱似乎也不是什么难事。根据文献[61]报道，已经将单个$^{111}C_d^+$离子，用激光冷却方法，囚禁在从参杂镓—砷化物异质结构上，侵蚀出集成的射频阱中，并用芯片上静止的和振动电势施加到集成电极上操控离子运动。离子芯片上的量子门操作如果能被实验证实，就可以使量子计算机硬件制造借助现在成熟的微电子技术，离子芯片看起来应当是理想的方案。

解决离子阱量子计算规模化问题的一个有效方案也许是采用离子阱系统和其他系统混合装置，例如量子信息存储在囚禁离子上(包括纠错)，而门操作使用超导 Josephson 结量子位(见第 7 章)进行，因为 Josephson 超导量子位门操作速度比现行的离子阱方案快大约三个数量级。但是在这种方案实现以前，超导量子位相对短的相干时间，离子阱和超导线路两系统之间的量子信息传输中碰到的困难需要解决。目前已提出几种方案来耦合离子阱和 Josephson 量子位[62~64]，但是迄今为止没有看到相应的实验报道。

参 考 文 献

[1] Cirac J I, Zoller P. Quantum computations with cold trapped ions. Physical Review Letters, 1995, 74(20): 4091－4094.

[2] Wineland D. Ion trap approaches to quantum information processing and quantum computing, A quantum information science and technology roadmap, Part 1: quantum computation, section 6.2. http//qist.lanl.gov. 2004.

[3] Paul W, Steinwedel H. Ein neues Massenspektrometer ohne Magnetfeld. Zeitschrift Naturforschung Teil A, 1953, 8: 448－450.

[4] Paul W. Electromagnetic traps for charged and neutral particles. Review of Modern Physics, 1990, 62: 531－540.

[5] March R E. An introduction to quadrupole ion trap mass spectrometry. Journal of Mass Spectrometry, 1997, 32: 351－369.

[6] Steane A. The ion trap quantum information processor. Applied Physics B, 1997, 64: 623－642.

[7] Riebe M. Preparation of entangled states and quantum teleportation with atomic qubits (PhD Dissertation). Innsbruck: Universitität Innsbruck, 2005.

[8] James D F V. Quantum dynamics of cold trapped ions with application to quantum computation. Applied Physics B, 1998, 66: 181－190.

[9] Leibfried D, Blatt R, Monroe C, et al. Quantum dynamics of single trapped ions. Review of Modern Physics, 2003, 75: 281－324.

[10] Gulde S. Experimental realization of quantum gates and the Deutsch-Josza algorithm with trapped $^{40}C_a^+$-ions (PhD Dissertation). Innsbruck: Universitität Innsbruck, 2003.

[11] Drewsen M, Broner A. Harmonic linear Paul trap: Stability diagram and effective potentials. Physical Review A, 2000, 62: 045401-1－045401-4.

[12] Roos C. Controlling the quantum state of trapped ions (PhD Dissertation). Innsbruck: Universitität Innsbruck. 2000.

[13] Cirac J I, Parkins A S, Blatt R, et al. Non-classical states of motion in ion traps. Advances in Atomic, Molecular and Optical Physics, 1996, 37: 237－296.

[14] Blockley C A. Quantum collapses and revivals in a quantum trap. Europhysics Letters, 1992, 17: 509.

[15] Hăffner H, Roos C F, Blatt R. Quantum computing with trapped ions. Physics Reports, 2008, 469: 155－203.

[16] 李承祖,赵凤章.电动力学教程(修订版).长沙:国防科技大学出版社,1997.

[17] 杨福家.原子物理学.上海:上海科学技术出版社,1985.

[18] 郑乐民,徐庚武.原子结构和原子光谱.北京:北京大学出版社,1998.

[19] 曾谨言.量子力学(卷 II).北京:科学出版社,1993.

[20] Lindgren I, Morrison J. Atomic Many-body Theory. New York: Spring-Verlag, 1982.

[21] Sasura M, Buzek V. Tutorial review cold trapped as quantum information processors. Journal of Modern Optics, 2002, 49(10): 1593-1647.

[22] Dehmelt H G. Proposed $10^4 \delta\nu < \nu$ laser fluorescene spectroscopy on Tl+ mono-ion oscillator II (spontaneous quantum jumps). Bulletin of the American Physical Society, 1975, 20: 60.

[23] Nagourney W, Sandberg J, Dehmelt H. Shelved optical electron amplifier: Observation of quantum jumps. Physical Review Letters, 1986, 56(26): 2797-2799.

[24] Sørensen A, Mølmer K. Quantum computation with ions in thermal motion. Physical Review Letters, 1999, 82: 1971-1974.

[25] Sørensen A, Mølmer K. Entanglement and quantum computation with ions in thermal motion. Physical Review A, 2000, 62(2): 022311-1-022311-11.

[26] Milburn G J, Schneider S, James D F. Ion trap quantum computing with warm ions. Fortschritte der Physik, 2000, 48: 801-810.

[27] Wineland D J. Monrooe C, Ltano W M, et al. Experimental issues in coherent quantum-state manipulation of trapped atomic ions. Journal of Research of the National Institute of Standards and Technology. 1998, 103(3): 259-328.

[28] Walls D F, Milburn G J. Quantum Optics. Berlin: Springer, 1994.

[29] Leibfried D, DeMarco B, Meyer V, et al. Experimental demonstration of a robust, high-fidelity geometric two ion-qubit phase gate. Nature, 2003, 422: 412-415.

[30] Wineland D J, Barrett M, Britton J, et al. Quantum information processing with trapped ions. Proceedings of the Royal Society A, 2003, 361: 1349-1361.

[31] Gulde S, Riebe M, Gavin P, et al. Implementation of the Deutsch-Jozsa algorithm on an ion-trap quantum computer. Nature, 2003, 421: 48-50.

[32] Wineland D, Bergquist J C, Itano W M, et al. Double-resonance and optical-pumping experiments on electromagnetically confined, laser-cooled ions. Optics Letters, 1980, 5: 245-247.

[33] Neuhauser W, Hohenstatt M, Toschek P E. Localized visible B_a^+ mono-ion oscillator. Physical Review A, 1980, 22: 1137-1140.

[34] Nagourney W, Sandberg J, Dehmelt H. Shelved optical electron amplifier: Observation of quantum jumps. Physical Review Letters, 1986, 56: 2797-2799.

[35] Bergquist J C, Randall G, Hulet. Observation of quantum jumps in a single atom, Physical Review Letters, 1986, 57: 1699-1702.

[36] Meekhof D M, Monroe C, King B E. Generation of nonclassical motion states of a trapped atom. Physical Review Letters, 1996, 76: 1796-1799.

[37] Leibfried D, Meekhof D M, Monroe C, et al. Experimental preparation and measurement of quantum states of motion of a trapped atom. Journal of Modern Optics, 1997, 44: 2485-2505.

[38] Năgerl H C, Leibfried D, Rohde H, et al. Laser addressing of individual ions in a linear ion

trap. Physical Review A,1999,60:145—148.

[39] Roos C,Zeiger T,Rohde H,et al. Quantum state engineering on an optical transition and decohenrence in a Paul trap. Physical Review Letters,1999,83:4713—4716.

[40] Monroe C,Meekhof D M,King B E. Demonstration of a fundamental quantum logic gate. Physical Review Letters,1995,75(25),4714—4717.

[41] Monroe C,Leibfied D,King B E,et al. Simplified quantum logic with trapped ions. Physical Review A,1997,55:R2489—R2491.

[42] Schmidt-Kaler F,Häffner H,Riebe M,et al. Realization of the Cirac-Zoller controlled-NOT quantum gate. Nature,2003,422:408—411.

[43] Leibfried D,DeMarco B,Meyer V,et al. Experimental demonstration of a robust,high-fidelity geometric two ion-qubit phase gate. Nature,2003,422:412—415.

[44] Sackett C A,Kielpinski D,King B E,et al. Experimental entanglement of four particles. Nature,2000,404:256—259.

[45] Leibfried D,Knill E,Seidelin S,et al. Creation of a six-atom 'Schrödinger cat' state. Nature,2005,438:639—642.

[46] Häffner H,Hänsel W,Roos C F,et al. Scalable multiparticle entanglement of trapped ions. Nature,2005,438:643—644.

[47] Blinov B B,Moehring D L,Duan L M,et al. Observation of entanglement between a single trapped atom and a single photon. Nature,2004,428:153—157.

[48] Chiaverini J,Britton J,Leibfried D,et al. Implementation of the semi classical quantum Fourier transform in a scalable system. Science,2005,308:997—1000.

[49] Chiaverini J,Leibfried D,Schaetz T,et al. Realization of quantum error correction. Nature,2004,432:602—605.

[50] Myerson A H,Szwer D J,Webster S C,et al. High-fidelity readout of trapped-ion qubits. Physical Review Letters,2008,100:200502-1—200502-4.

[51] Monz T,Kim K,Villar A S,et al. Realization of universal ion-trap quantum computation with decoherence-free qubits. Physical Review Letters,2009,103:200503-1—200503-4.

[52] Garcia-Ripoll J J,Zoller P,Cirac J I. Speed optimized two-qubit gate laser coherent control techniques for ion trap quantum computing. Physical Review Letters,2003,91:157901-1—157901-4.

[53] Garcia-Ripoll J J,Zoller P,Cirac J I. Coherent control of trapped ions using off-resonant lasers. Physical Review A. 2001,71:062309-1—062309-13.

[54] Shi L Z,Monroe C,Duan L M. Arbitrary-speed quantum gates within large ion crystals through minimum control of laser beams. Europhysics Letters,2006,73:485—491.

[55] Pellizzari T. Quantum networking with optical fibers. Physical Review Letters,1997,79:5242—5245.

[56] Devoe R G. Elliptical ion traps and trap arrays for quantum computation. Physical Review A,1998,58:910—914.

[57] Duan L M, Blinov B B, Moehring D L, et al. Scalable trapped ion quantum computation with a probabilistic ion-photon mapping. arXiv: quant-ph/0401020, 2004.

[58] Duan L M. Colloquium: Quantum networks with trapped ions. Review of Modern Physics, 2010, 82: 1209—1224.

[59] Cirac J I, Zoller P. A scalable quantum computer with ions in an array of microtraps. Nature, 2000, 404: 579—581.

[60] Kielpinski D, Monroe C, Wineland D J. Architecture for a large-scale ion-trap quantum computer. Nature, 2002, 417: 709—711.

[61] Stick D, Hensingger W K, Olmschenk S, et al. Ion trap in a semiconductor chip. Nature physics, 2006, 2: 36—39.

[62] Tian L, Rabl P, Blatt R, et al. Interfacing quantum-optical and solid-state qubits. Physical Review Letters, 2004, 92(24): 247902-1—247902-4.

[63] Tian L, Blatt R, Zoller P. Scalable ion trap quantum computing without moving ions. The European Physical Journal D-Atomic, Molecular, Optical and Plasma Physics, 2005, 32: 201—208.

[64] Sørensen A S, Van der Wal C H, Childress L I, et al. Capacitive coupling of atomic systems to mesoscopic conductors. Physical Review Letters, 2004, 92(6): 063601-1—063601-4.

第6章 基于半导体量子点的量子计算机

离子阱量子计算理论上可以满足 Divincenzo 所有判据，并且大部分已被实验证明，但是在如何规模化为有实际应用价值的量子计算机存在巨大的困难。各种固体实现方案，虽然存在嵌埋其中的量子位有复杂的外部环境，一般相干保持时间较短的缺陷，但其在易于规模化，特别是具有在硬件制作上借鉴已经十分成熟的微电子制造技术等独特的优势，仍然具有巨大的吸引力。许多人相信，造就现代数字电子计算机的固体物理学，可能最终给出量子计算机硬件。量子计算机可能在固态系统中和经典计算机结合，实现计算机科学的更新换代。

使用耦合量子点上的单电子自旋态，实现量子计算通用逻辑门组的方案，是1998年由 Loss 和 Divincenzo 提出的[1]。最近十几年，人们已经在半单体材料构筑的纳米尺度的量子点上扑获少数电子，精确可调地控制电子数量，发展了一套控制、测量单电子自旋态的方法，通过 Heisenberg 交换相互作用，控制两相邻量子位的耦合，实现通用两量子位门操作，并在探讨引起电子自旋相干叠加态消相干的各种物理机制等方面，取得了一系列重要进展。

本章介绍基于半导体量子点的量子计算机实现的物理理论和实验研究进展。

6.1 半导体量子点

半导体量子点是指在半导体内用人工方法制成的、能囚禁电子、空穴和激子的纳米尺度小空间区域。在半导体内，如果把一个电子从满的价带激发到空的导带上，将在导带上产生一个电子，而在价带上留下一个空穴。带负电荷的电子和带正电荷的空穴之间存在吸引力，在一定条件下它们可以在空间上束缚在一起，形成不带电荷的复合体就是**激子**(exciton)。在量子计算机的量子点物理实现中，把信息编码在电子自旋态上，在后面讨论中只着重讨论束缚电子的量子点。

量子点按照量子点大小、形状、基体材质和制造工艺不同，可以分为不同种类。下面介绍两种典型的量子点结构和制作。

6.1.1 半导体异质结构自组织生长量子点

半导体异质结构(heterostructure)指 P 型(空穴导电型)和 N 型(电子导电型)半导体形成的复合结构。半导体异质结构自组织生成量子点，是在人为控制下采用分子束外延技术，在半导体晶体生长期间形成的。分子外延是一种高精度可控气相淀积方法。在高真空条件下，使分子或原子束连续不断地撞击到被加工的基底表面获得均匀的外延层。由于外延生长速率较低，各种成分束强度可以分别控制，使用这种技术可以获得精细控制的生长层厚度。

在半导体异质结构生成过程中，由于在不同成分过渡层中，两种成分晶格互相不能很好匹配，在 2 维交界面上会产生应力聚集。当外延层厚度达到某一值时，2 维结构不能补偿积累的应力能，就会产生 3 维岛释放应力。这一转变是 Stranski 和 Krastannow 首先在异质外延晶体生长过程中观察到的，称为 Stranski-Krastannow **不稳定性**[2]，在沉淀几个浸润单层后出现，导致在 2 维浸润层上产生纳米尺度小岛。用纯净、高质量基底材料，在超高真空和很好的温度控制环境下，用 Stranski-Krastannow 法可生长出均匀大小、规则分布、3 维沉积材料的小岛[3]。此方法可用于制备元素周期表中 III-V 族、II-VI 族和 III-V 族的半导体量子点，如 InAs/GaAs、CdSe/Zn(S,Se)、(In,Ga)N/GaN 等量子点结构。

在量子点量子计算机物理实现中研究最多的，其中单自旋相干动力学已经被实验证明的是 GaAs/InGaAs 异质结构**自组织生长量子点**。制作工艺是在 GaAs(镓砷化物)基底上生长 InGaAs 过程中，In、Ga 和 As 原子以一定比例一层一层沉积在 GaAs 基底上，形成浸润层。由于 InGaAs 晶格结构比 GaAs 大，其晶格失配率约在 7%[4]，因此外延层被横向压缩而产生应力。随外延层厚度增大，最终形成了 3 维点状结构——量子点。图 6.1.1 为在 GaAs 基底上 $In_xGa_{1-x}As$ 自组织生长量子点原子力显微图像。量子点间距约 100nm，量子点平均尺寸约 30～40nm。图 6.1.2 就是用这种方式生成的一个量子点[4]。

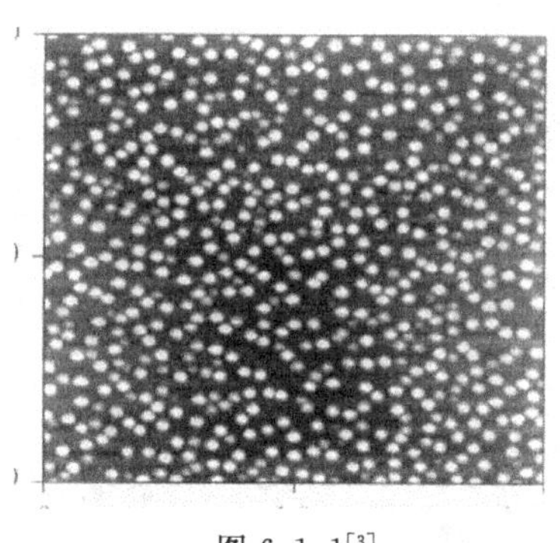

图 6.1.1[3]

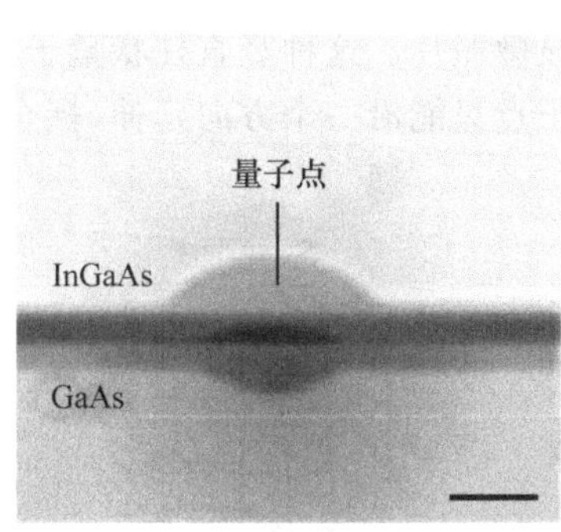

图 6.1.2[4]

这种自组织生成量子点依靠点和基质材料非均匀性，形成局部势阱，使阱中粒子的运动受到限制。这种量子点的势阱大小、深度以及和外边耦合都难以控制，在早期主要用于半导体量子点性质的研究。

6.1.2　2 维电子气门限量子点

典型的 2 维电子气门限量子点制作工艺，是在 GaAs 基上通过分子束外延生长技术,生成一层 AlGaAs,形成 GaAs/AlGaAs 异质结构。通过在 AlGaAs 层添加 Si 引进自由电子,这些自由电子积聚在 GaAs 和 AlGaAs 分界面上(典型深度约 50～100nm),仅可以沿界面运动,形成厚度约 10nm 的 2 维电子气(2DEG)(见图 6.1.3)。2 维电子气有高的迁移率和低电子密度(典型值分别是 10^5～$10^7\,cm^2/Vs$ 和 $(1～5)\times10^{15}/m^2$)[5～7]。所谓 2 维电子气门限量子点,是指在半导体异质结构交界面 2 维电子气中,用适当设计的金属电极,加负电压形成囚禁电子势阱的纳米尺度结构。

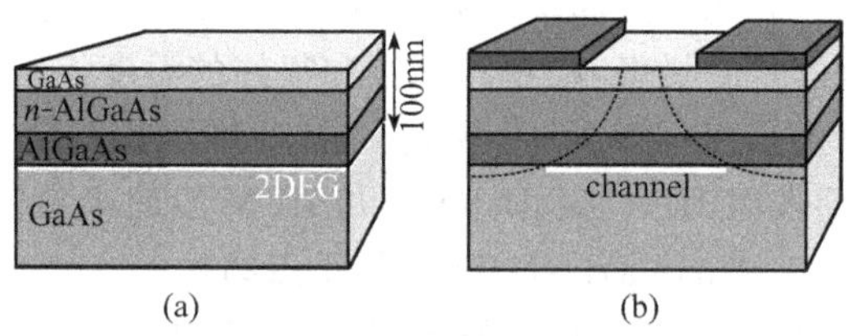

图 6.1.3[5]

这类门限量子点有两种典型的形状,**竖直量子点**(vertical quantum point)系统和**横向量子点**(lateral quantum point)系统。所谓竖直量子点系统,就是门电极在 2 维电子气层内,由竖直柱电极围成柱形区域,量子点就夹在上、下两非导电层中间。图 6.1.4(a)就是这种纵向柱状量子点结构示意图。施加在侧电极的负电压,在上、下两 AlGaAs 绝缘层间,在由侧电极围成柱形区域中心,形成一个柱状量子点。柱的有效半径由施加负电压大小决定。图 6.1.4(b)是这种量子点的扫描电子显微照片。这种竖直柱状量子点,由于每个量子点都由一个柱状电极包围,不同量子点只能沿一个方向延伸、耦合,难以集成到芯片上的电路中。

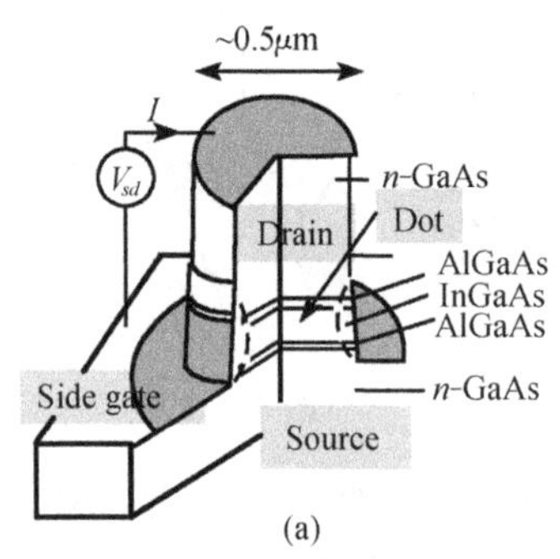

(a)

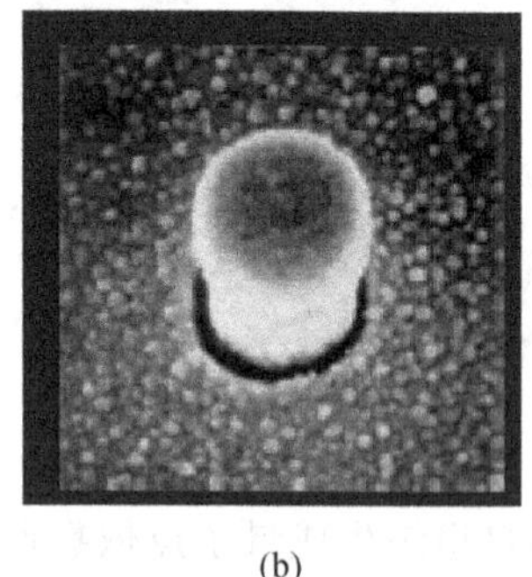

(b)

图 6.1.4[8]

横向量子点系统可以克服上述缺陷。在横向系统中,形成量子点的门电极不是在 2 维电子气中,而是位于半导体异质结构上部平面内。它可以在 2 维平面上向两个方向延伸,多量子点集成,可以简单地通过单点门电极在平面上反复复制实现。在量子信息物理实现研究中,多采用这种横向量子点系统。

图 6.1.5(a)所示是 2 维电子气耦合门限横向双量子点结构示意图[5,6]。图中下部是 GaAs 基底层,上部的暗灰线代表用光刻腐蚀技术制作的金属门电极。在金属门电极上施加负电压,由于 2 维电子气电子密度低,电子 Fermi 波长(约 40nm)和屏蔽长度大,金属电极上负电压电场可以在 2 维电子气中造成局域电子耗尽区,即图 6.1.5(a)中电极下面的白色区域。电压在交界面 2 维电子气中造成囚禁电子的量子点,在图(b)中用白色圆点给出。图(b)中其余的亮灰色区域是电子气区域,这样的区域称为**"库"**(reservoir)。四个角门上小柱体可以焊接和外部接触的导线(图中未画出),形成 2 维电子气和外部的低电压接触。最后为研究点上电子的自旋性质,利用电子自旋编码,希望热激发不会对电子自旋运动产生严重干扰,实验需将装置置于在典型温度 20mK 的冷库中进行。

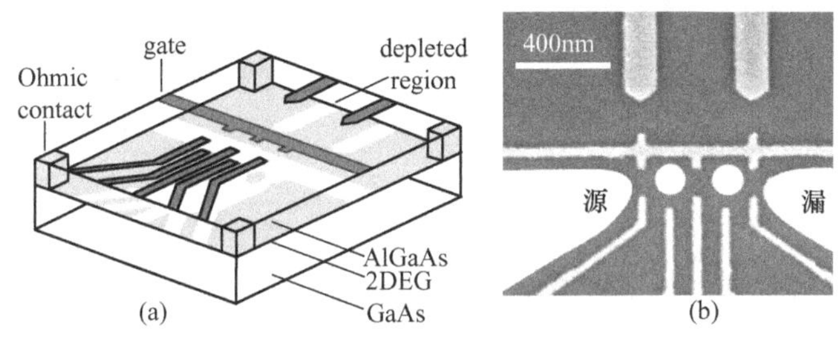

图 6.1.5[5,6]

图 6.1.5(b)是实际装置的扫描电子显微照片,其中在暗灰背景上面的亮灰部分是门电极,白色圆点代表量子点。左面和右边的白色库区分别称为**源**(source,记为 S)和**漏**(drain,记为 D),量子点通过可调隧穿势垒和源、漏保持接触。图 6.1.5(b)中上边的两个电极用作电荷探测器,监测量子点上电子数目(作用原理后面解释)。

6.1.3　横向门限量子点门电极设计

为了使用量子点上的电子自旋态编码信息,首先希望在量子点上扑获一个或几个(少数)电子。减少点上囚禁电子数目,往往伴随着减少量子点和外部的隧穿耦合,这种耦合的降低会对监测点上电子数目带来困难[5]。这个问题可以通过适当的门电极设计解决。

2000 年,Ciorga 等报告了横向量子点实验,他们在量子点制作中,采用了两类不同功能的门电极[9]。一类电极较大,主要用于施加负电压后产生囚禁电子的势垒制造量子点,施加在这类门的电压决定了量子点周围的势垒高低。另一类电极较小,并刚刚延伸到势垒区,施加在这类门上的电压对点电势有很小的影响,但可用于调整隧穿势垒。这两类门电极结合可以保证势垒在较大范围内可调,同时使隧穿率高到足以测量通过量子点的电子输运。

图 6.1.6 给出另外两个门限半导体量子点实际装置的电子显微照片,其中(a)图是单个量子点,(b)图是双量子点。和图 6.1.5 不同的是,图中两侧的门电极用作静电计,通过探测双量子点上电荷的变化,可以监测通过双量子点的电流 I_{QPC}。最后四角上带叉的圆点代表装置和外部的欧姆接触。图中还用带箭头的白色曲线,勾画出其中可能通过量子点的电流 I_{DOT} 的大致流向。

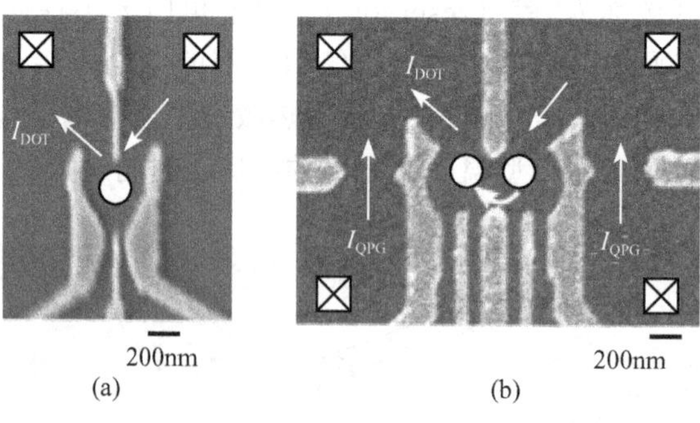

图 6.1.6[7]

Elzerman 等[10] 在 2003 年用这样设计的双量子点装置示范控制双量子点上的电子数,操控点上电子和外界隧穿耦合。

量子点制作中都使用现代电子束平板印刷技术,用这种技术制造的电极精度可以控制在数十纳米以内,并以大致相同的空间分辨率,控制下面 2 维电子气电子耗尽区范围。

6.2 量子点物理(Ⅰ)

为了用量子点上电子自旋态编码信息并对这些自旋态进行操控,需要量子点的物理学知识,对量子点的物理特性有清楚的了解。

6.2.1 能量量子化

和运动被限制在有限空间区域中的任何物质粒子一样,限制在量子点中的电子,当点的限度可以和电子运动 de Broglie 波长相比拟时,电子能量也只能取分立离散值。

被限制在量子点小区域内运动的电子,略去电子之间的相互作用,单电子运动的 Hamilton 量可以写作

$$\hat{H} = -\frac{\hbar^2}{2m}\nabla^2 + U(\vec{\chi}) \tag{6.2.1}$$

其中，势函数 $U(\vec{\chi})$ 描述约束电子的势垒。一般情况下这个势函数可能是非对称的、无规则的复杂空间坐标函数。为了简单，假设电子在量子点上受到约束可以用2维对称简谐振子势

$$U(\vec{\chi}) = U(x,y) = \frac{1}{2}m_e\omega_0^2(x^2+y^2) \tag{6.2.2}$$

的作用近似（m_e 是电子质量），决定电子能级和波函数的定态 Schrödinger 方程为

$$\left[-\frac{\hbar^2}{2m_e}\left(\frac{\partial^2}{\partial x^2}+\frac{\partial^2}{\partial y^2}\right)+\frac{1}{2}m_e\omega^2(x^2+y^2)\right]\psi(x,y) = E\psi(x,y) \tag{6.2.3}$$

用分离变量法求解，其结果是熟知的（得到的直角坐标系下的本征函数的线性叠加，可以组成相应平面极坐标下的本征函数）。为了便于和原子中被原子核电场囚禁电子情况比较，直接在平面极坐标系求解方程(6.2.3)。利用平面极坐标和球坐标变换关系，可以得到在2维对称简谐振子势场中运动粒子用极坐标描述的 Hamilton 量：

$$\hat{H} = -\frac{\hbar^2}{2m_e}\left(\frac{\partial^2}{\partial\rho^2}+\frac{1}{\rho}\frac{\partial}{\partial\rho}+\frac{1}{\rho^2}\frac{\partial^2}{\partial\phi^2}\right)+\frac{1}{2}m_e\omega^2\rho^2 \tag{6.2.4}$$

注意 $\hat{L}_z = -\mathrm{i}\hbar\partial/\partial\phi$ 和 $\hat{H}$ 对易，$\hat{H}$、$\hat{L}_z$ 的共同本征函数可以表示为

$$\psi = R(\rho)\mathrm{e}^{\mathrm{i}l\phi} \quad l = 0, \pm 1, \cdots \tag{6.2.5}$$

将式(6.2.5)代入能量本征值方程 $\hat{H}\psi = E\psi$，得 $R(\rho)$ 满足方程：

$$\frac{\partial^2 R}{\partial\rho^2}+\frac{1}{\rho}\frac{\partial R}{\partial\rho}+\left(\frac{2m_eE}{\hbar^2}-\alpha^4\rho^2-\frac{l^2}{\rho^2}\right)R = 0 \tag{6.2.6}$$

其中，$\alpha = \sqrt{m\omega/\hbar}$。利用极限边界条件，仿照求解1维谐振子和氢原子问题，可以求出能级：

$$E_{nl} = (2n+|l|+1)\hbar\omega_0 = (N+1)\hbar\omega_0 \tag{6.2.7}$$

给定 N 后，径向量子数 n 和角动量量子数 $|l|$ 的可能取值为

$$\begin{aligned} &N = \text{偶数}, \quad |l| = N, N-2, \cdots 0, \quad n = 0,1,\cdots N/2 \\ &N = \text{奇数}, \quad |l| = N, N-2, \cdots 1, \quad n = 0,1,\cdots (N-1)/2 \end{aligned} \tag{6.2.8}$$

相应的本征函数为

$$\psi_{nl}(\rho,\phi) = |\rho|^l F(-n, |l|+1, \alpha^2\rho^2)\mathrm{e}^{-\alpha^2\rho^2/2}\mathrm{e}^{\mathrm{i}l\phi} \tag{6.2.9}$$

其中：

$$F(a,c,\xi) = 1+\frac{a}{c}\xi+\frac{a(a+1)}{c(c+1)}\frac{\xi^2}{2!}+\cdots$$

是合流超几何级数。

上述结果表明，对于给定的能级 E_N，所有满足 $N = 2n+|l|$ 的电子态 $\psi_{n,l}$ 都是简并的，构成一个“主壳层”。对于给定的 n 值，除去 $l=0$ 外都有 $\pm|l|$ 两个值对应，这些 l 就决定了电子运动的空间轨道态。就像受原子核力束缚在原子内的电

子一样,处在量子点基态电子系统,总是按最小能量原理和 Pauli 不相容原理填充,可以得出类似原子壳层结构的量子点电子壳层结构。利用式(6.2.8)可以得出和原子幻数 2,10,18,36,…类似地,量子点电子填充的幻数为 2,6,12,20,…(见表 6.2.1)。由于量子点上电子能量呈现出分立能级结构,电子填充形成类似原子的幻数,所以量子点又称"**人造原子**"。

表 6.2.1

N	轨　道	满壳层电子数	幻　数
0	$(n=0,\|l\|=0)$	2	2
1	$(n=0,\|l\|=1)$	4	6
2	$(n=0,\|l\|=2)(n=1,\|l\|=0)$	6	12
3	$(n=0,\|l\|=3)(n=1,\|l\|=1)$	8	20

6.2.2　量子点模型和常数相互作用假设

量子点可以通过隧穿势垒和外界库耦合交换电子,这种交换可以用量子点与源极、漏极之间交换电子模拟。为了监测岛(量子点)上电子的行为,研究量子点的性质,还需要通过附加的电流、电压测量装置,监测这种电子交换引起的电流、电压变化。所以除去源极、漏极外,为了调节、控制量子点相对库的静电势(势垒),在点周围还设置一个或多个称为栅的门**电极**(gate electrodes)。于是一个量子点的物理"环境"可以用图 6.2.1 表示。

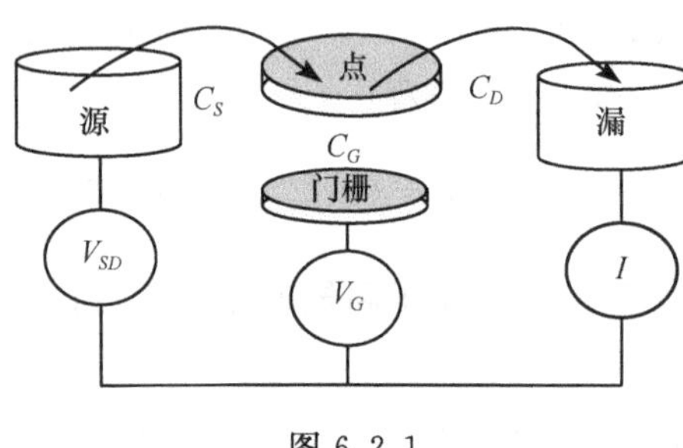

图 6.2.1

在实用中通过栅极电压控制量子点从源到漏的电子输运过程,非常类似利用输入电压的电场控制输出电流的场效应晶体管,但是在量子点中电流往往是单电子或为数很少的几个电子隧穿形成,所以有时又称量子点为**单电子晶体管**。

为了解释量子点上电子的各种输运过程,需要计算在岛上电子的能量,一般情况下,这是一个很复杂的事情,通常采用所谓**常数相互作用模型**(constant interaction model)[7,11]简化这种计算过程。常数相互作用模型基于以下两个基本假设之上。

假设 1　量子点上电子之间的库仑相互作用、点上电子和环境中各种起源的电荷之间的相互作用都是容性的,并且可以简单地用一个常数电容 C 描述。这个电容是点和源极电容 C_S、点和漏极电容 C_D、点和门栅电极电容 C_G(还可能有其他起源的电容)之和:

$$C = C_S + C_D + C_G \tag{6.2.10}$$

假设 2　点上单电子能级仅由囚禁电子势决定，和上述相互作用无关，因此也和点上电子数目无关。

按上述假设，点上一个电子的能量可以简单地表示为这个电子在点上的量子化能量，加上它和源、漏、门电极静电作用能量。于是当源、漏、门电压分别是 V_S，V_D 和 V_G 时，岛上 N 个电子处在基态(ground state)时的总能量可以写作

$$U(N)=\frac{1}{2C}[-|e|(N-N_0)+C_SV_S+C_DV_D+C_GV_G]^2+\sum_{n=1}^{N}E_n(B) \tag{6.2.11}$$

其中，e 是电子电荷；N_0 是门电压为零值情况下点上的电子数目。引入 $|e|N_0$ 用于补偿源自异质结构施主杂质正电荷背景。最后一项是对电子占据单粒子能态求和，这些能级由囚禁电子的势阱决定，其中 B 表示单电子能量可能和施加外磁场有关。C_SV_S、C_DV_D、C_GV_G 分别是静电势 V_S、V_D、V_G 在岛上诱导出的感应电荷量，这些电荷是可以连续变化的。

粒子总是从化学势高的区域向化学势低的区域转移，化学势描述电子转移的趋势。定义量子点上的**电化学势**(electro chemical potential)$\mu(N)$为

$$\mu(N)=U(N)-U(N-1) \tag{6.2.12}$$

$\mu(N)$描述岛上 N 个电子基态 $GS(N)$和 $N-1$ 电子基态 $GS(N-1)$的能量差，表示从库中隧穿到岛上一个电子，使岛从 $N-1$ 个电子基态到 N 电子基态需要提供的能量，或岛上从 N 个电子基态隧穿出一个电子回到 $N-1$ 个电子基态放出的能量。以类似的方式，可以定义源(漏)的电化学势为，当源(漏)Fermi 面上一个电子离开时携带的能量或接受一个电子获得的能量。

将式(6.2.11)代入式(6.2.12)，可以求出量子点上电化学势为

$$\mu(N)=\left(N-N_0-\frac{1}{2}\right)E_c-\frac{E_c}{|e|}(C_SV_S+C_DV_D+C_GV_G)+E_N \tag{6.2.13}$$

其中，$E_c=e^2/C$ 是岛上单电子电荷能。(6.2.13)式右端前两项是静电能，最后一项是化学能。注意到电化学势和门电压有线性关系，并且这种线性性质和电子数目 N 无关，电化学势差对所有 N 值保持常数，这使得使用电化学势讨论引起量子点上电子数目增加或减少的量子隧穿非常方便。如果电子输运过程涉及岛上电子激发态，还需要定义与激发态有关的电化学势：

$$\mu_{a\to b}(N)=U_b(N)-U_a(N-1) \tag{6.2.14}$$

其中，$U_b(N)$、$U_a(N-1)$分别是 N 电子激发态 $|N,b\rangle$ 和 $N-1$ 电子激发态 $|N-1,a\rangle$ 的能量。

定义相邻两个连续基态化学势差为“**增加能**(addition energy)”：

$$E_{\mathrm{add}}=\mu(N+1)-\mu(N) \tag{6.2.15}$$

由式(6.2.13)得

$$E_{add} = E_c + \Delta E \tag{6.2.16}$$

增加能包括两个部分:单电子静电能和两个离散量子能级能量差。当被涉及的两个电子在同一个简并能级时,ΔE 可以是零。增加能并不依赖岛上电子数目 N,这使得人们可以方便地应用电化学势解释量子点上发生的各种电子隧穿过程。

6.2.3 宏观量子隧道效应和库仑阻塞

量子点上的电子在纳米尺度的空间中运动,物理限度与电子 de Broglie 波长相当,电子的输运过程与宏观情况下不同,会表现出明显的波动性,出现**量子隧道效应**(tunnel effect)。

定义源和漏电化学势之差为

$$\Delta\mu_{SD} = \mu_S - \mu_D = -|e| V_{SD} \tag{6.2.17}$$

其中,$V_{SD}=V_S-V_D$ 是源和漏电势差,称为施加在源和漏之间的**偏压**(bias voltage);$\Delta\mu_{SD}=-|e|\Delta V_{SD}$ 称为**偏置能量窗口**(bias energy window)。电子通过势垒的隧穿决定性地依赖偏压 V_{SD}。

电子输运各种过程都必须满足能量守恒的要求。仅当对应某个 N 值两相邻数目电子基态跃迁的电化学势落在偏置能量窗口内,即

$$\mu_S \geqslant \mu(N) \geqslant \mu_D \tag{6.2.18}$$

时,通过量子点源到漏的电子输运过程才能发生。假设岛上原有 $N-1$ 个电子处在平衡状态,当 $\mu_S \geqslant \mu(N)$ 时,源中的一个电子可以隧穿到量子点上[见图 6.2.2(b)],成为岛上第 N 个电子。由于 $\mu(N) \geqslant \mu_D$,隧穿到点上的电子还能够通过隧穿离开

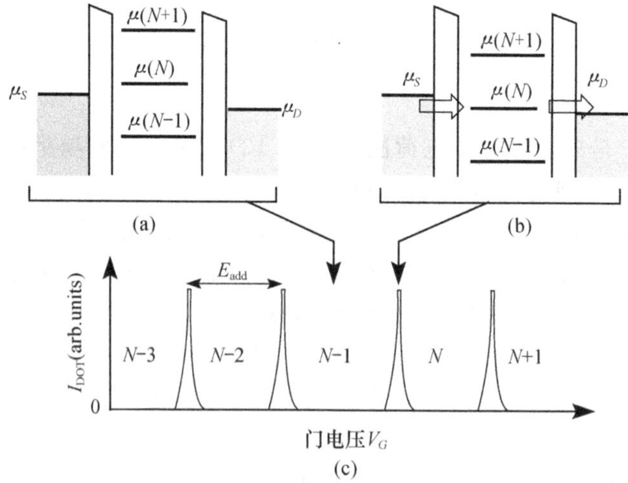

图 6.2.2[7]

量子点到达漏极，从而使点上的电化学势又降到 $\mu(N-1)$。于是又可以发生源极一个电子到量子点上的隧穿，如此反复，量子点上的电子数目就按 $N-1\to N$，$N\to N-1$ 变化，源极—量子点—漏极电路中就存在电流(I_{DOT})。由于这个电流是由量子点不断充、放一个电子形成的，称这个电流为**单电子隧穿电流**(single-electron tunneling current)[见图 6.2.2(c)]。单电子隧穿电流大小决定于源—点和点—漏之间的电子隧穿速率。

如果式(6.2.18)条件不被满足，$\mu_S<\mu(N)$[见图 6.2.2(a)]，源上电子没有足够的能量隧穿到点上，就不会有隧穿电流存在[由于 $\mu_D<\mu(N)$，反方向电流也不可能]，从而岛上的电子数目将保持固定。这种情况称为**库仑阻塞**(Coulomb blockade)。

库仑阻塞可以通过改变施加在栅极上的电压消除。在栅极上施加适当的电压，可以上、下移动点上电化学势 $\mu(N)$[和整个 $\mu(N)$相差一个电子的阶梯](见式 6.2.13)，使得 $\mu(N)$落在偏置窗口内。也可以通过仅改变源、漏之一的电化学势，增大偏置窗口，使 $\mu(N)$落在窗口内，消除库仑阻塞。

实验中通过扫描门电压并测量通过点的电流 I_{DOT}(或电导率)可以画出单电子隧穿电流(或电导率)对门电压的关系曲线图[见 6.2.3(c)]。注意到 I_{DOT}的峰值出现在岛上电子电化学势 $\mu(N)$落在偏置窗口内时对应的门电压处，而两峰之间的谷底对应着使岛上发生库仑阻塞时的门电压。调整门电压使单电子隧穿电流从一个谷到另一个谷，用这种方法，通过观测隧穿电流变化，可以监控岛上的电子数目的变化。利用峰间距离与式(6.2.16)的添加能有关，进行这样的实验可以获得有关岛上电子能谱的信息。

6.3　量子点物理(Ⅱ)

6.3.1　量子点上的单电子态

由于量子点上电子能级有和原子内电子能级相似的壳层结构，可以采用和原子物理中相同的方法——用电子的轨道量子数和自旋量子数描述量子点上电子态。对电子的轨道态，和原子物理相同，记它的基态为 s 轨道，第一激发轨道为 p 轨道，第二激发态为 d 轨道等，自旋态用在沿 z 方向的静磁场中，电子自旋向上、向下描述。在最简单情况下，点上只有一个电子，基态是轨道 $s=0$ 的自旋向上态记为$|\uparrow,s\rangle$。激发态是自旋向下态$|\downarrow,s\rangle$，在磁场中两个自旋态的 Zeeman 能量分裂决定于外磁场，可以写作 $\Delta E_z=-2\mu_B B_z$，电子激发态$|\downarrow,s\rangle$能量由外施静磁场决定。适当选择能量零点，电子处在最低两个轨道不同自旋态的能量可分别记为 $E_{\uparrow,s}$、$E_{\downarrow,s}$、$E_{\uparrow,p}$、$E_{\downarrow,p}$，处在不同状态的电化学势可以写作

$$\mu_{0\leftrightarrow\uparrow,S} = E_{\uparrow,S}$$
$$\mu_{0\leftrightarrow\downarrow,S} = E_{\downarrow,S} = E_{\uparrow,S} + \Delta E_z$$
$$\mu_{0\leftrightarrow\uparrow,p} = E_{\uparrow,p} = E_{\uparrow,S} + \Delta E_{\text{orb}}$$
$$\mu_{0\leftrightarrow\downarrow,p} = E_{\downarrow,p} = E_{\uparrow,S} + \Delta E_{\text{orb}} + \Delta E_z \tag{6.3.1}$$

其中,ΔE_z 是电子在磁场中两自旋态能量分裂;ΔE_{orb}是 p、s 轨道能量差,它由囚禁电子的势场函数决定。

6.3.2 量子点上双电子态

如果在一个量子点上有两个电子,在零磁场情况下,这个系统的基态总是两电子都占据 s 轨道,自旋反平行的单态(总自旋角动量 $S=0$):

$$|S\rangle = \frac{|\uparrow,\downarrow\rangle - |\downarrow,\uparrow\rangle}{\sqrt{2}} \tag{6.3.2}$$

第一激发态是自旋三重态:

$$|T_+\rangle = |\uparrow,\uparrow\rangle,\quad |T_0\rangle = \frac{|\uparrow,\downarrow\rangle + |\downarrow,\uparrow\rangle}{\sqrt{2}},\quad |T_-\rangle = |\downarrow,\downarrow\rangle \tag{6.3.3}$$

自旋三重态能量在零磁场情况下是简并的,但是在非零磁场中由于它们的自旋 z 分量不同,获得不同的 Zeeman 能移。零磁场情况下自旋三重态之所以能量高于自旋单态,是由于三重态自旋波函数对称,两电子系统总波函数反对称化要求其中一个电子必须占据能量更高的 p 轨道。在物理上轨道波函数反对称以及两电子占据不同轨道,这两个因素都使处在自旋三重态的两电子相对在同一个轨道上的自旋单态减小库仑作用能,用 E_k 表示这个能量差。用常数相互作用假设,在外磁场中,两电子处在不同状态的总能量,可以表示为两个单电子能量加上两电子相互作用库仑能 E_C,于是有

$$U_S = E_{\uparrow,s} + E_{\downarrow,s} + E_C = 2E_{\uparrow,s} + \Delta E_z + E_C \tag{6.3.4}$$

$$\begin{aligned} U_{T_+} &= E_{\uparrow,s} + E_{\uparrow,p} - E_k + E_C = 2E_{\uparrow,s} + \Delta E_{\text{orb}} - E_k + E_C \\ &= 2E_{\uparrow,s} + E_{ST} + E_C \end{aligned} \tag{6.3.5}$$

$$\begin{aligned} U_{T_0} &= E_{\uparrow,s} + E_{\downarrow,p} + E_C = E_{\uparrow,s} + E_{\downarrow,s} + \Delta E_{\text{orb}} - E_k + E_C \\ &= 2E_{\uparrow,s} + \Delta E_z + E_{ST} + E_C \end{aligned} \tag{6.3.6}$$

$$\begin{aligned} U_{T_-} &= E_{\downarrow,s} + E_{\downarrow,p} - E_k + E_C = 2E_{\uparrow,s} + \Delta E_{\text{orb}} + 2\Delta E_z - E_k + E_C \\ &= 2E_{\uparrow,s} + E_{ST} + 2\Delta E_z + E_C \end{aligned} \tag{6.3.7}$$

其中:

$$E_{ST} = \Delta E_{\text{orb}} - E_k \tag{6.3.8}$$

是不存在 Zeeman 分裂时单—三重态能量差。

图 6.3.1(a)给出了单、双电子能级图,图中用两端带有箭头的线给出了这些能级间可能的跃迁。其中自旋态 $\uparrow\leftrightarrow T_-$、$\downarrow\leftrightarrow T_+$ 之间的跃迁,由于需要改变自旋 z 分量量子数超过 1/2 被自旋选择定则阻塞,图中已略去。

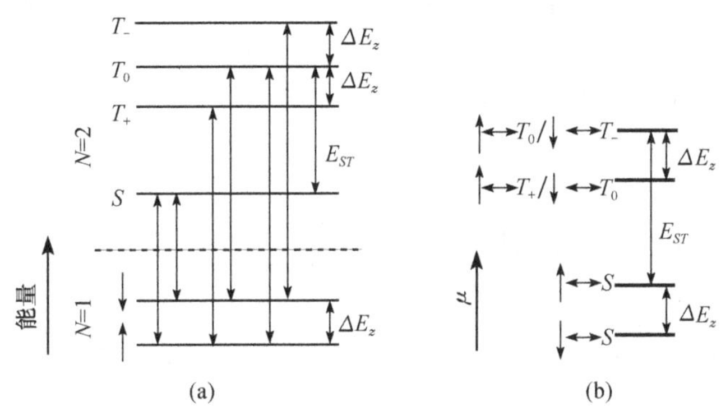

图 6.3.1[5,7]

由式(6.3.4)～(6.3.7)可以导出图 6.3.1 各跃迁对应的电化学势:

$$\mu_{\uparrow,s\leftrightarrow S}=E_{\uparrow,s}+\Delta E_z+E_C \tag{6.3.9}$$

$$\mu_{\uparrow,s\leftrightarrow T_+}=E_{\uparrow,s}+E_{ST}+E_C \tag{6.3.10}$$

$$\mu_{\uparrow,s\leftrightarrow T_0}=E_{\uparrow,s}+\Delta E_z+E_{ST}+E_C \tag{6.3.11}$$

$$\mu_{\downarrow,s\leftrightarrow S}=E_{\uparrow,s}+E_C \tag{6.3.12}$$

$$\mu_{\downarrow,s\leftrightarrow T_0}=E_{\uparrow,s}+E_{ST}+E_C \tag{6.3.13}$$

$$\begin{aligned}\mu_{\downarrow,s\leftrightarrow T_-}&=2E_{\uparrow,s}+E_{ST}+2\Delta E_z+E_C-(E_{\uparrow,s}+\Delta E_z)\\&=E_{\uparrow,s}+E_{ST}+\Delta E_z+E_C\end{aligned} \tag{6.3.14}$$

注意到式(6.3.9)和式(6.3.13),式(6.3.11)和式(6.3.14),这里有

$$\mu_{\uparrow,s\leftrightarrow T_+}=\mu_{\downarrow,s\leftrightarrow T_0},\quad \mu_{\uparrow,s\leftrightarrow T_0}=\mu_{\downarrow,s\leftrightarrow T_-}$$

6.3.3　双量子点上的电子态

略去电子的自旋相互作用,分别用门电压 V_{G1},V_{G2} 控制的、标号分别为 1 和 2 的两个量子点,处在静电平衡态时的电子分布(N_1,N_2)可以用电荷稳定分布图 6.3.2 表示[5,7]。其中图 6.3.2(a)是两量子点无耦合情况下,电子在两个点上平衡时的分布。由于每个点上的电化学势和另一个点上电荷无关,每个门电压仅影响被它控制的点,所以处在基态的电子数目改变时,表示电压值的线是严格的水平线或竖直线。图 6.3.2(b)是考虑到门 1 和点 2 以及门 2 和点 1 之间的容性耦合情况下电子在两点上的分布。其中一个点上电子数目增加,会改变另一个点上电子

电荷能，通过控制一个点的门电压和另一个点的耦合，会导致左图在无耦合情况下的水平、竖直线交叉点，在耦合情况下变成两个“**三重点**(triple points)”，使原来的矩形格变成六角形蜂窝网格。两个三重点之间距离由两量子点之间耦合电容 C_m 决定。由于在三重点上三个不同的电荷态能量是简并的，在这个状态下低的源—漏偏压就可以引起电子通过双点的输运。反过来通过对点上电荷的读出测量，可以探测两点上电子分布组态的改变，得到电子在两点间内的隧穿情况，以及每个点上电子占据情况的信息。

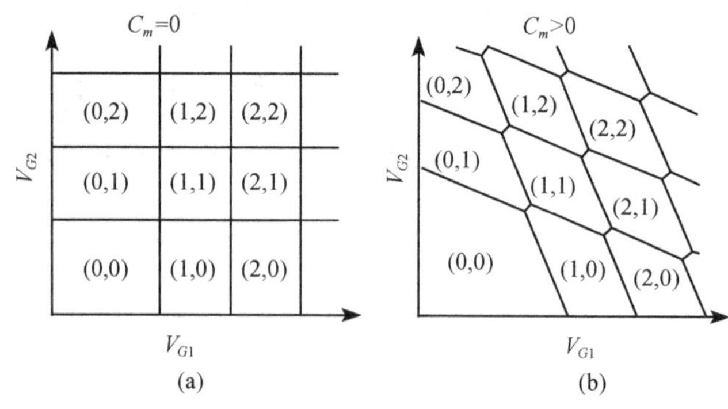

图 6.3.2

假设源—点一点—漏串联(见图 6.3.3)，仿照前面对单点电化学势的分析，可以得出点 1 上电化学势为

$$\mu(N_1,N_2)\equiv U(N_1,N_2)-U(N_1-1,N_2)$$
$$=\left(N_1-\frac{1}{2}\right)E_{C1}+N_2E_{Cm}+\frac{E_{C1}}{e}(C_SV_S+C_{11}V_{G1}+C_{12}V_{G2})$$
$$-\frac{E_{Cm}}{e}(C_DV_D+C_{22}V_{G2}+C_{21}V_{G1}) \tag{6.3.15}$$

其中，C_{ij} 是 j 门电极和点 i 耦合电容；C_S、C_D 分别是源和点 1、点 2 和漏之间电容。E_{Ci} 是单独 i 点的电荷能，而 E_{Cm} 是两点间电荷耦合能。交换式(6.3.12)中下标 1 和 2 以及 D 和 S，可以得到点 2 的电化学势。

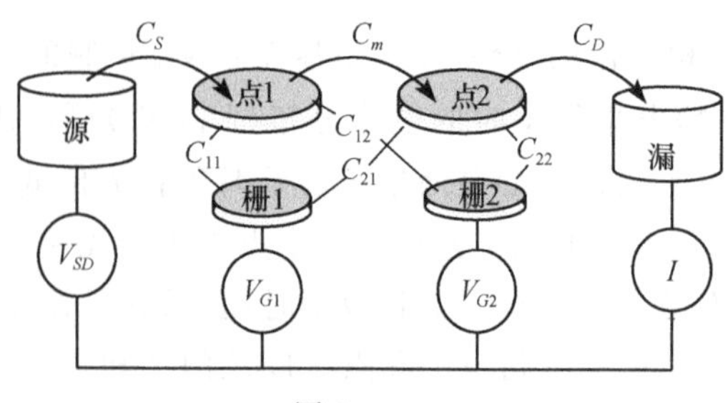

图 6.3.3

当两个量子点间的电子隧穿耦合和库仑耦合比较很小时，称这样量子点处在**弱耦合区**。在弱耦合区，两个点各自有自己的能级结构，互不耦合。当隧穿耦合变得显著时，两电子不再局限在一个点上，而是占据两个点耦合形成的“分子”轨道。电子自旋波函数可以构成自旋单态和自旋三重态。这些态之间能量差和隧穿耦合有关，可以通过控制两点间隧穿耦合强度，控制两电子自旋动力学。

在弱耦合情况下，在电荷稳定图上两电子区可能出现三种情况：(0,1)、(1,1)、(0,2)。分别表示一个点有一个电子，另一个点空缺；每个点各有一个电子；一个点空，另一个点上有两个电子。对于一个点空，另一个点有一个或两个电子情况，电子自旋态前面已经讨论过。其中一个点空，两个电子在同一个点上电子自旋态可以仿照式(6.3.2)、式(6.3.3)，分别记为 $S(0,2)$，$T_+(0,2)$，$T_0(0,2)$ 和 $T_-(0,2)$。在零磁场情况下，三重态和单态能量相差 E_{ST}。考虑隧穿耦合时，不同电荷态可能发生混杂，系统态需要由这些态的叠加描述。

考虑每个点各有一个电子情况，双点系统电子自旋态仍旧是一个自旋单态和自旋三重态，但不同于两个电子在同一个点上，对每个点上各有一个电子情况，需要区分每个电子各在哪个量子点上。当两点有相同的能级时，三重态和最低能量单态之间能量差可以写作 $J=4t_c^2/E_c$，仅依赖两点之间的耦合强度。

6.3.4 Pauli 自旋阻塞

现在考虑电子通过双点的输运过程。图 6.3.4 给出电子通过双点输运形成的电流对源—漏电压的 *I-V* 曲线。在电子隧穿过程中电子自旋量守恒，隧穿过程受自旋选择规则的支配，会导致通过两点装置的电子输运的整流作用。这一效应称为**自旋阻塞**(spin blockade)。自旋阻塞可以用图 6.3.4 说明。

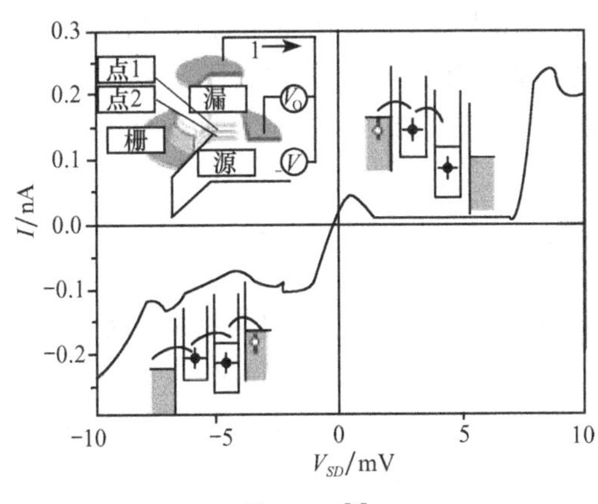

图 6.3.4[7]

在负偏置区，假设右边点(点 2)上有一个自旋向上的电子，由于点 2 电化学势低于最右边的漏，点 2 可以从漏中接收一个自旋向下的电子，而不违背 Pauli 原理。类似地,若点 2 上原来的电子自旋向下,它可以接收一个自旋向上的电子。当点 2 从一个电子态过渡到两个电子态后,点 2 上的一个电子可以隧穿到点 1 上,最后到左边的源。于是点 2 又可以从漏中接受另一个电子,这样双点上电子态就会发生(0,1)→(0,2)→(1,1)→(0,1)周期的变化。

在正偏置区,情况不同。双点电荷态可以发生(0,1)→(1,1)→(0,2)→(0,1)的周期变化。首先点 1 从左边的源接受一个电子,而不管这个电子自旋向上或向下,形成双点电荷态(1,1)。如果双点上的这两个电子形成 $S(1,1)$态,那么点 1 上的电子可以隧穿到点 2 上形成电荷态 $S(0,2)$。但是,如果这两电子形成三重态 $T(1,1)$中任意一个,由于 $T(0,2)$能量高于 $S(1,1)$,点 1 上的电子就不会隧穿到 $S(0,2)$态,系统电子输运过程被阻塞。这个阻塞过程可以持续到 $S(1,1)$态消相干之前,所需时间 T_1 达到毫秒。在这段时间流过系统的电流可以忽略,这就是 **Pauli 自旋阻塞**(Pauli spin blockade)。图 6.3.4 中所示是竖直耦合双点系统 *I-V* 曲线,图中显示在正偏置区 2~7mV 区间发生 Pauli 自旋阻塞。偏置电压超过 7mV,$T(0,2)$可以出现,沿这个方向电流成为可能。

双点系统 *I-V* 曲线与半导体管 *I-V* 曲线有某些相似,表示这个系统也具有整流作用。

6.4 电子自旋量子位和通用逻辑门操作

在第 4 章量子计算机动力学模型中,量子位作为一个双态量子系统,可以用在恒定磁场中的自旋 $\hbar/2$ 的粒子模拟。在量子点自旋为基础的量子计算机物理实现中,按最初 Loss 和 Divincenzo 的建议[1],量子位就由量子点上单电子自旋实现,通过调控相邻两量子点间隧穿势垒,实现两量子位门操作。以量子点上电子自旋态编码信息的量子计算机,就是第 4 章讨论的量子计算机一般模型直接、具体的实现,所用的原理性问题在第 4 章已经解决,本节只是介绍这些原理在量子点情况下如何具体实现。

6.4.1 电子自旋量子位

量子计算机以量子点上电子自旋态编码为基础的物理实现,编码逻辑量子位最直接的方法就是按 Loss 和 Divincenzo 的建议[1],把量子位编码在一个量子点上单个电子自旋态上。在恒定外磁场作用下,电子自旋能级发生 Zeeman 分裂,Hamilton 算子本征态构成一个两能级系统。可以编码沿磁场方向自旋向上态为逻辑$|0\rangle$,和磁场方向相反的自旋态(自旋向下态)为逻辑$|1\rangle$。当外施磁场增大时,量子位能量差比环境热激发能大得多,可以形成“很好定义的”量子位系统。量子位和量子位之间的耦合可以通过控制两量子位之间的隧穿势垒实现。这种隧穿耦合具有

Heisenberg 形式的交换相互作用，借助这样的耦合，可以实现两量子位门操作。

上述编码量子位到电子自旋态上的方法有一个重要缺陷，就是需要两种不同类型的相互作用执行通用量子逻辑门操作。一种是控制局域在各个量子点上的磁场，执行单量子门转动；而两量子位门操作则需要另一种相互作用——控制两量子点间电子自旋的 Heisenberg 交换作用执行。这一缺陷的直接后果有两个方面：一是使以这种方式工作的量子点量子计算机硬件结构复杂化；二是由于单量子位门操作需要通过控制局域磁场的磁作用完成，而磁作用一般是弱的，单量子门操作需要时间相对较长（估计单量子位门操作时间约 15ns，已经和估计自旋消相干时间相当[5,7]）。而 Heisenberg 相互作用起源于库仑相互作用和 Pauli 原理，属于强相互作用，两量子位门操作时间比单量子门时间短得多，估计约 100ps。Divincenzo 等[12]考虑到直接采用量子点上单电子自旋的编码方法，单量子位门操作和两量子位门操作快慢相差在百倍以上，根据 Heisenberg 相互作用

$$\hat{H}_I = J\vec{S}^{(1)} \cdot \vec{S}^{(2)}$$

和 $\hat{S}^2$、$\hat{S}_z$ 都对易，$\hat{H}_I$ 只能转动具有相同量子数 S、S_z 的量子态这一事实，提出用三个量子点上的三个物理量子位块编码一个逻辑量子位的方案。这个逻辑量子位的两个基底态为

$$|\bar{0}\rangle = \frac{1}{\sqrt{2}}(|\uparrow\downarrow\rangle - |\downarrow\uparrow\rangle)|\uparrow\rangle, \quad |\bar{1}\rangle = \frac{2}{\sqrt{3}}|T_+\rangle|\downarrow\rangle - \frac{1}{\sqrt{3}}|T_0\rangle|\uparrow\rangle \tag{6.4.1}$$

并证明仅用 Heisenberg 相互作用，就可实现包括单个逻辑量子位转动在内的通用逻辑门操作。这个方案避免了设置局域磁场执行单量子位门，可以仅使用一种相互作用（Heisenberg 交换相互作用）实现通用量子逻辑门操作，这是他们方案的优点，但缺点是使门操作复杂化。比如即使采用他们的优化设计，执行一步两位逻辑门，仍需要通过执行 19 个两量子位门操作实现。

Levy 等[13]提出一个直觉的简单、有效编码方案，使用两个量子点上两个电子自旋态

$$|\bar{0}\rangle = |\uparrow_1\downarrow_2\rangle, \quad |\bar{1}\rangle = |\downarrow_1\uparrow_2\rangle \tag{6.4.2}$$

编码一个逻辑量子位，其中向上、向下箭头的下标指示量子点。他们证明，存在非均匀有效磁场情况下，仅使用交换相互作用，通过两个 Heisenberg 交换门操作可产生一个逻辑量子位 π 相移，三个这样的门操作就可完成一个两逻辑量子位门操作。证明以这种方式仅 Heisenberg 交换相互作用，就足以产生量子计算的通用逻辑门组。它们的基于用双量子点上电子自旋态编码一个逻辑量子位，用电方法控制 Heisenberg 交换相互作用，这个量子位两个基态之间的 Rabi 震荡已经被实验证实[14]。

6.4.2 电子自旋量子位的一位门操作

正如在第 4 章的讨论,操控单电子自旋量子位就是控制单电子 Zeeman 分裂两态之间的 Rabi 震荡。激发这种震荡最常用的方法就是**电子自旋共振**(electron spin resonance)。沿垂直于静磁场 B_0(B_0 定义量子位两能态,假设沿 z 方向),施加交变磁场 B_{ac},构成对静磁场 B_0 的扰动,导致自旋章动,当交变磁场频率和自旋 Zeeman 能级差匹配时,会发生电子自旋共振。利用电子自旋共振可以相干地控制电子在两个自旋态之间的转动。

单电子自旋共振实验虽然在固体物理中少数情况下已有报告[15~17],但在半导体量子点的实现中会遇到更多的实验技术挑战。在单量子点上电子自旋共振探测需要电子在恒定外磁场中 Zeeman 分裂比环境热辐射场激发大得多,因此需要更强的高频磁场 B_{ac} 驱动相干震荡,同时要求更低的环境温度。而强的高频磁场总是伴随着强的震荡电场,震荡电场容易引起量子点电子的光辅助隧穿。虽然为驱动量子点上单个电子自旋转动,基于光激发和基于电控制的理论方案已经提出,但在实验操作上仍有更多的困难需要克服。

使用串联双量子点,控制单个电子自旋可以在一定程度避免上述困难,在实验上已经实现。荷兰 Deft 研究小组[14]在芯片上产生连续波震荡磁场,用测量通过两点自旋有关的电子输运,观测电子自旋共振(ESR)。然后用施加震荡磁场的短脉冲,相干地控制电子自旋量子态。在双量子点上电子自旋态翻转可以用通过监控双点的电子输运电流探测。基本思想是,点上电子自旋态的转动可以导致通过点电流的变化。对于处在点上的单个电子,由于处在自旋向下态$|\downarrow\rangle$能量高于自旋向上态,对于点上一个处在自旋向上态的电子,在适当的偏置下可能使点处在库仑阻塞状态,没有通过点的电流流动。当施加外场使电子自旋共振,转动电子自选态为$|\downarrow\rangle$,此时电子将有足够能量从点上逃逸,形成通过点的共振电流。用这种方法可以检测量子点上单电子自旋态的相干转动[14]。

虽然电场不能直接和自旋作用,但可以通过位置有关的磁场作为中间媒介实现二者的耦合,在梯度磁场中"摇动"电子,一个震荡的有效磁场施加到电子上,也可以实现对电子自旋态的相干控制。和磁共振方法比较,由于电场比磁场更容易控制在有限区域内,更容易实现对要操作的量子位定域寻址。通过局域门产生振荡电场,对量子点电子自旋进行相干控制实验已经完成[18],证明通过自旋—轨道相互作用为中间媒介,震荡电场也可诱导电子自旋两能级间的相干 Rabi 振荡。

6.4.3 电子自旋量子位的二位门操作

分别位于两个量子点上的两个电子,可以通过调整两相邻点之间的隧穿势垒,控制两量子位的耦合。当势垒很高时,两点之间的隧穿基本上被禁止,这时可以认为两个量子位之间没有相互作用。当势垒不是很高时,已经证明,相邻点上电子自旋分别是 $\hat{\vec{\sigma}}^{(1)}$ 和 $\hat{\vec{\sigma}}^{(2)}$ 的两个电子通过隧穿势垒的耦合,可以用 Heisenberg 交换 Hamilton 量:

$$\hat{H}_I(t) = J(t)\hat{\vec{\sigma}}^{(1)} \cdot \hat{\vec{\sigma}}^{(2)} \tag{6.4.3}$$

描述[1,11],时间有关的耦合强度与两电子波函数交叠程度有关,可以用电学方法控制。式(6.4.3)和在第 4 章给出的两量子位 Heisenberg 交换相互作用式(4.1.20)相似,它对于实现两位通用门组是足够的。这也是当初 Loss 和 Divincenzo 提出用量子点实现量子计算的依据之一。通过对交换相互作用的控制,可以实现控制两量子位门操作。

两量子位控制非门和单量子位任意转动构成通用逻辑门组。在 2.5 节已证明,控制非门可以通过两量子位交换门平方根 $\sqrt{SWAP}$ 和一位门组合实现,现在需要证明 $\sqrt{SWAP}$ 门如何能通过两量子点间 Heisenberg 交换相互作用实现。

考虑双量子点每个点各有一个电子的电荷态(1,1)。假设初始两电子非耦合,每个电子都处在单个量子点轨道本征态上。当施加在门上的电压脉冲使两点间发生隧穿耦合[即式(6.4.3)非零时],双点系统 Harmilton 量为

$$\hat{H}(t) = -\mu_B B_0(\hat{\sigma}_z^{(1)} + \hat{\sigma}_z^{(2)}) + J(t)\hat{\vec{\sigma}}^{(1)} \cdot \hat{\vec{\sigma}}^{(2)} \tag{6.4.4}$$

由于 $\hat{H}(t)$ 和两电子总自旋算子($\hat{S}^2, \hat{S}_z$)都对易,所以脉冲作用 $\hat{H}(t)$ 仅可以把自旋单态 $|S\rangle$ 和自旋三重态中 $|T_0\rangle$ 两个态耦合起来,在 $\{|S\rangle, |T_0\rangle\}$ 张起的子空间中,注意到

$$(\hat{\sigma}_z^{(1)} + \hat{\sigma}_z^{(2)}) \mid S\rangle = (\hat{\sigma}_z^{(1)} + \hat{\sigma}_z^{(2)}) \mid T_0\rangle = 0$$

$$(\hat{\sigma}_z^{(1)}\hat{\sigma}_z^{(2)}) \mid S\rangle = (\hat{\sigma}_x^{(1)}\hat{\sigma}_x^{(2)}) \mid S\rangle = (\hat{\sigma}_y^{(1)}\hat{\sigma}_y^{(2)}) \mid S\rangle = -\mid S\rangle$$

而

$$-(\hat{\sigma}_z^{(1)}\hat{\sigma}_z^{(2)}) \mid T_0\rangle = (\hat{\sigma}_x^{(1)}\hat{\sigma}_x^{(2)}) \mid T_0\rangle = (\hat{\sigma}_y^{(1)}\hat{\sigma}_y^{(2)}) \mid T_0\rangle = \mid T_0\rangle$$

式(6.4.4)中的 Harmilton 量用矩阵表示为

$$\hat{H} = \begin{bmatrix} -3J & 0 \\ 0 & J \end{bmatrix} \tag{6.4.5}$$

有对角形式,表明 $|S\rangle$、$|T_0\rangle$ 就是式(6.4.4)中 $\hat{H}$ 的本征态,相应的能量本征值分别为 $E_S = -3J, E_{T_0} = J$。

假设初始两电子有相反自旋态 $|\psi_0\rangle = |\uparrow_1\downarrow_2\rangle$,注意有

$$|\uparrow\downarrow\rangle = |\uparrow\downarrow\rangle = \frac{|\uparrow\downarrow\rangle - |\downarrow\uparrow\rangle + |\uparrow\downarrow\rangle + |\downarrow\uparrow\rangle}{2} = \frac{|S\rangle + |T_0\rangle}{\sqrt{2}} \tag{6.4.6}$$

在式(6.4.4)Hamilton 量作用下,系统的时间演化态为

$$\psi(t)=\frac{|S\rangle e^{\frac{i}{\hbar}\int_0^t 3J(t')dt'}+|T_0\rangle e^{-\frac{i}{\hbar}\int_0^t J(t')dt'}}{\sqrt{2}}$$

$$=\frac{e^{\frac{i}{\hbar}\int_0^t 3J(t')dt'}}{\sqrt{2}}\left[|S\rangle+|T_0\rangle e^{-\frac{i}{\hbar}\int_0^t 4J(t')dt'}\right] \tag{6.4.7}$$

前面公共相因子是没有意义的,当演化时间 t 使

$$-\frac{1}{\hbar}\int_0^t 4J(t')dt'=k\pi \tag{6.4.8}$$

其中,k 取奇整数时,有

$$\psi(t)=\frac{|S\rangle+|T_0\rangle e^{ik\pi}}{\sqrt{2}}=\frac{|S\rangle-|T_0\rangle}{\sqrt{2}}=|\downarrow_1\uparrow_2\rangle \tag{6.4.9}$$

就完成了两量子位自旋态的交换。控制操作时间 t,使式(6.4.8)中 k 取半整数的奇数倍,就执行了 $\sqrt{SWAP}$ 操作。

6.4.4 使用交换相互作用的通用量子计算

现在可以解释,在量子计算机的量子实现中,为什么仅使用 Heisenberg 交换相互作用,采用适当的编码方法,就可以实现通用量子计算。

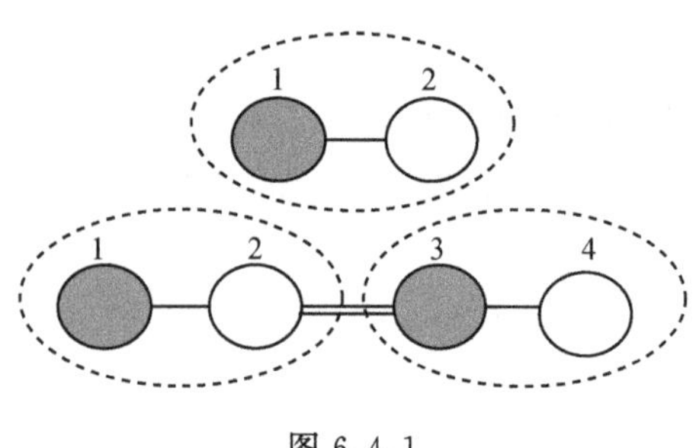

图 6.4.1

Levy 等[13]用两个分别囚禁在两个量子点上的电子自旋态编码一个逻辑量子位,编码态式(6.4.2)可以示意地用图 6.4.1 表示,其中椭圆形虚线内两个量子点编码一个逻辑量子位,黑色和白色圆圈表示局域磁场不同的两个量子点,两量子点间黑线表示两电子隧穿耦合,平行双黑线表示两逻辑量子位之间的耦合。编码第 i 个逻辑量子位的两个物理态可记为

$$|01\rangle_i\rightarrow|\bar{0}\rangle_i,\quad |10\rangle_i\rightarrow|\bar{1}\rangle_i \tag{6.4.10}$$

采用这种编码方案,前面刚证明,两量子点间的 Heisenberg 交换相互作用可以产生两个物理量子位之间的交换操作:

$$U_{12}(t)=e^{\frac{i}{\hbar}\int_0^t J(t')\hat{S}_1\cdot\hat{S}_2 dt'} \tag{6.4.11}$$

这一交换操作就是现在 Levy 编码中的单个逻辑量子位态的任意转动操作。要证明仅 Heisenberg 量子点间交换作用就可实现通用量子计算,还需要证明的就是两逻辑量子位纠缠门也可以通过这种交换相互作用实现。下面就来证明这一结论。

Heisenberg 交换相互作用只能耦合具有相同量子数 S,S_z 的量子态,在四个自旋 1/2 粒子态中,总自旋等于零,总投影量子数等于 0 的态有六个(各物理量子位按自然顺序):

$$\{|0011\rangle, |0101\rangle, |0110\rangle, |1001\rangle, |1010\rangle, |1100\rangle\} \qquad (6.4.12)$$

在上述编码方案中注意到编码态：

$$\begin{aligned} &|0_1 1_2\rangle |0_3 1_4\rangle \to |\bar{0}\rangle_1 |\bar{0}\rangle_2, \quad |0_1 1_2\rangle |1_3 0_4\rangle \to |\bar{0}\rangle_1 |\bar{1}\rangle_2 \\ &|1_1 0_2\rangle |0_3 1_4\rangle \to |\bar{1}\rangle_1 |\bar{0}\rangle_2, \quad |1_1 0_2\rangle |1_3 0_4\rangle \to |\bar{1}\rangle_1 |\bar{1}\rangle_2 \end{aligned} \qquad (6.4.13)$$

(为了明确,其中已经用下标指明态所属的物理量子位和逻辑量子位)是两逻辑量子位的直积空间,它是式(6.4.12)基态张起空间的一个子空间。执行 2、3 两物理量子位间的 $\sqrt{SWAP}$ 门的交换相互作用,对(6.4.13)基矢的作用可以由式(2.5.12)求得

$$\begin{aligned} &\sqrt{SWAP}\,|0_2 0_3\rangle = |0_2 0_3\rangle, \quad \sqrt{SWAP}\,|1_2 1_3\rangle = |1_2 1_3\rangle \\ &\sqrt{SWAP}\,|0_2 1_3\rangle = \frac{1}{2}(\mathrm{i}-1)\,|0_2 1_3\rangle - \frac{1}{2}(\mathrm{i}+1)\,|1_2 0_3\rangle \\ &\sqrt{SWAP}\,|1_2 0_3\rangle = -\frac{1}{2}(\mathrm{i}+1)\,|0_2 1_3\rangle + \frac{1}{2}(\mathrm{i}-1)\,|1_2 0_3\rangle \end{aligned} \qquad (6.4.14)$$

写成矩阵形式即

$$\sqrt{SWAP} = \begin{bmatrix} (\mathrm{i}-1)/2 & -(\mathrm{i}+1)/2 & 0 & 0 & 0 & 0 \\ -(\mathrm{i}+1)/2 & (\mathrm{i}-1)/2 & 0 & 0 & 0 & 0 \\ 0 & 0 & 1 & 0 & 0 & 0 \\ 0 & 0 & 0 & 1 & 0 & 0 \\ 0 & 0 & 0 & 0 & (\mathrm{i}-1)/2 & -(\mathrm{i}+1)/2 \\ 0 & 0 & 0 & 0 & -(\mathrm{i}+1)/2 & (\mathrm{i}-1)/2 \end{bmatrix} \qquad (6.4.15)$$

分别利用 1 和 2、3 和 4 两点间的交换相互作用,可以执行每个逻辑量子位绕各自 Bloch 球 z 轴 π 角的转动。利用式(2.3.7),有

$$R_z(\pi) = \begin{bmatrix} -\mathrm{i} & 0 \\ 0 & \mathrm{i} \end{bmatrix}$$

作用到逻辑量子位的转动矩阵为

$$R_z^{(1,2)}(\pi) = R_z^{(1)}(\pi) \otimes R_z^{(2)}(\pi) = \begin{bmatrix} -\mathrm{i} & 0 \\ 0 & \mathrm{i} \end{bmatrix} \otimes \begin{bmatrix} -\mathrm{i} & 0 \\ 0 & \mathrm{i} \end{bmatrix} \qquad (6.4.16)$$

注意 1 和 2、3 和 4 两点间的交换操作对态 $|0011\rangle$、$|1100\rangle$ 永远是恒等变换,应用式(6.4.16)得

$$R_z^{(1,2)}(\pi) = \begin{bmatrix} -1 & 0 & 0 & 0 & 0 & 0 \\ 0 & 1 & 0 & 0 & 0 & 0 \\ 0 & 0 & 1 & 0 & 0 & 0 \\ 0 & 0 & 0 & 1 & 0 & 0 \\ 0 & 0 & 0 & 0 & 1 & 0 \\ 0 & 0 & 0 & 0 & 0 & -1 \end{bmatrix} \qquad (6.4.17)$$

类似地利用式(2.3.7)可以求出每个逻辑量子位分别绕逻辑 Bloch 球 z 轴 $\pi/2$ 和 $-\pi/2$ 的转动矩阵：

$$R_z^{(1,2)}\left(\frac{\pi}{2}\right)=\begin{bmatrix}1&0&0&0&0&0\\0&-\mathrm{i}&0&0&0&0\\0&0&1&0&0&0\\0&0&0&1&0&0\\0&0&0&0&\mathrm{i}&0\\0&0&0&0&0&1\end{bmatrix} \tag{6.4.18}$$

利用式(6.4.15)、式(6.4.17)可得

$$\sqrt{SWAP}R_z^{(1,2)}(\pi)\ \sqrt{SWAP}=\begin{bmatrix}\mathrm{i}&0&0&0&0&0\\0&-\mathrm{i}&0&0&0&0\\0&0&1&0&0&0\\0&0&0&1&0&0\\0&0&0&0&-\mathrm{i}&0\\0&0&0&0&0&\mathrm{i}\end{bmatrix} \tag{6.4.19}$$

由式(6.4.19)、式(6.4.18)得

$$R_z^{(1,2)}\left(\frac{\pi}{2}\right)\sqrt{CWAP}R_z^{(1,2)}(\pi)\ \sqrt{CWAP}$$

$$=\begin{bmatrix}1&0&0&0&0&0\\0&-\mathrm{i}&0&0&0&0\\0&0&1&0&0&0\\0&0&0&1&0&0\\0&0&0&0&\mathrm{i}&0\\0&0&0&0&0&1\end{bmatrix}\begin{bmatrix}\mathrm{i}&0&0&0&0&0\\0&-\mathrm{i}&0&0&0&0\\0&0&1&0&0&0\\0&0&0&1&0&0\\0&0&0&0&-\mathrm{i}&0\\0&0&0&0&0&\mathrm{i}\end{bmatrix}=\begin{bmatrix}\mathrm{i}&0&0&0&0&0\\0&-1&0&0&0&0\\0&0&1&0&0&0\\0&0&0&1&0&0\\0&0&0&0&1&0\\0&0&0&0&0&\mathrm{i}\end{bmatrix}$$

这一结果限制在两逻辑量子位直积空间中就是逻辑态的控制相位门。

6.5 电子自旋态的制备和测量

用电子自旋态编码的量子计算，计算开始前需要把电子自旋态制备在某个标准态(自旋基态)上，为了进行出错诊断(见第 14 章)，往往需要引进辅佐量子位，并把它们制备在某个已知的态上。有时需要读出电子自旋态的信息，特别计算结果的输出就是通过测量计算结果的末态实现的，本节就来讨论电子自旋态的制备和测量问题。

6.5.1 电子自旋态制备

电子自旋态制备，首先是把电子自旋态初始化到某个标准态上。处在恒定外

磁场中,电子有两种可能的自旋态,即自旋向上态和自旋向下态,其中自旋向下态能量高于自旋向上态一个能量值 $\mu_B B_z$,其中 B_z 是磁场沿向上(z)方向的分量。标准态最方便的选择就是电子自旋基态,即在恒定磁场中电子自旋向上态。如果需要制备其他的态,接着要解决的问题实际上就是量子态的操控,即把标准态通过前面介绍的门操作制备到需要的自旋态上,所以下面主要介绍如何把电子初始化到自旋基态——自旋向上态上。

为了使电子以接近于 1 的概率制备在自旋向上态,可以采用以下几种方法:

1. 通过能量弛豫过程

弛豫过程(relaxation process)是物理系统从非平衡态自发地过渡到平衡态的过程。在强磁场情况下,电子自旋由 Zeeman 效应分裂为自旋向上、向下两个不同能量态。当系统一部分电子处在自旋向上态,另一部分处在自旋向下态时,系统处在能量上非平衡状态。如果系统处在低温环境中,经过一段时间自由演化,系统通过某种方式和低温热库交换能量,可以自发地弛豫到基态。利用这种方法可以制备电子自旋基态,但这显然是个相对较慢过程,电子系统从非平衡态通过弛豫到平衡态,需要的时间已经和电子自旋态消相干时间相当[5]。如果这种方法在初始化计算机初态中还可用的话,在需要更快的态制备(如量子纠错辅佐态制备)中可能完全不适用。

2. 利用隧穿过程

通过调节量子点势垒,使量子点上自旋向上电子能量低于库 Fermi 能,而自旋向下电子的能量高于库 Fermi 能,等待典型的隧穿时间 $\sim(1/\Gamma_{\uparrow}+1/\Gamma_{\downarrow})$后,自旋向下的电子基本上已经从点上隧穿出去,留下的电子将以很大概率处在自旋向上态上。这种方法初始化时间依赖于电子隧穿势垒的速率,典型时间小于 1 微秒[5],是比较快速初始化方法。缺点是需要电子 Zeeman 能级分裂比库电子温度大得多,即需要施加较大的静磁场。

利用隧穿速率的自旋选择性,初始化计算机初态的另一个方法是首先通过门控电压置势垒使量子点上电子都隧穿出去,使点上没有电子,然后调整势垒使量子点上自旋向上、向下的电子能量都低于库电子 Fermi 能,由于自旋向上的电子与库有更大的能量差,电子从库隧穿到点上的速率 $\Gamma_{\uparrow}\gg\Gamma_{\downarrow}$,经过一段时间后,隧穿到点上电子取自旋向上的概率将是 $\Gamma_{\uparrow}/(\Gamma_{\uparrow}+\Gamma_{\downarrow})$,这个概率非常接近于 1。

3. 利用光辅佐跃迁

使用光泵浦制备电子自旋基态的基本思想和用激光泵浦离子制备离子基态相同。在离子情况下激光驱动离子跃迁,使离子所有高能级都从相对稳定的态跃迁到存活寿命极短的不稳定态上,这些不稳定态通过自发辐射衰变到基态上。继续这个泵浦过程,直到所有高能级都被耗尽,激光泵浦不再对离子态布居有作用为止,最后就得到离子基态。

对自组织生长量子点 a,通过激光在量子点价带上激发电子—空穴对(激子),取决于点上电子自旋以及激光极化态,在导带产生基态的一个电子态:

$$|0\rangle_a = c^{+}_{a,0,1/2}|vac\rangle, \quad |1\rangle_a = c^{+}_{a,0,-1/2}|vac\rangle$$

和空穴态 $|\sigma_{a,h}\rangle_a = c^{+}_{a,0,\sigma_h}|vac\rangle$ 称为“3 元组”(trion)态[19,20]。考虑电荷间静电相互作用,可变化裸 3 元组态为物理相互作用态 $|\chi,\sigma_h\rangle_v$,其中由于角动量守恒,空穴角动量将取决于激光极化态。例如对于其中**重空穴**(heavy hole)有最低能量的半导体材料,和最低带间激发能匹配的园极化激光 $\sigma^{(+)}$ 激发电子—空穴对,其中空穴只能有角动量 $\sigma_h = 3/2$。根据这一规则,当点上电子已占据自旋向上态,用 $\sigma^{(+)}$ 极化态激光激发电子—空穴对的过程就被禁戒。这称为**激子 Pauli 阻塞**[21](exciton Pauli blocking)。

单电子填充量子点在 3 元组态图像中是一个 4 能级系统。态 $|\uparrow\downarrow,\nabla\rangle$、$|\uparrow\downarrow,\Delta\rangle$ 分别是单个电子和角动量沿晶体生长(z)方向投影分别是 $\pm 3/2$ 空穴形成的两个基态。其中满足角动量选择定则的两个跃迁 $|\uparrow\downarrow,\nabla\rangle \leftrightarrow |\uparrow\rangle$ 和 $|\uparrow\downarrow,\Delta\rangle \leftrightarrow |\downarrow\rangle$ 称为**强跃迁**,保持驻留电子自旋态不变;而违背角动量选择定则的跃迁 $|\uparrow\downarrow,\nabla\rangle \leftrightarrow |\downarrow\rangle$ 和 $|\uparrow\downarrow,\Delta\rangle \leftrightarrow |\uparrow\rangle$ 称为**弱跃迁**,会导致驻留电子自旋反转。这种违反角动量选择定则的跃迁,只能在存在内禀的重—光空穴混杂或存在不平形 z 轴磁场情况下才可能出现。一般强跃迁速率 Γ 远大于弱跃迁速率 γ。核自旋系统对电子自旋的超精细相互作用会导致电子自旋指向的随机反转,已有研究证明这种反转随机化自旋的速率 $\xi_{\uparrow\downarrow}$ 与外磁场有关,当外磁场 $\vec{B}=0$ 时 $\xi^{(\vec{B}=0)}_{\uparrow\downarrow} \leqslant \Gamma$,这一过程会被外磁场存在强烈抑制,即使在很弱的磁场下,$\xi^{(\vec{B}\neq 0)}_{\uparrow\downarrow} \ll \gamma$。由于这种自发的自旋反转 Raman 散射可以相对超精细诱导自旋反转占优,可以利用激光制冷电子自旋,至少对于自组织 I_nA_s/G_aA_s 量子点,可以用于制备电子自旋初始态。文献[18]报道,用光泵浦方法,通过用门电压和磁场控制过程,把由热库决定的自旋温度 4.2K 成功地冷却到 20mK,自旋态制备忠实度可高达 99.8%。

6.5.2 量子点上电荷态测量

使用量子点上电子自旋态编码信息,首先需要监测计数点上的电子数目。在靠近量子点的地方,用适当设计的门电极,构成所谓**量子点接触**(quantum point contact,QPC)电荷传感器,它可以用作静电计,监测量子点上电子数目的变化。

图 6.5.1 是一个具有可控门电压的双量子点金属面电极装置的电子显微照片[5,10],其中集成有量子点接触电荷传感器(图中 QPC-L、OPC-R)——用于监控量子点上的电子数目。图 6.5.1(a)中白色圆圈代表由中间 6 个门电极加负压形

成的两个量子点。加适当偏压,门 T 和门 L(R)的组合可构成左(右)边两点分别到漏 1(2)的隧穿势垒;门 T 和中间 M 门结合构成在两量子点之间、耦合两量子点的势垒。图中左(右)细杆 $P_L(P_R)$用来加适当电压改变左(右)点的静电势,分别控制两点上的电子数目。图中带有箭头的白线指示可能的电流路径。加在源 1(2)、漏 1(2)之间的偏压 $V_{SD1}(V_{SD2})$控制通过左边(右边)QPC 的电流 I_{QPC}。在源 2 和漏 1 之间可施加电压 V_{DOT}偏置双点,引起通过双点电流 I_{DOT}。

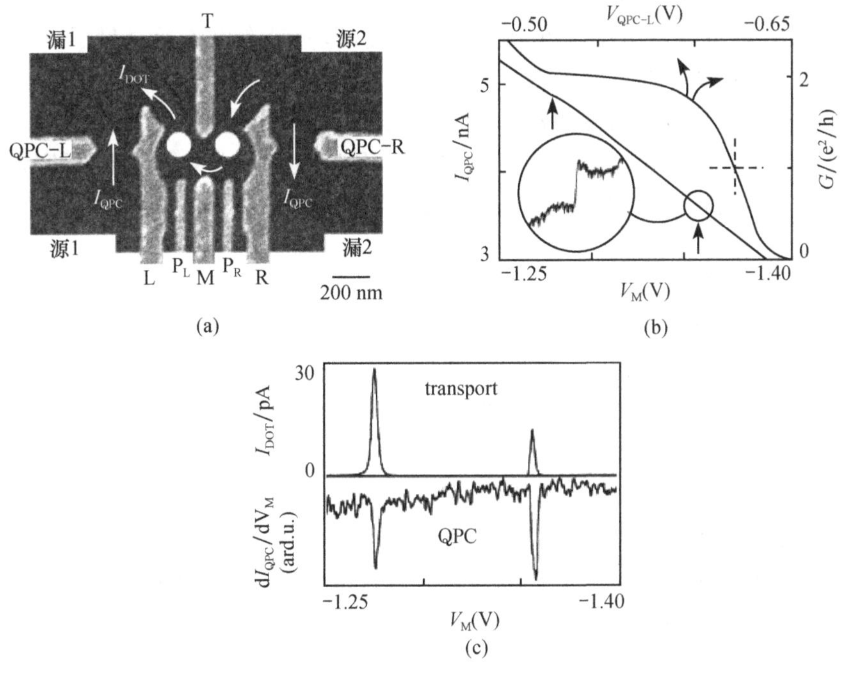

图 6.5.1[10]

为了演示如何测量量子点上的电荷,首先通过在上面装置中把电极 R 和 P_R接地,右边量子点弃置不用,只造成左边一个量子点。在 QPC-L 和 L 间加负偏压,压缩二者之间 2 维电子气通道,使 QPC-L 形成测量这个点上的电荷的量子点接触电荷传感器。由于通过电荷传感器的电流,是施加在源和漏之间电压的函数。当连续改变门电压 V_{QPC-L}时,通过电荷传感器电流的电导率 G_{QPC}是以 $2e^2/h$ 为单位量子化的,使其中电流呈现出脉冲式的信号。图 6.5.1(b)中给出上、下两条曲线,其中上部的曲线是用 QPC-L 测出的左边 QPC 电导率(左边坐标轴表示)对门电压(上部坐标轴)的变化曲线,显示出电导率量子化平台到电路完全断开的转变过程。其中虚线叉处是曲线斜率最大处,这里 $G\sim e^2/h$,G_{QPC}对包括量子点在内的周围静电环境非常敏感。右下部的曲线给出通过左边 QPC 的电流(参考左边坐标轴表示)对左边门电压 V_M(下边坐标轴表示)的关系。图中箭头指示的台阶对应着(左边)量子点上电子数目的改变。

图 6.5.1(c)上部画出测得的通过左边量子点电流 I_{DOT} 对门电压 V_M 的关系曲线,下部是左边 QPC 测出的左边点上电子数目的变化,dG_{OPC}/dV_M 对 V_M 的关系曲线。上部和下部两曲线比较,dG_{OPC}/dV_G 曲线下陷处电压正好和电流 I_{DOT} 峰值处电压重合,证明量子点接触电荷探测器的有效性,二者符号相反原因可解释如下,当栅极电压增加,将有一个电子迁移到岛上,岛上电荷增加,这个电子的电场对通过 QPC 的电子输运起阻碍作用,导致通过 QPC 的电导率减小。由于这种方法用通过 QPC 的电流显示量子点上的电荷信息,即使没有电流通过量子点,I_{QPC} 仍能给出点上电荷或电荷变化的信息。

这种量子点接触电荷探测器,通过优化设计其灵敏度可进一步提高[22]。这类装置已经用于量子点单电子隧穿的实时观察,研究量子点上电子能谱,研究量子点电子自旋态的消相干机制等[5~7,23~25]方面。

6.5.3 单电子自旋态读出

量子点量子计算机的信息读出需要测量量子点上单个电子的自旋态。由于单个电子自旋磁矩很小(等于一个 Bohr 磁子:$\mu_B=9.27\times10^{-24}J/T$),直接测量电子磁矩是十分困难的。最近几年已经发展的几个间接地测量电子自旋态方案,基本精神就是设法建立电子自旋态与其他更容易测量的其他物理量的联系,通过测量这些容易测量的物理量,决定电子自旋态。

由于量子点上电子电荷可以用前述量子点接触探测,一个自然的想法就是设法把量子点上电子自旋态的信息转移到电荷自由度上,通过测量量子点电荷态决定量子点上的电子自旋态。实现这种信息转换已经提出的方法有以下几种。

1. 利用不同自旋态之间能量差测量量子点上电子自旋态[5,6,14]

利用电子处在不同自旋态能量不同,测定电子自旋态的原理是:电子处在外磁场 B_z 中,自旋能量 Zeeman 分裂形成两个能级,处在自旋向下态的电子能量高于自旋向上态。为了建立电子自旋态和点上电荷态的关联,可通过调整门电压,使自旋向下态的电子能量高于库化学势,使自旋向下的电子从点上隧穿出去,而处在自旋向上态的电子,由于能量禁戒不能隧穿离开就留在量子点上。这样就建立了量子点上电子自旋态和点上电荷态的联系。然后利用上面介绍的量子点接触作为静电计,监测点上单电子隧穿过程,决定原来点上的电子自旋是向上态或是向下态[26]。

演示这种通过能量选择测量电子自旋态的方法的实验如下[5,6],首先调节门电压使电子自旋向上和自旋向下的电化学势都在库化学势以上,然后用一个电压脉冲加到门电极上,使点上电子两个自旋态能量都低于周围库能量,经过大约 $1/\Gamma$ 的时间,平均将有一个未知自旋态的电子隧穿到量子点上。在脉冲持续期间,这个电子被囚禁在点上，同时由于库仑阻塞，阻碍了第二个电子进入。为了读出点上电子自旋态，在脉冲持续时间结束后，如果电子处在自旋向上态，它的能量低于库能量，这个电子将被留在点上；如果这个电子处在自旋向下态，它的能量高于库能量，经过大约 $1/\Gamma$（Γ 是电子隧穿速率）的时间，这个电子将以很大概率从点上隧穿出来。这期间通过量子点接触电荷探测器的电流 I_{QPC} 由两个部分组成，一部分是脉冲门和 QPC 的容性耦合，它对 I_{QPC} 的贡献与脉冲幅度成正比。第二部分和点上的电荷有关，如果有电子从点上隧穿出来，将会引起这部分电流上升，反过来有电子隧穿到点上，它将减小。因此，如果在读出阶段，量子点上有一个自旋向上的电子，通过电荷探测器的电流 I_{QPC} 将保持平坦。相反，若点上电子自旋向下，I_{QPC} 曲线上会出现特征台阶。据此就可测定点上电子自旋态。

这种能量有关的电子自旋态读出方法，存在这样的缺陷：首先，它要求自旋态的 Zeeman 能级分裂比岛外库中电子热运动能大，所以这种方法仅在非常低的电子温度和较高的磁场强度下才有效；其次，由于对电子自旋态的探测依赖电子能级相对库电化学势的精确配置，因此对静电势的波动、背景电荷波动敏感；最后，高频噪声可能引起电子自旋基态（自旋向上态）到激发态（自旋向下态）的光辅佐跃迁，污染电子自旋测量过程。

2. 利用隧穿速率差实现自旋态信息转移[5,6,18]

利用隧穿速率选择测量电子自旋方法，物理原理是不同自旋态电子有不同的隧穿速率。如果电子处在自旋向下态通过隧穿势垒离开量子点速率 $\Gamma_{\downarrow}$ 比自旋向上态的隧穿速率 $\Gamma_{\uparrow}$ 大得多，即

$$\Gamma_{\downarrow} \gg \Gamma_{\uparrow} \tag{6.5.1}$$

开始时刻置两个自旋态能级位置都在库电化学势之上，所以无论电子处在哪个自旋态都可以从量子点隧穿到库中。取时间 τ 满足 $\Gamma_{\uparrow}^{-1} \gg \tau \gg \Gamma_{\downarrow}^{-1}$，在时刻 τ 处在自旋向下态的电子将有很大的概率从点上隧穿出来，但是自旋向上态的电子很可能仍留在点上，这就把电子自旋态的信息转移到点上的电荷态上，接着测量量子点上的电荷态，就可决定原来电子自旋态的信息。

这一方案的关键在于隧穿速率对自旋态的有关性，即是否满足条件式(6.5.1)，迄今仅在一个量子点上有两个电子的情况获得实验证明[5,27]。同一量子点上两个电子可以处在自旋单态的基态，也可处在自旋三重态的激发态。当两电子处在三重态时，由于 Pauli 原理限制，其中一个电子处在 p 轨道，和单态比有更大的概率靠近点的边缘区，因此和库有更强的耦合，所以处在自旋三重态的电子隧穿速率 Γ_T 比处在自旋单态的隧穿速率 Γ_S 要大得多。用这一方案可以直接探测两电子单态和三重态。

这种依赖不同自旋态隧穿速率不同的自旋态读出方法，相对能量选择读出方

法,具有一定的优越性。首先,它不依赖自旋能级分裂,对 Zeeman 磁场没有特殊的要求。其次,由于测量结果仅被隧穿速率影响,对背景电荷波动不敏感。最后,光辅助跃迁对测量结果的影响不重要,因为光辅助跃迁仅影响电子能量,而和电子自旋无关。

3. 光学方法电子自旋态测量[4]

光学方法测量电子自旋态的物理机制非常类似光辅助自旋态制备。用适当调谐圆极化光照亮量子点,可以使激发电子—空穴对数目限制为 1。取决于点上电子自旋态,根据自旋选择规则,圆极化光在点上激发出具有特殊自旋态的电子—空穴对。当这些电子—空穴对重新结合,发射出光子的极化态可以显示点上电子或空穴处在什么样的自旋态。

2004 年,文献[28]、[29]报道,在大量量子点上光泵浦特定自旋取向的电子—空穴对,然后迅速地改变量子点上的电势,从点上除去空穴,经过不同的时间重新把空穴插回点上,使电子—空穴对复合,探测发射出光子极化态,用这种方法探测电子自旋态相干保持时间发现,在 20ms 后电子仍可以保持在相同的自旋态上。

电子自旋取向还可以从 Kerr 效应中导出。当线极化激光束入射到 Kerr 介质时,入射激光极化方向会被 Kerr 介质转动,转动角度与电子自旋极化成比例。这种方法已经是研究半导体自旋动力学的标准技术。最近被 Berezovsky 等推广到单个自旋态测量[30,31]。利用这种单自旋的高度灵敏性,单自旋在磁场中进动的实时观测也已实现[32]。

6.6 量子点量子计算机简要评述

被门电极限制在量子点中的单电子自旋,在静磁场中的 Zeeman 分裂形成一个两能级系统,提供了一个自然的物理量子位。单量子位门操作可以用电自旋共振(ESR)或光技术操控,两量子位门操作可以用单纯电方法——通过改变门电压控制两量子点间势垒执行,单电子自旋态可以用自旋—电荷转换技术测量读出。这些思想来源于 Loss 和 Divincenzo 最初的方案[1]。稍后 Pazy 等利用 Pauli 自旋阻塞效应和超快激光脉冲技术结合,实现了更快的量子门操作[33~35],为光学方法操控自旋为基础的量子计算打下基础。2003 年使用半导体量子点全光量子计算方案也已经提出[21]。本节简要介绍量子计算的量子点实现的实验进展,消相干分析以及前景展望。

6.6.1 实验进展

在最近几年,对固体中电子自旋控制的研究取得了许多重要进展[7,36],单电子自旋可以孤立出来，初始化在基态上，并用电控和光控技术实现对自旋态的操控和读出。在完全控制半导体和纳米结构中单、耦合自旋态方向上取得了一些重要进展，对自旋量子系统消相干机制获取得了更多了解。

现在，在两耦合量子点中每一个肯定地孤立出一个电子已不是什么难事[10,37,38]，电子自旋可以通过光泵浦或通过低温(T～100mK)、强磁场(几个 T)情况下的热平衡驰豫过程制备在沿磁场自旋向上态。自旋相干时间达几十纳秒，使用自旋回波技术，T_2 可超过 1μs[39]。2001 年，日本 Atsugi NTT 基础研究实验室在一系列实验中，利用快电压脉冲作用到囚禁电子的门电极上，研究被囚禁单电子动力学，发现如果两态之间的跃迁被自旋选择规则禁戒，相应的衰变时间可以长达 200μs，比不包括自旋改变的跃迁长四个数量级[36]；在后续实验中，他们还研究了相邻两耦合量子点两轨道间单电子相干振荡实验[40]，发现这种振荡的轨道相干在几个纳秒内消失，这比理论预言自旋自由度相干时间几个微秒短得多。

2004 年，Kouwenhoven 小组，把脉冲方法和严格反映电子离开或进入点上的快速电荷传感技术结合，利用电子从点上隧穿速率依赖电子自旋态，通过测量点上电荷态决定自旋态方法[26,40]，在 15mK 的温度、10T 的强磁场的条件下，观察到囚禁在量子点上电子 Zeeman 能级分裂 200μeV，远大于热能 25μeV；单电子和两电子自旋态松弛时间在毫秒量级。在 2008 年，实验上在几个 T 的磁场中，还观察到长达秒量级的电子自旋相干保持时间[41]。

关于自旋量子位量子逻辑门操作，驱动自旋反转最一般技术是电子自旋共振(ESR 见 6.4.2 节)。虽然有固态中少数特殊情况下关于 ESR 的实验报告[42,43]，但在半导体量子点中，由于要求低温条件和强、高频磁场，而且伴随电场的影响最小，实验条件极为苛刻，实验实现非常困难。2006 年，磁共振控制的单自旋相干转动被实验证明[14]。但实验不是直接对单点单电子做的，而是在门限双量子点装置上实现的。因为在双量子点系统中，自旋反转可以通过电子从一个点到另一个点电子输运探测，避免掉单点情况下需要测量点和库之间输运的困难。同时不需要电子自旋 Zeema 分裂超过库温度，实验可在较小静磁场下完成，而且使用跨双点的大偏置电压自旋探测对电场的敏感性比单点情况小，这降低了实验难度。

电场虽然不能直接和自旋耦合，但可以通过位置有关的有效磁场作为中间媒介，通过电场梯度产生有效磁场作用到电子上。对量子点分别采用核自旋极化梯度[44～46]、来自微磁场梯度、自旋—轨道耦合位置有关的磁场，已经做了相干地转动自旋的实验。2006 年，文献[14]报告了使用双量子点，首先施加在芯片上产生连续振荡磁场，用自旋有关的通过两点的电子输运观测，观察电子自旋共振，然后用振荡磁场短脉冲相干地控制电子自旋量子态，在一个毫秒时间内观测到自旋态的八个 Rabi 振荡。表明操控量子点上电子自旋态的可能性。

对相邻两量子点隧穿耦合的控制，是量子点量子计算许多理论方案的一个基本要素。2002 年，Tarucha 小组观察到双量子点 Pauli 自旋阻塞[47]。当沿一个偏置方向电流被抑制时，明显地表示这种双点系统存在电子单态和三重态。稍后发现这种电流阻塞可以被引起单—三重态混杂的核自旋波动场解除[48]。2005 年，Marcus 小组[39]在双量子点、双电子系统中，通过控制两量子点间隧穿电势，控制电子的自旋单态和自旋三重态以及它们的混杂，证明了两自旋态的相干振荡，并执行了在 6.4.3 节描述的两量子位门操作，用电压脉冲控制，实现了 $\sqrt{SWAP}$门，门操作时间 180ps。

使用共振射频脉冲实现对量子点上电子自旋的完全操控，通常需要在电子进动的许多周期内才能完成，而使用全光的自旋操控，时间尺度在 P 秒或 F 秒量级。已经有实验证明，量子点上电子自旋态的初始化，自旋态的相干操控，采用光方法都可以在 P 秒量级的时间内完成。[49,50]

6.6.2 消相干问题

表征量子位相干保持时间有两个参数 T_1 和 T_2。由于电子自旋源于一种相对论性量子效应，电子自旋量子位和环境的直接相互作用很弱。特别在半导体量子点中，电子原子类型的能级结构，对环境噪声有一定抑制作用；起源于自旋—轨道相互作用和固体中声子的耦合消相干机制，一定程度被低温条件和电子定域抑制；所以量子点周围声子和电荷涨落引起的电子自旋弛豫时间，实验测得一般在 1ms 左右[27]，在磁场中电子自旋两能级弛豫时间 T_1 不是重要的。但是电子自旋失相消相干时间 T_2 却对环境影响极为敏感。

在半导体量子点中，引起电子自旋相干保持时间减小有两种典型的物理机制：一是电子自旋和轨道运动的不希望的耦合，二是周围介质核自旋对量子点上电子自旋的作用。

电场存在以及门限的非对称性都会导致电子自旋和电子轨道运动自由度的耦合，这种自旋—轨道耦合作用会引起电子自旋——本征态混杂。除非对极小的能量分裂，否则会以光发射形式释放能量造成自旋态消相干。理论和实验都证明电子的自旋相干时间依赖磁场和温度[7]，但定域电子自旋对自旋—轨道耦合较少敏感，消相干时间主要受核自旋限制。

核自旋的超精细作用对电子自旋有两种效应[4]：第一个效应是每个核自旋对电子施加一个微小的磁场，对固体中的量子点，大约作用到每个点的核自旋数目约 100 万个，这些磁场统计波动对在典型的 III-V 簇元素基质中构筑的量子点产生大约几 mT 的有效磁场[48](称为 overhauser 场)，这个有效波动磁场导致自旋失相时间 $T_2^* \approx 10\text{ns}$[51,52]；另一个效应就是引起电子自旋振荡过程，其中电子自旋的反转伴随着一个核自旋的反转跳变过程[42]，它会导致电子自旋态的松弛[4]。

6.6.3 展望

总体来看，量子计算的量子点实现实验还很少，实验基础还很薄弱。对于门限量子点，还需要进一步实验证明量子点电子自旋态的制备和读出已有的方案，实际测量 Rabi 振荡以及消相干时间和 Rabi 振荡周期的比，产生 Bell 态以及更多量子位纠缠态，单量子位门操作、两量子位门操作等。在这些量子计算基本实验基础上，要实现量子点量子计算还需要在量子点系统中，进行量子纠错编码实验，寻找具体实验条件下无消相干子空间、子系统。最后进行简单的、基本量子算法演示实验。

从长远角度来看，量子点量子计算存在两个根本性的问题需要进一步解决，就是进一步延长量子态相干保持时间和规模化问题。

量子点上电子自旋态消相干目前主要来自固体材料固有的复杂环境。特别是环境中大量核自旋随机化波动。虽然已经提出采用极化核自旋态方法克服这些困难，但采取极化核自旋态的方法似乎不会很有效，因为还不知道核自旋是否存在有效的控制方法得到更高的核极化率，而低的核极化率效果有限。使用不同的基质材料或许可以解决这一问题，例如，在 III-V 族同位素（如 $^{28}S_i$，^{12}C 等）有等于零的核自旋，如果量子点在这些纯同位素材料中实现，原则上超精细作用将不存在。在这些系统中单、双量子点的研究正进行中[53~55]，可能在不久将来就可以用实验测出在这些系统中真实的电子自旋相干保持时间。

虽然原则上固体系统具有容易规模化的优势，但分别定域在不同空间位置两量子点之间通信问题并没有很好解决。这需要创新的思想，特别是和其他量子计算方案的结合，例如簇态上的量子计算等。

参考文献

[1] Loss D, Divincenzo D P. Quantum computation with quantum dots. Physical Review A, 1998, 57: 120－126.

[2] Lounis B, Orrit M. Single-photon sources. Reports on Progress in Physics, 2005, 68: 1129－1179.

[3] 王取泉，程木田，刘绍鼎，等. 基于半导体量子点的量子计算与量子信息. 合肥：中国科学技术大学出版社，2009.

[4] Hanson R, Awschalom D D. Coherent manipulation of single spins in semiconductors. Nature, 2008, 453: 1043－1049.

[5] van Beveren W. Electron spins in few-electron lateral quantum dots (PhD Dissertation). Delft: Delft University of Technology.

[6] Hanson R. Electron sins in semiconductor quantum dots (PhD Dissertation). Delft: Delft

University of Technology.

[7] Hanson R, Kouwenhoven L P, Petta J R, et al. Spins in few-electron quantum dots. Reviews of Modern Physics, 2007, 79: 1217—1265.

[8] Kouwenhoven L P, Austing D G, Tarucha S. Few electron quantum dots. Reports on Progress in Physics, 2001, 646: 701—736.

[9] Ciorga C, Sachrajda A S, Hawrylak P, et al. Addition spectrum of lateral dot from coulomb and spin-blockade spectroscopy. Physical Review B, 2000, 61: R16315—R16318.

[10] Elzerman J M, Hanson R, Greidanus J S, et al. Few-electron quantum dot circuit with integrated charge read out. Physical Review B, 2003, 67: 161308(R)-1—161308(R)-4.

[11] Kouwenhoven L P, Charles M, Marcus H M, et al. Electron transport in quantum dots// Proceedings of the Advanced Study Institute on Mesoscopic Electron Transport. Berlin: Kluwer Academic Publishers, 1997, 345: 105—214.

[12] Divincenzo D P, Bacon D, Kempe J, et al. Universal quantum computation with the exchange interaction. Nature, 2000, 408: 339—342.

[13] Levy J. Universal quantum computation with spin-1/2 pairs and Heisenberg exchange. Physical Review Letters, 2002, 89: 146902-1—146902-4.

[14] Koppens F H L, Buizert C, Tielrooij K J, et al. Driven coherent oscillations of a single electron spin in a quantum dot. Nature, 2006, 442: 766—771.

[15] Xiao M, Martin I, Yablonovitch E, et al. Electrical detection of the spin resonance of a single electron in a silicon field-effect transistor. Nature, 2004, 430: 435—439.

[16] Jelezko F, Gaebel T, Popa I, et al. Observation of coherent oscillations in a single electron spin. Physical Review Letters, 2004, 92: 076401-1—076401-4.

[17] Rugar D, Budakian R, Mamin H J, et al. Single spin detection by magnetic resonance force microscopy. Nature, 2004, 430: 329—332.

[18] Nowack K C, Koppens F H L, Nazarov Y V, et al. Coherent control of a single electron spin with electric fields. Science, 2007, 318: 1430—1433.

[19] Atatüre M, Dreiser J, Badolato A, et al. Quantum-dot spin-state preparation with near-unity fidelity. Science, 2006, 312: 551—553.

[20] Emary C, Xiaodong X, Steel D G, et al. Fast initialization of the spin state of an electron in a quantum dot in the Voigt configuration. Physical Review Letters, 2007, 98: 047401-1—047401-4.

[21] Calarco T, Datta A, Fedichev P, et al. Spin-based all-optical quantum computation with quantum dots: Understanding and suppressing decoherence. Physical Review A, 2003, 68: 012310-01—012310-21.

[22] Zhang L X, Leburton J L. Engineering the quantum point contact response to single-electron charging in a few-electron quantum-dot circuit. Applied Physics Letters, 2004, 85: 2628—2630.

[23] Elzerman J M, Hanson R, van Beveren L H W, et al. Excited-state spectroscopy on a

closed quantum dot via charge detection. Applied Physics Letters,2004,84:4617—4619.

[24] Wei Lu,Zhongqing J,Loren P,et al. Real-time detection of electron tunneling in a quantum dot. Nature,2003,423:422—425.

[25] Fujisawa T,Hayashi T,Hirayama Y,et al. Electron counting of single-electron tunneling current. Applied Physics Letters,2004,84:2343—2345.

[26] Elzerman J M,Hanson R,van Beveren L H W,et al. Single-shot read-out of an individual electron spin in a quantum dot. Nature,2004,430:431—435.

[27] Hanson R,van Beveren L H W,Vink I T,et al. Single-shot readout of electron spin state in a quantum dot using spin-dependent tunnel rates. Physical Review Letters,2005,94:196802-1—196802-4.

[28] Kroutvar M,Ducommun Y,Heiss D,et al. Optically programmable electron spin memory using semiconductor quantum dot. Nature,2004,432:81—84.

[29] Heiss D,Schaeck S,Huebl H,et al. Observation of extremely slow hole spin relaxation in self-assembled quantum dots. Physical Review B,2007,76:241306(R)-1—241306(R)-4.

[30] Berezovsky J,Mikkelsen M H,Gywat O,et al. Nondestructive optical measurements of a single electron spin in a quantum dot. Science,2006,314:1916—1920.

[31] Atature M,Dreiser J,Badolato A,et al. Observation of Faraday rotation from a single confined spin. Nature Physics,2007,3:101—106.

[32] Mikkelsen M H,Berezovsky J,Stoltz N G,et al. Optically detected coherent spin dynamics of a single electron in a quantum dot. Nature Physics,2007,3:770—773.

[33] Pazy E,Biolatti E,Calarco T,et al. Spin-based optical quantum gates via Pauli blocking in semiconductor quantum dots. arXiv:cond-mat/0109337,2001.

[34] Piermarocchi C,Chen P,Sham L J,et al. Optical RKKY interaction between charged semiconductor quantum dots. Physical Review Letters,2002,89:167402-1—167402-4.

[35] Gupta J A,Knobel R,Samarth N,et al. Ultrafast manipulation of electron spin coherence. Science,2001,292:2458—2461.

[36] Fujisawa T,Austing D G,Tokura Y,et al. Allowed and forbidden transition in artificial hydrogen and helium atoms. Nature,2002,419:278—281.

[37] Ciorga M,Sachrajda A S,Hawrylak P,et al. Addition spectrum of a lateral dot from Coulomb and spin-blockade spectroscopy. Physical Review B,2000,61:R16315—R16318.

[38] Bayer M,Hawrylak P,Hinzer K,et al. Coupling and entangling of quantum states in quantum dot molecules. Science,2001,291:451—453.

[39] Petta J R,Johnson A C,Taylor J M,et al. Coherent manipulation of coupled electron spins in semiconductor quantum dots. Science,2005,309:2180—2184.

[40] Hayashi T,Fujisawa T,Cheong H D,et al. Coherent manipulation of electronic states in a double quantum dot. Physical Review Letters,2003,91:226804-1—226804-4.

[41] Amasha S,Maclean K,Radu I P,et al. Electrical control of spin relaxation in a quantum dot. Physical Review Letters,2008,100:046803-1—046803-4.

[42] Xiao M, Martin I, Yablonovitch E, et al. Electrical detection of the spin resonance of a single electron in a silicon field-effect transistor. Nature, 2004, 430: 435—439.

[43] Rugar D, Budakian R, Mamin H J, et al. Single spin detection by magnetic resonance force microscopy. Nature, 2004, 430: 329—332.

[44] Laird E A, Barthel C, Rashba E I, et al. Hyperfine-mediated gate-driven electron spin resonance. Physical Review Letters, 2007, 99: 246601-1—246601-4.

[45] Pioro-Ladriere M, Obata T, Tokura Y, et al. Electrically driven sing-electron sin resonance in a slanting Zeeman field. Nature Physics, 2008, 4: 776—779.

[46] Nowack K C, Koppens F H L, Nazarov Yu V, et al. Coherent control of a single electron spin with electric fields. Science, 2007, 318: 1430—1433.

[47] Ono K, Austing D G, Tokura Y, et al. Current rectification by Pauli exclusion in a weekly coupled double quantum dot system. Science, 2002, 297: 1313—1317.

[48] Johnson A C, Petta J R, Taylor J M, et al. Triplet-singlet spin relaxation via nuclei in a double quantum dot. Nature, 2005, 435: 925—928.

[49] Berezovsky J, Minkelson M H, Stoltz N G, et al. Picosecond coherent optical manipulation of a single electron spin in a quantum dot. Science, 2008, 320, 349—352.

[50] Press D, Ladd T D, Zhang B Y, et al. Complete quantum control of a single quantum dot spin using ultrafast optical pueses. Nature, 2008, 456, 218—221.

[51] Khaetskil A V, Loss D, Glazman L. Electron spin decoherence in quantum dots due to interaction with nuclei. Physical Review Letters, 2002, 88: 186802-1—186802-4.

[52] Merkulov I A, Efros A L, Rosen M. Electron spin relaxation by nuclei in semiconductor quantum dots. Physical Review B, 2002, 65: 205309-1—205309-8.

[53] Mason N, Biercuk M J, Marcus C M. Local gate control of a carbon nanotube double quantum dot. Science, 2004, 303: 655—658.

[54] Sapmaz S, Meyer C, Beliczynski P, et al. Excited state spectroscopy in carbon nanotube double quantum dots. NANO Letters, 2006, 6: 1350—1355.

[55] Liu H W, Fujisawa T, Ono Y, et al. Pauli-spin-blockade transport through a silicon double quantum dot. Physical Review B, 2008, 77: 073310-1—073310-10.

第7章 固体超导量子计算机

超导经典计算机概念起源于20世纪60年代，直接目的是利用超导体的零电阻效应，减小大规模集成芯片中电路电阻引起的热耗，进一步提高芯片集成度，为提高经典计算机运算速度开辟更大的发展空间。但传统的超导计算机仍然属于经典计算范畴，因为它仍然用超导隧道结零电压和非零电压这样的经典物理态编码信息，利用电流脉冲控制结开关，按照经典物理学规律执行计算过程。超导量子计算机[1~3]不同于超导经典计算机，它是利用Josephson结电路具有量子性质的宏观态编码信息，按照量子力学规律操控这些量子态，利用量子态的相干叠加性和量子并行改进计算性能，提高计算速度。所以超导量子计算机从根本上不同于超导经典计算机。

Josephson结电路是包含Josephson结的电路环。在低温条件下，适当选择电路参数，这些电路可近似为一个双态量子系统，因此可以用作量子位。量子位态可以选超导岛上的Cooper对电荷自由度或环中磁通(相位)自由度的宏观参量表征。其能量和电路参数可由电路设计几何很好地控制，而这些都可以用现有的纳米技术制造。实验已经证明，这种Josephson结电荷量子位、磁通量子位的态具有量子相干叠加性质[4~7]，实验上已观察到两个电荷和磁通量子位微波激发两能级布居数的相干震荡[8~14]；用固定电容、电感耦合两超导量子位已经实验实现[15~19]；特别是第一次实现了两电荷量子的控制非门操作[19]。提取出量子位态信息的测量可以通过单电子晶体管(SET)电路或超导量子干涉器(SQUID)等多种方法得到实现[20~22]。理论分析和实验研究均表明，超导量子位典型相干保持时间可达1～10μs[3,20]，用射频电磁脉冲操控量子位门，单位门操作时间可达纳秒量级。此外，Josephson结器件具有利用纳米制造和光刻技术集成化、规模化等优点。低温条件下Josephson结电路宏观态表现出的这些量子性质，展示出实现固态、全电路量子计算机梦想的极大可能性。

本章首先介绍超导体物理学基本知识；然后介绍超导量子计算机的物理原理、实验研究；最后给出一个简要评述和展望。

7.1 超导体物理

1911年，荷兰物理学家Onnes发现水银在约4.2K的温度处，直流电阻陡然下降到零[23]，他把这种电阻突然消失，物质具有零电阻的状态叫**超导态**(superconducting state)。以后人们又发现许多金属(如锡、铅、铌等)、合金在一定温度下也呈现出零电阻现象。在临界温度下,物体从正常态转变为超导态的现象就叫**超导现象**(superconducting phenomenon),处在超导态的导体称为**超导体**(superconductor)。超导体具有完全导电性、完全抗磁性和 Josephson 隧道效应等许多重要性质。

7.1.1 超导体的零电阻效应

某些金属、合金或化合物(如 YBaCuO)在温度降低到某个特定温度 T_c 下,电阻会陡然消失,通常把这个电阻突然消失的温度 T_c 称为超导转变温度或**超导临界温度**(superconducting critical temperature)。精密的测量表明,处在**超导**态时超导体电阻率$<10^{-26}\Omega\cdot\text{cm}$。这比迄今能达到的正常金属低温电阻率 $\rho=10^{-12}\sim10^{-13}\Omega\cdot\text{cm}$ 还要小十几个数量级。超导体的这一性质称为**零电阻效应**。

超导电性可以被外加磁场破坏。通过增大外磁场,超导体从一定温度下的超导态,过渡到同温度下正常态,外加磁场的最小值称为**临界磁场**(critical magnetic field)。临界磁场是温度的函数,记为 $H_c(T)$,它同温度的关系可以近似地表示为

$$H_c(T)=H_c(0)\left(1-\frac{T^2}{T_c^2}\right) \tag{7.1.1}$$

其中,$H_c(0)$是温度 $T=0K$ 时的临界磁场。由式(7.1.1)可得,在 $T=T_c$ 时,临界磁场等于零,所以前面所说的超导临界温度实际是指在无磁场情况下的超导转变温度。在有外磁场情况下,超导转变温度比无磁场时还要低。

超导体内足够大的电流也会破坏超导态。破坏超导电性所需的最小电流称**超导临界电流**(superconducting critical current)记为 $I_c(T)$。超导临界电流也是温度的函数,显然 $I_c(T_c)=0$,即在临界温度情况下,超导临界电流等于零。

破坏超导电性的磁场并不一定是外加磁场,超导电流本身激发的磁场也会破坏超导电态,所以同一温度下临界电流和临界磁场有关系。在某一温度下,当超导体内的电流在样品表面的磁场等于临界磁场时,此时的电流就是该温度下的临界电流,这一规则称为 **Silsbee 规则**。

临界温度、临界磁场和临界电流是描述超导材料的三个基本特征量。

7.1.2 超导体的 Meissner 效应

通常把直流电阻等于零(因而不会产生焦耳热损耗)的导体称为**理想导体**(ideal conductor)。超导体具有零电阻效应,超导体是否就是理想导体呢? 1933年,Meissner 等对锡单晶球超导体作磁场分布实验时发现:不管先加磁场或后加磁场,当进入超导态时,超导体内的磁场都会被排斥出去,超导体内总保持在 $\vec{B}=0$ 的状态,这一现象称为 **Meissner 效应**(Meissner effect)[24]。这个效应表明不能把

超导体看成是理想导体。因为对理想导体电阻率 $\rho=0$，当导体内存在有限电流时，由于 $\vec{j}=\vec{E}/\rho$，导体内电场强度必等于零，由 Maxwell 方程 $\nabla\times\vec{E}=-\partial\vec{B}/\partial t$，可得 $\partial\vec{B}/\partial t=0$，即导体内的磁感应强度 $\vec{B}$ 不会随时间变化。这就是说理想导体内的磁通仅由初始条件决定，$\vec{B}\equiv\vec{B}_0$，即原有磁通不会消失，也不会增加，磁通分布被"冻结"。所以理想导体冻结的不变磁通，其大小与它的历史有关，而超导体总保持在 $\vec{B}=0$ 的状态。

超导体处在超导态时，由于 $\vec{B}=\mu_0(1+\chi_m)\vec{H}=0$，超导体的磁化率 $\chi_m=-1$，这表明超导体具有**完全的抗磁性**(diamagnetism)。现在人们认识到，完全导电性和完全抗磁性是超导体的两个基本性质。

7.1.3 超导体比热

实验测量超导态和正常态比热随温度的变化关系曲线如图 7.1.1 所示，其中实线表示超导态比热随温度的变化关系，虚黑线给出的是正常态比热对温度的变化。从图中可以看出，在临界温度附近，超导比热曲线发生不连续的突变，在 T 略低于 T_c 时，超导比热大于正常比热；进入超导态后，进一步降低温度，超导态比热反而低于正常值。更为精确的实验证实，超导比热随温度变化接近指数形式[25]：

$$c_s = 9.17\gamma T_c \mathrm{e}^{-1.50T_c/T} \tag{7.1.2}$$

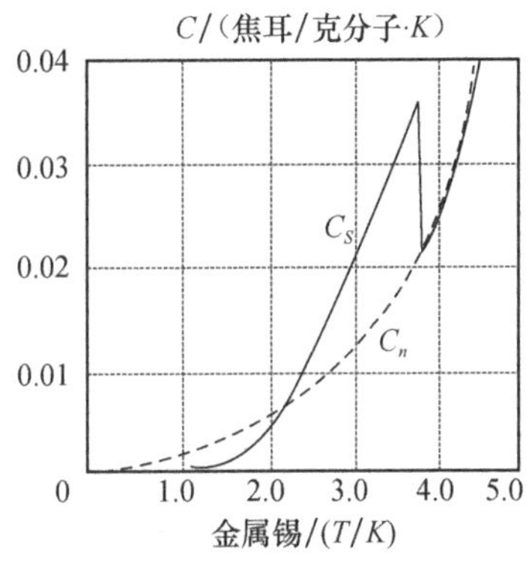

图 7.1.1

从固体物理学中知道，正常金属比热包含有晶格离子和电子两部分贡献之和，在低温下正常金属比热随温度的变化关系可以用：

$$c = \mathrm{A}\left(\frac{T}{\Theta}\right)^3 + \gamma T \tag{7.1.3}$$

描述。其中，第一项是晶格离子对比热的贡献，A 为常数，$\Theta=\hbar\omega_{\max}/k$ 是 **Debye 温度**(Debye temperature)($\omega_{\max}$是由具体材料决定的简正振动模式频率上限)；第二项是电子比热，其中 γ 是电子比热系数。

超导体的比热也和正常金属一样，应包括晶格离子和电子两部分贡献。用 X 射线或中子散射实验研究超导相变前后晶格点阵，观察不到有什么变化，这表明对超导体的正常态和超导态，晶格离子振动对比热应有相同贡献。所以正常—超导转变涉及的应仅是电子气体，与晶格离子无关。由此可见，在 $T=T_c$ 处，正常—超导转变时比热的跃变，是超导态下金属内的电子态发生深刻变化的表现，这给出了建立超导态微观理论的一条重要线索。

7.1.4 超导能隙和同位素效应

在导体正常态 $T=0\mathrm{K}$ 的温度下，电子按能量最低原理，在满足 Pauli 原理条件下，优先填满低能级，电子最后占据的最高能级称为 **Fermi 能级**(Fermi level)。上述实验测得在 $T=T_c$ 处正常—超导转变时比热的跃变，以及超导态比热随温度的 e 指数变化关系启示人们，超导态电子能谱中存在一个能隙 E_g。根据统计物理，在温度 $T<T_c$ 下，能隙以上能级中的电子数 $N_s \propto \mathrm{e}^{-E_g/2kT}$，因而激发这些电子吸收的热能也 $\propto \mathrm{e}^{-E_g/2kT}$，与此相应超导体比热 $C_s(N_s) \propto \mathrm{e}^{-E_g/2kT}$。将此结果与式(7.1.2)比较，可以得

$$E_g = 3.0kT_c \sim kT_c \tag{7.1.4}$$

对典型的 $T_c \approx 5\mathrm{K}$，能隙值 $E_g \approx 10^{-4}\mathrm{eV}$。

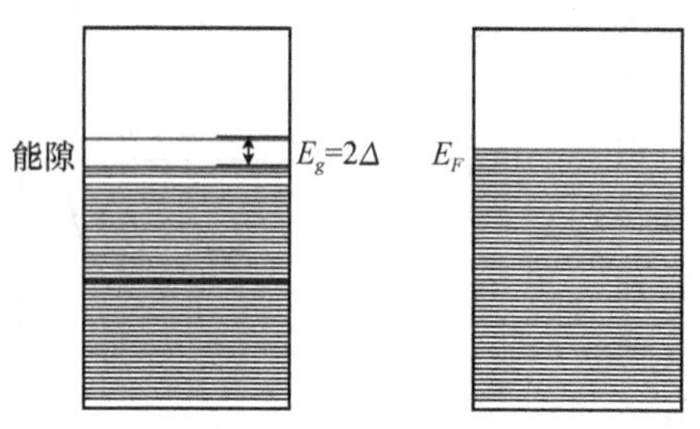

图 7.1.2

超导体和辐射场的相互作用实验证实了能隙的存在，并进一步确定能隙的大小。习惯记**能隙**(energy gap) $E_g = 2\Delta$，称 Δ 为能隙半宽度，见图 7.1.2。实验表明 Δ 一般为 $10^{-3} \sim 10^{-4}\mathrm{eV}$，频率 $\Delta/\hbar$ 位于辐射场微波区或红外区。微波场光子圆频率 $\omega < \Delta/\hbar$ 时，超导体对辐射场没有响应；当 $\omega \approx \Delta/\hbar$ 时超导体开始强烈地吸收入射场，当 $\omega \gg \Delta/\hbar$ 时，超导体和正常金属实际上没有区别。

1950 年，美国科学家 Maxwell 和 Reynolds 同时从实验上发现，超导体的临界温度与同位素的质量有关[26]：

$$M^{\alpha} T_{\mathrm{c}} = \text{常数} \tag{7.1.5}$$

其中，M 表示同位素质量，$\alpha \approx 0.5$，对不同元素取值稍有不同。这种现象称为**超导体同位素效应**(superconducting isotopic effect)。

金属是由位于晶格点阵上的离子和在金属中自由运动的共有化电子组成，其中包含有电子—晶格离子、离子—离子以及电子—电子间的相互作用。同位素效应表明，尽管超导态和正常态晶格点阵本身没有变化，但组成晶格点阵的离子质量对导体由正常态到超导态转变有重要影响，这暗示晶格离子—电子相互作用可能在超导转变中起重要作用，这为研究超导电性的微观机制提供了又一个有益的重要线索。

7.2 超导体理论

超导体不同寻常的性质，决定于它特殊的微观结构。本节介绍超导体的微观理论。

7.2.1　两流体模型

1934 年，Gorter 和 Casimir 提出两流体模型（two-fluid model）解释超导现象[27]。这个模型认为导体内部的共有化电子可分为两类：**正常电子**（normal electron）（数密度记为 n_n）和**超流电子**（superfluid electron）（数密度记为 n_s）。导体内电子数密度等于两类电子数密度之和：$n=n_n+n_s$，它们的相对数量随温度和磁场变化。正常电子在晶格中运动，会受到振动着的晶格散射，有电阻效应。而超流电子运动完全自由，不受晶格散射，没有电阻效应，两种电子可以相对流动而无动量交换。这个模型假设，在正常态所有电子都是正常电子，但当温度低于临界温度时，开始有部分电子转变为超流电子，到达 0K，所有自由电子都以超流电子存在，使超导态表现出无电阻效应。两流体模型还可以解释超导体比热以及其他实验现象，但它没有揭示这一现象的物理本质，不能从根本上解释超导现象产生的微观机制。

7.2.2　London 方程

以两流体模型为基础，1935 年 London 两兄弟建立了描述超导体的宏观电动力学方程[28]。他们认为超导体内正常电流服从欧姆定律，$\vec{j}_n=\sigma\vec{E}$，而超导电流 $\vec{j}_s=n_se\vec{v}_s$ 不需要电场维持，电场的作用只是使超导电子加速：$m\partial\vec{v}_s/\partial t=e\vec{E}$，于是超导电流 $\vec{j}_s=n_se\vec{v}_s$ 对时间变化率满足：

$$\frac{\partial\vec{j}_s}{\partial t}=n_se\frac{\partial\vec{v}_s}{\partial t}=\frac{n_se^2}{m}\vec{E}$$

其中，方程式

$$\frac{\partial\vec{j}_s}{\partial t}=\frac{n_se^2}{m}\vec{E} \tag{7.2.1}$$

称为 **London 第一方程**（London first equation）。根据这个方程式，和正常导体电场决定电流本身不同，这里电场决定的只是超导电流的时间变化率。所以在电场强度等于零的稳定情况下，超导体内可以存在与时间无关的稳定电流，但此时因超导体内电场强度等于零，正常电流等于零。所以导体处在超导态时，只存在超导电流，表现出无电阻效应。

为了解释超导体完全抗磁性，London 兄弟将第一方程式(7.2.1)中的电场强度 $\vec{E}$ 代入 Maxwell 方程 $\nabla\times\vec{E}=-\partial\vec{B}/\partial t$ 中，得

$$\nabla\times\left(\frac{m}{n_se^2}\frac{\partial\vec{j}_s}{\partial t}\right)+\left(\frac{\partial\vec{B}}{\partial t}\right)=\frac{\partial}{\partial t}\left(\nabla\times\frac{m}{n_se^2}\vec{j}_s+\vec{B}\right)=0 \tag{7.2.2}$$

所以 $\nabla\times(m\vec{j}_s/n_se^2)+\vec{B}$ 是与时间无关的常矢量。假定这个常矢量等于零，于是有

$$\nabla\times\vec{j}_s=-\frac{n_se^2}{m}\vec{B} \tag{7.2.3}$$

称为 **London 第二方程**(London second equation),这表示超导电流是由磁场维持的。

在超导体内由 Maxwell 方程 $\nabla\times\vec{B}=\mu_0\vec{j}_s$,两边取旋度并利用 London 方程式(7.2.3),得

$$\nabla^2\vec{B}=\frac{\mu_0 n_s e^2}{m}\vec{B}$$

由于磁场梯度不等于零,满足这个方程的磁场不可能是空间均匀场。对稳恒磁场中的半无限大超导体($0\leqslant x\leqslant\infty$),解这个方程,可以得到超导体内磁场分布按离开表面距离 x 指数地衰减(见图 7.2.1):

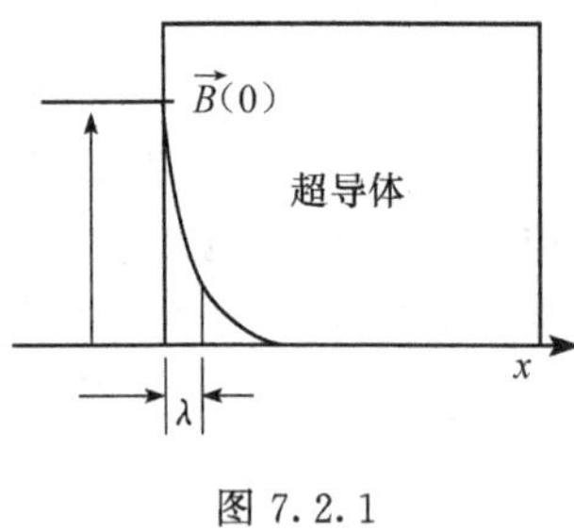

图 7.2.1

$$\vec{B}(x)=\vec{B}(0)\mathrm{e}^{-x\sqrt{\mu_0/A}}$$

其中,$A=m/n_s e^2$。衰减特征长度

$$\lambda=\sqrt{\frac{A}{\mu_0}}=\sqrt{\frac{m}{\mu_0 n_s e^2}} \tag{7.2.4}$$

称为 **London 穿透深度**(London penetrating depth)。这表明磁场不能深入到超导体内部,仅在靠近超导体表面的薄层中不等于零。同样超导电流 $\vec{j}_s$ 也只存在于同一厚度的薄层中,只是由于表面超导电流的屏蔽,超导体内的磁场才迅速趋于零。以这种方式伦敦方程解释了超导体 Meissner 效应。

7.2.3 BCS 理论:Cooper 对模型

1953 年,Frohlich 首先给出解决超导微观机制的一个线索:认为电子—晶格振动相互作用导致电子之间相互吸引,是引起超导电性的原因[29]。超体中晶格离子间存在相互作用,一处离子的振动会在晶体中激起沿晶格传播的波,这种波叫**格波**(lattice wave)。按量子力学理论,振动能是量子化的,角频率为 ω 的振子振动能为

$$\varepsilon=\left(n+\frac{1}{2}\right)\hbar\omega,\quad n=0,1,2,\cdots$$

相应的能量子称为**声子**(phonon)。晶格振动能在晶体中的传播,是声子在晶格点阵中的传播,就像电磁波是光子的传播一样。

Frohlich 给出的两电子间相互作用的机制是:当一个电子经过晶格离子时,由于异号电荷吸引,会扰动晶格使其发生局部变形,这种扰动会以格波形式传播,使另一个电子运动受到扰动,只着重最后结果,这就是一个电子和另一个电子作用。Frohlich 等仔细分析了这种电子—声子的相互作用,得出两个电子通过格波的相互作用是一种受迫振动,当电子和离子相互作用激起的离子电荷密度变化和电子发出的强迫作用力同相位时,两个电子就表现为相互吸引。电子 1 和 2 的相互作用可描写为动量为 $\vec{p}_1$、能量为 $\varepsilon(\vec{p}_1)$的电子 1,跃迁到动量 $\vec{p}_1'$、能量 $\varepsilon(\vec{p}_1')$的状态,

发出一个声子(见图 7.2.2)。声子的波矢和频率由动量守恒给出：

$$\vec{k}=\frac{1}{\hbar}(\vec{p}_1-\vec{p}_1'),\quad \omega=\frac{1}{\hbar}[\varepsilon(\vec{p}_1)-\varepsilon(\vec{p}_1')]$$

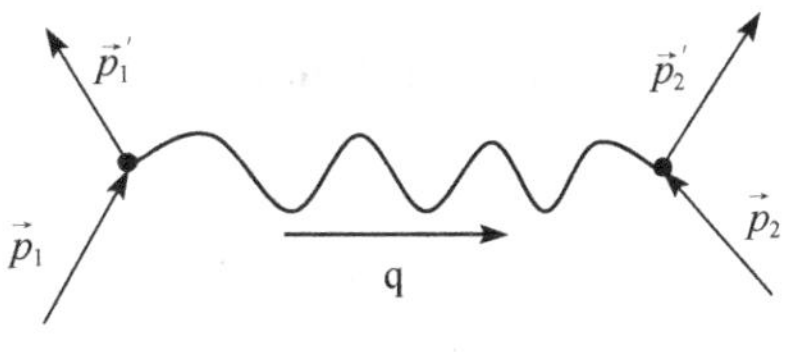

图 7.2.2

激起固体中波矢为 $\vec{k}$、自然频率为 $\omega(\vec{k})=\omega(\vec{p}_1-\vec{p}_1')$的简正模式振动，格波影响到另一个电子时，声子被另一个电子吸收。如果电子 1 的产生的驱动力频率小于自然频率，即离子运动跟得上电子 1 的运动，这时晶格离子振动与强迫力同相位，离子正电荷向电子 1 集中，电子 1 处正电荷密度增大，电子 2 受到电荷 1 通过晶格媒介的吸引。用这样的电子—声子相互作用模型不仅可以解释当时已知的超导体同位素效应，还可以说明导电性良好的碱金属都不是超导体的实验事实(碱金属共有化电子和晶格离子有较弱的相互作用)。

1956 年，Cooper 采用了这种电子—声子相互作用的概念，利用量子场论方法，阐明了两个动量、自旋大小相等、方向相反的电子，在一定条件下可以存在吸引力而结合成电子对[30]，造成正常金属 Fermi 面的不稳定性，并计算了两个动量、自旋大小相等，方向相反的电子结合成对时的结合能为 2Δ，其中：

$$\Delta=\hbar\omega_D e^{-2/N(0)V}$$

ω_D 是声子频率，称为 **Debye 频率**(Debye frequency)(对应声子能量 $\hbar\omega_D$ 约为10^{-2} eV 量级，远小于 eV 量级的 Fermi 能)；$N(0)$是 $T=0$K 时 Fermi 面的态密度；V 是两电子间的相互作用势。在 $T=0K$ 情况下，Fermi 面附近的电子都结合成 Cooper 对时，超导基态 Fermi 能就要比正常态 Fermi 能低 Δ，这就解释了超导能隙(见图 7.1.2)的存在。

1957 年，Bardeen、Cooper 和 Schrieffer 进一步把这个理论推广到多电子系统[31]，指出晶体中电子—声子相互作用，当有关电子间能量差小于声子能量时，电子间由于交换虚声子所产生的相互作用是吸引的。这种吸引力超过电子间库仑斥力时，电子结合成 Cooper 对。Cooper 对同 Bose 子一样，消除了 Fermi 统计导致的电子间相互排斥，发生相位相干，凝聚形成超导态，这就是超导体的 BCS 理论。

根据 BCS 理论，当导体处在超导态时，全部 Cooper 对作为整体定向运动，形成超导电流。一个 Cooper 对中两电子质心动量很小，波长很长，不会被晶格振动、晶格缺陷、杂质散射(当其中一个电子受到散射改变动量时，另一个电子也同时受到散射改变动量，总效果是 Cooper 对动量不变，相当于整个 Cooper 对不受晶格散射)，所以超导态宏观上保持零电阻。Cooper 对结合能只有~10^{-4} eV 量级，当温度 $T>T_c$ 时 Cooper 对解体，导体就进入常态。按 BCS 理论转变温度 $T_c=0.568\Delta/k_B$，约零点几 K。

7.2.4 Ginzburg-Landau(G-L)理论

BCS 理论给出了超导体基态、激发态和能隙等重要概念，成功解释了零电阻效应、Meissner 效应等超导体表现出的一些性质，BCS 理论是成功的。但对于某些问题，从超导体的 BCS 微观理论出发研究超导体并不方便，下面介绍超导 G-L 唯象理论。

在 BCS 超导微观理论建立之前，1950 年，Ginzburg 和 Landau 建立了超导体的唯象理论[32]，他们认为超导体是一个宏观量子系统，超导态和正常态分别属于有序和无序，可以引入一个统一的宏观波函数 $\psi(\vec{r})=\sqrt{n_s(\vec{r})}\,e^{i\varphi(\vec{r})}$ 作为超导体的**序参量**(order parameter)描述超导态。其中，$n_s(\vec{r})=|\psi(\vec{r})|^2$ 描述位置 $\vec{r}$ 处电子有序度；$\varphi(\vec{r})$描述相位。(序参量是表示系统有序程度的参量，是 Landau 为建立热力学相变理论引入的一个热力学参量，直接反映相变前后系统的状态。如铁磁体中的磁化强度描述铁磁体中磁偶极子排列有序程度，就可以看做铁磁体序参量)。所有超导体在临界温度以下转变为超导态，熵都显著减小，反映了系统有序度的增加。从 BCS 理论观点看，Cooper 对是两个 Fermi 子构成的 Bose 子，序参数可以看成是描写 Cooper 对质心运动的单粒子波函数，$|\psi(\vec{r})|^2$ 就是坐标 $\vec{r}$ 处 Cooper 对数密度。大量的 Cooper 对凝聚到同一个单量子态上，超导体内电子行为显示出整体性。由于序参数满足的方程和 Schrödinger 方程形式上一样，给出的超导电流表达式也和量子力学中给出粒子流密度矢量一致，这表明超导体有类似于微观现象的量子性质。G-L 理论预言的结果被后来一系列实验证实。

考虑到在电磁场中带电粒子的 Hamilton 量中的动量需要用**正则动量**(canonical momentum)$-i\hbar\nabla=m\vec{v}+q\vec{A}$ 表示，由序参数满足的 Schrödinger 方程：

$$i\hbar\frac{\partial\Psi}{\partial t}=\frac{1}{2m}\left(\frac{\hbar}{i}\nabla-q\vec{A}\right)^2\Psi \tag{7.2.5}$$

其中，m、q 分别是带电粒子质量、电荷；$\vec{A}$ 是磁场矢量势，定义为 $\vec{B}=\nabla\times\vec{A}$，可以算出粒子流密度矢量：

$$\vec{j}=\frac{i\hbar}{2m}(\Psi^*\nabla\Psi-\Psi\nabla\Psi^*)-\frac{q\vec{A}}{m}(\Psi^*\Psi)$$

取超导波函数(序参量)$\psi\equiv|\psi|\,e^{i\varphi(\vec{x})}$，粒子质量 $m=2m_e$，电荷为 $q=-2e$，得超导电流密度矢量：

$$\vec{j}_s=\left(\frac{e\hbar}{m}\nabla\varphi-\frac{2e^2}{m}\vec{A}\right)|\psi|^2 \tag{7.2.6}$$

对此式取旋度，注意到 $\nabla\times\nabla\varphi=0$，$\nabla\times\vec{A}=\vec{B}$，$2|\psi|^2=n_s$ 就可得到 London 方程式(7.2.3)。

7.2.5 磁通量子化

复有序参量引入的一个直接结果，是超导电流环**磁通量子化**(flux quantization)。在构成超导环的超导体内，远离超导体表面取一个闭合回路 L（见图 7.2.3），由于超导电流只沿超导体表面流动，超导体内电流密度等于零，所以有

$$\oint_L \vec{j}_s \cdot \mathrm{d}\vec{l} = -\oint_L \mathrm{d}\vec{l} \cdot \left(\frac{2e^2}{m}\vec{A} - \frac{e\hbar}{m}\nabla\varphi\right)|\psi|^2 = 0$$

即

$$\frac{2e^2}{m}\oint_L \mathrm{d}\vec{l} \cdot \vec{A} = \frac{e\hbar}{m}\oint_L \mathrm{d}\vec{l} \cdot \nabla\varphi \tag{7.2.7}$$

应用 Stokes 公式，以及 $\nabla\times\vec{A}=\vec{B}$，得

$$\oint_L \vec{A} \cdot \mathrm{d}\vec{l} = \int_S \nabla\times\vec{A} \cdot \mathrm{d}\vec{S} = \int_S \vec{B} \cdot \mathrm{d}\vec{S} = \Phi \tag{7.2.8}$$

其中，Φ 是穿过以 L 为边界的任意曲面的磁通量。另一方面，序参量的单值性要求环绕闭合回路一周相位的变化的必须是 2π 的整数倍，所以有

$$\oint_L \mathrm{d}\vec{l} \cdot \nabla\varphi = 2\pi n, \quad n = 1,2,\cdots \tag{7.2.9}$$

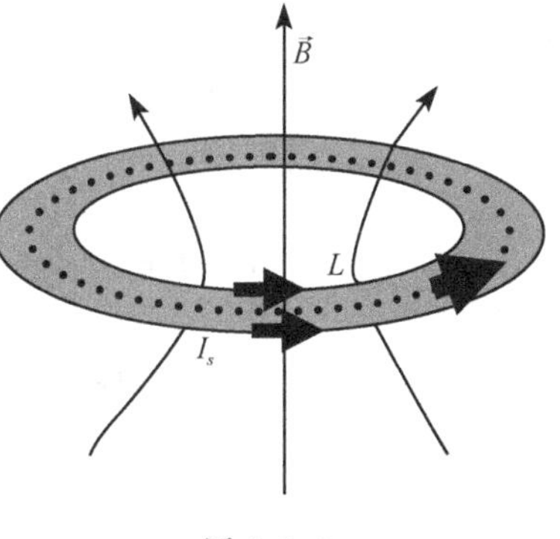

图 7.2.3

将式(7.2.8)、(7.2.9)代入式(7.2.7)中，得

$$\Phi = \frac{n\pi\hbar}{e} = \frac{nh}{2e} = n\Phi_0 \tag{7.2.10}$$

其中：

$$\Phi_0 = \frac{h}{2e} = 2.0675\times10^{-15}\,\mathrm{Wb} \tag{7.2.11}$$

称为**磁通量子**(flux quantum)。式(7.2.10)表明，处在超导态的多连通超导体（超导环，超导空心柱体等）空腔中磁通，或导体进入超导态时被“冻结”的磁通，只能是磁通量子 Φ_0 的整数倍。超导体的这一性质称为**磁通量子化**(flux quantization)。磁通量子化已被实验观测到，并测得磁通量子 Φ_0 的数值，成为用复有序参量描写超导电流正确性的一个证据。

应当指出，如果闭合导体回路无电阻（理想导体回路）就可证明，穿过这个回路的总磁通就保持为常数。但总磁通为磁通量子 Φ_0 的整数倍，却是超导体独有的性质。

7.3 Josephson 效应

利用 Josephson 效应制作的超导元件，是经典超导计算机基本逻辑器件，超导电性在微电子学中的许多应用，都和 Josephson 效应有关。事实上今天超导体 Josephson 效应的物理和技术应用研究已经构成了新兴学科——**超导电子学**(superconductive electronics)的主要内容。量子计算机就是利用含有 Josephson 结电路

在一定条件下具有的量子性质,构造物理量子位实现量子计算的。本节就来介绍这一重要效应。

7.3.1 Josephson 效应

由超导体—绝缘介质薄层—超导体组成的夹层(S-I-S)结构称为**Josephson 结**(Josephson junction,JJ)(见图 7.3.1),绝缘层的典型厚度约 2～3nm,形成两侧超导体弱耦合。1962 年,英国剑桥大学研究生 Josephson 从理论上预言了电子对可以隧穿 Josephson 结绝缘层,形成无电阻的流动[33～35]。这种非导电材料隔开的两超导体之间,发生电流无阻流动的现象称为 **Josephson 效应**(Josephson effect)。

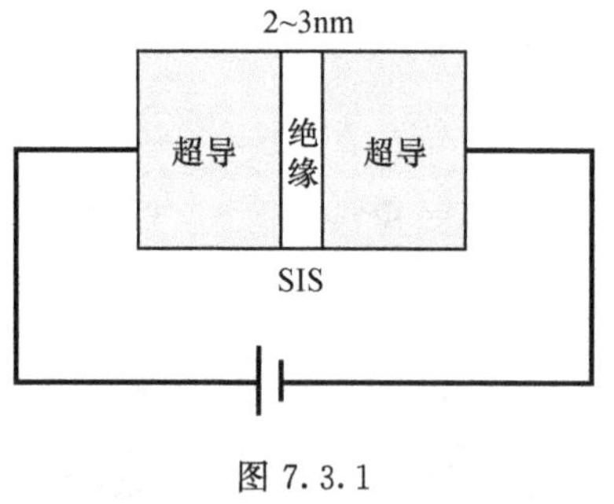

图 7.3.1

Josephson 研究了包含 Josephson 结的超导回路情况(见图 7.3.1),并从理论上预言:

(1) 由于超导电子对隧穿结中绝缘层形成隧穿电流,回路中可以存在一个超导电流,此时结上电压降为零。超导电流密度存在一个被称为**临界电流**(critical current)的最大值 j_c。

(2) 当结两端的施加直流电压 $V_0 \neq 0$ 时,依然存在超导电子对隧穿电流,但这是一个交变电流,电流频率 ν 满足关系式:

$$\nu = \frac{2eV_0}{h}$$

(3) 射频电磁场会对结内的超导电流起调制作用,从而产生超流的直流分量,在结的直流 I-V 曲线上出现一系列台阶,电流台阶对应的电压值满足:

$$\frac{2eV}{h} = n\nu'$$

其中,ν'是外加射频电磁场频率;n 取整数值。

Josephson 的理论预言发表后仅一年,Anderson 等[36]就从实验上证实 Josephson 预言的正确性。

7.3.2 Josephson 方程

1964～1965 年,Josephson 进一步给出 Josephson 隧道结的方程[34,35]。由于 Josephson 方程的严格推导用到超导微观理论,比较复杂,下面采用 Feynman 给出的一种简明推导方法[37]。

Feynman 认为,如果被绝缘层隔开的两块超导体彼此没有耦合(比如绝缘层

足够厚，没有电子对隧穿)，结两侧超导波函数是相互独立的。设两超导体波函数分别为

$$\psi_1 = \sqrt{\rho_1}\mathrm{e}^{\mathrm{i}\varphi_1(t)}, \quad \psi_2 = \sqrt{\rho_2}\mathrm{e}^{\mathrm{i}\varphi_2(t)} \tag{7.3.1}$$

其中，$\rho_1 = |\psi_1|^2$；$\rho_2 = |\psi_2|^2$。分别为绝缘层两侧 Cooper 对数密度。但当绝缘层足够薄，存在通过电子对隧穿发生的耦合，两区波函数 ψ_1、ψ_2 分别满足方程：

$$\mathrm{i}\hbar\frac{\partial\psi_1}{\partial t} = U_1\psi_1 + K\psi_2, \quad \mathrm{i}\hbar\frac{\partial\psi_2}{\partial t} = U_2\psi_2 + K\psi_1 \tag{7.3.2}$$

其中，K 表示 Cooper 对隧穿绝缘层概率幅，描写两侧超导体的耦合强度；U_1、U_2 描写绝缘层两侧超导体中 Cooper 对能量。取回路中电源端电压为 V，并取绝缘层中心为电势零点，则有

$$U_1 = q\frac{V}{2} = -eV, \quad U_2 = -q\frac{V}{2} = eV \tag{7.3.3}$$

其中，q 为 Cooper 对电荷量。将 U_1，U_2 代入方程式(7.3.2)中，得

$$\mathrm{i}\hbar\frac{\partial\psi_1}{\partial t} = -\mathrm{e}V\psi_1 + K\psi_2, \quad \mathrm{i}\hbar\frac{\partial\psi_2}{\partial t} = \mathrm{e}V\psi_2 + K\psi_1 \tag{7.3.4}$$

将式(7.3.1)代入方程式(7.3.4)中，并分别令方程两端实部和虚部相等，得

$$\begin{cases}\dfrac{\mathrm{d}\rho_1}{\mathrm{d}t} = -\dfrac{2}{\hbar}K\sqrt{\rho_1\rho_2}\sin\varphi \\ \dfrac{\mathrm{d}\rho_2}{\mathrm{d}t} = \dfrac{2}{\hbar}K\sqrt{\rho_1\rho_2}\sin\varphi\end{cases} \tag{7.3.5}$$

和

$$\begin{cases}\dfrac{\mathrm{d}\varphi_1}{\mathrm{d}t} = -\dfrac{K}{\hbar}\sqrt{\dfrac{\rho_2}{\rho_1}}\cos\varphi + \dfrac{Ve}{\hbar} \\ \dfrac{\mathrm{d}\varphi_2}{\mathrm{d}t} = -\dfrac{K}{\hbar}\sqrt{\dfrac{\rho_1}{\rho_2}}\cos\varphi - \dfrac{Ve}{\hbar}\end{cases} \tag{7.3.6}$$

其中，$\varphi = \varphi_1 - \varphi_2$ 是跨结两侧超导波函数相位差。由式(7.3.5)可得

$$\frac{\partial\rho_1}{\partial t} = -\frac{\partial\rho_2}{\partial t} \tag{7.3.7}$$

表明左侧电子对数密度增加等于右侧电子对数密度减少。由于 Cooper 对流动，结上存在不为零的超导电流密度。注意结上超导电流密度 $j = -2e\partial\rho_1/\partial t$，在结截面上积分临界超导电流密度得

$$I_s = I_c\sin\varphi \tag{7.3.8}$$

其中，I_c 是结上流过的最大超导电流，此即为 Josephson **第一方程式**，其中 I_c 是

$$j_c = \frac{4eK}{\hbar}\sqrt{\rho_1\rho_2} \tag{7.3.9}$$

在结截面上的积分。假设超导结两侧为相同的超导体，即在对称情况，有 $\rho_1=\rho_2=\rho$，式(7.3.6)中两式相减，并注意到 $\varphi=\varphi_1-\varphi_2$ 得

$$\frac{\mathrm{d}\varphi}{\mathrm{d}t}=\frac{2eV}{\hbar} \tag{7.3.10}$$

即 **Josephson 第二方程**。

根据 Josephson 结的基本方程，可以得出 Josephson 结具有非线性电感。

对时间微分式(7.3.8)两边

$$\frac{\mathrm{d}I}{\mathrm{d}t}=I_c\cos\varphi\frac{\mathrm{d}\varphi}{\mathrm{d}t}=V\frac{2eI_c}{\hbar}\cos\varphi$$

其中，利用了式(7.3.10)。根据自感系数定义 $V=-L\mathrm{d}I/\mathrm{d}t$，利用上式求得自感系数：

$$|L|=\frac{V}{\mathrm{d}I/\mathrm{d}t}=\frac{\hbar}{2eI_c\cos\varphi}=\frac{\Phi_0}{2\pi I_c\cos\varphi}$$

其中，$\Phi_0=h/2e$ 是磁通量子。利用式(7.3.8)，上式可改写为

$$|L|=\frac{\Phi_0}{2\pi(I_c^2-I^2)^{1/2}},\quad I<I_c \tag{7.3.11}$$

这表示 **Josephson 结具有非线性的电感**。记 Josephson 结存在的固有电容为 C，由于 Josephson 电感的非线性，Josephson 结表现为一个非线性振子，振动频率为

$$\omega_p(I)=\frac{1}{\sqrt{LC}}=\sqrt{\frac{2\pi I_c}{\Phi_0 C}}\left(1-\frac{I^2}{I_c^2}\right)^{1/4} \tag{7.3.12}$$

对 $I<I_c$，称为 Josephson 结等**离子振动频率**(plasma frequency)。

根据 Ehrenfest 定理，只要势能在波包范围内的变化小到可以忽略，线性振子的量子动力学和经典动力学就是不可区分的。所以要观察电路的量子效应，需要在电路中引进非线性、非耗散电路元件。Josephson 结具有的非线性，就使含有 Josephson 结的电路可以表现出量子动力学性质，这是使含有 Josephson 结的电路用作量子位的关键性质。

利用 Josephson 方程，还可以进一步得出 Josephson 结具有其他一些重要的性质。

7.3.3 Josephson 结的性质

(1) 如果 Josephson 结上电压 $V=0$，由 Josephson 方程式(7.3.10)，结两侧相位差时间变化率等于零，$\varphi=\varphi_0$ 可以是不等于零的常数，式(7.3.8)表明，在 $V=0$ 情况下超导结可以存在非零的超导电流。由于 φ_0 可以用外磁场调制，由 0 变到 $\pi/2$，超导电流密度可以从 0 变化到 j_c。超导电流密度在导体截面上的积分给出超导临界电流强度 I_c，即结上可以流过的最大非耗散电流。超导结零电压降($V=0$)情况下，含超导结电路仍可以存在稳定的直流电流，夹在两超导体间的绝缘层也呈

现出超导电性，这种现象称为**直流 Josephson 效应**(d. c. Josephson effect)。

(2) 当超导结上直流电压 $V\neq 0$，在等于某个常数情况下，这时积分式(7.3.10)得

$$\varphi=\frac{2e}{\hbar}V_0t+\varphi_0 \tag{7.3.13}$$

其中，φ_0 是由初始条件决定的常数。此时结上超导电流密度为

$$I_s=I_c\sin\left(\frac{2e}{\hbar}V_0t+\varphi_0\right) \tag{7.3.14}$$

表明 $V=V_0\neq 0$ 时，超导电流随时间震荡，振动圆频率为 $\omega_0=2eV_0/\hbar$(通常位于微波范围内)，与结上直流电压降有关，这称为**交流 Josephson 效应**(a. c. Josephson effect)。高频电流通过结会产生相同频率的电磁辐射，其物理机制是 Cooper 对通过结势垒时，可以以光子形式辐射能量。

(3) 当超导结施加直流偏压同时，再加高频交流电压：

$$V(t)=V_0+v\cos\omega t \tag{7.3.15}$$

此时由式(7.3.10)得

$$\varphi(t)=\varphi_0+\frac{2e}{\hbar}\int(V_0+v\cos\omega t)\mathrm{d}t=\varphi_0+\frac{2e}{\hbar}V_0t+\frac{2e}{\hbar}\frac{v}{\omega}\sin\omega t \tag{7.3.16}$$

代入式(7.3.8)，得结超导电流：

$$I_s=I_c\sin\left(\omega_0t+\varphi_0+\frac{2e}{\hbar}\frac{v}{\omega}\sin\omega t\right) \tag{7.3.17}$$

其中，$\omega_0=2eV_0/\hbar$。利用 Fourier-Bessel 级数展开式得

$$\sin(\alpha+z\sin\beta)=\sum_{m=-\infty}^{\infty}(-1)^mJ_m(z)\sin(\alpha-m\beta)$$

其中，$J_m(z)$是 m 阶 Bessel 函数，式(7.3.17)可以写作

$$I_s=I_c\sum_{m=-\infty}^{\infty}(-1)^m\left[J_m\left(\frac{2e}{\hbar}\frac{v}{\omega}\right)\right]\sin[(\omega_0-m\omega)t+\varphi_0] \tag{7.3.18}$$

此式表明，由于施加的交变电压调制，j_s 不再是直流驱动的单一频率 ω_0 的震荡，而是包含丰富的高次谐波成分。特别是当交变电压频率 ω 满足：

$$n\omega=\omega_0,\quad n=0,1,2,\cdots \tag{7.3.19}$$

时，式(7.3.18)中 $m=n$ 项就化为

$$I_s=I_c(-1)^n\left[J_n\left(\frac{2e}{\hbar}\frac{v}{\omega}\right)\right]\sin\varphi_0 \tag{7.3.20}$$

代表直流电流。表明当交变电流频率 ω 满足式(7.3.19)时，交变电流和 Josephson 震荡电流干涉，产生直流分量。在实验中常固定交变电流频率，调节直流电压 V_0，使

$$V_0=n\frac{\hbar}{2e}\omega,\quad n=0,\pm 1,\cdots \tag{7.3.21}$$

在满足式(7.3.20)的每个直流电压值处,出现一个直流超流成分。由于其他的交变电流平均值等于零,Josephson 结伏安特性曲线会出现一个个等间距的恒压电流台阶,台阶高度是固定电压 $\hbar\omega/2e$ 的整数倍。Shapiro 首先从实验上观测到这种情况下 I-V 曲线的台阶结构[38]。由于频率可精确测定,用这种方法可精确地测量电压或测定基本常数 $e/\hbar$ 的精确值。

7.3.4 Josephson 结的伏安特性

由于在绝对零度下,超导态的导体 Fermi 面附近的电子结合成 Cooper 对,使得超导体 Fermi 面的能量与 Fermi 面上激发态之间形成一个宽度为 2Δ 的能隙。这个能隙的存在使得 Josephson 结伏安特性曲线呈现出两个分支——$V=0$ 处的竖直线表示 Josephson **分支**和电压 $eV>2\Delta$ 时的**耗散分支**(见图 7.3.2)。

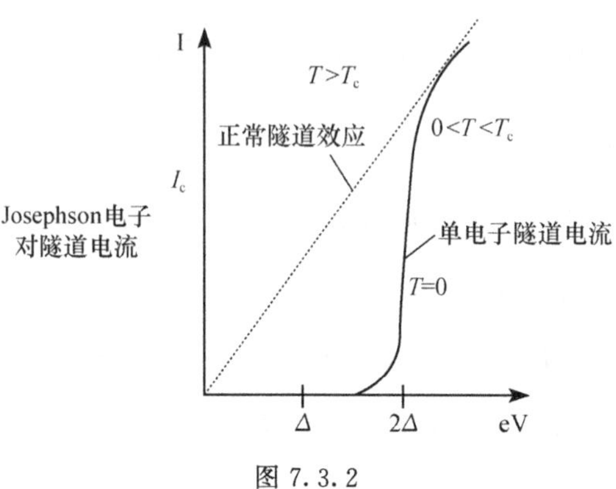

图 7.3.2

在 $T<T_c$ 情况下,超导态电子以 Cooper 对形式存在,只存在 Cooper 对隧穿电流,电流呈现出无阻流动,此时结上电压降等于零。当电流增大时,结起初仍停留在 Josephson 分支上,当电流接近临界电流 I_c 时,Cooper 对开始解体,电流跳变到 $eV\geqslant 2\Delta$ 耗散分支上,这时存在的是正常电子隧穿。$T>T_c$ 温度下,由于 Cooper 对被热激发而解体,即使在很低的电压下也存在小的正常电流。

7.4 超导量子干涉器

超导量子干涉器(superconducting quantum interference devices,SQUID),是根据 Josephson 效应制成的超导量子干涉器,它作为高灵敏度的磁探测器,在技术上已获得广泛应用。在超导量子计算物理实现中,它用作量子位构造的一部分和态读出的探测器起关键作用。超导体用于量子计算除去和 Josephson 结隧穿有关外,还与超导回路磁通量子化现象有关。本节首先介绍磁通量子化的概念,然后介绍 SQUID 的物理原理和特性。

7.4.1 A-B 效应

1959 年,Aharonov 和 Bohm 指出[39]:电磁场势(矢量势 $\vec{A}$ 和标势 φ)是描述电磁场的基本物理量,即使在电子经过的路径上不存在电场强度 $\vec{E}$ 和磁感应强度 $\vec{B}$,也会使描述电子运动的波函数相位发生变化,引起可观测的物理效应。这就是著名的 A-B 效应。

图 7.4.1 是 A-B 效应的实验示意图。其中,B 表示垂直于纸面放置的长直载流螺线管,管内有磁场存在,管外磁场强度等于零,但磁场矢量势 $\vec{A}(\vec{\chi})\neq 0$。当电子从 P 点出发分别经路径 1 或 2 到达 Q 时,电子经过区域虽不存在磁场,但此区域矢量势不等于零,电子波函数的相位仍会发生变化。电子经 1、2 两不同路径相位差是

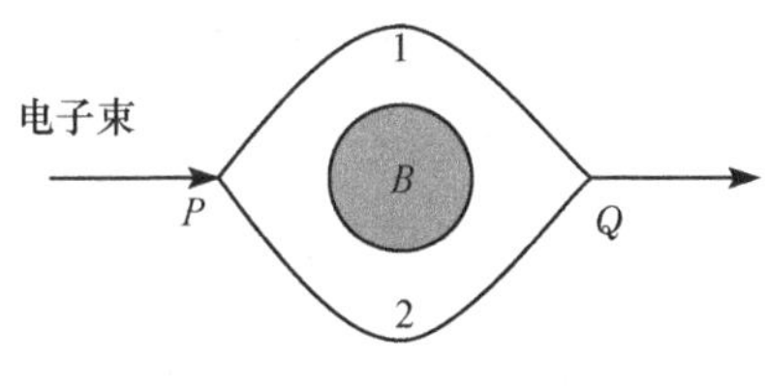

图 7.4.1

$$\Delta\varphi = \frac{q}{\hbar}\left[\int_{P(1)}^{Q}\vec{A}(\vec{\chi})\cdot \mathrm{d}\vec{l} - \int_{P(2)}^{Q}\vec{A}(\vec{\chi})\cdot \mathrm{d}\vec{l}\right]$$

即

$$\Delta\varphi = \frac{q}{\hbar}\oint_{P1Q2P}\vec{A}(\vec{\chi})\cdot \mathrm{d}\vec{l} = \frac{q}{\hbar}\Phi \tag{7.4.1}$$

正比于穿过螺线管截面的磁通量 Φ。这表明在 $\vec{A}\neq 0$ 的区域中,即使 $\vec{B}=0$,仍存在可以观测的物理效应。1985 年,Tonomura 用电子束相干实验严格证明了这种效应的存在[40]。A-B 效应表明,传统的电磁理论中一直被认为是辅助量的矢量势,也描述物理实在,存在可观测的物理效应。

对 *A-B* 效应可以作以下的解释:考虑到带电粒子和电磁场的相互作用,在电磁场中运动的带电粒子动量算子应取为正则动量:

$$-\mathrm{i}\hbar\,\nabla = m\vec{v} + q\vec{A}(\vec{\chi}) \tag{7.4.2}$$

其中,q 是粒子电荷量;$\vec{A}$ 是磁场矢量势。正则动量算子对波函数 $\Psi(\vec{\chi})=\psi(\vec{\chi})\mathrm{e}^{\mathrm{i}\varphi(\vec{\chi})}$ 的作用为:

$$-\mathrm{i}\hbar\nabla\Psi(\vec{\chi}) = -\mathrm{i}\hbar(\nabla\psi(\vec{\chi}))\mathrm{e}^{\mathrm{i}\varphi(\vec{\chi})} + \hbar(\nabla\varphi(\vec{\chi}))\Psi(\vec{\chi})$$

一般情况下描述粒子运动的波函数几率幅不变或慢变,而波相位属于快变成分。略去其中第一项几率幅慢变部分,得

$$-\mathrm{i}\hbar\nabla\Psi(\vec{\chi}) \approx \hbar(\nabla\varphi(\vec{\chi}))\Psi(\vec{\chi}) = (m\vec{v} + q\vec{A}(\vec{\chi}))\Psi(\vec{\chi})$$

或

$$\nabla\varphi(\vec{\chi}) = \frac{1}{\hbar}(m\vec{v} + q\vec{A}(\vec{\chi})) \tag{7.4.3}$$

这表示在电磁场中运动的带电粒子的波函数,在相位梯度中包含有与磁场矢势 $\vec{A}$

有关的项,在 $\vec{A}\neq 0$ 的区域中,带电粒子运动波函数相位要发生变化。

由于带电粒子在磁场中运动波函数相位要受到磁场矢量势的调制而发生变化,把式(7.4.3)应用到 Cooper 对波函数上,注意到 $m\to 2m,q\to -2\mathrm{e},v\to\vec{v}_s=-\vec{j}_s/2n_s\mathrm{e}$,得出电子宏观量子波函数相位梯度对电流密度、磁场矢势的关系:

$$\nabla\varphi(\vec{\chi})=-\frac{m}{n_s\hbar\mathrm{e}}\vec{j}_s-\frac{2\mathrm{e}}{\hbar}\vec{A}(\vec{\chi})=-\frac{2\pi}{\Phi_0}\left(\frac{m}{2\mathrm{e}^2n_s}\vec{j}_s+\vec{A}\right)\tag{7.4.4}$$

其中,m 是一个电子的质量;j_s 是超导电流密度;n_s 是 Cooper 对数密度;$\Phi_0=h/2e$ 是磁通量子。

7.4.2 超导量子干涉现象

在磁场中 Josephson 结两侧超导电子对宏观量子波函数的相位差,受到磁场空间调制而产生变化。这种超导电子对波函数相位对磁场的依赖关系导致了 Josephson 电流的相干性,使隧穿电流 $I_c(H)$ 产生类似于光学中的干涉现象。

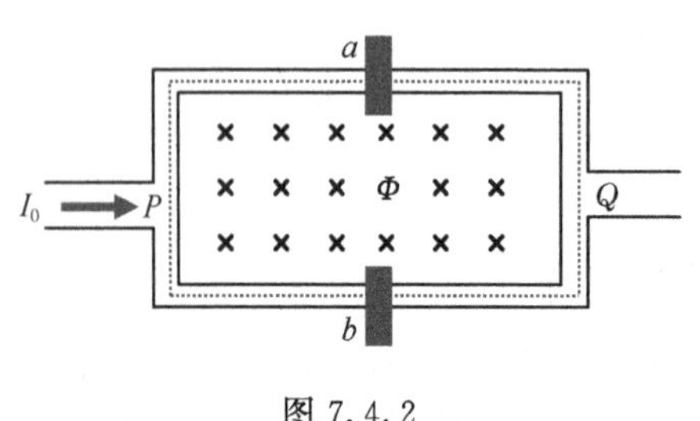

图 7.4.2

把一个双结超导环接在与外电源相连的超导电路中就构成了一个**超导量子干涉器**(见图 7.4.2)。施加外磁场垂直于环面,设通过环路的磁通为 Φ_e。显然流过这个电路的总电流是分别流过两结 a、b 电流总和。如果流过两结的仅是超导电流,总电流就可表示为

$$I_s=I_{c(a)}\sin\varphi_1+I_{c(b)}\sin\varphi_2\tag{7.4.5}$$

其中,$I_{c(a)}$、φ_1 和 $I_{c(b)}$、φ_2 分别是流过两结的临界电流和跨结的相位。由于 a、b 两结并联成超导环路,φ_1、φ_2 不再互相独立。它们之间联系注意到图 7.4.2 中,P、Q 两点相位差与路径无关,应用式(7.4.4)有

$$-\frac{2\pi}{\Phi_0}\int_{(PaQ)}\left(\frac{m}{2e^2n_s}\vec{j}_s+\vec{A}\right)\cdot\mathrm{d}l+\varphi_1=-\frac{2\pi}{\Phi_0}\int_{(PbQ)}\left(\frac{m}{2e^2n_s}\vec{j}_s+\vec{A}\right)\cdot\mathrm{d}l+\varphi_2$$

由此得

$$\varphi_1-\varphi_2=\frac{2\pi}{\Phi_0}\oint\left(\frac{m}{2e^2n_s}\vec{j}_s+\vec{A}\right)\cdot\mathrm{d}l+2\pi n\tag{7.4.6}$$

当超导体截面尺度不是很小(比穿透深度大得多)时,可以把积分路径取在超导体内部,使 $j_s=0$,并假设环自感很小,使环中超导循环电流 I_e 激发的磁通可以略去不计,于是有

$$\varphi_1-\varphi_2=2\pi\frac{\Phi_e}{\Phi_0}+2\pi n\tag{7.4.7}$$

为了简单起见,假设两个结是完全对称的,$I_{c(a)}=I_{c(b)}\equiv I_c$,利用式(7.4.7),式(7.4.5)可以改写为

$$I_s = I_c \sin\varphi_1 + I_c \sin\left(\varphi_1 - 2\pi \frac{\Phi_e}{\Phi_0}\right) = 2I_c \sin\left(\varphi_1 - \pi \frac{\Phi_e}{\Phi_0}\right)\cos\left(\pi \frac{\Phi_e}{\Phi_0}\right) \quad (7.4.8)$$

此式表示 I_s 的临界值是

$$I_{sc} = 2I_c \left|\cos\left(\pi \frac{\Phi_e}{\Phi_0}\right)\right| \quad (7.4.9)$$

其中，I_{sc}是以外磁通 Φ_e 为变量，以 Φ_0 为周期的周期函数，它的取值是可以直接测量的。

双结超导环在外磁场中的最大超导电流对超导环内外加磁通 Φ_e 极为敏感，当 Φ_e 变化一个磁通量子时，零压隧道电流就变化一个周期；只要外加磁场发生微小的变化，就能产生可以察觉的隧道电流变化。这使人们立即想到，可以利用这一发现制作高灵敏度的磁强计，用于测量微弱的磁场和磁场细微的不均匀性。将一个超导线圈与 SQUID 配合，还可以制成灵敏度极高的直流电压计。当线圈两端有直流电压时，线圈中的电流在 SQUID 中的感应磁通可以用 SQUID 测出，从而推断出线圈两端的电压，灵敏度可达10^{-19} V 量级。在超导量子计算中，使用 SQUID 的巧妙地设计，可用在各种超导量子位态的测量读出。

7.5 超导 Josephson 结电路的量子化

为了利用超导体 Josephson 结电路实现量子计算，需要研究这些电路的量子性质，第一步需要将含有 Josephson 结的电路量子化。电路量子化虽然是违背直觉的，但它却是电磁场量子化的一个直接推论。本节讨论含有 Josephson 结电路量子化的基本方法，并给出两种典型的超导电路——电流偏置和磁通偏置电路的 Hamilton 量。

7.5.1 包含 Josephson 结电路的动力学性质

在一般工作状态下，在 Josephson 结中与超导电流并存的还有正常电流，所以要考虑超导结存在的电阻。在电流电压变化情况下，还要考虑结电容和电感。一般情况下，一个 Josephson 结可以用三个集总电路元件：结电容 C、结非线性电感 L、电阻 R（一般不同于结正常电阻，依赖于温度和施加电压）等效。含有 Josephson 结的电路图 7.5.1(a)可以用图 7.5.1(b)等效，其中叉号 J 表示理想的 Josephson 结，它的电阻、电容和电感均为零，只荷载 Josephson 电流。

作为例子，考虑图 7.5.1 所示电流偏置 Jesephson 电路的动力学性质。通过 Josephson 结的总电流 I_e（称为偏置电流），由 Josephson 电流 I_J、流过电阻的正常电流 I_R 和位移电流（流过电容器）I_d 三部分组成。其中 Josephson 电流为

$$I_J = I_c \sin\varphi \quad (7.5.1)$$

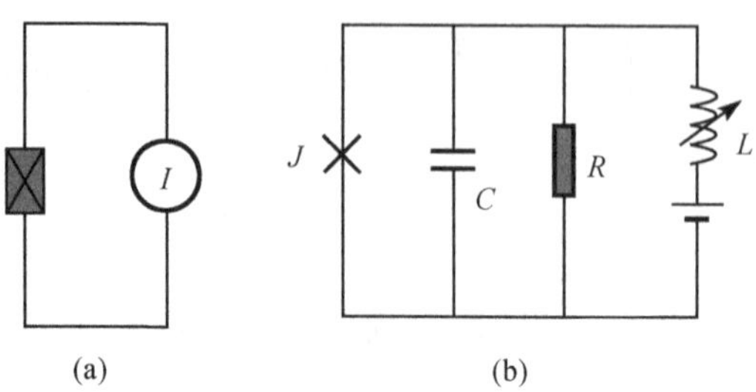

图 7.5.1

其中,φ 是跨超导结超导波函数的相位降落。由 Josephson 方程式(7.3.10)得

$$\frac{\mathrm{d}\varphi}{\mathrm{d}t}=\frac{2e}{\hbar}V \tag{7.5.2}$$

其中,V 为结上电压降落。电阻器流过的电流 I_R 满足欧姆定律:

$$I_R=\frac{V}{R}=\frac{\hbar}{2eR}\frac{\mathrm{d}\varphi}{\mathrm{d}t} \tag{7.5.3}$$

电容器充放电电流:

$$I_d=C\frac{\mathrm{d}V}{\mathrm{d}t}=C\frac{\hbar}{2e}\frac{\mathrm{d}^2\varphi}{\mathrm{d}t^2} \tag{7.5.4}$$

回路电流的 Kirchhoff 方程给出总电流:

$$\frac{\hbar}{2e}C\frac{\mathrm{d}^2\varphi}{\mathrm{d}t^2}+\frac{\hbar}{2eR}\frac{\mathrm{d}\varphi}{\mathrm{d}t}+I_c\sin\varphi=I_e \tag{7.5.5}$$

这个方程描述了超导相位 φ 的动力学,具有**阻尼非线性振动方程**形式。把式(7.5.5)和由刚性细杆和摆锤组成的单摆阻尼运动方程:

$$J\frac{\mathrm{d}^2\theta}{\mathrm{d}t^2}+\gamma\frac{\mathrm{d}\theta}{\mathrm{d}t}+mgl\sin\theta=M \tag{7.5.6}$$

比较可以看出,各物理量间存在以下的对应关系:超导相位 φ 对应阻尼摆的摆角位移 θ,电容 C 对应转动惯量 J,有阻的正常隧穿电导对应单摆阻尼力系数;超导隧穿电流给出的非线性项,对应单摆受到的重力矩,而总电流 I_e 则和单摆受到的外力矩 M 对应。由于 φ 对应 θ,式(7.5.2)表明,电路电压可以对应阻尼摆动角速度。

7.5.2　正则量子化方法

为了把电路量子化,首先回顾量子力学中的**正则量子化方法**。按正则量子化方法[2]:对于一个有 n 个自由度的体系,其运动可以用 $2n$ 个正则变量 $\{q_i,\dot{q}_i,t\}$ $(i=1,2,\cdots,n)$ 描述。构造 Lagrange 函数:

$$L(q_i,\dot{q}_i,t)=T(q_i,\dot{q}_i)-U(q_i,t) \tag{7.5.7}$$

其中,$T(q_i,\dot{q}_i)$ 是用广义坐标表示的体系的动能函数;$U(q_i,t)$ 是用广义坐标表示的体系的势能函数,体系的 Hamilton 量可以从体系的 Lagrange 量导出。定义与

广义坐标 q_j 共轭的广义动量为

$$p_j = \frac{\partial L}{\partial \dot{q}_j} \tag{7.5.8}$$

系统的 Hamilton 量为

$$H = \sum_{j=1}^{n} p_j \dot{q}_j - L \tag{7.5.9}$$

正则动量和正则坐标满足 Poisson 括号$\{q_k, p_j\} = \delta_{kj}$。所谓**正则量子化方法**就是把上述经典物理中正则坐标和正则动量看做是算子，并用算子满足的对易关系：

$$[\hat{q}_k, \hat{p}_j] = \mathrm{i}\hbar\delta_{kj} \tag{7.5.10}$$

取代 Poisson 括号。用这些算子表示经典 Hamilton 量，就得到量子力学的 Hamilton 算子。

7.5.3　电流偏置 Josephson 结电路的动能和势能

按正则量子化方法，量子化 Josephson 电路，需要首先求出电路的 Lagrange 量，然后变换成等价的 Hamilton 形式。为此把式(7.5.5)中的电流方程转化为能量形式。

由于电容器电荷能、电感磁能以及电阻耗能都可表示为电功率 IV 的时间积分，以电压 V 乘式(7.5.5)两边并对时间积分，第一项如下：

$$\frac{\hbar}{2e}C\int V \frac{\mathrm{d}^2\varphi}{\mathrm{d}t^2}\mathrm{d}t = C\int V \frac{\mathrm{d}V}{\mathrm{d}t}\mathrm{d}t = C\int V\mathrm{d}V = \frac{1}{2}CV^2$$

其中，已利用了式(7.5.2)。参照单摆转动动能 $E_k = J\omega^2/2$，由式(7.5.2)电压对应力学中的角速度，上式表明电容器静电能就是电路动力学中的动能，用超导相位变量可表示为

$$E_k = \frac{1}{2}CV^2 = \left(\frac{\hbar}{2e}\right)^2 \frac{C\dot{\varphi}^2}{2} \tag{7.5.11}$$

利用式(7.5.2)、式(7.5.5)中的第二项乘 V 并积分给出：

$$\frac{\hbar}{2e}\int \frac{V}{R}\frac{\mathrm{d}\varphi}{\mathrm{d}t}\mathrm{d}t = \int IV\mathrm{d}t \tag{7.5.12}$$

表示正常电子隧穿电流的热损耗能量。当电路工作在超导条件下，温度 $k_B T < \Delta$，电路特征频率 ω 满足 $\hbar\omega \ll \Delta$(超导体中能隙)，这一项可以忽略。而式(7.5.5)第三项积分给出：

$$\int I_c \sin\varphi V\mathrm{d}t = \int I_c \sin\varphi \frac{\hbar}{2e}\frac{\mathrm{d}\varphi}{\mathrm{d}t}\mathrm{d}t = I_c \frac{\hbar}{2e}\int \sin\varphi \mathrm{d}\varphi$$

即

$$\int I_c \sin\varphi V\mathrm{d}t = E_J(1-\cos\varphi) \tag{7.5.13}$$

其中：

$$E_J = \frac{\hbar}{2e} I_c \tag{7.5.14}$$

表示电压对超导电流做的可逆功，称为结的 **Josephson 能**，其大小决定于结的超导临界电流。由于式(7.5.5)中变量 φ 对应着单摆角位移，这一项可解释为电路动力学中的势能。最后式(7.5.5)中右端总电流的积分给出：

$$\int I_e V \mathrm{d}t = \frac{\hbar}{2e}\int I_e \frac{\mathrm{d}\varphi}{\mathrm{d}t}\mathrm{d}t = \frac{\hbar}{2e}\int I_e \mathrm{d}\varphi = \frac{\hbar}{2e} I_e \varphi \tag{7.5.15}$$

注意到超导相位差 φ 和穿过回路的磁通 Φ 联系着[见式(7.4.1)]，$\varphi = 2e\Phi/\hbar$，上面的积分可以化成 $I_e\Phi$，这表明式(7.5.15)代表与电流 I_e 有关的磁能。它和单摆情况下外加恒定力矩 M_0(其作用修正势函数)对应，这一项可看做电路动力学中的势能项。合并式(7.5.13)、式(7.5.15)中两个势能项得

$$U(\varphi) = E_J(1-\cos\varphi) - \frac{\hbar}{2e} I_e \varphi \tag{7.5.16}$$

在偏置电流 $I_e = 0$ 情况下，式(7.5.5)小幅度振动频率

$$\omega_p = \sqrt{\frac{2eI_c}{\hbar C}} \tag{7.5.17}$$

就是式(7.3.12)中的 Josephson 结的**等离子体频率**(plasma frequency)。当施加偏流时，摆势垒倾斜，势阱变浅，在偏流等于临界电流时势阱消失，物理上对应着从超导区到耗散(正常)区的切换。

7.5.4 电流偏置 Josephson 结电路的 Hamilton 量

略去电路损耗，电流偏置 Josephson 结电路的 Lagrange 量，根据式(7.5.7)由式(7.5.11)、式(7.5.16)可以写作

$$L = \left(\frac{\hbar}{2e}\right)^2 \frac{C\dot{\varphi}^2}{2} - E_J(1-\cos\varphi) + \frac{\hbar}{2e} I_e \varphi \tag{7.5.18}$$

取 φ 为广义坐标，与之共轭的广义动量 p_φ 可根据式(7.5.8)求得：

$$p_\varphi = \frac{\partial L}{\partial \dot{\varphi}} = C\left(\frac{\hbar}{2e}\right)^2 \dot{\varphi} \tag{7.5.19}$$

利用 Josephson 结方程式(7.5.2)，上式可写为

$$p_\varphi = \frac{\hbar}{2e} CV = \frac{\hbar}{2e} q \tag{7.5.20}$$

其中，q 是结电容上的电荷量。定义结上电子对数算子：

$$\hat{n} = \frac{q}{2e} = \frac{p_\varphi}{\hbar} = \frac{C}{\hbar}\left(\frac{\hbar}{2e}\right)^2 \dot{\varphi} \tag{7.5.21}$$

电流偏置 Josephson 结电路的 Hamilton 量由式(7.5.9)，利用式(7.5.19)、式

(7.5.18)可以写作

$$H = p_\varphi \dot{\varphi} - L = \left(\frac{\hbar}{2e}\right)^2 C\dot{\varphi}^2 - \left(\frac{\hbar}{2e}\right)^2 \frac{C\dot{\varphi}^2}{2} + E_J(1-\cos\varphi) - \frac{\hbar}{2e} I_e \varphi$$

即

$$H = \left(\frac{\hbar}{2e}\right)^2 \frac{C\dot{\varphi}^2}{2} + E_J(1-\cos\varphi) - \frac{\hbar}{2e} I_e \varphi \tag{7.5.22}$$

用结电容 C 表示电子对的静电能 $E_c=(2e)^2/2C$，注意到式(7.5.21)可把上式改写为

$$\hat{H} = E_c \hat{n}^2 + E_J(1-\cos\varphi) - \frac{\hbar}{2e} I_e \varphi \tag{7.5.23}$$

这就是**电流偏置 Josephson 结电路的 Hamilton 量**。其中，广义坐标 φ 和电子对数算子 $\hat{n}$ 满足的对易关系可以从式(7.5.10)，应用式(7.5.21)得

$$[\varphi, \hat{n}] = \left[\varphi, \frac{\hat{p}_\varphi}{\hbar}\right] = \mathrm{i} \tag{7.5.24}$$

当电路动能 $E_c \ll E_J$，在偏流 I_e 稍低于 I_c，电路工作在**相位区**，式(7.5.23)中的 Hamilton 量势能部分是一个非谐势阱，利用它的两个最低能级，可以编码一个量子位，称为**相位量子位**。

7.5.5　磁通偏置 Josephson 结电路的 Hamilton 量

一个 Josephson 结接在超导环中(见图 7.5.2)，当超导环中施加外偏置磁通 Φ_e 时，就构成一个**磁通偏置 Josephson 结电路**。在这种情况下回路的电感不能忽略，设等效电感为 L，偏置磁通对应的超导相位为

$$\varphi_e = \frac{2e}{\hbar} \oint_\Gamma \vec{A}_e(\vec{\chi}) \cdot \mathrm{d}\vec{l} = \frac{2e}{\hbar} \Phi_e \tag{7.5.25}$$

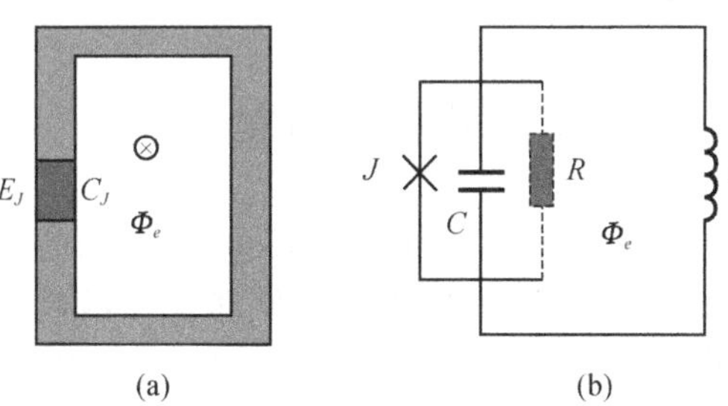

图 7.5.2

设总磁通为 Φ(等于外磁通与自感磁通的代数和)，与偏磁通对应的偏置电流为

$$I_e = \frac{1}{L}(\Phi - \Phi_e) = \frac{\hbar}{2eL}(\varphi - \varphi_e)$$

其中，φ 是回路中总相位。类似于对电流偏置 Josephson 结电路得出式(7.5.9)的

分析,用超导相位表示的这个回路中 Kirchhoff 电流方程为

$$\frac{\hbar}{2e}C\frac{\mathrm{d}^2\varphi}{\mathrm{d}t^2}+\frac{\hbar}{2eR}\frac{\mathrm{d}\varphi}{\mathrm{d}t}+I_c\sin\varphi+\frac{\hbar}{2eL}(\varphi-\varphi_e)=0 \tag{7.5.26}$$

其中第一项是通过结电容器的电流,第二项是正常电子隧穿的损耗电流,第三项是 Cooper 对隧穿电流,最后一项是外磁通感应电流。

当把式(7.5.26)转化为能量表示时,前三项分别对应动能项、电阻损耗阻尼项和 Josephson 能。为了看出最后一项的意义,把它乘上 $V=\frac{\hbar}{2e}\frac{\mathrm{d}\varphi}{\mathrm{d}t}$并对时间积分给出:

$$\frac{\hbar}{2eL}\int\frac{\hbar}{2e}(\varphi-\varphi_e)\frac{\mathrm{d}\varphi}{\mathrm{d}t}\mathrm{d}t=\frac{1}{2L}\left(\frac{\hbar}{2e}\right)^2(\varphi-\varphi_e)^2=\frac{1}{2L}(\Phi-\Phi_e)^2$$

是回路自感磁场能。忽略式(7.5.26)中阻尼项,采用式(7.5.23)的相同的论证,可得出磁通偏置 Josephson 结回路的 Hamilton 量可以写作

$$\hat{H}=E_c\hat{n}^2-E_J\cos\varphi+\frac{E_L(\varphi-\varphi_e)^2}{2} \tag{7.5.27}$$

其中,$E_L=\left(\frac{\hbar}{2e}\right)^2/L=\frac{\Phi_0^2}{4\pi^2L}$,$\Phi_0=\frac{h}{2e}$是磁通量子,并略去常数 E_J。这个电路动力学中的势能部分是

$$U(\varphi)=-E_J\cos\varphi+\frac{E_L(\varphi-\varphi_e)^2}{2} \tag{7.5.28}$$

当它工作在相位区,$E_J\gg E_c$,$\omega_J\ll E_J$,取偏磁通为半整数,取势阱两最低能级可编码一个量子位——磁通量子位。

利用 Josephson 结的非线性,目前已经提出的除超导相位量子位、超导磁通量子位外,还有超导电荷量子位。下面两节将分别详细地介绍电荷量子位和磁通量子位的物理原理和操控机制。

7.6 超导电荷量子位

Josephson 结具有的非线性电感,使含有 Josephson 结的电路表现出量子动力学性质[1,2]。求电路系统 Hamilton 量的本征值和本征函数,并从整个 Hamilton 算子的 Hilbert 空间中找出一个 2 维子空间,如果这个子空间和它的补空间能够很好地解耦,利用这个子空间就可以编码一个量子位。超导电荷量子位利用低电容 Josephson 结中电荷自由度,量子位基态用超导岛上 Cooper 对数目表示,是最早提出的超导量子位[14,41,42]。

7.6.1 简单电荷量子位

电荷量子位,又称 **Cooper 对盒**(Cooper pair box),是一个包含小的超导岛的

闭合超导回路(见图 7.6.1),岛的一端通过一个 Josephson 耦合能为 E_J、结电容为 C 的 Josephson 结连接到大的超导体电极上,另一端则通过一个门电容 C_g 连接到电压源 V_g 上。选择结电容、门电容都很小($C_J<10^{-15}$ F),使岛上电荷静电能远大于结上 Josephson 能($E_c\gg E_J$)。超导电荷量子位,要求选择超导能隙 Δ 大的材料,在工作温度足够低情况下,单电子隧穿需要能量 $\varepsilon_c=e^2/(2C_J)\gg k_BT$,岛上没有单电子隧穿,但 Cooper 对可以相干地隧穿到超导岛上。在和外部弱连接情况下,岛上 Cooper 对数是离散变量 n,量子位用两邻接的 Cooper 对数态 $|n\rangle$ 和 $|n+1\rangle$ 表征,在下面的讨论中分别记这两电荷态为 $|0\rangle$ 和 $|1\rangle$。

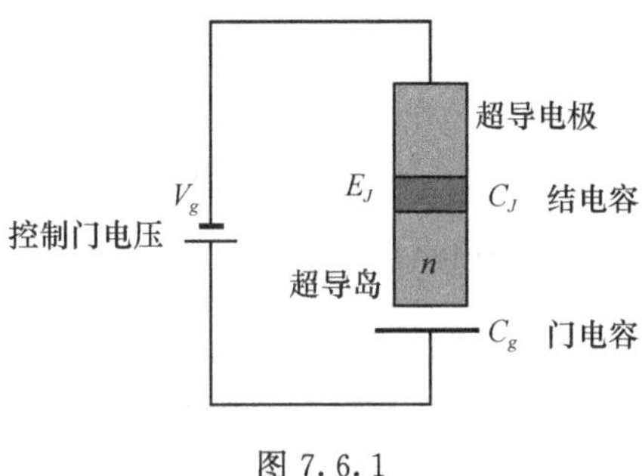

图 7.6.1

这个电路的 Hamilton 量可以取结上超导相位差 φ 为独立变量。这个电路中结电容 C_J 和门电容 C_g 上的静电能:

$$\frac{1}{2}C_JV^2+\frac{C_g(V_g-V)^2}{2}=\frac{1}{2}(C_J+C_g)V^2-C_gV_gV+\frac{1}{2}C_gV_g^2$$

应用 Josephson 第二方程 $V=\hbar\dot{\varphi}/2e$,动能部分可以写作

$$E_k=\frac{C_\Sigma}{2}\left(\frac{\hbar}{2e}\right)^2\dot{\varphi}^2-\frac{\hbar}{2e}C_gV_g\dot{\varphi}+\frac{1}{2}C_gV_g^2 \tag{7.6.1}$$

其中,$C_\Sigma=C_J+C_g$。结 Josephson 能为 $E_J(1-\cos\varphi)$,所以这个电路的 Lagrange 量为

$$L=\frac{C_\Sigma}{2}\left(\frac{\hbar}{2e}\right)^2\dot{\varphi}^2-\frac{\hbar}{2e}C_gV_g\dot{\varphi}+\frac{1}{2}C_gV_g^2-E_J(1-\cos\varphi) \tag{7.6.2}$$

引入

$$\hat{n}=\frac{\partial L}{\hbar\partial\dot{\varphi}}=C_\Sigma\frac{\hbar}{(2e)^2}\dot{\varphi}-\frac{1}{2e}C_gV_g \tag{7.6.3}$$

从而有

$$\hbar\hat{n}\dot{\varphi}=C_\Sigma\left(\frac{\hbar}{2e}\right)^2\dot{\varphi}^2-\frac{\hbar}{2e}C_gV_g\dot{\varphi}$$

利用式(7.5.9),系统 Hamilton 量为

$$\hat{H}=\frac{C_\Sigma}{2}\left(\frac{\hbar}{2e}\right)^2\dot{\varphi}^2-\frac{1}{2}C_gV_g^2+E_J(1-\cos\varphi) \tag{7.6.4}$$

引入 $n_g=-C_gV_g/2e$ 表示门电压 V_g 在岛上的感应电子对数目,式(7.6.3)给出:

$$\hat{n}-n_g=C_\Sigma\frac{\hbar}{(2e)^2}\dot{\varphi}$$

平方上式两边,并用 Cooper 对静电能 $E_c=(2e)^2/2C_\Sigma$ 乘,得

$$E_c(\hat{n}-n_g)^2=\frac{(2e)^2}{2C_\Sigma}C_\Sigma^2\frac{\hbar^2}{(2e)^4}\varphi^2=\frac{C_\Sigma}{2}\left(\frac{\hbar}{2e}\right)^2\varphi^2$$

略去式(7.6.4)中常数项 $-\frac{1}{2}C_gV_g^2+E_J$，图 7.6.1 电路的 Hamilton 量可以用 Cooper 对数算子表示为

$$\hat{H}=E_c(\hat{n}-n_g)^2-E_J\cos\varphi \tag{7.6.5}$$

这就是简单 Cooper 对盒电荷量子位的 Hamilton 量。

忽略 Josephson 耦合，意味着超导岛完全孤立，特定数量 Cooper 对被囚禁在岛上。相应的本征函数 $|n\rangle$ 满足本征值方程：

$$E_c(\hat{n}-n_g)^2\mid n\rangle=E_n\mid n\rangle \tag{7.6.6}$$

本征波函数是 Cooper 对数态 $|n\rangle$，本征值谱 $E_n=E_c(n-n_g)^2$(见图 7.6.2)。在基态($n=n_g$)Cooper 对数目依赖门电压，会随门电压波动震荡。但是取门电压特殊值使 $n_g=1/2$，相应的两个电荷态 $|0\rangle$ 和 $|1\rangle$ 能量简并，小的 Josephson 耦合能将这两个电荷态形成一个紧束缚的两能级系统，可以充当一个量子位(见图 7.6.2)。

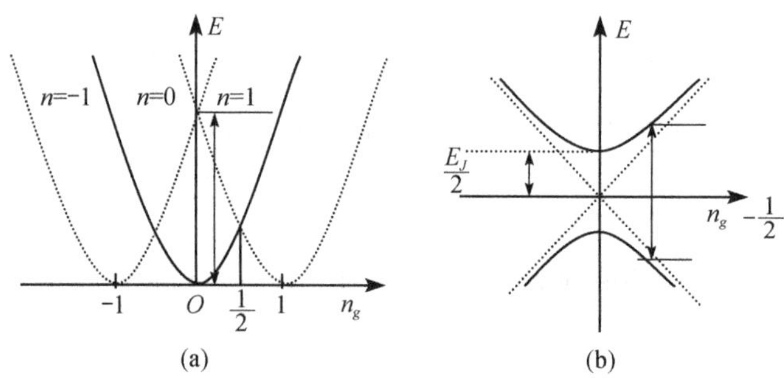

图 7.6.2

考虑 Josephson 耦合，将 Hamilton 量式(7.6.5)写作

$$\hat{H}=\sum_{m,n}\mid m\rangle\langle m\mid[E_c(\hat{n}-n_g)^2-E_J\cos\varphi]\mid n\rangle\langle n\mid$$

注意到 $\hat{n}|n\rangle=n|n\rangle$，$\cos\varphi=(e^{i\varphi}+e^{-i\varphi})/2$，$e^{i\varphi}|n\rangle=|n+1\rangle$，$e^{-i\varphi}|n\rangle=|n-1\rangle$，可得

$$\hat{H}=\sum_n\{[E_c(n-n_g)^2]\mid n\rangle\langle n\mid-\frac{E_J}{2}(\mid n+1\rangle\langle n\mid+\mid n-1\rangle\langle n\mid)\} \tag{7.6.7}$$

截断到两电荷态 $|0\rangle$、$|1\rangle$ 张起的子空间中，在基 $\{|0\rangle,|1\rangle\}$ 下有

$$\hat{H}=\begin{bmatrix}E_cn_g^2 & -E_J/2\\ -E_J/2 & E_c(1-n_g)^2\end{bmatrix}$$

重新取两能级中心为能量零点，有 $n_g^2=(2n_g-1)/2$，令 $\varepsilon=E_c(1-2n_g)$，上式 Hamilton 量可以写为

$$\hat{H}=-\frac{1}{2}\begin{bmatrix}\varepsilon & E_J\\ E_J & -\varepsilon\end{bmatrix}=-\frac{1}{2}(\varepsilon\hat{\sigma}_z+E_J\hat{\sigma}_x) \tag{7.6.8}$$

对角化此 Hamilton 量，求得能量本征值：

$$E_{\pm}=\pm\frac{1}{2}\sqrt{\varepsilon^2+E_J^2}=\pm\frac{1}{2}\sqrt{E_c^2(1-2n_g)^2+E_J^2} \tag{7.6.9}$$

在电荷简并点 $n_g=1/2$，$\varepsilon=E_c(1-2n_g)=0$，Hamilton 量对角部分等于零，能级被 Josephson 能 E_J 分开[见图 7.6.2(a)]。量子位两基态分别是$(|0\rangle\pm|1\rangle)/\sqrt{2}$。离开简并点，由于 $E_c\gg E_J$，本征态非常接近电荷态。

7.6.2 具有可调 Josephson 耦合的电荷量子位

对于简单 Cooper 对盒，虽然通过门电压可以控制电荷量子位 Hamilton 的 $\hat{\sigma}_z$ 分量 ε，但 E_J 作为 Hamilton 的 $\hat{\sigma}_x$ 分量，由 Cooper 对隧穿概率幅指定为常数值。为了执行任意一位门操作，还需要控制其中的 E_J。为达到此目的，可以采取图 7.6.3 所示电路，用两个 Josephson 结构成的超导环代替图 7.6.1 中的 Josephson 结，其中 SQUID 用外磁通偏置。

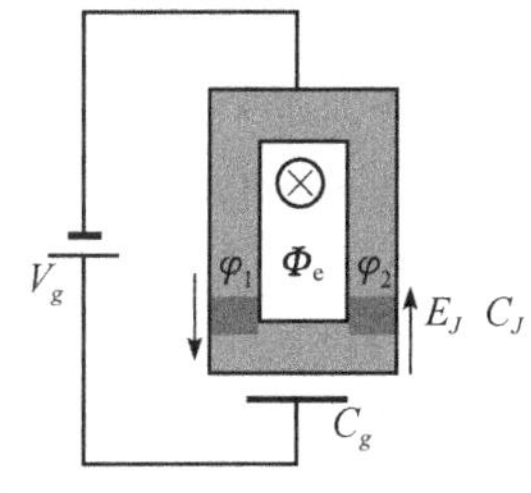

图 7.6.3

图 7.6.3 所示电路的特征是可以用外磁通控制两个 Josephson 结的 Josephson 能。假设两个结全同，结电容都是 C_J，跨结相位差为 $\varphi_1=\varphi_2\equiv\varphi$，SQUID 环线性自感很小，SQUID 回路中超导循环电流以及偏置电流 I_e 磁通相应的相位可以忽略。设与偏磁通相应的相位为 $\varphi_e=2e\Phi_e/\hbar=2\pi\Phi_e/\Phi_0$，SQUID 电路中总电流为

$$I_c\sin\left(\varphi+\pi\frac{\Phi_e}{\Phi_0}\right)+I_c\sin\left(\varphi-\pi\frac{\Phi_e}{\Phi_0}\right)=I_e \tag{7.6.10}$$

即

$$2I_c\cos\left(\pi\frac{\Phi_e}{\Phi_0}\right)\sin\varphi-I_e=0$$

上式两边乘 $V=\frac{\hbar}{2e}\dot{\varphi}$，并对时间积分给出对应的势能：

$$2E_J\cos\left(\pi\frac{\Phi_e}{\Phi_0}\right)(1-\cos\varphi)-\frac{\hbar}{2e}I_e\varphi_e \tag{7.6.11}$$

这个电路动能项是两个结电容静电能和电容 C_g 储能：

$$C_JV^2+\frac{1}{2}C_g(V_g-V)^2=\frac{1}{2}C_{\Sigma}V^2+\frac{1}{2}C_gV_g^2-C_gV_gV$$

其中，$C_{\Sigma}=2C_J+C_g$，应用 Josephson 方程 $V=\hbar\dot{\varphi}/2e$，略去常数项后上式可改写为

$$\frac{C_{\Sigma}}{2}\left(\frac{\hbar}{2e}\dot{\varphi}\right)^2-\frac{\hbar}{2e}C_gV_g\dot{\varphi} \tag{7.6.12}$$

为了方便,改写为

$$\frac{C_\Sigma}{2}\left(\frac{\hbar}{2e}\dot{\varphi}-\frac{C_g}{C_\Sigma}V_g\right)^2$$

与式(7.6.12)之差仅是一个常数。应用上面的结果,这个电路的 Lagrange 量可写为

$$L=\frac{C_\Sigma}{2}\left(\frac{\hbar}{2e}\dot{\varphi}-\frac{C_g}{C_\Sigma}V_g\right)^2-2E_J\cos\left(\pi\frac{\Phi_e}{\Phi_0}\right)(1-\cos\varphi)+\frac{\hbar}{2e}I_e\varphi_e$$

引入 Cooper 对数算子:

$$\hat{n}=\frac{\partial L}{\hbar\partial\dot{\varphi}}=\frac{C_\Sigma}{\hbar}\left(\frac{\hbar}{2e}\dot{\varphi}-\frac{C_g}{C_\Sigma}V_g\right)\frac{\hbar}{2e}=\frac{C_\Sigma}{\hbar}\left(\frac{\hbar}{2e}\right)^2\dot{\varphi}-\frac{1}{2e}C_gV_g \tag{7.6.13}$$

求得系统 Hamilton 算子:

$$\hat{H}=\frac{C_\Sigma}{2}\left(\frac{\hbar}{2e}\right)^2\dot{\varphi}^2-\frac{C_\Sigma}{2}\left(\frac{C_g}{C_\Sigma}V_g\right)^2+2E_J\cos\left(\pi\frac{\Phi_e}{\Phi_0}\right)(1-\cos\varphi)+\frac{\hbar}{2e}I_e\varphi_e$$

略去其中常数项,利用式(7.6.13),引进数算子 $\hat{n}$ 和电容器静电能 $E_c=(2e)^2/2C_\Sigma$,($C_\Sigma=2C_J+C_g$),上式中的 H 可写为

$$\hat{H}=E_c(\hat{n}-n_g)^2-2E_J\cos\left(\frac{\pi\Phi_e}{\Phi_0}\right)\cos\varphi \tag{7.6.14}$$

和式(7.6.5)中比较。其中,E_J 现在被可用外磁场调控的 $2E_J\cos(\pi\Phi_e/\Phi_0)$取代。

由于单 Cooper 对盒电路的 Hamilton 量式(7.6.8)已具有非对角的 $\hat{\sigma}_x$ 分量,现在采用 d. c. SQUID 取代单 Cooper 对盒电路中的 Josephson 结,式(7.6.8) Hamilton 量中 E_J 变成可调,由第 4 章的讨论,电荷量子位任意一位门操作,都可以通过控制门电压 V_g 以及穿过 SQUID 环的外磁通实现。

7.6.3 电荷量子位间的耦合

为了执行两位门操作,需要耦合两量子位,并控制这种耦合。为耦合两个电荷量子位,现在已经提出的方法主要有以下几种。

(1) 利用电荷之间的库仑相互作用耦合两个电荷量子位[1,2],即用小电容连接两个 Cooper 对盒的超导岛,可以导致相连接的两个电荷量子位以 Ising 势相互作用。

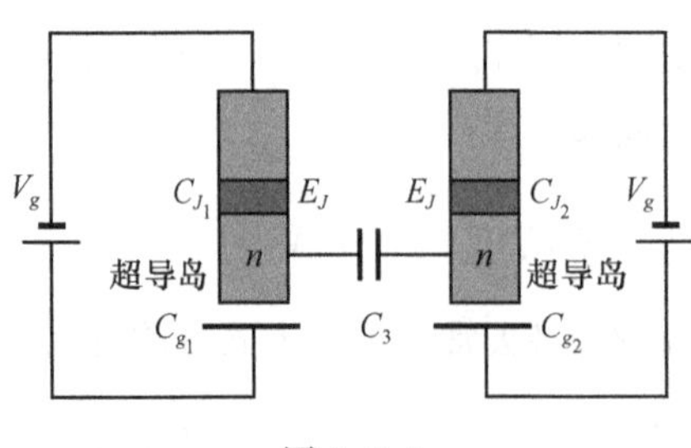

图 7.6.4

图 7.6.4 给出两个简单 Cooper 对盒电荷量子位电容耦合的电路图。

这个电路的动能部分是两个单量子位动能[见式(7.6.12)]之和加上电容器 C_3 上的电荷能 $C_3V_3^2/2$,其中耦合电容器上电压 V_3 可通过跨结的相位差表示为

$$V_3=\frac{\hbar}{2e}(\dot{\varphi}_i-\dot{\varphi}_j)$$

整个电路的动能为

$$\sum_{i=1}^{2}\left[\frac{C_{\Sigma_i}}{2}\left(\frac{\hbar}{2e}\dot{\varphi}_i\right)^2-\frac{\hbar}{2e}C_{g_i}V_{g_i}\dot{\varphi}_i\right]+\frac{C_3}{2}\left(\frac{\hbar}{2e}\right)^2(\dot{\varphi}_1-\dot{\varphi}_2)^2$$

$$=\frac{1}{2}\left(\frac{\hbar}{2e}\right)^2\sum_{i=1}^{2}C_{i,i}\dot{\varphi}_i^2-\left(\frac{\hbar}{2e}\right)\sum_{i=1}^{2}C_{g_i}V_{g_i}\dot{\varphi}_i-\left(\frac{\hbar}{2e}\right)^2C_3\dot{\varphi}_1\dot{\varphi}_2$$

其中，$C_{i,i}=C_{\Sigma_i}+C_3$。重复前面的推导容易看出 Hamilton 量中除两个量子位 Hamilton 量[见式(7.6.4)]相加外，还多出相互作用项：

$$H_I=-\left(\frac{\hbar}{2e}\right)^2C_3\dot{\varphi}_1\dot{\varphi}_2$$

利用式(7.6.13)，上式可用两量子位 Cooper 对数算子 $\hat{n}_1,\hat{n}_2$ 表示为

$$\hat{H}_I=(2e)^2\frac{C_3}{C_{\Sigma_1}C_{\Sigma_2}}(\hat{n}_1-n_{g_1})(\hat{n}_2-n_{g_2}) \tag{7.6.15}$$

在电荷基下，这一相互作用项是对角的，截断后导致两量子位间的 Ising 势的相互作用，由第 4 章的讨论，这种耦合可以实现两量子位的纠缠门操作。

(2) 代替电容耦合，通过一个 Josephson 结取代图 7.6.4 耦合电容 C_3[2,43]，这时电路的 Hamilton 量中势能部分需增加耦合结的 Josephson 能：

$$E_{J_3}\cos(\varphi_1-\varphi_2) \tag{7.6.16}$$

由于它在电荷基下是非对角的，这一项导致两量子位间的 xx 型或 yy 型的耦合

$$\hat{H}_I=\frac{1}{4}E_{J_3}(\hat{\sigma}_{x_1}\hat{\sigma}_{x_2}+\hat{\sigma}_{y_1}\hat{\sigma}_{y_2}) \tag{7.6.17}$$

具有式(4.4.10)的特殊形式。由 4.4 节的讨论，它可以实现两量子位纠缠门。

上述两种耦合的缺点是只能耦合相邻的两个量子位，规模化有困难。另外不需要这种耦合时必须断开，这样频繁地接通、断开会引起耗散、失相。

可控电容耦合电荷量子位可以通过电流控制相位耦合，也可用电压控制单 Cooper 对盒做成可变电容耦合实现，详细讨论可参见文献[2]的讨论。

7.7 超导磁通量子位

磁通量子位(或**永电流量子位**)是 Orlando 等在 1999 年提出的利用 Josephson 结电路实现超导量子位的又一个方案[44,45]。它和上节讨论电荷量子位 $E_c\gg E_J$、相关的量子自由度是超导岛上的电荷情况不同，磁通量子位工作在 $E_c\ll E_J$ 区域，在这一条件下磁通是合适的量子自由度。磁通量子位可以用外磁场操控，相对电荷量子位，具有对背景杂散电荷分布不敏感的优势。

7.7.1 磁通量子位

在一个闭合的超导环中插入一个(或几个)Josephson 结，就可以构成磁通量

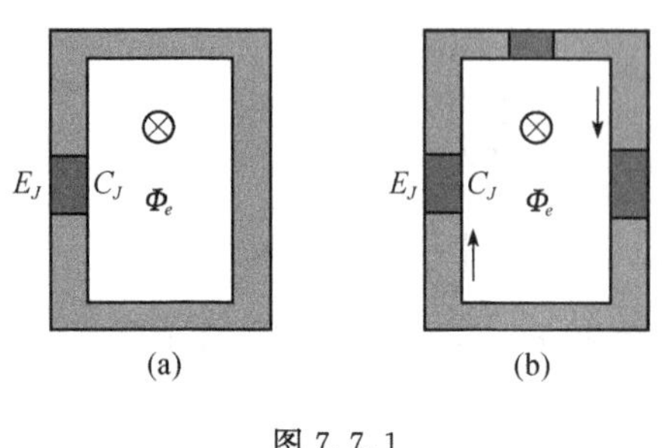

图 7.7.1

子位电路。其中最简单的构成是一个 Josephson 结插在超导环中,称为 **rf SQUID 的电路**[见图 7.7.1(a)],通过调节穿过超导环外磁场通量控制环路中的超导电流。由于超导量子波函数的单值性,外加磁场引起的相位增加必须由 Josephson 结两侧的相位差来补偿,从而在超导环路中产生一个超导电流。Josephson 结两侧的相位差(以磁通量子 Φ_0 为单位)满足:

$$\frac{\varphi}{2\pi}=\frac{\Phi}{\Phi_0}+n \tag{7.7.1}$$

其中,Φ 是环中的磁通量,包括外加磁通 Φ_e 和回路持续电流产生的自感磁通的总和;Φ_0 为磁通量子;n 是整数。

利用磁通和相位的关系 $\varphi=(2e/\hbar)\Phi$,可以把磁通自由度换成相位 φ。利用超导相位 φ 为变量,该系统的 Hamilton 量已由式(7.5.27)给出:

$$\hat{H}=E_c\hat{n}^2-E_J\cos\varphi+\frac{1}{2}E_L\,(\varphi-\varphi_e)^2 \tag{7.7.2}$$

其中势能函数为

$$U(\varphi)=-E_J\cos\varphi+\frac{1}{2}E_L(\varphi-\varphi_e)^2 \tag{7.7.3}$$

令 $\varphi_e=\pi$,即偏磁通量 Φ_e 接近 $\Phi_0/2$,当忽略 Josephson 耦合时,势函数是如图 7.7.2 所示的对称双势阱曲线[2],两个势阱有相同的能级结构。考虑分别记为 $|0_l\rangle$ 和 $|0_r\rangle$ 的最低两个简并能级,当考虑隧穿耦合时,将混杂左右两阱中这两个基态,引起两个简并能级分裂 Δ(见图 7.7.3),分裂后两能级对应 $|0_l\rangle$ 和 $|0_r\rangle$ 的对称和反对称的等权重叠加。

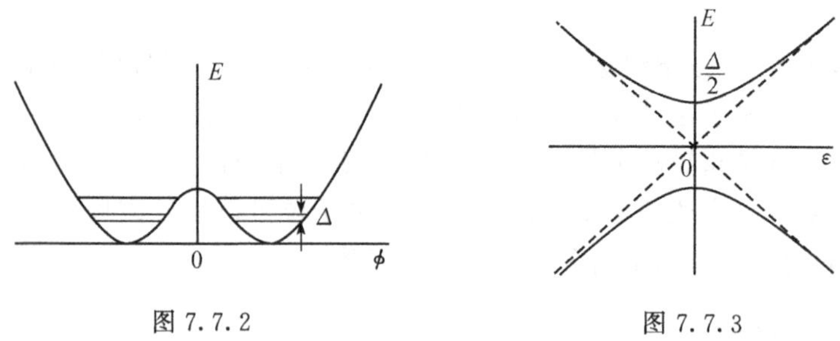

图 7.7.2　　图 7.7.3

在基$\{|0_l\rangle,|0_r\rangle\}$下,写出包含量子隧穿耦合在内的系统总 Hamilton 算子矩

阵,用 $\Delta/2$ 描述左、右阱量子隧穿耦合作用,类似前面关于电荷量子位的处理,表示磁通量子位的 Hamilton 量可写为[2]

$$H = -\frac{1}{2}(\varepsilon\sigma_z + \Delta\sigma_x) \tag{7.7.4}$$

其中,$\varepsilon = 2I_q(\Phi_e - \Phi_0/2)$,是 Hamilton 算子的对角部分,$I_g$ 是环中顺时针和逆时针的超导循环电流,Δ 对应 Hamilton 算子矩阵非对角元。离开简并点,两能级能量差是

$$E_{\pm} = \mp\frac{1}{2}\sqrt{\varepsilon^2 + \Delta^2} \tag{7.7.5}$$

远离简并点的量子位才变成完全的磁通态。

磁通量子位 Hamilton 量形式上与方程式(7.6.8)的电荷量子位的 Hamilton 量相同,但这里是使用磁通基,而不是电荷量子位的电荷基写出来的。式(7.7.4)中对角项 ε 可以用外磁通控制,非对角项取决于两阱间隧穿概率幅,而这个概率幅决定于势垒高度,和 Josephson 结的 Josephson 能 E_J 有关。如果用 d. c. SQUID 代替原来的 Josephson 结,就像前面对电荷量子位做出的处理,可以引入其他的外磁场作为控制变量,相当于控制式(7.7.3)中的 E_J。使用这两个控制参数,可以实现单量子门的任意操作。关于这个问题的进一步讨论可参见文献[3]。

7.7.2　三结磁通量子位

前面描述的单个 Josephson 结磁通量子位的主要缺点是:需要超导环电路有大的线性电感,使回路电流的磁能量和 Josephson 结能量有相同数量级,这意味着要求上面设计的单结磁通量子位超导环路应当有较大的尺寸。但是大尺寸的环面积易受环境的磁场波动,引起量子位叠加态消相干。为了减少超导环的面积以减少外界磁场起伏对量子位的影响,Mooij 等提出[45]可以在超导环中增加 Josephson 隧穿结,利用 Josephson 结非线性电感满足环路需要的大电感[1,2,7,20,46,47]。

图 7.7.1(b)是三个 Josephson 结超导磁通量子位示意图,其中两个结一、二假设是完全相同的,它们的功能是增加回路的电感。在顶部中间的第三个结面积较小,比其他两结有更小的临界电流,在 $E_J/E_c \gg 1$ 条件下,回路电荷能可以略去。其 Hamilton 量的形式[2]为

$$\hat{H} = E_c\left[\hat{n}_1^2 + \hat{n}_2^2 + \frac{\hat{n}_3^2}{(1/2)+\varepsilon}\right] - E_J\left[\cos\varphi_1 + \cos\varphi_2 + \left(\frac{1}{2}+\varepsilon\right)\cos\varphi_3\right] \tag{7.7.6}$$

其中,第一项是对应动能部分的电荷能;第二项是三个结 Josephson 能;是电路势

能部分。注意这三个相位并不独立,而是满足关系 $\varphi_1+\varphi_2+\varphi_3=\varphi_e$。设量子位被偏置在磁通量子的半整数倍,$\varphi_e=\pi$,则 $\varphi_3=\pi-(\varphi_1+\varphi_2)$,引入新的变量 $\varphi_\pm=(\varphi_1\pm\varphi_2)/2$,则电路的势能部分为

$$U(\varphi_+,\varphi_-)=-E_J\left[2\cos\varphi_+\cos\varphi_--\left(\frac{1}{2}+\varepsilon\right)\cos2\varphi_+\right] \tag{7.7.7}$$

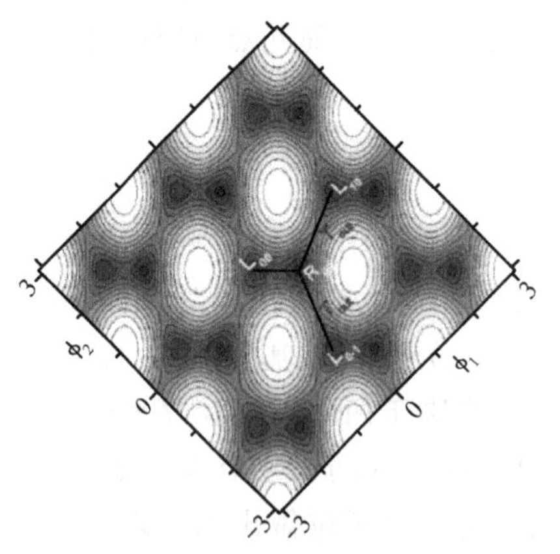

图 7.7.4[20]

以 φ_1、φ_2 为独立变量或等价地用 φ_+(水平轴)和 φ_-(竖直轴)为变量画出的等势能曲线如图 7.7.4 示,具有 2 维周期结构。在一个元点胞内,如点 $(\varphi_+,\varphi_-)=(0,0)$ 附近的量子位势具有双阱结构。其中颜色较深的部分是势阱底部,而浅色部分是势垒顶部。事实上在 $(\varphi_+,\varphi_-)=(0,0)$ 附近势能函数可近似为[2]

$$U(\varphi_+,0)\approx E_J\left(-2\varepsilon\varphi_+^2+\frac{1}{4}\varphi_+^4\right) \tag{7.7.8}$$

这种结构的每个阱对应超导环路中循环的顺时针方向电流和逆时针方向电流。该结构的振幅由参数 εE_j 给出,对于 $\varepsilon\ll1$,这些阱间的隧穿占主导作用。因此这种三结磁通量子位与上面描述的单结磁通量子位本质上相似,但定量的参数不同,可以有效地最优化。

7.7.3 磁通量子位耦合

耦合两个磁通量子位的一般方法是电感耦合。即用不同的方法建立两个磁通量子位电路间的互感应,使当一个电路中电流发生变化时,它激起的磁场穿过另一电路的通量发生相应的变化,通过这种方式建立两个量子位之间的耦合。实现两磁通量子位感应耦合最简单的方法是保持这种耦合的常态接通,可示意地用图 7.7.5 表示,图中带×的矩形框表示一个 Josephson 结。被电感耦合的两个磁通量子位 Hamilton 量,除去由式(7.7.2)给出的每个回路 Hamilton 量外,还包括耦合部分:

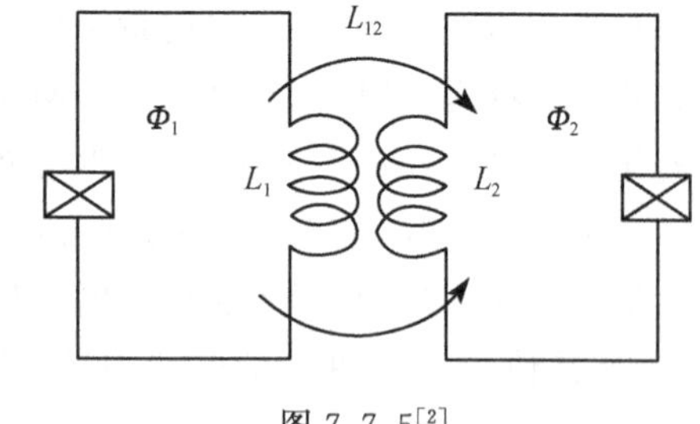

图 7.7.5[2]

$$\frac{1}{2}\left(\frac{\hbar}{2e}\right)^2\frac{1}{L_{12}}(\varphi_1-\varphi_{e_1})(\varphi_2-\varphi_{e_2}) \tag{7.7.9}$$

截断到两量子位空间中,由于外磁通对应磁通量子位 Hamilton 量中的对角项,这

种通过感应磁通的耦合的两量子位相互作用有形式：

$$\hat{H}_I = \lambda \hat{\sigma}_z^{(1)} \hat{\sigma}_z^{(2)} \tag{7.7.10}$$

其中：

$$\frac{1}{8}\left(\frac{\hbar}{2e}\right)^2 \frac{1}{L_{12}}(\varphi_1 - \varphi_{e_1})(\varphi_2 - \varphi_{e_2}) \tag{7.7.11}$$

正如第 4 章的讨论，这种形式的耦合相互作用，可以直接用于执行两量子位间的控制相位门。

这种常态接通相互作用，可以使用交流驱动脉冲产生两量子位系统能级相干跃迁，缺点是在量子位不被操作的闲置时间，仍存在对量子位能级相对相位时间的累积，会引进更多消相干机会。为了在闲置期间完全断开，需要用高频脉冲控制的电路开关，这会进一步复杂化电路。

通过改进两量子位间物理耦合，可以实现对量子位的可控耦合。为了实现两磁通量子位的可控耦合，必须控制量子位间的互感，这可用不同类型的可控转换实现。图 7.7.6 给出一个用**可变磁通变换器**(variable flux transformer)作为耦合元件的可控耦合电路，由于磁通变换器环中磁通量子化效应，磁通变换器强烈地感性耦合到量子位超导环上时，一个量子位磁通局域的改变，将影响到另一个量子位磁通的局域改变，从而产生两量子位间的耦合作用。把一个直流 SQUID 插入变压器环中，会改变变压器变压比 Φ_2/Φ_1，比值取决于通过 SQUID 的电流，并正比于 SQUID 的临界电流，而后者可以通过施加外磁通到 SQUID 环中控制。

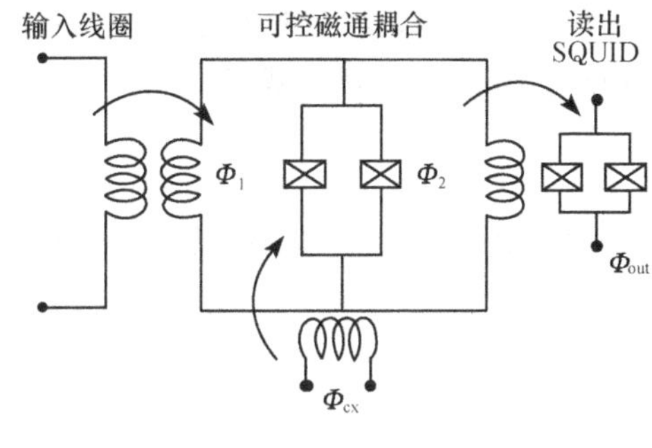

图 7.7.6[2]

超导量子位都是由电路组成，可以有多种方法实现两量子位的耦合。除去上面提到的电容、电感和变换器耦合外，还可通过隧道结、单电子晶体管等耦合两超导量子位。已提出的方法中还有使用局限在传输线腔中的微波光子充当“bus”耦合超导量子位[48]，通过辅助 LC 振子耦合等具有更多灵活性的方法。关于这些耦合方法更详细的讨论可参考文献[2]及其他相关文献。

7.8 超导量子位态读出和态制备

为了读出量子位态，需要把量子位和一个“指针仪器”接通，开放的指针仪器系统的后向作用，将引起被测的量子位系统的态的改变，所以一般的量子测量是破坏性的。但是，当量子系统通过被观测算子耦合到指针系统上，在被观测算子至少是近似运动积分的情况下,指针的后向作用——引起和被观测算子不对易变量的波动和不确定性——并不后向耦合到它的演化上。这种和后向作用的解耦,使不显著地摄动系统的非破坏测量有实现的可能[49]。实现非破坏测量的另一种策略是在不违背 Pauli 原理的前提下,在牺牲互为共轭量一方精度的代价下,获得对另一方的高精度测量[50]。

对超导量子位态的读出,存在适应不同测量速度和测量基的多种方法,其中许多都是基于 SQUID 磁力计、单电子晶体管(SET)和 Josephson 结开关的方法。本节介绍超导量子位的破坏性和非破坏性读出的几个基本方法。

7.8.1 超导相位量子位的直接破坏测量

单一电流偏置 Josephson 隧道结电路,工作在 Josephson 能比电荷能大的区域时,就是一个**超导相位量子位**(superconducting phase qubit)[见图 7.5.1(a)]。电路的 Hamilton 量由式(7.5.23)给出:

$$\hat{H} = E_c\hat{n}^2 + E_J(1-\cos\varphi) - \frac{\hbar}{2e}I_e\varphi \tag{7.8.1}$$

已假设电阻足够大,它引起的电路阻尼可以忽略,其中势能部分可以表示为

$$U = E_J(1-\cos\varphi) - \frac{\hbar}{2e}I_e\varphi \tag{7.8.2}$$

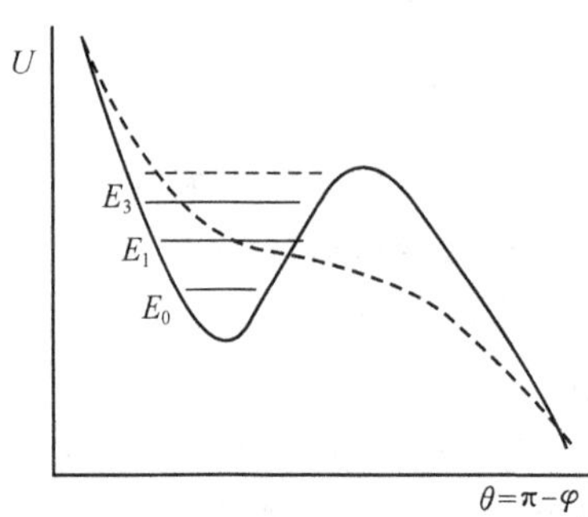

图 7.8.1

具有搓衣板形式的势能曲线。当偏置电流 I_e 刚好低于临界电流 I_0,它的非谐势阱可以用 3 次方近似[3](见图 7.8.1)。在足够低的温度下,系统表现出量子特性,能级差距随量子数 n 增大而逐渐变小。取非谐势阱中的两个最低量子能级 E_1、E_0 对应的两个态编码一个量子位。量子位操作可利用势阱的非谐性质实现:

$$E_2 - E_1 < E_1 - E_0$$

单 Josephson 结相位量子位的读出测量,提供了量子位破坏测量的一个例子。假设量子位被制备在基态和第 1 激发态的叠加态上,为了决定量子位处在激发态的概率,可以缓慢地增加偏流 I_e 一定值,引起势垒倾斜(见图 7.8.1),当结处在上能级时,将使 Josephson 结从超导分支切换到耗散分支上,导致在结上出现有限电压降落。测量结上的电压降,就可确认原量子位处在上能级态。反之,若量子位处在下能级态,仍缓慢地增加偏流 I_e 相同值,将不会引起这种切换,结可以仍保持在无电压降状态,这时将探测不到结上电压降。

Nakamura 等[14]在 1999 年对电荷量子位执行了电荷量子位态的破坏测量。通过施加门电压移动单 Cooper 对盒工作点到纯电荷区,诱导出电荷态$|0\rangle$和$|1\rangle$的

能级大的分裂(见图 7.6.2)。然后增大门电压适当值,如果电荷量子位处在$|1\rangle$态,电荷态将过渡到 Cooper 对衰变能量上限,产生两个准粒子(电子),这两个准粒子立即隧穿到导线上,对导线上流过的经典电流作出贡献;如果电荷量子位处在$|0\rangle$态,上述增加门电压过程将不会导致导线上经典电流的变化。通过测量导线上流过的经典电流的变化,就可确定原量子位的电荷态。这一测量过程也是破坏性的。

执行电荷量子位破坏测量的另一种方法是代替倾斜势垒,施加频率$(E_2-E_1)/\hbar$的微波脉冲。如果量子位处在上能态($|1\rangle$态),这种脉冲将激发量子位从$|1\rangle\rightarrow|2\rangle$的跃迁,在$|2\rangle$态的量子位将通过宏观量子隧穿,引起 Josephson 结从零电压态到电压态的切换,再次通过测量结上电压降,可确认这种切换。如果量子位原处在下能级(基态$|0\rangle$),由于势阱的非谐性质,上述脉冲的施加将不会引起从$|0\rangle\rightarrow|1\rangle$的跃迁,因此不会发生 Josephson 结从零电压态到电压态的切换。在脉冲之后测量结上电压也可决定量子位原来的态。

显然上述测量是破坏性的,在第一次测量后被测量子态已被破坏掉,不可能进行这同一量子态的重复测量。根据量子测量的一般原理,要真正确定量子位处在各叠加态的概率幅,需要多次制备完全相同的态,通过对这些完全相同态重复测量的统计决定。

2002 年,Martinis 等报道[51],施加频率$\omega_{10}=(E_1-E_0)/\hbar$的长脉冲后,接着用频率$\omega_{21}=(E_2-E_1)/\hbar$的脉冲读出,测量量子位处在不同态的概率。证明随着第一脉冲功率增大,测得量子位处在激发态$|1\rangle$的概率可增加到 0.5。测量切换到电压态的次数和总测量次数的比,如理论预期结果也是 0.5,证明了上述测量概念的正确性。

7.8.2 电荷量子位态非破坏读出[2,22,52]

Josephson 电荷量子位利用超导岛上电荷有关的自由度编码量子态,进行量子位态测量自然选择能测量小电荷的测量装置,单电子晶体管就是这样的装置。**单电子晶体管**(single electron transistor, SET)是一个包含"小岛"的正常态(非超导)电路(见图 7.8.2 右半部分)。岛上的电荷态用电子数目 N 表征,N 可以被静电门电极电压 V_g^{SET} 和 V_{tr} 控制,引起从一个电极通过小岛到另一个电极的电流增加或减少。

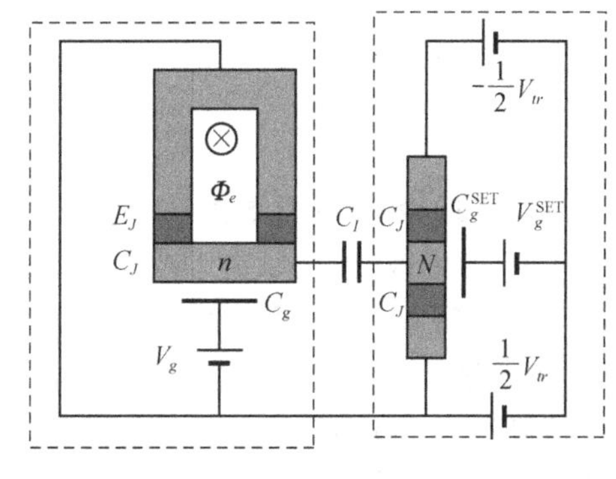

图 7.8.2

用单电子晶体管测量超导电荷量子位,一个完整的非破坏测量电路示于图 7.8.2 中。图中左边部分是一个超导电荷量子位,量子位态由岛上 Cooper 对数目 n 表征,它可由门电压 V_g 控制。由于右边的 SET 通过电容耦合到这个量子位上,量子位的电荷态可以通过 SET 上的电流显示出来。

在量子位被操作,SET 闲置(非测量)期间,跨 SET 的电压 V_{tr} 保持在零电压状态,而门电压 V_g^{SET} 选择使岛远离简并点。在低温条件下,库仑阻塞效应抑制流过 SET 的电流,SET 对电荷量子位的影响仅只是修改它的电容值。

在测量时,电压 V_{tr} 施加在 SET 上,测量通过 SET 的直流电流。由于通过耦合电容 C_I,被测量子位不同电荷态在 SET 门上感应出不同的电荷,这些电荷会移动 SET 的工作点,并决定 SET 的电导率和通过的平均电流。观测接通测量 SET 后通过 SET 电子概率分布随时间的演化,随着记录到的电子数目增加,电子概率分布峰值分离开,逐渐变成可互相区分。两峰值之间距离随 SET 岛上电子数目 N 增加变大,峰宽随 $\sqrt{N}$ 增宽[2]。由于两电子概率分布和量子位处在两能级上的概率有关,通过观测接通测量后 SET 电子概率分布随时间的演化,就可探测得到量子位态。

7.8.3 磁通量子位态读出

为了测量磁通量子位态,需要一个对磁通敏感的装置,这个装置自然就是已经作为磁力计使用多年的直流 SQUID。当这样的超导环感性地耦合到超导磁通量子位上(示意地用图 7.8.3 表示),传输量子位磁通的一部分到超导环上,直流 SQUID 可以敏感地决定超导磁通量子位态。

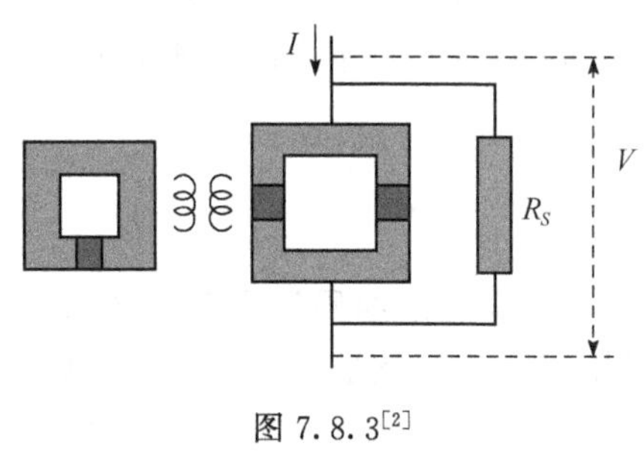

图 7.8.3[2]

一个直流 SQUID 磁力计是被两个 Josephson 结阻隔的超导环(见图 7.4.2)。在超导环中 Josephson 电感相对回路几何电感占优条件下,与磁通有关的 SQUID 临界电流由式(7.4.9)给出:

$$I_{sc} = 2I_c\left|\cos\left(\pi\frac{\Phi_e}{\Phi_0}\right)\right|$$

通过用接近 $\Phi_0/2$ 的常数磁通偏置 SQUID,I_{sc} 接近零值。当被测量子位引起穿过 SQUID 磁通改变时,取决于被测量子位磁通方向,或者削弱 SQUID 偏置磁通,或者加强偏磁通,而这两种情况磁通的改变都可以通过测量 SQUID 电路电压或电流,高灵敏度地决定,从而得到被测量子位态。在许多这类实验中,采用施加一个电流脉冲到 SQUID 上,取决于 SQUID 中的磁通,SQUID 或者保持在零电压态,或者发生从零电压态向电压态的转变,产生电压 $2\Delta_s/e$。由于它的电流—电压特性曲线具有迟滞性(hysteretic),SQUID 可以保持在这一电压态直到新的偏置电流把它除去,使我们有机会决定 SQUID 是否已被切换[3]。这种测量的例子见参考文献[11]、[53]、[54]、[55]。

超导量子位态可以有多种读出方法。除去上面介绍的几个之外,超导量子位测量另一个引起人们注意的方法就是耦合到量子位上一个线性或非线性 LC 振子。测量原理是弱耦合到量子位上的振子的共振频率将经受一个依赖量子位态的移动。通过测量振子位势形式的改变或振动频率的上下移动,决定被测量子位的状态。这个方法既可用于测量磁通量子位,也可用于测量电荷量子位。

7.8.4 超导量子位态制备

量子态制备和量子破坏测量是量子力学中两个密切相关的问题,实际上是同一个问题的两个不同方面,二者并没有本质的区别。对系统的量子态执行测量,如果着眼于从测量中获得关于现存系统态信息,这就是一个测量过程。根据量子力学测量理论,测量刚刚进行完毕,"系统就处在测得的那个量子态上",测量过程也是从旧态获得新态的态制备过程。所以上面讨论的超导量子位的破坏测量,也可以用于超导量子位态制备。

通过系统和低温环境交换能量,使系统弛豫到基态是初始化各种量子位一个普遍方法。超导量子位,也可以通过使系统保持在低温条件下,经过一个长的弛豫时间达到基态。用自旋 1/2 粒子模拟量子位系统,就是接通大的 B_z,使 $B_z \gg k_B T$ 足够长的时间,同时保持 $B_x(t)=B_y(t)=0$,系统残余相互作用就会自动地使系统弛豫到基态。再切换 $B_z(t)=0$,如果系统不存在其他的相互作用,系统原则上就会一直处在这样的纯态。

7.9 关于超导量子计算机的简要评述

超导量子计算的研究,最初是从超导体的某些宏观量子现象的研究逐步开展起来的。1985 年,Nobel 物理学奖获得者 Leggett[56]就提出可以利用超导 Josephson 器件来观测宏观量子现象。随着实验的发展和样品加工技术的进步,人们在超导 Josephson 器件中陆续观测到量子隧穿、能级量子化、共振隧穿、量子态相干叠加以及量子相干振荡等量子现象[1~22]。证明由 Josephson 结组成的系统与原子一样具有分立的能级和量子态,与电磁场相互作用时表现出与原子类似的性质。

超导量子计算机利用 Josephson 电路的量子性质,利用纳米尺度超导岛上的电荷自由度、含有 Josephson 结超导回路的磁通(或永久循环电流)自由度或超导电流相位自由度编码量子位;在 mK 温度下,用门电压或射频电磁脉冲操控量子位执行基门操作。量子位态典型能级分裂在 1～10GHz,特别是用射频电磁脉冲操控有极高的时钟速度,典型的单位门操作时间可达纳秒量级。量子位态读出有多种方法可以使用。此外,Josephson 结器件由于具有可集成性和可规模化的优点,与现有的光电子技术有紧密的联系,这些使 Jesephson 超导电路成为实现大规模量子计算最有希望的物理系统之一,受到人们的极大关注[56~62]。

7.9.1 超导量子计算机实验研究

近年来国内外许多研究小组,正在致力于超导量子计算机的物理实现。1999年,日本 NEC 基础研究实验室的 Nakamura 等[14]利用超导电荷量子位首次在实验中观测到了 Josephson 结中相干的量子振荡。此后,人们相继进行的一系列超导量子实验,超导量子计算成为目前进展最快、最有希望的一种固态量子计算实现方法。下面按照三种不同量子位,简要介绍每一类量子位实验进展情况以及它们各自的主要优缺点。

1. 超导相位量子位

超导相位量子位是三类超导量子位中最简单的一类,电流偏置单一 Josephson 隧道结超导环,就是一个超导相位量子位。当偏置电流 I_E 刚好小于临界电流 I_0,量子位编码在非谐势阱中的两个最低量子能级上。初始化可在在低温下使系统弛豫到基态实现。可以用微波辐照来调控量子位态,有多种方法耦合两量子位实现两位门操作,有几种方法可读出量子位态。2002 年,NIST 的 Kansas 小组观测到单个相位量子位的量子相干 Rabi 振荡[63],两个相位量子位的纠缠及耦合能谱也于 2003 年被证实[18]。法国原子能委员会的 Saclay 小组[9]则在 2002 年研究了一种电荷—相位量子位,在由超导环单 Cooper 对盒构成的改良混合型电荷量子位中,将消相干时间提高到了亚微秒量级。2005 年,美国加州大学的研究人员不仅在超导相位量子位的消相干方面的取得突破[64],而且在两相位量子位的同时测量方面也取得进步[65]。2007 年,美国两个研究小组独立演示了利用量子传输总线来连接芯片两端的相位量子位[48,66],进行独立控制,实现了相关量子位间量子态的转换,并把两个量子位系统扩展到多个量子位系统。特别是光耦合超导量子位实验研究进展迅速,超导量子位的可调光控耦合[67,68],大大提高基本量子门操作速度,这些研究形成了一个全新的研究领域——全固态的**电路量子电动力学**(circuit QED)结构。

超导相位量子位的优点是结构简单,对磁涨落和电荷涨落不敏感,缺点是它有引线直接连接到测量仪器上,因此需要特别的电路设计才能使它和环境隔离开,而且 $1/f$ 噪声对位相量子位相干时间影响较大[69~70]。

2. 超导磁通量子位

超导磁通量子位电路是包含有一个或多个 Josephon 隧道结的超导环,它的两

个量子态|0⟩和|1⟩分别对应着环路内顺时针与逆时针流向的超电流。同样,可以通过足够长时间的弛豫得到基态,用微波辐照或磁场偏置调控量子态,用电感把两个量子位耦合起来,用直流超导量子干涉仪来测量量子态。

基于磁通自由度的磁通量量子位方案,是1999年由美国麻省理工学院的Orlando等提出的[44]。2000年,美国纽约州立大学石溪分校的Lukens研究组[6]在频域上观测到了射频SQUID中的宏观量子隧穿所导致的能级劈裂,直接证实观测到宏观Schrödinger猫态。2003年,荷兰代尔夫特技术大学的Mooij等报道了观测单个磁通量子位的量子相干振荡[11]。2004年,他们又进行两个电感耦合的磁通量子位的纠缠实验[12]。2006年,日本NEC实验室的Niskanen等实现了两个磁通量子位的可控耦合[71]。

超导磁通量子位的优点[3,70,71~74]是它没有引线和测量仪器相连,可以更加容易把它和环境隔离开来,具有较长的相干时间和稳定性,而且超导磁通量子位对基片上随机分布的电荷涨落不敏感,另外它们很容易通过电感互相耦合起来,缺点是它对杂散磁场和磁涨落非常敏感。

3. 超导电荷量子位

超导电荷量子位也称单Cooper对盒(SCB)。超导电荷量子位是1997年由德国卡尔斯鲁厄大学的Schön等提出的[75]。电荷量子位是一块尺寸在亚微米量级的超导金属,通过由两个相同的Josephson结组成的SQUID接地。外加的偏置电压通过偏置电容来控制量子位的工作点,而在SQUID环路中穿过的外加磁通可以调节SQUID的有效Josephson耦合能。在这一体系中存在着由库仑阻塞引发的电荷能和由Josephson隧道效应所引发的Josephson耦合能之间的相互竞争,在电荷能的简并点附近体系可等效为一个二能级系统。量子位态选作超导岛上具有零个和一个Cooper对的净电荷。它的关键要素是由Josephson结和一个小电容从电路中隔离出的超导岛,使岛上$2e$电荷静电能比热激发能k_BT大得多。量子位基态可以在超低温下用足够长时间弛豫得到,用门电压脉冲或微波辐照调控量子位态,最简单情况下可用电容把两个量子位耦合起来,量子态的读出可以用包含有单电子晶体管测量电路完成。

1999年,日本的NEC小组Nakamura等[14]首次在实验中观测到了单个电荷量子位的量子相干振荡,相干时间为百皮秒量级;法国原子能委员会的Saclay小组[9]在2002年研究了由超导环中的单Cooper对盒构成的改良混合型电荷量子位。这种量子位的E_J和E_C在同一量级上,而对量子位的操控则是通过交流脉冲完成的。在操控时,量子位始终被偏置在$n_g=1/2$处。他们的主要改进在于减小了量子位电荷能与Josephson耦合能之间的比例,选择了量子位能谱的马鞍点作为工作偏置点。这些对于体系能谱和操控手段的调整大大提高了量子位对环境噪声的抵抗(对于背景电荷起伏的一阶消相效应免疫),降低了对高阶消相干过程的敏感性,使得单 Cooper 对盒的消相干时间达到了 1μs 的量级,并且实现了品质因子为10^5 的单个量子位的 Rabi 震荡。基于这种思想,美国耶鲁大学的 Schoelkopf 小组[76]最近在新型的电荷量子位系统中进一步提高了相干时间。

关于两电荷量子位耦合和操控,2003 年,日本的 NEC 小组又成功地观测到两个电荷量子比特的相干振荡,实现了具有两个耦合的 SCB 的控制非门和条件逻辑门操作,制备了两个超导电荷量子位的纠缠[15,19]。实验中的两个量子位是通过一个耦合电容进行连接的。该耦合电容诱导了量子位之间持久存在且不能被调节的 Ising 型的相互作用。2004 年,美国耶鲁大学的研究小组则实现了一个电荷量子位与超导传输线腔之间的强耦合[77,78]。该实验不仅在固体系统中模拟了量子光学过程,还展示了利用固体谐振腔作为数据总线来实现量子位之间可控耦合的可能性。2007 年,他们又实现了一个电荷量子位与超导传输线腔在大失谐区域的耦合[79]。

超导电荷量子位的优点是它对磁场涨落不敏感,缺点是周围环境的电荷涨落对它的相干时间影响很大[70]。另外由于它要求结的尺寸很小,因此需要很好的微加工技术。

7.9.2 消相干问题

超导量子位相干叠加态是宏观量子叠加态,即所谓“猫态”,对环境消相干作用特别敏感。在构造超导量子位时,从量子位可能有的许多自由度中选择一个自由度参数特征我们的量子位,这些未被使用的自由度和被采用的自由度存在相互作用,所有这些相互作用都可能成为量子位态消相干的原因。一般地可以把消相干原因归结为外在的和内禀的两种类型[3]。在空间中存在无线电通信、电视广播以及其他各种电磁波,都会对编码的量子位电、磁态产生干扰,这些外在的干扰源可以用宽带电磁屏蔽解决,是比较容易对付的。难以消除的外在消相干源是量子位局域的电磁环境,如施加偏流、偏磁通以及测量电路的传输线,这些通常工作在室温下构成重要的噪声源。

引起超导量子位消相干更难于对付的噪声源是所谓“$1/f$ 噪声”,其中在低频 f 下噪声谱密度与 $1/f^{\alpha}$ 成比例(α 是接近于 1 的常数)。对超导量子位,存在三种 $1/f$ 噪声源[3],第一类是 Josephson 结临界电流的波动,所有超导量子位都会受到它的影响。即使在能量简并点,这种缓慢的波动也会调制量子位两能级差,引起失相。第二类 $1/f$ 噪声源是电荷波动,它起源于超导膜面或基质层面上随机分布的电子运动,它特别影响电荷量子位。第三类 $1/f$ 噪声源是磁通波动,它起源于量子位被操作期间,电子隧穿势叠引起的电荷、电压波动会成为辐射源。这种噪声对磁通量子位有更大的影响。

一般说来电流源的随机波动会随机地偏置磁通量子位,电压源的随机波动会产生随机偏置的门电压,它们会导致消相干。但是这些低频噪声不会对量子位消相干时间 T_1 有贡献,因为和量子位两能级差共振频率通常在千兆赫量级。但是已有实验证明,在相位量子位上存在的高频电荷波动[37],通过改进用作结和电容的氧化层质量,可显著降低它们的影响[65]。采取最优点操控和 echo 技术结合,可以基本上消除相位出错,相干保持时间仅受弛豫时间限制[3],但对限制 T_1 的物理机制并没有完全清楚。

为了克服这种量子位相干保持时间短的缺陷,人们对消相干机制进行了实验分析。2002 年,日本的研究小组[80]实现了 Josephson 电荷量子位的**自旋回波**(spin echo)过程,相干时间从百皮秒提高到了纳秒量级,证明了 Josephson 电荷量子位系统中的噪声具有强烈的低频特性,消相干过程主要是由关联时间较长的低频噪声所引起的。2004 年,NEC 小组研究了 Josephson 电荷量子位体系中的 $1/f$ 噪声谱特性[67]。NEC 小组使用外加的直流电压脉冲通过改变 Q_g 来操控量子位。他们所使用的测量方法就是前面介绍过的电荷量子位破坏测量方法[68]。

关于 T_1、T_2^* 和 T_2 的最好结果(到 2008 年止)列在表 7.9.1 中[3]。表中 T_2^* 是对单个量子位多次重复测量系综导得的结果,由于不同次测量操作条件的改变,$T_2^* < T$。

表 7.9.1　对 T_1、T_2^* 和 T_2 报道的最好结果

Qubit	$T_1/\mu s$	$T_2^*/\mu s$	$T_2/\mu s$	Source
Flux	4.6	1.2	9.6	Nakamura Y,personal communication
Charge	2.0	2.0	2.0	参考文献[20]
Phase	0.5	0.3	0.5	Martinis J,personal communication

7.9.3　超导量子计算机规模化问题

在量子计算机物理实现研究中,超导量子计算研究之所以受到更多关注,一个原因就是它在规模化问题上有独特的优势。不仅对于非固态实现,即使对于量子点实现,这个优势也是十分明显的。Josephson 结的非线性使它能以几种不同方式构造两能级系统。由于它通过电路实现量子位,可以借助十分成熟的微电子制造技术制造量子计算机硬件,而且由于超导量子位是人工制造量子位,使人们在设计、控制和测量上具有很大的自由度。这使其他实现方案中长期困惑的规模化问题得到很好的解决。

超导量子计算机由于和经典电子计算机一样,都是通过电路实现,二者有着更密切的关系,非常适合和经典计算机的结合,作者一直相信,量子计算机不可能是完全量子的,大规模的量子计算机必定是集成大量量子位和用于操控和读出的经典电路构成。量子计算机只有和经典计算机结合,构成某种混合计算机,才可能最终实现高性能的计算。从这个意义上,超导量子计算可能是最好的选择,尽管超导量子计算还有一些问题没有解决。另外量子位的超导电路实现,和簇态量子计算方法结合,可能克服超导量子位相干保持时间相对较短的缺陷。最近已经提出超导簇态制备的理论方案[81]。高度纠缠簇的态利用超导量子位间存在的 Ising 类相互作用,对电荷量子位和磁通量子位都可用“单击”操作一次制备出来,并且论证了这种超导簇态对超导实现的“人工量子位”固有的非均匀性并不敏感,所以利用固态量子位,以簇态为基础的量子计算可能是很有希望的方法。

参考文献

[1] Makhlin Y,Schön G,Shnirman A,et al. Quantum-state engineering with Josephson-junction devices. Review of Modern Physics,2001,73:357—400.

[2] Wendin G,Shumeiko V S. Quantum bits with Josephson junction. Low Temperature Physics,2007,33:724—744.

[3] Clarke J,Wilhelm F K. Superconducting quantum bits. Nature,2008,453:1031—1042.

[4] Nakamura Y,Chen C D,Tsai J S. Spectroscopy of energy-level splitting between two macroscopic quantum states of charge cohenrently superposed by Josephson coupling. Physical Review Letters,1997,79:2328—2331.

[5] Bouchiat V,Vion D,Joyez P,et al. Quantum coherence with a single Cooper pair. Physica Scripta,1998,76:165—170.

[6] Friedman J R,Patel V,Chen W,et al. Quantum superposition of distinct macroscopis states. Nature,2000,406:43—46.

[7] Van der Wal C H,ter Haar A C,Wilhelm F K,et al. Quantum superposition of macroscopic persistent current. Science,2000,290:773—777.

[8] Martinis J M,Nam S,Aumentado J,et al. Rabi oscillations in a large Josephson junction qubit. Physical Review Letters,2002,89:117901-1—117901-4.

[9] Vion D,Aassime A,Cottet A,et al. Manipulating the quantum state of an electrical circuit. Science,2002,296:886—889.

[10] Collin E,Ithier G,Aassime A,et al. NMR-like control of a quantum bit superconducting circuit. Physical Review Letters,2004,93:157005-1—157005-4.

[11] Chiorescu I,Nakamura Y,Harmans C J P M,et al. Coherent quantum dynamics of a superconducting flux-qubit. Science,2003,299:1869—1871.

[12] Chiorescu I,Bertet P,Semba K,et al. Coherent dynamics of a flux qubit coupled to a harmonic oscillator. Nature,2004,431:159—162.

[13] Ilichev E,Oukhanski N,Lzmalkov A,et al. Continuous monitoring of Rabi oscillations in a Josephson flux qubit. Physical Review Letters,2003,91:097906-1—097906-4.

[14] NakamuraY, Pashkin Y A, Tsai J S. Coherent control of macroscopic quantum states in a single-Cooper-pair box. Nature, 1999, 398: 786－788.

[15] Pashkin Y A, Yamamoto T, Astafiev O, et al. Quantum oscillations in two coupled charge qubits. Nature, 2003, 421: 823－826.

[16] Majer J B, Paauw F G, ter Haar A C, et al. Spectroscopy on two coupled flux qubits. Physical Review Letters, 2005, 94: 090501-1－090501-4.

[17] Izmalkov A, Grajcar M, Ilichev E V, et al. Experimental evidence for entangled states in a system of two coupled flux qubits. Physical Review Letters, 2004, 93: 037003-1－037003-4.

[18] Berkley A J, Xu H, Ramos R C, et al. Entangled macroscopic quantum states in two superconducting qubits. Science, 2003, 300: 1548－1550.

[19] Yamamoto T, Pashkin Y A, Astafiev O, et al. Demonstration of conditional gate operation using superconducting charge qubits. Nature, 2003, 425: 941－944.

[20] Schreier J A, Houck A A, Koch J. Suppressing charge decoherence in superconducting charge qubits. Physical Review B, 2008, 77: 180502(R)-1－180502(R)-4.

[21] Astafiev C, Pashkin Y A, Nakamura Y, et al. Single-shot measurement of the Josephson charge qubit. Physical Review B, 2004, 69: 180507(R)-01－180507(R)-04.

[22] Wilhelm F K, van der Wal C H, ter Haar A C J, et al. Macroscopic quantum superposition of current states in a Josephson junction loop. Uspekhi Fizicheskikh Nauk, 2001, 171: 117－121.

[23] Onnes H K. The resistance of pure mercury at helium temperatures // Communications from the Physical Laboratory, Leiden, 1911: 120－120.

[24] Meissner W, Ochsenfeld R. Ein neuer effekt bei eintritt der supraleitfahigkeit. Die Naturwissenschaften, 1933, 21: 787－788.

[25] 张裕恒. 超导物理. 第 3 版. 合肥: 中国科学技术大学出版社, 2009: 312.

[26] Maxwell E. Isotope effect in the superconductivity of mercury. Physical Review, 1950, 78: 477－486.

[27] Gorter C J, Casimir H B G. On superconductivity I. Physica, 1934, 1: 306－320.

[28] London F, London H. The electromagnetic equations of the superconductors. Proceedings of the Royal Society A, 1935, 149: 71－88.

[29] Frohlich H. Theory of the superconducting state. I. The ground state at the absolute zero of temperature. Physical Review, 1953, 79: 845－856.

[30] Cooper L N. Bound electron pairs in a degenerate Fermi gas. Physical Review, 1956, 104: 1189－1190.

[31] Bardeen J, Cooper L N, Schrieffer J R. Theory of superconductivity. Physical Review, 1957, 108: 1175－1204.

[32] Ginzburg V L, Landau L D. On the theory of superconductivity. Zhurnal Eksperimentalnoi i Teoreticheskoi Fiziki, 1950, 20: 1064－1082.

[33] Josephson B D. Possible new effects in superconductive tunneling. Physics Letters, 1962, 1

(7),251－253.

[34] Josephson B D. Coupled superconductors. Review of Modern Physics,1964,36:216－220.

[35] Josephson B D. Supercurrents through barriers. Advances in Physics,1965,14(56),419－451.

[36] Anderson P W,Rowell J M. Probable observation of the Josephson superconducting tunneling effect. Physical Review Letters,1963,10:230－232.

[37] Feynman R P,Leighton R B,Sands M. The Feynman Lectures on Physics. Massachusetts: Addison-Wesley,1965.

[38] Shapiro S. Josephson currents in superconducting tunneling:The effect of microwaves and other observations. Physical Review Letters,1963,11(2):80－82.

[39] Aharonov Y,Bohm D. Significance of electromagnetic potentials in quantum theory. Physical Review,1959,115:485－491.

[40] Tonomura A,Osakabe N,Matsuda T,et al. Evidence for Aharonov-Bohm effect with magnetic field completely shielded from electron wave. Physical Review Letters, 1986, 56: 792－795.

[41] Shnirman A, Schön G, Hermon Z. Quantum manipulation of small Josephson junction. Physical Review Letters,1997,79:2371－2374.

[42] Makhlin Y, Scöhn G, Shnirman A. Josephson-junction qubits with controlled couplings. Nature,1999,398:305－307.

[43] You J Q, Tsai J S, Nori F. Controllable manipulation and entanglement of macroscopic quantum states in coupled charge qubits. Physical Review B, 2003, 68: 024510-01 － 024510-08.

[44] Orlando T P,Mooij J E,Tian L,et al. Superconducting persistent-current qubit. Physical Review B,1999,60:15398－15413.

[45] Mooij J E, Orlando T P, Levitov L, et al. Josephson persistent-current qubit. Science, 1999,285:1036－1039.

[46] Storcz M J,Wilhelm F K. Design of realistic switches for coupling superconducting solid-state qubit. Applied Physics Letters,2003,83:2389－2391.

[47] Cosmelli C,Castellano M G,Chiarello F,et al. Controllable flux coupling for the integration of flux qubits. arXiv:cond-mat/0403690v1,2004.

[48] Majer J, Chow J M, Gambetta J M, et al. Coupling superconducting qubits via a cavity bus. Nature,2007,449(7161):443－447.

[49] Averin D V. Quantum nondemolition measurements of a qubit. Physical Review Letters, 2002,88:207901-01－207901-04.

[50] 张永德. 量子信息物理原理. 北京:科学出版社,2006:22.

[51] Martinis J M,Nam S,Aumentado J,et al. Rabi oscillation in a large Josephson-junction qubit. Physical Review Letters,2002,89:117901-01－117901-04.

[52] Astafiev O,Pashkin Y A,Yamamoto T,et al. Single-shot measurement of the Josephson

charge qubit. Physical Review B,2004,69:180507(R)-1—180507(R)-4.

[53] Lupascu A,Verwijs C J M,Schouten R N,et al. Nondestructive readout for a superconducting flux qubit. Physical Review Letters,2004,(93):177006-1—177006-4.

[54] Siddiqi I,Vijay R,Pierre F,et al. Direct observation of dynamical bifurcation between two driven oscillation states of a Josephson junction. Physical Review Letters, 2005, 94: 027005-1—027005-4.

[55] Siddiqi I, Vijay R, Metcalfe M, et al. Dispersive measurements of superconducting qubit coherence with a fast,latching readout. Physical Review B,2006,73:054510-1—054510-6.

[56] Leggett A J,Chakravarty S,Dorsey A T,et al. Dynamics of the dissipative two-state system. Review of Modern Physics,1987,59:1—85.

[57] You J Q,Nori F. Superconducting circuits and quantum information. Physics Today,2005, 58(11):42—47.

[58] 周正威,涂涛,胡勇,等. 量子计算机的硬件进展. Communications of CCF,2008,7: 25—43.

[59] Zhang P,Wang Y D,Sun C P. Cooling mechanism for a nanomechanical resonator by periodic coupling to a cooper pair box. Physical Review Letters,2005,95:097204-1—097204-4.

[60] Liu Y X, You J Q, Wei L F, et al. Optical selection rules and phase-dependent adiabatic state control in a superconducting quantum circuit. Physical Review Letters, 2005, 95: 087001-1—087001-4.

[61] Sun G,Chen J,Ji Z,et al. Time-resolved measurement of capacitance in a Josephson tunnel junction. Applied Physics Letters,2006,89:082516-1—082516-4.

[62] Wei L F,Johansson J R,Cen L X,et al. Controllable coherent population transfers in superconducting qubits for quantum computing. Physical Review Letters,2008,100:113601-1—113601-4.

[63] Yu Y,Han S,Chu X,et al. Coherent temporal oscillations of macroscopic quantum states in a Josephson junction. Science,2002,296:889—892.

[64] Martinis J M,Cooper K,McDermott R,et al. Decoherence in Josephson qubits from dielectric loss. Physical Review Letters,2005,95:210503-1—210503-4.

[65] McDermott R,Simmonds R W,Steffen M,et al. Simultaneous state measurement of coupled Josephson phase qubits. Science,2005,307(5713):1299—1302.

[66] Sillanpää M A,Park J I,Simmonds R W. Coherent quantum state storage and transfer between two phase qubits via a resonant cavity. Nature,2007,449(7161):438—442.

[67] Astafiev O,Pashkin Y A,Yamamoto T,et al. Quantum noise in the Josephson charge qubit. Physical Review Letters,2004,93:267007-1—267007-4.

[68] Simmonds R W,Lang K W,Hite D A,et al. Decoherence in Josephson qubits from junction resonances. Physical Review Letters,2004,93:077033-1—077033-4.

[69] Martinis J M, Superconducting phase qubits. Quantum Information Processing, 2009, 8: 81—103.

[70]　于扬.约瑟夫森器件中的宏观量子现象及超导量子计算.物理,2005,34(8):578－582.

[71]　Niskanen A,Harrabi K,Yoshihara F,et al. Quantum coherent tunable coupling of superconducting qubits,Science,2006,316(5825):723－726.

[72]　Yoshihara F,Harrabi K,Niskanen A O,et al. Decoherence of flux qubits due to 1/f flux noise. Physical Review Letters,2006,97:167001-1－167001-4.

[73]　Kakuyanagi K,Meno T,Saito S,et al. Dephasing of a superconducting flux qubit. Physical Review Letters,2007,98:047004-1－047004-4.

[74]　Semba K, Johansson J, Kakuyanagi K, et al. Quantum state control, entanglement, and readout of the Josephson persistent-current qubit. Quantum Information Processing,2009, 8:199－215.

[75]　Shnirman A, Schön G, Hermon Z. Quantum manipulation of small Josephson junctions. Physical Review Letters,1997,79:2371－2374.

[76]　Koch J,Yu T M,Gambetta J,et al. Charge insensitive qubit design derived from the Cooper-pair box. Physical Review A,2007,76:042319-1－042319-19.

[77]　Blais A,Huang R S,Wallraff A,et al. Cavity quantum electrodynamics for superconducting electrical circuits:An architecture for quantum computation. Physical Review A,2004, 69:062320-1－062320-14.

[78]　Wallraff A,Schuster D I,Blais A,et al. Strong coupling of a single photon to a superconducting qubit using circuit quantum electrodynamics. Nature,2004,431(7005):162－167.

[79]　Houck A A,Schuster D I,Gambetta J M,et al. Generating single microwave photons in a circuit. Nature,2007,449(7160):328－331.

[80]　Nakamura Y,Pashkin Y A,Yamamoto T,et al. Charge echo in a Cooper-pair box. Physical Review Letters,2002,88:047901-1－047901-4.

[81]　Tannmoto T,Liu Y X,Fujita S,et al. Producing cluster states in charge qubits and flux qubits. Physical Review Letters,2006,97:230501-1－230501-4.

第8章　绝热量子计算

量子计算已被证明具有经典计算无法比拟的高度并行计算能力[1]。实现量子计算的一个直观的想法是，用类似于经典计算中的线路网络模型来实现量子计算，即所谓的量子线路网络模型。在该模型中，任意计算过程都是通过执行一系列的量子通用逻辑门来实现[2,3]。量子线路模型取得了很大的进展，例如，在量子编码、量子纠错容错等方面都有较完善的理论[4~6]。但在量子线路网络模型中，一个计算过程需要大量快速的逻辑门操作和测量，这些操作和测量不仅会有一定概率出错，还会导致错误传播和积累。尽管通过纠缠和容错方法，原则上可以抑制这些错误的影响，但纠错容错本身需要大量的量子门操作，这些量子门操作本身又会带来新的错误，因此用线路网络模型真正实现纠错、容错计算是很困难的。绝热量子计算[7,8]提供了一个完全不同的量子计算方案，它在抵抗量子门的出错、抵抗消相干等方面明显优于量子线路模型[9~11]。本章将首先介绍量子绝热定理及绝热定理近似成立的条件，然后介绍绝热量子计算的基本思想、基本原理及绝热量子计算与量子线路网络模型的等价性，最后介绍容错绝热量子计算和时间最优绝热量子计算方面的研究进展。

8.1　量子绝热定理及绝热近似成立的条件

8.1.1　量子绝热定理

量子绝热定理是量子力学的一个基本结论，其在量子场论、解释量子力学中的几何相以及量子计算等很多领域都有重要的应用。量子绝热定理的内容是[12~14]：**一个 Hamilton 量 $H(t)$ 随时间变化的量子系统，假设初始时刻系统处在 Hamilton 量 $H(0)$ 的第 n 个瞬时本征态 $|E_n(0)\rangle$，系统的能级不交叉，如果系统的 Hamilton 量的变化足够慢，则在此后的任何时刻 t，系统的态 $|\psi(t)\rangle$ 处在第 n 个瞬时本征态 $|E_n(t)\rangle$，即 $|\psi(t)\rangle=e^{i\alpha(t)}|E_n(t)\rangle$**，其中 $\alpha(t)$ 是演化产生的相位。根据量子力学基本原理系统的态 $|\psi(t)\rangle$ 和瞬时本征态 $|E_n(t)\rangle$ 分别满足 Schrödinger 方程：

$$i\hbar\frac{\partial}{\partial t}|\psi(t)\rangle=\hat{H}(t)|\psi(t)\rangle \tag{8.1.1}$$

和本征值方程：

$$\hat{H}(t)|E_n(t)\rangle=E_n(t)|E_n(t)\rangle \tag{8.1.2}$$

因此如果系统从初态 $|E_n(0)\rangle$ 开始演化，系统在以后各时刻 t 的态一般不等于该时

刻瞬时本征态。绝热定理说明只要系统 Hamilton 量改变足够慢,这两个态仅相差一个相位因子。

为了更好的理解绝热定理,方便后面关于绝热条件的讨论,我们给出绝热定理的简单证明[15]。在时刻 t,系统的态 $|\psi(t)\rangle$ 可按瞬时本征态 $|E_n(t)\rangle$ 展开:

$$|\psi(t)\rangle = \sum_n a_n(t)\mathrm{e}^{-\mathrm{i}\int_0^t E_n(t')\mathrm{d}t'}|E_n(t)\rangle \tag{8.1.3}$$

将其代入式(8.1.1),并利用本征方程式(8.1.2)得

$$\frac{\mathrm{d}a_k(t)}{\mathrm{d}t} = -\sum_n a_n(t)\mathrm{e}^{-\mathrm{i}\int_0^t E_{nk}(t')\mathrm{d}t'}\langle E_k(t)|\dot{E}_n(t)\rangle \tag{8.1.4}$$

其中,$E_{nk}(t')=E_n(t')-E_k(t')$。利用分部积分,并取一阶近似得

$$a_k(t)\approx a_k(0)-\mathrm{i}\left(\sum_n a_n(0)\mathrm{e}^{-\mathrm{i}\int_0^t E_{nk}(t')\mathrm{d}t'}\frac{\langle E_k(t)|\dot{E}_n(t)\rangle}{E_{nk}(t)}\right)_0^t \tag{8.1.5}$$

如果在整个演化过程中有

$$\frac{\langle E_k(t)|\dot{E}_n(t)\rangle}{E_{nk}(t)}\ll 1 \tag{8.1.6}$$

则在一阶近似下,系统不会在瞬时本征态之间发生的跃迁可忽略。

8.1.2 量子绝热条件

从上面的讨论可看出,在一阶近似下,式(8.1.6)所示的条件可充分保证系统的演化是绝热的,但对任意阶近似,条件式(8.1.6)是否也是充分的? Marzlin 等[16]于 2004 年指出,条件式(8.1.6)不是发生绝热过程的充分条件。之后,Tong 等更加清晰地证明了这一点[17],他们指出,对任何一个 Hamilton 量为 $H^a(t)$ 的系统总可找到另一个 Hamilton 量为 $H^b(t)=-U^{a\dagger}(t)H^a(t)U^a(t)$ 的系统(其中 $U^a(t)$ 是 a 系统的演化算符),即使这两个系统都满足条件式(8.1.6),但总有一个系统的演化不是绝热的,除非有附加的条件,因此条件式(8.1.6)不是绝热过程的充分条件。后来很多文章进一步讨论了条件式(8.1.6)的充分性和必要性[18~24],并提出了一些新的绝热过程发生的充分或必要条件。但这些条件的数学形式较复杂,有些条件的物理图像不清晰。

因为条件式(8.1.6)的形式较简单,因此人们想知道条件式(8.1.6)是否是绝热过程的必要条件? 2008 年 Du 等用实验显示[25],条件式(8.1.6)既不是充分条件也不是必要条件。有趣的是,2010 年 Tong 指出条件式(8.1.6)是绝热过程的必要条件[26]。但 Tong 在文章中对绝热过程条件,不仅要求系统在 t 时刻的态近似为瞬时本征态,即 $|\psi(t)\rangle\approx\mathrm{e}^{\mathrm{i}\alpha(t)}|E_n(t)\rangle\equiv|\psi_{adi}(t)\rangle$(假设系统开始时的态为 $|E_n(0)\rangle$),而且还要求两个态对时间的变化率也近似相等,即 $|\dot{\psi}(t)\rangle\approx|\dot{\psi}_{adi}(t)\rangle$。在这两个条件下,严格证明了条件式(8.1.6)是绝热过程的必要条件[26]。在很多文献中推导绝热近似条件时只用到了第一个条件,第二个条件包括了除第一个条件外的新

内容，因此如果只有第一个条件，文献[26]并不能证明条件式(8.1.6)是必要的。对严格的绝热过程，即要求整个演化过程都满足 $|\psi(t)\rangle=|\psi_{adi}(t)\rangle$，由此可得它们的各阶导数也相等。但对近似的绝热过程，不能由 $|\psi(t)\rangle\approx|\psi_{adi}(t)\rangle$ 导出 $|\dot{\psi}(t)\rangle\approx|\dot{\psi}_{adi}(t)\rangle$。因此讨论绝热过程发生的条件首先要明确绝热过程定义，即要求绝热过程只要满足 $|\psi(t)\rangle\approx|\psi_{adi}(t)\rangle$，还是也要求满足 $|\dot{\psi}(t)\rangle\approx|\dot{\psi}_{adi}(t)\rangle$，目前的文献似乎在这方面有点混乱。另外一个重要的问题是，目前的绝热过程条件的物理图像是不清楚的，即使对较简单的条件式(8.1.6)，也不很清楚其物理意义，这或许是产生目前争论的原因。下面介绍条件式(8.1.6)的物理图像，及只要求量子绝热过程满足条件 $|\psi(t)\rangle\approx|\psi_{adi}(t)\rangle$ 的一个充分条件。

设系统初始时处在第 n 个瞬时本征态 $|E_n(0)\rangle$，经时间 T 后系统的态为 $|\psi(T)\rangle$，在任意时刻 t，系统态 $\varphi(t)$ 展开形式为

$$|\psi(t)\rangle=\sum_m a_m(t)\,|\,E_m(t)\rangle \tag{8.1.7}$$

其中，$a_m(t)$ 是复数。将上式代入 Schrödinger 方程得

$$\frac{\mathrm{d}}{\mathrm{d}t}a_n(t)=-\sum_m a_m(t)\langle E_n(t)\,|\,\dot{E}_m(t)\rangle-\frac{\mathrm{i}}{\hbar}a_n(t)E_n(t) \tag{8.1.8}$$

$$\frac{\mathrm{d}}{\mathrm{d}t}a_n^*(t)=-\sum_m a_m^*(t)\langle \dot{E}_m(t)\,|\,E_n(t)\rangle+\frac{\mathrm{i}}{\hbar}a_n^*(t)E_n(t) \tag{8.1.9}$$

系统处在第 n 个瞬时本征态的概率 $p_n(t)$ 满足：

$$\begin{aligned}\frac{\mathrm{d}}{\mathrm{d}t}P_n(t)&=a_n(t)\frac{\mathrm{d}}{\mathrm{d}t}a_n^*(t)+a_n^*(t)\frac{\mathrm{d}}{\mathrm{d}t}a_n(t)\\&=-\sum_m a_n(t)a_m^*(t)\langle\dot{E}_m(t)\,|\,E_n(t)\rangle-\sum_m a_n^*(t)a_m(t)\langle E_n(t)\,|\,\dot{E}_m(t)\rangle\\&=-2\sum_m \mathrm{Re}\{a_n^*(t)a_m(t)\chi_{nm}\}\end{aligned} \tag{8.1.10}$$

其中，$\chi_{nm}=\langle E_n(t)|\dot{E}_m(t)\rangle$。积分式(8.1.10)得

$$\begin{aligned}P_n(T)&=1-2\sum_m\int_0^T \mathrm{Re}(a_n(t)a_m^*(t)\chi_{nm})\mathrm{d}t\\&\geqslant 1-2\sum_{m\neq n}\int_0^T|\,\chi_{nm}\,|\,\mathrm{d}t\\&\geqslant 1-2\sum_{m\neq n}T\max\{|\,\chi_{nm}\,|\}\end{aligned} \tag{8.1.11}$$

如果系统的维数有限，且

$$2T\max\{|\,\langle E_m(t)\,|\,\dot{E}_n(t)\rangle\,|\}\ll 1 \tag{8.1.12}$$

则系统处于第 n 个本征态的几率 $P_n(T)\approx 1$，因此式(8.1.12)是绝热近似成立的充分条件。

下面简单给出充分条件式(8.1.12)和条件式(8.1.6)的物理解释[14]。由 Hilbert 空间矢量内积的性质可知，$\langle E_n(t)|\dot{E}_m(t)\rangle$ 正比于单位时间系统从态矢 $|E_m(t)\rangle$ 跃迁到 $|E_n(t)\rangle$ 的概率幅。由式(8.1.11)可知，$\int_0^T \mathrm{Re}[a_n(t)a_m^*(t)\chi_{nm}]\mathrm{d}t$ 正比于系统在 $[0,T]$ 时间内从态矢 $|E_m(t)\rangle$ 跃迁到 $|E_n(t)\rangle$ 的概率，$2T\max\{|\langle E_m(t)|\dot{E}_n(t)\rangle|\}$ 是这个跃迁概率的上限。如果式(8.1.12)成立，当然可以保证绝热近似(即 $|\psi(t)\rangle\approx|\psi_{adi}(t)\rangle$)成立。

为了讨论式(8.1.6)的物理图像，先看 $1/(E_n-E_m)$ 的物理意义。当系统发生 $|E_m(t)\rangle\to|E_n(t)\rangle$ 的量子跃迁时，$\Delta E_{nm}=E_n-E_m$ 可以认为是系统能量的不确定性。因为，假设系统开始处在 $|E_n(0)\rangle$，演化使得系统发生跃迁，其状态变成 $|E_n(t)\rangle$ 和 $|E_m(t)\rangle$ 的叠加状态。由量子力学和量子信息理论可知，当系统处在这两个状态的叠加状态时，不能区分系统究竟处在哪个状态，因此系统的能量具有不确定性 ΔE_{nm}(注意，这时的平均能量是确定的)。由不确定性关系 $t_{uc}\Delta E_{nm}\sim 1$，系统的时间不确定性为 $t_{uc}\sim 1/(E_n-E_m)$。任何演化，如果其演化时间小于不确定性时间，状态的演化是可以忽略的，否则可以通过观察演化前后状态的变化区分小于不确定性时间的时间间隔，这违背了不确定性关系。关于这方面的详细讨论可参考文献[14]。值得指出的是，系统能量的不确定性不一定精确等于 E_n-E_m，只能说其数量级是 E_n-E_m，而且用到的不确定性关系也是近似的，正确的理解应该是，由于不确定性关系，系统发生明显演化必须有个最小演化时间 $\Delta t_{\min}$，$\Delta t_{\min}$ 的数量级是 $\frac{1}{E_n-E_m}$。有了上面的讨论，很容易知道，$\left|\frac{\langle E_n(t)|\dot{E}_m(t)\rangle}{E_{nm}(t)}\right|$ 正比于系统在时间 $\frac{1}{E_n-E_m}$ 内的从 $|E_n(t)\rangle$ 到 $|E_m(t)\rangle$ 的量子跃迁概率幅。为了判断条件式(8.1.6)是否是保证绝热近似 $|\psi(t)\rangle\approx|\psi_{adi}(t)\rangle$ 的必要或充分条件，考察式(8.1.11)中 $a_n(t)$ 和 χ_{nm} 的相位对跃迁概率的影响。类似式(8.1.3)，令

$$a_n(t)=|a_n(t)|\,\mathrm{e}^{-\mathrm{i}\int_0^t E_n(t')\mathrm{d}t'},\quad \chi_{nm}=|\chi_{nm}|\,\mathrm{e}^{\mathrm{i}\omega(t)t} \tag{8.1.13}$$

从 $|E_m(t)\rangle\to|E_n(t)\rangle$ 的量子跃迁概率正比于 p_{nm}：

$$p_{nm}\equiv\int_0^T \mathrm{Re}(a_n(t)a_m^*(t)\chi_{nm})\mathrm{d}t=\int_0^T \mathrm{Re}(|a_n(t)||a_m^*(t)|\,\mathrm{e}^{-\mathrm{i}\omega_{nm}t}\,|\chi_{nm}|\,\mathrm{e}^{\mathrm{i}\omega(t)t})\mathrm{d}t$$

$$=\int_0^T |a_n(t)||a_m^*(t)||\chi_{nm}|\cos(\omega_{nm}-\omega(t))t\mathrm{d}t \tag{8.1.14}$$

其中，$\omega_{nm}=\frac{1}{t}\int_0^t[E_n(t')-E_m(t')]\mathrm{d}t'$。如果存在共振[23]，即 $\omega_{nm}=\omega(t)$，则有

$$p_{nm}=\int_0^T |a_n(t)||a_m^*(t)||\chi_{nm}|\,\mathrm{d}t\leqslant T\max_{t\in[0,T]}\{|\chi_{nm}|\} \tag{8.1.15}$$

假设演化时间持续 M 是 t_{uc} 的 M 倍，即 $T\approx Mt_{uc}$，则有

$$p_{nm}\leqslant\sum_{i=1}^{M}\max\{\chi_{nm}\}t_{uc}^i=\sum_{i=1}^{M}\max\left\{\frac{|\chi_{nm}|}{E_n^i-E_m^i}\right\} \tag{8.1.16}$$

其中，t_{uc}^{i}是第i个不确定时间段。条件式(8.1.6)只保证在每一个不确定时间段内的演化跃迁概率幅很小，但不能保证在很多个不确定时间内的跃迁概率幅之和也很小，因此它不是绝热近似的充分条件。

如果不存在共振[23]，即$\omega_{nm}-\omega(t)\equiv\omega'\neq 0$，则$p_{nm}=\int_0^T |a_n(t)||a_m^*(t)||\chi_{nm}|\cos\omega' t\,\mathrm{d}t$。由于函数$\cos\omega' t$在各个不确定时间段内可能有不同的正负符号(这取得于ω'的值)，即使条件式(8.1.6)不满足，$p_{nm}=\int_0^T |a_n(t)||a_m^*(t)||\chi_{nm}|\cos\omega' t\,\mathrm{d}t$也有可能很小。这说明条件式(8.1.6)不是绝热近似$|\psi(t)\rangle\approx|\psi_{adi}(t)\rangle$的必要条件[文献[26]指出，条件式(8.1.6)是绝热近似$|\psi(t)\rangle\approx|\psi_{adi}(t)\rangle$，$|\dot{\psi}(t)\rangle\approx|\dot{\psi}_{adi}(t)\rangle$的必要条件]。

8.2 绝热量子计算概要

8.2.1 绝热量子计算的基本思想

绝热量子计算的基本思想是[7,8]：将量子计算机的硬件视为一个量子系统，首先根据所要求解的问题设计问题 Hamilton 量，记问题 Hamilton 量为H_p，将所要求解问题的答案编码在H_p的基态$|\psi_g(T)\rangle$上，然后设计系统的初始 Hamilton 量$H(0)$。在计算开始阶段，制备系统初始态处于其 Hamilton 量$H(0)$的基态$|\psi_g(0)\rangle$上，并使系统在计算过程中其 Hamilton 量从$H(0)$缓慢地改变成$H(T)=H_p$，以致运行结束后系统处于H_p的基态$|\psi_g(T)\rangle$上，最后测量系统的基态$|\psi_g(T)\rangle$，得到问题的答案。其中，$H(0)$和H_p是根据所涉及问题而事先构造的，在绝热计算过程中是已知的，但其基态$|\psi_g(T)\rangle$是未知的。

对一个 NP 完全问题，直接计算问题 Hamilton 量H_p的基态是几乎不可能的，只能通过测量获得基态。为了容易制备和求解其基态，通常将初始的 Hamilton 量$H(0)$及其基态$|\psi_g(0)\rangle$设计得尽量简单。明显地，绝热量子计算的一个非常关键的步骤是根据所讨论问题来设计$H(0)$和H_p。知道了$H(0)$和H_p，就可以通过缓慢地改变 Hamilton 量中的参数，使得系统的 Hamilton 量绝热地从$H(0)$变成H_p，这个过程可形式地表达为

$$H(t)=(1-f(s))H(0)+f(s)H_p,\quad 0\leqslant t\leqslant T \tag{8.2.1}$$

其中，$s=\frac{t}{T}$，$f(s)$是$[0,T]$的连续函数且$f(0)=0$，$f(1)=1$。

8.2.2 三元可满足性问题的绝热量子计算

下面以**三元可满足性**(three-satisfiability)问题为例进一步说明绝热量子计

算[7,8]。三元可满足性问题已被证明是一个 NP 完备问题,其具体描述如下:考虑 n 个量子位,每个位的取值 z_i 只能是 0 或 $1(i=1,\cdots,n)$。现在要求这 n 位的取值 z_i 要满足一些三个一组的**条款**(clause),如

$$z_1+z_2+z_3=1,\quad z_2+z_4+z_5=1,\quad \cdots\quad ,\quad z_1+z_{n-2}+z_n=1 \tag{8.2.2}$$

问是否存在这样一串数 $z_1,z_2,\cdots,z_n$ 满足上述所有条款?明显地,如果给出一串数要验证其是否满足上述所有条款是很容易的,但反过来,即求解上面三元可满足性问题则是一个 NP 完备问题。因为 n 个位有 2^n 个串,串数随 n 指数增长,如果每个串都进行检验,计算量就指数增长。这就像大数的质因数分解,验证一些因数是否是某大数的质因数很容易,但求大数的质因数是个 NP 完全问题。为了确定上述问题的 H_p,先对每个条款引入所谓的**能量函数**:

$$h_C(z_i,z_j,z_k)=\begin{cases}0,(z_i,z_j,z_k), & \text{满足条款 } C\\ 1,(z_i,z_j,z_k), & \text{不满足条款 } C\end{cases} \tag{8.2.3}$$

系统总的能量函数是所有条款的能量函数之和:

$$h(z_1,z_2,\cdots,z_n)=\sum_C h_C(z_i,z_j,z_k) \tag{8.2.4}$$

从 $h(z_1,z_2,\cdots,z_n)$的定义很容易知道,它的值是一串位值 $z_1z_2,\cdots,z_n$ 所不满足的条款数目。

下面将经典的能量函数变成算符形式。尝试下面简单形式的算符 H_p(问题 Hamilton 量 H_p 能否有这个形式还不知道):

$$H_p\mid z_1\rangle\mid z_2\rangle\cdots\mid z_n\rangle=h(z_1,z_2,\cdots,z_n)\mid z_1\rangle\mid z_2\rangle\cdots\mid z_n\rangle \tag{8.2.5}$$

上式说明所有可能的串 $z_1z_2\cdots z_n$ 对应的态$|z_1\rangle|z_2\rangle\cdots|z_n\rangle$都是 H_p 本征态,对应的本征值是串所破坏条款的数目,H_p 的基态对应所破坏条款数目最少。如果基态能为 0,则说明存在所有条款都满足的串,即问题有解,基态的简并度是解的个数。是否存在满足式(8.2.5)的 H_p,通过直接的观察和尝试,发现如下的 H_p:

$$H_p=\sum_C H_C(i,j,k) \tag{8.2.6}$$

能满足上式,其中求和遍及所有条款 C,$H_C(i,j,k)$为

$$\begin{aligned}H_C(i,j,k)=&\frac{1-\hat\sigma_z^i}{2}\frac{1+\hat\sigma_z^j}{2}\frac{1+\hat\sigma_z^k}{2}+\frac{1+\hat\sigma_z^i}{2}\frac{1-\hat\sigma_z^j}{2}\frac{1+\hat\sigma_z^k}{2}+\frac{1+\hat\sigma_z^i}{2}\frac{1+\hat\sigma_z^j}{2}\frac{1-\hat\sigma_z^k}{2}\\&+\frac{1-\hat\sigma_z^i}{2}\frac{1-\hat\sigma_z^j}{2}\frac{1-\hat\sigma_z^k}{2}+\frac{1+\hat\sigma_z^i}{2}\frac{1+\hat\sigma_z^j}{2}\frac{1+\hat\sigma_z^k}{2}\end{aligned} \tag{8.2.7}$$

$\hat\sigma_z$ 是 Pauli 算子 z 分量。利用

$$\begin{aligned}&\frac{1-\hat\sigma_z}{2}\mid 0\rangle=0\mid 0\rangle,\quad \frac{1-\hat\sigma_z}{2}\mid 1\rangle=\mid 1\rangle\\&\frac{1+\hat\sigma_z}{2}\mid 0\rangle=\mid 0\rangle,\quad \frac{1+\hat\sigma_z}{2}\mid 1\rangle=0\mid 1\rangle\end{aligned} \tag{8.2.8}$$

容易得

$$H_C(i,j,k)\mid z_i\rangle\mid z_j\rangle\mid z_k\rangle=\begin{cases}0\mid z_iz_jz_k\rangle, & z_i+z_j+z_k=1\\ \mid z_iz_jz_k\rangle, & z_i+z_j+z_k\neq 1\end{cases}\tag{8.2.9}$$

并容易验证式(8.2.6)所示的 H_p 是问题 Hamilton 量。

下面来构造初始 Hamilton 量 $H(0)$及其基态。$H(0)$可构造如下：

$$H(0)=\sum_C H_C(0),\quad H_C(0)=\frac{1}{2}(1-\hat{\sigma}_x^{iC})+\frac{1}{2}(1-\hat{\sigma}_x^{jC})+\frac{1}{2}(1-\hat{\sigma}_x^{kC})\tag{8.2.10}$$

其中，$\hat{\sigma}_x^{iC}$ 表示作用到 C 条款所涉及的第 i 量子位上的 Pauli 算子 x 分量。很容易验证 $H(0)$的基态是

$$\begin{aligned}\mid\psi_g(0)\rangle&=\frac{1}{\sqrt{2}}(\mid 0\rangle^{(1)}+\mid 1\rangle^{(1)})\frac{1}{\sqrt{2}}(\mid 0\rangle^{(2)}+\mid 1\rangle^{(2)})\cdots\frac{1}{\sqrt{2}}(\mid 0\rangle^{(n)}+\mid 1\rangle^{(n)})\\&=\frac{1}{2^{n/2}}\sum_{z_1}\sum_{z_2}\cdots\sum_{z_n}\mid z_1\rangle\mid z_2\rangle\cdots\mid z_n\rangle\end{aligned}\tag{8.2.11}$$

这是所有 2^n 个可能串的叠加。

有了问题 Hamilton 量和初始 Hamilton 量，可以让系统从初态$|\psi_g(0)\rangle$绝热演化到$|\psi_g(T)\rangle$，其中 Hamilton 量按式(8.2.1)变化。每个量子位可以是自旋 1/2 粒子，分步编码自旋向上、向下表示态$|0\rangle$、$|1\rangle$。假设每个自旋粒子与一个外磁场耦合，对这样的系统就很容易产生初始 Hamilton 量，并制备系统在初态$|\psi_g(0)\rangle$。然后使不同自旋粒子发生相互作用，通过缓慢调节耦合参数，原则上可绝热地实现 $H(0)$到 H_p 改变，由绝热定理可知系统的态变成了$|\psi_g(T)\rangle$。最后测量处于基态的各个量子位力学量 $\hat{\sigma}_z$，得到一个数串，检验该数串是否满足所有条款后就可得到问题的解。

上面的例子说明了绝热量子计算的基本思路和步骤。下面对绝热量子计算作几点评注和补充说明。

8.2.3　关于绝热量子计算的几点评注

(1) 绝热量子计算的一个重要步骤是根据要解的问题确定问题 Hamilton 量、初始 Hamilton 量及其初始态。如何确定问题 Hamilton 量，目前没有一般的有效方法(在下节将介绍一个一般的但复杂的确定问题 Hamilton 量的方法)，上面的例子中是先确定符合每个条款的问题 Hamilton 量(这比直接确定 H_p 容易多了)，但这种做法也不是普适的。初始 Hamilton 量 $H(0)$的确定，一般是以容易求解和其基态容易制备为原则，$H(0)$一般是不难确定的。

(2) 完全的绝热演化原则上要求演化时间无限长，这是不现实的，也是不必要的。例如，上面的例子中，如果终态不是基态，而是基态和一些激发态的叠加，可以通过多次运算和测量以一定的概率得到基态，从而得到问题的解(如在文献[27]只

要求以 1/8 的概率得到基态，1/8 相对每个数串出现的概率 $1/2^n$ 来说是很大的了)。但即使以概率得到基态，演化时间可能还是要求很长。一个有效的计算所要求的演化时间不能随计算量(包括运算步骤、计算所涉量子位数等)指数增长。下节将说明使用绝热量子计算，任何计算过程所需演化时间随运算量可以是多项式增长，说明绝热量子计算是有效算法。

(3) 绝热量子计算模型比传统的量子线路模型有一些明显的优势。首先，在算法设计上，线路网络模型的量子算法很复杂，目前基本的量子算法只有少数几种。而绝热量子计算模型不需复杂的算法，尽管还不知构造问题 Hamilton 量的有效办法。但对最优化、求极值等某些问题构造 Hamilton 量可能是不难的。其次，绝热量子计算有好的相干保持性。量子线路网络模型在计算过程中态是很多态的相干叠加，而且要求保持好的相干性十分困难。而绝热量子计算过程中系统主要处于基态，基态与激发态之间的相位随机性导致的对量子计算的影响很小。而基态与基态(如果有多个基态)之间的相位随机性不影响计算结果。最后，绝热量子计算不需要线路网络模型中的大量的逻辑门操作，减少了操作带来的误差。

8.3 绝热量子算法的通用性

上节提到，与线路网络模型相比，绝热量子计算模型具有一些明显的优势。但线路网络模型已经被证明原则上是可行的，且其基本理论，如通用逻辑门、编码和纠错容错等都已建立并已很完善。相反，绝热量子计算模型还有很多基本问题需要解决。其中一个重要问题是：绝热模型是否是通用的量子计算模型，即其是否与量子线路网络模型等价。这个问题较早由 Aharonov 等开始考虑[27]，2007 年 Mizel 等以较简单和系统的方式证明了绝热模型和线路网络模型是等价的[28]。他们也间接证明了绝热量子计算原则上适于所有量子计算。本节介绍这方面的工作。

证明绝热模型和线路网络模型的等价性，主要包括两个内容：

(1) 证明线路网络模型的任何一个单量子位的转动和二量子位的 *CNOT* 门(即通用逻辑门组)都可用绝热模型实现，即通用性。

(2) 证明在模拟通用量子门的过程中，绝热模型所需要的时间随门操作的数目成多项式增长，而不是指数增长，即可行性。

8.3.1 绝热和线路两个模型中单量子位转动的等价性

对单量子位的 N 次转动，量子线路模型是用 2 维 Hilbert 空间(设空间的基矢为 $|0\rangle$、$|1\rangle$)的 N 个幺正矩阵 $U_i(i=0,1,\cdots,N)$ 来描述，单量子位的态矢在 2 维 Hilbert 空间随时间转动。每次转动后的态要两个复参数刻画，因此初态和 N 次转动后的态要 $2(N+1)$ 个复参数描述。在绝热量子计算模型中，用 $2(N+1)$ 维

Hilbert 空间中的一个矢量来描述 N 次转动后的 $2(N+1)$ 个复参数，空间的基矢为

$$c_{i,0}^{+} \mid vac\rangle, c_{i,1}^{+} \mid vac\rangle, \quad i = 0,1,\cdots,N$$

其中，$c_{i,0}^{+}$、$c_{i,1}^{+}$ 是对应的产生算符；$|vac\rangle$ 是真空态。基矢 $c_{i,0}^{+}|vac\rangle$，$c_{i,1}^{+}|vac\rangle$ 的概率幅反映了线路网络模型中第 i 次转动后单量子位在 $|0\rangle$、$|1\rangle$ 基的概率幅。

为了在物理上构造上述 $2(N+1)$ 维 Hilbert 空间，引入 $N+1$ 个量子位，每个量子位对应一个 2 维空间，其基矢记为 $c_{i,0}^{+}|vac\rangle$，$c_{i,1}^{+}|vac\rangle$ $(i=0,1,\cdots,N)$，其中 $c_{i,0}^{+}$、$c_{i,1}^{+}$、$c_{i,0}$、$c_{i,1}$ 分别是第 i 个量子位处于基矢 $|0\rangle$、$|1\rangle$ 的产生、湮灭算符。这些基矢形成所需要的 $2(N+1)$ 维 Hilbert 空间。这样第 i 个量子位在基矢 $|0\rangle$、$|1\rangle$ 的概率幅就是线路模型中第 i 次转动后单量子位在 $|0\rangle$、$|1\rangle$ 基的概率幅。需要指出的是：文献[28]引入了 $2(N+1)$ 个量子位来构造 $2(N+1)$ 维 Hilbert 空间系统，一个量子位提供一个基，这里是一个量子位提供两个基。

设量子位的初始态为 $|0\rangle$，线路模型中的 N 个转动完成后的结果编码在这 $N+1$ 个量子位绝热演化结束（绝热模型）后的状态 $|\psi^N\rangle$ 中，$|\psi^N\rangle$ 可表达为（未归一化）

$$|\psi^N\rangle = \left(C_0^{+}\begin{bmatrix}1\\0\end{bmatrix} + C_1^{+}U_1\begin{bmatrix}1\\0\end{bmatrix} + \cdots + C_N^{+}U_N\cdots U_1\begin{bmatrix}1\\0\end{bmatrix}\right)|vac\rangle \quad (8.3.1)$$

其中，$C_i^{+} \equiv [c_{i,0}^{+}, c_{i,1}^{+}]$。取 $|\psi^N\rangle$ 为绝热模型中问题 Hamilton 量的基态，第 N 次转动后单量子位在 $|0\rangle$、$|1\rangle$ 基的概率幅就是式(8.3.1)中基矢 $C_{N,0}^{+}|vac\rangle$、$C_{N,1}^{+}|vac\rangle$ 的概率幅。即单量子位 N 次转动后的结果存储在第 N 量子位中，并可通过对其测量而得到。

下面构造问题 Hamilton 量 H_p。H_p 可表示为

$$H_p = \sum_{i=1}^{N} h^i(U_i) \quad (8.3.2)$$

其中：

$$h^i(U_i) \equiv \varepsilon[C_i^{+} - C_{i-1}^{+}U_i^{+}][C_i - U_iC_{i-1}], \quad \varepsilon \geqslant 0$$

是一个具有能量量纲的参数。很容易验证 $H_p|\psi^N\rangle = 0$。又因为 H_p 是半正定算子，因此 $|\psi^N\rangle$ 是 H_p 的基态。初始 Hamilton 量可以取为

$$H(0) = \sum_{i=1}^{N} h^i(0) = \sum_{i=1}^{N} C_i^{+}C_i \quad (8.3.3)$$

其基态为 $|\psi^0\rangle = C_{0,0}^{+}\cdots C_{N,0}^{+}|vac\rangle$。从初始系统的 Hamilton 量到计算结束时问题 Hamilton 量的改变可以描述为

$$H(s) = \sum_{i=1}^{N} h^i(sU_i) \equiv \sum_{i=1}^{N} h^i\left(\frac{t}{T}U_i\right), \quad s = [0,1]$$

只要 Hamilton 量变化足够缓慢，即 s 随时间的变化很小，系统就可以从 $|\psi^0\rangle$ 演化

到$|\psi^N\rangle$。第 j 次转动和第 $j-1$ 次转动之间的态满足递推关系:

$$|\psi^j(s)\rangle = [1 + C_j^+(sU_j)C_{j-1}]\,|\psi^{j-1}(s)\rangle \tag{8.3.4}$$

物理上,N 个量子位原则上可以用 N 个双态量子系统如自旋 1/2 的粒子实现,初始 Hamilton 量简单的对应各个量子位的自由 Hamilton 量,问题 Hamilton 量可用各量子位之间的控制耦合实现,通过缓慢的调节耦合参数,原则上可以实现 Hamilton 量从$H(0)$到 H_p 的变化。

下面讨论绝热实现 Hamilton 量从 $H(0)$到 H_p 的变化所需的时间。正如在上节所讨论的,绝热量子计算并不要求系统始终在基态,只要在演化结束后系统有较大的几率处在基态即可(真实的演化也只能如此),因此绝热条件不必要完全满足。文献[15]通过近似计算发现,绝热计算所需演化时间为 $T\propto 1/\Delta E_{\min}$,其中 $\Delta E_{\min}$是在整个演化过程中基态与第一激发态之间的能量差。这里不想重复这一结果的推导,而想讨论它的物理图像。在本章第 8.1 节中提到,$\Delta E_{\min}$是在整个演化过程中能量不确定性的最小值,$1/\Delta E_{\min}$对应最大不确定时间。当演化时间远少于不确定时间时,系统态的演化可忽略(没有明显演化)。如果单位时间内从基态到激发态之间的跃迁概率幅$\langle E_1(t)|\dot{E}_0(t)\rangle$确定(但不大),演化时间达到不确定时间的数量级时,系统从基态到激发态的跃迁开始明显,因此演化时间不能显著大于不确定时间。如果单位演化进程内从基态到激发态之间的跃迁概率幅$\left\langle E_1(t)\middle|\frac{\partial E_0(t)}{\partial s}\right\rangle$确定(但不大),由

$$\frac{\langle E_1(t)\mid \dot{E}_0(t)\rangle}{E_{10}(t)} = \frac{\left\langle E_1(t)\middle|\frac{\partial E_0(t)}{\partial s}\right\rangle}{TE_{10}(t)}$$

可知系统演化时间比最大不确定时间的数量级小时,系统从基态到激发态的跃迁开始明显,因此演化时间不能明显小于最大不确定时间。所需演化时间到底要大于还是少于最大不确定时间,这取决于系统的性质,即要求是$\langle E_1(t)|\dot{E}_0(t)\rangle$确定还是$\left\langle E_1(t)\middle|\frac{\partial E_0(t)}{\partial s}\right\rangle$确定。

下面来估算最小能隙 $\Delta E_{\min}$。为此,先求 Hamilton 量 $H(s)=\sum_{i=1}^{N}h^i(sU_i)$ 的本征值,利用线性代数的技巧,可得到基态与第一激发态能量之差与参数 s 的关系为

$$\Delta E(s) = \varepsilon\left[1 - s^2 + 2s\left(1-\cos\frac{\pi}{N+1}\right)\right] \tag{8.3.5}$$

然后求 $\Delta E(s)$关于参数 s 的最小值。最终得

$$\Delta E_{\min} = \varepsilon\sin^2\frac{\pi}{(N+1)} \propto \frac{\varepsilon}{N^2}$$

因此演化时间 $T\propto N^2$。这说明绝热演化时间随计算步骤(这里是转动次数)成多项式增长,因此绝热量子计算是有效的。

8.3.2 二量子位 CNOT 门的绝热量子计算模拟

假设 A 是控制位 B 是靶位,对 A 和 B 都执行 $j-1$ 次单量子位转动后(如果对其中一个量子位的实际操作少于 $j-1$ 次,可以加上单位操作使之操作次数都是 $j-1$),再从第 j 步开始执行 A、B 之间的 $CNOT$ 操作共 $N-(j-1)$次。单量子位转动和二量子位 $CNOT$ 操作共 N 次。类似单量子位的绝热模拟,对 A、B 量子位各引入一行量子位,每行 $N+1$ 个。这 $2(N+1)$个量子位分别表示 A、B 的初态和执行 N 次操作[包括 $j-1$ 次单量子位转动和 $N-(j-1)$次 $CNOT$]后的态。对前 $j-1$ 次单量子位转动,演化过程中这些量子位的状态仅是两行量子位状态的直积,类似式(8.3.4),第 i 次单量子位转动后的态为

$$|\psi_{AB}^{i}(s)\rangle=[1+c_{A,i}^{+}(sU_{A,i})C_{A,i-1}][1+c_{B,i}^{+}(sU_{B,i})C_{B,i-1}]|\psi_{AB}^{i-1}(s)\rangle,\quad i\in[1,j-1] \tag{8.3.6}$$

初态可取为

$$|\psi_{AB}^{0}(0)\rangle=C_{A,0}^{+}\begin{bmatrix}1\\0\end{bmatrix}C_{B,0}^{+}\begin{bmatrix}1\\0\end{bmatrix}|vac\rangle$$

对从 j 步开始的 $CNOT$ 操作,演化过程中这些量子位的状态可以表达为下面的迭代形式:

$$|\psi^{i}(s)\rangle=[1+c_{A,i,0}^{+}sc_{A,i-1,0}C_{B,i}^{+}(sI)C_{B,i-1}+c_{A,i,1}^{+}sc_{A,i-1,1}C_{B,i}^{+}(s\hat{\sigma}_x)C_{B,i-1}]|\psi^{i-1}(s)\rangle \tag{8.3.7}$$

其中,$i=j,\cdots,N$。当 $s=0$ 时,有

$$|\psi(0)\rangle=C_{A,0}^{+}\begin{bmatrix}1\\0\end{bmatrix}C_{B,0}^{+}\begin{bmatrix}1\\0\end{bmatrix}|vac\rangle$$

是系统的初态,当 $s=1$ 时,有

$$|\psi^{i}(1)\rangle=[1+c_{A,i,0}^{+}c_{A,i-1,0}C_{B,i}^{+}C_{B,i-1}+c_{A,i,1}^{+}c_{A,i-1,1}C_{B,i}^{+}(\hat{\sigma}_x)C_{B,i-1}]|\psi^{i-1}(1)\rangle$$

是执行第 i 步操作后的终态。对 $CNOT$ 门的绝热模拟,问题 Hamilton 量、初始 Hamilton 量及演化过程中的 Hamilton 量其一般形式可表达为

$$H_{AB}(s)=\sum_{i=j}^{N}h_{AB}^{i}(s\hat{\sigma}_i)$$

其中:

$$h_{A,B}^{i}(s\hat{\sigma}_i)=h_{A,B}^{i}(ID)+h_{A,B}^{i}(N)+h_{A,B}^{i}(p) \tag{8.3.8}$$

这里有

$$h_{A,B}^{i}(ID)=\varepsilon(C_{B,i}^{+}c_{A,i,0}^{+}-s^2C_{B,i-1}^{+}c_{A,i-1,0}^{+})(C_{B,i}c_{A,i,0}-s^2C_{B,i-1}c_{A,i-1,0})$$

$$h_{A,B}^{i}(N)=\varepsilon(C_{B,i}^{+}c_{A,i,1}^{+}-s^2\sigma_xC_{B,i-1}^{+}c_{A,i-1,1}^{+})(C_{B,i}c_{A,i,1}-s^2\sigma_xC_{B,i-1}c_{A,i-1,1})$$

$$h_{A,B}^{i}(p) = \varepsilon \sum_{l<i;k>i} (C_{A,l}^{+} C_{A,l} C_{B,k}^{+} C_{B,k} + C_{A,k}^{+} C_{A,k} C_{B,l}^{+} C_{B,l}) \quad (8.3.9)$$

对包括单量子位和 *CNOT* 操作的 N 次操作,总的 Hamilton 量为 $H(s)=H_0(s)+H_{AB}(s)$,其中 $H_0(s)$是所有单量子位转动的 Hamilton 量。同样,$s=0$ 对应初始 Hamilton 量,$s=1$ 对应最终的 Hamilton 量或问题 Hamilton 量。由 $H(s)$的半正定性,及 $H(s)|\psi^i(s)\rangle=0$,即可证明$|\psi^i(s)\rangle$是 Hamilton 量的基态。为了估算整个演化所需的时间,要估算整个过程中基态与第一激发态之间的最小能量差 $\Delta E_{\min}$。通过复杂的讨论,文献[28]得到了 $\Delta E_{\min}$的数量级的上限是 $1/N^2$,下限是 $1/N^4$。由 $T\propto 1/\Delta E_{\min}$可得,演化时间随操作次数按多项式增长。

对最一般的情况,即线路模型中涉及 M 个量子位,及 N 个操作(包括单量子位和双量子位操作),总可用 M 行和 N 列量子位来描述。总的态可用单量子位和 *CNOT* 门的状态递推关系得到,总的 Hamilton 量可以为 $H(s)=H_0(s)+H_1(s)$,其中$H_0(s)$和 $H_1(s)$分别是所有单量子位转动及二量子位 *CNOT* 的 Hamilton 量。所需的演化时间是随 MN 成多项式增长。这样不仅说明了绝热模型的普适性,也说明了其可行性。

值得指出的是,上面仅是实现绝热计算的一个方案,尽管是可行的,但不一定是最好的。由于该方法是模拟线路模型中的基本操作,而且一个操作需要一个量子位模拟,对一般的计算可能需要大量的量子位,因此该方法是复杂的,一个更简单的方案有待探索。一个可能的想法是,是否可以像线路模型一样,引入一些基本的绝热计算步骤(代替基本逻辑门),任何绝热计算过程都可用几个基本步骤完成。

8.4 容错绝热量子计算和时间最优绝热量子计算

最近两年,绝热量子计算(AQC)的理论研究取得了一些重要进展,较典型的是 2008 年 Rezakhani 等[29]提出了容错绝热计算,2009 年 Lidar 等[30]提出了绝热计算的时间最优方案。本节将简单介绍这些方面的最新研究成果。

8.4.1 容错绝热量子计算

1. 绝热量子计算的内在容错性

在许多已知的绝热量子计算算法中,绝热演化的 Hamilton 量设计为

$$H_{ad}(s) = [1-f(s)]H_0 + f(s)H_p \quad (8.4.1)$$

其中,H_0 和 H_p 分别为初始和问题 Hamilton 量;$s=\dfrac{t}{T}$,$f(0)=0$,$f(1)=1$。由于理想的绝热过程所需时间 T 是无穷大,因此实际中只需要系统按 Schrödinger 方程演化的态$|\psi(s)\rangle$,和在演化结束后的绝热末态$|\phi_{ad}(s)\rangle$误差小到一定值,即

$$\delta = D[\psi(1), \phi(1)] < \varepsilon$$

其中，ε 是要求的小量：

$$D[\psi(1), \phi(1)] \equiv \frac{1}{2} \| \ |\psi(1)\rangle\langle\psi(1)|, \quad |\phi(1)\rangle\langle\phi(1)| \ \|_1,$$

$$\| A \|_1 = Tr \sqrt{A^+ A}$$

如上节所示，在一定的误差内计算所需时间 T 随问题的大小 n 多项式增长。另外所需时间 T 与函数 $H_{ad}(s)$ 的微分性质有关，文献[31]证明，如果 $H_{ad}(s)$ 在 $s \in [0, 1]$ 内是二阶可微的，则在时间 $T \sim r \| \dot{H}_{ad} \|^2 / \Delta^3$ 内能使误差满足 $\delta < r^{-2}$。其中 r 是一个可以取足够大的因子，$\dot{H}_{ad} = \partial H_{ad} / \partial s$，$\Delta$ 是绝热演化过程中瞬时基态与瞬时激发态之间能量间隙的最小值。文献[32]证明，如果 $H_{ad}(s)$ 在 $s \in [0,1]$ 内是无限可微的，则在时间 $T \sim rN \| \dot{H}_{ad} \| / \Delta^2$ 内能使误差满足 $\delta < r^{-N}$。这些例子都说明，选择适当的中间 Hamilton 量 $H_{ad}(s)$，可在一定时间内使误差足够小。如本章 8.1 节讨论的，这种误差可以不影响最终的计算结果。另外在绝热量子计算中，只要保证 H_0 和 H_p 是正确的，计算结果就正确，中间的 $H_{ad}(s)$ 可任意设计。而且，即使中间的 $H_{ad}(s)$ 由于操作等原因带来了一定的错误，只要 H_p 不出错，也不会导致计算结果的错误。因此，绝热量子计算有内在的容错性。

2. 基于动力学耦合的容错绝热量子计算

上面只讨论了演化时间有限及演化本身的错误所导致绝热量子计算的错误，没有考虑绝热量子计算系统与环境噪声的影响，实际情况下环境的作用是难以避免的。由于环境的作用系统能级可能产生劈裂，导致能级差 Δ 变小甚至消失，从而导致绝热量子计算失效。另外，为避免热噪声的影响，要尽量减少基态与第一激发态之间的热激发，即要求 $\Delta \gg kT_{th}$（k 是玻尔兹曼常数，T_{th} 是环境噪声库的温度）。当 Δ 变小后，热激发也将变大，导致新的错误。因此，有效的消除系统与环境的作用，在绝热量子计算中是非常重要的。2008 年，Lidar[30] 提出了一个动力学消除环境影响的方案。计算机系统、动力学控制系统以及环境的总 Hamilton 量为

$$H(t) = H_S + H_B + H_{SB} \tag{8.4.2}$$

其中，$H_S = H_{ad} + H_C$，H_{ad}、H_C 分别是作绝热演化的量子计算机系统和动力学控制系统的 Hamilton 量；H_B 是环境（噪声库）的 Hamilton 量；H_{SB} 是环境与系统的相互作用 Hamilton 量。将整个演化分成很多时间段，每一段的 $H_C(t)$ 设计为强的快速动力学退耦 Hamilton 量 $H_{DD}^{(j)}$，即在 j 时间段，$H_C(t) = H_{DD}^{(j)}$ $(j = 1, 2, \cdots)$。Lidar 证明了，通过选择适当的 $H_{DD}^{(j)}$ 可以有效的消除 H_{SB} 的影响，而 $H_C(t)$ 本身则不会影响绝热演化。

8.4.2 时间最优的绝热量子计算

2006 年,Nielsen 等[33]发现在线路模型量子计算中,实现一个幺正操作所需量子门(单量子位转动和二量子位的 *CNOT* 门)的最小个数可以用微分几何的方法讨论。2009 年 Rezakhani 等[29]将 Nielsen 等的工作推广到绝热量子计算模型,发现用微分几何的方法可以得到实现一个绝热量子计算算法所需的最小时间。下面简单介绍其基本思想。

Hamilton 量对时间的变化可以用一组参数 $\vec{x}(t)=x^1(t),\cdots,x^m(t)$来描述,即 $H=H[\vec{x}(t)]$。按微分几何的语言,$\vec{x}(t)$随时间变化在参数流形中形成一条路径,Hamilton 量随时间的变化就是沿流形中一条路径从初始的 Hamilton 量 H_0 到最终的 Hamilton 量 H_p 的变化,从 H_0 到 H_p 的最短时间对应流形中的最短路线。为讨论最短路线,引入无量纲的参数 $s(t)$使 $s(0)=0,s(T)=1$(如 s 的简单形式 $s=t/T$),并引入 $v(t)\equiv \mathrm{d}s/\mathrm{d}t>0$ 来描述沿路径 $\vec{x}(t)$的速度。传统绝热演化条件式(8.1.6)可表达为

$$\frac{v(s)\parallel \dot{H}(s)\parallel}{\Delta^2(s)}\ll 1,\quad s\in[0,1] \tag{8.4.3}$$

范数定义为 $\parallel A\parallel=Tr\ \sqrt{A^+A}$。类似于关系式 $T=\int_0^1\mathrm{d}s/v(s)$,定义绝热时间函数:

$$T[\vec{x}(s)]=\int_0^1\frac{\mathrm{d}s}{v_{ad}[\dot{\vec{x}}(s),\vec{x}(s)]}\equiv\int_0^1 L[\dot{\vec{x}}(s),\vec{x}(s)]\mathrm{d}s \tag{8.4.4}$$

其中,$v_{ad}\equiv\Delta^2(s)/\parallel \dot{H}(s)\parallel$,Lagrange 量:

$$L[\dot{\vec{x}}(s),\vec{x}(s)]=\frac{\parallel \dot{H}(s)\parallel}{\Delta^2(s)}=\frac{\left\|\sum_{i=1}^{m}\frac{\partial H(s)}{\partial x^i}\frac{\partial x^i}{\partial s}\right\|}{\Delta^2(s)} \tag{8.4.5}$$

最短时间或最短路径满足方程:

$$\frac{\delta T[\vec{x}(s)]}{\delta\vec{x}(s)}=0 \tag{8.4.6}$$

通过求解方程(8.4.6)可得到一组 Euler-Lagrauge(EL)方程,求解这些 EL 方程组可得到最短路径,从而得到相应的最优 Hamilton 量 $H^{op}(s)$和最优速度 v_{ad}^{op}。例如,对一个 1 维参数形式的简单 Hamilton 量:

$$H[x(s)]=x(s)P_a^{\perp}+(1-x(s))P_b^{\perp} \tag{8.4.7}$$

其中,$P_a^{\perp}=I-|a\rangle\langle a|$;$P_b^{\perp}=I-|b\rangle\langle b|$($|a\rangle$、$|b\rangle$分别是 $s=0,s=1$ 时系统 Hamilton 量的基态)。通过选择系统的完备基矢$\{|a\rangle,|a^{\perp}\rangle\}$使得$|b\rangle=\alpha_0|a\rangle+\alpha_1|a^{\perp}\rangle$,可将 Hamilton 量对角化,并利用式(8.4.4)、(8.4.5)、(8.4.6)可得最优路径的解析形式:

$$x^{op}(s)=\frac{1}{2}-\frac{|\alpha_0|}{2\sqrt{1-|\alpha_0|^2}}\tan[(1-2s)\arccos|\alpha_0|] \tag{8.4.8}$$

将式(8.4.8)代入式(8.4.7)就得到时间最优的 Hamilton 量。式(8.4.7)的 Hamilton 量尽管简单,但 Grover 搜索、线性方程组的求解都可用式(8.4.7)设计相应的量子算法。

对更复杂形式的 Hamilton 量,求解最优路径的解析形式可能困难,但原则上可以用数值计算的办法得到最优路径。总之,在微分几何的框架内,任何绝热量子算法原则上都可讨论其时间最优形式。

参考文献

[1] Deutsch D. Quantum theory, the Church-Turing principles and universal quantum computer. Proceedings of the Royal Society A, 1985, 400: 97—117.

[2] Deutsch D. Quantum computational networks. Proceedings of the Royal Society A, 1989, 425: 73—90.

[3] Yao A C. Quantum circuit complexity // Proceedings of the 34th Annual Symposium on Foundations of Computer Science, Palo Alto, 1993: 352.

[4] Calderbank A R, Shor P W. Good quantum error-correcting codes exist. Physical Review A, 1996, 54: 1098—1105.

[5] Steane A M. Error correcting codes in quantum theory. Physical Review Letters, 1996, 77: 793—797.

[6] Laflamme R, et al. Perfect quantum error correcting code. Physical Review Letters, 1996, 77: 198—201.

[7] Farhi E, et al. A quantum adiabatic evolution algorithm applied to random instances of an NP-Complete problem. Science, 2001, 292: 472—475.

[8] Farhi E, Goldstone J, Gutmann S, et al. Quantum computation by adiabatic evolution. arXiv: quant-ph/0001106, 2000.

[9] Childs A M, Farhi E. Robustness of adiabatic quantum computation. Physical Review A, 2001, 65: 012322-1—012322-4.

[10] Johan Å, David K, Erik S. Robustness of the adiabatic quantum search. Physical Review A, 2005, 71: 060312-1—060312-4.

[11] Roland J, Cerf N J. Noise resistance of adiabatic quantum computation using random matrix theory. Physical Review A, 2005, 71: 032330-1—032330-9.

[12] Ehrenfest P. On adiabatic changes of a system in connection with the quantum theory. Proceedings of the Amsterdam Academy, 1917, 19: 576—597.

[13] Kato T. On the adiabatic theorem of quantum mechanics. Journal of the Physical Society of Japan, 1950, 5: 435—439.

[14] Duan Q H, Chen P X, Wu W. Adiabatic conditions and uncertainty relation. arXiv: quant-ph/1102.0108, 2011.

[15]　Schaller G,Mostame S,Schutzhold R. General error estimate for adiabatic quantum computing. Physical Review A,2006,73:062307-1—062307-7.

[16]　Marzlin K P, Sanders,Barry C. Inconsistency in the application of the adiabatic theorem. Physical Review Letters,2004,93:160408-1—160408-4.

[17]　Tong D M,Singh K,Kwek L C,et al. Quantitative conditions do not guarantee the validity of the adiabatic approximation. Physical Review Letters,2005,95:110407-1—110407-4.

[18]　Tong D,Singh K,Kwek L C,et al. Sufficiency criterion for the validity of the adiabatic approximation. Physical Review Letters,2007,98:150402-1—150402-4.

[19]　Maamache M,Saadi Y. Adiabatic theorem in the case of continuous spectra. arXiv:quant-ph/ 0804. 4077,2008.

[20]　Sarandy M, Wu L, Lidar D. Consistency of the adiabatic theorem. arXiv: quant-ph/ 0405059,2005.

[21]　Fujikawa K. Adiabatic approximation in the second quantized formulation,Physical Review D,2008,77:045006-1—045006-8.

[22]　Zhao Y. Reexamination of the quantum adiabatic theorem. Physical Review A,2008,77: 032109-1—032109-8.

[23]　Amin M H S. Consistency of the adiabatic theorem. Physical Review Letters,2009,102: 220401-1—220401-4.

[24]　Comparat D. General conditions for a quantum adiabatic evolution. Physical Review A, 2009,80:012106-1—012106-7.

[25]　Du J,Hu L,Wang Y,et al. Is the quantum adiabatic theorem consistent. Physical Review Letters,2008,101:060403-1—060403-4.

[26]　Tong D M. Quantitative conditions is necessary in guaranteeing the validity of the adiabatic approximation. Physical Review Letters,2010,104:120401-1—120401-4.

[27]　Aharonov D. Adiabatic quantum computation is equivalent to standard quantum computation. arXiv:quant-ph/0405098,2005.

[28]　Mizel A,Lidar D,Mitchell A M. Simple proof equivalence between adiabatic quantum computation and the circuit model. Physical Review Letters,2007,99:070502-1—070502-4.

[29]　Rezakhani A T,Kou W J,Hamma A,et al,Quantum adiabatic brachistochrone,Physical Review Letters,2009,103:080502-1—080502-4.

[30]　Lidar D A. Towards fault tolerant adiabatic quantum computation. Physical Review Letters,2008,100:160506-1—160506-4.

[31]　Jansen S,Ruskai M B, Seiler R, Bounds for the adiabatic approximation with applications to quantum computation. Journal of Mathematical Physics,2007,48:102111-1—102111-15.

[32]　Hamma A,Lidar D A. Adiabatic approximation for many body systems and quantum computation,arXiv:quant-ph/0804. 0604,2008.

[33]　Nielsen M A,Dowling M R, Gu M, et al. Quantum Computation as Geometry, Science 2006,311:1133—1135.

第9章 簇态和簇态上的量子计算

2001年，Raussendorf等提出一个新的量子计算方案[1~6]，这个方案和以前的量子计算线路网络模型——通过物理量子位态幺正演化实现逻辑操作——根本不同，这个方案计算需要的物理资源就是多量子位一类特殊纠缠态——簇态。制备出计算机系统物理量子位簇态以后，信息的写入、计算过程以及计算结果的读出都仅通对单量子位测量实现。簇态中不同量子位测量次序以及测量基的选择都决定于具体问题的算法。由于测量在簇态上量子计算中的基本作用，簇态上的量子计算是不可逆的，因此又称为**单向量子计算**(one-way quantum computer)。利用单量子位的非幺正测量操作，实现逻辑态的幺正演化，直接挑战测量是固有的破坏量子信息过程的传统认识，凸显了量子测量在量子信息处理中的积极作用，是量子信息、量子计算机研究的一个重要进展。在本章中将详细介绍簇态的概念以及在簇态上量子计算的理论。

9.1 簇 态

9.1.1 簇态的概念

簇态(cluster state)是量子位簇系统的一个纯态，簇态的严格定义将在9.2节用簇态满足的本征值方程组给出。本节从簇态的制备出发，给出簇态一个操作性的定义。

分布在1维、2维或3维空间格点上的物理量子位，视格点维数不同，每个量子位a可分别用它所在格点位置(i)、(i,j)和(i,j,k)表示。对于一个给定的量子位a，对应1维、2维和3维不同情况，分别定义$n_a=(i\pm1)$，$n_a=\{(i,j\pm1),(i\pm1,j)\}$和$n_a=\{(i,j\pm1,k),(i\pm1,j,k),(i,j,k\pm1)\}$(见图9.1.1，为了表述简单，图中没有画出3维簇)，若量子位$b\in n_a$，就称量子位b和a是**邻接的**。分布在1维、2维、3维格点上的量子位集合C，如果其中任意一个量子位b，都至少和其他一个量子位是邻接的，就称C是一个**量子位簇**(qubit cluster)，簇中物理量子位总数记为$N=|C|$。

根据量子位簇的上述定义，如果任意两相邻接量子位都用一条短线连接，一个量子位簇就是用短线连接在一起的1维、2维或3维量子位集合构成的图形。以这种方式，一个量子位簇，可以由相连接的量子位的1维、2维或3维**图**(graph)表示。所以一个量子位簇，可以用数学上的“图”描述。

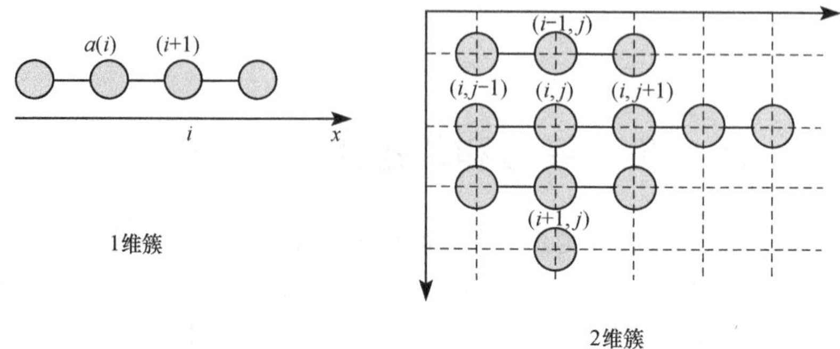

图 9.1.1

如果簇中一个量子位和其他量子位仅有一条短线连接,就称它为簇的一个端点。显然 1 维簇有两个端点。2 维和 3 维簇可以没有端点。

设量子位簇 C 中相邻量子位相互作用可以用 Ising 类势[7]

$$\hat{H}_I=\frac{1}{4}\sum_{a=1,b\in\gamma_a}^{N}J^{(a,b)}(1-\hat{\sigma}_z^{(a)})(1-\hat{\sigma}_z^{(b)}) \tag{9.1.1}$$

描述,其中 $J^{(a,b)}$ 表示相邻接的 a、b 两量子位相互作用强度,求和指标 a 取遍簇 C 中 N 个量子位。对给定的 a,求和指标 b 表示对与 a 邻接的量子位集合 γ_a 中所有量子位求和,γ_a 对 1 维、2 维和 3 维不同情况,分别定义为 $\gamma_a=(i+1)$,$\gamma_a=\{(i,j+1),(i+1,j)\}$ 和 $\gamma_a=\{(i,j+1,k),(i+1,j,k),(i,j,k+1)\}$(见图 9.1.2)。注意 γ_a 与 n_a 定义不同,特别注意(当 a 位置在簇边缘时)限制 γ_a 只能取包括在簇 C 中的量子位。

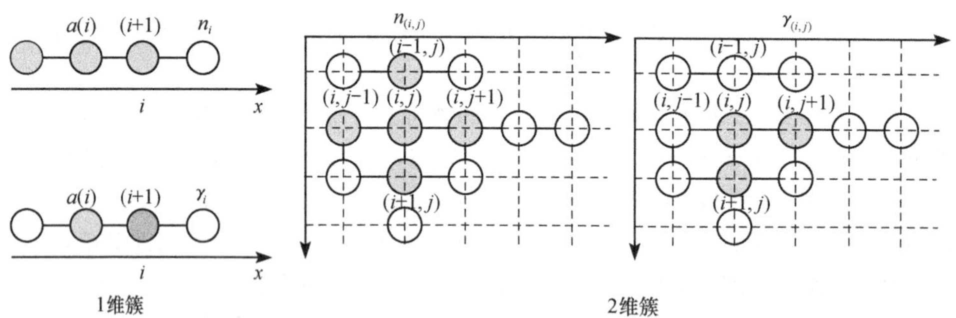

图 9.1.2

由相互作用 Hamilton 量式(9.1.1)生成幺正变换:

$$\hat{U}(t)=\mathrm{e}^{-\mathrm{i}H_I t/\hbar}=\mathrm{e}^{-\mathrm{i}\sum\limits_{a,b\in\gamma_a}J^{(a,b)}[(1-\hat{\sigma}_z^{(a)})(1-\hat{\sigma}_z^{(b)})t]/4\hbar}$$

规定当量子位 b 不在簇 C 中时 $\hat{\sigma}_z^{(b)}\equiv\hat{I}^{(b)}$。注意到其中指数上求和的不同项都互相

对易，所以上式中的变换可以写作

$$\hat{U}(t) = \bigotimes_{a,b\in\gamma_a}^{N} \hat{U}_a^b(t) \tag{9.1.2}$$

其中：

$$\hat{U}_a^b(t) = \mathrm{e}^{-\mathrm{i}J^{(a,b)}(1-\hat{\sigma}_z^{(a)})(1-\hat{\sigma}_z^{(b)})t/4\hbar} \tag{9.1.3}$$

注意到$(1-\hat{\sigma}_z^{(k)})|0\rangle_k=0$，$(1-\hat{\sigma}_z^{(k)})|1\rangle_k=2|1\rangle_k$，有

$$\hat{U}_a^b(t)\left[\frac{1}{\sqrt{2}}(|0\rangle_a+|1\rangle_a)|\psi\rangle_b\right]=\begin{cases}\dfrac{1}{\sqrt{2}}(|0\rangle_a+|1\rangle_a)|0\rangle_b, & |\psi\rangle_b=|0\rangle_b\\ \dfrac{1}{\sqrt{2}}(|0\rangle_a+\mathrm{e}^{\mathrm{i}\varphi}|1\rangle_a)|1\rangle_b, & |\psi\rangle_b=|1\rangle_b\end{cases} \tag{9.1.4}$$

即当且仅当$|\psi\rangle_b=|1\rangle_b$时，量子位 a 仅态$|1\rangle_a$经受一个相因子 $\mathrm{e}^{\mathrm{i}\varphi}$的变化，其中 $\varphi=J^{(a,b)}t/\hbar$，大小取决于量子位 a、b 的耦合强度和相互作用接通的时间。特别是当有

$$\varphi=\frac{J^{(a,b)}t}{\hbar}=(2k+1)\pi,\quad k=0,1,2,\cdots$$

时，量子位 a 经受 b 为控制位的控制相位门的演化。在这种情况下演化算子 $\hat{U}_a^b$ 可以写作

$$\hat{U}_a^b=|0\rangle_{aa}\langle 0|\otimes I^{(b)}+|1\rangle_{aa}\langle 1|\otimes\hat{\sigma}_z^{(b)}\equiv\hat{S}^{(a,b)} \tag{9.1.5}$$

其中，$\hat{S}^{(a,b)}$是 a 为控制位、b 为靶位的控制相位门。所以在条件 $\varphi=J^{(a,b)}t/\hbar=(2k+1)\pi$，$k=0,1,2,\cdots$下，式(9.1.2)中的时间演化算子可以写作

$$\hat{S}^{(C)}=\bigotimes_{a=1,b\in\gamma_a}^{N}\hat{S}^{(a,b)} \tag{9.1.6}$$

利用上面分析结果，如果 N 量子位簇 C 上的相邻量子位以 Ising 势相互作用，可以用下述两个步骤制备这个量子位簇 C 上的簇态[1,2,4]：

(1) 制备初始 N 量子位簇 C 中每个量子位 i 都处在 Pauli 算子 $\hat{\sigma}_x^{(i)}$ 的本征值 $+1$ 的本征态上，即

$$|+\rangle_i=\frac{1}{\sqrt{2}}(|0\rangle_i+|1\rangle_i)$$

其中，$|0\rangle_i$、$|1\rangle_i$ 分别是算子 $\hat{\sigma}_z^{(i)}$ 对应本征值±1 的本征态(计算基)，即这个量子位簇 C 被制备在初始态：

$$|\Phi(0)\rangle_{C(N)}=\frac{1}{2^{N/2}}\bigotimes_{i=1}^{N}(|0\rangle_i+|1\rangle_i) \tag{9.1.7}$$

(2) 对处在初始态$|\Phi(0)\rangle_{C(N)}$的量子位簇 C，施加式(9.1.6)的幺正演化操作 $\hat{S}^{(C)}$，(规定当量子位 b 不在簇 C 中时 $\hat{\sigma}_z^{(b)}\equiv\hat{I}^{(b)}$)演化末态记为

$$\hat{S}^{(C)}|\Phi(0)\rangle_{C(N)}=\left(\bigotimes_{a=1,b\in\gamma_a}^{N}\hat{S}^{(a,b)}\right)\left[\frac{1}{2^{N/2}}\bigotimes_{a=1}^{N}(|0\rangle_a+|1\rangle_a)\right]\equiv|\Phi\rangle_{C(N)} \tag{9.1.8}$$

定义用上述方式制备的态$|\Phi\rangle_{C(N)}$为量子位簇 C 上的**簇态**(cluster state)。由于用上述方式制备的簇态和量子位簇图存在一一对应,所以簇态也可以用量子位簇图表示,因此簇态又称**图态**(graph state)。

注意到在 $\hat{S}^{(C)}$ 中的所有两量子位算子 $\hat{S}^{(a,b)}$ 都互相对易,这意味着制备簇态的过程对簇中所有物理量子位可以同时执行,初始化各个量子位 a 在$|+\rangle_a$ 态上也可以并行进行,所以任意簇态制备都只是个两步过程,这一结论与制备簇态的大小无关。

9.1.2　由簇态生成给出的簇态的表达式

下面,从式(9.1.8)出发,给出一个方便的簇态表达式。注意到式(9.1.6)中的算子可以写作

$$\hat{S}^{(C)}=\bigotimes_{a=1,b\in\gamma_a}^{N}\hat{S}^{(a,b)}=\bigotimes_{a=1}^{N}\Big(\bigotimes_{b\in\gamma_a}\hat{S}^{(a,b)}\Big)\tag{9.1.9}$$

而对任意给定的量子位 a:

$$\begin{aligned}\hat{S}^{(a,b)}\hat{S}^{(a,b')}&=(|0\rangle_a\langle 0|+|1\rangle_a\langle 1|\otimes\hat{\sigma}_z^{(b)})\cdot(|0\rangle_a\langle 0|+|1\rangle_a\langle 1|\otimes\hat{\sigma}_z^{(b')})\\&=|0\rangle_a\langle 0|+|1\rangle_a\langle 1|\otimes\hat{\sigma}_z^{(b)}\hat{\sigma}_z^{(b')}\end{aligned}$$

所以有

$$\hat{S}^{(a,b)}\hat{S}^{(a,b')}(|0\rangle_a+|1\rangle_a)=(|0\rangle_a\langle 0|+|1\rangle_a\langle 1|\otimes\hat{\sigma}_z^{(b)}\hat{\sigma}_z^{(b')})(|0\rangle_a+|1\rangle_a)$$

即

$$\hat{S}^{(a,b)}\hat{S}^{(a,b')}(|0\rangle_a+|1\rangle_a)=|0\rangle_a+|1\rangle_a\hat{\sigma}_z^{(b)}\hat{\sigma}_z^{(b')}$$

推广这一结果,得到乘积公式:

$$\bigotimes_{b\in\gamma_a}\hat{S}^{(a,b)}(|0\rangle_a+|1\rangle_a)=(|0\rangle_a+\bigotimes_{b\in\gamma_a}\hat{\sigma}_z^{(b)}\ |1\rangle_a)\tag{9.1.10}$$

将这一结果代入式(9.1.8)中,由式(9.1.10),簇态就可表示为

$$|\Phi\rangle_{C(N)}=\frac{1}{2^{N/2}}\bigotimes_{a=1}^{N}(|0\rangle_a+\bigotimes_{b\in\gamma_a}\hat{\sigma}_z^{(b)}\ |1\rangle_a)\tag{9.1.11}$$

9.1.3　簇态的几个例子

簇态是量子位簇 Hilbert 空间内一类特殊纠缠态。在讨论簇态性质之前,为了对簇态有具体的认识,首先给出簇态几个简单的例子。

式(9.1.11)中取 $N=2$,得到两量子位簇态:

$$|\Phi\rangle_{C(2)}=\frac{1}{2}(|0\rangle_1+|1\rangle_1\hat{\sigma}_z^{(2)})(|0\rangle_2+\hat{\sigma}_z^{(3)}\ |1\rangle_2)$$

注意到量子位 $N+1=3$ 位置在簇外,取 $\hat{\sigma}_z^{(3)}=\hat{I}$,上式可以写作

$$|\Phi\rangle_{C(2)}=\frac{1}{2}[|0\rangle_1(|0\rangle_2+|1\rangle_2)+|1\rangle_1)(|0\rangle_2-|1\rangle_2)]$$

即

$$| \Phi\rangle_{C(2)} = \frac{1}{\sqrt{2}}(| 0\rangle_1 |+\rangle_2 + | 1\rangle_1 |-\rangle_2) \tag{9.1.12}$$

这个态在局域的幺正变换下可化成 Bell 态，所以是两量子位的最大纠缠态。

类似地，对三量子位 1 维簇态，按式(9.1.11)有

$$\begin{aligned} | \Phi\rangle_{C(3)} &= \frac{1}{2^{3/2}}(| 0\rangle_1 + \hat{\sigma}_z^{(2)} | 1\rangle_1)(| 0\rangle_2 + \hat{\sigma}_z^{(3)} | 1\rangle_2)(| 0\rangle_3 + | 1\rangle_3) \\ &= \frac{1}{2}(| 0\rangle_1 + \hat{\sigma}_z^{(2)} | 1\rangle_1)[| 0\rangle_2 |+\rangle_3 + | 1\rangle_2 |-\rangle_3] \\ &= \frac{1}{2}[| 0\rangle_1(| 0\rangle_2 |+\rangle_3 + | 1\rangle_2 |-\rangle_3) + | 1\rangle_1(| 0\rangle_2 |+\rangle_3 - | 1\rangle_2 |-\rangle_3)] \\ &= \frac{1}{\sqrt{2}}(|+\rangle_1 | 0\rangle_2 |+\rangle_3 + |-\rangle_1 | 1\rangle_2 |-\rangle_3) \end{aligned}$$

即

$$| \Phi\rangle_{C(3)} = \frac{1}{\sqrt{2}}(|+\rangle_1 | 0\rangle_2 |+\rangle_3 + |-\rangle_1 | 1\rangle_2 |-\rangle_3) \tag{9.1.13}$$

由于三量子位仅存在由 GHZ 态和 W 态代表的两种纠缠类型[8]，三量子位簇态不可能代表新纠缠类型，实际上三量子位簇态在局域幺正变换下等价于三量子位 GHZ 态。

四量子位 1 维簇态可以用下述方式得出：将式(9.1.13)中的 $|\Phi\rangle_{C(3)}$ 看成是量子位 2、3、4 的簇态，注意：

$$| \Phi\rangle_{C(4)} = \frac{1}{\sqrt{2}}(| 0\rangle_1 + \hat{\sigma}_z^{(2)} | 1\rangle_1)\left[\frac{1}{\sqrt{2}}(|+\rangle_2 | 0\rangle_3 |+\rangle_4 + |-\rangle_2 | 1\rangle_3 |-\rangle_4)\right]$$

可以导出

$$\begin{aligned} | \Phi\rangle_{C(4)} = \frac{1}{2}(&| 0\rangle_1 |+\rangle_2 | 0\rangle_3 |+\rangle_4 + | 0\rangle_1 |-\rangle_2 | 1\rangle_3 |-\rangle_4 \\ &+ | 1\rangle_1 |-\rangle_2 | 0\rangle_3 |+\rangle_4 + | 1\rangle_1 |+\rangle_2 | 1\rangle_3 |-\rangle_4) \end{aligned} \tag{9.1.14}$$

类似地，利用四量子位 1 维簇态可以递推的导出五量子位 1 维簇态：

$$\begin{aligned} | \Phi\rangle_{C(5)} = \frac{1}{2}(&|+\rangle_1 | 0\rangle_2 |+\rangle_3 | 0\rangle_4 |+\rangle_5 + |+\rangle_1 | 0\rangle_2 |-\rangle_3 | 1\rangle_4 |-\rangle_5 \\ &+ |-\rangle_1 | 1\rangle_2 |-\rangle_3 | 0\rangle_4 |+\rangle_5 + |-\rangle_1 | 1\rangle_2 |+\rangle_3 | 1\rangle_4 |-\rangle_5) \end{aligned} \tag{9.1.15}$$

值得注意的是，四量子位、五量子位簇态在局域幺正变化下并不等价于的相同量子位 GHZ 态。这说明对多量子位，簇态是不同于 GHZ 态的一类新纠缠态。

作为最简单的 2 维簇态，考虑(见图 9.1.3)所示的 2 维量子位簇[9]。应用式(9.1.11)，这个 2 维簇态可以写为

$$| \Phi\rangle_{C(4)}^{(2)} = \frac{1}{2^{N/2}} \bigotimes_{a=1}^{N} (| 0\rangle_a + \bigotimes_{b\in \gamma_a} \hat{\sigma}_z^{(b)} | 1\rangle_a)$$

$$
\begin{aligned}
&= \frac{1}{4}(|0\rangle_{(1,1)} + \hat{\sigma}_z^{(1,2)}\hat{\sigma}_z^{(2,1)}|1\rangle_{(1,1)})(|0\rangle_{(1,2)} + \hat{\sigma}_z^{(2,1)}|1\rangle_{(1,2)})(|0\rangle_{(2,1)} \\
&\quad + \hat{\sigma}_z^{(2,1)}|1\rangle_{(2,1)})(|0\rangle_{(2,2)} + |1\rangle_{(2,2)}) \\
&= \frac{1}{2^{3/2}}[(|0\rangle_{(1,1)} + \hat{\sigma}_z^{(1,2)}\hat{\sigma}_z^{(2,1)}|1\rangle_{(1,1)})(|0\rangle_{(1,2)} \\
&\quad + \hat{\sigma}_z^{(2,2)}|1\rangle_{(1,2)})(|0\rangle_{(2,1)}|+\rangle_{(2,2)} + |1\rangle_{(2,1)}|-\rangle_{(2,2)})] \\
&= \frac{1}{2^{3/2}}[(|0\rangle_{(1,1)} + \hat{\sigma}_z^{(1,2)}\hat{\sigma}_z^{(2,1)}|1\rangle_{(1,1)})(|0\rangle_{(1,2)}|0\rangle_{(2,1)}|+\rangle_{(2,2)} \\
&\quad + |0\rangle_{(1,2)}|1\rangle_{(2,1)}|-\rangle_{(2,2)} + |1\rangle_{(1,2)}|0\rangle_{(2,1)}|-\rangle_{(2,2)} \\
&\quad + |1\rangle_{(1,2)}|1\rangle_{(2,1)}|+\rangle_{(2,2)})]
\end{aligned}
$$

即

$$
\begin{aligned}
|\Phi\rangle_{C(4)}^{(2)} = \frac{1}{2}(&|+\rangle_{(1,1)}|0\rangle_{(1,2)}|0\rangle_{(2,1)}|+\rangle_{(2,2)} \\
&+|-\rangle_{(1,1)}|0\rangle_{(1,2)}|1\rangle_{(2,1)}|-\rangle_{(2,2)} \\
&+|-\rangle_{(1,1)}|1\rangle_{(1,2)}|0\rangle_{(2,1)}|-\rangle_{(2,2)} \\
&+|+\rangle_{(1,1)}|1\rangle_{(1,2)}|1\rangle_{(2,1)}|+\rangle_{(2,2)})
\end{aligned}
\tag{9.1.16}
$$

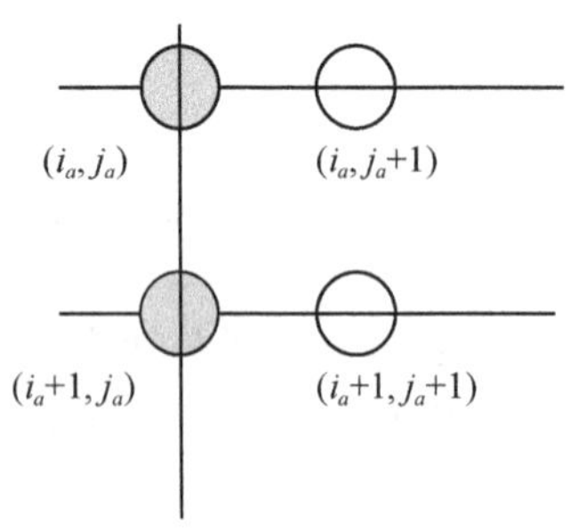

图 9.1.3

类似的方法可以得到更多量子位的簇态,不过随着量子位数目增多,维数增大,表达式会越来越复杂。

9.1.4　簇态的计算基展开表达式

N 量子位簇态作为 N 个物理量子位 Hilbert 空间中的纯态,可以用 N 位二进制串表示的基矢展开,问题是需要决定展开系数是什么。下面不加证明地给出簇态的计算基展开一般表达式,然后用几个具体实例验证它的正确性。

N 量子位簇态在计算基下的一般表达式为[10]

$$
|\Phi_{C(N)}\rangle = \frac{1}{2^{N/2}}\sum_{z_1 z_2 \cdots}(-1)^{\sum_{j,k} z_j z_k}|z_1 z_2 \cdots\rangle \tag{9.1.17}
$$

其中,z_i、$z_j=\{0,1\}$,对 $z_1 z_2\cdots$求和表示对所有 N 位二进制串求和,指数上的求和表示对给定串$(z_1 z_2\cdots z_N)$中所有相邻的“量子位对”乘积求和。

例如当 $N=2$ 时,对 $z_1 z_2\cdots$求和就是对四个二进制数串$|00\rangle$、$|01\rangle$、$|10\rangle$、$|11\rangle$求和,由$(-1)^{\sum_j z_j z_{j+1}}$决定的每项符号依次为+、+、+、-。于是,式(9.1.17)决定的这个两量子位态是

$$
\begin{aligned}
|\Phi\rangle_{C(2)} &= \frac{1}{\sqrt{2}}(|00\rangle + |01\rangle + |10\rangle - |11\rangle) \\
&= \frac{1}{\sqrt{2}}[|0\rangle(|0\rangle + |1\rangle) + |1\rangle(|0\rangle - |1\rangle)]
\end{aligned}
$$

$$=\frac{1}{\sqrt{2}}(|0\rangle_1|+\rangle_2+|1\rangle_1|-\rangle_2)$$

此即式(9.1.12)。

对 $N=3$ 情况，对八个二进制数串 $|000\rangle$、$|001\rangle$、$|010\rangle$、$|011\rangle$、$|100\rangle$、$|101\rangle$、$|110\rangle$、$|111\rangle$ 求和，由“相邻位对”乘积决定的每项符号依次为＋、＋、＋、－、＋、＋、－、＋，所以有

$$|\Phi\rangle_{C(3)}=\frac{1}{2^{3/2}}(|000\rangle+|001\rangle+|010\rangle-|011\rangle+|100\rangle+|101\rangle-|110\rangle+|111\rangle)$$

$$=\frac{1}{2}[|+\rangle_1(|00\rangle+|01\rangle)+|-\rangle_1(|10\rangle-|11\rangle)]$$

$$=\frac{1}{2}[|+\rangle_1|0\rangle_2(|0\rangle+|1\rangle)+|-\rangle_1|1\rangle_2(|0\rangle-|1\rangle)]$$

$$=\frac{1}{\sqrt{2}}(|+\rangle_1|0\rangle_2|+\rangle_3+|-\rangle_1|1\rangle_2|-\rangle_3)$$

此即式(9.1.13)。

9.2　簇态满足的本征值方程

上节由簇态的制备给出簇态的操作性定义和簇态的两个表达式。在许多情况下，用这个操作性定义以及簇态具体表达式研究簇态的性质、讨论簇态上的量子计算并不方便。本节从上节描述的簇态制备出发，导出簇态满足的本征值方程组。

9.2.1　簇态满足的本征值方程、关联算子

由上节可知，制备簇态第 1 步是把量子位簇制备在初始乘积态上：

$$|\Phi(0)\rangle_{C(N)}=\bigotimes_{k=1}^{N}|+\rangle_k$$

这个初始乘积态显然满足本征值方程：

$$\hat{\sigma}_x^{(a)}|\Phi(0)\rangle_{C(N)}=\hat{\sigma}_x^{(a)}\bigotimes_{a=1}^{N}|+\rangle_a=|\Phi(0)\rangle_{C(N)},\quad \forall a\in C \tag{9.2.1}$$

由式(9.1.8)可知，簇态是算子

$$\hat{S}^{(C)}=\bigotimes_{a=1,b\in\gamma_a}^{N}\hat{S}^{(a,b)}$$

作用到初始乘积态 $|\Phi(0)\rangle_{C(N)}$ 上生成的，利用式(9.2.1)，得到簇态满足方程：

$$|\Phi\rangle_{C(N)}=\hat{S}^{(C)}|\Phi(0)\rangle_{C(N)}=\hat{S}^{(C)}\hat{\sigma}_x^{(a)}|\Phi(0)\rangle_{C(N)}=\hat{S}^{(C)}\hat{\sigma}_x^{(a)}\hat{S}^{(C)\dagger}|\Phi\rangle_{C(N)}$$

由此得出簇态满足本征值方程组：

$$\hat{S}^{(C)}\hat{\sigma}_x^{(a)}\hat{S}^{(C)\dagger}|\Phi\rangle_{C(N)}=|\Phi\rangle_{C(N)},\quad \forall a\in C \tag{9.2.2}$$

注意到式(9.1.5)中 $\hat{S}^{(a,b)}=|0\rangle_a\langle 0|\otimes\hat{I}^{(b)}+|1\rangle_a\langle 1|\otimes\hat{\sigma}_z^{(b)}$，用矩阵乘可直接验证，

对所有 a、$b\in C$ 都有

$$\hat{S}^{(a,b)}(\hat{\sigma}_x^{(a)}\otimes\hat{I}^{(b)})(\hat{S}^{(a,b)})^{\dagger}=\hat{\sigma}_x^{(a)}\otimes\hat{\sigma}_z^{(b)} \tag{9.2.3}$$

$$\hat{S}^{(a,b)}(\hat{I}^{(a)}\otimes\sigma_x^{(b)})(\hat{S}^{(a,b)})^{\dagger}=\hat{\sigma}_z^{(a)}\otimes\hat{\sigma}_x^{(b)} \tag{9.2.4}$$

而对所有 $\forall c,c'\in C\backslash\{a,b\}$(表示从集合 C 中除去 a、b 的其余部分),都有

$$\begin{aligned}\hat{S}^{(c,c')}\hat{S}^{(c,c')}&=(|0\rangle_c\langle 0|\otimes I^{(c')}+|1\rangle_c\langle 1|\otimes\hat{\sigma}_z^{(c')})(|0\rangle_c\langle 0|\otimes I^{(c')}+|1\rangle_c\langle 1|\otimes\hat{\sigma}_z^{(c')})\\&=|0\rangle_c\langle 0|\otimes I^{(c')}+|1\rangle_c\langle 1|\otimes\hat{\sigma}_z^{(c')}\hat{\sigma}_z^{(c')}=\hat{I}^{(c)}\end{aligned}$$

所以对给定的 $a\in C$,乘积算子:

$$\hat{S}^{(C)}\hat{\sigma}_x^{(a)}\hat{S}^{(C)\dagger}=\hat{\sigma}_x^{(a)}\bigotimes_{b\in n_a}\hat{\sigma}_z^{(b)}\bigotimes_{c\in C\backslash\{a,b\}}\hat{I}^{(c)}$$

其中,n_a 表示簇 C 中和量子位 a 邻接的所有量子位(见 9.1.1 节),在 1 维情况下 $n_i=\{i-1,i+1\}$,对 2 维情况,$n_{i,j}=\{(i\mp 1,j),(i,j\mp 1)\}$,3 维情况有类似的定义。略去上式中的恒等算子,其余部分是分别作用到不同量子位的算子乘积,称这样的算子为**非局域算子**(non-local operator)。定义这样的非局域算子:

$$\hat{K}^{(a)}=\hat{\sigma}_x^{(a)}\bigotimes_{b\in n_a}\hat{\sigma}_z^{(b)},\quad \forall a\in C \tag{9.2.5}$$

为**关联算子**(correlation operators)[2,4,6]。显然簇态 $|\Phi\rangle_C$ 中关联算子数目等于簇 C 中物理量子位个数 $N=|C|$,利用式(9.2.2),簇态满足的本征值方程组可以用关联算子表示为

$$\hat{K}^{(a)}|\Phi\rangle_C=|\Phi\rangle_C,\quad \forall a\in C \tag{9.2.6}$$

例如,对三量子位簇态,$\hat{S}^{(C)}=\hat{S}^{(1,2)}\hat{S}^{(2,3)}$,它的三个 $\hat{K}$ 算子分别为

$$\hat{K}^{(1)}=\hat{S}^{(1,2)}\hat{S}^{(2,3)}\hat{\sigma}_x^{(1)}\hat{S}^{(2,3)}\hat{S}^{(1,2)}=\hat{S}^{(1,2)}\hat{\sigma}_x^{(1)}\hat{S}^{(1,2)}=\hat{\sigma}_x^{(1)}\hat{\sigma}_z^{(2)}$$

其中利用了 $\hat{S}^{(23)}\hat{S}^{(23)}=\hat{I}$ 以及式(9.3.4)。类似地可导得

$$\hat{K}^{(2)}=\hat{S}^{(1,2)}\hat{S}^{(2,3)}\hat{\sigma}_x^{(2)}\hat{S}^{(2,3)}\hat{S}^{(1,2)}=\hat{S}^{(1,2)}\hat{\sigma}_x^{(2)}\hat{\sigma}_z^{(3)}\hat{S}^{(1,2)}=\hat{\sigma}_z^{(1)}\hat{\sigma}_x^{(2)}\hat{\sigma}_z^{(3)}$$

$$\hat{K}^{(3)}=\hat{S}^{(1,2)}\hat{S}^{(2,3)}\hat{\sigma}_x^{(3)}\hat{S}^{(2,3)}\hat{S}^{(1,2)}=\hat{S}^{(2,3)}\hat{\sigma}_x^{(3)}\hat{S}^{(2,3)}=\hat{\sigma}_z^{(2)}\hat{\sigma}_x^{(3)}$$

这些结果也可以直接由式(9.2.5)得出。容易验证三量子位簇态:

$$|\Phi\rangle_{C(3)}=\frac{1}{\sqrt{2}}(|+\rangle_1|0\rangle_2|+\rangle_3+|-\rangle_1|1\rangle_2|-\rangle_3) \tag{9.2.7}$$

的确是算子 $\hat{K}^{(1)}=\hat{\sigma}_x^{(1)}\hat{\sigma}_z^{(2)}$,$\hat{K}^{(2)}=\hat{\sigma}_z^{(1)}\hat{\sigma}_x^{(2)}\hat{\sigma}_z^{(3)}$,$\hat{K}^{(3)}=\hat{\sigma}_z^{(2)}\hat{\sigma}_x^{(3)}$ 的共同本征态,本征值都是 $+1$。

上面的分析表明,在一个量子位簇上,满足本征值方程式组(9.2.6)的所有关联算子的共同本征态是唯一的、非简并的。根据量子物理测量理论,这一事实给出了制备簇态另外方法——纯测量方法。就是首先测量量子位簇上所有关联算子,得到关联算子本征值或为 $+1$ 或为 -1 的一个态,这个态事实上就是簇态。在下一段将证明,这个态在各个量子位局域的幺正变换下,等价于所有关联算子本征值都是 $+1$ 的共同本征态,即上面给出的"标准形式"簇态。

9.2.2　用关联算子的量子数标记簇态

由于式(9.2.7)中$|\Phi\rangle_{C(3)}$是三个算子$\hat{K}^{(1)}$、$\hat{K}^{(2)}$、$\hat{K}^{(3)}$本征值为 1 的本征态，注意到当$k_i=0$时，$(-1)^{k_i}=1$，$k_i=1$时，$(-1)^{k_i}=-1$，可以把k_i看成算子$\hat{K}^{(i)}$对应的量子数，$\hat{K}^{(i)}$本征值等于±1的本征态，就可分别用量子数k_i的取值 0 和 1 标记。于是式(9.2.7)态可以记为$|\Phi_{\{000\}}\rangle_C$。推广到N量子位情况，对应$\{\hat{K}^{(i)}, i=1,2,\cdots N\}$本征值为$+1$的共同本征态就可记为$|\Phi_{\{00\cdots0\}}\rangle_C$。

由于$\hat{\sigma}_z^{(c)}\hat{\sigma}_x^{(a)}\hat{\sigma}_z^{(c)}=(-1)^{\delta_{c,a}}\hat{\sigma}_x^{(a)}$，容易证明$\hat{\sigma}_z^{(i)}\hat{K}^{(a)}\hat{\sigma}_z^{(i)\dagger}=(-1)^{\delta_{i,a}}\hat{K}^{(a)}$，这表明

$$\hat{K}^{(a)}\hat{\sigma}_z^{(c)} \mid \Phi_{\{00\cdots0\}}\rangle_C = (-1)^{\delta_{c,a}}\hat{\sigma}_z^{(c)} \mid \Phi_{\{00\cdots0\}}\rangle_C, \quad \forall a\in C$$

特别当$c=a$时，有

$$\hat{\sigma}_z^{(a)} \mid \Phi_{(00\cdots0\cdots0)}\rangle_C = \mid \Phi_{(00\cdots1\cdots0)}\rangle_C \tag{9.2.8}$$

这个态仍是算子$\hat{K}^{(a)}$的本征态，本征值差一个负号。由此可见，施加不同局域操作$\hat{\sigma}_z^{(a)}$，可以改变态$|\Phi_{(00\cdots0\cdots0)}\rangle_C\rightarrow|\Phi_{(k)}\rangle_C$，其中$\{k\}\equiv(k_1k_2\cdots k_a\cdots k_N)$，$k_a\in\{0,1\}$，表示一个$N$位二进制数。而且通过施加不同的$\hat{\sigma}_z^{(c)}$，可以将任意簇态$|\Phi_{\{k\}}\rangle_C$变换为$|\Phi_{\{k'\}}\rangle_C$，$\{k'\}$表示另一个$N$位二进制数。由于所有这样的簇态可以通过量子位局域幺正变换互相转换，具有相同的纠缠性质，因此在后面讨论簇态上的量子计算时，不失一般性，可以取簇态$|\Phi_{\{00\cdots0\}}\rangle_C$为出发点。

容易证明，式(9.2.5)定义的N个关联算子都是 Hermitian 算子，并且两两互相对易。对N个量子位簇，N个关联算子共同构成作用在量子位簇系统 Hilbert 空间个上线性独立、相互对易力学量算子完全集。簇C上不同簇态可以用这组力学量算子完全集量子数集合取值$\{k_a\}$标记。其中簇态$|\Phi_{\{k_a\}}\rangle_C$满足本征值方程：

$$\hat{K}^{(a)} \mid \Phi_{\{k_a\}}\rangle_C = (-1)^{k_a} \mid \Phi_{\{k_a\}}\rangle_C, \quad \forall a\in C \tag{9.2.9}$$

由2^N个二进制数串标记的这些簇态，共同构成N个量子位 Hilbert 空间一组正交归一化完备基，它不同于计算基的是这里每个基态都是纠缠(簇)态。

例如，两量子位簇态关联算子$\hat{K}^{(1)}=\hat{\sigma}_x^{(1)}\hat{\sigma}_z^{(2)}$，$\hat{K}^{(2)}=\hat{\sigma}_z^{(1)}\hat{\sigma}_x^{(2)}$互相对易，两量子位簇态就可以用与这两算子本征值标记：

$$\begin{aligned}\hat{K}^{(1)} \mid \Phi\rangle_{C(2)} &= \hat{\sigma}_x^{(1)}\hat{\sigma}_z^{(2)}\ \frac{1}{\sqrt{2}}(\mid 0\rangle_1\ \mid+\rangle_2 + \mid 1\rangle_1\ \mid-\rangle_2)\\ &= +1 \mid \Phi\rangle_{C(2)} = (-1)^{k_1} \mid \Phi\rangle_{C(2)}\\ \hat{K}^{(2)} \mid \Phi\rangle_{C(2)} &= \hat{\sigma}_z^{(1)}\hat{\sigma}_x^{(2)}\ \frac{1}{\sqrt{2}}(\mid 0\rangle_1\ \mid+\rangle_2 + \mid 1\rangle_1\ \mid-\rangle_2)\\ &= +1 \mid \Phi\rangle_{C(2)} = (-1)^{k_2} \mid \Phi\rangle_{C(2)}\end{aligned}$$

其中，$k_1=k_2=0$，态$|\Phi\rangle_{C(2)}$就可标记为$|\Phi_{(00)}\rangle_{C(2)}$。

类似地态$\hat{\sigma}_z^{(1)}|\Phi_{(00)}\rangle_{C(2)}=\dfrac{1}{\sqrt{2}}(|0\rangle_1|+\rangle_2-|1\rangle_1|-\rangle_2)$满足以下条件：

$$\hat{K}^{(1)}\hat{\sigma}_z^{(1)} \mid \Phi_{(00)}\rangle_{C(2)} = \hat{\sigma}_x^{(1)}\hat{\sigma}_z^{(2)} \frac{1}{\sqrt{2}}(\mid 0\rangle_1 \mid +\rangle_2 - \mid 1\rangle_1 \mid -\rangle_2) = -1\hat{\sigma}_z^{(1)} \mid \Phi_{(00)}\rangle_{C(2)}$$

$$\hat{K}^{(2)}\hat{\sigma}_z^{(1)} \mid \Phi_{(00)}\rangle_{C(2)} = \hat{\sigma}_z^{(1)}\hat{\sigma}_x^{(2)} \frac{1}{\sqrt{2}}(\mid 0\rangle_1 \mid +\rangle_2 - \mid 1\rangle_1 \mid -\rangle_2) = +1\hat{\sigma}_z^{(1)} \mid \Phi_{(00)}\rangle_{C(2)}$$

有 $k_1=1,k_2=0$,所以有

$$\hat{\sigma}_z^{(1)} \mid \Phi_{(00)}\rangle_{C(2)} = \frac{1}{\sqrt{2}}(\mid 0\rangle_1 \mid +\rangle_2 - \mid 1\rangle_1 \mid -\rangle_2) = \mid \Phi_{(10)}\rangle_{C(2)}$$

同样有

$$\hat{\sigma}_z^{(2)} \mid \Phi_{(00)}\rangle_{C(2)} = \frac{1}{\sqrt{2}}(\mid 0\rangle_1 \mid -\rangle_2 + \mid 1\rangle_1 \mid +\rangle_2) = \mid \Phi_{(01)}\rangle_{C(2)}$$

$$\hat{\sigma}_z^{(1)}\hat{\sigma}_z^{(2)} \mid \Phi_{(00)}\rangle_{C(2)} = \frac{1}{\sqrt{2}}(\mid 0\rangle_1 \mid -\rangle_2 - \mid 1\rangle_1 \mid +\rangle_2) = \mid \Phi_{(11)}\rangle_{C(2)}$$

四个态$\{\mid\Phi_{(00)}\rangle_{C(2)},\mid\Phi_{(01)}\rangle_{C(2)},\mid\Phi_{(10)}\rangle_{C(2)},\mid\Phi_{(11)}\rangle_{C(2)}\}$构成二量子位 Hilbert 空间一组正交归一化完备基,其中每个基态都是纠缠态,在局域幺正变换

$$[S] = \frac{1}{\sqrt{2}}\begin{bmatrix} 1 & 1 & 1 & -1 \\ 1 & -1 & 1 & 1 \\ 1 & 1 & -1 & 1 \\ 1 & -1 & -1 & -1 \end{bmatrix} \tag{9.2.10}$$

下,等价于四个 Bell 态。

9.2.3 单量子位投影测量

簇态上的量子计算涉及两类单量子位投影测量,一类是向计算基的投影测量,它可以用于从簇态中除去冗余量子位,修改簇几何结构;另一类就是下面要讨论的单量子位投影测量,可用于实现逻辑量子位转动,执行具体的量子信息处理任务。

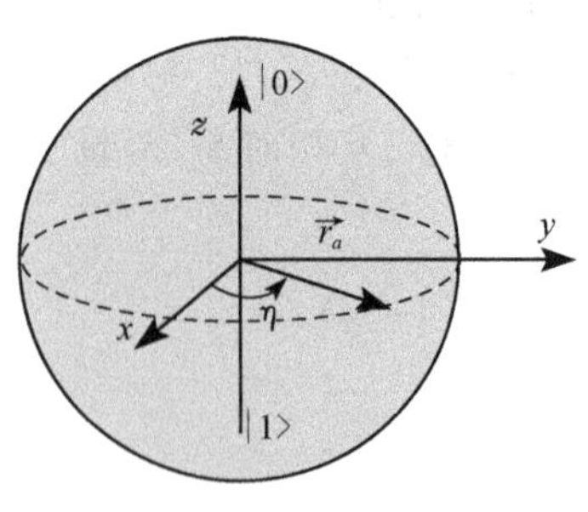

图 9.2.1

考虑端点在 Block 球赤道上的单位矢量 $\vec{r}_a=(\cos\eta,\sin\eta,0)$(见图 9.2.1),对第 a 个量子位定义一个力学量算子:

$$\vec{r}_a \cdot \hat{\vec{\sigma}}^{(a)} = \cos\eta\hat{\sigma}_x^{(a)} + \sin\eta\hat{\sigma}_y^{(a)} \tag{9.2.11}$$

它和 Pauli 算子 $\hat{\sigma}_x$、$\hat{\sigma}_y$ 并无本质上的区别,不同于 $\hat{\sigma}_x$、$\hat{\sigma}_y$ 分别是 Pauli 矢量算子 $\hat{\vec{\sigma}}$ 沿 x 和 y 方向的分量,$\vec{r}_a\cdot\hat{\vec{\sigma}}^{(a)}$ 只是 Pauli 矢量算子沿 $\vec{r}_a$ 方向的分量算子。这个算子对应本征值 ±1 的两个本征态在 $\hat{\sigma}_z$ 表象中分别为

$$\frac{1}{\sqrt{2}}(|0\rangle_a + e^{i\eta}|1\rangle_a) \equiv |+\vec{r}_a\rangle$$

和

$$\frac{1}{\sqrt{2}}(|0\rangle_a - e^{i\eta}|1\rangle_a) \equiv |-(\vec{r}_a)\rangle$$

分别编码这两个态 $|+(\vec{r}_a)\rangle \to |s_a=0\rangle$ 和 $|-(\vec{r}_a)\rangle \to |s_a=1\rangle$。于是有

$$\vec{r}_a \cdot \hat{\vec{\sigma}}^{(a)}|s_a\rangle = (-1)^{s_a}|s_a\rangle \tag{9.2.12}$$

测量力学量 $\vec{r}_a \cdot \hat{\vec{\sigma}}^{(a)}$ 就是向它的两个本征态投影，所以**指定矢量 $\vec{r}_a$ 就指定了对第 a 个量子位的测量基**。

现在定义另一个算子：

$$\hat{P}_{s_a}^{(a)} = \frac{1}{2}[1 + (-1)^{s_a}\vec{r}_a \cdot \hat{\vec{\sigma}}^{(a)}], \quad s_a \in \{0,1\} \tag{9.2.13}$$

注意到算子 $\vec{r}_a \cdot \hat{\vec{\sigma}}^{(a)}$ 只是矢量 Pauli 算子沿 $\vec{r}_a$ 方向的分量，具有以下性质：

$$[(-1)^{s_a}\vec{r}_a \cdot \hat{\vec{\sigma}}^{(a)}][(-1)^{s_a}\vec{r}_a \cdot \hat{\vec{\sigma}}^{(a)}] = \hat{I}^{(a)}$$

利用这一结果，容易证明式(9.2.13)定义的 $\hat{P}_{s_a}^{(a)}$ 是第 a 个量子位自旋空间的投影算子，事实上有

$$\hat{P}_{s_a}^{(a)}\hat{P}_{s_a}^{(a)} = \frac{1}{4}[1 + (-1)^{s_a}\vec{r}_a \cdot \hat{\vec{\sigma}}^{(a)}][1 + (-1)^{s_a}\vec{r}_a \cdot \hat{\vec{\sigma}}^{(a)}] = \hat{P}_{s_a}^{(a)}$$

它仅对第 a 个量子位的自旋态有作用，其作用就是把它投影到态 $|s_a\rangle$ $(s_a \in \{0,1\})$ 上：

$$\hat{P}_{s_a}^{(a)}|s_a\rangle = \frac{1}{2}[1 + (-1)^{s_a}\vec{r}_a \cdot \hat{\vec{\sigma}}^{(a)}]|s_a\rangle = |s_a\rangle, \quad s_a \in \{0,1\} \tag{9.2.14}$$

9.2.4 测量簇态中部分量子位后态满足的本征值方程

对处在簇态中的某些物理量子位执行测量后，未被测量的物理量子位态是否还是簇态，它满足的本征方程是什么？知道测量算子后，如何得到测量后态满足的本征值方程？这些问题的讨论对研究簇态的性质以及簇态上的量子计算都是基本的。

一般的测量算子 $\vec{r}_k \cdot \hat{\vec{\sigma}}^{(k)}$ 和关联算子 $\hat{K}^{(a)}$ 的关系可区分为两种情况：

(1) $[\vec{r}_k \cdot \hat{\vec{\sigma}}^{(k)}, \hat{K}^{(a)}]=0$，即两者对易。

设执行测量算子 $\vec{r}_k \cdot \hat{\vec{\sigma}}^{(k)}$ 得到结果 s_k，这一测量投影态 $|\Phi\rangle_C \to |\Psi\rangle_C$，则 $|\Psi\rangle_C$ 态满足本征值方程：

$$\vec{r}_k \cdot \hat{\vec{\sigma}}^{(k)}|\Psi\rangle_C = (-1)^{s_k}|\Psi\rangle_C \tag{9.2.15}$$

由于测量算子 $\vec{r}_k \cdot \hat{\vec{\sigma}}^{(k)}$ 和 $\hat{K}^{(a)}$ 对易：

$$\hat{K}^{(a)}(\vec{r}_k \cdot \hat{\vec{\sigma}}^{(k)}) \mid \Psi\rangle_C = (-1)^{s_k}\hat{K}^{(a)} \mid \Psi\rangle_C = (\vec{r}_k \cdot \hat{\vec{\sigma}}^{(k)})\hat{K}^{(a)} \mid \Psi\rangle_C$$

这表明 $\hat{K}^{(a)}|\Psi\rangle_C$ 仍然是算子 $\vec{r}_k \cdot \hat{\vec{\sigma}}^{(k)}$ 属于本征值是 $(-1)^{s_k}$ 的本征态。如果 $\vec{r}_k \cdot \hat{\vec{\sigma}}^{(k)}$ 的本征值是非简并的,就有

$$\hat{K}^{(a)} \mid \Psi\rangle_C = c \mid \Psi\rangle_C$$

其中,c 是任意常数,在这里可以证明 $c=1$。用 $\vec{r}_k \cdot \hat{\vec{\sigma}}^{(k)}$ 基测量 $|\Psi\rangle_C$ 态得到本征态 $|\Psi\rangle_C$ 可以用式(9.2.13)中的投影算子表示为 $\hat{P}_{s_k}^{(k)}|\Phi\rangle_C=|\Psi\rangle_C$,由于 $[\hat{K}^{(a)},(\vec{r}_k \cdot \hat{\vec{\sigma}}^{(k)})]=0$,注意到式(9.2.6),$\hat{K}^{(a)}|\Phi\rangle_C=|\Phi\rangle_C$,所以有

$$\hat{K}^{(a)} \mid \Psi\rangle_C = \hat{K}^{(a)}\hat{P}_{s_k}^{(k)} \mid \Phi\rangle_C = \hat{P}_{s_k}^{(k)}\hat{K}^{(a)} \mid \Phi\rangle_C = \hat{P}_{s_k}^{(k)} \mid \Phi\rangle_C = \mid \Psi\rangle_C$$

即

$$\hat{K}^{(a)} \mid \Psi\rangle_C = \mid \Psi\rangle_C \tag{9.2.16}$$

这表明**如果关联算子 $\hat{K}^{(a)}$ 和测量算子 $\vec{r}_k \cdot \hat{\vec{\sigma}}^{(k)}$ 对易,且测量算子本征值是非简并的,则测量后的态仍然是关联算子 $\hat{K}^{(a)}$ 的本征态。**

(2) $[\vec{r}_k \cdot \hat{\vec{\sigma}}^{(k)},\hat{K}^{(a)}]_+=0$,即两者反对易。

注意到 $\vec{r}_k \cdot \hat{\vec{\sigma}}^{(k)}$ 是仅作用到量子位 k 上的算子,测量算子 $\vec{r}_k \cdot \hat{\vec{\sigma}}^{(k)}$ 和 $\hat{K}^{(a)}$ 反对易,仅表示测量算子和非局域算子 $\hat{K}^{(a)}$ 中作用到 k 位上的算子反对易,一般说来测量后的态不再是 $\hat{K}^{(a)}$ 的本征态。

但是,如果存在有 m 个关联算子 $\{\hat{K}^{(1)},\hat{K}^{(2)},\cdots,\hat{K}^{(m)}\}$ 都和测量算子 $\vec{r}_k \cdot \hat{\vec{\sigma}}^{(k)}$ 反对易,由于

$$(\vec{r}_k \cdot \hat{\vec{\sigma}}^{(k)})\hat{K}^{(1)} = -\hat{K}^{(1)}(\vec{r}_k \cdot \hat{\vec{\sigma}}^{(k)})$$

对任意 $1<i\leqslant m$,都有

$$(\vec{r}_k \cdot \hat{\vec{\sigma}}^{(k)})\hat{K}^{(1)}\hat{K}^{(i)} = -\hat{K}^{(1)}(\vec{r}_k \cdot \hat{\vec{\sigma}}^{(k)})\hat{K}^{(i)} = \hat{K}^{(1)}\hat{K}^{(i)}(\vec{r}_k \cdot \hat{\vec{\sigma}}^{(k)})$$

所以

$$[(\vec{r}_k \cdot \hat{\vec{\sigma}}^{(k)}),\hat{K}^{(1)}\hat{K}^{(i)}] = 0$$

以这种方式可以构造出 $m-1$ 个和测量算子 $\vec{r}_k \cdot \hat{\vec{\sigma}}^{(k)}$ 都对易的新算子:

$$\hat{K}^{(1)}\hat{K}^{(2)},\hat{K}^{(1)}\hat{K}^{(3)},\cdots,\hat{K}^{(1)}\hat{K}^{(m)}$$

由于 $\{\hat{K}^{(i)},i=1,\cdots m\}$ 都对易,这 $m-1$ 个算子都互相对易,于是算子

$$\{\vec{r}_k \cdot \hat{\vec{\sigma}}^{(k)},\hat{K}^{(1)}\hat{K}^{(2)},\hat{K}^{(1)}\hat{K}^{(3)},\cdots,\hat{K}^{(1)}\hat{K}^{(m)}\}$$

是一组相互对易的独立算子集合。测量后的态还满足:

$$(\hat{K}^{(1)}\hat{K}^{(i)}) \mid \Psi\rangle_C = \mid \Psi\rangle_C, \quad i = 2,\cdots,m \tag{9.2.17}$$

总结上述讨论,**对簇态 $|\boldsymbol{\Phi}\rangle_C$ 测量算子 $\vec{r}_k \cdot \hat{\vec{\boldsymbol{\sigma}}}^{(k)}$,将把簇态投影到新态 $|\boldsymbol{\Psi}\rangle_C$ 上。这个新态是测量算子 $\vec{r}_k \cdot \hat{\vec{\boldsymbol{\sigma}}}^{(k)}$ 的本征态,同时还是和测量算子 $\vec{r}_k \cdot \hat{\vec{\boldsymbol{\sigma}}}^{(k)}$ 对易的算子 $\hat{\boldsymbol{K}}^{(a)}$ 以及用和测量算子不对易 $\hat{\boldsymbol{K}}^{(i)}$ 构造出的新算子 $\{\hat{\boldsymbol{K}}^{(1)}\hat{\boldsymbol{K}}^{(i)},i=2,\cdots,m\}$ 的共同本**

征态。

9.3 簇态的性质

本节将从簇态的表达式和簇态满足的本征值方程出发,研究簇态的性质。

9.3.1 簇态上的 $\hat{\boldsymbol{\sigma}}_z$ 测量

用 $\hat{\sigma}_z^{(c)}$ 算子测量簇态 $|\Phi\rangle_C$ 中的物理量子位子集 $C^{(z)}\in C$,测量将把 $C^{(z)}$ 投影到计算基下的直积态 $|Z\rangle_{C^{(Z)}}$ 上,同时把子集 $C^{(z)}$ 从簇态中除去。把簇态变换成直积态 $|Z\rangle_{C^{(Z)}}\otimes|\widetilde{\Phi}\rangle_{C\backslash C^{(Z)}}$,其中 $|\widetilde{\Phi}\rangle_{C\backslash C^{(Z)}}$ 是 C 中剩下的未被测量部分的态。可以证明,一般情况下(剩余部分仍是一个簇时,即可以短线连接在一起时),$|\widetilde{\Phi}\rangle_{C\backslash C^{(Z)}}$ 仍然是簇态(其中物理量子位比原来簇态少 $|C^{(Z)}|$ 个)。

设量子位簇 C 处在簇态 $|\Phi\rangle_C$,由上节式(9.2.6)可知它满足本征值方程组:

$$\hat{K}^{(a)}\ |\Phi\rangle_C=|\Phi\rangle_C,\quad \forall a\in C \tag{9.3.1}$$

用力学量 $\hat{\sigma}_z^{(c)}$ 测量 $C^{(z)}\in C$ 中各物理量子位,测量后态 $|\Phi\rangle_C$ 坍缩为 $|\Psi\rangle_C\rightarrow|Z\rangle_{C^{(Z)}}\otimes|\widetilde{\Phi}\rangle_{C\backslash C^{(Z)}}$。由于测量算子除去和 $\hat{K}^{(c)}$,$c\in C^{(Z)}$ 不对易外,和其他关联算子都对易:

$$[\hat{\sigma}_z^{(c)},\hat{K}^{(a)}]=0,\quad a\notin C^{(Z)}$$

由上节讨论,$|\widetilde{\Phi}\rangle_{C\backslash C^{(Z)}}$ 必定满足本征值方程组:

$$\hat{K}^{(a)}\ |\widetilde{\Phi}\rangle_{C\backslash C^{(Z)}}=|\widetilde{\Phi}\rangle_{C\backslash C^{(Z)}},\quad \forall a\in C\backslash C^{(Z)} \tag{9.3.2}$$

这表明测量后其他量子位的态,仍满足的簇态本征值方程,它是一个其中物理量子位数目减少 $|C^{(Z)}|$ 个的新簇态。利用簇态的这一性质,可以**用 $\hat{\boldsymbol{\sigma}}_z$ 测量去除簇态中冗余量子位,裁剪原簇几何为任意形状**,而保持其余部分仍然是簇态。

对 1 维簇态,情况稍有不同,用 $\hat{\sigma}_z$ 测量簇中间某一量子位,将把这个簇在测量点断开,两端是两个较小簇态。例如,对五量子位 1 维簇态

$$\begin{aligned}|\Phi\rangle_{C(5)}=\frac{1}{2}(&|+\rangle_1\ |0\rangle_2\ |+\rangle_3\ |0\rangle_4\ |+\rangle_5+|+\rangle_1\ |0\rangle_2\ |-\rangle_3\ |1\rangle_4\ |-\rangle_5\\&+|-\rangle_1\ |1\rangle_2\ |-\rangle_3\ |0\rangle_4\ |+\rangle_5+|-\rangle_1\ |1\rangle_2\ |+\rangle_3\ |1\rangle_4\ |-\rangle_5)\end{aligned}$$

测量 $\hat{\sigma}_z^{(3)}$。其中第三量子位处在态 $|\pm\rangle_3=(|0\rangle_3\pm|1\rangle_3)/\sqrt{2}$ 上,测量 $\hat{\sigma}_z^{(3)}$ 将各以概率 1/2 得到态 $|0\rangle_3$ 和 $|1\rangle_3$。如得到 $|0\rangle_3$:

$$\begin{aligned}|\Phi\rangle_{C(5)}\rightarrow|0\rangle_3\Big(&\frac{1}{2}[|+\rangle_1\ |0\rangle_2\ |0\rangle_4\ |+\rangle_5+|+\rangle_1\ |0\rangle_2\ |1\rangle_4\ |-\rangle_5\\&+|-\rangle_1\ |1\rangle_2\ |0\rangle_4\ |+\rangle_5+|-\rangle_1\ |1\rangle_2\ |1\rangle_4\ |-\rangle_5\Big)\\=&\frac{1}{\sqrt{2}}((|+\rangle_1\ |0\rangle_2+|-\rangle_1\ |1\rangle_2)\otimes|0\rangle_3\end{aligned}$$

$$\otimes \frac{1}{\sqrt{2}}(|0\rangle_4 |+\rangle_5 + |1\rangle_4 |-\rangle_5))$$

这是量子位 3 的态$|0\rangle_3$，1、2 两量子位 Bell 态和 3、4 两量子位 Bell 态的乘积。容易验证，如果测量 $\hat{\sigma}_z^{(3)}$ 得到$|1\rangle_3$，可得到相同的结论。

9.3.2 簇态上的 $\hat{\boldsymbol{\sigma}}_x$、$\hat{\boldsymbol{\sigma}}_y$ 测量

用$\hat{\sigma}_x$ 或$\hat{\sigma}_y$ 算子测量簇态$|\Phi\rangle_C$ 中的物理量子位，自然把被测量子位从簇态$|\Phi\rangle_C$中除去。分析这样的测量对其他未被测量物理量子位态的影响，最好理解的方法是首先证明图 9.3.1 中的图形恒等式。图中第一量子位制备在输入态$|\Psi_{in}\rangle$上，第二量子位制备在$|+\rangle$态上。

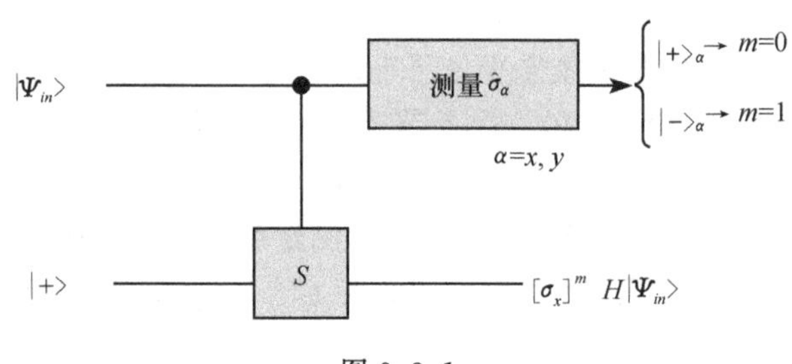

图 9.3.1

然后一个控制相位门操作把二者制备在二量子位簇态上。现在对第一量子位态测量$\hat{\sigma}_\alpha$(α 是 x 或 y)，测量将把第一量子位态投影到$|+\rangle_\alpha$ 或$|-\rangle_\alpha$ 态上，相应本征值$(-1)^m$，m 分别取 0 和 1。这个测量同时把第二量子位制备在$[\hat{\sigma}_x]^m H|\Psi_{in}\rangle$态上。其中 m 值取决于对第一量子位测量结果，对应测得$|+\rangle$或$|-\rangle$，m 值分别为 0 和 1。

图 9.3.1 的恒等性很容易证明。事实上，两量子位输入态$|\Psi_{in}\rangle_1\otimes|+\rangle_2=(a|0\rangle_1+b|1\rangle_1)\otimes|+\rangle_2$ 经控制相位门操作变换成纠缠态：

$$a|0\rangle_1\otimes|+\rangle_2+b|1\rangle_1\otimes|-\rangle_2 \to a|0\rangle_1\otimes|+\rangle_2+b|1\rangle_1\otimes|-\rangle_2$$

如果要测量$\hat{\sigma}_x$，可以把这个态可重新写作

$$\begin{aligned}&a|0\rangle_1\otimes|+\rangle_2+b|1\rangle_1\otimes|-\rangle_2\\&=a\frac{1}{\sqrt{2}}(|+\rangle_{x1}+|-\rangle_{x1})|+\rangle_2+b\frac{1}{\sqrt{2}}(|+\rangle_{x1}-|-\rangle_{x1})\otimes|-\rangle_2\end{aligned}$$

这里利用了$|\pm\rangle_x=(|0\rangle\pm|1\rangle)/\sqrt{2}$。于是，对第一量子位测量$\hat{\sigma}_x$，视测量结果为$|+\rangle_x$或$|-\rangle_x$，将把第二量子位投影到两不同态上：

$$|+\rangle_{x1}, \to |+\rangle_{x1}\otimes(a|+\rangle_2+b|-\rangle_2)$$

$$|-\rangle_{x1}, \to |-\rangle_{x1}\otimes(a|+\rangle_2-b|-\rangle_2)$$

观察第二量子位态，若测量第一量子位结果为$|+\rangle_{x1}$，此时 $m=0$，第二量子位态

就是

$$(a\,|+\rangle_2+b\,|-\rangle_2)=H(a\mid 0\rangle+b\mid 1\rangle)=[\hat{\sigma}_x]^m H\mid \Psi_{in}\rangle$$

若测量第一量子位结果为$|-\rangle_{x1}$，此时 $m=1$，第二量子位态就是

$$(a\,|+\rangle-b\,|-\rangle)=H(a\mid 0\rangle-b\mid 1\rangle)=[\hat{\sigma}_x]H\mid \Psi_{in}\rangle$$

这就对 $\alpha=x$ 情况证明了图形恒等式(见图 9.3.1)。对 $\alpha=y$，注意到 $|\pm\rangle_y=(|0\rangle\pm\mathrm{i}|1\rangle)/\sqrt{2}$，用类似的方法亦可证明图 9.3.1 的恒等式成立。

图 9.3.1 表明，**用 $\hat{\sigma}_x$ 或 $\hat{\sigma}_y$ 算子测量簇态 $|\Phi\rangle_C$ 中的某个物理量子位，不仅从簇态中除去这个物理量子位，而且还把前一个物理量子位的态的信息传播到被测量子位后面的那个物理量子位上，后面那个物理量子位态通过已知的幺正变换和原来的输入态联系。**所以在簇态上测量 $\hat{\sigma}_x$ 或 $\hat{\sigma}_y$ 可以在两个不相邻的量子位间传递态的信息，起着传输线的作用。经过这种方式传输的态，在一个局域幺正变换范围内，忠实度等于 1。

9.3.3 簇态的熔接

两个物理量子位数分别是 N 和 M 的簇态，可以对两个簇态端点的量子位执行控制非门操作，熔接成量子位总数 $N+M$ 的一个簇态。

设 C_1 是一个 N 量子位簇态，它的一个末端点量子位为 N(和其他量子位仅有一条短线连接)，统一编序两个量子位簇，并编序第 $N+1$ 个物理量子位为簇态 C_2 的首端量子位。由式(9.1.11)得

$$|\Phi\rangle_{C(N)}=\frac{1}{2^{N/2}}\bigotimes_{a=1}^{N}(|0\rangle_a+\bigotimes_{b\in\gamma_a}\hat{\sigma}_z^{(b)}\mid 1\rangle_a)$$

这两个簇态可以分别写作

$$|\Phi\rangle_{C_1}=\frac{1}{2^{N/2}}\bigotimes_{a=1}^{N-1}(|0\rangle_a+\bigotimes_{b\in\gamma_a}\hat{\sigma}_z^{(b)}\mid 1\rangle_a)(|0\rangle_N+|1\rangle_N)$$

和

$$|\Phi\rangle_{C_2}=\frac{1}{2^{M/2}}(|0\rangle_{N+1}+\hat{\sigma}_z^{(N+2)}\mid 1\rangle_{N+1})\bigotimes_{a=N+2}^{M}(|0\rangle_a+\bigotimes_{b\in\gamma_a}\hat{\sigma}_z^{(b)}\mid 1\rangle_a)$$

由式(9.1.5)可知，两端点量子位 N 和 $N+1$ 执行控制相位门操作为

$$\hat{S}^{(N,N+1)}=|0\rangle_N\langle 0|+|1\rangle_N\langle 1|\otimes\hat{\sigma}_z^{(N+1)}$$

与第 N 个量子位前、第 $N+2$ 个量子位后的各量子位无关，且

$$\begin{aligned}
&\hat{S}^{(N,N+1)}[(|0\rangle_N+|1\rangle_N)(|0\rangle_{N+1}+\hat{\sigma}_z^{(N+2)}\mid 1\rangle_{N+1})]\\
&=(|0\rangle_N\langle 0|+|1\rangle_N\langle 1|\otimes\hat{\sigma}_z^{(N+1)})[|0\rangle_N\\
&\quad+|1\rangle_N)(|0\rangle_{N+1}+\hat{\sigma}_z^{(N+2)}\mid 1\rangle_{N+1})]\\
&=(|0\rangle_N+\hat{\sigma}_z^{(N+1)}\mid 1\rangle_N)(|0\rangle_{N+1}+\hat{\sigma}_z^{(N+2)}\mid 1\rangle_{N+1}))
\end{aligned}$$

所以有

$$
\begin{aligned}
&\hat{S}^{(N,N+1)}(|\Phi\rangle_{C_1}\otimes|\Phi\rangle_{C_2})\\
&=\frac{1}{2^{N/2}}\bigotimes_{a=1}^{N-1}(|0\rangle_a+\bigotimes_{b\in\gamma_a}\hat{\sigma}_z^{(a)}|1\rangle_a)[|0\rangle_N+\hat{\sigma}_z^{(N+1)}|1\rangle_N)(|0\rangle_{N+1}+\hat{\sigma}_z^{(N+2)}|1\rangle_{N+1})]\\
&\quad\times\frac{1}{2^{M/2}}\bigotimes_{a=N+2}^{M}(|0\rangle_a+\bigotimes_{b\in\gamma_a}\hat{\sigma}_z^{(b)}|1\rangle_a)\\
&=\frac{1}{2^{(N+M)/2}}\bigotimes_{a=1}^{N+M}(|0\rangle_a+\bigotimes_{b\in\gamma_a}\hat{\sigma}_z^{(b)}|1\rangle_a)
\end{aligned}\tag{9.3.3}
$$

这是 $N+M$ 个物理量子位簇态的表达式。

例如，一个两量子位簇态

$$
|\Phi\rangle_{C(2)}=\frac{1}{\sqrt{2}}(|0\rangle_1|+\rangle_2+|1\rangle_1|-\rangle_2)
$$

和一个三量子位簇态

$$
|\Phi\rangle_{C(3)}=\frac{1}{\sqrt{2}}(|+\rangle_3|0\rangle_4|+\rangle_5+|-\rangle_3|1\rangle_4|-\rangle_5)
$$

构成五量子位的一个乘积态：

$$
\begin{aligned}
|\Phi\rangle_{C(2)}|\Phi\rangle_{C(3)}&=\frac{1}{\sqrt{2}}(|0\rangle_1|+\rangle_2+|1\rangle_1|-\rangle_2)\otimes\frac{1}{\sqrt{2}}(|+\rangle_3|0\rangle_4|+\rangle_5\\
&\quad+|-\rangle_3|1\rangle_4|-\rangle_5)\\
&=[|0\rangle_1\frac{1}{\sqrt{2}}(|0\rangle_2+|1\rangle_2)\\
&\quad+|1\rangle_1\frac{1}{\sqrt{2}}(|0\rangle_2-|1\rangle_2)]\frac{1}{\sqrt{2}}(|+\rangle_3|0\rangle_4|+\rangle_5\\
&\quad+|-\rangle_3|1\rangle_4|-\rangle_5)
\end{aligned}
$$

对第二、第三两量子位执行控制相位门

$$
\hat{S}^{(2,3)}=|0\rangle_2\langle 0|\otimes\hat{I}^{(3)}+|1\rangle_2\langle 1|\otimes\hat{\sigma}_z^{(3)}
$$

得

$$
\begin{aligned}
&\hat{S}^{(2,3)}|\Phi\rangle_{C(2)}|\Phi\rangle_{C(3)}\\
&=\frac{1}{2}[|+\rangle_1|0\rangle_2(|+\rangle_3|0\rangle_4|+\rangle_5+|+\rangle_1|0\rangle_2|-\rangle_3|1\rangle_4|-\rangle_5)\\
&\quad+|-\rangle_1|1\rangle_2(|-\rangle_3|0\rangle_4|+\rangle_5+|-\rangle_1|1\rangle_2|-\rangle_3|1\rangle_4|-\rangle_5)
\end{aligned}
$$

就是式(9.1.15)给出的五量子位 1 维簇态。

簇态的这一性质给簇态的制备带来了极大的灵活性，可以先制备一些位数较少的簇态，然后再把它们连接起来得到多量子位簇态[11]。在簇态上的量子计算，对计算资源(簇态)的消费总是随计算步骤推进逐步进行的，利用簇态的可链接性，就可不必在计算开始之前一次制备出所需要的全部计算资源(簇态)，可以在计算进行过程中不断地链接上新的簇态，实现边消费边制备，这为避免簇态储存过程中的消相干提供了新途径。

9.3.4 簇态的纠缠性质

前面已看到,两量子位簇态在局域幺正变换下等价于 Bell 态。三量子位簇态在局域幺正变换下等价于 GHZ 态,但 $N\geqslant 4$ 的簇态不能通过局域的幺正操作转变为广义的 GHZ 态或 W 态。多量子位簇态和多量子位 GHZ 态或 W 态差别是什么呢? 为了比较这些态纠缠性质上的差别,Briegel 等[8]引进了**最大连通性**(maximal connectedness)和**纠缠顽固性**(persistency of entanglement)两个概念。

最大连通性:N 个物理量子位簇 C 上的一个量子态是最大连通的,如果对处在这个态的其他量子位子集进行局域投影测量,其中任何两个量子位 $j\neq k\in C$ 都可以确定地被制备在 Bell 态上。

纠缠顽固性:N 量子位系统一个量子态纠缠顽固性 P_e,定义为确定地完全破坏这个态的纠缠性质所需要的最少局域测量次数。

容易看出四个物理量子位簇态

$$|\Phi\rangle_{C(4)}=\frac{1}{2}(|0\rangle_1|+\rangle_2|0\rangle_3|+\rangle_4+|0\rangle_1|-\rangle_2|1\rangle_3|-\rangle_4+|1\rangle_1|-\rangle_2|0\rangle_3|+\rangle_4+|1\rangle_1|+\rangle_2|1\rangle_3|-\rangle_4) \tag{9.3.4}$$

和四量子位 GHZ 态

$$|\mathrm{GHZ}_4\rangle=\frac{1}{\sqrt{2}}(|0\rangle_1|0\rangle_2|0\rangle_3|0\rangle_4+|1\rangle_1|1\rangle_2|1\rangle_3|1\rangle_4) \tag{9.3.5}$$

都是最大连通的,因为保留其中任意两量子位不测量,都可以用适当的基(如 $\hat{\sigma}_x$ 基)测量其余量子位,把这两量子位投影到 Bell 态上。但纠缠顽固性不同,若测量 $|\mathrm{GHZ}_4\rangle$ 态中一个量子位 $\hat{\sigma}_z^{(i)}$,将完全破坏这个纠缠态;对 $|\Phi_{C(4)}\rangle$ 态无论采用什么基测量,完全破坏它的纠缠,至少需要两次测量。

对四量子位 W 态

$$|W_4\rangle=\frac{1}{2}(|1\rangle_1|0\rangle_2|0\rangle_3|0\rangle_4+|0\rangle_1|1\rangle_2|0\rangle_3|0\rangle_4+|0\rangle_1|0\rangle_2|1\rangle_3|0\rangle_4+|0\rangle_1|0\rangle_2|0\rangle_3|1\rangle_4) \tag{9.3.6}$$

测量 $|W_4\rangle$ 态的一个量子位[如仍测量 $\hat{\sigma}_z^{(i)}$],将等概率地得到结果 $|1\rangle_i$ 或 $|0\rangle_i$;如果得到 $|1\rangle_i$,全部纠缠都被破坏掉了,但是若得到态 $|0\rangle_i$,其余三个量子位仍处在纠缠 $|W_3\rangle$ 态,继续测量 $|W_3\rangle$ 态的一个位可以概率地得到 Bell 态,所以要确定地完全破坏 $|W_4\rangle$ 态的纠缠,需要测量次数等于 3;由于不能通过对 $|W_4\rangle$ 态中其他量子位的投影测量,确定性地把任意两量子位投影到 Bell 态上,所以它也不是最大连通的。

态 $|\Phi\rangle_{C(4)}$、$|\mathrm{GHZ}_4\rangle$ 和 $|W_4\rangle$ 态的纠缠顽固性不同:

$$P_e(|\mathrm{GHZ}_4\rangle)=1,\quad P_e(|\Phi_{C(4)}\rangle)=2,\quad P_e(W_4)=1$$

显然,对所有的 N 量子位纯态,有

$$0\leqslant P_e\leqslant N-1 \tag{9.3.7}$$

一个态的纠缠顽性在局域幺正变换下不变。

把上面关于四量子位的讨论推广到 $N(N>4)$ 情况,可以一般地证明[5]:

(1) N 量子位簇态是最大连接的。

(2) N 量子位簇态的纠缠顽性等于 $N/2$。

9.4 簇态上的基本逻辑门操作

为了说明簇态上的量子计算,仍可以借助量子逻辑网络模型语言,把簇态上的量子计算,分解为一系列的基本逻辑门操作,通过适当的单量子位测量(指适当的测量各个物理量子位的时间顺序以及测量每个物理量子位的基)执行基本逻辑门操作,执行给定的计算任务。为了说明簇态上量子计算的通用性,我们证明所有基本量子逻辑门操作,都可以在簇态上用单量子位测量有效模拟。

本节首先描述在簇态上用单量子位测量模拟量子逻辑门的步骤,并给通过测量实现单量子位态隐性传送的方法,然后通过对这个例子的分析,解释在簇态上通过测量模拟量子线路的关键思想,更系统的理论说明留在以下几节进行。

9.4.1 在簇态上用单量子位测量模拟基本逻辑门操作的步骤[2,4,6]

利用簇态实现量子逻辑门 g 操作,需要一个与操作 g 有关的量子位簇,记为 $C(g)$,设 $C(g)$ 中物理量子位的个数为 $|C(g)|=N$。为了描述如何完成这一操作,把这个量子位簇分成不相交的三个部分(见图 9.4.1):

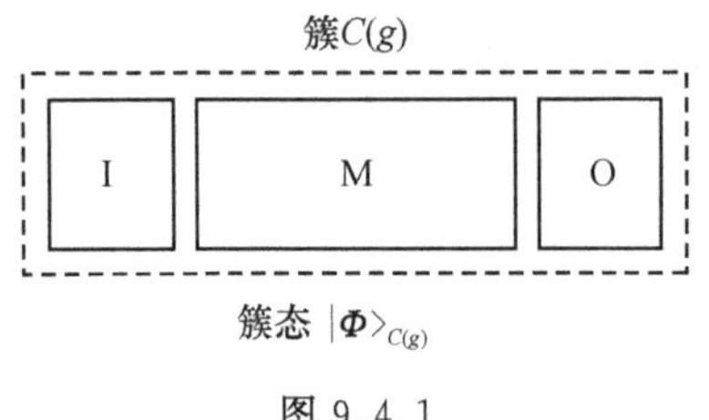

图 9.4.1

$$C_{\mathrm{I}}(g)\cup C_{\mathrm{M}}(g)\cup C_{\mathrm{O}}(g)=C(g) \tag{9.4.1}$$

其中,$C_{\mathrm{I}}(g)$存放输入数据态;$C_{\mathrm{M}}(g)$是操作的主体部分,通过对其中物理量子位执行适当的单量子位测量,执行对输入态的 g 门操作;操作的结果,即输出态存放在 $C_{\mathrm{O}}(g)$中。通常 $|C_{\mathrm{I}}(g)|=|C_{\mathrm{O}}(g)|=n$,$n$ 是门 g 处理的逻辑量子位数目。在量子位簇上,模拟量子逻辑门的基本步骤是:

(1) 在 $C_{\mathrm{I}}(g)$中制备输入态,同时制备 $C_{\mathrm{M}}(g)\cup C_{\mathrm{O}}(g)$中所有量子位都处在 $|+\rangle$态,此时整个量子位簇 $C(g)$被初始化在输入态:

$$|\Psi(0)\rangle_{C(g)}=|\Psi_{\mathrm{in}}\rangle_{C_{\mathrm{I}}(g)}\bigotimes_{k\in C_{\mathrm{M}}(g)\cup C_{\mathrm{O}}(g)}|+\rangle_k \tag{9.4.2}$$

这是输入态和其他所有物理量子位$|+\rangle$态的直积态。

(2) 接通相邻量子位间相互作用适当长的时间,利用时间演化算子

$$\hat{S}^{(C)} = \bigotimes_{a=1, b\in\gamma_a}^{N} \hat{S}^{(a,b)}$$

在 $C(g)$ 上制备出簇态：

$$|\Psi_{\text{in}}\rangle_{C(g)} = \hat{S}^{(C(g))} |\Psi(0)\rangle_{C(g)} \tag{9.4.3}$$

(3) 根据要执行的 g 门操作，设计一个**测量模式，具体指明测量 $C_{\text{I}}(g) \cup C_{\text{M}}(g)$ 中各物理量子位的时间顺序和确定测量基的规则**；对第 k 位测量算子 $\vec{r}_k \cdot \hat{\vec{\sigma}}^{(k)}$，将得到随机结果 s_k，并把这个量子位投影到态 $|s_k\rangle$ 上。这一步骤的作用可以用投影算子

$$\hat{P}_{\{s_k\}}^{(C_{\text{I}}(g)\cup C_{\text{M}}(g))} = \bigotimes_{k\in C_{\text{I}}(g)\cup C_{\text{M}}(g)} \hat{P}_{s_k}^{(k)} \tag{9.4.4}$$

表示测量完成后的输出态将具有形式：

$$|\Psi_{\text{out}}\rangle_{C(g)} = \hat{P}_{\{s_k\}}^{(C_{\text{I}}(g)\cup C_{\text{M}}(g))} \hat{S}^{(C(g))} |\psi(0)\rangle_{C(g)} = \left(\bigotimes_{k\in C_{\text{I}}(g)\cup C_{\text{M}}(g)} |s_k\rangle\right) \otimes |\psi_{\text{out}}\rangle_{C_{\text{O}}(g)}$$

其中，$\hat{s}(C(g))|\psi(0)\rangle_{C(g)}$ 就是式(9.4.3)中 $|\psi_{\text{out}}\rangle_{C_{\text{o}}(g)}$ 具有的形式：

$$|\psi_{\text{out}}\rangle_{C_{\text{o}}(g)} = U_{\Sigma} U_g |\psi_{\text{in}}\rangle \tag{9.4.5}$$

U_g 就是需要执行的幺正操作，U_{Σ} 是由于测量的随机性需要对测量末态 $|\psi_{\text{out}}\rangle_{C_{\text{o}}(g)}$ 施加的局域幺正变换，它具有形式：

$$U_{\Sigma} = \bigotimes_{i=1}^{n} (\hat{\sigma}_x^{[i]})^{x_i} (\hat{\sigma}_z^{[i]})^{z_i} \tag{9.4.6}$$

其中，n 是被门 g 作用的逻辑量子位数目(即 $n=|C_{\text{I}}(g)|=|C_{\text{o}}(g)|$)，指数上的 x_i、z_i 取决于前面的测量结果：

$$\{s_k\}, \quad k \in C_{\text{I}}(g) \cup C_{\text{M}}(g)$$

在测量完成后它是已知的。于是有

$$U_g |\psi_{\text{in}}\rangle = U_{\Sigma,g}^{\dagger} |\psi_{\text{out}}\rangle_{C_{\text{o}}(g)} \tag{9.4.7}$$

下面用一个例子说明具体操作步骤，同时说明簇态上的隐形传态方法。

9.4.2　在簇态上用单量子位投影测量实现 *H* 门

对单个逻辑量子位执行 H 门操作需要一个两物理量子位簇。第一量子位就是 $C_{\text{I}}(H)$，存放输入态；第二量子位充当 $C_{\text{o}}(H)$，存放输出，这里不需要 $C_{\text{M}}(H)$。

设第一物理量子位输入态为 $|\Psi_{\text{in}}\rangle_1 = a|0\rangle_1 + b|1\rangle_1$，$|a|^2+|b|^2=1$，它被 H 门作用后的输出态为

$$H|\Psi_{\text{in}}\rangle_1 = a|+\rangle_1 + b|-\rangle_1 \tag{9.4.8}$$

按上述，执行对这个单量子位态的 H 门操作具体步骤如下。

(1) 制备初始输入态：

$$|\Psi(0)\rangle_{C(H)} = |\Psi_{\text{in}}\rangle_1 |+\rangle_2$$

(2) 纠缠这两个量子位，制备成两量子位簇态：

$$|\Psi_{\text{in}}\rangle_{C(H)} = \hat{S}^{(12)}(|\Psi_{\text{in}}\rangle_1 |+\rangle_2) = (a|0\rangle_1 + b\hat{\sigma}_z^{(2)}|1\rangle_1)|+\rangle_2$$

$$= a\,|0\rangle_1\,|+\rangle_2 + b\,|1\rangle_1)\,|-\rangle_2$$

$$= a\,\frac{1}{\sqrt{2}}(|+\rangle_1 + |-\rangle_1)\,|+\rangle_2 + b\,\frac{1}{\sqrt{2}}(|+\rangle_1 - |-\rangle_1)\,|-\rangle_2$$

(3) 对第一量子位测量 $\hat{\sigma}_x^{(1)}$,测量结果将等概率地得到 $|+\rangle_1$ 或 $|-\rangle_1$。若得到 $|+\rangle_1$ 态,这个两量子位簇态坍缩为

$$|\Psi_{out}\rangle_{C(H)} \rightarrow |+\rangle_1(a\,|+\rangle_2 + b(|-\rangle_2) \equiv |+\rangle_1\,|\Psi_{out}\rangle_{C_0(g)} \qquad (9.4.9)$$

这种情况下记 $s_1=0$,式(9.4.6)中的算子 U_Σ 是单位算子 I,此时第二量子位输出态:

$$|\Psi_{out}\rangle_{C(H)} = a\,|+\rangle_2 + b(|-\rangle_2 = IH(a\,|0\rangle_2 + b(|1\rangle_2) = H\,|\Psi_{in}\rangle_1$$

即式(9.4.5)成立,如果测得结果为 $|-\rangle_1$,簇态坍缩态为

$$|\Psi_{out}\rangle_{C(H)} \rightarrow |-\rangle_1(a\,|+\rangle_2 - b(|-\rangle_2) \equiv |-\rangle_1\,|\Psi_{out}\rangle_{C_0(g)} \qquad (9.4.10)$$

这时记 $s_1=1$。副产品算子 $U_\Sigma=(\hat{\sigma}_x)^{S_1}=\hat{\sigma}_x$,此时第二量子位输出态为

$$|\Psi_{out}\rangle_{C(H)} = a\,|+\rangle_2 - b(|-\rangle_2 = \hat{\sigma}_x H(a\,|0\rangle_2 + b(|1\rangle_2) = \hat{\sigma}_x H\,|\Psi_{in}\rangle_1$$

即式(9.4.5)成立。所以无论对第一量子位测量 $\hat{\sigma}_x^{(1)}$ 结果如何,利用测量结果获得的信息,对第二量子位态修正后,得到的输出态就是原第一量子位输入态被 H 门作用后的态。

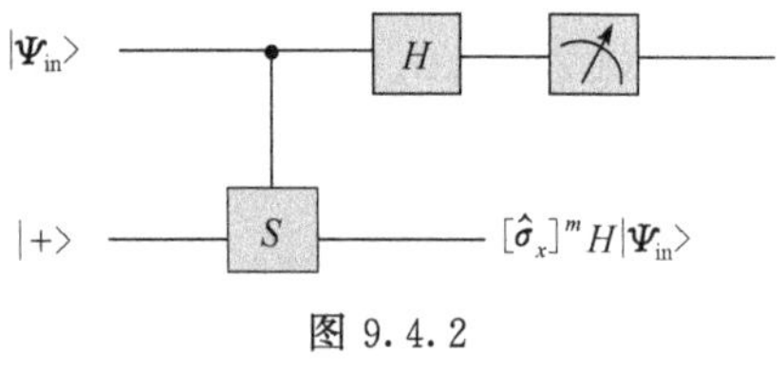

图 9.4.2

上述结果可以用图 9.4.2 中的线路图描述。初始,其中第一量子位制备在输入态 $|\Psi_{in}\rangle$ 上,第二量子位制备在 $|+\rangle$ 态上。然后一个控制相位门操作把二者制备在二量子位簇态上,接着对第一量子位执行 H 门操作,跟着对第一量子位态向计算基的投影测量,把第二量子位制备在 $[\hat{\sigma}_x]^m H|\Psi_{in}\rangle$ 态上。其中 m 值取决于对第一量子位测量结果,对应测得 $|0\rangle$ 或 $|1\rangle$,m 值分别为 0 和 1。

图 9.4.2 描述的结果很容易证明。事实上,输入态 $|\Psi_{in}\rangle_1 \otimes |+\rangle_2 = (a|0\rangle_1 + b|1\rangle_1) \otimes |+\rangle_2$ 经控制相位门操作和作用在第一位的 H 门操作后变为

$$a\,|0\rangle_1 \otimes |+\rangle_2 + b\,|1\rangle_1 \otimes |-\rangle_2 \rightarrow a\,|+\rangle_1 \otimes |+\rangle_2 + b\,|-\rangle_1 \otimes |-\rangle_2$$

这个态可重新写作

$$a\,|+\rangle_1 \otimes |+\rangle_2 + b\,|-\rangle_1 \otimes |-\rangle_2 = (|0\rangle_1 \otimes H\,|\Psi_{in}\rangle + |1\rangle_1 \otimes \hat{\sigma}_x H\,|\Psi_{in}\rangle)/\sqrt{2}$$

于是,后续的对第一量子位向计算基投影测量,若得到 $|0\rangle_1$,则把第二量子位投影到态 $H|\Psi_{in}\rangle$ 上;若得到态 $|1\rangle_1$ 则把第二量子位投影到态 $\hat{\sigma}_x H|\Psi_{in}\rangle$ 上,在相差一个已知的单量子位操作范围内,等于要求的输出态。

上述结果表明,虽然第一量子位的态被测量,但并没有态信息的丢失,因为不管测量第一量子位结果如何,测量后的第二量子位态总通过已知的幺正变换和原来的输入态联系。这一结论可以用于解释为什么簇态上的量子测量可以模拟量子计算。

9.4.3　簇态上以测量为基础的量子计算的简单解释[12]

在图 9.4.2 中，用态 $R_z(\theta)|\Psi_{\text{in}}\rangle$（其中 $R_z(\theta)=\mathrm{e}^{-\mathrm{i}\theta\sigma_z/2}$，表示绕 z 轴转动角度 θ)，取代其中的输入态 $|\Psi_{\text{in}}\rangle$，注意到 $R_z(\theta)$ 和控制相位门对易，图 9.4.2 的图形恒等式很容易推广，得到图 9.4.3 表示的图形恒等式。利用图 9.4.3 表示的恒等式，可以很好地解释为什么簇态上的量子计算能够模拟量子线路。

考虑图 9.4.4 表示的量子线路，它描述初态 $|+\rangle$，连续施加两个单量子位门 $HR_z(\alpha)$ 的操作。利用图形恒等式(9.4.3)，它可以用图 9.4.5(a)中三个物理量子位簇态上的测量实现，图 9.4.5(b)表示延迟第一、第二两量子位操作到第一量子位测量完成后，它和图 9.4.5(a)等价。注意到图 9.4.5(b)中两个盒都是图 9.4.3 中的形式，于是图 9.4.5(b)的输出可以写为

$$[\hat{\sigma}_x]^{m_2}HR_z(\pm\alpha_2)\{[\hat{\sigma}_x]^{m_1}HR_z(\alpha_1)\ |+\rangle\}\qquad(9.4.11)$$

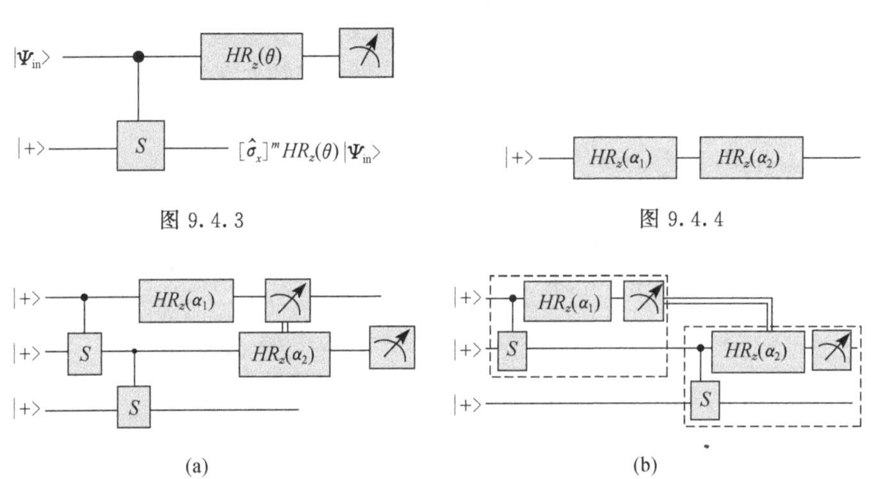

图 9.4.3　　图 9.4.4

(a)　(b)

图 9.4.5

其中，m_1、m_2 的取值分别取决于测量第一、第二、量子位的输出，α_2 前面的正负号由对第一量子位测量结果的前馈决定。由于 $R_z(\pm\alpha_2)[\hat{\sigma}_x]^{m_1}=[\hat{\sigma}_x]^{m_1}R_z(\pm\alpha_2)$；$H[\hat{\sigma}_x]^{m_1}=[\hat{\sigma}_z]^{m_1}H$，式(9.4.11)可以写为

$$[\hat{\sigma}_x]^{m_2}\ [\hat{\sigma}_z]^{m_1}HR_z(\alpha_2)HZ_{\alpha_1}\ |+\rangle\qquad(9.4.12)$$

此式在已知的幺正变换 $[\hat{\sigma}_x]^{m_2}[\hat{\sigma}_z]^{m_1}$ 范围内和线路模型图 9.4.4 输出等价。类似地证明可以推广到更复杂的单量子位线路和多量子位线路。于是可以看到，簇态上以测量为基础的量子计算，可以有效地模拟任意输入态全都是 $|+\rangle$，而门操作都是控制相位门或 $HR_z(\alpha)$ 类门的线路模型。由于这些门对量子计算是通用的，因此，量子计算的簇态模型可以有效地模拟任意量子线路。反过来，可以直接看出，

任意簇态计算都可以用量子线路模拟,所以这两个量子计算模型是等价的。

下面给出通过簇态上单量子位测量,实现单量子位态绕 x 轴任意转动实例。

9.4.4 簇态上绕 x 轴的任意转动操作[2,4,6]

一个逻辑量子位态绕 x 轴转动任意角度 θ 需要三个物理量子位的簇。其中 $C_{\mathrm{I}}(U_x)$ 为第一量子位,存放输入态,第二量子位为 $C_{\mathrm{M}}(U_x)$,第三量子位是 $C_{\mathrm{O}}(U_x)$,存放输出态。

设希望转动的态是 $|\Psi_{\mathrm{in}}\rangle_1 = a|0\rangle_1 + b|1\rangle_1$,这个态绕 x 轴转动任意角度 θ 的转动态为

$$R_x(\theta)\mid\Psi_{\mathrm{in}}\rangle = \begin{bmatrix} \cos\theta/2 & -\mathrm{i}\sin\theta/2 \\ -\mathrm{i}\sin\theta/2 & \cos\theta/2 \end{bmatrix}\begin{bmatrix} a \\ b \end{bmatrix} = (a\cos\theta/2 - b\mathrm{i}\sin\theta/2)\mid 0\rangle - (a\mathrm{i}\sin\theta/2 - b\cos\theta/2)\mid 1\rangle \quad (9.4.13)$$

这个操作可以通过对三量子位簇态的测量实现。步骤如下:

(1) 置第二、三量子位处在 $|+\rangle_2|+\rangle_3$ 态,制备包括处在输入态的第一量子位在内的三量子位簇态:

$$\begin{aligned}\mid\Psi_{\mathrm{in}}\rangle_{C(U_x)} &= \hat{S}^{(C)}(\mid\Psi_{\mathrm{in}}\rangle_1\ |+\rangle_2\ |+\rangle_3) \\ &= \frac{1}{2}(\mid\Psi_{\mathrm{in}}\rangle_1\mid 0\rangle_2\ |+\rangle_3 + \mid\Psi_{\mathrm{in}}^*\rangle_1\mid 1\rangle_2\ |-\rangle_3)\end{aligned} \quad (9.4.14)$$

其中,$|\Psi_{\mathrm{in}}^*\rangle_1 = a|0\rangle_1 - \mathrm{b}|1\rangle_1$,有

$$\begin{aligned}\mid\Psi_{\mathrm{in}}\rangle &= \frac{1}{\sqrt{2}}[(a+b)\ |+\rangle + (a-b)\ |-\rangle] \\ \mid\Psi_{\mathrm{in}}^*\rangle &= \frac{1}{\sqrt{2}}[(a-b)\ |+\rangle + (a+b)\ |-\rangle]\end{aligned} \quad (9.4.15)$$

(2) 对第一量子位测量 $\hat{\sigma}_x^{(1)}$,将以相等的概率得到态 $|\pm\rangle_1$。若得到 $|+\rangle_1$ 记相应的 $s_1=0$,式(9.3.14)中三量子位簇态坍缩为

$$\mid\Psi_{\mathrm{in}}\rangle_{C(U_x)} \to \frac{1}{2}\ |+\rangle_1[(a+b)\mid 0\rangle_2\ |+\rangle_3 + (a-b)\mid 1\rangle_2\ |-\rangle_3] \quad (9.4.16)$$

若得到结果 $|-\rangle_1$,记 $s_1=1$,式(9.4.14)中三量子位簇态坍缩为

$$\mid\Psi_{\mathrm{in}}\rangle_{C(U_x)} \to \frac{1}{2}\ |-\rangle_1[(a-b)\mid 0\rangle_2\ |+\rangle_3 + (a+b)\mid 1\rangle_2\ |-\rangle_3] \quad (9.4.17)$$

(3) 根据步骤(2)测量结果,定义 $\theta \to (-1)^{s_1+1}\theta$,$\vec{r}_2 \cdot \hat{\vec{\sigma}}^{(2)} = \cos\theta\hat{\sigma}_x^{(2)} + \sin\theta\hat{\sigma}_y^{(2)}$。对量子位二测量算子 $\vec{r}_2 \cdot \hat{\vec{\sigma}}^{(2)}$,测量结果记为 s_2。注意到算子 $\vec{r}_2 \cdot \hat{\vec{\sigma}}^{(2)}$ 定义测量基:

$$B_2(\theta)=\left\{\frac{1}{\sqrt{2}}(|0\rangle_2+\mathrm{e}^{-\mathrm{i}\theta}|1\rangle_2),\frac{1}{\sqrt{2}}(|0\rangle_2-\mathrm{e}^{-\mathrm{i}\theta}|1\rangle_2)\right\}\equiv\{|+\rangle_{2,\theta},|-\rangle_{2,\theta}\}\tag{9.4.18}$$

视测量结果为$|+\rangle_{2,\theta}$或$|-\rangle_{2,\theta}$,记 s_2 分别为 0 和 1。而

$$|0\rangle=\frac{1}{\sqrt{2}}\left\{\frac{1}{\sqrt{2}}(|0\rangle+\mathrm{e}^{-\mathrm{i}\theta}|1\rangle)+\frac{1}{\sqrt{2}}(|0\rangle-\mathrm{e}^{-\mathrm{i}\theta}|1\rangle)\right\}\equiv\frac{1}{\sqrt{2}}(|+\rangle_{2,\theta}+|-\rangle_{2,\theta})$$

$$|1\rangle=\frac{\mathrm{e}^{\mathrm{i}\theta}}{\sqrt{2}}\left\{\frac{1}{\sqrt{2}}(|0\rangle+\mathrm{e}^{-\mathrm{i}\theta}|1\rangle)-\frac{1}{\sqrt{2}}(|0\rangle-\mathrm{e}^{-\mathrm{i}\theta}|1\rangle)\right\}\equiv\frac{\mathrm{e}^{\mathrm{i}\theta}}{\sqrt{2}}(|+\rangle_{2,\theta}-|-\rangle_{2,\theta})\tag{9.4.19}$$

若测得结果为$|+\rangle_{2,\theta}$,式(9.4.18)态进一步坍缩为

$$\begin{aligned}&\to\frac{1}{2}|+\rangle_1|+\rangle_{2,\theta}[(a+b)|+\rangle_3+(a-b)\mathrm{e}^{\mathrm{i}\theta}|-\rangle_3]\\&=\frac{1}{2}|+\rangle_1|+\rangle_{2,\theta}\{[a(1+\mathrm{e}^{\mathrm{i}\theta})+b(1-\mathrm{e}^{\mathrm{i}\theta})|0\rangle_3]+[a(1-\mathrm{e}^{\mathrm{i}\theta})+b(1+\mathrm{e}^{\mathrm{i}\theta})|1\rangle_3]\}\\&=|+\rangle_1|+\rangle_{2,\theta}\mathrm{e}^{\mathrm{i}\theta/2}[(a\cos\theta/2-b\mathrm{i}\sin\theta/2)|0\rangle_3-(a\mathrm{i}\sin\theta/2-b\cos\theta/2)|1\rangle_3]\end{aligned}\tag{9.4.20}$$

其中已利用了 $1+\mathrm{e}^{\mathrm{i}\theta}=2\cos(\theta/2)\mathrm{e}^{\mathrm{i}\theta/2}$,$1-\mathrm{e}^{-\mathrm{i}\theta}=-\mathrm{i}2\sin(\theta/2)\mathrm{e}^{-\mathrm{i}\theta/2}$。其中第三量子位的态就是式(9.4.13)中的转动态。

9.5　在簇态上模拟量子逻辑门的定理

本节将证明利用簇态模拟量子逻辑门操作的一个定理[2~6],然后说明如何利用这个定理以更紧凑、更系统的形式证明簇态上执行一定的测量模式,可以模拟相应的基本量子逻辑门操作。

9.5.1　测量模式

和 9.4 节相同,设 g 是一个 n 位量子逻辑门,为了用簇态执行这个逻辑门,需要一个大小与 g 有关的量子位簇 $C(g)$,记 $C(g)$ 中物理量子位个数$|C(g)|=N$。为了表述方便,把这个量子位簇分成不相交的三个部分:$C_{\mathrm{I}}(g)$、$C_{\mathrm{M}}(g)$和 $C_{\mathrm{O}}(g)$。其中 $C_{\mathrm{I}}(g)$存输入态;$C_{\mathrm{M}}(g)$是操作的主体部分,通过对其中物理量子位执行适当的单量子位测量,执行对输入态的 g 门操作;操作的结果,即输出态存放在 $C_{\mathrm{O}}(g)$中。记$|C_{\mathrm{I}}(g)|=|C_{\mathrm{O}}(g)|=n$,$n$ 是门 g 处理的逻辑量子位数目。

在簇态上执行与 g 门有关的幺正操作 U_g,需要规定一个与 g 门有关的测量模式 $C_{\mathrm{M}}(g)$。**测量模式**具体指明对 $C_{\mathrm{M}}(g)$中每个物理量子位测量的时间顺序、测量基的选择(或测量基产生的规则)。由于这里需要的测量都是单量子位态到基在

Block 球赤道平面上的投影测量,测量基就可由算子 $\vec{r}_a \cdot \hat{\vec{\sigma}}^{(a)}$ 表示($\vec{r}_a$ 是描述 Block 球赤道上一点的位置的单位矢量,其方向由 $\vec{r}_a$ 和 x 轴夹角 φ 指定)。对第 a 个物理量子位测量力学量 $\vec{r}_a \cdot \hat{\vec{\sigma}}^{(a)}$ 得到结果 s_a 可以用投影算子

$$\hat{P}_{s_a}^{(a)} = \frac{1}{2}[1 + (-1)^{s_a}\vec{r}_a \cdot \hat{\vec{\sigma}}^{(a)}], \quad s_a \in \{0,1\} \tag{9.5.1}$$

的作用表示。于是执行测量模式 $M^{(C_M(g))} = \{\vec{r}_a, a \in C_M(g)\}$ 的操作结果,可用分别作用到 $C_M(g)$ 上各量子位投影算子的乘积表示。

设簇 $C(g)$ 上的簇态是 $|\Phi\rangle_{C(g)}$,在 $|\Phi\rangle_{C(g)}$ 上执行了测量模式 $M^{(C_M(g))}$ 后的态为 $|\Psi\rangle_{C(g)}$,则有

$$|\Psi_{C(g)}\rangle = M^{(C_M(g))}\,|\Phi_{C(g)}\rangle = \hat{P}_{\{s\}}^{(C_M)(g)}(M)\,|\Phi_{C(g)}\rangle \tag{9.5.2}$$

其中:

$$\hat{P}_{\{s\}}^{(C_M(g))}(M) = \bigotimes_{a \in C_M(g)} \hat{P}_{s_a}^{(a)}$$

$\{s\} = \{s_a \in \{0,1\} |_{a \in C_M(g)}\}$ 表示对集合 C_M 中各物理量子位执行测量模式 $C_M(g)$ 的测量的结果。关于在簇态上模拟量子逻辑门有下面的定理。

9.5.2 关于在簇态上模拟基本量子逻辑门的定理[2,4,6]

设 $C(g)$ 是模拟 n 位量子逻辑门 g 的量子位簇,把它分成三个不相交的量子位集合 $C_I(g)$、$C_M(g)$、$C_O(g)$,其中,$|C_I(g)| = |C_O(g)| = n$。$C_I(g)$ 中存放被门 g 作用的初始态 $|\Psi_{in}\rangle$。$|\Phi\rangle_{C(g)} = S^{(C(g))}|\Phi_0\rangle_{C(g)}$ 是在 $C(g)$ 上制备的簇态,作为簇态上对 $|\Psi_{in}\rangle$ 执行逻辑行 g 的输入态。即

$$|\Psi_{in}\rangle_{C(g)} = S^{(C(g))}(|\Psi_{in}\rangle_{C_I(g)} \bigotimes_{k \in C_M(g) \cup C_O(g)} |+\rangle_k) \tag{9.5.3}$$

这个态是在 $C_I(g)$ 中包含有输入信息的 $C(g)$ 上的簇态。U_g 是与门 g 对应幺正操作,在 $C(g)$ 上模拟门 g 的测量模式为 $M^{(C_M(g))}$。可以证明下面的定理成立。

定理 9.5.1 对处在簇态 $|\Phi\rangle_{C(g)}$ 的 $C_M(g)$ 中量子位执行测量模式 $M^{(C_M(g))}$,得到的态

$$|\Psi\rangle_{C(g)} = \hat{P}_{\{s\}}^{(C_M(g))}(M)\,|\Phi\rangle_{C(g)} \tag{9.5.4}$$

若态满足 $2n$ 个本征值方程:

$$\hat{\sigma}_x^{(C_I(g),i)}(\hat{U}\hat{\sigma}_x^{(i)}\hat{U}^\dagger)^{(C_O(g))}\,|\Psi\rangle_{C(g)} = (-1)^{\lambda_{x,i}}\,|\Psi\rangle_{C(g)}, \quad i = 1,\cdots,n \tag{9.5.5}$$

$$\hat{\sigma}_z^{(C_I(g),i)}(\hat{U}\hat{\sigma}_z^{(i)}\hat{U}^\dagger)^{(C_O(g))}\,|\Psi\rangle_{C(g)} = (-1)^{\lambda_{z,i}}\,|\Psi\rangle_{C(g)}, \quad i = 1,\cdots,n \tag{9.5.6}$$

其中,$\lambda_{x,i}$、$\lambda_{z,i} \in \{0,1\}$,$1 \leqslant i \leqslant n$。则对簇态 $|\Psi_{in}\rangle_{C(g)}$ 执行测量模式 $M^{(C_M(g))}$,并用 $\hat{\sigma}_x^{(i)}$,$i = 1,\cdots n$ 测量 $C_I(g)$ 中量子位,得到的输出态必满足:

$$|\Psi_{out}\rangle_{C_O(g)} = U_g U_\Sigma\,|\Psi_{in}\rangle_{C_I(g)} \tag{9.5.7}$$

其中,U_g 就是与门 g 对应的幺正操作,U_Σ 由下式给出:

$$U_\Sigma = \bigotimes_{I=i\in C_I(g)}^{n} (\hat{\sigma}_z^{(i)s_i+\lambda_{x,i}})(\hat{\sigma}_x^{(i)s_i+\lambda_{z,i}}) \tag{9.5.8}$$

定理中 U_Σ 是由于测量结果的概率性引进的修正算子,称为**副产品算子**(by-produce operator),它由本征值方程(9.5.5)、(9.5.6)(取决于执行测量模式的测量结果)以及用 $\hat{\sigma}_x$ 测量 $C_I(g)$ 的结果决定。一旦计算(测量)完成,这个算子是已知的。

在证明这个定理之前,首先注意到态:

$$|\Psi\rangle_{C(g)} = P_{\{s\}}^{(C_M(g))}(M)\,|\Phi\rangle_{C(g)} = |m\rangle_{C_M(g)} \otimes |\Psi\rangle_{C_I(g)\cup C_O(g)} \tag{9.5.9}$$

本征值方程式(9.5.5)、式(9.5.6)中的 $2n$ 个算子实际上是作用在态 $|\Psi\rangle_{C_I(g)\cup C_O(g)}$ 上,容易看出,这 $2n$ 个算子线性独立、相互对易,是 $C_I(g)\cup C_O(g)$ 中 $2n$ 个半自旋粒子(物理量子位)系统的一组可观测力学量完备集,它们的共同本征态是非简并的,所以态 $|\Psi\rangle_{C_I(g)\cup C_O(g)}$ 可以由式(9.5.5)、式(9.5.6)中 $2n$ 个本征值方程唯一地确定。

9.5.3　定理的证明

这个定理的证明可分以下两步。首先假设输入态是 $\{\hat{\sigma}_z^{(i)}, i=1,2,\cdots,n\}$ 算子的共同本征态,即输入态是 n 量子位计算基态之一:

$$|\Psi(z)_{\text{in}}\rangle = |Z\rangle = |z_1 z_2\cdots z_n\rangle,\quad z_i\in\{0,1\} \tag{9.5.10}$$

这时可以证明在相差一个与输入态 $|Z\rangle$ 有关的相位因子范围内定理成立;第二步证明这个相因子实际上是和输入态 $|Z\rangle$ 无关的一个常数。由于一般 n 量子位输入态总可表示为式(9.5.10)这样基态的叠加,而要执行的门操作都是线性的,因式证明了对任意输入态定理都成立。

证明:

(1) 记态 $|+\rangle_i$ 向 $\hat{\sigma}_z$ 本征态投影并得到 $|z_i\rangle_i$ 的操作为 $P_{z_i}^{(i)}(\hat{\sigma}_z)$,即

$$P_{z_i}^{(i)}(\hat{\sigma}_z)\,|+\rangle_i = \frac{1+(-1)^{z_i}\hat{\sigma}_z^{(i)}}{2}\,|+\rangle_i = \frac{1}{\sqrt{2}}\,|z_i\rangle_i$$

同时记 $P_{\{z_i\}}^{(C_I(g))}(\sigma_z) = \bigotimes_{i=1}^{n} P_{z_i}^{(i)}(\sigma_z)$,式(9.5.10)可以表示为

$$|\Psi_{\text{in}}(z)\rangle_{C_I(g)} = 2^{n/2} P_{\{z_i\}}^{(C_I(g))}(\hat{\sigma}_z)\bigotimes_{i=1}^{n}|+\rangle_i \tag{9.5.11}$$

这种情况下的计算输入态式(9.5.3)可以写为

$$\begin{aligned}|\Psi_{\text{in}}\rangle_{C(g)} &= S^{(C(g))}\Big(|\Psi_{\text{in}}\rangle_{C_I(g)} \bigotimes_{k\in C_M(g)\cup C_O(g)} |+\rangle_k\Big)\\ &= n_I(Z)\Big(S^{(C(g))}\Big(P_{\{z_i\}}^{(C_I(g))}(\hat{\sigma}_z)\,|+\rangle_{C_I(g)} \bigotimes_{k\in C_M(g)\cup C_O(g)} |+\rangle_k\Big)\end{aligned} \tag{9.5.12}$$

其中,$n_I(Z)$ 是归一化系数。注意到 $[P_{\{z_i\}}^{(C_I(g))}, S^{(C(g))}]=0$,以及

$$|\Phi\rangle_{C(g)} = S^{(C(g))}(|+\rangle_{C_{\mathrm{I}}(g)} \bigotimes_{k\in C_{\mathrm{M}}(g)\cup C_{\mathrm{O}}(g)} |+\rangle_k)$$

式(9.5.12)可以写作

$$|\Psi_{\mathrm{in}}\rangle_{C(g)} = n_{\mathrm{I}}(Z)P_{\{z_i\}}^{(C_{\mathrm{I}}(g))}(\hat{\sigma}_z)|\Phi\rangle_{C(g)} \tag{9.5.13}$$

现在对这个态执行与门 g 有关的测量模式 $P_{\{s\}}^{(C_{\mathrm{M}}(g))}(M)$,并且用 $\hat{\sigma}_x$ 测量 $C_{\mathrm{I}}(g)$ 中的各量子位,得到输出态:

$$n'_{\mathrm{I}}(Z)|\Psi_{\mathrm{out}}(Z)\rangle_{C(g)} = P_{\{s\}}^{(C_{\mathrm{I}}(g))}(\sigma_x)P_{\{z\}}^{(C_{\mathrm{I}}(g))}(\hat{\sigma}_z)P_{\{s\}}^{(C_{\mathrm{M}}(g))}(M)|\Phi\rangle_{C(g)} \tag{9.5.14}$$

其中已利用了对易关系:

$$[P_{\{z\}}^{(C_{\mathrm{I}}(g))}(\sigma_z), P_{\{s\}}^{(C_{\mathrm{M}}(g))}(M)] = 0$$

利用式(9.5.9),式(9.5.14)可以写作

$$n'_{\mathrm{I}}(Z)|\Psi_{\mathrm{out}}(Z)\rangle_{C(g)} = P_{\{s\}}^{(C_{\mathrm{I}}(g))}(\sigma_x)P_{\{z\}}^{(C_{\mathrm{I}}(g))}(\hat{\sigma}_z)|\Psi\rangle_{C(g)} \tag{9.5.15}$$

其中:

$$|\Psi\rangle_{C(g)} = P_{\{s\}}^{(C_{\mathrm{M}}(g))}(M)|\Phi\rangle_{C(g)} = |m\rangle_{C_{\mathrm{M}}(g)} \otimes |\Phi\rangle_{C_{\mathrm{I}}(g)\cup C_{\mathrm{O}}(g)}$$

根据定理中的条件,式(9.5.15)中 $|\Psi\rangle_{C(g)}$ 满足本征方程(9.5.6)式,有

$$\begin{aligned}&[\hat{\sigma}_z^{(C_{\mathrm{I}}(g),i)}(U\hat{\sigma}_z^{[i]}U^{\dagger})^{C_{\mathrm{O}}(g)}][P_{\{s\}}^{(C_{\mathrm{I}}(g))}(\hat{\sigma}_x)P_{\{z\}}^{(C_{\mathrm{I}}(g))}(\hat{\sigma}_z)|\Psi\rangle_{C(g)}]\\ &= (-1)^{\lambda_{z,i}+z_i}[P_{\{s\}}^{(C_{\mathrm{I}}(g))}(\hat{\sigma}_x)P_{\{z\}}^{(C_{\mathrm{I}}(g))}(\hat{\sigma}_z)|\Psi\rangle_{C(g)}]\end{aligned} \tag{9.5.16}$$

而

$$P_{\{s\}}^{(C_{\mathrm{I}}(g))}(\hat{\sigma}_x)P_{\{z\}}^{(C_{\mathrm{I}}(g))}(\hat{\sigma}_z)|\Psi\rangle_{C(g)} = n'_o(z)|s\rangle_{x,C_{\mathrm{I}}(g)} \otimes |m\rangle_{C_{\mathrm{M}}(g)}|\psi_{\mathrm{out}}(z)\rangle_{C_{\mathrm{O}}(g)}$$

容易看出:

$$|n'_o(z)|s\rangle_{x,C_{\mathrm{I}}(g)} \otimes |m\rangle_{C_{\mathrm{M}}(g)}| \neq 0$$

式(9.5.16)可以写作

$$\begin{aligned}&\hat{\sigma}_z^{(C_{\mathrm{I}}(g),i)}(U\hat{\sigma}_z^{[i]}U^{\dagger})^{C_{\mathrm{o}}(g)}|\psi_{\mathrm{out}}(z)\rangle_{C_{\mathrm{O}}(g)} = (U\hat{\sigma}_z^{[i]})(\hat{\sigma}_z^{(C_{\mathrm{I}}(g),i)}U^{\dagger}|\psi_{\mathrm{out}}(z)\rangle_{C_{\mathrm{o}}(g)})\\ &= (U\hat{\sigma}_z^{[i]})|\Psi_{\mathrm{in}}(z)\rangle_{C_{\mathrm{I}}(g)}) = (-1)^{\lambda_{z,i}+z_i}|\psi_{\mathrm{out}}(z)\rangle_{C_{\mathrm{o}}(g)}\end{aligned}$$

由此得

$$|\psi_{\mathrm{out}}(z)\rangle = \mathrm{e}^{\mathrm{i}\eta(z)}U\hat{\sigma}_z^{[i]}|\Psi_{\mathrm{in}}(z)\rangle_{C_{\mathrm{I}}(g)} = \mathrm{e}^{\mathrm{i}\eta(z)}UU_{\Sigma}|z\rangle \tag{9.5.17}$$

这样就完成了证明的第一步:对输入态为计算基态时,在与输入态有关的一个相位因子范围内,定理成立。为了应用量子态叠加原理,证明定理对任意输入态成立,必须证明这个相位因子与输入态无关。这种情况下的总输出态是

$$|\Psi_{\mathrm{out}}(z)\rangle_{C(g)} = \mathrm{e}^{\mathrm{i}\eta(z)}|s\rangle_{x,C_{\mathrm{I}}(g)} \otimes |m\rangle_{C_{\mathrm{M}}(g)}(UU_{\Sigma}|z\rangle)_{C_{\mathrm{O}}(g)} \tag{9.5.18}$$

(2) 为了证明式(9.5.17)中的相位因子与具体的输入态无关,假定输入态是

$$|\Psi_{\mathrm{in}}(+)\rangle_{C_{\mathrm{I}}(g)} = \bigotimes_{i=1}^{n}|+\rangle_i \tag{9.5.19}$$

与计算基态输入情况下的式(9.5.12)对应,这时:

$$|\Psi_{\mathrm{in}}\rangle_{C(g)} = S^{(C(g))}(|\Psi_{\mathrm{in}}(+)\rangle_{C_{\mathrm{I}}(g)} \bigotimes_{k\in C_{\mathrm{M}}(g)\cup C_{\mathrm{O}}(g)} |+\rangle_k) = |\Phi_{\{00\cdots 0\}}\rangle_{C(g)}$$

对这个态执行与门 g 有关的测量模式 $P_{\{s\}}^{(C_M(g))}(M)$，并且用 $\hat{\sigma}_x$ 测量 $C_I(g)$ 中的各量子位[这时 $C_I(g)$ 中各量子位都处在 $\hat{\sigma}_x$ 本征值 +1 的本征态]，得到输出态：

$$n_I(+) \mid \Psi_{out}(+)\rangle_{C(g)} = P_{\{s\}}^{(C_I(g))}(\hat{\sigma}_x)P_{\{s\}}^{(C_M(g))}(M) \mid \Phi\rangle_{C(g)} = P_{\{s\}}^{(C_I(g))}(\hat{\sigma}_x) \mid \Psi\rangle_{C(g)} \tag{9.5.20}$$

利用定理条件中式(9.5.5)有

$$\hat{\sigma}_x^{(C_I(g),i)}(U\hat{\sigma}_x^{(i)}U^\dagger)^{(C_O(g))}[P_{\{s\}}^{(C_I(g))}(\hat{\sigma}_x) \mid \Psi_{out}(+)\rangle_{C(g)}] = (-1)^{\lambda_{x,i}+s_i}P_{\{s\}}^{(C_I(g))}(\hat{\sigma}_x) \mid \Psi\rangle_{C(g)} \tag{9.5.21}$$

而

$$P_{\{s\}}^{(C_I(g))}(\hat{\sigma}_x) \mid \Psi\rangle_{C(g)} = n_o(+) \mid s\rangle_{x,C_I(g)} \otimes \mid m\rangle_{C_M(g)} \mid \Psi_{out}(+)\rangle_{C_O(g)} \tag{9.5.22}$$

将上式代入式(9.5.21)中，并注意到 $|n_o(+)|s\rangle_{x,C_I(g)}\otimes|m\rangle_{C_M(g)}|\neq 0$，得

$$\hat{\sigma}_x^{(C_I(g),i)}(U\hat{\sigma}_x^{(i)}U^+)^{(C_O(g))} \mid \Psi_{out}(+)\rangle_{C_O(g)} = (-1)^{\lambda_{x,i}+s_i} \mid \Psi_{out}(+)\rangle_{C_O(g)}$$

即

$$(U\hat{\sigma}_x^{[i]})\hat{\sigma}_x^{(C_I(g),i)}U^+ \mid \Psi_{out}(+)\rangle_{C_O(g)} = (U\hat{\sigma}_x^{[i]}) \mid \Psi_{in}(+)\rangle_{C_I(g)} = (-1)^{\lambda_{x,i}+s_i} \mid \Psi_{out}(+)\rangle_{C_O(g)}$$

由此得

$$\mid \Psi_{out}(+)\rangle_{C_O(g)} = e^{i\chi}U\hat{\sigma}_x^{[i]} \mid \Psi_{in}(+)\rangle_{C_I(g)} = e^{i\chi}UU_\Sigma \mid +\rangle \tag{9.5.23}$$

把此式和式(9.5.22)、式(9.5.20)结合，得

$$\mid \Psi_{out}(+)\rangle_{C(g)} = e^{i\chi} \mid s\rangle_{x,C_I(g)} \otimes \mid m\rangle_{C_M(g)}(UU_\Sigma \mid +\rangle)_{C_O(g)} \tag{9.5.24}$$

注意有

$$\bigotimes_{i=1}^{n}|+\rangle_i = \frac{1}{2^{n/2}}\sum_{z\in\{0,1\}^n} \mid z\rangle$$

由操作的线性有

$$\mid \Psi_{out}(+)\rangle = \frac{1}{2^{n/2}}\sum_{z\in\{0,1\}^n} \mid \Psi_{out}(z)\rangle$$

取上面两式的模方，并利用式(9.5.18)得

$$1 = \frac{1}{2^n}\left|\sum_{z\in\{0,1\}^n} e^{i\eta(z)} \mid s\rangle_{x,C_I(g)} \otimes \mid m\rangle_{C_M(g)}(UU_\Sigma \mid z\rangle)_{C_O(g)}\right|^2$$

要此式成立，当且仅当求和中各项 $e^{i\eta(z)}$ 都相等。由于任意输入态都可以表示成计算基底输入态的叠加，而全部计算操作都是线性的，这样就证明了定理在整体相差一个相位因子范围内成立。

根据这个定理，要证明在簇 $C(g)$ 上，对式(9.5.3)中的簇态 $|\Psi_{in}\rangle_{C(g)}$ 执行测量模式 $M^{(C_M(g))}$，并用 $\hat{\sigma}_x$ 基测量 $C_I(g)$ 中的各量子位，的确对输入态 $|\Psi_{in}\rangle_{C_I(g)}$ 执行了 U_g 操作，并得到式(9.5.7)中的输出，只需要证明对在 $|\Phi\rangle_{C(g)}$ 上执行了测量模式 $M^{(C_M(g))}$ 后得到的态 $|\Psi\rangle_{C(g)}$ 满足本征值方程组式(9.5.5)、式(9.5.6)。使用这个定

理可以更易紧凑、明确的方式证明簇态上量子计算的通用性。下面简称这个定理为**在簇态上模拟基本量子逻辑门的定理**。

9.6 簇态上的通用量子计算(Ⅰ)

为了证明簇态上量子计算的通用性,本节利用上节证明的在簇态上模拟基本量子门的定理,证明量子计算线路网络模型中的通用量子逻辑门操作,都可以在簇态上通过适当测量模式实现。一个复杂的计算总可以分解为一系列通用逻辑门操作,说明了簇态上以测量为基础的量子计算的通用性。

9.6.1 恒等门的实现——单量子位态的隐形传送

在簇态上对 C_I 中输入态的恒等门操作,因为只是把输入态信息从 C_I 中的量子位传输到输出量子位 C_O 上,这完全等价于态的隐形传送。

取第一物理量子位为 C_I,存储要传送的量子态 $|\Psi_{in}\rangle$,第二量子位为 C_M,第三量子位作为 C_O。实现 $|\Psi_{in}\rangle$ 态从第一量子位到第三量子位传输的测量模式是用 $\hat{\sigma}_x$ 基测量第二量子位。下面用上述定理证明这个测量模式的确执行了量子态从位一到三的传送。

令包含 $|\Psi_{in}\rangle$ 为输入态的三量子位簇态为 $|\Phi\rangle_{C(I)}$,这个态满足本征值方程:

$$K^{(1)}\ |\Phi\rangle_{C(I)}=\hat{\sigma}_x^{(1)}\hat{\sigma}_z^{(2)}\ |\Phi\rangle_{C(I)}=|\Phi\rangle_{C(I)} \tag{9.6.1}$$

$$\hat{K}^{(2)}\ |\Phi\rangle_{C(I)}=\hat{\sigma}_z^{(1)}\hat{\sigma}_x^{(2)}\hat{\sigma}_z^{(3)}\ |\Phi\rangle_{C(I)}=|\Phi\rangle_{C(I)} \tag{9.6.2}$$

$$\hat{K}^{(3)}\ |\Phi\rangle_{C(I)}=\hat{\sigma}_z^{(2)}\hat{\sigma}_x^{(3)}\ |\Phi\rangle_{C(I)}=|\Phi\rangle_{C(I)} \tag{9.6.3}$$

用 $\hat{\sigma}_x$ 基测量第二量子位,得到结果 s_2,测量将坍缩态 $|\Phi\rangle_{C(I)}\rightarrow|\Psi\rangle_{C(I)}$,坍缩后的态 $|\Psi\rangle_{C(I)}$ 满足本征值方程:

$$\hat{\sigma}_x^{(2)}\ |\Psi\rangle_{C(I)}=(-1)^{s_2}\ |\Psi\rangle_{C(I)} \tag{9.6.4}$$

$\hat{K}^{(2)}$ 和测量算子 $\hat{\sigma}_x^{(2)}$ 对易,测量后的态 $|\Psi\rangle_{C(I)}$ 还是 $\hat{K}^{(2)}$ 的本征态。利用式(9.6.4)得

$$\hat{\sigma}_z^{(1)}\hat{\sigma}_z^{(3)}\ |\Psi\rangle_{C(I)}=(-1)^{s_2}\ |\Psi\rangle_{C(I)} \tag{9.6.5}$$

由于 $\hat{K}^{(1)}$、$\hat{K}^{(3)}$ 都和测量算子 $\hat{\sigma}_x^{(2)}$ 不对易,但其乘积 $\hat{\sigma}_x^{(1)}\hat{\sigma}_x^{(3)}$ 和测量算子对易,因此测量后的态还满足本征值方程:

$$\hat{\sigma}_x^{(1)}\hat{\sigma}_x^{(3)}\ |\Psi\rangle_{C(I)}=|\Psi\rangle_{C(I)} \tag{9.6.6}$$

注意到这里第一量子位就是输入位,第三量子位是输出位,式(9.6.6)、式(9.6.5)可分别改写为

$$\hat{\sigma}_x^{(1)}\ (I\hat{\sigma}_x^{(1)}I)^{(3)}\ |\Psi\rangle_{C(I)}=|\Psi\rangle_{C(I)}$$

$$\hat{\sigma}_z^{(1)}\ (I\hat{\sigma}_z^{(1)}I^{+})^{(3)}\ |\Psi\rangle_{C(g)}=(-1)^{\lambda_{z,1}}\ |\Psi\rangle_{C(g)}$$

和式(9.5.5)、式(9.5.6)比较可以看出,簇态上量子门模拟定理中条件被满足,现

在的幺正门就是恒等门，定理中：

$$\lambda_{x1} = 0, \quad \lambda_{z1} = s_2 \tag{9.6.7}$$

于是，根据这个定理，对 $C(I)$ 中第二量子位测量 $\hat{\sigma}_x^{(2)}$，同时对输入位测 $\hat{\sigma}_x^{(1)}$，就对原第一量子位的输入态 $|\Psi_{\text{in}}\rangle$ 执行了恒等门操作，输出量子位（这里即第三量子位）态为

$$|\Psi_{\text{out}}\rangle_{C_o(I)} = U_I U_{\Sigma,I} |\Psi_{\text{in}}\rangle$$

其中副产品算子：

$$U_\Sigma = \bigotimes_{1=(i\in C_I(I))}^{n} (\hat{\sigma}_z^{[i]})^{s_i+\lambda_{x,i}} (\hat{\sigma}_x^{[i]})^{\lambda_{z,i}} = (\hat{\sigma}_z^{[1]})^{\lambda_{x_1}+s_1} (\hat{\sigma}_x^{[1]})^{\lambda_{z1}}$$

由式(9.6.7)，这里 $\lambda_{x1}=0,\lambda_{z1}=s_2$，$s_1$ 由对第一量子位测量 $\hat{\sigma}_x^{(1)}$ 的结果决定。

9.6.2　单量子位态绕 x 轴的任意转动

单量子位态绕 x 轴转动任意角 η 可以通过三量子位簇态实现。其中第一位为输入位，存放被转动单量子位态，第二位为本体部分，第三位是输出位。

实现单量子位态绕 x 轴转动 η 角的测量模式 $M(U_x(\eta))$ 为对第二量子位测量由 $\vec{r}=(\cos\eta,\sin\eta,0)$ 定义的可观测量：

$$\vec{r}\cdot\hat{\vec{\sigma}} = \cos\eta\hat{\sigma}_x + \sin\eta\hat{\sigma}_y = \begin{bmatrix} 0 & e^{-i\eta} \\ e^{i\eta} & 0 \end{bmatrix} \tag{9.6.8}$$

并用 $\hat{\sigma}_x$ 测量第一量子位实现。

为了后面应用方便，把式(9.6.8)中的算子写作

$$\vec{r}\cdot\hat{\vec{\sigma}} = \begin{bmatrix} e^{-i\eta/2} & 0 \\ 0 & e^{i\eta/2} \end{bmatrix}\begin{bmatrix} 0 & 1 \\ 1 & 0 \end{bmatrix}\begin{bmatrix} e^{i\eta/2} & 0 \\ 0 & e^{-i\eta/2} \end{bmatrix} = U_z(\eta)\hat{\sigma}_x U_z(-\eta) \tag{9.6.9}$$

下面利用簇态上量子门模拟定理 9.6.1 证明，这里描述的测量模式的确实现了单量子位输入态绕 x 轴转动角度 η 的操作。

首先记可观测力学量算子 $\vec{r}\cdot\hat{\vec{\sigma}}$ 的两个本征态

$$|+\rangle_\eta = \frac{1}{\sqrt{2}}(|0\rangle + e^{i\eta}|1\rangle), \quad |-\rangle_\eta = \frac{1}{\sqrt{2}}(|0\rangle - e^{i\eta}|1\rangle) \tag{9.6.10}$$

分别为 $s_k=0,s_k=1$。其中 $|+\rangle_\eta$ 位置在 Block 球 x-y 平面上，与 x 轴夹角为 η。

证明：三量子位簇态满足本征值方程：

$$K^{(1)}|\Phi\rangle_{C(U_x)} = \hat{\sigma}_x^{(1)}\hat{\sigma}_z^{(2)}|\Phi\rangle_{C(U_x)} = |\Phi\rangle_{C(U_x)} \tag{9.6.11}$$

$$K^{(2)}|\Phi\rangle_{C(U_x)} = \hat{\sigma}_z^{(1)}\hat{\sigma}_x^{(2)}\hat{\sigma}_z^{(3)}|\Phi\rangle_{C(U_x)} = |\Phi\rangle_{C(U_x)} \tag{9.6.12}$$

$$K^{(3)}|\Phi\rangle_{C(U_x)} = \hat{\sigma}_z^{(2)}\hat{\sigma}_x^{(3)}|\Phi\rangle_{C(U_x)} = |\Phi\rangle_{C(U_x)} \tag{9.3.13}$$

现在的测量算子是 $\vec{r}\cdot\hat{\vec{\sigma}}$，和它对易的算子不容易看出，为了导出对输入态执行上述测量模式 $M(U_x(\eta))$ 后态满足的方程，用 $\hat{\sigma}_z^{(2)}$ 算子乘式(9.6.13)第二个等号两边

得

$$\hat{\sigma}_z^{(2)} \mid \Phi\rangle_{C(U_x)} = \hat{\sigma}_x^{(3)} \mid \Phi\rangle_{C(U_x)}$$

即

$$(\hat{\sigma}_z^{(2)} - \hat{\sigma}_x^{(3)}) \mid \Phi\rangle_{C(U_x)} = 0$$

利用这一结果可得

$$e^{-i\eta(\hat{\sigma}_z^{(2)} - \hat{\sigma}_x^{(3)})/2} \mid \Phi\rangle_{C(U_x)} = \mid \Phi\rangle_{C(U_x)} \qquad (9.6.14)$$

注意到指数上两个算子是可以交换的,利用

$$U_x(\alpha) = e^{-i\alpha\hat{\sigma}_x/2}, \quad U_z(\alpha) = e^{-i\alpha\hat{\sigma}_z/2}$$

式(9.6.14)可写作

$$U_z^{(2)}(\eta)U_x^{(3)}(-\eta) \mid \Phi\rangle_{C(U_x)} = \mid \Phi\rangle_{C(U_x)} \qquad (9.6.15)$$

现在令 $U_z^{(2)}(\eta)U_x^{(3)}(-\eta) \equiv A$,上式可写作 $A|\Phi\rangle_{C(U_x)} = |\Phi\rangle_{C(U_x)}$,利用式(9.6.12)有

$$A \mid \Phi\rangle_{C(U_x)} = AK^{(2)} \mid \Phi\rangle_{C(U_x)} = AK^{(2)}A^{-} \mid \Phi\rangle_{C(U_x)} = \mid \Phi\rangle_{C(U_x)}$$

其中最后一个等式即

$$U_z^{(2)}(\eta)U_x^{(3)}(-\eta)[\hat{\sigma}_z^{(1)}\hat{\sigma}_x^{(2)}\hat{\sigma}_z^{(3)}]U_x^{(3)}(\eta)U_z^{(2)}(-\eta) \mid \Phi\rangle_{C(U_x)} = \mid \Phi\rangle_{C(U_x)}$$

由于作用到不同量子位上的算子可以交换,有

$$\hat{\sigma}_z^{(1)}U_z^{(2)}(\eta)\hat{\sigma}_x^{(2)}U_z^{(2)}(-\eta)U_x^{(3)}(-\eta)\hat{\sigma}_z^{(3)}U_x^{(3)}(\eta) \mid \Phi\rangle_{C(U_x)} = \mid \Phi\rangle_{C(U_x)}$$

并利用式(9.6.9),簇态满足的本征值方程式(9.6.12)可改写为

$$\hat{\sigma}_z^{(1)}(\vec{r} \cdot \hat{\vec{\sigma}})^{(2)}U_x^{(3)}(-\eta)\hat{\sigma}_z^{(3)}U_x^{(3)}(\eta) \mid \Phi\rangle_{C(U_x)} = \mid \Phi\rangle_{C(U_x)} \qquad (9.6.16)$$

设对这个簇态第二量子位执行投影到算子 $\vec{r}_2 \cdot \hat{\vec{\sigma}}^{(2)}$ 本征态上测量,测得结果为 s_2,测量后态 $|\Phi\rangle_{C(U_x)} \to |\Psi\rangle_{C(U_x)}$,则由式(9.6.16)有

$$\hat{\sigma}_z^{(1)}U_x^{(3)}(-\eta)\hat{\sigma}_z^{(3)}U_x^{(3)}(\eta) \mid \Psi\rangle_{C(U_x)} = (-1)^{s_2} \mid \Psi\rangle_{C(U_x)} \qquad (9.6.17)$$

另一方面,由簇态满足的另外两个本征值方程式(9.6.11)、式(9.6.13),可得

$$\hat{\sigma}_x^{(1)}\hat{\sigma}_x^{(3)} \mid \Phi\rangle_{C(U_x)} = \mid \Phi\rangle_{C(U_x)}$$

由于算子 $\hat{\sigma}_x^{(1)}\hat{\sigma}_x^{(3)}$ 和测量算子 $(\vec{r} \cdot \hat{\vec{\sigma}})^{(2)}$ 对易,因此测量后的态满足本征值方程:

$$\hat{\sigma}_x^{(1)}\hat{\sigma}_x^{(3)} \mid \Psi\rangle_{C(U_x)} = \mid \Psi\rangle_{C(U_x)}$$

注意到 $[\hat{\sigma}_x, U_x(\eta)] = [\hat{\sigma}_x, e^{-i\eta\hat{\sigma}_x/2}] = 0$,上式可改写为

$$\hat{\sigma}_x^{(1)}U_x^{(3)}(-\eta)\hat{\sigma}_x^{(3)}U_x^{(3)}(\eta) \mid \Psi\rangle_{C(U_x)} = \mid \Psi\rangle_{C(U_x)} \qquad (9.6.18)$$

注意到 1 为输入位,3 为输出位,将式(9.6.18)、式(9.6.17)分别和在簇态上模拟量子门定理 9.5.1 中条件式(9.5.5)、式(9.5.6)比较,可以得出,对输入态 $|\Psi_{in}\rangle_{C(U_x)} = S^{(C)}(|\Psi_{in}\rangle_1|+\rangle_2|+\rangle_3)$ 执行上述测量模式[即对第二量子位测量 $\vec{r}_2 \cdot \hat{\vec{\sigma}}^{(2)}$]并用 $\hat{\sigma}_x$ 测量输入位 1,得到结果 s_1,就实现了对输入态 $|\Psi_{in}\rangle$ 的幺正操作 $U = U_x(-\eta)$,且副产品算子 $U_\Sigma = (\hat{\sigma}_z^{[i]})^{s_i + \lambda_{x,i}}(\hat{\sigma}_x^{[i]})^{\lambda_{z,i}}$ 中的 $\lambda_{x,1} = 0$,$\lambda_{z,1} = s_2$,即副产品算子 $U_\Sigma = (\hat{\sigma}_z)^{s_1}(\hat{\sigma}_x)^{s_2}$。

9.6.3　*H* 门

在 9.3 节曾演示用两量子位簇态实现 H 门操作，现在可以根据在簇态上模拟量子门定理 9.5.1 解释这一操作。两量子位簇态满足本征值方程：

$$K^{(1)} \mid \Phi\rangle_{C(H)} = \hat{\sigma}_x^{(1)}\hat{\sigma}_z^{(2)} \mid \Phi\rangle_{C(H)} = \mid \Phi\rangle_{C(H)} \tag{9.6.19}$$

$$K^{(2)} \mid \Phi\rangle_{C(H)} = \hat{\sigma}_z^{(1)}\hat{\sigma}_x^{(2)} \mid \Phi\rangle_{C(H)} = \mid \Phi\rangle_{C(H)} \tag{9.6.20}$$

其中，第一位是 C_{I}；第二位就是 C_{O}；$C_{\mathrm{M}}(H)=\varnothing$。不需要执行 $C_{\mathrm{M}}(H)$ 的测量模式，式(9.6.19)、式(9.6.20)就是相当于执行了测量模式 $M^{(C_{\mathrm{M}}(g))}$ 后态 $|\Psi\rangle_{C(H)}$ 满足的本征值方程。用矩阵乘可以直接验证下面恒等式：

$$H\hat{\sigma}_x H^{\dagger} = \hat{\sigma}_z, \quad H\hat{\sigma}_z H^{\dagger} = \hat{\sigma}_x \tag{9.6.21}$$

利用这两个恒等式，式(9.6.19)、式(9.6.20)可分别改写为

$$\hat{\sigma}_z^{(1)} \left[H\hat{\sigma}_z H\right]^{(2)} \mid \Psi\rangle_{C(H)} = \mid \Psi\rangle_{C(H)} \tag{9.6.22}$$

$$\hat{\sigma}_x^{(1)} \left[H\hat{\sigma}_x H\right]^{(2)} \mid \Psi\rangle_{C(H)} = \mid \Psi\rangle_{C(H)} \tag{9.6.23}$$

定理 9.5.1 中条件式(9.5.5)、式(9.5.6)被满足，且其中 $\lambda_{x,1}=0$，$\lambda_{z,1}=0$。对第一位再执行到 $\hat{\sigma}_x$ 基上的投影测量(设测量结果为 s_1)，根据这个定理，就对输入位的态执行了 H 门操作，其中副产品算子是 $U_\Sigma=(\hat{\sigma}_z)^{s_1}$。

H 门操作还可以在五量子位簇态上，对其中第二、三、四量子位测量 $\hat{\sigma}_y$ 的测量模式，对第一量子位测量 $\hat{\sigma}_x$ 实现。证明如下：由五量子位簇态满足的本征值方程：

$$\begin{aligned}
K^{(1)} \mid \Phi\rangle_{C(H)} &= \hat{\sigma}_x^{(1)}\hat{\sigma}_z^{(2)} \mid \Phi\rangle_{C(H)} = \mid \Phi\rangle_{C(H)} \\
K^{(2)} \mid \Phi\rangle_{C(H)} &= \hat{\sigma}_z^{(1)}\hat{\sigma}_x^{(2)}\hat{\sigma}_z^{(3)} \mid \Phi\rangle_{C(H)} = \mid \Phi\rangle_{C(H)} \\
K^{(3)} \mid \Phi\rangle_{C(H)} &= \hat{\sigma}_z^{(2)}\hat{\sigma}_x^{(3)}\hat{\sigma}_z^{(4)} \mid \Phi\rangle_{C(H)} = \mid \Phi\rangle_{C(H)} \\
K^{(4)} \mid \Phi\rangle_{C(H)} &= \hat{\sigma}_z^{(3)}\hat{\sigma}_x^{(4)}\hat{\sigma}_z^{(5)} \mid \Phi\rangle_{C(H)} = \mid \Phi\rangle_{C(H)} \\
K^{(5)} \mid \Phi\rangle_{C(H)} &= \hat{\sigma}_z^{(4)}\hat{\sigma}_x^{(5)} \mid \Phi\rangle_{C(H)} = \mid \Phi\rangle_{C(H)}
\end{aligned} \tag{9.6.24}$$

出发，可得

$$K^{(1)}K^{(3)}K^{(4)} = \hat{\sigma}_x^{(1)}\hat{\sigma}_y^{(3)}\hat{\sigma}_y^{(4)}\hat{\sigma}_z^{(5)} \tag{9.6.25}$$

$$K^{(2)}K^{(3)}K^{(5)} = \hat{\sigma}_z^{(1)}\hat{\sigma}_y^{(2)}\hat{\sigma}_y^{(3)}\hat{\sigma}_x^{(5)} \tag{9.6.26}$$

用 $\hat{\sigma}_y$ 测量二、三、四位，假设分别得到本征值 s_2、s_3、s_4，测量后态 $|\Phi\rangle_{C(H)} \to |\Psi\rangle_{C(H)}$，则由式(9.6.25)、式(9.6.26)得

$$\hat{\sigma}_z^{(1)}\hat{\sigma}_z^{(5)} \mid \Psi\rangle_{C(H)} = (-1)^{s_3+s_4} \mid \Psi\rangle_{C(H)} \tag{9.6.27}$$

$$\hat{\sigma}_z^{(1)}\hat{\sigma}_x^{(5)} \mid \Psi\rangle_{C(H)} = (-1)^{s_2+s_3} \mid \Psi\rangle_{C(H)} \tag{9.6.28}$$

利用恒等式(9.6.21)，这两式就可改写为

$$\hat{\sigma}_z^{(1)} \left[H\sigma_z H\right]^{(5)} \mid \Psi\rangle_{C(H)} = (-1)^{s_3+s_4} \mid \Psi\rangle_{C(H)}$$

$$\hat{\sigma}_x^{(1)} \left[H\sigma_x H\right]^{(5)} \mid \Psi\rangle_{C(H)} = (-1)^{s_2+s_3} \mid \Psi\rangle_{C(H)}$$

现在第五位是输出位，满足在簇态上模拟量子门定理 9.5.1 中的条件。根据这个

定理再对输入位执行 $\hat{\sigma}_x$ 测量,上述测量模式就执行了对输入态的 H 门操作,且副产品算子为

$$U_\Sigma = (\hat{\sigma}_z)^{s_1+s_3+s_4}(\hat{\sigma}_x)^{s_2+s_3}$$

其中,s_1 决定于对输入位测量 $\hat{\sigma}_x$ 的结果。

9.6.4 π/2 相位门

π/2 相位门可通过五量子位簇态上单量子位测量实现。测量模式为用 $\hat{\sigma}_x$ 测量二、四位,用 $\hat{\sigma}_y$ 测量三位。

由五量子位簇态满足的本征值方程式(9.6.24),可以得出关联算子乘积:

$$K^{(1)}K^{(3)}K^{(4)}K^{(5)} = -\hat{\sigma}_x^{(1)}\hat{\sigma}_y^{(3)}\hat{\sigma}_x^{(4)}\hat{\sigma}_y^{(5)} \tag{9.6.29}$$

$$K^{(2)}K^{(4)} = \hat{\sigma}_z^{(1)}\hat{\sigma}_x^{(2)}\hat{\sigma}_x^{(4)}\hat{\sigma}_z^{(5)} \tag{9.6.30}$$

它们都和测量算子对易。执行上述测量模式,假设测量 $\hat{\sigma}_x^{(2)}$、$\hat{\sigma}_x^{(4)}$ 和 $\hat{\sigma}_y^{(3)}$ 分别得到 s_2、s_4、s_3,同时发生如下的态坍缩:

$$|\Phi\rangle_{C(U_z(\pi/2))} \rightarrow |\Psi\rangle_{C(U_z(\pi/2))}$$

由式(9.6.29)、式(9.6.30),测量后态满足本征值方程:

$$\hat{\sigma}_x^{(1)}\hat{\sigma}_y^{(5)}\ |\Psi\rangle_{C(U_z(\pi/2))} = (-)^{s_3+s_4+1}\ |\Psi\rangle_{C(U_z(\pi/2))} \tag{9.6.31}$$

$$\hat{\sigma}_z^{(1)}\hat{\sigma}_z^{(5)}\ |\Psi\rangle_{C(U_z(\pi/2))} = (-1)^{s_2+s_4}\ |\Psi\rangle_{C(U_z(\pi/2))} \tag{9.6.32}$$

利用矩阵乘可以验证下面的恒等式:

$$U_z(\pi/2)\hat{\sigma}_x U_z(-\pi/2) = \hat{\sigma}_y,\quad U_z(\pi/2)\hat{\sigma}_z U_z(-\pi/2) = \hat{\sigma}_z \tag{9.6.33}$$

利用这一恒等式,式(9.6.31)、(9.6.32)可改写为

$$\hat{\sigma}_x^{(1)}[U_z(\pi/2)\hat{\sigma}_x U_z(-\pi/2)]^{(5)}\ |\Psi\rangle_{C(U_z(\pi/2))} = (-)^{s_3+s_4+1}\ |\Psi\rangle_{C(U_z(\pi/2))}$$

$$\hat{\sigma}_z^{(1)}[U_z(\pi/2)\hat{\sigma}_z U_z(-\pi/2)]^{(5)}\ |\Psi\rangle_{C(U_z(\pi/2))} = (-1)^{s_2+s_4}\ |\Psi\rangle_{C(U_z(\pi/2))}$$

和簇态上模拟量子门定理中条件比较,可以看出,上述测量模式加上对输入位测量 $\hat{\sigma}_x$,就对输入位执行了 $U_z(\pi/2)$ 操作,而且副产品算子是

$$U_\Sigma = (\hat{\sigma}_z)^{s_1+s_3+s_4+1}(\hat{\sigma}_x)^{s_2+s_4}$$

9.7 簇态上的通用量子计算(Ⅱ)

9.7.1 绕 z 轴转动任意角度 α

绕 z 轴转动任意角度 α 的转动可表示为

$$U_z(\alpha) = \mathrm{e}^{-\mathrm{i}\alpha\hat{\sigma}_z/2} = \begin{bmatrix} \mathrm{e}^{-\mathrm{i}\alpha/2} & 0 \\ 0 & \mathrm{e}^{\mathrm{i}\alpha/2} \end{bmatrix}$$

容易证明恒等式:

$$U_z(\alpha) = HU_x(\alpha)H \tag{9.7.1}$$

这表明绕 z 轴转动 α 角可以通过 H 门操作和绕 x 轴转动 α 角实现。H 门操作可以用两个物理量子位实现，而绕 x 轴转动 α 角可以用三个量子位实现，当这三个门级联时，第一个 H 门的输出位就是绕 x 轴转动的输入位，而绕 x 轴转动的输出位就是第二个 H 门的输入位，所以执行绕 z 轴转动任意 α 角，可以用五个量子位实现。测量模式是首先用 $\hat{\sigma}_x$ 测量第二、四两个位，然后对第三量子位测量 $\vec{r}[(-)^{s_2}(-\alpha)]\cdot\hat{\vec{\sigma}}$，由于第三量子位的测量基取决于对第二量子位的测量结果，绕 z 轴的转动必须用两个时间步实现，这种情况常说成"它的**逻辑深度**"等于 2。

下面说明执行上述测量模式，的确可以实现绕 z 轴转动 α 角。

五量子位簇态满足本征值方程组(9.6.24)，对第二、四量子位测量 $\hat{\sigma}_x$ 有

$$|\Phi\rangle_{C(U_z)} \rightarrow |\Psi\rangle_{C(U_z)} = |s_2, s_4\rangle \otimes |\Psi'\rangle_{C(1,3,5)}$$

其中 $|\Psi'\rangle_{C(1,3,5)}$ 是第一、三、五量子位 Hilbert 空间中的态，下面简记为 $|\Psi'\rangle_{C(U_z)}$。由于 $\hat{K}^{(2)}$、$\hat{K}^{(4)}$、$\hat{K}^{(3)}$ 都和测量算子对易，测量后的态满足的本征值方程可以写作

$$\hat{\sigma}_z^{(1)}\hat{\sigma}_z^{(3)} \ |\Psi'\rangle_{C(U_z)} = (-1)^{s_2} \ |\Psi'\rangle_{C(U_z)} \tag{9.7.2}$$

$$\hat{\sigma}_z^{(3)}\hat{\sigma}_z^{(5)} \ |\Psi'\rangle_{C(U_z)} = (-1)^{s_4} \ |\Psi'\rangle_{C(U_z)} \tag{9.7.3}$$

$$\hat{\sigma}_z^{(2)}\hat{\sigma}_x^{(3)}\hat{\sigma}_z^{(4)} \ |\Psi'\rangle_{C(U_z)} = |\Psi'\rangle_{C(U_z)} \tag{9.7.4}$$

算子 $K^{(1)}=\hat{\sigma}_x^{(1)}\hat{\sigma}_z^{(2)}$，$K^{(5)}=\hat{\sigma}_z^{(4)}\hat{\sigma}_x^{(5)}$，都和测量算子反对易，由它们可构造出一个和测量算子对易的算子 $\hat{\sigma}_x^{(1)}\hat{\sigma}_z^{(2)}\hat{\sigma}_z^{(4)}\hat{\sigma}_x^{(5)}$，所以测量后的态还满足本征值方程：

$$\hat{\sigma}_x^{(1)}\hat{\sigma}_z^{(2)}\hat{\sigma}_z^{(4)}\hat{\sigma}_x^{(5)} \ |\Psi'\rangle_{C(U_z)} = |\Psi'\rangle_{C(U_z)} \tag{9.7.5}$$

由式(9.7.4)、式(9.7.5)可得出 $\hat{\sigma}_x^{(1)}\hat{\sigma}_x^{(3)}\hat{\sigma}_x^{(5)}|\Psi\rangle_{C(U_z)}=|\Psi\rangle_{C(U_z)}$，即

$$\hat{\sigma}_x^{(1)}\hat{\sigma}_x^{(3)}\hat{\sigma}_x^{(5)} \ |\Psi'\rangle_{C(U_z)} = |\Psi'\rangle_{C(U_z)} \tag{9.7.6}$$

方程式(9.7.2)、式(9.7.3)和式(9.7.6)结合给出：

$$K^{(1)}K^{(3)}K^{(5)} \ |\Psi'\rangle_{C(U_z)} = (-1)^{s_2+s_4} \ |\Psi'\rangle_{C(U_z)} \tag{9.7.7}$$

由于 $K^{(1)}$、$K^{(3)}$、$K^{(5)}$ 是第一、三、五量子位系统的一组线性独立、相互对易的完备力学量算子集，共同本征态是非简并的。式(9.7.7)表明 $|\Psi'\rangle_{C(U_z)}$ 是 $K^{(1)}$、$K^{(3)}$、$K^{(5)}$ 的共同本征态，因此它是第一、三、五量子子位上的簇态。

由于 $|\Psi'\rangle_{C(U_z)}$ 是簇态，由 7.6.2 节的论证，知道接着对第三量子位测量 $\vec{r}[(-)^{s_2}(-\alpha)]\cdot\hat{\vec{\sigma}}$ 就可执行绕 x 轴的转动。

9.7.2　单量子位态的任意转动

单量子位纯态的任意幺正变换，可表示为 Block 球上纯态矢量绕任意方向 $\vec{n}$ 转过任意角度 θ 的转动：

$$R_{\vec{n}}(\theta) \equiv \mathrm{e}^{-\mathrm{i}(\vec{n}\cdot\hat{\vec{\sigma}})\theta/2} = \cos\left(\frac{\theta}{2}\right) - \mathrm{i}\sin\left(\frac{\theta}{2}\right)(\vec{n}\cdot\hat{\vec{\sigma}}) \tag{9.7.8}$$

这表明绕任意方向 $\vec{n}$ 的转动，都可以通过分别绕三个坐标轴转动适当的角度实现。

注意到下面恒等式：

$$R_y(\alpha) = R_x\left(-\frac{\pi}{2}\right)R_z(\alpha)R_x\left(\frac{\pi}{2}\right) \tag{9.7.9}$$

绕 y 轴转过 θ 角可以通过分别绕 x 轴和绕 z 轴的转动实现，所以，绕任意方向 $\vec{n}$ 转过任意角度，都可以通过绕 x 轴和绕 z 轴的转动实现。这就是说单量子位态的任意幺正变换都可以通过绕 x 轴和绕 z 轴的转动实现。

9.7.3　两量子位控制非门(*CNOT*)[2,4,6]

用 c 表示控制位，t 表示靶位，用相应算子的矩阵乘，不难证明下面的恒等式：

$$CNOT(c,t)\hat{\sigma}_x^{(c)}CNOT(c,t) = \hat{\sigma}_x^{(c)}\hat{\sigma}_x^{(t)} \tag{9.7.10}$$

$$CNOT(c,t)\hat{\sigma}_z^{(c)}CNOT(c,t) = \hat{\sigma}_z^{(c)} \tag{9.7.11}$$

$$CNOT(c,t)\hat{\sigma}_x^{(t)}CNOT(c,t) = \hat{\sigma}_x^{(t)} \tag{9.7.12}$$

$$CNOT(c,t)\hat{\sigma}_z^{(t)}CNOT(c,t) = \hat{\sigma}_z^{(c)}\hat{\sigma}_z^{(t)} \tag{9.7.13}$$

下面从簇态满足的本征值方程出发，说明在簇态上适当的测量模式的确可执行两量子位控制非门操作。

两量子位控制非门可在图 9.7.1 所示的 15 个量子位簇态上实现。其中量子位 1、9 是输入位，分别存放控制位和靶位；量子位 7、15 为输出位，分别存放执行完控制非操作后的输出控制位和靶位信息。测量模式已示于图中，即用 $\hat{\sigma}_x$ 测量量子位 10、11、13、14，用 $\hat{\sigma}_y$ 测量量子位 2、3、4、5、6、8、12。测量算子为

$$\hat{F} = \hat{\sigma}_x^{(10)}\hat{\sigma}_x^{(11)}\hat{\sigma}_x^{(13)}\hat{\sigma}_x^{(14)}\hat{\sigma}_y^{(2)}\hat{\sigma}_y^{(3)}\hat{\sigma}_y^{(4)}\hat{\sigma}_y^{(5)}\hat{\sigma}_y^{(6)}\hat{\sigma}_y^{(8)}\hat{\sigma}_y^{(12)} \tag{9.7.14}$$

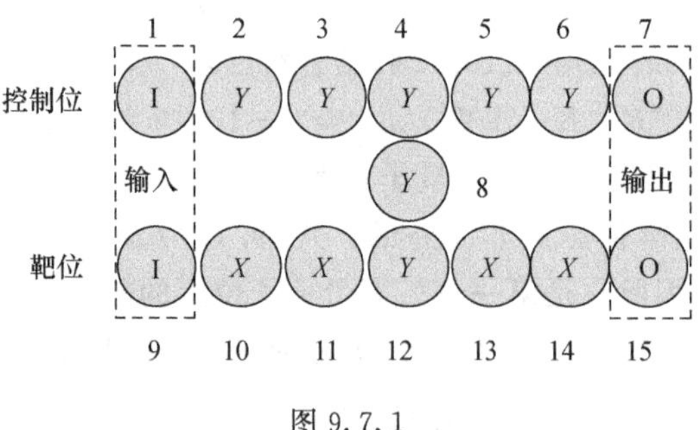

图 9.7.1

15 个量子位簇态 $|\Phi\rangle_{C(CNOT)}$ 满足本征值方程组：

$$K^{(i)}\ |\ \Phi\rangle_{C(CNOT)} = |\ \Phi\rangle_{C(CNOT)},\quad i = 1,2,\cdots,15 \tag{9.7.15}$$

注意到任意两个关联算子$[K^{(i)},K^{(j)}]=0$，所以簇态满足本征值方程：

$$K^{(1)}K^{(3)}K^{(4)}K^{(5)}K^{(7)}K^{(8)}K^{(13)}K^{(15)}\ |\ \Phi\rangle_{C(CNOT)} = |\ \Phi\rangle_{C(CNOT)} \tag{9.7.16}$$

$$K^{(9)}K^{(11)}K^{(13)}K^{(15)}\ |\ \Phi\rangle_{C(CNOT)} = |\ \Phi\rangle_{C(CNOT)} \tag{9.7.17}$$

$$K^{(2)}K^{(3)}K^{(5)}K^{(6)}\ |\ \Phi\rangle_{C(CNOT)} = |\ \Phi\rangle_{C(CNOT)} \tag{9.7.18}$$

$$K^{(5)}K^{(6)}K^{(8)}K^{(10)}K^{(12)}K^{(14)} \mid \Phi\rangle_{C(CNOT)} = \mid \Phi\rangle_{C(CNOT)} \tag{9.7.19}$$

参照图 9.7.1,写出各有关的 $\hat{K}$ 算子,并加以整理,由式(9.7.16)～式(9.7.19),得这个 15 量子位簇态满足本征值方程:

$$\hat{\sigma}_x^{(1)}\hat{\sigma}_y^{(3)}\hat{\sigma}_y^{(4)}\hat{\sigma}_y^{(5)}\hat{\sigma}_x^{(7)}\hat{\sigma}_y^{(8)}\hat{\sigma}_x^{(13)}\hat{\sigma}_x^{(15)} \mid \Phi\rangle_{C(CNOT)} = -\mid \Phi\rangle_{C(CNOT)} \tag{9.7.20}$$

$$\hat{\sigma}_x^{(9)}\hat{\sigma}_x^{(11)}\hat{\sigma}_x^{(13)}\hat{\sigma}_x^{(15)} \mid \Phi\rangle_{C(CNOT)} = \mid \Phi\rangle_{C(CNOT)} \tag{9.7.21}$$

$$\hat{\sigma}_z^{(1)}\hat{\sigma}_y^{(2)}\hat{\sigma}_y^{(3)}\hat{\sigma}_y^{(5)}\hat{\sigma}_y^{(6)}\hat{\sigma}_z^{(7)} \mid \Phi\rangle_{C(CNOT)} = \mid \Phi\rangle_{C(CNOT)} \tag{9.7.22}$$

$$\hat{\sigma}_y^{(5)}\hat{\sigma}_y^{(6)}\hat{\sigma}_z^{(7)}\hat{\sigma}_y^{(8)}\hat{\sigma}_z^{(9)}\hat{\sigma}_x^{(10)}\hat{\sigma}_y^{(12)}\hat{\sigma}_x^{(14)}\hat{\sigma}_z^{(15)} \mid \Phi\rangle_{C(CNOT)} = \mid \Phi\rangle_{C(CNOT)} \tag{9.7.23}$$

当对这个簇态测量式(9.7.14)描述的算子 $\hat{F}$,假设测得相应结果分别为 s_{10}、s_{11}、s_{13}、s_{14}和 s_2、s_3、s_4、s_5、s_6、s_8、s_{12},测量后态$|\Phi\rangle_{C(CNOT)} \rightarrow |\Psi\rangle_{C(CNOT)}$,注意有

$$[\hat{\sigma}_x^{(1)}\hat{\sigma}_x^{(7)}\hat{\sigma}_x^{(15)}, \hat{F}] = 0$$

由式(9.7.20),测量后的态满足:

$$\hat{\sigma}_x^{(1)}\hat{\sigma}_x^{(7)}\hat{\sigma}_x^{(15)} \mid \Psi\rangle_{C(CNOT)} = (-1)^{1+s_3+s_4+s_5+s_8+s_{13}} \mid \Psi\rangle_{C(CNOT)} \tag{9.7.24}$$

同样,由$[\hat{\sigma}_x^{(9)}\hat{\sigma}_x^{(15)}, \hat{F}]=0$ 和式(9.7.21),得

$$\hat{\sigma}_x^{(9)}\hat{\sigma}_x^{(15)} \mid \Psi\rangle_{C(CNOT)} = (-1)^{s_{11}+s_{13}} \mid \Psi\rangle_{C(CNOT)} \tag{9.7.25}$$

由$[\hat{\sigma}_z^{(1)}\hat{\sigma}_z^{(7)}, \hat{F}]=0$ 和式(9.7.22)得

$$\hat{\sigma}_z^{(1)}\hat{\sigma}_z^{(7)} \mid \Psi\rangle_{C(CNOT)} = (-1)^{s_2+s_3+s_5+s_6} \mid \Psi\rangle_{C(CNOT)} \tag{9.7.26}$$

由$[\hat{\sigma}_z^{(9)}\hat{\sigma}_z^{(7)}\hat{\sigma}_z^{(15)}, \hat{F}]=0$ 和式(9.7.23)得

$$\hat{\sigma}_z^{(9)}\hat{\sigma}_z^{(7)}\hat{\sigma}_z^{(15)} \mid \Psi\rangle_{C(CNOT)} = (-1)^{s_5+s_6+s_8+s_{10}+s_{12}+s_{14}} \mid \Psi\rangle_{C(CNOT)} \tag{9.7.27}$$

注意到 1 为输入位,7、15 都是输出位(7 为控制位,15 为靶位),利用恒等式(9.7.10),式(9.7.24)可改写为

$$\begin{aligned}&\hat{\sigma}_x^{(C_I(c))}[CNOT(c,t)\hat{\sigma}_x^{(c)}CNOT(c,t)]^{C_O} \mid \Psi\rangle_{C(CNOT)}\\ &= (-1)^{1+s_3+s_4+s_5+s_8+s_{13}} \mid \Psi\rangle_{C(CNOT)}\end{aligned} \tag{9.7.28}$$

同样,注意到 9 为输入位,15 为输出位,二者都是靶位,利用恒等式(9.7.12),式(9.7.25)可改写为

$$\begin{aligned}&\hat{\sigma}_x^{(C_I(t))}[CNOT(c,t)\hat{\sigma}_x^{(t)}CNOT(c,t)]^{C_O} \mid \Psi\rangle_{C(CNOT)}\\ &= (-1)^{s_{11}+s_{13}} \mid \Psi\rangle_{C(CNOT)}\end{aligned} \tag{9.7.29}$$

注意到 1、7 分别为输入、输出的控制位,利用恒等式(9.7.11),式(9.7.26)可改写为

$$\begin{aligned}&\hat{\sigma}_z^{(C_I(c))}[CNOT(c,t)\hat{\sigma}_z^{(c)}CNOT(c,t)]^{C_O} \mid \Psi\rangle_{C(CNOT)}\\ &= (-1)^{s_2+s_3+s_5+s_6} \mid \Psi\rangle_{C(CNOT)}\end{aligned} \tag{9.7.30}$$

注意到 9 为输入靶位,7、15 分别为输出的控制位和靶位,利用恒等式(9.7.13),式(9.7.27)可改写为

$$\begin{aligned}&\hat{\sigma}_z^{(C_I(t))}[CNOT(c,t)\hat{\sigma}_z^{(t)}CNOT(c,t)]^{C_O} \mid \Psi\rangle_{C(CNOT)}\\ &= (-1)^{s_5+s_6+s_8+s_{10}+s_{12}+s_{14}} \mid \Psi\rangle_{C(CNOT)}\end{aligned} \tag{9.7.31}$$

将式(9.7.28)～式(9.7.31)和在簇态上模拟量子门定理 9.5.1 中条件式(9.5.5)、

式(9.5.6)比较,可以看出,上面描述的测量模式执行了 $CNOT$ 门操作,且其中副产品算子中的指数分别为

$$\lambda_{x,c} = 1 + s_3 + s_4 + s_5 + s_8 + s_{13}, \quad \lambda_{x,t} = s_{11} + s_{13}, \quad \lambda_{z,c} = s_2 + s_3 + s_5 + s_6$$

$$\lambda_{z,t} = s_5 + s_6 + s_8 + s_{10} + s_{12} + s_{14} \tag{9.7.32}$$

副产品算子具有形式:

$$U_{\Sigma,CNOT} = \hat{\sigma}_x^{(c)\gamma_x^c} \hat{\sigma}_x^{(t)\gamma_x^t} \hat{\sigma}_z^{(c)\gamma_z^c} \hat{\sigma}_z^{(t)\gamma_x^t} \tag{9.7.33}$$

按定理中公式(9.5.8)

$$U_{\Sigma g} = \bigotimes_{1=(i\in C_1(g))}^{n} (\hat{\sigma}_z^{[i]})^{s_i+\lambda_{x,i}} (\hat{\sigma}_x^{[i]})^{\lambda_{z,i}} \tag{9.7.34}$$

利用式(9.7.32)中的结果,可以求出副产品算子(9.7.33)中的各指数分别为

$$\gamma_x^c = s_2 + s_3 + s_5 + s_6, \quad \gamma_x^t = s_5 + s_6 + s_8 + s_{10} + s_{12} + s_{14}$$

$$\gamma_z^c = s_1 + 1 + s_3 + s_4 + s_5 + s_8 + s_9 + s_{11}, \quad \gamma_z^t = s_9 + s_{11} + s_{13} \tag{9.7.35}$$

9.7.4 交换门

上面的 $CNOT$ 门操作假设了控制位和靶位是两个相邻逻辑量子位,如果控制位和靶位不相邻,为了执行上述 $CNOT$ 门操作,需要把它们移动到一起,而这可以通过下面的交换门实现。视控制量子位 c 和靶位 t 间隔逻辑量子位数目不同,需要移过的逻辑量子位数目也不同。下面区分移过偶数个逻辑位和奇数个逻辑位两种不同情况讨论。

1. 移过奇数个逻辑位情况

考虑图 9.7.2 所示的量子位簇态,能够证明,通过用 $\hat{\sigma}_x$ 基上测量方框中的每个物理量子位,可以把第一逻辑量子位的输入态交换到第三逻辑量子位的输出量子位上(同时也把第三逻辑位的输入态交换到第一逻辑位的输出位上)。

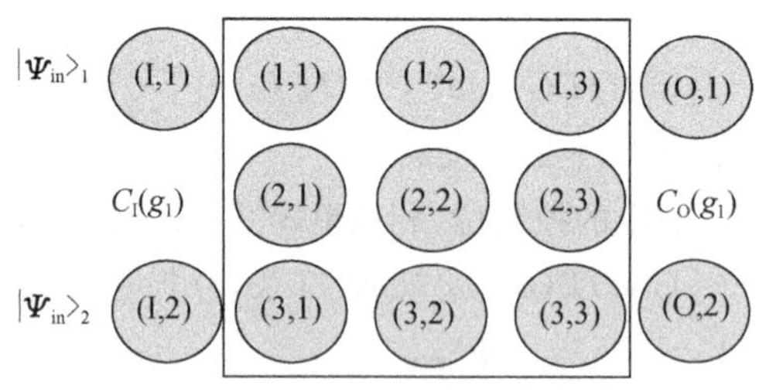

图 9.7.2

这里测量算子是

$$\hat{F} = \hat{\sigma}_x^{(1,1)} \hat{\sigma}_x^{(1,2)} \hat{\sigma}_x^{(1,3)} \hat{\sigma}_x^{(2,1)} \hat{\sigma}_x^{(2,2)} \hat{\sigma}_x^{(2,3)} \hat{\sigma}_x^{(3,1)} \hat{\sigma}_x^{(3,2)} \hat{\sigma}_x^{(3,3)} \tag{9.7.36}$$

假设测量后这个簇态 $|\Phi\rangle_C$ 坍缩为态 $|\Psi\rangle$,测得这些算子本征值依次是 $s^{(i,j)}$ $(i=1,2,3;j=1,2,3)$。写出簇态 $|\Phi\rangle_C$ 的各个关联算子,容易验证关联算子乘积:

$$\hat{K}^{(\mathrm{I},1)}\hat{K}^{(2,1)}\hat{K}^{(3,2)}\hat{K}^{(\mathrm{O},2)} = \hat{\sigma}_x^{(\mathrm{I},1)}\hat{\sigma}_x^{(2,1)}\hat{\sigma}_x^{(3,2)}\hat{\sigma}_x^{(\mathrm{O},2)}$$
$$\hat{K}^{(\mathrm{I},2)}\hat{K}^{(2,1)}\hat{K}^{(1,2)}\hat{K}^{(\mathrm{O},1)} = \hat{\sigma}_x^{(\mathrm{I},2)}\hat{\sigma}_x^{(2,1)}\hat{\sigma}_x^{(1,2)}\hat{\sigma}_x^{(\mathrm{O},1)}$$
$$\hat{K}^{(\mathrm{I},1)}\hat{K}^{(2,2)}\hat{K}^{(3,3)} = \hat{\sigma}_x^{(1,1)}\hat{\sigma}_z^{(\mathrm{I},1)}\hat{\sigma}_x^{(2,2)}\hat{\sigma}_x^{(3,3)}\hat{\sigma}_z^{(\mathrm{O},2)}$$
$$\hat{K}^{(3,1)}\hat{K}^{(2,2)}\hat{K}^{(1,3)} = \hat{\sigma}_x^{(3,1)}\hat{\sigma}_z^{(\mathrm{I},2)}\hat{\sigma}_x^{(2,2)}\hat{\sigma}_x^{(1,3)}\hat{\sigma}_z^{(\mathrm{O},1)}$$

由于它们都和测量算子对易，所以测量后的态满足本征值方程：

$$\hat{\sigma}_x^{(\mathrm{I},1)}\hat{\sigma}_x^{(\mathrm{O},2)} \mid \Psi\rangle = (-1)^{s_{21}+s_{32}} \mid \Psi\rangle \tag{9.7.37}$$
$$\hat{\sigma}_x^{(\mathrm{I},2)}\hat{\sigma}_x^{(\mathrm{O},1)} \mid \Psi\rangle = (-1)^{s_{21}+s_{12}} \mid \Psi\rangle \tag{9.7.38}$$
$$\hat{\sigma}_z^{(\mathrm{I},1)}\hat{\sigma}_z^{(\mathrm{O},2)} \mid \Psi\rangle = (-1)^{S_{11}+s_{22}+s_{33}} \mid \Psi\rangle \tag{9.7.39}$$
$$\hat{\sigma}_z^{(\mathrm{I},2)}\hat{\sigma}_z^{(\mathrm{O},1)} \mid \Psi\rangle = (-1)^{s_{31}+s_{22}+s_{13}} \mid \Psi\rangle \tag{9.7.40}$$

定义交换算子 $\hat{P}=1\rightarrow 2$，并记相应的幺正变换为 U_p，方程式(9.7.37)～(9.7.40)可以改写为

$$\hat{\sigma}_x^{(I,i)}\ (U_p\hat{\sigma}_x^{(o,i)}U_P^{-})^{(o,i)} \mid \Psi\rangle = (-1)^{\lambda_{x,i}} \mid \Psi\rangle,\quad i=1,2 \tag{9.7.41}$$
$$\hat{\sigma}_z^{(I,i)}\ (U_p\hat{\sigma}_z^{(o,i)}U_P^{-})^{(o,i)} \mid \Psi\rangle = (-1)^{\lambda_{z,i}} \mid \Psi\rangle,\quad i=1,2 \tag{9.7.42}$$

其中，$\lambda_{x,1}=s_{21}+s_{32}$；$\lambda_{x,2}=s_{21}+s_{12}$；$\lambda_{z,1}=s_{11}+s_{22}+s_{33}$；$\lambda_{z,2}=s_{31}+s_{22}+s_{13}$。利用在簇态上模拟量子门定理 9.5.1，在上述簇态上执行的测量模式(加上对两输入位测量 $\hat{\sigma}_x$)的确实现了两逻辑量子位输出态的交换 U_P，也就是把逻辑量子位 1 的输入态换到逻辑位 2 输出量子位上。这里副产品算子为

$$U_\Sigma = (\hat{\sigma}_z^{[1]})^{s_{I1}+s_{21}+s_{32}}\,(\hat{\sigma}_x^{[1]})^{s_{11}+s_{22}+s_{33}}\,(\hat{\sigma}_z^{[2]})^{s_{I2}+s_{21}+s_{12}}\,(\hat{\sigma}_x^{[2]})^{s_{32}+s_{22}+s_{13}} \tag{9.7.43}$$

其中，$s_{I,1}$、$s_{I,2}$ 分别是对输入位 1、2 测量 $\hat{\sigma}_x$ 得到态的本征值。

上述交换门操作可以看做两逻辑量子位间隔 $2n-1$ 个位，$n=1$ 的特殊情况，显然可以推广到 $n=2,3,\cdots$ 的一般情况。例如文献[2]就给出了实现四个逻辑量子位轮换的交换门的测量模式(见图 9.7.3)。

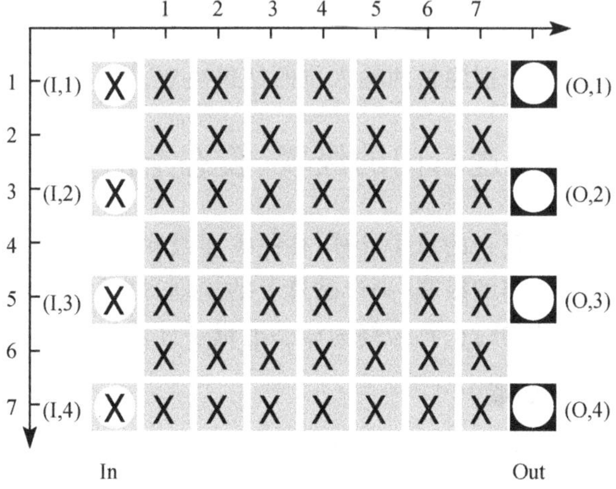

图 9.7.3

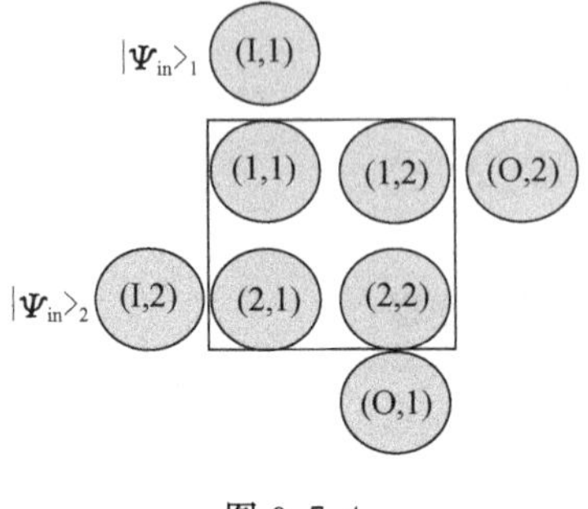

图 9.7.4

2. 移过偶数个量子位情况

在图 9.7.4 的簇态上,对方框中的四个物理量子位测量 $\hat{\sigma}_x$,同时对(I,1)、(I,2)做到 $\hat{\sigma}_x$ 本征基上的投影测量,可以把量子位(I,1)、(I,2)的态交换到图中相应(O,1)、(O,2)位置上。要证明这一结论只需证明这一测量模式在图 9.7.4 的簇态上执行了输入、输出态之间的恒等门操作。

由于对图 9.7.4 的簇态,关联算子乘积有

$$\begin{aligned}\hat{K}^{(\mathrm{I},1)}\hat{K}^{(1,2)}\hat{K}^{(\mathrm{O},1)} &= \hat{\sigma}_x^{(\mathrm{I},1)}\hat{\sigma}_x^{(1,2)}\hat{\sigma}_z^{(\mathrm{O},2)}\hat{\sigma}_x^{(\mathrm{O},1)}\\ \hat{K}^{(\mathrm{I},2)}\hat{K}^{(2,2)}\hat{K}^{(\mathrm{O},2)} &= \hat{\sigma}_x^{(\mathrm{I},2)}\hat{\sigma}_x^{(2,2)}\hat{\sigma}_z^{(\mathrm{O},1)}\hat{\sigma}_x^{(\mathrm{O},2)}\\ \hat{K}^{(1,1)}\hat{K}^{(2,2)} &= \hat{\sigma}_x^{(1,1)}\hat{\sigma}_z^{(\mathrm{I},1)}\hat{\sigma}_x^{(2,2)}\hat{\sigma}_z^{(\mathrm{O},1)}\\ \hat{K}^{(2,1)}\hat{K}^{(1,2)} &= \hat{\sigma}_x^{(2,1)}\hat{\sigma}_z^{(\mathrm{I},2)}\hat{\sigma}_x^{(1,2)}\hat{\sigma}_z^{(\mathrm{O},2)}\end{aligned} \tag{9.7.44}$$

测量算子 $\hat{F}=\hat{\sigma}_x^{(1,1)}\hat{\sigma}_x^{(1,2)}\hat{\sigma}_x^{(2,1)}\hat{\sigma}_x^{(2,2)}$,测量发生态 $|\Phi\rangle\rightarrow|\Psi\rangle$,有

$$\begin{aligned}\hat{\sigma}_x^{(\mathrm{I},1)}\hat{\sigma}_x^{(\mathrm{O},1)}\hat{\sigma}_z^{(\mathrm{O},2)}\ |\Psi\rangle &= (-1)^{s_{12}}\ |\Psi\rangle\\ \hat{\sigma}_x^{(\mathrm{I},2)}\hat{\sigma}_x^{(\mathrm{O},2)}\hat{\sigma}_z^{(\mathrm{O},1)}\ |\Psi\rangle &= (-1)^{s_{22}}\ |\Psi\rangle\\ \hat{\sigma}_z^{(\mathrm{I},1)}\hat{\sigma}_z^{(\mathrm{O},1)}\ |\Psi\rangle &= (-1)^{s_{11}+s_{22}}\ |\Psi\rangle\\ \hat{\sigma}_z^{(\mathrm{I},2)}\hat{\sigma}_z^{(\mathrm{O},2)}\ |\Psi\rangle &= (-1)^{s_{21}+s_{12}}\ |\Psi\rangle\end{aligned} \tag{9.7.45}$$

其中,s_{11}、s_{22}、s_{12}、s_{21} 分别是测得测量算子的相应本征值。利用在簇态上模拟量子门定理 9.5.1,式(9.7.45)表明,所述测量模式执行了恒等门操作。副产品算子为

$$\begin{aligned}U_{\Sigma g} &= \bigotimes_{1=(i\in C_{\mathrm{I}}(g))}^{n} (\hat{\sigma}_z^{[i]})^{s_i+\lambda_{x,i}} (\hat{\sigma}_x^{[i]})^{\lambda_{z,i}}\\ &= (\hat{\sigma}_z^{[\mathrm{I},1]})^{s_{\mathrm{I}1}} (\hat{\sigma}_x^{[\mathrm{I},1]})^{s_{11}+s_{22}} (\hat{\sigma}_z^{[\mathrm{I},2]})^{s_{\mathrm{I},2}} (\hat{\sigma}_x^{[\mathrm{I},2]})^{s_{21}+s_{12}}\end{aligned}$$

其中,$s_{I,1}$、$s_{I,2}$ 由用 $\hat{\sigma}_x$ 基分别测量两输入位的结果决定。

9.8 基本逻辑门的级联、簇态上的量子计算

在簇态上执行一个复杂的量子计算,往往需要级联多个基本逻辑门操作实现。本节讨论基本量子逻辑门的级联,副产品算子的处理,最后简要地总结簇态上量子计算方式和过程。本节的讨论将最终为簇态上量子计算扫清道路。

9.8.1 基本逻辑门的级联[2,4,6]

设 $C(g_1)$ 是模拟量子逻辑门 g_1 操作的量子位簇,$C(g_2)$ 是模拟量子逻辑门 g_2 的量子位簇,为了级联门 g_1、g_2,取 $C(g_1)\cap C(g_2)=C_{\mathrm{O}}(g_1)=C_{\mathrm{I}}(g_2)$ 重合,构造一

个物理量子位簇$C(g_1g_2)=C(g_1)\cup C(g_2)$(见图 9.8.1),准备在量子位簇 $C(g_1g_2)$ 上模拟两逻辑门 g_1、g_2 的级联操作。一个自然的策略是:

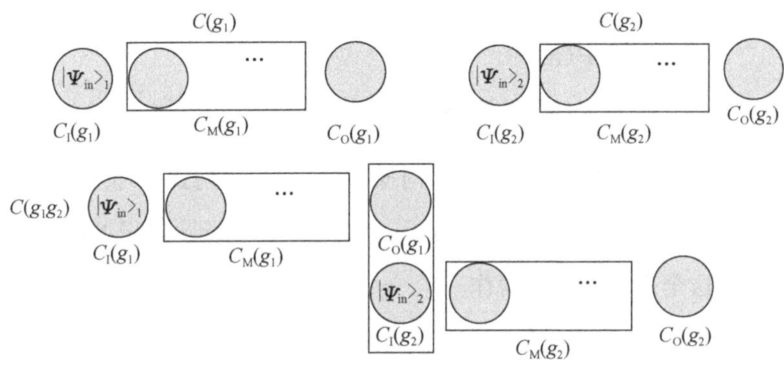

图 9.8.1

(1) 首先写态$|\Psi_{\text{in}}\rangle_1$ 到 $C_{\text{I}}(g_1)$[即 $C_{\text{I}}(g_1g_2)$]中,制备态:

$$|\Psi_{\text{in}}(0)\rangle_{C(g_1)}=|\Psi_{\text{in}}\rangle_{C_{\text{I}}(g_1)}\bigotimes_{k\in C(g_1)\backslash C_{\text{I}}(g_1)}|+\rangle_k \tag{9.8.1}$$

并执行 $S^{(C(g_1))}$,纠缠 $C(g_1)$中的量子位,制备出 $C(g_1)$上的簇态:

$$|\Psi_{\text{in}}\rangle_{C(g_1)}=S^{(C(g_1))}|\Psi_{\text{in}}(0)\rangle_{C(g_1)} \tag{9.8.2}$$

(2) 执行测量模式 $M^{(C(g_1))}$,把结果写入 $C_{\text{O}}(g_1)$[即 $C_{\text{I}}(g_2)$]中,完成 g_1 门运算,$C(g_1)$的输出态记为$|\Psi_{\text{out}}\rangle_{C_{\text{O}}(g_1)}$。

(3) 制备态

$$|\Psi_{\text{in}}(0)\rangle_{C(g_2)}=|\psi_{\text{out}}\rangle_{C_{\text{O}}(g_1)}\bigotimes_{k\in C(g_2)\backslash C_{\text{I}}(g_2)}|+\rangle_k \tag{9.8.3}$$

执行操作 $S^{(C(g_2))}$,纠缠 $C(g_2)$上的所有量子位,得到簇态:

$$|\Psi_{\text{in}}\rangle_{C(g_2)}=S^{(C(g_2))}|\Psi_{\text{in}}(0)\rangle_{C(g_2)} \tag{9.8.4}$$

(4) 执行测量模式 $M^{(C(g_2))}$,执行门 g_2 要求的操作,把结果写入 $C_{\text{O}}(g_2)$,从而完成门 g_1、g_2 的级联运算。为了方便,下面称这些执行步骤为策略一。

另一个执行上述级联操作的步骤是:

(1) 在 $C_{\text{I}}(g_1g_2)$段[即 $C_{\text{I}}(g_1)$]写入$|\Psi_{\text{in}}\rangle_1$,制备态:

$$|\Psi_{\text{in}}(0)\rangle_{C(g_1g_2)}=|\Psi_{\text{in}}\rangle_{C_{\text{I}}(g_1)}\bigotimes_{k\in C(g_1g_2)\backslash C_{\text{I}}(g_1)}|+\rangle_k \tag{9.8.5}$$

并使用操作 $S^{(C(g_1g_2))}$,纠缠簇 $C(g_1g_2)$中所有量子位,制备初始簇态:

$$|\Psi_{\text{in}}\rangle_{C(g_1g_2)}=S^{(C(g_1g_2))}|\Psi_{\text{in}}(0)\rangle_{C(g_1g_2)} \tag{9.8.6}$$

(2) 在处在簇态$|\Psi_{\text{in}}\rangle_{C(g_1g_2)}$的簇 $C(g_1g_2)$上,首先执行测量模式 $M^{(C(g_1))}$,把结果写入 $C_{\text{I}}(g_2)$[即 $C_{\text{O}}(g_1)$]中,然后执行 $M^{(C(g_2))}$,把结果写入 $C_{\text{O}}(g_2)$中,完成门 g_1、g_2 的级联计算。这一执行方案称为策略二。

下面证明这两种策略在数学上等效。

证明:用投影算子 $P(M^{(C(g_1))})$,$P(M^{(C(g_2))})$分别表示模式 $M^{(C(g_1))}$,$M^{(C(g_2))}$描述的测量,利用式(9.8.2)、式(9.8.1),策略一中执行门 g_1 后的输出态可以写作

$$\begin{aligned}|\Psi_{\text{out}}\rangle_{C(g_1)} &= P(M^{(C(g_1))})\,|\Psi_{\text{in}}\rangle_{C(g_1)}\\ &= P(M^{(C(g_1))})S^{(C(g_1))}\,|\Psi_{\text{in}}(0)\rangle_{C(g_1)}\\ &= P(M^{(C(g_1))})S^{(C(g_1))}(|\Psi_{\text{in}}\rangle_{C_I(g_1)}\bigotimes_{k\in C(g_1)\backslash C_I(g_1)}|+\rangle_k)\end{aligned}\tag{9.8.7}$$

接着执行策略一第(3)、(4)步,得到 g_2 门操作输出态,利用式(9.8.4)可以写作

$$|\Psi_{\text{out}}\rangle_{C_o(g_2)} = P(M^{(C(g_2))})\,|\Psi_{\text{in}}\rangle_{C(g_2)} = P(M^{(C(g_2))})S^{(C(g_2))}\,|\Psi_{\text{in}}(0)\rangle_{C(g_2)}$$

由式(9.8.3),这个态可进一步写作

$$|\Psi_{\text{out}}\rangle_{C_O(g_2)} = P(M^{(C(g_2))})S^{(C(g_2))}(|\Psi_{\text{out}}\rangle_{C(g_1)}\bigotimes_{k\in C(g_2)\backslash C_I(g_2)}|+\rangle_k)\tag{9.8.8}$$

将式(9.8.7)代入,得

$$\begin{aligned}|\Psi_{\text{out}}\rangle_{C_O(g_2)} =&P(M^{(C(g_2))})S^{(C(g_2))}\{[P(M^{(C(g_1))})S^{(C(g_1))}\\ &(|\Psi_{\text{in}}\rangle_{C_I(g_1)}\bigotimes_{k\in C(g_1)\backslash C_I(g_1)}|+\rangle_k)]\bigotimes_{k\in C(g_2)\backslash C_I(g_2)}|+\rangle_k\}\end{aligned}\tag{9.8.9}$$

注意有

$$[S^{(C(g_2))},P(M^{(C(g_1))})] = 0$$
$$P(M^{(C(g_2))})P(M^{(C(g_1))}) = P(M^{(C_{g1}C_{g2})})$$
$$S^{(C(g_2))}S^{(C(g_1))} = S^{(C(g_1g_2))}$$

以及:

$$(|\Psi_{\text{in}}\rangle_{C_I(g_1)}\bigotimes_{k\in C(g_1)\backslash C_I(g_1)}|+\rangle_k)\bigotimes_{k\in C(g_2)\backslash C_I(g_2)}|+\rangle_k = |\Psi_{\text{in}}\rangle_{C_I(g_1)}\bigotimes_{k\in C(g_1g_1)\backslash C_I(g_1)}|+\rangle_k$$

式(9.8.9)可以改写为

$$|\Psi_{\text{out}}\rangle_{C_O(g_2)} = P(M^{(C(g_1g_2))})S^{(C(g_1g_2))}(|\Psi_{\text{in}}\rangle_{C_I(g_1)}\bigotimes_{k\in C(g_1g_2)\backslash C_I(g_1)}|+\rangle_k)\tag{9.8.10}$$

这实质上就是策略二。所以簇态上两个量子逻辑门的级联运算可以采用策略二进行。上面的证明显然可以推广到多个门级联情况。

9.8.2　副产品算子的传播和计算结果的输出[2~6]

在上述两逻辑门的级联运算中,第一逻辑门操作中引进的、作用到$|\Psi_{\text{out}}\rangle_{C_I(g_1)}$上的副产品算子,是否需要首先处理,并把处理后得到的态作为第二逻辑门的输入态呢?能够证明这是不必要的。各个级联门产生的副产品算子可以按一定规律前向传播,累积成总的副产品算子,到计算结束时再一起处理。

设模拟门 g_1 得到输出态：

$$|\Psi_{\text{out}}\rangle_{C_I(g_1)} \equiv |\Psi_{\text{in}}\rangle_{C_O(g_2)} = U_\Sigma(g_1)U_{g_1}|\Psi_{\text{in}}\rangle_{C_I(g_1)} \tag{9.8.11}$$

其中，$U_\Sigma(g_1)$是执行门 g_1 引进的副产品算子。接着级联门 g_2 得到输出态

$$|\Psi_{\text{out}}\rangle_{C_o(g_2)} = U_\Sigma(g_2)U_{g2}[U_\Sigma(g_1)U_{g_1}|\Psi_{\text{in}}\rangle_{C_I(g_1)}] \tag{9.8.12}$$

为了向前传播副产品算子作用到最后的输出态上，需要交换上式中 $U_{g2}U_\Sigma(g_1)$的顺序，而实现这一目标有两种方式。注意到算子等式：

$$U_{g_2}U_\Sigma(g_1) = (U_{g_2}U_\Sigma(g_1)U_{g_2}^{-})U_{g_2} \tag{9.8.13}$$

$$U_{g_2}U_\Sigma(g_1) = U_\Sigma(g_1)[U_\Sigma^{\dagger}(g_1)U_{g_2}U_\Sigma(g_1)] \tag{9.8.14}$$

所以，所谓副产品算子的前向传播，就是找出前一个门的副产品算子在后一个门作用下的共轭变换，或者找出后一个门在前一个门的副产品算子作用下的共轭变换。已知 Pauli 算子群 G 的正规子群定义为 **Clifford 群**[4]：

$$N(H \mid G) = \{g : gHg^{-} = H, g \in G\} \tag{9.8.15}$$

副产品算子通过属于 Clifford 群中的门的传播和不在 Clifford 群中门的传播情况不同，现在区分两种情况讨论。

(1) 传播副产品算子的门操作是 Clifford 群中的元素情况。

传播副产品算子的门是 Clifford 群中的元素时，副产品算子的前向传播关系可由式(9.8.13)给出。由于副产品算子都是 Pauli 群中的元素，当传播副产品算子的门也属于 Clifford 群时，通过门的共轭变换，映射 Pauli 算子(副产品算子)到 Pauli 算子上。在这种情况下，门本身不发生变化，但副产品算子可能发生变化。前面证明过的 $\hat{H}$ 门[式(9.6.21)]：

$$H\hat{\sigma}_x H^{\dagger} = \hat{\sigma}_z, \quad H\hat{\sigma}_z H^{\dagger} = \hat{\sigma}_x \tag{9.8.16}$$

式(9.6.33)中的 $\pi/2$ 相位门：

$$\begin{aligned} U_z\left(\frac{\pi}{2}\right)\hat{\sigma}_x U_z\left(-\frac{\pi}{2}\right) &= \hat{\sigma}_y \\ U_z\left(\frac{\pi}{2}\right)\hat{\sigma}_z U_z\left(-\frac{\pi}{2}\right) &= \hat{\sigma}_z \end{aligned} \tag{9.8.17}$$

以及两量子位 $CNOT$ 门[式(9.7.10)～(9.7.13)]：

$$\begin{aligned} CNOT(c,t)\hat{\sigma}_x^{(c)}CNOT(c,t) &= \hat{\sigma}_x^{(c)}\hat{\sigma}_x^{(t)} \\ CNOT(c,t)\hat{\sigma}_z^{(c)}CNOT(c,t) &= \hat{\sigma}_z^{(c)} \\ CNOT(c,t)\hat{\sigma}_x^{(t)}CNOT(c,t) &= \hat{\sigma}_x^{(t)} \\ CNOT(c,t)\hat{\sigma}_z^{(t)}CNOT(c,t) &= \hat{\sigma}_z^{(c)}\hat{\sigma}_z^{(t)} \end{aligned} \tag{9.8.18}$$

就属于这种情况。

(2) 传播副产品算子的门操作不是 Clifford 群中的元素情况。

传播副产品算子的门不是 Clifford 群中的元素时，副产品算子的前向传播关系可由式(9.8.14)给出。这时副产品算子传播过程中保持不变，而门本身被修改。

副产品算子通过一般转动的传播就属于这种情况：

$$U_{Rot}(\xi,\eta,\zeta)\hat{\sigma}_x = \hat{\sigma}_x U_{Rot}(\xi,-\eta,\zeta)$$
$$U_{Rot}(\xi,\eta,\zeta)\hat{\sigma}_z = \hat{\sigma}_z U_{Rot}(-\xi,\eta,-\zeta) \tag{9.8.19}$$

在这两种情况下，前向传播的副产品算子都仍然保持在 Pauli 算子群内。

考虑到副产品算子的前向传播，式(9.8.12)可修改为

$$|\Psi_{out}\rangle_{C_O(g_2)} = U_\Sigma(g_2)U'_\Sigma(g_1)(U_{g2}U'_{g_1}|\Psi_{in}\rangle_{C_I(g_1)})$$
$$= U_\Sigma U_g |\Psi_{in}\rangle_{C_I(g_1)} \tag{9.8.20}$$

其中，$U_\Sigma=U_\Sigma(g_2)U'_\Sigma(g_1)$，是门 g_2 的副产品算子和前向传播过来的门 g_1 的副产品算子乘积。$U_g=U_{g2}U'_{g_1}$ 是两级联幺正变换门的乘积。当门在 Clifford 群中，$U'_{gi}=U_{gi}$，对不在 Clifford 群中的门，它要被前面门的副产品算子修改。上述关于两量子门的级联讨论，显然可以直接推广到多量子门级联情况。

9.8.3 副产品算子的解释[2~6]

簇态上以单量子位测量为基础的量子计算，副产品算子起源于单量子位测量结果的随机性，下面来证明这种随机性不影响计算结果的确定性，它的影响仅只是需要对最后读出测量的结果给以重新解释。

在计算结束时，起读出作用的量子位处在态 $U_\Sigma|out\rangle$，其中 $|out\rangle$ 假设是逻辑运算正确的输出态，U_Σ 是由于测量随机性引进的副产品算子，用来矫正由测量随机性引进的计算结果的不确定性。为了输出计算结果，假设直接对态 $U_\Sigma|out\rangle$ 做向 $\hat{\sigma}_z$ 基的投影测量，当然正确地计算结果应当是用 $\hat{\sigma}_z$ 基直接测量态 $|out\rangle$ 得到。现在研究这两个测量结果之间的关系。

假设用 $\hat{\sigma}_z$ 基测量态 $|out\rangle$ 得到结果 $\{s'_i\}$，$i=1,2,\cdots n$；用 $\hat{\sigma}_z$ 基测量态 $U_\Sigma|out\rangle$ 得到结果 $\{s_i\}$，$i=1,2,\cdots n$，同时把态 $U_\Sigma|out\rangle$ 投影到态：

$$|\Xi\rangle = \prod_{i=1}^{n}\frac{1}{2}[1+(-1)^{s_i}\hat{\sigma}_z^{(i)}]U_\Sigma|out\rangle$$
$$= U_\Sigma\left\{U_\Sigma^\dagger\prod_{i=1}^{n}\frac{1}{2}[1+(-1)^{s_i}\hat{\sigma}_z^{(i)}]U_\Sigma\right\}|out\rangle \tag{9.8.21}$$

上。由于副产品算子具有形式：

$$U_\Sigma = \prod_{i=1}^{n}(\hat{\sigma}_x^{[i]})^{x_i}(\hat{\sigma}_z^{[i]})^{z_i} \tag{9.8.22}$$

注意到 $\hat{\sigma}_z^{(i)}\hat{\sigma}_x^{(i)}=-\hat{\sigma}_x^{(i)}\hat{\sigma}_z^{(i)}$，有

$$|\Xi\rangle = U_\Sigma\prod_{i=1}^{n}\frac{1}{2}[1+(-1)^{s_i+x_i}\hat{\sigma}_z^{(i)}]|out\rangle \tag{9.8.23}$$

由于用 $\hat{\sigma}_z$ 基测量态 $|out\rangle$ 得到结果 $\{s'_i\}$，$i=1,2,\cdots n$ 和用 $\hat{\sigma}_z$ 基测量态 $U_\Sigma|out\rangle$ 得到

结果$\{s_i\}$，$i=1,2,\cdots n$代表同一算法的输出，两者应有关系：

$$s'_i = s_i + x_i \mathrm{mod}(2) \tag{9.8.24}$$

因此表示正确计算结果的$\{s'_i\}$，$i=1,2,\cdots n$，可以从用$\hat{\sigma}_z$基测量态$U_\Sigma|out\rangle$得到结果$\{s_i\}$，$i=1,2,\cdots n$，以及由副产品算子得到的$\{x_i\}$，$i=1,2,\cdots n$导出。这表明测量结果的随机性并不破坏计算结果的确定性。

9.8.4　簇态上的量子计算概述

综合前面的讨论，可以把簇态上的量子计算总结如下：

已经证明[12~14]，1 维簇上的任意单量子位测量可以用经典计算机有效模拟，不失一般性，我们假设簇态上的量子计算机由一个 2 维物理量子位簇 C 实现(见图 9.8.2)，其中各个物理量子位位置在行和列相交的格点上。在执行计算时，每一行所有物理量子位编码同一个逻辑量子位，对其中各个物理量子位测量代表对这个逻辑量子位的运算。

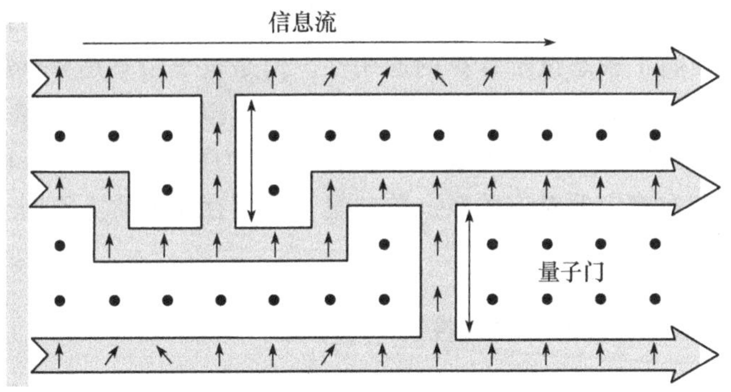

图 9.8.2

用量子网络语言描述，可以形式上把所有的物理量子位分成三部分：每行最左端的物理量子位集合为输入部分，记为 I；最右端物理量子位集合记为 O，为输出部分；中间部分相当于运算器，记为 M。簇态上的量子计算首先从制备簇态开始，簇态是单向量子计算使用的唯一物理资源。假设这些物理量子位相邻之间存在 Ising 类相互作用，在 I 部分已制备了输入态，其余部分制备在$\bigotimes_{a\in C\backslash I}|+\rangle_a$态上，整个簇 C 已通过执行式(9.1.6)中的演化算子，被制备在簇态上。接着的量子计算过程，对应量子逻辑网络中执行算法要求的基本门操作，在簇态上就由执行模拟这些基本门操作的一系列测量模式完成。每个测量模式定义了执行单量子位测量的时间顺序以及测量不同量子位使用基。有些物理量子位测量基，不能事先确定，需要用前面测量获得的经典信息前馈决定，这样的物理量子的测量就必须等待前面的量子位测量完成以后才能进行，这就定义了物理量子位测量的时间顺序。

图 9.8.2 中测量 $\hat{\sigma}_z$(图中用带黑点的小圆圈表示)可以从簇态中除去被测物理量子位(不是物理上除去,仅只是从簇态中除去)。测量 $\hat{\sigma}_x$ 或 $\hat{\sigma}_y$(图中用竖直箭头表示)可以用作"传输线",在簇上两物理量子位之间传输量子信息;而测量形式为

$$\hat{r}_k \cdot \hat{\sigma}^{(k)} = \cos\varphi\hat{\sigma}_x \pm \sin\varphi\hat{\sigma}_y$$

的力学量(图 9.8.2 中用斜箭头表示)可实现逻辑量子位态的转动。这种形式的力学量测量基通常由前面测量结果决定。

一旦所有属于 I,M 部分的物理量子位测量已完成,最后测量 O 部分的量子位,并根据前面测量结果产生、累积、传播过来副产品算子——记录有前面测量随机性对计算结果的影响,解释对 O 部分测量结果,得到最后的计算结果。这就是簇态上量子计算过程的量子逻辑网络语言描述。

9.9　关于簇态上量子计算的简要评述

前面把簇态上的量子计算分解为执行不同量子门的测量模式,用熟悉的量子逻辑网路语言描述簇态上的量子计算,并说明这些测量模式如何执行幺正门操作,通过这种方法证明了簇态量子计算的通用性。但是量子门不是分析簇态上量子计算的最合适的计算单元[3,5,6],一般在簇态上执行模拟幺正门的测量模式,可以有更高的并行度。描述单量子位测量基和测量时间顺序的测量模式,和网路模型中的门操作并不存在确定的对应关系。单向量子计算存在本质上不同于量子网络模型的许多新特点。

9.9.1　簇态上量子计算的非网络性质

在量子计算的逻辑网络模型中,量子存储器(由若干物理量子位组成的系统)是量子信息的携带者,最初要处理的信息被写进量子位存储器中,接着按照算法要求对量子存储器中的输入态施加由量子门组成的算法要求的幺正变换,量子逻辑网络就描述了算法,最后运算结束,就把量子存储器制备在代表计算结果的输出态上。这里量子存储器在计算开始前作为输入存储器,在计算过程中又用作运算器,而在计算操作结束后,它又作为输出存储器存在。所谓输入、输出和运算都是在同一个物理存储器中进行,输入存储器、运算器和输出存储器的划分是同一个物理量子存储器按时间进行的不同阶段区分的。

在簇态上的量子计算中,的确在簇的 C_{I} 部分的物理量子位集合中制备输入态 $|\Psi_{\mathrm{in}}\rangle_{C_{\mathrm{I}}}$,但紧接着为执行量子计算,还在簇的其余部分制备了态 $\bigotimes_{k\in C\backslash \mathrm{I}}|+\rangle_k$,并且执行纠缠操作,把整个簇制备在簇态

$$|\Psi_{\mathrm{in}}\rangle_C = S^{(C)}\left[|\Psi_{\mathrm{in}}\rangle_{C_{\mathrm{I}}}\bigotimes_{k\in C\backslash \mathrm{I}}|+\rangle_k\right] \tag{9.9.1}$$

上。这个态和标准簇态只差局域幺正变换。其中并不包含任何输入态信息。从这个意义上。Raussendorf 等认为，单向量子计算模型中没有量子输入。同样的理由，他们认为单向量子计算中也没有输出。诚然，任何计算（包括量子计算）目的都是得到计算结果，在量子计算的网络模型中，作为计算结果的输出存储器，在计算完成后里面存放的就是计算结果，或者说它本身就可独立地决定计算结果，计算结果可以通过测量输出存储器的态直接地读出。但在簇态上的量子计算中，计算结果并不仅仅由对簇中 O 部分量子位测量给出，必须根据前面的测量结果，包括对 M 部分，甚至表示输入的 I 部分测量结果，共同决定。利用前面得到的所有测量结果，通过它们产生的副产品算子，对 O 部分测量结果给以正确的解释，才得到整个计算的结果。从测量给出计算结果这个意义上理解，整个量子位簇都可看做是输出存储器。所以可以认为单向量子计算模型中没有输出存储器。同样，由于整个计算过程是通过对簇中所有物理量子位测量完成的，所以在簇态上的量子计算也没有运算器。

9.9.2　簇态上量子计算的时间顺序和时间复杂度[3,6]

簇态上的量子计算可以用逻辑网络语言描述，把逻辑网络中的门操作看做是执行模拟这种门操作的测量模式，但是簇态上各物理量子位测量的时间顺序却不能从这种比拟中得出。

为了用网络语言理解簇态上的量子计算，和在网络模型中按时间进行，把表示计算过程的逻辑网络分解为门操作一样，可以把簇 C 上的物理量子位按测量的时间顺序，在空间上分解为一些子集合：

$$Q_t \in C, \quad 0 \leqslant t \leqslant t_{\max} \tag{9.9.2}$$

使

$$\bigcup_{t=0}^{t_{\max}} Q_t = C, \quad Q_s \cap Q_t = 0, \quad \forall s \neq t \tag{9.9.3}$$

成立。在每个子集中的量子位可以同时测量。其中 Q_0 由那些测量基已经明确，不需要等待前面测量结果来决定的物理量子位，如测量算子为 $\hat{\sigma}_x$、$\hat{\sigma}_y$、$\hat{\sigma}_z$ 的量子位，包括冗余量子位（测量 $\hat{\sigma}_z$）以及模拟逻辑网络中 Clifford 群部分和留作输出的物理量子位共同组成。测量力学量具有形式：

$$\hat{r}_k \cdot \hat{\sigma}^{(k)} = \cos\varphi\hat{\sigma}_x \pm \sin\varphi\hat{\sigma}_y \tag{9.9.4}$$

的物理量子位，其中测量基可以由首轮 Q_0 中量子位的测量结果完全确定的那些量子位，可以归并在子集 Q_1 中。同样测量基需要等待 Q_0、Q_1 中量子位测量结果，才能完全确定的那些物理量子位可归并入 Q_2 中…，直到 $Q_{t_{\max}}$。当 $Q_{t_{\max}}$ 中的量子位也被测量，最终计算结果由所有前面这些测量结果按前面描述的方法决定。

根据上面的讨论，簇态上量子计算**时间复杂度**（完成一个计算需要的时间步）一般不会和量子计算的逻辑网络模型一致。簇态上量子计算研究带来的一个重要结果可能是:**量子计算的时间复杂度是与量子计算模型有关的**,相对于量子计算的逻辑网络模型,量子计算的簇态模型一般有更低的时间复杂度。簇态上的量子计算可以给出进一步加速量子计算新的因素。这个问题也表明,量子计算的时间复杂度是需要进一步研究的问题,是否存在不依赖计算模型的时间复杂度,如果存在的话,什么是绝对时间复杂度,都是现在还不能回答的问题。

9.9.3 信息流矢量

在簇态上的量子计算中,为了利用上一轮的测量结果决定下一轮各物理量子位的测量基,以及在最后一轮测量完成后,给出正确的计算结果,需要把上一轮测量结果的信息随测量进行向前传输,这可由信息流矢量 $\vec{I}(t)$ 实现。如果一个算法需要可编码 n 个逻辑量子位的簇 C 实现,对应副产品算子有式(9.8.22):

$$U_\Sigma = \prod_{i=1}^{n} (\hat{\sigma}_x^{[i]})^{x_i} (\hat{\sigma}_z^{[i]})^{z_i} \tag{9.9.5}$$

的形式,定义**信息流矢量** $\vec{I}(t)$ 是个 $2n$ 个分量的二进制矢量[3,4,6]:

$$\vec{I}(t) = \begin{bmatrix} I_x(t) \\ I_z(t) \end{bmatrix}, \quad I_x(t) = \begin{bmatrix} x_1(t) \\ x_2(t) \\ \vdots \\ x_n(t) \end{bmatrix}, \quad I_z(t) = \begin{bmatrix} z_1(t) \\ z_2(t) \\ \vdots \\ z_n(t) \end{bmatrix} \tag{9.9.6}$$

其中,t 是测量轮回数,$\vec{I}(t)$ 矢量在每一轮测量完成后被更新一次。也就是说,当计算(测量)进行到第 t 轮,在集合 Q_t 中的所有物理量子位都被测量后,根据测量结果,更新 $\vec{I}(t-1)$ 为 $\vec{I}(t)$,接着用 $\vec{I}(t)$ 给出的信息决定集合 Q_{t+1} 中各量子位的测量基,最后的信息流矢量为 $\vec{I}(t_{\max})$。根据 $\vec{I}(t_{\max})$ 按照式(9.8.24)的解释给出最后计算结果。注意 $I_z(t)$ 在解释最后一轮测量给出计算结果上是冗余,但在前面各测量步,需要它和 $I_x(t)$ 一起共同决定下一步的测量基。

于是,簇态上量子计算可以用两个简单量 Q_t 和信息流矢量 $\vec{I}(t)$ 描述。其中 Q_t 的划分给出各物理量子位测量的时间有序性,相当于量子逻辑网络模型中量子门操作的时间顺序。而二进制信息流矢量 $\vec{I}(t)$,是计算过程中信息的真正携带者,这些信息完全是测量结果决定的二进制数,是完全经典的。**簇态上的量子计算之所以是量子计算,就是因为它使用了高度纠缠的量子态作为计算的物理资源,并通过测量簇态的量子相关进行的。**

9.9.4 簇态量子计算研究进展

簇态是簇态上量子计算唯一的物理资源,实现簇态量子计算首先需要在一个量子系统中制备出簇态。研究在不同的物理系统中,制备簇态就成为簇态量子计算物理实现的重要内容。

实现簇态的第一个方案是基于光格中原子—原子间的偶极相互作用。沿相反方向传播的激光场在交叠区域可以形成驻波场，这种驻波场在空间形成 2 维(或 3 维)**光格**(optical lattice)，这种光格通过极化原子、离子和电场的相互作用可以成为能囚禁冷中性原子或冷离子的势阱[15]。势阱间距和形成驻波的激光波长同数量级。几个小组已经冷却原子到势阱的最低束缚态并能控制原子波包态[16~19]。光格势一般依赖量子位能级，通过调谐囚禁原子的激光场(频率、极化和强度)，可以按照原子不同内态移动原子，使和近邻原子接近重叠，产生相邻原子间的纠缠相互作用[20~22]。可以用少数几步产生整个格子上的簇态[8,23,24]。近年来，在囚禁、冷却、操控在光格中的超冷原子实验中的进步，可以产生单原子在光格中的晶体类结构[25]，实现控制的纠缠碰撞[20,24]。最近，在实验上使用双阱中的交换相互作用产生两物理量子位的 Bell 态，给出在格中产生簇态的另一种方法[26~28]。用光格中冷原子实现簇态量子计算的缺陷是由于相邻量子位间隔太小(等于驻波场波长)，这给对各个量子位寻址带来不便。如果量子位寻址问题得到很好解决，这可能是实现簇态量子计算的一个途径[9]。

单向量子计算少量子位原理性验证实验也使用线性光学方法做过。在光量子计算[29,30]中用光子极化态或它的空间自由度编码量子位，光子量子位一位门操作可以用线性光学元器件(分束器、移相器、光波片等)实现，但是两量子位门操作，需要两量子位之间直接的相互作用，在光量子位情况下，通过线性光元件只能概率的实现。对于某些测量输出，正确执行了需要的门，但是测量也有非零概率给出错误的门操作。簇态量子计算模型提供了利用这种非决定性门操作，规模化量子计算的新途径[10,31~34]。这种非决定性的门操作可以用于簇态制备，门操作的非决定性似乎不是什么严重的问题，因为失败的操作只是把被操作的量子位从簇态中除去，其余的量子位仍严格处在簇态上。一旦簇态产生，就可以按簇态方案进行决定性量子计算。在最近已有利用非线性参数下转换输出的纠缠光子对和线性光学元件，产生多光子纠缠态，验证簇态上量子计算的原理，并实现某些简单量子算法的报道[35~39]，其中，2005 年 Walther[35]等利用编码在四光子极化态上的四量子位簇态，证明了在这个系统上基本量子逻辑门以及簇态上量子计算的可行性，并执行了两量子位 Grover 搜索算法。2007 年，Tame 等[39]在四量子位簇态上，实现了 Deutsch 算法全光学单向量子计算。

目前虽然单光子产生和探测技术日趋成熟，对上面描述的线性光学量子计算，高效率可靠地单光子产生和探测对今天的技术仍然是严重的挑战。

除去上面描述的单向量子计算用光学方法实现以外，目前人们还在探索在其他系统，尤其在固态系统实现的可能性。在标准的簇态量子计算中，为了制备计算需要的簇态资源，假设簇中相邻量子位间存在 Ising 类的相互作用。但是理想的 Ising 相互作用在自然界，尤其在固态系统中很难得到，通常的自旋—自旋之间的相互作用在自旋空间接近各向同性,它们之间的相互作用由 Heisenberg 类型的 Hamilton 量描述。文献[40]给出了在这样的系统中,通过 2d 时间步产生簇态的方案,其中 d 是系统的空间维度。通过调整相互作用耦合强度,对于对称各向异性的 Heisenberg 相互作用也给出制备簇态的方法。在量子点上,相邻量子点电子自旋通过 Heisenberg 交换相互作用耦合,这种制备簇态的方法预示可以在量子点系统实现簇态量子计算的可行性。文献[41]、[42]还讨论了在量子点簇态量子计算中,使用单点和多点编码一个逻辑量子位,引进纠错方法的可行性。在超导量子位和磁通量子位有效产生簇态的方法也已提出[43,44],对电荷量子位通过调节门偏置电压,可以在同一时间步纠缠所有量子位制备簇态。文献[45]还提出了一个用离子阱实现可规模化、高速、测量为基础的量子计算方案。关于在这些系统中单向量子计算的实验报道还很少见。

最后一个问题是,现在已经清楚,量子计算之所以在解某些问题上相对经典计算具有指数加速作用,就是因为量子信息利用了量子纠缠现象。在量子计算的线路逻辑网络模型中,纠缠是在量子计算过程中,通过对编码态一系列的逻辑操作建立起来的。簇态上的量子计算,在计算开始前,量子位系统通过相邻量子位之间的相互作用,就被制备在高度纠缠的簇态上。在计算过程中,执行的单量子位测量操作(即使存在局域幺正变换和经典通信)不仅不会增加新的纠缠,而且是原有纠缠的"消费"或破坏过程。在簇态量子计算中纠缠资源的制备和计算——消费纠缠资源的过程是明显分开的。在簇态可以进行量子计算,凸显出纠缠在量子计算中的作用。但是现在已经知道,1 维簇态和 GHZ 态的执行的单向量子计算,可以用经典计算机有效模拟[45],这表明并非任何簇态都能用于通用量子计算。什么样的簇态允许执行这种以测量为基础的单向量子计算呢? Van den net M 等的研究回答了这个问题[7,46]。他们指出,和 2 维图态有关的簇态都是通用的。

最后,簇态量子计算所需的纠缠簇态资源可以边计算(消费)、边制备,这为我们提供了一种强有力的战胜消相干的新方法。利用 Josephson 电荷量子位和磁通量子位产生簇态的是一个非常值得关注的对象。以簇态为基础的单向量子计算可以在某种程度上类比于现在的经典计算机。固体超导量子计算机采用这种单向计算方案是非常值得深入研究的方案。

根据这种认识,超导量子计算机相对于目前提出的其他量子计算实现方案,具有明显的优越性:①超导量子计算机运算器操作、控制和测量,能够通过逻辑电子线路进行,可以高速、自动地实现;②由于超导量子计算机量子态制备、操作和测量全都可以通过电路实现,这种计算机器件可以借助于成熟的微电子学技术制造,非常方便集成化、规模化;③这种超导全电路量子计算机非常适合于和现在的电子计算机结合,做成量子—经典复合计算机。

参考文献

[1] Raussendorf R, Briegel H J. A one-way quantum computer. Physical Review Letters, 2001, 86:5188－5191.

[2] Raussendorf R, Browne D E, Briegel H J. Measurement-based quantum computation using cluster states. Physical Review A, 2003, 68:022312-1－022312-32.

[3] Raussendorf R, Briegel H J. Computation model underlying the one-way quantum computer. Quantum Information and Computation, 2002, 2:443－486.

[4] Raussendorf R, Browne D E, Briegel H J. Measurement-based quantum computation with cluster states. arXiv:quant-ph/0301052v2, 2003.

[5] Raussendorf R, Briegel H J. Computational model underlying the one-way quantum computer. arXiv:quant-ph/0108067v2, 2002.

[6] Raussendorf R, Briegel H J. Computational model for one-way quantum computer: Concepts and summary// Quantum Information Processing, Boschstrasse: Wiley-VCH, 2005.

[7] Van den Nest M, Dur W, Briegel H J. Completeness of the classical 2D Ising model and universal quantum computation. Physical Review Letters, 2008, 100:110501-1－110501-4.

[8] Briegel H J, Raussendoorf R. Persistent entanglement in arrays of interacting particles. Physical Review Letters, 2001, 86:910－913.

[9] Briegel H J, Browne D E, Dur W, et al. Measurement-based quantum computation. Nature Physics, 2009, 5:19－26.

[10] Nielsen M A. Optical quantum computation using cluster states. Physical Review Letters, 2004, 93(4):045031-1－045031-4.

[11] Qing C, Jianhua C, Kelin W, et al. Efficient construction of two-dimensional cluster with probabilistric quantum gates. Physical Review A, 2006, 73:012303-1－012303-5.

[12] Nielsen M A. Cluster-state quantum computation. Reports on Mathematical Physics, 2006, 57:147－161.

[13] Igor L, Markov, Yaoyun S. Simulating quantum computation by contracting tensor networks. arXiv:quant-ph/0511069, 2005.

[14] Jozsa R. On the simulation of quantum circuits. arXiv:quant-ph/0603163, 2006.

[15] Jessen P, Deutsch I H. Optical lattices. Advances in Atomic, Molecular and Optical Physics, 1996, 37:95－138.

[16] Hamann S E, Haycock D L, Klose G, et al. Resolved-sideband Raman cooling to the ground state of an optical lattice. Physical Review Letters, 1998, 80:4149－4152.

[17] Perrin H, Kuhn A, Bouchoule I, et al. Sideband cooling of neutral atoms in a far-detuned optical lattice. Europhysics Letters, 1998, 42(4):395－400.

[18] Raithel G, Phillips W D, Rolston S L. Collapse and revivals of wave packets in an optical lattices. Physical Review Letters, 1998, 81:3615－3618.

[19] Haycock D L, Aliing P M, Deutsch I H, et al. Mesoscopic quantum coherence in optical lattice. Physical Review Letters, 2000, 85: 3365—3368.

[20] Jaksch D, Briegel H J, Cirac J I. Entanglement of atoms via cold controlled collisions. Physical Review Letters, 1999, 82: 1975—1978.

[21] Jaksch D, Zoller P. The cold atom Hubbard toolbox . Annals Physics, 2005, 315: 52—79.

[22] Monroe C. Quantum information processing with atoms and photons. Nature, 2002, 416: 238—246.

[23] Briegel H J, Englert B G, Sterpi N, et al. In laser physics. (eds Figger, H. , et al. ,) 236—261 (Springer, 2002).

[24] Mandel O, Greine M, Widera A, et al. Controlled collisions for multi-particle entanglement of optically trapped atoms. Nature , 2003, 425: 937—940.

[25] Bloch I. Ultracold quantum gases in optical lattices. Nature Physics, 2005, 1: 23—30.

[26] Anderlini M, Patricia J L, Benjamin L, et al. Controlled exchange interaction between pairs of neutral atoms in an optical lattice. Nature, 2007, 448: 452—456.

[27] Trotzky S, Cheinet P, Folling S, et al. Boschstrasse. Germany Science, 2008, 319: 295—299.

[28] Vaucher B, Nunnenkamp A, Jaksch D. Creation of robust entangled states and new resources for measurement-based quantum computation using optical super-lattices. New Journal of Physics, 2008, 10: 023005-1—023005-21.

[29] Kok P, Munro W J, Nemoto K, et al. Linear optical quantum computing with photonic qubits. Review of Modern Physics, 2007, 79: 135—174.

[30] Popescu S. Knill-Laflamme-Milburn linear optics quantum computation as measurement-based computation. Physical Review Letters, 2007, 99: 250501-1—250501-4.

[31] Prevedel R, Walther P, Tiefenbacher F, et al. High-speed linear optics quantum computing using active feed-forward. Nature, 2007, 445: 65—69.

[32] Duan L M, Raussendorf R. Efficient quantum computation with probabilistic quantum gates. Physical Review Letters, 2005, 95: 080503-1—080503-4.

[33] Gross D, Kieling K, Eisert J. Potential and limits to cluster stat quantum computing using probabilistic gates. Physical Review A, 2006, 74: 042343—042359.

[34] Kieling K, Rudolph T, Risert J. Percolation renormalization and quantum computing with non-deterministic gate. Physical Review Letters, 2007, 99: 130501-1—130501-4.

[35] Walther P, Resch K J, Rudolph T, et al. Experimental one-way quantum computing. Nature, 2005, 434: 169—176.

[36] Kiesel N, Schmid C, Weber U, et al. Experimental analysis of a four-qubit photon cluster state. Physical Review Letters, 2005, 95: 210502-1.

[37] Prevedel R, Walther P, Tiefenbacher F, et al. High-speed linear optics quantum computing using active feed-forward. Nature, 2007, 445: 65—69.

[38] Chao Y L, Xiaoqi Z, Gulin O, et al. Experimental entanglement of six photons in graph

states. Nature Physics, 2007, 3: 91—95.

[39] Tame M S, Prevedel R, Paternostro M, et al. Experimental realization of Deutsch's algorithm in a one-way quantum computer. Physical Review Letters, 2007, 98: 140501-1 — 140501-4

[40] Borhani M, Loss D. Cluster states from Heisenberg interactions. Physical Review A, 2005, 71: 034308-1—034308-4.

[41] Weinstein Y S, Hellberg C S, Levy J. Cluster-state computing with encoded qubits. Physical Review A, 2005, 72: 020304(R)-1—020304(R)-4.

[42] Kolli A, Lovett B W, Benijamin S C, et al. All-optical measurement-based quantum-information processing in quantum dots. Physical Review Letters, 2006, 97: 250504-1—250504-4.

[43] Tanamoto, Tetsufumi, Liu Y X, et al. Producing cluster states in charge qubits and flax qubits. Physical Review Letters, 2006, 97: 230501-1—230501-4.

[44] You J Q, Wang X B, Tanamoto, et al. Efficient one-step generation of Large Cluster state with solid-state circuits. Physical Review A, 2007, (75), 052319-1—052319-5.

[45] Stock R, James D F V. Scalable, high-speed, measurement-based quantum computer using trapped ions. Physical Review Letters, 2009, 102: 170501-1—170501-4.

[46] Van den Nest M. Universal resources for measurement-based quantum computation. Physical Review Letters, 2006, 97: 150504-1—150504-4.